社会消防技术服务机构
质量管理体系建设指南

丁斌斌 吴蔚 吴亮 著

同济大学 出版社
TONGJI UNIVERSITY PRESS
·上海·

内 容 提 要

本书以消防技术服务机构的"质量管理体系建设"为主题,介绍了消防技术服务机构的概念和发展历程,分析了行业现状和质量管理现状,提出了适用于消防技术服务机构的"质量管理要求",详细讲解了"质量管理要求"的原文、如何实施和检查要点,提供了大量的体系文件示例和记录表格模板。

本书内容丰富,读者范围广泛,既可以为消防技术服务机构从业人员建立质量管理体系提供指引和参考,也可为监管部门监督人员的监督检查和认证机构的认证评价提供帮助。同时,普通读者也可通过本书了解消防技术服务机构的质量管理体系要求。

图书在版编目(CIP)数据

社会消防技术服务机构质量管理体系建设指南 / 丁斌斌,吴蔚,吴亮著. -- 上海:同济大学出版社, 2025.3. -- ISBN 978-7-5765-1466-7

Ⅰ. TU998.1

中国国家版本馆 CIP 数据核字第 20246W34G2 号

社会消防技术服务机构质量管理体系建设指南
丁斌斌 吴蔚 吴亮 著
责任编辑 姚烨铭 **责任校对** 徐逢乔 **封面设计** 陈益平

出版发行	同济大学出版社　www.tongjipress.com.cn	
	(地址:上海市四平路1239号　邮编:200092　电话:021-65985622)	
经　销	全国各地新华书店	
印　刷	启东市人民印刷有限公司	
开　本	889mm×1194mm　1/16	
印　张	29.25	
字　数	865 000	
版　次	2025年3月第1版	
印　次	2025年3月第1次印刷	
书　号	ISBN 978-7-5765-1466-7	
定　价	180.00元	

本书若有印装质量问题,请向本社发行部调换　　版权所有　侵权必究

写 作 组

组　　长：丁斌斌
副 组 长：吴　蔚　吴　亮
写作人员（按姓氏笔画顺序）：
王　蕾　邓广武　朱　磊　闫　霁　祁　闻
李芙萍　阿依提拉　陈征洪　周小扬　周敏莉
郝晓琳　胡　蓉　钟　薇　闻逸馨　姚　沁
徐　君　徐　放　黄　佩　熊　立

序

党的二十大报告指出：高质量发展是全面建设社会主义现代化国家的首要任务。习近平总书记强调，高质量发展不只是一个经济要求，而是对经济社会发展方方面面的总要求。人民幸福安康是推动高质量发展的最终目的。当前，我国经济飞速发展与城市化进程加速推进，如同鲲鱼化鹏的巨大双翼推动着社会高速发展。然而，在这发展浪潮中，社会消防安全这一关乎广大人民群众生命财产安全的重要议题，也愈发凸显出其重要性。

作为一名在消防安全领域耕耘几十年的从业者，我深知消防安全绝非仅仅是灭火救援的应急之举，更是公共安全领域中不可或缺的防线壁垒。在国家倡导高质量发展、消防领域深化"放管服"改革的时代背景下，积极培育社会力量，尤其是社会消防技术服务机构参与消防工作，是创新社会消防治理，推进消防工作社会化的重要举措。近年来，消防技术服务机构作为一支专业的技术力量，已然成为消防安全治理不可或缺的重要组成部分。它们的服务质量与专业水准，犹如一把标尺，直接衡量着社会消防安全水平的高低。因此，构建一套科学、系统、管用、长效，契合行业实际的质量管理体系，对于提高这些机构的服务能力与水平，建立质量意识和品牌观念，提升市场核心竞争力，推动行业的高质量发展，具有极为重大且深远的现实意义。

正是在这样的时代需求下，《社会消防技术服务机构质量管理体系建设指南》一书应运而生。消防技术服务机构在实际工作中面临着诸多挑战与困境，它们既肩负着保障社会消防安全的重任，又在市场竞争与行业规范的双重压力下奋勇前行。而质量管理体系的建立，无疑是为它们提供了一盏指路明灯。本书的初衷，便是为这些机构提供一套全面、实用且操作性强的质量管理体系建设指南，帮助它们在复杂多变的市场环境中，建立健全质量管理体系，管控从业风险，提升服务质效，履行质量责任，从而确保服务对象的本质消防安全。做好消防安全工作，是统筹发展和安全、防范化解重大风险的具体体现。在本书的写作过程中，各位老师和专家广泛开展市场调研，直面行业短板痛点，秉持风险管控思维，坚持理论结合实际，本书不仅涵盖了质量管理体系的基本概念、建设原则、关键要素以及实施步骤等理论内容，还结合了大量实际案例和实用模板，力求让读者能够直观感受、通俗易懂、便于操作和融会贯通。我衷心希望本书能够成为广大社会消防技术服务机构管理者和从业人员的良师益友，成为他们在日常工作中的重要工具书。同时，我们也希望它能为监管部门提供参考，助力其开展对机构质量管理体系的动态监管，也为社会单位辨识机构质量管理水平提供依据，避免劣币驱逐良币。

本书内容丰富，既可以为消防技术服务机构从业人员建立质量管理体系提供指引和参考，也可为监管部门监督人员的监督检查和认证机构的认证评价提供帮助。同时，普通读者也可通过本书了解消防技术服务机构的质量管理体系要求。

本书由中国质量认证中心有限公司、同济大学城市风险管理研究院和上海市消防救援总队等单位相关人员写作完成,其中第一章由熊立负责,第二章由徐君负责,第三章由丁斌斌、郝晓琳、熊立、朱磊、邓广武、陈征洪、徐君、黄佩、周敏莉、祁闻、李芙萍、胡蓉负责,第四章由丁斌斌、吴亮、闫霁、阿依提拉、王蕾、朱磊、邓广武、闻逸馨、周小扬、钟薇、姚沁、徐放负责,第五章由熊立负责,附录一由郝晓琳、陈征洪、邓广武负责,附录二由吴蔚、丁斌斌负责。在本书写作过程中,还得到了上海倍安实业有限公司、上海增德防火技术咨询服务有限公司、上海隆威消防设施检测有限公司、上海苏淳智能科技有限公司、上海旻泰安全科技有限公司和上海特领安全科技有限公司等单位的大力支持,在此表示衷心的感谢。

本书内容与已实施的国家消防法律法规和消防技术标准规范不一致之处,以最新的国家消防法律法规和消防技术标准规范为准。在本书中所存在的不足之处,敬请各位读者给予批评指正,以便我们进一步修改和完善。

本书的出版虽只是这一伟大征程中的一小步,但我衷心希望它能为推动行业发展贡献一份微薄之力,衷心希望它能成为行业内的一股清泉,润泽每一位从业者的心田,指引所有从业者共同奏响"让城市更安全"的时代强音!

2025 年 2 月 10 日

目录

序

- 001 **第1章 消防技术服务机构发展与现状**
- 002　1.1　消防技术服务机构的分类和特征
- 003　1.2　消防技术服务机构的发展历程
- 005　1.3　消防技术服务机构的行业现状
- 009　1.4　消防技术服务机构质量管理现状

- 011 **第2章 质量管理体系概述与应用**
- 012　2.1　质量管理的概念和原则
- 015　2.2　质量管理体系概念和方法
- 016　2.3　质量管理体系在各行业的应用
- 018　2.4　社会消防技术服务机构质量管理要求

- 031 **第3章 质量管理体系建立与实施**
- 032　3.1　成立工作组
- 034　3.2　制订推进计划
- 036　3.3　组织贯标培训
- 037　3.4　质量管理体系
- 073　3.5　从业人员和职责
- 091　3.6　工作场所和设备管理
- 105　3.7　项目评审和合同管理
- 114　3.8　技术交底和服务计划（方案）
- 144　3.9　委托单位财产和备品（件）
- 149　3.10　从业过程
- 170　3.11　信息管理
- 184　3.12　检查、评价和改进

- 199 **第4章 消防技术服务作业指导书示例**
- 200　4.1　消防设施维护保养作业指导书示例
- 223　4.2　消防设施检测作业指导书示例
- 275　4.3　消防安全评估作业指导书示例

310	4.4	仪器设备操作规程示例
318	4.5	消防设施维护保养现场记录示例
322	4.6	消防设施故障维护单示例
323	4.7	消防设施维护保养报告示例
338	4.8	消防设施检测记录和报告示例
369	4.9	消防安全评估记录和报告示例

401	**第5章**	**质量认证概述**
402	5.1	认证的基本概念
402	5.2	质量认证的内涵
403	5.3	质量认证制度

405	**附录**	
405	附录1	相关消防法律法规、技术规范
440	附录2	质量管理体系建设和质量提升活动企业案例

第1章
消防技术服务机构发展与现状

根据《中华人民共和国消防法》和《社会消防技术服务管理规定》，消防技术服务机构是指从事消防设施维护保养检测、消防安全评估等社会消防技术服务活动的企业。消防技术服务机构应当符合从业条件，执业人员应当依法获得相应的资格；依照法律、行政法规、国家标准、行业标准和执业准则，接受委托提供消防技术服务，并对服务质量负责。

1.1 消防技术服务机构的分类和特征

1.1.1 消防技术服务机构分类

消防技术服务机构分为三类,分别是消防设施维护保养机构、消防设施检测机构和消防安全评估机构。消防设施维护保养机构可以从事建筑消防设施维护保养活动。消防设施检测机构可以从事建筑消防设施检测活动。消防安全评估机构可以从事区域消防安全评估、社会单位消防安全评估、大型活动消防安全评估等活动,以及消防法律法规、消防技术标准、火灾隐患整改、消防安全管理以及消防宣传教育等方面的咨询活动。

1.1.2 消防技术服务机构特征

1.1.2.1 依法而立

消防技术服务机构的法律地位决定它必须依法登记注册,成为单独承担民事责任的法人组织。它既不是政府的附属物,也不是政府与社会之间、政府与市场之间、政府与企业之间的行政管理层次,更不是政府的派出机构,而是介于政府与社会之间、政府与市场之间、政府与企业之间的桥梁与纽带,具有一定的独立性。

1.1.2.2 依法而行

消防技术服务机构的运行机制要求它一方面必须遵循客观独立、合法公正、诚实信用原则,按照有关法律、法规、规章进行各项消防技术服务活动;另一方面必须按照章程或有关规定进行自我管理和自我约束,发挥自律机制的作用。

1.1.2.3 覆盖社会

消防技术服务的客体是社会的,包括社会和经济的各个领域,而不是社会的某一部分。因此,消防技术服务机构往往也因为社会化生活和生产的丰富性而体现出多样性的特点。

1.1.2.4 专业性强

消防技术服务机构的存在基础是必须具有专业知识和技能。技术服务是一种智力性劳动,只有具备某种符合社会需要的专业知识或技能才能建立机构,在经济和社会活动中发挥服务、沟通、协调、鉴证和监督等作用。

1.1.2.5 提供服务

消防技术服务机构的运行实质是提供服务。社会和市场主体只有通过社会消防技术服务机构的具体服务行为才能达到预期的目的。这种服务是规范性服务,必须依法、依章而行,否则是无效服务;这种服务又是竞争性服务,不是强行的或垄断的服务,而是同行业有序竞争的服务,以便社会和市场主体通过比较而选择高效、优质、优价的服务。

1.1.3 消防技术服务机构专业技术作用

在我国,消防技术服务机构在推进消防工作的社会化进程中,在建筑防火、建筑消防设施、消防安全管理等方面提供专业技术支撑,发挥着至关重要的专业技术作用。这些机构严格遵循我国的法律法规以及技术标准,接受各类委托,并按照规范要求开展一系列消防技术服务活动。通过这些专业化的服务,它们能够有效地识别和消除火灾隐患,从而显著提高整个社会的火灾预防控制能力,确保人民群众的生命财产安全得到充分保障。

因此,消防技术服务机构不仅仅是执行者和技术提供者,更是社会责任的承担者,它们的存在和努力对于构建和谐安全的社会环境具有重要意义。消防技术服务机构在执行消防技术服务的同时,也在传播消防安全知识,提高公众的消防安全意识,从而使更多的人了解和掌握消防安全知识,减少火灾事故的发生,保障人民群众的生命财产安全。

1.2 消防技术服务机构的发展历程

1.2.1 消防技术服务机构发展历史概况

消防技术服务机构的发展历史即消防事业的逐步专业化和社会化进程。

在古代,虽然没有明确的"消防技术服务机构"的概念,但已经有了火灾预防和应急救援的初步组织。例如,周朝时期设有管理用火安全的官员"司烜",负责防火宣传和火情预警;唐朝则设立了"武侯铺",作为早期的治安消防组织;宋代更是建立了世界上最早的专业消防机构"潜火队",并配备了云梯、唧筒等救火工具。这些古代消防组织的出现,为后来的消防技术服务机构奠定了基础。

进入近代,随着城市化进程的加快和火灾事故的频发,消防机构逐渐兴起并专业化。例如,在清末,上海等地出现了由民间自发组织的救火会、水龙局等消防组织;到了民国时期,消防事业得到了进一步的发展,消防法规不断完善,消防设备也逐渐现代化。然而,这一时期的消防机构多以地方性和自发性为主,尚未形成全国性的统一管理和服务标准。

中华人民共和国成立后,党和政府高度重视消防事业的发展,消防机构逐渐走向正规化和专业化。随着《中华人民共和国消防法》等法律法规的颁布实施,消防技术服务机构作为社会消防安全公共服务体系的重要组成部分应运而生。这些机构依法成立并接受相关部门的监督管理,专门从事消防设施维护保养检测、消防安全评估等社会消防技术服务活动。

1.2.2 消防技术服务机构的发展阶段

消防技术服务机构经历了从初步形成到逐步规范再到快速发展的几个阶段。

1.2.2.1 第一阶段

这个时期的消防技术服务发展可视为形成期,时间对应于20世纪80年代至90年代初。在此期间,1995年,国务院办公厅对公安部的《消防改革与发展纲要》进行了批转,并对消防技术服务的三项基本定位进行了明确。这三项基本定位包括:代理效能、服务性质、职责界定。这一举措为消防技术服务的发展提供了强有力的政策依据,为其进一步发展奠定了基础。

1996年,公安部针对建筑消防设施的维护保养问题发布了通知。该通知要求各省、自治区、直辖市必须建立消防技术服务机构,负责承担建筑消防设施的维护保养工作。这一通知的发布进一步推动了消防技术服务的发展,确保了建筑消防设施的正常运行和安全性。

总的来说,从20世纪80年代到90年代初,消防技术服务在中国逐渐发展壮大。国务院办公厅和公安部的相关文件为消防技术服务提供了政策支持和指导,推动了其在中国的发展。

1.2.2.2 第二阶段

自20世纪90年代初期开始,一直持续到2008年。在这个阶段,我国颁布了《中华人民共和国消防法》,时间是在1998年,并且在2008年对其进行了首次修订,以进一步完善法规,这使得消防技术服务行业的地位得到进一步的巩固和提高。消防技术服务行业开始提供包括产品检测认证、设施维修、消防法律、信息咨询以及提升企业内部消防安全管理等一系列的服务,并逐渐获得了相应的服务许可。与此同时,在2006年,《国务院关于进一步加强消防工作的意见》中提出,"鼓励发展提供消防安全技术服务的中介组织",这进一步明确了这类组织在社会中的地位以及其发展的方向。

1.2.2.3 第三阶段

自2008年起,一直持续到2019年。2008年,《中华人民共和国消防法》进行了修订,它逐步加强了对社会组织在维护消防安全方面的具体责任规定,这一举措极大地推动了消防技术服务行业的规范化以及法律化进程。2011年,国务院颁布了《关于加强和改进消防工作的意见》,明确要求制定消防技术服务机构的监管规定。基于这样的法规背景,2014年,公安部发布《社会消防技术服务管理规定》,这在业界通常被简称为"公安部129号令"。该规定对消防设施的维护保养检测(包括灭火器的维修)、消防安全评估等方面,实施了资质和资格的审批制度,为这些服务提供了明确的法律依据。这一法规的出台,对中国消防技术服务行业的发展具有深远的里程碑意义,它不仅为行业的发展指明了方向,也为提高消防安全水平提供了强有力的法律保障。

1.2.2.4 第四阶段

消防技术服务活动监管改革的历史可以追溯到2019年,时至今日,这一改革仍在持续进行中。在此期间,中共中央办公厅和国务院办公厅《关于深化消防执法改革的意见》中明确表示,取消对消防技术服务机构资质许可的要求。2019年8月29日,由应急管理部发布的《消防技术服务机构从业条件》要求立即停止对消防技术服务机构资质许可的工作。与此同时,为了适应这一变化,《中华人民共和国消防法》也进行了相应的修改,这使得社会消防技术服务活动的监管方式发生了重大的转变。这一系列改革措施充分考虑了"放管服"的社会效益,积极响应了国务院对增强市场经济活力的倡议。因此,到了2021年8月17日,应急管理部再次印发了《社会消防技术服务管理规定》,为消防技术服务机构提供了更为明确的从业条件和监管要求,这无疑为消防技术服务机构的规范发展提供了更为明确的指导。

1.2.3 消防技术服务机构发展趋势

近些年,随着我国对于"放管服"改革不断地深入,许多领域都取消了原本的资质许可要求,有效地降低了相关行业的从业门槛。这一系列改革的推进,不仅仅促进了相关行业进一步市场化和社会化,也激发了行业的活力,让更多的社会资本和人力资源能够进入消防技术服务领域,推动行业的健康发展。

与此同时,在信息化管理方面,国家消防救援局也建立了一套完善的社会消防技术服务信息系统,大大提升了我国消防行业管理的信息化水平,使得服务的透明度得到了极大的提升,监管的有效性也得到了大幅度的增强。这对于保障我国人民群众的生命财产安全,预防和减少火灾事故的发生,都起到了积极的推动作用。

总的来说,通过这些改革措施的实施,我国在消防行业管理和服务方面都取得了显著的进步。这不仅是对我国消防救援工作的有力支持,也是对我国社会稳定和人民生命财产安全的重要保障。

1.3 消防技术服务机构的行业现状

1.3.1 政策法规环境

1.3.1.1 现行政策概述

《中华人民共和国消防法》和《社会消防技术服务管理规定》为消防技术服务机构的设立、运营和服务提供了明确的法律框架和监管指导。

《中华人民共和国消防法》作为国家层面的法律,规定了消防工作的基本原则和要求,强调了预防为主、防消结合的方针。

《社会消防技术服务管理规定》进一步明确了消防技术服务机构的资质条件、服务范围、监督管理和法律责任等,是行业规范管理的重要依据。

1.3.1.2 政策影响分析

政策法规对行业的影响是深远和多方面的,具体包括以下几个方面。

(1) 资质许可:政策取消了原有的资质许可制度,降低了从业门槛,使得更多企业能够进入市场,增加了行业的竞争力。

(2) 从业条件:下调了消防技术服务机构的场所面积和从业人员数量要求,同时解除了从业地域限制,减轻了企业的运营成本,促进了行业的健康发展。

(3) 监管方式:强化了事中、事后监管,明确了四类监督检查形式,包括监督抽查、专项检查、火灾事故延伸调查、投诉举报和交办移送核查,提高了服务的质量和可靠性。

(4) 信用管理:建立了信用管理制度,对违法失信行为实施联合惩戒,增强了行业的诚信水平。

(5) 服务范围:明确了消防技术服务机构的服务内容,包括消防设施维护保养检测和消防安全评估等,为机构的服务提供了清晰的指导。

(6) 法律责任:规定了违规行为的法律后果,包括罚款、责令停止执业、没收违法所得、吊销相应资格和吊销营业执照等,保障了行业的规范运作。

这些政策的实施,旨在优化消防技术服务行业的营商环境,提升服务质量,保障社会消防安全,同时也对行业内的机构提出了更高的要求,促进了行业的专业化和规范化发展。

1.3.2 市场现状分析

1.3.2.1 市场规模

在最近几年,随着我国政府对消防安全工作的高度重视,社会消防技术服务市场得到了显著的扩展和壮大。根据相关数据分析,目前全国范围内已经拥有了超过数万家专门提供社会消防技术服务的机构,这些机构在消防行业的各个领域中发挥着重要的作用,为社会的消防安全提供了有力的保障。它们所提供的服务范围广泛,包括了对消防设施的全面检测、对消防安全状况的细致评估,以及对消防设施的定期维护和保养等。

随着我国经济社会的快速发展和城市化进程的不断推进,对于消防技术服务的需求也在逐渐增加。随着城市人口的增长和建筑领域高质量发展需要,各类既有建筑、新建建筑消防设施的维护保养检测的需求量增加。因此,市场对于消防技术服务的需求也在不断上升,预计在未来几年,这个市场的规模将会持续扩大,展现出巨大的发展潜力和机遇。

1.3.2.2 服务需求与供给

在服务需求方面,随着《社会消防技术服务管理规定》的出台与实施,市场对规范化、专业化的消防技术服务需求显著增加。企业和公共设施对消防安全的重视程度不断提升,对消防技术服务的需求也从单一的设施检测逐渐转变为包括消防安全评估、咨询和管理在内的全方位服务。

在服务供给方面,社会消防技术服务机构数量的增长显示了市场供给能力的提升。但同时,行业内也存在服务质量参差不齐的问题。为了提高服务质量,应急管理部对从业机构提出了更为严格的要求,强化事中事后监管措施,包括火灾事故延伸调查消防技术服务活动、"双随机、一公开"消防检查抽查消防技术服务质量、信用惩戒等,以促进行业内健康竞争和服务质量的提升。

此外,随着技术的进步,智能化、信息化的消防技术服务逐渐成为行业发展的新趋势。例如,利用大数据和云计算技术进行消防安全评估,以及通过物联网技术实现消防设施的远程监控和维护,都是当前和未来市场供给的新方向。这些新技术的应用不仅提高了服务效率,也为社会消防技术服务机构开拓了新的业务领域和增长点。

1.3.3 机构运营与管理

1.3.3.1 机构类型与资质

社会消防技术服务机构主要分为消防设施维护保养检测机构和消防安全评估机构两种类型。根据《社会消防技术服务管理规定》,这些机构必须满足相关规定的从业条件。

(1) 从业要求:机构须取得企业法人资格,并根据服务类型,拥有一定面积的工作场所以及符合要求的基础设备和专业设备。

(2) 人员配置:须有规定数量的注册消防工程师,包括一定比例的一级注册消防工程师,以及取得消防设施操作员国家职业资格证书的人员。

(3) 质量管理体系:建立健全的质量管理体系或消防安全评估过程控制体系,确保服务的标准化和规范化。

1.3.3.2 运营模式与挑战

社会消防技术服务机构的运营模式正逐步向市场化运作转型,但在此过程中,同时也面临着一些挑战。

(1) 市场化运营:随着资质许可的取消,更多的机构有机会进入市场,市场竞争日趋激烈,对机构的服务质量和效率提出了更高要求。

(2) 技术与人才挑战:机构需要不断提升技术人员的专业能力和服务质量,同时还面临专业人才短缺的问题。

(3) 监管适应:在新的监管环境下,机构需要采取消防技术服务活动事前事中事后全流程管理模式,确保服务活动的合法性和规范性。

(4) 价格竞争:部分机构为了获得市场份额,采取低价恶性竞争的方式,这可能影响服务质量并扰乱市场秩序。

(5) 地域限制解除:新规定取消了从业地域限制,允许机构在全国范围内提供服务,这为机构扩大服务范围提供了机会,同时也带来了跨区域运营的挑战。

（6）信息化管理：机构需加强信息化建设,利用社会消防技术服务信息系统等平台,提升服务效率和透明度。

（7）信用体系：随着积分信用管理制度的实施,机构及其从业人员的诚信度将直接影响其市场声誉和业务发展。

1.3.4 技术发展与创新

1.3.4.1 技术发展趋势

社会消防技术服务机构的技术发展正朝着智能化、信息化和集成化的方向快速前进。随着大数据、物联网、云计算和人工智能等先进技术的不断融入,消防技术服务正经历着深刻的变革。

（1）智能化：利用人工智能技术,消防服务能够实现更加精准的火灾预警、自动灭火和智能疏散指导,极大地提升了消防安全管理的效率和效果。

（2）信息化：通过建立全面的消防安全信息数据库,实现对消防设施和安全状况的实时监控,提高对火灾隐患的识别和响应速度。

（3）集成化：将消防技术服务与其他安全领域技术相结合,如安防、交通等,形成综合安全管理解决方案,实现资源的优化配置和效率的最大化。

1.3.4.2 创新应用案例

创新应用案例在社会消防技术服务行业中层出不穷,以下为几个典型案例。

案例一：智慧消防站

某市消防局利用物联网技术建立了智慧消防站,通过传感器实时监测消防设施状态,结合大数据分析技术,智能预测火灾风险,实现早期预警。

案例二：无人机消防巡查

无人机技术被应用于消防巡查,特别是在地形复杂或人员难以到达的区域,无人机可以快速进行火情侦查和实施实时图像传输,为火灾扑救提供决策支持。

案例三：虚拟现实消防演练

通过虚拟现实技术,消防人员能够在模拟环境中进行各种火灾场景的演练,提高应急处置能力和协同作战效率。

案例四：智能楼宇消防系统

智能楼宇集成了多种消防技术服务,如智能烟感、自动喷淋、消防电梯控制等,通过中央控制系统实现联动操作,极大提升了火灾应对能力。

案例五：移动消防服务平台

开发移动应用程序,为公众提供消防知识普及、火灾隐患自查、紧急求助等功能,增强了社会公众的消防安全意识和自救、互救能力。

这些案例体现了社会消防技术服务机构在技术创新和应用实践方面的积极探索和显著成就,不仅提高了消防安全管理的专业性和有效性,也为整个社会消防安全环境的改善作出了重要贡献。

1.3.5 行业问题与对策

1.3.5.1 存在问题

（1）市场竞争机制不完善：缺乏市场化的优劣辨识手段,存在恶性竞争现象,影响了行业的健康发展。

(2) 从业人员技术素质参差不齐：由于社会消防技术服务机构的从业人员专业水平不一，服务质量难以保证，影响了消防技术服务的整体效果。

(3) 传统的消防治理模式面临挑战：消防技术服务信息不对称、过程不透明，传统的监督检查不能覆盖从业全过程，监管效率不高。

(4) 行业转型发展存在短板：机构质量管理水平不高、从业风险控制不足、核心竞争力不强。

1.3.5.2 对策与建议

(1) 加强行业监管：通过完善法律法规和技术标准，以及应用数字技术赋能，加强消防技术服务机构全生命周期监管，同时引导市场化的消防技术服务能力评价，激发市场主体活力，引导机构做优做强、提高服务质量。通过建立信用评价和公示制度，对违法失信行为进行惩戒，提高行业的诚信水平。

(2) 提升从业人员素质：通过加强培训和教育，提高从业人员的专业技能和职业道德，确保消防技术服务的专业性和可靠性。

(3) 建立健全质量管理体系：制定和完善行业质量管理要求，为社会消防技术服务机构运营和管理提供规范化的质量技术支撑。

(4) 促进行业自律：鼓励和支持行业组织加强自律管理，规范从业行为，提升服务质量，促进行业的健康发展。

(5) 推动技术创新：鼓励社会消防技术服务机构加大研发投入，推动技术创新，提高服务的科技含量和附加值。

(6) 加强公众教育：通过宣传教育，提高公众对消防安全的重视程度，增强社会对消防技术服务机构服务的认可和支持。

1.3.6 行业前景与趋势

1.3.6.1 发展机遇

(1) 政策支持：随着《社会消防技术服务管理规定》的实施，行业监管得到加强，为规范服务和提高服务质量提供了政策基础。

(2) 技术进步：物联网、大数据、云计算等技术的发展为消防服务的智能化、信息化提供了技术支持。

(3) 市场需求：城镇化进程的加快以及高层建筑和复杂建筑的增多，加大了对专业化消防技术服务的需求。

(4) 安全意识提升：社会对消防安全的重视程度不断提升，推动了消防服务市场的发展。

1.3.6.2 未来趋势预测

(1) 智慧消防的推进：预计智慧消防将成为行业发展的主要方向，通过技术整合实现更高效的火灾预防和应急响应。

(2) 服务范围的拓展：服务内容将从传统的消防设施检测、维护向消防安全评估、咨询以及教育培训等多元化服务拓展。

(3) 行业集中度提升：随着市场竞争的加剧，预计行业内的优质企业将通过兼并重组等方式提升市场集中度。

(4) 标准化和规范化：预计行业将进一步推进服务标准化和规范化建设，提高服务质量和效率。

(5) 国际合作加深：随着国内消防技术服务机构实力的增强，预计将有更多的国际合作机会，拓展服务的国际市场。

1.3.7　国外消防技术服务概况

国外的消防技术服务行业在智慧消防领域的发展较为显著,特别是在美国。智慧消防的研究源于2012年,由美国标准技术研究院(NIST)提出,将信息物理系统(CPS)应用于消防装备和灭火器材领域。2013年,美国消防研究基金会进一步研制了智慧消防发展规划图,明确了研究难点和技术问题,并将智慧消防作为未来的重点项目进行研究。

国外智慧消防建设的成效显著,例如美国Math Works公司开发了智能应急响应系统(SERS),该系统在灾难发生时为幸存者和救援人员提供周边地理环境等信息,实现快速定位和救助。此外,谷歌公司研发的谷歌眼镜内置建筑物地图,帮助消防员快速穿过浓烟火场;瑞典皇家理工学院研制的数字定位消防鞋,通过安装先进的传感器、无线模块和处理器,能够反映消防员和被困人员的准确信息,实现远程操控。

这些技术和产品的发展,不仅提升了消防服务的智能化水平,也为防火监督管理和灭火救援提供了数据支撑,提高了社会化消防监督与管理水平,增强了现代化智慧城市的防火能力。智慧消防的实质是综合运用各种先进的信息化技术,采集、传输、挖掘和分析海量的消防数据,实现消防管理服务和灭火救援的智能化。

总体来看,国外消防技术服务行业主要体现在智慧消防方面的发展,也已经取得了一定的成果,并且持续推动着消防领域向信息化、智能化方向深入发展。

1.4　消防技术服务机构质量管理现状

根据社会消防技术服务信息系统网站的消防技术服务机构信息和注册消防工程师信息,截至2024年9月30日,注册的消防技术服务机构数量1.5万余家,注册的消防工程师数量为5.1万余名。与2022年年底注册的消防技术服务机构数量1万余家、2023年年底注册的消防技术服务机构数量1.3万余家相比,消防技术服务机构的注册数量正迅速增长。

在2021年出台的《社会消防技术服务管理规定》中,明确要求消防技术服务机构建立健全质量管理和消防安全评估过程控制体系。将机构的质量管理行为纳入行政监管范畴,其必要性和重要性不言而喻。同时,各地积极推动消防安全领域征信体系建设,实施清单式分类监管,对机构及其从业人员的失信行为采取联合惩戒措施。在此环境下,机构不执行标准、低质量甚至不真实从业,从业风险将急剧增大。由此看出,加强从业质量管控、提高服务质量已成为机构适应当前形势的重要抓手和首要任务。

通过对消防技术服务机构的取样调研,归纳出当前消防技术服务市场在质量管理方面存在的问题。

（1）对质量管理认识不足。部分机构未认识到质量管理带来的长远效益,只贪图眼前的利益,降低服务价格抢单,导致服务缩水,久而久之,质量状况越来越差。部分机构认为服务过程不重要,以出具书面结论性文件为首要目的,忽视了从业过程的质量管控。

（2）质量管理存在"务虚"现象。部分机构为在形式上满足从业条件要求,"取经"模仿一套质量管理体系"台账"作为摆设。有的尽管按要求建立了质量管理体系或制度,但与工作实际脱节,造成体系和制度运行困难。建立的质量管理体系中,有的机构确立的质量管理要素不够明确、全面,缺少执业过程控制等重点管控要求,质量管理缺乏系统性和完整性。

（3）质量管理基础尚薄弱。标准、计量、检验检测及认证认可等国家质量技术基础在消防技术服务机构质量管理的支撑作用较为薄弱。在消防技术服务领域,还未出现适用于消防技术服务机构质量管理的培育、咨询、质量技术应用等针对性的综合服务体系。

  我国经济社会发展已进入高质量发展阶段,社会消防技术服务作为特定领域的服务型行业,应加强企业内部质量管理和从业质量管控,提高服务质量。消防技术服务行业应编制充分考虑消防法律法规和技术标准要求,吸收国际、国内通行的质量管理工具、技术和方法,参考《质量管理体系 要求》(GB/T 19001)、《质量管理 组织的质量 实现持续成功指南》(GB/T 19004)等质量管理相关标准,结合行业发展、特点和质量管理现状,建立健全消防技术服务机构质量管理和消防安全评估过程控制体系,促进消防技术服务机构质量管理的科学化、标准化和规范化,适应行业健康稳定发展的需要。

第 2 章
质量管理体系概述与应用

随着科技与产业的迅速发展,质量管理的理论与实践也在不断演进,经历了多个重要阶段。从最初的质量检验方法,到后来引入的统计质量控制,直至全面质量管理的理念,质量管理的演变反映了对产品和服务质量要求的不断提升。如今,国际上广泛实施了以 ISO 9000 系列标准为依据的质量管理体系。这些标准不仅为企业提供了系统化的质量管理框架,还促进了各行业之间的交流与合作。

2.1 质量管理的概念和原则

2.1.1 质量概念

质量是指客体的一组固有特性满足要求的程度。质量可使用形容词来修饰,如:差、好或优秀。"固有的"(其反义是"赋予的")意味着存在于客体内。

组织的产品和服务质量取决于满足顾客的能力,以及所受到的有关相关方的有意和无意的影响。产品和服务的质量不仅包括其预期的功能和性能,而且还涉及顾客对其价值和利益的感知。

一个关注质量的组织倡导一种文化,其结果导致其行为、态度、活动和过程,通过满足顾客和有关的相关方的需求和期望实现其价值。当前,组织的工作所面临的环境表现出如下特性:变化加快、市场全球化以及知识作为主要资源出现。质量的影响已经超出了顾客满意的范畴,它也可直接影响到组织的声誉。

2.1.2 质量管理概念

质量管理是指关于质量的指挥和控制组织的协调活动。包括制订质量方针和质量目标,以及通过质量策划、质量保证、质量控制和质量改进实现这些质量目标的过程。

质量方针是指关于质量的由最高管理者正式发布的组织的宗旨和方向。质量目标是指与质量有关的要实现的结果,其依据组织的质量方针制订。通常,在组织内的相关职能、层级和过程分别规定质量目标。

质量策划致力于制订质量目标并规定必要的运行过程和相关资源以实现质量目标,包括编制质量计划。质量保证致力于提供质量要求会得到满足的信任。质量控制致力于满足质量要求。质量改进致力于增强满足质量要求的能力。质量要求可以是有关任何方面的,如有效性、效率或可追溯性。

2.1.3 质量管理原则

质量管理原则共包括以顾客为关注焦点、领导作用、全员积极参与、过程方法、改进、循证决策和关系管理七项原则。每项原则的概述、理论依据、主要获益和可开展的活动内容见表2.1~表2.7。

表2.1 原则一 以顾客为关注焦点

原则一	以顾客为关注焦点
概述	质量管理的主要关注点是满足顾客要求并且努力超越顾客期望
理论依据	组织只有赢得和保持顾客和其他有关相关方的信任才能获得持续成功。与顾客相互作用的每个方面,都提供了为顾客创造更多价值的机会。理解顾客和其他相关方当前和未来的需求,有助于组织的持续成功
主要获益可能有	可开展的活动
增加顾客价值; 增强顾客满意; 增进顾客忠诚; 增加重复性业务; 提高组织的声誉; 扩展顾客群; 增加收入和市场份额	辨识从组织获得价值的直接和间接的顾客; 理解顾客当前和未来的需求和期望; 将组织的目标与顾客的需求和期望联系起来; 在整个组织内沟通顾客的需求和期望; 为满足顾客的需求和期望,对产品和服务进行策划、设计、开发、生产、交付和支持; 测量和监视顾客满意情况,并采取适当的措施; 在有可能影响到顾客满意的有关相关方的需求和适宜的期望方面,确定并采取措施; 积极管理与顾客的关系,以实现持续成功

表 2.2　原则二　领导作用

原则二	领导作用
概述	各级领导建立统一的宗旨和方向,并且创造全员积极参与的条件,以实现组织的质量目标
理论依据	统一的宗旨和方向的建立,以及全员的积极参与,能够使组织将战略、方针、过程和资源保持一致,以实现其目标

主要获益可能有	可开展的活动
提高实现组织质量目标的有效性和效率; 组织的过程更加协调; 改善组织各层级、各职能间的沟通; 开发和提高组织及其人员的能力,以获得期望的结果	在整个组织内,就其使命、愿景、战略、方针和过程进行沟通; 在组织的所有层级创建并保持共同的价值观,公平和道德的行为模式; 培育诚信和正直的文化; 鼓励在整个组织范围内履行对质量的承诺; 确保各级领导者成为组织人员中的楷模; 为人员提供履行职责所需的资源、培训和权限; 激发、鼓励和表彰人员的贡献

表 2.3　原则三　全员积极参与

原则三	全员积极参与
概述	在整个组织内各级人员的胜任、被授权和积极参与,是提高组织创造和提供价值能力的必要条件
理论依据	为了有效和高效地管理组织,各级人员得到尊重并参与其中是极其重要的。通过表彰、授权和提高能力,促进在实现组织的质量目标过程中的全员积极参与

主要获益可能有	可开展的活动
通过组织内人员对质量目标的深入理解和内在动力的激发,以实现其目标; 在改进活动中,提高人员的参与程度; 促进个人发展、主动性和创造力; 提高人员的满意程度; 增强整个组织内的相互信任和协作; 促进整个组织对共同价值观和文化的关注	与员工沟通,以增进他们对个人贡献的重要性的认识; 促进整个组织内部的协作; 提倡公开讨论,分享知识和经验; 授权人员确定工作中的制约因素并积极主动参与; 赞赏和表彰员工的贡献、钻研精神和进步; 针对个人目标进行绩效的自我评价; 进行调查,以评估人员的满意程度和沟通结果,并采取适当的措施

表 2.4　原则四　过程方法

原则四	过程方法
概述	将活动作为相互关联、功能连贯的过程系统来理解和管理时,可更加有效和高效地得到一致的、可预知的结果
理论依据	质量管理体系是由相互关联的过程所组成。理解体系是如何产生结果的,能够使组织尽可能地完善其体系和绩效

主要获益可能有	可开展的活动
提高关注关键过程和改进机会的能力; 通过协调一致的过程体系,始终得到预期的结果; 通过过程的有效管理,资源的高效利用及跨职能壁垒的减少,尽可能提升其绩效; 使组织能够向相关方提供关于其一致性、有效性和效率方面的信任	确定体系的目标和实现这些目标所需的过程; 为管理过程确定职责、权限和义务; 了解组织的能力,预先确定资源约束条件; 确定过程相互依赖的关系,分析个别过程的变更对整个体系的影响; 对体系的过程及其相互关系进行管理,有效和高效地实现组织的质量目标; 确保可获得过程运行和改进的必要信息,并监视、分析和评价整个体系的绩效; 管理能影响过程输出和质量管理体系整个结果的风险

表 2.5　原则五　改进

原则五	改进
概述	成功的组织持续关注改进
理论依据	改进对于组织保持当前的绩效水平,对其内、外部条件的变化作出反应并创造新的机会都是非常必要的

主要获益可能有	可开展的活动
改进过程绩效、组织能力和顾客满意; 增强对调查和确定根本原因及后续预防和纠正措施的关注; 提高对内、外部风险和机遇的预测和反应的能力,增加对渐进性和突破性改进的考虑; 通过加强学习实现改进; 增强创新的动力	促进在组织的所有层级建立改进目标; 对各层级员工进行培训,使其懂得如何应用基本工具和方法实现改进目标; 确保员工有能力成功地制订和完成改进项目; 开发和展开过程,以在整个组织内实施改进项目; 跟踪、评审和审核改进项目的计划、实施、完成和结果; 将新产品开发或产品、服务和过程的变更都纳入改进中予以考虑

表 2.6　原则六　循证决策

原则六	循证决策
概述	基于数据和信息的分析和评价的决策,更有可能产生期望的结果
理论依据	决策是一个复杂的过程,并且总是包含一些不确定因素。它经常涉及多种类型和来源的输入及其解释,而这些解释可能是主观的。重要的是理解因果关系和可能的非预期后果。对事实、证据和数据的分析可导致决策更加客观、可信

主要获益可能有	可开展的活动
改进决策过程; 改进对过程绩效和实现目标的能力的评估,改进运行的有效性和效率; 提高评审、挑战和改变观点及决策的能力; 提高证实以往决策有效性的能力	确定、测量和监视证实组织绩效的关键指标; 使相关人员能够获得所需的全部数据; 确保数据和信息足够准确、可靠和安全; 使用适宜的方法对数据和信息进行分析和评价; 确保人员有能力分析和评价所需的数据; 依据证据、权衡经验和直觉进行决策并采取措施

表 2.7　原则七　关系管理

原则七	关系管理
概述	为了持续成功,组织需要管理与有关相关方(如:供方)的关系
理论依据	有关相关方影响组织的绩效。当组织管理与所有相关方的关系,以尽可能地发挥其在组织绩效方面的作用时,持续成功更有可能实现。对供方及合作伙伴的关系网的管理是尤为重要的

主要获益可能有	可开展的活动
通过对每一个与相关方有关机会和限制的响应,提高组织及其相关方的绩效; 对目标和价值观,与相关方有共同的理解; 通过共享资源和能力,以及管理与质量有关的风险,增加为相关方创造价值的能力; 具有管理良好,可稳定提供产品和服务的供应链	确定有关相关方(如:供方、合作伙伴、顾客、投资者、雇员或整个社会)及其与组织的确定和排序需要管理的相关方的关系; 考虑权衡短期利益与长远利益的关系; 收集并与有关相关方共享信息、专业知识和资源; 适当时,测量绩效和向相关方报告,以增加改进的主动性; 与供方、合作伙伴及其他相关方共同开展开发和改进活动; 鼓励和表彰供方与合作伙伴的改进和成绩

2.2 质量管理体系概念和方法

2.2.1 质量管理体系概念

管理体系是指组织建立方针和目标以及实现这些目标过程的相互关联或相互作用的一组要素。质量管理体系是指管理体系中关于质量的部分。管理体系要素规定了组织的结构、岗位和职责、策划、运行、方针、惯例、规则、理念、目标,以及实现这些目标的过程。

质量管理体系包括组织识别其目标,以及为获得所期望的结果而确定的所要求的过程和资源的活动,管理所需要的相互作用的过程和资源,以向有关相关方提供组织的价值并实现其结果。质量管理体系能够使最高管理者通过考虑其决策的长期和短期影响而优化资源的利用,给出了在提供产品和服务方面,针对预期和非预期的结果确定所采取措施的方法。

质量管理体系是通过周期性改进,随着时间的推移而进化的动态系统。无论其是否经过正式策划,每个组织都有质量管理活动。确定组织中现存的活动和这些活动对组织环境的适宜性是必要的。质量管理体系无需复杂化,而是要准确地反映组织的需求。

组织就像人一样,是一个具有生存和学习能力的社会有机体。二者都具有适应的能力,并且由相互作用的系统、过程和活动组成。为了适应变化的环境,均需要具备应变能力。组织经常通过创新实现突破性改进。在组织的质量管理体系模式中可以认识到,不是所有的体系、过程和活动都可以被预先确定,因此,组织应该具有灵活性,以适应复杂的组织环境。

2.2.2 质量管理体系方法

质量管理体系采用过程方法,该方法结合了"策划—实施—检查—处置"(PDCA)循环和基于风险的思维,过程方法使组织能够策划过程及其相互作用。PDCA 循环使组织能够确保其过程得到充分的资源和管理,确定改进机会并采取行动。基于风险的思维使组织能够确定可能导致其过程和质量管理体系偏离策划结果的各种因素,采取预防控制,最大限度地降低不利影响,并最大限度地利用出现的机遇。

2.2.2.1 过程方法

过程方法使组织能够策划过程及其相互作用。将相互关联的过程作为一个体系加以理解和管理,有助于组织有效和高效地实现其预期结果。这种方法使组织能够对其体系的过程之间相互关联和相互依赖的关系进行有效控制,以提高组织整体绩效。

过程方法包括按照组织的质量方针和战略方向,对各过程及其相互作用进行系统的规定和管理,从而实现预期结果。可通过采用 PDCA 循环以及始终基于风险的思维对过程和整个体系进行管理,旨在有效利用机遇并防止发生不良结果。

在质量管理体系中应用过程方法能够达成以下目标:
(1) 理解并持续满足要求;
(2) 从增值的角度考虑过程;
(3) 获得有效的过程绩效;
(4) 在评价数据和信息的基础上改进过程。

单一过程的各要素及其相互作用如图 2.1 所示。每一过程均有特定的监视和测量检查点以用于控制,这些检查点根据相关的风险有所不同。

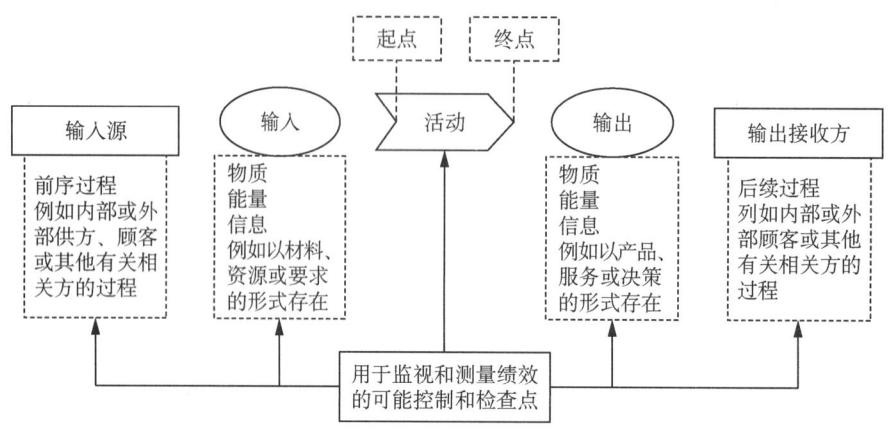

图 2.1　单一过程的各要素及其相互作用

2.2.2.2　PDCA 循环

PDCA 循环使组织能够确保其过程得到充分的资源和管理,确定改进机会并采取行动。PDCA 循环能够应用于所有过程以及整个质量管理体系。

PDCA 循环可以简要描述如下。

(1) 策划(Plan):根据顾客的要求和组织的方针,建立体系的目标及其过程,确定实现结果所需的资源,并识别和应对风险与机遇;

(2) 实施(Do):执行所做的策划;

(3) 检查(Check):根据方针、目标、要求和所策划的活动,对过程以及形成的产品和服务进行检视和测量(适用时),并报告结果;

(4) 处置(Act):必要时,采取措施提高绩效。

2.2.2.3　基于风险的思维

基于风险的思维使组织能够确定可能导致其过程和质量管理体系偏离策划结果的各种因素,采取预防控制,最大限度地降低不利影响,并最大限度地利用出现的机遇。基于风险的思维是实现质量管理体系有效性的基础。为满足质量管理的要求,组织需策划和实施应对风险和机遇的措施。应对风险和机遇,为提高质量管理体系有效性、获得改进结果以及防止不利影响奠定基础。

某些有利于实现预期结果的情况可能导致机遇的出现,例如:有利于组织吸引顾客、开发新产品和服务、减少浪费或提高生产率的一系列情形。利用机遇所采取的措施也可能包括考虑相关风险。风险是指不确定性的影响,不确定性可能有正面的影响,也可能有负面的影响。风险的正面影响可能提供机遇,但并非所有的正面影响均可提供机遇。

2.3　质量管理体系在各行业的应用

尽管 ISO 9001 标准明确指出,"本标准规定的所有要求是通用的,适用于各种类型、不同规模及提供不同产品和服务的组织",然而某些特定行业的组织认为,制定一个结合行业特性和产品生产特点的质量管理标准对于实施有效质量管理是十分有必要的。为此,许多组织在 ISO 9001 标准的基础上,开发了多种具有行业特征的质量管理体系标准，以满足不同行业的具体需求。

2.3.1 IATF16949质量管理体系在汽车行业的应用

1987年，国际标准化组织（International Organization for Standardization，ISO）首次发布ISO 9000系列标准，作为通用的质量管理标准，为各个行业，包括汽车行业，奠定了质量管理的基础。随着汽车行业的发展，特别是全球化和供应链的复杂性增加，行业对于专门的质量管理标准需求日益增长，促使汽车制造商和供应商之间需要一种统一的质量标准。

在1999年，国际汽车工作组（International Automotive Task Force，IATF）发布了ISO/TS 16949，这是针对汽车行业的技术规范，整合了ISO 9001标准的要求，并增加了汽车行业特有的要求。2002年，ISO/TS 16949进行了修订，进一步完善了汽车行业的质量管理要求。2009年，标准再次修订，强化了对产品质量、过程控制和持续改进的要求。2016年，IATF发布了IATF 16949:2016，标志着标准的重大更新与转型。该标准不仅继承了ISO 9001:2015的要求，还特别强调了风险管理、供应链管理和产品生命周期管理等方面。

IATF 16949:2016成为全球汽车行业的质量管理体系标准，为制造商和供应商提供了统一的框架，以提高产品质量、降低缺陷率以及增强客户满意度。此规范完全和ISO9000标准保持一致，但更着重于缺陷防范、减少在汽车零部件供应链中容易产生的质量波动和浪费，该标准的目标是在汽车供应链中开发提供持续改进、强调缺陷预防，以及减少变差和浪费的质量管理体系。标准具有非常明确的针对性和适用性。该技术规范适用于顾客要求的用于生产件和/或服务件的制造现场，适用于整个汽车供应链中的组织，已成为世界范围内共同和唯一的汽车行业质量管理体系的基本要求。

IATF 16949:2016通过对质量管理的全面要求，帮助汽车行业组织提高产品质量、降低缺陷率，增强客户满意度，同时也促进了整个供应链的质量管理水平。自发布以来，越来越多的汽车制造商和供应商开始实施IATF 16949:2016，并获得认证，推动了整个汽车行业的质量管理水平的提升。随着汽车行业向电动化、智能化和共享化的发展，IATF 16949标准也可能会继续演进，以适应新的技术和市场需求。

2.3.2 ISO/IEC 17025质量管理体系在实验室的应用

1987年，ISO首次发布了ISO 9000系列标准，提供了一套关于质量管理系统的通用框架。这为各类实验室的质量管理奠定了基础。1999年，ISO和IEC共同发布了ISO/IEC 17025标准。该标准专门针对实验室的测试和校准能力，整合了ISO 9001的要求，并增加了许多针对实验室特定需求的要求。2017年，ISO/IEC 17025标准进行了全面修订，主要更新内容如下。

（1）结构调整：与ISO 9001:2015的结构一致，采用高层次结构（HLS），使其更易于与其他管理体系标准结合。

（2）风险管理：引入风险管理的概念，要求实验室识别潜在风险并采取措施加以管理。

（3）能力和技术要求：加强了对技术能力的要求，强调实验室人员的能力和培训。

（4）信息管理：加强了数据管理和信息技术在实验室活动中的重要性。

（5）持续改进：强调了实验室在不断改进和更新过程中的重要性。

ISO/IEC 17025标准成为全球广泛接受的实验室认可标准，为测试和校准实验室提供了一个统一的评估和认可框架，提高了实验室的国际公信力。2017年，发布后的ISO/IEC 17025标准被广泛应用于全球的测试和校准实验室，促进了实验室在质量管理、技术能力和客户满意度方面的提升。随着科技的发展和实验室需求的变化，ISO/IEC 17025标准可能会继续演进，以适应新技术和行业需求。

2.3.3 ISO 13485 质量管理体系在医疗器械行业的应用

ISO 13485 是国际标准化组织（ISO）发布的针对医疗器械行业的质量管理体系标准。ISO 9001 于 1987 年首次发布，提供了通用的质量管理体系要求。随着医疗器械行业的快速发展，对产品质量和安全性的关注也逐渐增加。医疗器械制造商需要一个专门的标准，以满足特定的法规要求和客户期望。ISO 13485 的第一个版本于 1996 年发布，名为《医疗器械质量管理体系对法规的要求》。该标准提供了医疗器械行业特有的质量管理体系要求，旨在确保医疗器械的安全和有效性。在 1996 年版本的基础上，ISO 于 2003 年对该标准进行了修订。该版本强调了对法规要求的符合性，并增强了对质量管理体系有效性的关注。在 2016 年进行了进一步的修订，其基于 2015 年版的 ISO 9001 进行更新和结构上的调整，以便与其他管理体系标准保持一致。ISO 13485:2016 增强了对风险管理和生命周期过程的关注，同时强调了供应链管理和持续改进的重要性。

ISO 13485 已成为医疗器械行业广泛认可的质量管理体系标准，适用于医疗器械的设计、开发、生产、安装和服务等各个环节。许多组织在实施 ISO 13485 的同时，也会结合其他标准，如 ISO 9001、ISO 14971（风险管理标准）等，以构建全面的质量管理体系。

ISO 13485 的发展历程反映了医疗器械行业对质量管理的不断追求，从最初的基础标准到现在的专门标准，它旨在确保医疗器械的安全性和有效性，帮助制造商提高产品质量，满足法规要求。随着全球医疗器械市场的不断扩展，ISO 13485 在国际上扮演着越来越重要的角色，成为各国医疗器械监管合规的重要参考。

2.4 社会消防技术服务机构质量管理要求

随着消防技术服务市场的日益壮大，社会消防技术服务机构已成为社会消防安全治理的重要社会力量。在国家提出高质量发展和消防领域深化"放管服"改革的背景下，国家和地方相继推出了相关政策法规，始终将健全的质量管理体系和消防安全评估过程控制体系作为社会消防技术服务机构从业条件的重要一环，目的是确保机构的消防技术服务质量，切实发挥其在社会消防安全治理中的重要作用。

本书写作时，考虑了社会消防技术服务机构的质量管理体系建设和运行现状，遵循 GB/T 19001—2016 质量管理原则、过程方法和 PDCA 循环，为促进消防技术服务机构质量管理的科学化、标准化和规范化，为适应行业健康稳定发展的需要，编制了《社会消防技术服务机构质量管理要求》。为机构开展质量管理，建立健全和有效运行质量管理体系和消防安全评估过程控制体系，提升消防技术服务水平，提供基本遵循的原则和思路。为进一步规范消防技术服务市场，强化从业活动监督管理和行业自律，有效辨识优劣，推动行业高质量发展提供技术依据。全文如下。

社会消防技术服务机构质量管理要求

1 范围

本文件规定了社会消防技术服务机构（以下简称"机构"）质量管理体系，从业人员和职责，工作场所和设备管理，项目评审和合同管理，技术交底和服务计划（方案），委托单位财产和备品（件），从业过程，信息管理，检查、评价和改进，评价工具的要求。

本文件适用于指导机构建立健全质量管理体系和消防安全评估过程控制体系，规范其消防设施维护保养、检测和消防安全评估(以下简称"消防技术服务")的质量管理活动,也适用于主要相关方(监管部门、社会单位等)对机构质量管理体系和消防安全评估过程控制体系有效运行的监督,及认证机构对机构质量管理体系和消防安全评估过程控制体系运行符合性的评价。

2 规范性引用文件

下列文件中的内容通过文中的规范性引用而构成文件必不可少的条款。其中,注日期的引用文件,仅该日期对应的版本适用于本文件;不注日期的引用文件,其最新版本(包括所有的修改单)适用于本文件。

GB/T 5907.1 消防词汇 第1部分:通用术语

GB/T 5907.5 消防词汇 第5部分:消防产品

GB/T 19000 质量管理体系 基础和术语

GB 25201—2010 建筑消防设施的维护管理

GB/T 44481—2024 建筑消防设施检测技术规范

XF 1157 消防技术服务机构设备配备

XF/T 3005—2020 单位消防安全评估

3 术语和定义

GB/T 19000、GB/T 5907.1、GB/T 5907.5和XF 1157界定的以及下列术语和定义适用于本文件。

3.1 社会消防技术服务机构 Social Fire Protection Technical Service Provider

从事建筑消防设施维护保养检测、消防安全评估等社会消防技术服务活动的企业。

3.2 消防设施 Fire Facility

专门用于火灾预防、火灾报警、灭火以及发生火灾时用于人员疏散的火灾自动报警系统、自动灭火系统、消火栓系统、防烟排烟系统以及应急广播和应急照明、防火分隔设施、安全疏散设施等固定消防系统和设备。

[来源:GB/T 5907.1—2014,2.63]

3.3 消防设施维护保养 Maintenance of Fire Facility

依据消防法律法规和技术标准,运用专业知识、技能和设备对消防设施进行检查、测试,对已损坏或无法实现规定使用功能等的部件进行维修、保养,以保持消防设施完好有效地活动。

3.4 消防设施检测 Inspection and Test of Fire Facility

依据消防法律法规和技术标准,运用专业知识、技能和设备对消防设施的外观、安装质量和功能等进行的检查和测试,并出具书面结论文件的活动。

3.5 消防安全评估 Fire Safety Assessment

依据消防法律法规和技术标准,运用专业知识、技能和设备,对区域消防安全、社会单位消防安全、大型活动消防安全等进行分析、预测、评价、咨询,并出具书面结论文件的活动。

[来源:XF 1157—2014,3.3,有修改]

3.6 服务质量 Service Quality

组织能够满足规定、约定以及客户需求的特性的程度。

[来源:GB/T 36733—2018,3.5]

3.7 期间核查 Intermediate Checks

机构自身对其设备[含计量器具(参考标准器)、标准器、测量仪器仪表及测量/检验/测试设备]在两次校准或检定之间的时间间隔内,多次使用适当技术校核方法进行检查,以确保这些设备在使用期间一直维持良好状态的活动。

3.8 消防技术服务管理系统 Fire Technical Service Management System

用于提供社会消防技术服务"全生命周期"管理和服务的数字化平台。

3.9 消防技术服务从业人员 Fire Protection Technical Service Practitioners

依法取得注册消防工程师资格并在社会消防技术服务机构中执业的专业技术人员,以及按照有关规定取得相应消防行业特有工种职业资格,在社会消防技术服务机构中从事社会消防技术服务活动的人员。

3.10 技术负责人 Technical Director

经机构任命,负责社会消防技术服务机构质量监督管理,对出具的书面结论文件实施技术审核的人员。技术负责人应当具备一级注册消防工程师资格。

3.11 项目负责人 Project Leader

经机构指定,负责消防技术服务项目的策划、实施和管理,并承担项目质量责任的人员。项目负责人应当具备相应的注册消防工程师资格。

3.12 注册消防工程师 Certified Fire Engineer

取得相应级别注册消防工程师资格证书并依法注册后,从事消防设施维护保养检测、消防安全评估和消防安全管理等工作的专业技术人员。

3.13 消防设施操作员 Fire Facility Operator

取得相应等级的消防设施操作员证书,从事建(构)筑物消防设施运行、操作和维修、保养、检测等工作的人员。

[来源:GZB 4-07-05-04,1.3,有修改]

3.14 最高管理者 Top Management

在最高层指挥和控制机构的一个人或一群人,特指机构质量管理的第一责任人,通常为机构法定代表人、总经理、首席执行官或其他实际履行经理职责的企业负责人、实际控制人或行政负责人。

[来源:GB/T 19000—2016,3.1.1,有修改]

4 质量管理体系

4.1 基本要求

4.1.1 机构应识别、确定并掌握国家和地方的消防法律法规、技术标准,按照监管部门要求,充分考虑社会单位需求、市场环境、内部资源和绩效等因素,确保机构依法合规从业并可持续发展。

4.1.2 机构及其消防技术服务从业人员(以下简称"从业人员")开展消防技术服务活动应当遵循客观独立、合法公正、诚实信用的原则。

4.1.3 机构应按本文件要求,建立、实施、保持及持续改进质量管理体系和消防安全评估过程控制体系。

4.1.4 当机构质量管理体系和消防安全评估过程控制体系变更时,应考虑变更目的、潜在后果、管理过程的完整性、资源的可获得性、各部门和岗位职责的再分配等。

4.2 基于风险的思维

机构应及时识别、防范和控制可能存在的风险点,确定应对措施,在质量管理体系和消防安全评估过程控制体系的过程策划中整合并实施这些措施,验证措施的有效性。

4.3 质量方针

4.3.1 最高管理者应制定、实施和保持质量方针,质量方针至少承诺满足消防法律法规和技术标准要求、增强委托单位满意和持续改进质量管理活动。

4.3.2 质量方针应醒目公示于机构工作场所,在全体员工中得到沟通和理解。

4.4 质量目标

4.4.1 最高管理者应建立质量目标,质量目标应与质量方针保持一致,并可测量。

4.4.2 质量目标应考虑以下方面:

a) 从业合规;

b) 服务合同履约；
c) 服务应急响应及时；
d) 书面结论文件的准确和及时；
e) 设备检定/校准；
f) 服务满意情况(包括消防技术服务管理系统的评价、机构开展的满意度调查)；
g) 质量管理体系和消防安全评估过程控制体系有效运行。

4.4.3 质量目标应在全体员工中得到沟通、理解和实施。

4.4.4 技术负责人应至少每半年对质量目标完成情况进行统计并记录。

4.5 服务声明

4.5.1 最高管理者应对机构提供的消防技术服务做出服务声明，至少考虑以下方面：
a) 遵守消防法律法规和技术标准要求；
b) 消防技术服务活动遵循的原则；
c) 机构的服务承诺。

4.5.2 服务声明发布后应在全体员工中得到沟通、理解和实施，可为相关方所获取。

4.6 质量管理体系文件

4.6.1 为确保质量管理体系和消防安全评估过程控制体系的有效运行，技术负责人应组织建立三级质量管理体系文件，包含质量手册、程序文件、作业指导书。

4.6.2 质量手册的内容应至少包含：
a) 机构概况；
b) 体系覆盖的业务类别，如消防设施维护保养、检测和消防安全评估；
c) 服务声明；
d) 质量方针；
e) 质量目标；
f) 组织架构；
g) 技术负责人任命；
h) 岗位职责和权限；
i) 机构符合本文件的承诺；
j) 基于本文件要求的机构质量管理职能对照。

4.6.3 机构应建立相应的程序文件，明确相关过程的目的、范围、部门和岗位职责、工作流程和记录表单等。

4.6.4 机构应根据从事的业务类别、不同消防设施和使用的设备，建立相应的消防设施维护保养、消防设施检测、消防安全评估作业指导书，包含消防设施和设备操作规程，满足消防法律法规、技术标准要求。

5 从业人员和职责

5.1 一般规定

5.1.1 机构应配备并保持符合从业条件要求、与业务规模和承接项目数量相适应的从业人员。

5.1.2 机构应建立人员管理程序文件，对人员选择、资格确认、聘用、授权、知识和能力保持、评价等进行规范管理。

5.2 职责

5.2.1 最高管理者应制订机构的组织架构，明确技术负责人、项目负责人和消防设施操作员等岗位职责，至少任命1名技术负责人和指定各项目的项目负责人。

5.2.2 技术负责人应履行以下主要职责：
a) 机构质量监督管理及绩效改进；

b) 收集消防法律法规和技术标准并贯彻执行;
c) 组织实施质量手册、程序文件、作业指导书的编制、修订、审核及批准;
d) 组织实施机构人员培训及能力评价;
e) 组织实施设备监督管理;
f) 对机构出具的书面结论文件进行技术审核和签署;
g) 组织实施重大投诉、质量事故的调查和处置;
h) 组织实施服务满意度调查;
i) 组织实施项目质量监督、质量管理体系内部审核。

当机构设置2名及以上技术负责人时,宜明确1名技术负责人负责落实上述各项职责。

5.2.3 项目负责人应履行以下主要职责:
a) 项目团队的组建、人员分工和管理;
b) 组织实施项目现场勘查和项目评审;
c) 项目的技术交底、服务计划(方案)编制;
d) 项目从业过程质量和风险控制;
e) 项目现场沟通、档案管理和应急管理;
f) 书面结论文件编制和签署。

5.2.4 消防设施操作员应履行以下主要职责:
a) 消防设施维护、保养和检测等消防技术服务活动的实施;
b) 消防技术服务基础数据的采集和记录,对数据的真实性负责。

5.3 知识和能力

5.3.1 机构应指定专人收集、更新、积累为质量管理体系和消防安全评估过程控制体系有效运行以及实现服务符合性所必需的知识,由技术负责人确认内容、获取来源、时效性等,形成清单。

注:知识获取的来源可考虑:
a) 从项目中得到的经验教训;
b) 从政府部门、委托单位、供应商和合作伙伴等相关方获取知识;
c) 机构内部现有的知识,包括集体经验或技术负责人、项目负责人、消防设施操作员等个人经验;
d) 标杆对比。

5.3.2 技术负责人应定期组织项目负责人、消防设施操作员等从业人员在内部共享机构所积累的知识,项目负责人应在项目组内定期组织开展知识共享活动,消防设施操作员应积极主动参与。

注:知识共享形式可为培训、宣传、经验交流等。

5.3.3 机构应按照技术负责人、项目负责人、消防设施操作员等岗位职能确定各岗位所需的知识和能力要求。

5.3.4 技术负责人应组织制订年度培训计划,明确培训对象、教师、内容、方式和时间等,通过培训确保相关岗位人员保持相应能力,并保留培训记录。

5.3.5 机构应确保所有注册消防工程师在每个注册有效期内完成相应的注册消防工程师继续教育。

5.4 评价

5.4.1 技术负责人应对从业人员能力进行评价,评价的方式可包括笔试、面试、记录审查、意见反馈及观察操作等,经技术负责人能力确认后上岗。技术负责人的评价由机构最高管理者组织实施。

5.4.2 当发现从业人员能力不足、工作质量下降时,机构应采取专人辅导、专项培训等措施。

6 工作场所和设备管理

6.1 工作场所

6.1.1 机构的工作场所应符合从业条件要求。

6.1.2 机构的工作场所应设置专用的设备、档案存储区域,宜设置独立的设备室、档案室。

6.1.3 机构应在工作场所的醒目位置公示营业执照、工作程序、收费标准、从业守则、注册消防工程师注册证书和投诉电话等信息。

6.2 设备管理

6.2.1 机构应配备并保持符合从业条件要求、与业务规模和承接项目数量相适应的消防技术服务基础设备、消防设施维护保养检测和消防安全评估设备。

6.2.2 机构应建立设备管理程序文件,对设备购置、计量校准、标识、维护保养、领用、报废和档案等实施管理。

6.2.3 机构应指定设备管理人员,建立设备台账,至少包含设备名称、型号规格、编号、制造商、生产日期、购置日期和设备状态,针对需检定/校准的设备还应包含检定/校准日期和检定/校准周期。

6.2.4 机构购置设备后,设备管理人员应查验合格证、说明书,确保状态完好后编号登记入账,填写设备履历表。

6.2.5 技术负责人应确定依法需要计量检定/校准的设备,检定/校准周期和方法。

6.2.6 设备管理人员应在设备检定/校准期满前完成计量检定/校准,确认结果。确认内容应包含检定/校准要求和结果、报告日期,需要时保留记录。

6.2.7 检定合格或校准后的设备,设备管理人员应标识有效期。

6.2.8 设备管理人员应定期对设备进行维护保养,确保处于完好状态,保留记录。对设备状态进行标识,至少包含合格、准用、停用等。

6.2.9 技术负责人宜根据设备精度、使用频率、稳定性,确定需要期间核查的设备、频率、方法。

6.2.10 技术负责人负责制定期间核查计划并组织实施,保留记录。

6.2.11 当设备检定/校准或期间核查结果不满足要求时,应能追溯至已维护保养、检测、评估过的消防设施,必要时,应对这些设备重新进行维护保养、检测、评估。

6.2.12 技术负责人应制订当设备功能失效时操作人员需要采取的措施。

6.2.13 设备使用人员应履行设备领用、归还手续,记录使用前后的完好情况,保留记录。

7 项目评审和合同管理

7.1 项目评审

7.1.1 机构宜考虑消防技术服务项目的特点、难度、复杂性,开展项目评审,保留评审记录。

7.1.2 项目评审时宜通过现场勘查或文件审查方式掌握以下项目信息:

a) 项目概况;

b) 消防设施状态;

c) 工程质量遗留问题;

d) 委托单位及第三方的技术支持能力;

e) 消防技术服务作业条件;

f) 项目合规性情况。

7.1.3 通过项目评审应至少明确以下内容:

a) 项目服务范围、预计周期、涉及的系统和数量;

b) 项目适用的消防法律法规和技术标准;

c) 机构满足项目的能力。

7.1.4 当项目实施过程中服务要求或内容发生变更时,机构宜再次评审。

7.2 合同管理

7.2.1 机构承接业务,应与委托单位签订消防技术服务合同,约定服务的类型、地点、场所、系统、范围、遵循的技术标准、方式、期限、技术负责人、项目负责人、书面结论文件要求、双方责任和义务。

7.2.2 机构应至少对以下责任和义务做出承诺：
a) 遵守消防相关法律法规；
b) 根据服务计划(方案)在受委托的服务范围内公正、客观、专业地开展消防技术服务活动；
c) 派遣符合资格和能力要求的从业人员按照技术标准实施消防技术服务活动；
d) 按照约定的服务计划(方案)实施消防技术服务活动，如实出具书面结论文件。

7.2.3 委托单位应至少对以下责任和义务做出承诺：
a) 提供完整、真实的资料和信息；
b) 配合机构现场从业活动，提供必要的支持；
c) 不得以任何形式妨碍或影响机构现场从业活动和结论的客观性；
d) 对机构发现的任何异常及时响应。

7.2.4 当采用委托单位的合同模板时，机构应在合同签订前对合同内容进行评审，适用时，可签订补充协议，保留评审记录。

7.2.5 对合同履行中发生的变更，合同相关方应以书面形式签认，并作为合同的组成部分。

7.2.6 机构应在签订合同后5个工作日内，将项目基本信息录入消防技术服务管理系统。

7.2.7 机构应指定专人将合同原件归档。

8 技术交底和服务计划(方案)

8.1 技术交底

8.1.1 合同签订后，项目负责人应向委托单位获取以下文件并妥善保存：
a) 消防工程竣工验收文件(适用时)；
b) 竣工图纸(适用时，如建筑平面图、系统图等)；
c) 消防设施状态(如系统信息表、系统描述、消防设施清单等)；
d) 合规性证明文件；
e) 备品(件)供应商目录；
f) 其他合规性证明文件等。

8.1.2 项目负责人应将技术交底文件形成清单，双方签字确认。

8.2 服务计划(方案)

8.2.1 应根据法律法规、技术规范、国家标准、行业标准、合同、技术交底文件编制消防技术服务计划，计划内容应包含项目名称、服务范围、服务内容和方法(检测和评估项目应明确抽样比例)、人员(项目负责人、项目组人员配备)、时间、频次、编制/修订日期、编制和批准人等。

8.2.2 项目负责人宜考虑项目特点、难度、复杂性，编制消防技术服务方案。

8.2.3 消防技术服务方案内容可包含：
a) 项目名称；
b) 项目概况(建筑概况、消防设施概况、相关方情况等)；
c) 目的；
d) 相关法律法规、技术标准；
e) 服务原则；
f) 服务程序(依据相关消防技术标准要求编写)；
g) 作业保障条件(相关方的配合度、技术支持能力等)；
h) 服务过程风险提示；
i) 安全防护措施；
j) 服务计划。

8.2.4 项目负责人应在项目开展前，确保消防技术服务计划(方案)在项目组内得到充分沟通、理解。

8.2.5 针对维护保养业务,项目负责人应将消防技术服务计划信息录入消防技术服务管理系统。

9 委托单位财产和备品(件)

9.1 委托单位财产

9.1.1 机构应确定、验证、保护和防护消防技术服务项目中委托单位的设施设备、资料、图纸、数据信息、备品(件)、知识产权等委托单位财产。

9.1.2 若发生损坏、遗失委托单位财产等情况,机构应及时告知委托单位。

9.2 备品(件)管理

9.2.1 针对维护保养业务,机构应建立设施备品(件)管理程序文件,对由机构采购的备品(件)进行管理,包含对供应商的选择和评价、备品(件)采购和验收等。

9.2.2 机构应进行供应商评价,建立合格供应商名录并定期评审、更新,保存相应记录,评价内容至少包含:

a) 企业资质、经营状况、信誉;
b) 产品质量和技术性能;
c) 供货能力和协作水平;
d) 价格。

9.2.3 机构应根据项目要求与委托单位确认采购需求,保留采购凭证。

9.2.4 机构应对采购的备品(件)进行验收,核对品牌、规格型号、外观、数量、合格证明等信息无误后,方可登记接收。

9.2.5 备品(件)贮存期间应保持"账、卡、物"一致,领用时应符合"先进先出"原则。

10 从业过程

10.1 现场作业控制

10.1.1 作业要求

10.1.1.1 机构应建立现场作业管理程序文件,对现场从业人员的操作、防护、过程记录等进行管理。

10.1.1.2 项目负责人应确保消防技术服务作业过程的有效实施,至少满足以下要求:

a) 现场实际从业人员应与消防技术服务管理系统、公示信息一致,如发生变更应及时更新;
b) 机构承接同一委托方的维护保养和检测项目时,应采取措施确保其从业活动的公正性;
c) 从业人员应携带、使用有效的检查和测试设备,并做好安全防护;
d) 从业人员应按照服务计划(方案)、作业指导书、设备操作规程的要求操作,如发生人员变更应做好项目交接;
e) 针对检测、评估业务,从业人员应按照服务计划(方案)、作业指导书要求的抽样比例进行检查和测试;
f) 当发现消防设施问题,从业人员应及时记录,告知委托单位予以确认处理,对可能造成重大火灾隐患的,应立即报告服务项目所在地的消防救援机构;
g) 从业人员应对消防技术服务情况作出客观、真实、完整记录,与实际从业活动一致,经双方签字确认后保存相应记录表;
h) 记录表中应注明使用的设备名称、编号、使用状态;
i) 从业人员应履行机构的服务承诺。

维护保养服务记录信息应满足 GB 25201—2010 中附录要求,检测服务记录信息应满足 GB/T 44481—2024 的要求。评估服务记录信息应满足 XF/T 3005—2020 中附录要求。记录可包括原始记录、整改记录、复检记录、复测记录等,数据载体可为纸质或电子形式。

10.1.2 维护保养信息

10.1.2.1 针对维护保养业务,机构现场首次从业时应制作包含消防技术服务信息的固定标识,并在项目现场的消防控制室(值班室)醒目位置予以公示,公示信息应及时更新,内容应至少包括:

a) 机构名称;
b) 项目负责人和操作人员实名信息(证件照片、姓名、手机号码、注册消防工程师注册证书注册号和消防设施操作员职业资格证书编号);
c) 维护保养责任期限;
d) 维护保养责任范围;
e) 投诉电话;
f) 公示日期。

10.1.2.2 项目负责人应在项目现场消防控制室(值班室)保存消防技术服务档案,至少包括:

a) 法律地位证明文件(如营业执照);
b) 消防技术服务合同(可隐去涉及商业内容);
c) 项目负责人注册消防工程师注册证书;
d) 消防设施操作员国家职业资格证书;
e) 年度维护保养计划;
f) 每次维护保养记录(实时更新);
g) 书面结论文件(实时更新)。

以上档案文件复印件加盖机构公章。

10.1.3 维护保养计划实施

10.1.3.1 机构应按照制订的维护保养计划实施消防设施维护保养。

10.1.3.2 项目负责人应至少每月向委托单位反馈维保计划实施情况和消防设施现状。

10.1.3.3 项目负责人应定期监督计划的实施情况。

10.1.4 沟通

现场从业期间,项目负责人应就以下信息与委托单位及时沟通确认:

a) 服务计划(方案)及相应现场从业人员;
b) 需委托单位配合的要求和陪同人员;
c) 项目进程;
d) 项目变更(含人员变更);
e) 服务结果和需要整改的问题;
f) 任何影响项目进展的情况。

10.1.5 应急准备和响应

10.1.5.1 为预防和减少突发事件可能产生的影响,机构应至少针对火灾、爆炸、停电、漏电、停水、水侵、泄漏、疫情等突发事件制订应急预案。

10.1.5.2 应急预案内容应至少包含适用范围、部门和岗位职责、响应启动程序、处置措施、应急保障等。

10.1.5.3 机构应每年对从业人员开展应急预案培训。

10.1.5.4 机构应对应急预案的适宜性、可行性、有效性进行评估,适时更新。

注:评估方式可包括演练、专家评审、突发事件后应急预案评价等。

10.1.5.5 当发生突发事件时,从业人员应按照应急预案及时响应。

10.1.5.6 机构应保留应急预案培训、评估记录。

10.2 书面结论文件

10.2.1 机构出具的书面结论文件应真实反映委托单位实际情况和消防设施现状,维护保养业务应当至少每半年出具一次书面结论文件。

10.2.2 机构及其从业人员应当对消防技术服务质量和出具的书面结论文件负责,并承担相应法律责任。

10.2.3 消防设施维护保养服务的书面结论文件内容应包含:
a) 封面;
b) 项目概况;
c) 消防设施维护保养范围;
d) 消防设施维护保养频次信息;
e) 消防设施统计信息;
f) 消防设施位置信息;
g) 项目组成员信息;
h) 维护保养使用的设备名称、编号;
i) 消防设施检查信息;
j) 消防设施功能测试信息;
k) 消防设施联动试验信息;
l) 消防设施问题与处理建议信息;
m) 与维护保养对象有关的声明;
n) 其他。

10.2.4 消防设施检测服务的书面结论文件内容应包含:
a) 封面;
b) 检测机构的名称和地址;
c) 书面结论文件的唯一性标识和每一页上的标识;
d) 检测的起始和结束日期;
e) 书面结论文件编制完成的日期;
f) 被检测项目的名称和地址;
g) 检测项目基本情况;
h) 检测的范围;
i) 检测的依据;
j) 检测使用的设备、编号;
k) 检测项目中各系统的概述;
l) 检测项目提供的技术资料情况(适用时,如调试报告、竣工图纸、设计和施工记录、消防产品清单等);
m) 检测人员;
n) 检测内容、数量、数据和结论;
o) 与检测对象有关的声明;
p) 其他。

10.2.5 消防安全评估服务的书面结论文件内容应包含:
a) 封面;
b) 评估机构的名称和地址;
c) 书面结论文件的唯一性标识和每一页上的标识;
d) 评估的起始和结束日期;
e) 书面结论文件编制完成的日期;
f) 被评估对象的名称和地址;

g) 评估对象基本情况；
h) 评估的范围；
i) 评估的原则及程序；
j) 评估的依据；
k) 评估使用的设备、编号；
l) 评估人员；
m) 评估的实施过程；
n) 评估的结果和建议(应指明火灾隐患、消防安全问题和整改建议)；
o) 与评估对象有关的声明；
p) 附录；
q) 其他。

10.2.6 书面结论文件应由项目负责人编制、签名并加盖执业印章，由机构的技术负责人技术审核、签名并加盖执业印章，加盖机构印章。

10.2.7 机构应在项目完成后的 5 个工作日内将书面结论文件录入消防技术服务管理系统。

10.3 项目质量监督

10.3.1 机构应建立项目质量监督程序文件，以实现全流程跟踪检视和质量责任倒查。机构技术负责人应策划、组织和实施项目服务全过程的质量监督，至少包含以下内容：
a) 从业人员携带、使用及操作设备的规范性；
b) 从业人员对作业指导书、设备操作规程的使用符合性；
c) 消防设施及环境条件的可控性；
d) 业务操作和判断的准确性；
e) 原始记录的规范性；
f) 书面结论文件的完整、规范和客观性。

10.3.2 质量监督方式可包含：
a) 项目负责人对项目过程质量进行日常检查；
b) 独立于项目的人员实施项目质量抽查；
c) 适用时，可利用音、视频设备、物联网系统。

10.3.3 技术负责人应负责编制项目质量抽查计划，编制时宜考虑：
a) 新开展的项目或新变更技术标准的项目；
b) 可能偏离程序文件的项目；
c) 以往项目服务过程中的常见问题；
d) 新进人员、换岗人员；
e) 消防设施有较大变化；
f) 使用的设备发生了变更。

10.3.4 机构对项目质量监督、委托单位反馈、监管部门监督检查或其他相关方检查发现的机构自身服务或结果不满足质量管理要求，应根据其产生的影响，选择以下一种或一种以上控制措施，并保留记录：
a) 纠正；
b) 标识或隔离；
c) 暂停；
d) 返工/复检/复评；
e) 扣发/召回/修正书面结论文件；
f) 通知委托单位。

11 信息管理

11.1 信息

11.1.1 机构宜通过多种方式获取信息,如经验、反馈、观察、预测和专家判断等,获取的信息包含消防技术服务各类基础信息、风险管控、隐患排查治理、事故处理、行政处罚、本文件要求的所有成文信息、机构所确定的为确保质量管理有效所需的信息等。

11.1.2 机构应加强信息共享和应用,预判消防技术服务活动中潜在的重大风险和主要业务动态,提高服务质量、管理效率、快速响应能力和处置水平。

11.1.3 机构应使用消防技术服务管理系统,录入、分析、验证、传递、报告消防技术服务的各类基础信息,按照监管部门要求实时、准确、完整地报送相关信息数据,实现消防技术服务全生命周期管理。

11.1.4 机构应采用信息化手段,运用数字化技术开展消防技术服务活动,实现消防技术服务全程检视、预警预测和风险管控。

11.2 文件管理

11.2.1 技术负责人应组织建立文件管理程序文件,对质量管理活动文件实施管理,至少包含文件的创建、更新、评审、批准、分发、作废要求。

11.2.2 技术负责人应确保质量管理活动文件在正式实施前得到批准,定期评审和修订。

11.2.3 技术负责人应确保消防法律法规、技术标准等外来文件的适用版本,并控制其发放。

11.3 记录和档案管理

11.3.1 质量管理记录应符合本要求内容。

11.3.2 档案包含人员档案、设备档案和项目档案。档案内容包含:

a) 人员档案应至少包含技术负责人、项目负责人、消防设施操作员等从业人员的个人简历、教育、职业资格、职业资格继续教育证明材料、劳动合同、保密声明、能力评价、岗位调整等记录;

b) 设备档案应至少包含设备履历表、发票、合格证、说明书、维护保养记录、计量检定或校准记录(如需要)、期间核查记录(如需要)等记录;

c) 项目档案应至少包含项目评审记录(如需要)、合同、技术交底文件(如需要)、服务计划、服务方案(如需要)、过程记录、书面结论文件等记录。

11.3.3 记录管理应至少满足以下要求:

a) 记录应客观、真实、完整、字迹清晰。

b) 记录的修改应可以追溯到前一个版本或原始结果,应保存原始的以及修改后的数据和文档,包括修改的日期、标识修改的内容和负责修改的人员。修改经注册消防工程师签名盖章的消防安全技术文件,应当由原注册消防工程师进行;因特殊情况,原注册消防工程师不能进行修改的,应当由其他相应级别的注册消防工程师修改,并签名、加盖执业盖章,对修改部分承担相应的法律责任。

c) 记录的储存应防盗、防火、防潮、防尘、防鼠、防虫。

d) 记录应至少保存 6 年,具有相关人员签字的书面记录,可以制作成电子文档保存使用,原件应妥善保存。电子形式的记录宜注意防病毒和非法复制。

注:记录的储存可采用纸质的形式和(或)电子的形式。

11.3.4 机构应指定专人建立并管理档案,档案信息发生变化时应及时更新。档案宜一人一档、一设备一档、一项目一档。

12 检查、评价和改进

12.1 服务满意度调查

12.1.1 机构应策划并制定服务满意度调查方案,明确调查对象、内容、方式、时间、统计分析方法等。

12.1.2 调查的内容应至少包含服务质量、项目进度、服务响应(维护保养)、履约、投诉处理、人员态度、人员着装、人员行为规范性。

12.1.3　机构可通过信息系统、调查问卷、走访座谈等方式开展服务满意度调查。

12.1.4　机构应至少每12个月收集和分析服务满意度调查结果,保留调查记录、统计分析记录。

注:GB/T 19014—2019附录D和附录E提供了服务满意度调查的测量和分析的指南。

12.2　内部审核

12.2.1　机构应至少每12个月进行一次内部审核,评价机构质量管理满足本文件要求的程度,验证质量管理体系和消防安全评估过程控制体系得到有效实施和保持。

12.2.2　内部审核应采用文件记录审查和项目现场审核相结合的方式。审核前技术负责人应编制审核计划,明确审核依据、时间、人员及分工、对象(过程或部门或项目)等。

12.2.3　机构应制订内部审核检查表实施内审。

12.2.4　机构应确保实施内部审核的人员满足以下要求:

a) 熟悉本文件要求且接受过审核能力培训,如GB/T 19011;

b) 不审核自己的工作。

12.2.5　内部审核结束后由审核组长将发现的不符合项以书面形式告知被审核部门或相关负责人,被审核部门或相关负责人应在商定的期限内采取纠正措施予以改进。

12.2.6　审核组长在审核结束后应形成内部审核报告以说明机构质量管理体系是否符合本文件要求并得到有效实施和保持。

12.2.7　机构应保留审核计划、检查记录、不符合报告和内部审核报告等记录。

12.3　管理评审

12.3.1　机构最高管理者应每年组织实施管理评审,对质量管理体系和消防安全评估过程控制体系的实施情况进行评审以确保体系持续适宜性、充分性和有效性。管理评审应在内审结束后进行。

12.3.2　最高管理者通过管理评审应至少对本文件的10.3、12.1~12.2输出的信息和结果进行评审,形成评审结论,应至少包含:

a) 服务过程和质量的改进需求;

b) 质量管理体系和消防安全评估过程控制体系所需的变更;

c) 人员和设备等资源需求计划;

d) 人员能力提升计划;

e) 职责的再分配(适宜时)。

12.3.3　机构应保留管理评审报告。

12.3.4　当发生法律法规变化、机构重大人员变动、业务扩项等重大变化时,机构应增加管理评审频次。

12.4　持续改进

机构应充分利用项目质量监督、服务满意度调查、内部审核和管理评审等方式,针对从业人员管理、设备管理、合同管理、现场作业控制、书面结论文件、档案管理等方面提出改进需求,采取措施并跟踪实施结果,保留记录。

第 3 章
质量管理体系建立与实施

质量管理体系是通过周期性改进，随着时间的推移而进化的动态系统。无论其是否经过正式策划，每个消防技术服务机构都有质量管理活动。本章以 2.4 节中提及的"社会消防技术服务机构质量管理要求"为指南，讨论如何建立质量管理体系，以及管理这些活动，以帮助机构建立一个完善的质量管理体系。质量管理体系策划不是一劳永逸的，而是一个持续的过程。质量管理体系随着机构的学习和环境的改善而逐渐完善。

3.1 成立工作组

3.1.1 成立质量管理体系工作组,明确职责和目标

机构通过建立质量管理体系,可建立清晰的工作流程和标准,提高工作效率;确保机构提供的消防技术服务满足委托单位的需求和期望,提高满意度和忠诚度,促进机构的长期发展;确保机构遵循相关法律法规和行业标准,降低执业风险;能够建立持续改进的机制,定期评审和优化质量管理活动。

为能够系统化地推进质量管理体系的建立和实施,促进各部门、岗位之间的沟通和合作,整合资源和信息,明确质量管理体系建立的人员及其角色,确保各个环节都有专人负责,机构需要建立质量管理体系工作组,明确各成员的职责和目标。

质量管理体系工作组通常由机构的最高管理者任组长(如总经理),负责质量管理体系策划和建立的总体安排。由技术负责人任副组长,负责质量管理策划和建立的具体实施。工作组员包括项目负责人、消防设施操作员,以及负责质量管理、人员管理、设备管理、合同管理、采购管理、备品件管理和文件档案管理的人员。如机构规模较大,工作组可由相应部门负责人及具体实施人员组成。如机构规模较小,可根据实际工作分工及体系运行需要,由相应人员组成,可一人多岗。

3.1.2 质量管理体系工作组成立通知示例

×××消防技术服务机构质量管理体系工作组成立通知

为确认本机构遵循消防相关法律法规和技术规范,降低执业风险,为确保本机构的消防技术服务活动满足委托单位的需求和期望,为建立清晰的工作流程和标准,建立持续改进的机制,本机构总经理决定按要求建立质量管理体系。为能够系统化地推进质量管理体系的策划和建立,现成立质量管理体系工作组,其工作组成员、相应的职责和目标如下:

序号	工作组成员	职责	目标
1	组长-总经理-×××	(1) 全面负责质量管理体系的策划、建立和实施。 (2) 任命技术负责人,明确其职责。 (3) 批准质量管理体系推进计划,明确各节点时间。 (4) 确定质量管理体系范围。 (5) 主要风险和需求的识别和应对策划。 (6) 建立质量方针、服务声明和质量目标。 (7) 组织管理评审。 (8) 从业人员、仪器设备和从业过程资源配置	(1) 明确工作组职责和目标。 (2) 明确技术负责人职责,批准技术负责人任命书。 (3) 批准质量管理体系推进计划。 (4) 明确质量管理体系覆盖范围。 (5) 批准风险和应对措施清单。 (6) 建立质量方针、服务声明和质量目标。 (7) 组织评审输入信息、形成管理评审输出(报告)。 (8) 按需配置从业人员、仪器设备和从业过程等资源

续表

序号	工作组成员	职责	目标
2	副组长-技术负责人-×××	(1) 具体组织质量管理体系的策划、建立和实施。 (2) 制订质量管理体系推进计划,明确其职责。 (3) 组织关于质量管理体系标准、相关法律法规和技术标准的培训,组织对实施内部审核人员进行培训。 (4) 编制手册、文件和作业指导书编制计划。 (5) 组织三级文件拟制,文件审核,文件批准和发布。 (6) 组织质量管理体系培训计划,组织培训实施。 (7) 组织质量管理体系的实施运行。 (8) 组织持续改进	(1) 编制质量管理体系推进计划,提交总经理批准。 (2) 组织相关培训,形成培训记录。 (3) 编制手册、文件和作业指导书编制计划。 (4) 组织三级文件编制、审核、批准和发布,形成记录。 (5) 编制培训计划,组织培训实施,形成培训记录。 (6) 组织体系的实施运行,形成相应记录表单。 (7) 提出持续改进需求,采取措施并跟踪实施结果,保留记录
3	组员-项目负责人-×××	(1) 梳理过程:项目评审、技术交底、服务计划(方案)策划及编制、委托单位财产的识别、确定和验证,从业过程,包含现场作业控制、书面结论文件。 (2) 拟定作业指导书、操作规程、现场作业程序文件、应急预案	(1) 形成项目评审记录、技术交底文件和清单、服务计划(方案)、委托单位财产、从业过程相关记录表单等。 (2) 形成现场作业程序文件,从业过程文件,作业指导书、过程记录、应急预案、应急预案培训演练、预案评审记录等
4	组员-质量管理-×××	(1) 梳理工作场所相关过程。 (2) 梳理项目质量监督过程。 (3) 梳理信息管理过程。 (4) 梳理检查、评价和改进机制	(1) 完成工作场所的信息公示。 (2) 形成项目质量监督程序文件、项目质量抽查计划、项目质量监督记录。 (3) 明确所要求获取的信息、信息共享和应用的方式、采用的信息化手段、消防技术服务系统使用。 (4) 形成满意度调查方案、调查表和分析统计记录等。 (5) 形成内部审核计划、内部审核检查记录,不符合报告,内部审核报告等
5	组员-人员管理-×××	(1) 梳理从业人员和职责过程。 (2) 运行实施人员管理过程	(1) 形成人员管理程序文件。 (2) 形成人员清单、知识清单。 (3) 形成培训计划、培训记录。 (4) 形成人员岗位知识、能力要求、人员能力评价记录
6	组员-设备管理-×××	(1) 梳理设备管理过程。 (2) 运行实施设备管理过程	(1) 形成设备管理程序文件。 (2) 形成设备台账、设备履历表。 (3) 获得设备检定/校准证书。 (4) 形成期间核查设备清单、期间核查计划,形成期间核查记录。 (5) 形成设备保养记录、设备领用/归还记录等
7	组员-合同管理-×××	梳理合同管理过程	形成合同评审记录
8	组员-采购管理、备品件管理-×××	(1) 梳理备品件管理过程。 (2) 运行实施备品件管理过程	(1) 形成备品件管理程序文件。 (2) 形成合格供方名录和供方评价表,备品(件)台账

续表

序号	工作组成员	职责	目标
9	组员-文件档案管理-×××	(1) 梳理文件、记录和档案管理过程。 (2) 运行实施文件、记录和档案管理过程	(1) 形成文件和记录管理程序文件。 (2) 形成文件清单、记录清单、文件评审、修订、发放、回收记录,档案借阅记录等

×××消防技术服务机构
总经理:×××
××××年××月××日

3.1.3 任命技术负责人,明确其职责

技术负责人是指经机构任命,负责社会消防技术服务机构质量监督管理,对出具的书面结论文件实施技术审核的人员。技术负责人应当具备一级注册消防工程师资格。

机构的最高管理者应至少任命1名技术负责人,当机构设置2名及以上技术负责人时,宜明确1名技术负责人负责落实下述各项职责:

(1) 机构质量监督管理及绩效改进;
(2) 收集消防法律法规和技术标准并贯彻执行;
(3) 组织实施质量手册、程序文件、作业指导书的编制、修订、审核及批准;
(4) 组织实施机构人员培训及能力评价;
(5) 组织实施设备监督管理;
(6) 对机构出具的书面结论文件进行技术审核和签署;
(7) 组织实施重大投诉、质量事故的调查和处置;
(8) 组织实施服务满意度调查;
(9) 组织实施项目质量监督、质量管理体系内部审核。

以上对技术负责人的任命和职责,可在技术负责人任命书中体现。

3.1.4 确定质量管理体系范围

管理体系是指机构建立方针和目标以及实现这些目标过程的相互关联或相互作用的一组要素。管理体系的范围可能包括整个机构,机构中可被明确识别的职能或可被明确识别的部门,以及跨机构的单一职能或多个职能。机构应确定质量管理体系的边界和适用性,以确定其范围。

质量管理体系范围通常包括机构的注册地址、运营地址、体系覆盖的业务类别(如消防设施维护保养、消防设施检测、消防安全评估)以及质量管理体系标准适用性说明。

机构可根据营业执照内容、社会消防技术服务信息系统录入信息和实际执业情况确定质量管理体系范围,并以成文信息体现在质量手册中。

3.2 制订推进计划

可由技术负责人组织制订质量管理体系推进计划,由总经理批准后实施,明确各流程的任务名称、主要输出、责任人和节点时间。推进计划示例如表3.1所列。

表 3.1　×××消防技术服务机构质量管理体系推进计划

序号	任务名称	说明	主要输出	责任人						时间节点
				最高管理者	全体员工	技术负责人	参与质量管理体系文件编制人员	项目负责人	实施内部审核人员	
1	准备工作	(1)成立质量管理体系工作组,明确职责和目标； (2)任命技术负责人,明确其职责； (3)制定质量管理体系推进计划,明确各节点时间； (4)确定质量管理体系范围	技术负责人任命书； 工作组职责和目标； 技术负责人职责； 质量管理体系推进计划； 质量管理体系覆盖范围等	√		√	√			第一周
2	贯标培训	(1)本文件的学习、理解和贯彻； (2)相关法律法规和技术标准的培训； (3)对实施内部审核人员进行培训	本文件、法规和技术标准培训计划； 内部审核人员培训计划； 法规、技术标准文本培训及培训记录		√					第一周
3	质量管理体系策划	(1)主要风险和需求的识别及应对策划(考虑相关消防行业法规和技术标准内容,监管部门要求和委托单位的需求及期望等因素)； (2)建立质量方针、服务声明和质量目标； (3)手册、文件和作业指导书编制计划	风险和应对措施清单； 成文的质量方针、服务声明和目标； 手册、文件、作业指导书编制计划等	√		√	√			第二周
4	过程梳理	(1)从业人员和职责	程序文件、作业指导书和操作规程； 人员岗位知识、能力要求； 人员清单、知识清单； 培训计划和培训记录、人员能力评价记录			√				第三周~第四周
		(2)工作场所和设备管理	工作场所、信息公示等； 设备台账、设备履历表； 设备检定/校准证书； 期间核查设备清单、期间核查计划； 期间核查记录、设备保养记录； 设备领用/归还记录等			√				第三周~第四周
		(3)项目准备 a)项目评审和合同管理； b)技术交底和计划(方案)策划及编制； c)委托单位财产的识别、确定和验证、备品(件)管理	项目评审记录、合同评审记录； 技术交底文件和清单、服务计划(方案)； 委托单位财产、合格供方名录和供方评价表； 备品(件)台账、从业过程相关记录； 项目质量抽查计划、项目质量监督记录等					√	√	第三周~第四周
		(4)从业过程,包含现场作业控制、书面结论文件和项目质量监督	现场作业程序文件,从业过程文件作业指导书、过程记录、应急预案、应急预案培训演练、预案评审记录等			√				第三周~第四周

续表3.1

序号	任务名称	说明	主要输出	责任人						时间节点
				最高管理者	全体员工	技术负责人	参与质量管理体系文件编制人员	项目负责人	实施内部审核人员	
4	过程梳理	（5）信息管理	所要求获取的信息；信息共享和应用的方式；采用的信息化手段；消防技术服务系统使用；文件、记录和档案管理的相应文件和记录等		√					第三周～第四周
		（6）检查、评价和改进机制	满意度调查方案、调查表和分析统计记录等；内部审核计划、内部审核检查记录；不符合报告、内部审核报告等；管理评审输入信息、管理评审输出（报告）	√		√	√	√	√	第三周～第四周
5	体系文件建设	（1）三级文件拟制；（2）文件审核；（3）文件批准和发布	相应的质量手册；程序文件；作业指导书（含操作规程）；相应的记录表单等	√		√	√			第五周～第六周
		培训计划 培训实施	培训计划、培训记录等		√					第六周
6	资源配置	人员、设施和从业过程资源配置	人员、设施和从业过程等资源配置	√						第七周
7	运行实施	按本文件第5章～第12章要求执行	按本文件第5章～第12章要求运行的记录		√					第八周～第十一周
8	持续改进	根据项目质量监督、服务满意度调查、内部审核和管理评审等方式，针对从业人员管理、设备管理、合同管理、现场作业控制、书面结论文件、档案管理等方面提出改进	提出持续改进需求，采取措施并跟踪实施结果，保留记录持续改进质量管理体系和消防安全评估过程控制体系				√	√		第十二周

注：1. "责任人"一栏可根据机构实际情况进行相应的调整。
2. "时间节点"可根据机构实际情况进行相应的调整。可以具体起止日期体现

编制：（技术负责人）　　　日期：　　　批准：（总经理）　　　日期：

3.3 组织贯标培训

为增强消防技术服务全体员工对质量管理重要性的认识，使其理解质量管理在机构成功中的关键作用，为帮助员工深入理解相关质量管理标准的要求，明确其在日常工作中的应用，为理解并落实质量管理标准的要求，确保在提供消防技术服务过程中符合相关法律法规和行业标准，为促进各部门之间的沟通与协作，增强团队合作精神，推动质量管理体系的有效实施，须在全员范围组织贯标培训。通过质

量管理体系贯标培训,机构不仅能够提升员工的专业素养,还能为整体质量管理水平的提升奠定坚实的基础。

3.3.1 标准文件的学习、理解和贯彻

可由技术负责人组织关于质量管理体系标准的学习,使标准在消防技术服务相关的全员范围内理解和贯彻。

培训内容可包括 GB/T 19000、GB/T 19001 及其他质量管理体系标准。

3.3.2 相关法律法规和技术标准的培训

可由技术负责人组织关于相关法律法规和技术标准的培训。此方面的培训可分层次进行,建议如表 3.2 所列。

表 3.2 培训内容及参培人员

序号	培训内容	参培人员
1	中华人民共和国消防法 地方消防条例 社会消防技术服务管理规定(应急管理部令第 7 号)	消防技术服务相关全体员工
2	《注册消防工程师管理规定》(公安部令第 143 号)	项目负责人
3	建筑防火通用规范(GB 55037—2022) 建筑设计防火规范(2018 版)(GB 50016—2014) 消防设施通用规范(GB 55036—2022) 各消防系统设计、施工、验收技术标准	项目负责人、消防设施操作员

3.3.3 对实施内部审核人员进行培训

可由技术负责人组织或委外,实施对内部审核人员的培训。

培训内容可包括 GB/T 19011、审核评价工具使用。

3.4 质量管理体系

3.4.1 基本要求

3.4.1.1 依法合规从业并可持续发展

消防技术服务机构应当在经营过程中重视对国家和地方消防法律法规、技术标准的遵守和掌握。依法合规从业不仅是机构应尽的法定义务,也是保障机构可持续发展、维护社会秩序和建设良好商业环境的重要保障。只有在合规经营的基础上,机构才能获得持久的发展,并为社会创造更多的价值。

(1) 相关法律法规：

中华人民共和国消防法(2021年版)

第三十四条 消防设施维护保养检测、消防安全评估等消防技术服务机构应当符合从业条件,执业人员应当依法获得相应的资格；依照法律、行政法规、国家标准、行业标准和执业准则,接受委托提供消防技术服务,并对服务质量负责。

---

(2) 相关管理规定：

中华人民共和国应急管理部令
第 7 号
社会消防技术服务管理规定

第三章 社会消防技术服务活动
第九条 消防技术服务机构及其从业人员应当依照法律法规、技术标准和从业准则,开展下列社会消防技术服务活动,并对服务质量负责：
(一)消防设施维护保养检测机构可以从事建筑消防设施维护保养、检测活动；
(二)消防安全评估机构可以从事区域消防安全评估、社会单位消防安全评估、大型活动消防安全评估等活动,以及消防法律法规、消防技术标准、火灾隐患整改、消防安全管理、消防宣传教育等方面的咨询活动。
消防技术服务机构出具的结论文件,可以作为消防救援机构实施消防监督管理和单位(场所)开展消防安全管理的依据。
第十条 消防设施维护保养检测机构应当按照国家标准、行业标准规定的工艺、流程开展维护保养检测,保证经维护保养的建筑消防设施符合国家标准、行业标准。

---

(3) 质量管理要求：

机构应识别、确定并掌握国家和地方的消防法律法规、技术标准,按照监管部门要求,充分考虑社会单位需求、市场环境、内部资源和绩效等因素,确保机构依法合规从业并可持续发展。

机构可关注政府部门官网、自媒体号、国家法律法规数据库,获得消防法律法规、管理规定。关注全国标准信息公共服务平台、消防规范相关网站,获得消防设施维护保养、消防设施检测、消防安全评估和消防设施系统的设计、施工、验收的技术标准规范等。关注监管部门的官网、自媒体号,获得与消防技术服务执业相关的要求。

机构可考虑的外部因素如：评估技术标准不统一、跨省评估问题、市场竞争风险、技术资料、软件缺失、服务环境场所的制约及技术规范的修订等。内部因素如：员工的离职、公司本部对项目技术资料的保管不齐全、公司的考核机制、技术服务人员技术水平、技术规范掌握不到位、公司领导风险意识不强、只关注技术服务的数量不关注质量、员工维保项目的数量过多造成单个项目服务的质量和时间下降等。

机构可分析消防法律法规、管理规定、技术标准、监管部门的要求和内部因素的影响,整合日常管理和从业过程,如编制或修订管理文件、作业文件、组织培训、组织评审和改进流程等,保证依法合规执业并可持续发展。

3.4.1.2 遵循从业原则

遵循从业原则对于机构及其从业人员来说是非常重要的。这不仅能够提升服务质量和专业水准,还能够增强委托单位信任、降低风险,进而促进整个消防技术服务行业的健康发展和可持续发展。只有在遵循这些原则的基础上,机构及其从业人员才能更好地履行职责,为社会提供更加优质和可靠的消防技术服务。

(1) 相关管理规定:

> **中华人民共和国应急管理部令**
> **第7号**
> **社会消防技术服务管理规定**
>
> 第三条 消防技术服务机构及其从业人员开展社会消防技术服务活动应当遵循客观独立、合法公正、诚实信用的原则。
> 本规定所称消防技术服务从业人员,是指依法取得注册消防工程师资格并在消防技术服务机构中执业的专业技术人员,以及按照有关规定取得相应消防行业特有工种职业资格,在消防技术服务机构中从事社会消防技术服务活动的人员。

(2) 质量管理要求:

> 机构及其消防技术服务从业人员(以下简称"从业人员")开展消防技术服务活动应当遵循客观独立、合法公正、诚实信用的原则。

遵循客观独立原则意味着从业人员在开展消防技术服务活动时应客观公正地从业,不受利益关系或个人偏见影响。这有助于保证消防技术服务的专业性和客观性,提高服务质量。

遵循合法公正原则要求从业人员在进行消防技术服务活动时遵守相关法律法规和行业规范,保证服务行为合法合规。这有助于维护消防技术服务行业的正常秩序,避免违法违规行为带来的风险和损失。

遵循诚实信用原则意味着从业人员应当真诚守信,言行一致,信守承诺。这有助于建立良好的职业信誉和品牌形象,增强委托单位对机构和从业人员的信任感和满意度。

3.4.1.3 建立、实施、保持和持续改进质量管理体系

建立、实施、保持和持续改进质量管理体系和消防安全评估过程控制体系对于任何机构来说都具有重要意义。质量管理体系的建立可以帮助机构更好地控制和管理服务的质量,确保服务符合委托单位的需求和标准要求,提高服务满意度。建立健全的质量管理体系有助于提高服务质量水平,增强机构在市场上的竞争力,赢得委托单位信任,拓展市场份额。质量管理体系强调持续改进的理念,通过内部审核、监测和测量、管理评审,使得机构可以发现问题并及时改进,不断提高管理水平和服务效率。

(1) 相关管理规定:

> **中华人民共和国应急管理部令**
> **第7号**
> **社会消防技术服务管理规定**
>
> 第二章 从业条件
> 第五条 从事消防设施维护保养检测的消防技术服务机构,应当具备下列条件:
> (六)健全的质量管理体系。
> 第六条 从事消防安全评估的消防技术服务机构,应当具备下列条件:
> (五)健全的消防安全评估过程控制体系。
> 第七条 同时从事消防设施维护保养检测、消防安全评估的消防技术服务机构,应当具备下列条件:
> (六)健全的质量管理和消防安全评估过程控制体系。

(2)质量管理要求:

> 机构应按标准要求,建立、实施、保持、持续改进质量管理体系和消防安全评估过程控制体系。

机构质量管理体系建设可按以下八个步骤展开:策划准备、贯标培训、质量管理体系的策划、过程梳理、体系文件建设、资源配置、运行实施及持续改进。

3.4.1.4 质量管理体系的变更

确定机构质量管理体系变更的需求,以适应其经营环境的变化,并确保以受控的方式策划、引入和实施所提出的变更。策划变更的目的是保持变更期内质量管理体系的完整性和机构持续提供合格服务的能力。机构应考虑采取措施,以减少变更带来的潜在负面影响。对于任何变更,机构都应考虑资源的可获得性和必要的职责分配或再分配,其实施方式可能是为团队指派人员负责管理变更,或在获得适当的资源前推迟变更。

质量管理要求:

> 机构质量管理体系和消防安全评估过程控制体系变更时,应考虑变更目的、潜在后果、管理过程的完整性、资源的可获得性、各部门和岗位职责的再分配等。

对机构质量管理体系和消防安全评估过程控制体系进行变更是一项重要的管理实践,可以帮助机构保持竞争力、提高效率、降低风险,并实现持续改进和发展。通过对质量管理体系和消防安全评估过程控制体系的变更,可以识别存在的问题和不足,及时调整和改进,使机构运作更加高效和符合要求。通过对质量管理体系和消防安全评估过程控制体系的变更,可以建立持续改进的机制和文化,促进组织不断学习和进步,适应市场变化和发展需求。

3.4.1.5 检查要素和内容

本节的检查要素和内容见表3.3。

表3.3 检查要素和内容

指标	检查要素	检查内容
4.1 基本要求	1. 机构在合规的基础上按照监管部门要求,充分考虑社会单位需求、市场环境、内部资源和绩效等因素,确保机构合规从业并可持续发展	1. 机构是否关注相关官方网站、自媒体号或国家法律法规数据库,获得了消防法律法规、规定的最新要求及适用版本。 2. 机构是否关注相关网站、自媒体号或全国标准信息公共服务平台,获得了消防技术标准、规范的最新或适用版本。 3. 机构是否关注相关网站或自媒体号,获得了监管部门的相关要求。 4. 机构是否充分考虑了内外部影响因素。 5. 机构是否根据上述相关要求和内部影响因素,制订措施、更新现有流程、修订现有文件或组织培训等,确保合规从业并可持续发展
	2. 机构采取了措施保证消防技术服务的客观独立、合法公正、诚实信用	1. 机构是否在服务声明中明确了机构、从业人员及从业过程遵守客观独立、合法公正、诚实信用的原则。 2. 机构是否通过培训、公示等方式,在全员内沟通和理解从业原则
	3. 机构应按标准要求,创建质量管理体系和消防安全评估过程控制体系文件	1. 机构是否按质量管理体系创建指南,建立了创建计划。 2. 机构是否创建了质量管理体系文件

续表3.3

指标	检查要素	检查内容
4.1 基本要求	4. 机构质量管理体系和消防安全评估过程控制体系文件得到有效实施和保持	1. 机构是否按质量管理体系文件的要求,各部门、岗位有效实施和保持质量管理体系。 2. 实施和保持质量管理体系后,机构是否形成了相应的记录表单
	5. 机构的质量管理体系和消防安全评估过程控制体系得到持续改进	机构是否通过项目质量监督、服务满意度调查、内部审核和管理评审等方式,识别改进需求,制订改进措施,持续改进质量管理体系
	6. 质量管理体系和消防安全评估过程控制体系变更时应考虑变更目的、潜在后果、管理过程的完整性、资源的可获得性、各部门和岗位职责的再分配等	1. 机构是否存在质量管理体系变更。 2. 质量管理体系变更时,考虑因素是否充分完整,相关的文件记录是否变更

3.4.2 基于风险的思维

3.4.2.1 识别风险点、确定应对措施及验证有效性

所有的体系、过程和职能都存在风险。采用基于风险的思维可确保在设计和应用质量管理体系的整个过程中,确定、考虑和控制这些风险。采用基于风险的思维可以完整地考虑风险。通过预先识别并采取措施,可将预防或减少风险的不利影响,由被动变为主动。

质量管理要求:

> 机构应及时识别、防范和控制可能存在的风险点,确定应对措施,在质量管理体系和消防安全评估过程控制体系的过程策划中整合并实施这些措施,验证措施的有效性。

风险是指不确定性的影响。影响是指偏离预期,可以是正面的或负面的。不确定性是一种对某个事件甚至是局部的结果或可能性缺乏理解或知识方面的信息的状态。通常,风险是以某个事件的后果及其发生的可能性的组合来表述。

风险识别是风险管理的首要环节。机构应建立健全风险识别机制,通过定期开展风险排查,及时发现潜在的风险点。这需要机构充分了解自身的业务特点、管理现状和外部环境,从而对可能出现的风险进行预测和分析。此外,机构还应注重与其他机构的交流与合作,借鉴其在风险管理方面的经验和教训,提高自身风险识别的准确性。

(1) 风险评估。在发现风险点后,机构要制订针对性的防范措施。这些措施应结合风险的性质、程度和可能造成的影响来制订,以确保在风险发生时能够迅速应对,降低损失。同时,机构应根据风险评估结果,对不同风险等级的风险点实施差异化管理,确保资源合理分配,提高风险防范效果。

(2) 整合和实施风险管理措施。机构需要将防范措施纳入质量管理体系和消防安全评估过程控制体系的过程策划中。这个过程策划应涵盖风险防范、风险应对和风险监控等环节,确保风险管理的全过程得到有效控制。此外,机构还需加强与相关部门的协调与合作,确保风险管理措施的落地实施。

(3) 加强风险管理队伍建设。机构要落实实施防范措施的责任主体,明确各级管理人员和员工的职责。同时,要加强培训和宣传教育,提高全体员工对风险防范的认识和能力,确保在风险发生时能够迅速响应和配合。

(4) 不断优化和改进风险应对措施。机构要定期对措施的有效性进行验证,包括对风险防范和应对

措施的实际执行情况进行检查,以及对措施实施结果进行评估。通过持续优化和改进措施,提高机构的风险防范和应对能力。

(5)建立完善的风险监控和预警机制。机构应对风险的变化趋势进行持续关注,及时发现风险的变化,调整应对措施,确保机构的稳定运行。此外,机构还应建立健全风险应急预案,确保在突发情况下能够迅速采取有效措施,减轻损失。

因此,机构应及时识别、防范和控制可能存在的风险点,并确定应对措施。在质量管理体系和消防安全评估过程控制体系的过程策划中整合并实施这些措施,验证措施的有效性。通过加强风险管理,机构可以确保安全稳定运行,为可持续发展奠定坚实基础。同时,机构还需不断总结经验,积极探索创新,以提高风险管理水平和应对能力,为我国经济社会的稳定发展贡献力量。

机构可考虑表3.4中列出的风险点,对每个风险点制订应对措施,并定期评审其有效性。

表3.4 风险和应对措施清单

序号	定期识别风险点,举例如下:	应对措施	有效性评价(持续跟踪)
1	消防法律法规、行业政策及其变化		
2	技术规范及其变化		
3	机构管理模式及其变化		
4	机构业务类型及其变化		
5	机构关键人员及其变化		
6	机构设备及其变化		
7	消防技术服务过程中人员行为和操作规范		
8	委托单位的消防设施合规性、完好性、现状等及其变化		
9	委托单位的环境条件及其变化		
10	委托单位的特殊需求		
其他……根据机构实际情况识别风险点			

编制: 日期: 审核: 日期:

3.4.2.2 案例分析

案例一

某机构在提供日常服务项目时,不仅要确保设施备品(件)供应商的高效、稳定,还需兼顾委托单位的多样化与特殊需求。为了应对这些挑战,机构在规划与执行过程中,对设施备品(件)供应商的可靠性、运输过程中的潜在风险以及市场需求的不确定性应进行全面而细致的评估。这一系列的风险评估工作,不仅是机构管理智慧的体现,更是保障服务质量、提升服务满意度的重要基石。

(1)针对供应商的可靠性评估。供应商作为供应链中的关键环节,其稳定性与可靠性直接影响到服务的连续性和质量。机构在筛选供应商时,应综合考虑其历史业绩、生产能力、质量管理体系和售后服务等多个维度。例如,通过查阅供应商的过往案例,了解其在类似项目中的表现;通过实地考察,评估其生产设施、技术实力及库存管理能力;同时,还应与供应商深入沟通与交流,了解其企业文化、价值观及未来发展规划,确保双方理念契合,能够长期合作。此外,机构还应定期对供应商进行绩效评估,淘汰不合格的供应商,持续优化供应链结构。

(2)针对运输过程中的风险评估。备品(件)在运输过程中可能遭遇损坏、丢失、延误等问题,都会对服务造成不良影响。为此,机构应采取一系列措施来降低运输风险。一方面,与信誉良好的物流公司建立长期合作关系,利用其专业的运输网络和丰富的运输经验,确保备品(件)能够安全、准时地送达目的地;另一方面,加强对运输过程的监控与跟踪,利用现代信息技术手段,如GPS定位、物联网技术等,实现对运输车辆的实时监控和调度,确保运输过程的可视化、透明化。此外,机构还应为重要或易损的备品(件)购买保险,以应对可能发生的意外情况。

(3)市场需求的不确定性评估。随着市场环境的变化和委托单位需求的多样化,机构需要不断调整和优化服务计划以满足市场需求。为此,机构应密切关注市场动态和行业发展趋势,通过市场调研、委托单位反馈等方式收集信息,了解市场的需求和变化。同时,机构还应加强与委托单位的沟通与协作,深入了解其特殊的需求和期望,制订更加个性化的服务方案。例如,在消防设施维护保养服务中,机构应根据不同项目的特点和现场环境,制订针对性的维护保养计划;对于易耗、急修、抢修等备品(件),则应根据实际需求进行科学合理的库存管理和采购计划制订。

综上,机构在适应技术服务项目的特征和委托单位的特殊需求时,通过全面评估设施备品(件)供应商的可靠性、运输过程中的风险以及市场需求的不确定性等因素,并据此优化库存管理、选择可靠供应商、制订匹配服务计划等措施来应对挑战。这些措施不仅有助于提升服务质量、降低运营成本、增强服务满意度和忠诚度,还有助于机构在激烈的市场竞争中保持竞争优势和可持续发展的能力。

案例二

某机构针对消防法律法规、行业政策及其变化制订应对措施如下。

(1)通过相关网站、公众号等获取消防法律法规和行业政策变化信息,更新知识清单(外来文件清单)。

(2)通过分享、讨论或评审的方式,评估法律法规、行业政策变化对公司质量管理过程或业务过程的影响。

(3)根据影响程度,可采取以下措施:组织文件评审,修订现行质量管理体系文件;组织培训,提高对新实施的消防法律法规、行业政策的认识和理解;组织管理评审,识别质量管理体系变更或改进需求。

案例三

某机构针对机构关键人员及其变化制订应对措施如下。

(1)建立激励机制,保持与关键人员的沟通,及时了解他们的工作现状,确保关键人员队伍的稳定。

(2)组织培训,保持关键人员的知识和能力水平。

(3)组织人员能力评价,掌握关键人员的知识和能力水平。

(4)当关键人员离职时,了解他们的离职原因并完成交接工作。

(5)建立人才储备计划,寻找并培养潜在的关键人才。

(6)组织新进关键人员的入职培训和上岗前的人员能力评价,满足岗位能力需求。

案例四

某机构针对委托单位的特殊需求制订应对措施如下。

(1)通过项目评审、合同评审、现场执业沟通等方式,及时了解委托单位的特殊需求。

(2)组织评审会议讨论,评估委托单位的特殊需求对执业过程和结果的影响。

(3)针对特殊需求制订适宜的服务计划(方案)。

(4)组织满意度调查,了解委托单位的满意度、需求、期望或抱怨,分析原因并制订措施。

3.4.2.3 检查要素和内容

本节的检查要素和内容见表3.5。

表 3.5 检查要素和内容

指标	检查要素	检查内容
4.2 基于风险的思维	1. 机构识别的风险点应充分	1. 查看是否建立了风险及应对措施清单。 2. 清单中识别的风险点是否充分
	2. 所有的风险点均有应对的措施	1. 查看是否每个风险都有对应措施。 2. 查看应对措施是否整合质量管理体系的相关过程
	3. 制订的措施应具体落实	1. 询问机构是否按制订的措施具体实施和落实。 2. 查看是否形成相关记录
	4. 措施应是有效的	1. 如机构具体实施相应措施后,是否评价了措施的有效性,是否有修订改进 2. 如机构未具体实施相应措施,是否组织了会议评审有效性,是否有修订改进

3.4.3 质量方针

3.4.3.1 制订、实施和保持质量方针

最高管理者应制订、实施和保持质量方针,这是他们在质量管理中的首要责任。质量方针是组织内部行动的指南,它为组织的质量管理提供了方向和准则。

质量管理要求:

> 最高管理者应制订、实施和保持质量方针,质量方针应至少承诺满足消防法律法规和技术标准要求、增强委托单位满意和持续改进质量管理活动。

质量方针指关于质量的由最高管理者正式发布的机构在质量方面的宗旨和方向。通常质量方针与机构的总方针相一致,可以与最高管理者发布的对机构的未来展望、机构存在的目的相一致,并为制订质量目标提供框架。

首先,满足消防法律法规和技术标准要求。消防法律法规和技术标准是对消防安全的基本要求,机构必须严格遵守。通过遵守这些法规和标准,组织可以确保消防设备和安全设施在发生火灾时能够发挥预期的作用,有效降低火灾造成的损失。

其次,提高委托单位满意度。委托单位是消防设备和安全设施的直接使用者,他们的满意度对于质量方针的实施至关重要。组织需要关注委托单位的需求,提供高质量的消防技术服务。同时,组织还应提供完善的售后服务,确保设备在使用过程中的稳定性和可靠性。通过提高委托单位的满意度,组织可以增强委托单位信任,为未来的业务发展奠定基础。

最后,质量方针还应强调持续改进质量管理活动。这意味着机构要不断审视现有的质量管理措施,找出不足之处并改进。通过持续改进,机构可以不断提高服务质量,使之更加符合法律法规、技术标准和委托单位的需求。

因此,最高管理者制订的质量方针应涵盖满足消防法律法规和技术标准要求、提高委托单位满意度和持续改进质量管理活动这三个方面。在实施质量方针的过程中,各级管理者应积极参与,全体员工应一起努力,共同为提高消防技术服务质量贡献力量。

3.4.3.2 公示、沟通和理解质量方针

质量方针是机构内部的核心指导原则,它对机构的运营方式和员工的行为准则产生深远影响。为了让全体员工都能充分理解和遵循质量方针,将其醒目地公示于机构工作场所显得尤为重要。

质量管理要求：

> 质量方针应醒目公示于机构工作场所，在全体员工中得到沟通和理解。

首先，将质量方针醒目地展示在工作场所，可以确保员工在日常工作过程中时刻牢记质量方针的要求。这样一来，员工在执行任务、解决问题和与合作伙伴沟通时，都能自觉地遵循质量方针，从而确保机构的服务质量。

其次，公示质量方针有助于加强全体员工对质量意识的培养。当员工在工作中遇到困难和挑战时，质量方针可以成为他们的行动指南，帮助他们克服困难，解决问题。通过不断的实践和积累，员工将逐渐形成良好的质量意识，从而提高整体的质量管理水平。

再次，醒目地公示质量方针还有助于强化机构文化。质量方针体现了机构价值观和经营理念，是机构内部共同遵循的准则。当全体员工都能深刻理解和践行质量方针时，它将潜移默化地渗透到机构文化的各个方面，推动机构持续发展。

最后，公示质量方针有助于提高机构对外部利益相关者的信任度。委托单位、合作伙伴和其他利益相关者往往关注机构的质量管理体系和质量方针。通过醒目地展示质量方针，机构可以向外部利益相关者传递出重视质量和委托单位需求的信号，从而增强合作伙伴的信心，提升企业的市场竞争力。

因此，将质量方针醒目地公示于机构工作场所，有助于确保全体员工对其的理解和遵循，提高机构内部的质量管理水平，强化机构文化，提升机构竞争力。在我国，众多机构已将质量方针公示作为机构质量管理的重要手段，积极推动质量提升，为实现高质量发展奠定坚实基础。

3.4.3.3 案例分析

案例一

某机构制订的质量方针——"科学务实、公正廉洁、流程规范、服务满意"，不仅赢得了业界的广泛赞誉，还成功树立了自身的品牌形象。这一方针不仅是机构运营的基石，更是其持续发展和壮大的不竭动力。

（1）科学务实。科学，意味着机构在决策、执行及评估过程中，始终遵循客观规律和科学理念，确保每一项工作的准确性和有效性。这不仅仅体现在对检测数据的精准分析上，更贯穿于技术服务、项目管理、市场拓展等各个环节。务实，则强调脚踏实地、注重实效的工作态度。机构鼓励员工从实际出发，不浮夸、不空想，通过扎扎实实的工作，为委托单位解决实际问题，创造实实在在的价值。例如，在项目承接过程中，该机构坚持市场调研与委托单位反馈相结合，不断优化服务方案，确保技术服务能够满足市场需求和委托单位的期望。

（2）公正廉洁。公正，是机构在处理内外部关系时，秉持公平、公正、公开的原则。无论是员工考核、委托单位合作还是供应商选择，机构都坚持一碗水端平，不偏不倚，确保各方权益得到充分保障。廉洁，则是对机构及员工道德品质的严格要求。机构建立了完善的反腐倡廉机制，通过制度约束和文化建设，营造风清气正的工作氛围。这种公正廉洁的作风，不仅赢得了委托单位的信任，也提升了机构的公信力和社会形象。

（3）流程规范。机构在业务流程、管理流程、决策流程等方面进行了全面梳理和优化，严格依据消防法律法规和技术标准要求，形成了一套完善的流程规范体系。这些规范不仅明确了各岗位的职责和权限，还规定了工作流程的具体步骤、标准和时限，确保了各项工作的高效、准确执行。例如，在委托单位服务流程中，机构实行了首问负责制和限时办结制，确保委托单位问题能够得到及时、有效的解决。

（4）服务满意。机构深知，只有提供优质、高效的服务，才能赢得委托单位的满意和忠诚。因此，机构在服务理念、服务模式、服务质量等方面不断创新和提升。机构建立了以委托单位为中心的服务中心，通过定期回访、满意度调查等方式，及时了解委托单位的需求和反馈，不断优化服务流程和内容。同时，机构还注重对员工服务意识和技能的培训，确保全体员工都能以饱满的热情和专业的技能为委托单位提供优质的服务。这种以委托单位满意为导向的服务理念,不仅提升了委托单位满意度和忠诚度,也促进了机构的持续发展和壮大。

综上,某机构的质量方针"科学务实、公正廉洁、流程规范、服务满意"是其成功的关键所在。这一方针不仅为机构的运营提供了明确的指导和方向,还为其赢得了业界的广泛赞誉和委托单位的深厚信任。未来,该机构将继续秉持这一方针,不断创新和提升自身实力,为实现更高质量的发展目标而不懈努力。

案例二

某机构深谙公示与沟通对于质量方针实施的重要性。他们不是仅限于传统的宣传手段,而是巧妙地结合了物理空间与数字平台的优势,将质量方针以生动、直观且易于理解的方式展现给全体成员,从而构建起一种全员参与、共同践行的文化氛围。

(1) 公示方式的创新与细致。该机构在公示方式上展现出了高度的创意与细致。首先,在正门入口这一人流密集的黄金位置,他们精心设计了质量方针的宣传板。这不仅仅是一块普通的展板,而是融合了现代设计元素与企业文化精髓的艺术品。宣传板以鲜明的色彩搭配、简洁有力的文字描述,以及生动形象的图表展示,让踏入机构大门的人都能瞬间捕捉到质量方针的核心要义。其次,宣传板还定期更新,及时反映质量方针的最新动态与成果,让外界对机构的品质追求保持持续关注。

最后,机构还在办公室与会议室等内部空间的关键位置设置了电子屏幕,实现质量方针的滚动显示。这些电子屏幕不仅具备高清晰度与广视角的特点,还能根据时段与受众的不同,灵活调整显示内容与风格。例如,在员工工作时间,屏幕会重点展示质量方针的具体要求与实施步骤;而在委托单位来访时,则更多地展示机构在质量方面的成功案例与荣誉证书,以增强委托单位的信任感与满意度。

(2) 沟通方法的多样与深入。除了直观的公示方式外,该机构还注重通过多样化的沟通方法来深化员工对质量方针的理解与认同。在项目启动会议这一关键节点上,机构高层深入浅出地讲解质量方针的背景、意义、目标及实施路径。他们不仅阐述了质量方针对于提升产品与服务质量的重要性,还结合具体案例与数据,展示了质量方针在实际工作中的广泛应用与显著成效。这种面对面的交流方式,有效激发了员工的参与热情与责任感。

同时,机构还充分利用内部通信这一平台,定期分享质量方针的执行情况与反馈意见。内部通信以图文并茂的形式,详细记录了各部门在贯彻质量方针过程中的具体举措、取得的成果以及遇到的挑战与解决方案。这些真实、生动的案例不仅为员工提供了宝贵的学习机会与参考样本,还促进了部门之间的交流与协作,共同推动质量方针的深入实施。

质量方针的公示与沟通不仅仅是形式上的展示与传播,更是企业文化与价值观的体现与传承。通过上述多维度、多层次的公示与沟通方式,该机构不仅成功地将质量方针内化于心、外化于行,还营造了一种积极向上的工作氛围与价值观导向。这种氛围与导向不仅提升了员工的职业素养与工作能力,还促进了机构整体的持续发展与创新。

值得注意的是,随着时代的发展与科技的进步,公示与沟通的方式也在不断更新换代。该机构在保持传统优势的同时,还积极探索新的公示与沟通渠道与手段,如社交媒体、在线直播等,以更好地适应员工与委托单位的需求变化。这种与时俱进、勇于创新的精神正是该机构在质量道路上不断前行、永不止步的动力源泉。

综上,该机构在公示方式与沟通方法上的创新与实践为我们提供了宝贵的经验与启示。他们通过多维度的展示与深入的沟通,不仅成功地将质量方针融入机构的每一个角落与每一个细节之中,还激发了员工的参与热情与责任感,为机构的持续发展与创新奠定了坚实的基础。

3.4.3.4 检查要素和内容

本节的检查要素和内容见表3.6。

表 3.6　检查要素和内容

指标	检查要素	检查内容
4.3 质量方针	1. 有质量方针，由最高管理者批准	1. 查看是否有质量方针。 2. 查看质量方针是否由最高管理者批准
	2. 质量方针形成书面文件发布	查看质量方针是否由书面文件发布，如质量方针发布令
	3. 质量方针内容包含满足消防法律法规和技术标准要求、增强服务满意和持续改进承诺	查看质量方针是否包含了满足消防法律法规和技术标准要求、增强服务满意和持续改进承诺的内容
	4. 质量方针醒目公示于机构办公场所（张贴或电子屏幕显示）	查看质量方针是否公示，公示方式
	5. 质量方针在全体员工中得到沟通	1. 查看培训记录、培训内容是否包括质量方针，培训是否为全员参与。 2. 随机抽选机构员工，询问是否熟悉质量方针内容

3.4.4　质量目标

3.4.4.1　建立质量目标

质量目标是指与质量有关的要实现的结果。质量目标可以是战略的、战术的或操作层面的。质量目标通常依据机构的质量方针制订，通常在机构内的相关职能、层级和过程分别规定质量目标。

最高管理者应积极建立明确的质量目标，这是机构质量管理的关键环节。质量目标的设计应紧密围绕质量方针，确保其可操作性和可衡量性。通过质量目标的设定，可以使机构内部各个部门和员工对质量要求有更为清晰的认识，从而形成共同的努力方向。

质量管理要求：

> 最高管理者应建立质量目标，质量目标应与质量方针保持一致，并可测量。

首先，质量目标的建立应确保与质量方针的一致性。质量方针是机构质量管理的基础，它明确了机构对质量的总体要求和期望，而质量目标则是具体落实质量方针的具体措施。只有确保质量目标与质量方针的一致性，才能保证机构在质量管理过程中不会出现偏差。

其次，质量目标应具备可测量性。可测量性是指质量目标应该能够通过具体的数据和指标来进行量化评价。这样，机构可以直观地了解质量目标的实现程度，为后续的质量改进提供依据。同时，可测量性也有助于激发员工积极参与质量管理，提高工作积极性。

在实际操作中，最高管理者应根据机构的具体情况，制订合理的质量目标。这些质量目标应涵盖服务的全过程。通过全过程的质量管理，确保机构提供的服务能够满足委托单位的需求，提高服务满意度。

最后，最高管理者还须加强对质量目标的关注和监控，确保其在实际运作过程中得以有效执行。通过对质量目标的定期审查和评估，及时发现和解决问题，确保机构质量管理的持续改进。

总之，最高管理者应高度重视质量目标的建立和实施，使其与质量方针保持一致，并具备可测量性。通过明确质量目标，有助于提升机构整体的质量管理水平，从而提高机构竞争力，实现可持续发展。

3.4.4.2　质量目标内容

质量管理要求：

> 质量目标应考虑以下方面：
> a) 从业合规；
> b) 服务合同履约；
> c) 服务应急响应及时；
> d) 书面结论文件的准确和及时；
> e) 设备检定/校准；
> f) 服务满意情况（包括消防技术服务管理系统的评价、机构开展的满意度调查）；
> g) 质量管理体系和消防安全评估过程控制体系有效运行。

（1）从业合规。是机构的首要任务。这意味着机构要确保从业活动和服务提供符合国家和地方的相关法律法规，包括但不限于消防技术服务管理方面的规定。合规性不仅是为委托单位提供优质服务的基石，也是机构长远发展的保障。

（2）服务合同履约。同样是至关重要的。机构须严格遵守与委托单位签订的服务合同，确保按照合同约定的时间、内容和质量标准完成各项服务。合同履约能力的强弱直接关系到机构在市场竞争中的信誉和口碑。

（3）服务应急响应及时。在消防安全领域，时效性尤为重要。机构须建立健全的应急响应机制，确保在接到委托单位需求或突发情况时，能够迅速调配资源，提供及时、高效的服务。

（4）书面结论文件的准确和及时。在消防技术服务后，机构须为委托单位提供准确、翔实的书面结论文件。文件应当清晰明确，包含从业过程中的关键数据和分析结果，以便委托单位了解消防安全状况，为后续整改提供依据。

（5）设备检定/校准。为了确保服务质量和准确性，机构须定期对使用的设备进行检定和校准。这不仅有助于提高设备性能，还能有效避免因设备故障导致的误判和风险。

（6）服务满意情况（包括消防技术服务管理系统的评价、机构开展的满意度调查）。机构应重视委托单位反馈，通过消防技术服务管理系统的评价和机构开展的满意度调查，了解委托单位对服务的满意程度。这有助于不断优化服务流程，提升委托单位体验。

（7）质量管理体系和消防安全评估过程控制体系有效运行。机构须确保质量管理体系在日常工作中得到全面贯彻和执行，从而确保机构整体运营的稳定和高效。

只有全面考虑这七个方面，机构的质量目标才能更加明确、具有针对性，从而为提升消防技术服务质量、保障人民群众的生命财产安全奠定坚实基础。

3.4.4.3 沟通、理解和实施质量目标

质量目标是机构成功的关键因素之一。在一个机构中，质量目标不仅仅是一个口号或者标语，而是应该深入到每一个员工的心中，成为他们日常工作的行动指南。为了让质量目标真正发挥作用，全体员工对质量目标的沟通、理解和实施至关重要。

质量管理要求：

> 质量目标应在全体员工中得到沟通、理解和实施。

首先，质量目标的沟通应该是一个自上而下的过程。机构的高层管理人员须明确质量目标，并对全体员工进行详细的解释和阐述。这样，员工才能够对质量目标有清晰的认识，从而确保他们在工作中能够按照质量目标的要求来操作。

其次，质量目标的沟通是一个互动的过程。机构应鼓励员工就质量目标提出疑问和建议，以便对质量目标进行不断完善和优化。通过这种方式，员工能够更好地理解质量目标，并将其内化为自己的工作准则。

再次，全体员工应对质量目标有深入的理解。这包括了解质量目标的内涵、意义以及实现质量目标的方法和途径。只有对质量目标有了深入的理解，员工才能在工作中自觉地遵循质量标准，从而确保服务的质量。

最后，质量目标的实施是全体员工共同参与的过程。每个员工都应在自己的岗位上发挥作用，严格按照质量管理体系的要求来完成工作任务。同时，机构还须建立激励机制，鼓励员工为实现质量目标作出贡献。这样，员工才能够真正地将质量目标付诸实践。

因此，质量目标应在全体员工中得到沟通、理解和实施。只有这样，机构才能提供高质量的服务，从而在激烈的市场竞争中立于不败之地。

3.4.4.4 统计、分析质量目标

机构的技术负责人肩负着推动技术创新和确保服务质量的重任。为了确保服务质量达到预期目标，技术负责人须对质量目标完成情况进行严密监控。

质量管理要求：

> 技术负责人应至少每半年对质量目标完成情况进行统计并记录。

机构应明确质量目标的重要性。质量目标是机构根据市场需求、服务特点和机构发展阶段所制订的具体、可衡量的目标。它旨在满足委托单位需求，提高机构竞争力，确保服务安全可靠。技术负责人应高度重视质量目标的完成情况，及时了解和掌握服务质量动态，以确保机构可持续发展。

（1）定期统计：每半年对质量目标进行统计，有助于技术负责人及时发现问题、分析原因，为后续的质量改进提供数据支持。同时，定期统计有助于机构高层了解服务质量的整体状况，为决策提供依据。

（2）数据准确性：统计质量目标完成情况时，技术负责人应确保数据的准确性。这要求他们在统计过程中严谨认真，避免因数据错误导致在质量改进方向上的偏差。

（3）对比分析：技术负责人应对每次统计的数据进行对比分析，找出服务质量的波动原因。分析是属于合规问题、从业过程问题还是设备使用问题，有针对性地进行改进。

（4）制订改进措施：根据统计结果，技术负责人应制订相应的质量改进措施。对于存在的问题，可以通过培训、优化服务流程、加强质量监督等方式，不断提高服务质量。

（5）跟踪监控：在实施质量改进措施后，技术负责人还应持续跟踪监控服务质量，确保改进措施的有效性。通过不断优化质量管理手段，提高机构服务质量水平。

因此，技术负责人应认真对待每半年的质量目标统计工作，充分发挥统计数据的作用，为提高机构服务水平贡献力量。同时，机构也应建立健全质量管理体系，形成持续改进的氛围，推动机构高质量发展。

质量目标统计、分析记录见表3.7。

表3.7 质量目标统计记录

质量目标	完成情况	
	1—6月	7—12月
从业合规率××%	本阶段，消防技术服务项目数量为××个，从业合规的项目数量为××个，从业合规率××%	
服务合同履约率××%	本阶段，消防技术服务项目数量为××个，按合同履约的项目数量为××个，合同履约率××%	
服务应急响应及时率（消防设施维护保养）××%	本阶段，委托单位要求应急服务××次，其中按合同约定及时响应××次，服务应急响应及时率××%	

续表3.7

质量目标	完成情况	
	1—6月	7—12月
书面结论文件的准确率××%	本阶段,出具书面结论文件××份,按技术标准、现场实际、准确出具××份,书面结论文件的准确率××%	
书面结论文件的及时率××%	本阶段,出具书面结论文件××份,按标准要求及时出具××份,书面结论文件的及时率××%	
设备检定/校准率××%	本阶段,计划送第三方进行检定/校准的设备数量××件,已按计划完成送检并合格的设备数量××件,设备检定/校准率××%	
服务满意情况:消防技术服务管理系统的评价××分	本阶段,在消防技术服务管理系统上评价××次,平均分为××分	
服务满意情况:机构开展的满意度调查××分	本阶段,发放服务满意度调查问卷××份,收回××份,平均分为××分	
质量管理体系和消防安全评估过程控制体系有效运行	本阶段,各方反馈的不符合项××个,完成整改、制订纠正措施并验证有效的不符合整改××个;组织项目质量监督、内部审核、管理评审的情况描述	

质量目标分析:
1. 当某一项未达到质量目标要求时,应分析原因并制订改进措施。
2. 当某一项不符合预期或需改进时,可制订改进措施。

统计:　　　　　日期:　　　　　审核:　　　　　日期:

3.4.4.5 案例分析

案例一

某机构全面贯彻质量方针,不断提高自身业务管理水平和技术服务能力,为委托单位提供公正、准确、及时和优质的消防技术服务结果,具体指标如下。

(1) 违规违纪行为的发生率为零;
(2) 服务合同履约率为100%;
(3) 服务应急响应及时率为100%;
(4) 书面结论文件的数据和结果准确、客观、真实,报告差错率≤1%;
(5) 书面结论文件超出规定期限次数为零;
(6) 仪器设备检定/校准送检率为100%;
(7) 服务满意度达到95分以上;
(8) 委托单位申诉、投诉处理及时率为100%;
(9) 各级主管部门对公司相关监督检查结果,不符合项为零;
(10) 质量管理体系有效运行,每12个月至少进行一次内部审核和管理评审。

案例二

在当今竞争激烈的市场环境中,某机构深谙质量之于企业生存与发展的重要性,因此,他们采取了一系列周密的策略来强化内部员工对质量目标的认知与实践。这一系列的举措不是仅限于简单的公告或口号,而是深入到了员工培训的每一个环节,以及日常工作的方方面面,形成了一个全方位、多层次的质量保障体系。

(1) 在员工培训方面，该机构不仅将质量目标作为必修课程纳入新员工入职培训中，还定期组织在职员工进行质量意识提升培训。这些培训不是仅仅停留在理论层面，而是通过生动的案例研究，让员工们能够身临其境地感受到质量问题带来的严重后果，以及优质服务带来的巨大价值。例如，通过分享行业内因质量问题而导致的企业倒闭案例，以及因提供卓越服务而赢得委托单位信赖的成功故事，员工们对质量目标的重视程度得到了显著提升。同时，机构还鼓励员工们进行团队讨论，通过思想的碰撞与交融，进一步加深对质量目标的理解与认同。

(2) 在公告板和内部通信方面，该机构充分利用这些平台，定期发布质量目标的相关信息及进展情况。他们精心设计的公告内容不仅包含了质量目标的明确表述，还附带了具体的实施步骤和考核标准，让员工们能够清晰地了解到自己在实现质量目标过程中所扮演的角色及应承担的责任。此外，内部通信还开辟了"质量之星"专栏，用于表彰那些在质量工作中表现突出的个人或团队，通过树立榜样和典型的方式，激发全体员工追求质量卓越的热情和动力。

(3) 在实施环节上，该机构更是下足了功夫。他们制订了一套完善的技术服务方案（计划）框架，对服务流程进行了全面的梳理和优化，确保每一个环节都能够达到既定的质量标准。还建立了健全的委托单位反馈机制，通过定期收集和分析委托单位的意见和建议，及时发现并纠正服务过程中存在的问题和不足。这种以委托单位为中心的服务理念不仅提升了服务满意度和忠诚度，还为机构赢得了良好的市场口碑和品牌形象。

值得一提的是，该机构在推动质量目标实现的过程中还注重数据的统计与分析工作。他们利用先进的信息化手段对各项质量指标进行实时监控和评估，并通过对比历史数据和行业平均水平来发现自身的优势和不足。这种以数据为驱动的管理方式使得机构在质量改进方面更加精准高效。

综上，该机构通过一系列周密而有效的措施成功地实现了质量目标在员工中的深入理解和全面贯彻。他们不仅提升了员工的质量意识和技能水平，还构建了一个高效运转的质量保障体系，为企业的可持续发展奠定了坚实的基础。

案例三

作为行业内的佼佼者，某机构深知质量目标的达成对于提升服务满意度、增强市场竞争力以及塑造良好品牌形象的重要性。为此，该机构特别设立了一项严谨而细致的制度——由技术负责人挂帅，每半年对质量目标的完成情况进行一次全面而深入的统计与分析。

在统计过程中，技术负责人会依据既定的质量目标体系，逐项检查各项指标的完成情况。这些指标包括但不限于服务合同履约率、服务满意度调查、质量管理体系是否有效运行等。为了确保数据的真实性与准确性，他们还会采用多种手段进行交叉验证与数据分析。例如，通过消防技术服务管理系统收集第一手资料，利用大数据分析技术挖掘潜在问题，邀请专家团队进行现场评审与指导等。

值得一提的是，在统计与分析的过程中，技术负责人还会特别关注那些未能达到预期目标的领域。深入分析其背后的原因与根源，是作业指导书制订不合理？还是人员培训不到位？抑或是资源投入不足？通过这样的剖析与反思，他们不仅能够找到问题的症结所在，还能够为后续的改进工作提供有力的依据与指导。

此外，为了更好地推动质量目标的达成与持续改进，该机构还会定期召开质量分析会议。在会议上，技术负责人会向全体员工汇报质量目标的完成情况、存在的问题以及改进措施等。同时，他们还会鼓励员工积极发言、提出宝贵意见与建议。这种开放、包容的氛围不仅激发了员工的参与热情与创造力，也促进了机构内部的沟通与协作。

自该制度实施以来，该机构的质量目标完成率逐年攀升。服务合同履约率从最初的85%提升至现在的98%以上；服务满意度调查得分也持续保持在行业领先水平。这些成绩的取得不仅是对该机构质量管理工作的肯定与认可，更是对其未来发展潜力的无限期待与憧憬。

3.4.4.6 检查要素和内容

本节的检查要素和内容见表 3.8。

表 3.8 检查要素和内容

指标	检查要素	检查内容
4.4 质量目标	1. 有质量目标	查看是否制订了质量目标
	2. 质量目标量化	1. 查看质量目标是否量化。 2. 是否规定了质量目标统计方法
	3. 设定的质量目标至少考虑以下几个方面： a) 从业合规； b) 服务合同履约； c) 服务应急响应及时(消防设施维护保养)； d) 书面结论文件的准确和及时； e) 设备检定/校准； f) 服务满意情况(包括消防技术服务管理系统的评价、机构开展的满意度调查)； g) 质量管理体系和消防安全评估过程控制体系有效运行	1. 查看质量目标是否包括 a)—g)项。 2. 查看关于书面结论文件的质量目标，是否包括准确率、及时率 2 项。 3. 查看关于服务满意情况的质量目标，是否包括消防技术服务管理系统的评价、机构开展的满意度调查 2 项。 4. 查看关于质量管理体系有效性的质量目标，是否包括外部监管机构(如地方消防机构、信用中国网站等)行政处罚情况的统计分析
	4. 质量目标在内部得到沟通，每半年统计质量目标完成情况	1. 质量目标是否通过培训、分解、统计分析等方式在机构内部全员进行沟通理解。 2. 随机抽选机构人员，是否熟悉自己岗位的质量目标指标和现状。 3. 查看质量目标统计分析记录，是否每半年进行了一次统计分析。 4. 查看是否对未达到质量目标的项目进行原因分析并制订了改进措施
	5. 保留统计记录	查看机构是否保留了质量目标统计记录、分析记录、改进措施实施记录等

3.4.5 服务声明

3.4.5.1 做出服务声明

服务声明可以提供有关机构服务水平的基本信息，包括机构的可靠性、专业性以及在行业中的地位和声誉。这有助于提升品牌形象，增加委托单位对机构的信任感。服务声明还可以展示机构对提供高质量服务的承诺和决心。通过明确服务标准并公开发布，机构向委托单位传达了其对提供卓越服务的承诺。

质量管理要求：

> 最高管理者应对机构提供的消防技术服务做出服务声明，至少考虑以下几个方面：
> a) 遵守消防法律法规和技术标准要求；
> b) 消防技术服务活动遵循的原则；
> c) 机构的服务承诺。

（1）严格遵守消防法律法规和技术标准要求。消防技术服务涉及公共安全，必须严格遵守国家和地方消防法律法规、规章以及相关技术标准的要求。在服务过程中，机构要确保提供的消防技术服务符合相关法律法规的规定，包括但不限于消防安全评估、消防设施检测、消防设施维护保养等。通过合规的服务,为委托单位提供专业、可靠的消防技术服务。

(2) 消防技术服务活动遵循的原则。这是指:机构及其消防技术服务从业人员开展消防技术服务活动应当遵循客观独立、合法公正、诚实信用的原则。

(3) 机构的服务承诺。机构应向委托单位提供以下服务承诺。

① 专业团队:组建专业、高效的消防技术服务团队,为委托单位提供全方位、一站式的消防技术服务。

② 高效响应:对委托单位的需求和问题,确保在第一时间进行响应,提供及时、有效的解决方案和服务。

③ 质量保证:对提供的消防技术服务质量负责,确保服务达到委托单位预期,为委托单位提供满意的服务体验。

④ 售后服务:为委托单位提供持续的售后服务,确保消防技术服务的持续稳定运行,降低委托单位的后顾之忧。

综上,最高管理者对消防技术服务做出的服务声明应包括遵守消防法律法规和技术标准要求、消防技术服务活动遵循的原则以及机构的服务承诺。通过明确的服务声明,彰显机构在消防技术服务领域的专业素养和责任担当,为委托单位提供优质、可靠的服务。

3.4.5.2 沟通、理解和实施服务声明

服务声明发布后,全体员工应充分沟通、深入理解和全面实施。为确保服务声明的有效性和实用性,需要将其传达给每一个员工,使其在日常工作中得以贯彻。此外,还应关注相关方的需求,确保他们能够轻松获取服务声明的相关信息。

质量管理要求:

> 服务声明发布后应在全体员工中得到沟通、理解和实施,可为相关方所获取。

为了让服务声明在机构内部得到广泛传播和理解,机构可以采取以下措施。

(1) 组织内部培训:针对服务声明的内容,开展专项培训活动,使员工充分了解服务声明的重要性和具体要求。培训形式可以包括专题讲座、研讨会、实操演练等,以适应不同员工的培训需求。

(2) 制订实施计划:根据服务声明的内容,制订详细的实施计划,明确责任部门、分工安排和时间节点。相关部门应密切协作,确保服务声明在各业务领域得以落实。

(3) 利用机构内部资源:通过内部网站、公告栏、员工手册等渠道,发布服务声明相关信息,方便员工随时查阅和学习。同时,鼓励员工就服务声明相关问题进行交流和探讨,以加深对服务声明的理解。

(4) 开展宣传活动:组织各类宣传活动,如主题演讲、知识竞赛、文化墙等,以提高员工对服务声明的关注度和认同感。通过活动,让员工充分认识到服务声明对机构发展的重要意义。

(5) 定期评估与改进:对服务声明的实施情况进行定期评估,了解存在的问题和不足,并根据实际情况进行调整和改进。通过持续优化服务声明,提升机构整体服务水平。

(6) 强化监督检查:建立健全监督检查机制,对服务声明的执行情况进行监督,确保各岗位员工严格按照服务声明要求开展工作。同时,鼓励员工互相监督和提醒,形成良好的执行氛围。

通过以上措施,机构不仅可以确保服务声明在全体员工中得到有效沟通、理解和实施,还能为相关方提供便捷的获取渠道,进一步提升机构形象和竞争力。

3.4.5.3 案例分析

案例一

某机构最高管理者对机构提供的消防技术服务作出如下服务声明。

作为该机构的最高管理者,本人谨代表本机构,就我们提供的消防技术服务,作出以下正式且庄严

的服务声明。

(1) 我们严格遵守国家及地方各级消防法律法规、部门规章以及相关的技术标准要求，确保我们的服务活动合法合规，技术质量可靠。

(2) 在提供消防技术服务的过程中，我们始终坚持以下原则。

① 本机构及其消防技术服务从业人员开展消防技术服务活动应当遵循客观独立、合法公正、诚实信用的原则。

② 专业性原则：我们配备专业的技术人员和先进的设备，确保服务的专业性和准确性。

③ 客观公正原则：我们秉持客观公正的态度，对服务对象进行真实、准确的评估，不隐瞒、不夸大。

④ 保密守信原则：我们尊重并保护服务对象的合法权益，对服务过程中涉及的商业秘密和个人信息严格保密。

⑤ 持续改进原则：我们不断优化服务流程，提升服务质量，以满足委托单位日益增长的需求和期望。

(3) 我们向所有服务对象郑重承诺如下。

① 提供高质量服务：我们将以高度的责任心和专业的技能，为委托单位提供高质量的消防技术服务。

② 及时响应委托单位需求：我们将建立快速响应机制，确保在委托单位提出需求后，能够迅速、有效地提供解决方案。

③ 接受社会监督：我们欢迎社会各界对我们的服务进行监督，对于发现的任何问题，我们将及时整改并反馈。

总之，我们将以严谨的态度、稳重的作风、理性的思维和独立的立场，为委托单位提供优质的消防技术服务。

案例二

在近期，某机构发布了一项重要的服务声明，这一举措不仅彰显了机构对于服务质量与透明度的坚定承诺，更成为了推动组织内部文化变革与提升外部信任度的关键一步。为了确保服务声明的精神能够深入人心，机构迅速在全体员工中启动了全面的宣贯活动，通过一系列精心策划的措施，确保全体员工都能深刻理解、积极响应并有效实施这一重要声明。

(1) 宣贯活动的深入展开。

宣贯活动伊始，机构高层领导亲自挂帅，通过内部会议、视频直播等多种形式，向全体员工详细解读服务声明的核心内容与深远意义。他们强调，这份声明不仅是机构对外承诺的载体，更是全体员工日常工作的行为准则和价值导向。通过深入浅出的讲解和生动的案例分析，成功地激发了员工的共鸣与认同，为后续工作的顺利开展奠定了坚实的基础。

为了确保宣贯效果的最大化，机构还组织了一系列互动环节，鼓励员工积极提问、分享心得。在轻松愉快的氛围中，员工们不仅加深了对服务声明的理解，还学会了如何将其融入日常工作。此外，机构还设立了专门的反馈渠道，以便及时了解员工在实施过程中遇到的问题和困难，并给予针对性的指导和帮助。

(2) 充分沟通交流与理解。

在宣贯活动的基础上，机构进一步加强内部沟通与理解。通过定期召开部门会议、小组讨论等形式，员工们就服务声明的实施情况深入交流与探讨。大家纷纷表示，服务声明的发布让他们更加清晰地认识到自己的职责与使命，也让他们在工作中更加注重细节、追求卓越。同时，机构还鼓励员工之间相互学习、共同进步，形成了良好的工作氛围和团队精神。

(3) 融入项目合同与从业过程。

为了更好地将服务声明的精神落实到具体工作中去，机构在项目合同、服务方案（计划）以及书面结论文件等内容中均明确体现了相关要求。在签订项目合同时，机构会与委托单位就服务标准、质量保障等方面进行充分沟通，并将服务声明的相关条款纳入合同条款之中，这不仅增强了合同的法律约束力，也提高了委托单位对机构服务质量的信任度。在服务方案和计划的制订过程中,机构同样会紧密结合服务声明的精神,确保每一项服务都能达到或超越委托单位的期望。而在提交书面结论文件时,机构也会注重数据的准确性和分析的深入性,以充分展示服务成果和价值。

(4) 实证与统计数据的支撑。

为了进一步验证服务声明的实际效果,机构还开展了一系列实证研究与统计数据分析工作。通过收集和分析委托单位反馈、服务满意度调查结果以及项目成果数据等信息,机构得以全面评估服务声明的实施效果。实践证明,服务声明的发布与实施不仅显著提升了机构的服务质量和服务满意度,还促进了内部管理的规范化和流程的优化。这些实证研究与统计数据的支撑不仅增强了机构对服务声明的信心与决心,也为未来的持续改进和创新提供了有力的依据。

综上,某机构服务声明的发布与实施是一项具有深远意义的举措。通过全面的宣贯活动、充分的沟通与理解以及项目合同与服务方案的融合等措施的落实,机构成功地将服务声明的精神内化于心、外化于行。未来,随着实证研究与统计数据的不断积累与深入分析,机构将继续深化服务声明的实施效果并推动组织的持续健康发展。

3.4.5.4 检查要素和内容

本节的检查要素和内容见表3.9。

表3.9 检查要素和内容

指标	检查要素	检查内容
4.5 服务声明	1. 最高管理者发布服务声明	1. 查看是否有服务声明。 2. 查看是否由最高管理者发布声明
	2. 服务声明内容至少考虑以下几个方面: a) 满足消防法律法规和技术标准要求; b) 消防技术服务活动遵循的原则; c) 机构的服务承诺	查看服务声明内容是否包含 a)~c) 的内容
	3. 服务声明可为相关方所获取并在全体员工中进行沟通实施	1. 查看机构是否通过培训、公示等方式在全员范围内进行沟通理解服务声明。 2. 随机抽选机构员工,询问是否熟悉服务声明内容。 3. 观察操作,是否符合服务声明要求

3.4.6 质量管理体系文件

3.4.6.1 质量管理体系文件

为了确保质量管理体系和消防安全评估过程控制体系的有效运行,技术负责人应当发挥关键作用,积极组织建立三级质量管理体系文件。这些文件包括质量手册、程序文件、作业指导书和操作规程,它们是保障质量管理体系和消防安全评估过程控制体系顺利实施的基石。

质量管理要求:

> 为确保质量管理体系和消防安全评估过程控制体系的有效运行,技术负责人应组织建立三级质量管理体系文件,包含质量手册、程序文件、作业指导书。

首先,质量手册是对整个质量管理体系的详细阐述,它为机构提供了质量管理的整体框架和实施方法。质量手册应当明确机构的质量方针和目标,阐述质量管理体系的各项要素,包括组织结构、资源配置、流程控制、内部审核和管理评审等。通过编写质量手册,可以让机构的内部和外部利益相关者了解机构的质量管理水平和承诺。

其次,程序文件是对质量管理体系中各项流程和活动的具体描述,它为机构内部员工提供了操作指南。程序文件应当明确各项流程的目标、职责、要求和程序,包括人员管理、设备管理、备品件管理、现场作业管理、项目质量监督管理及文件和记录管理等。通过制订程序文件,可以确保机构内部各项活动的一致性和符合性,提高工作效率。

最后,作业指导书和操作规程是对具体岗位作业操作过程的详细说明,为员工提供操作步骤、注意事项和判定标准等。作业指导书和操作规程应当结合岗位实际情况,明确作业要求、操作流程、检查标准和纠正措施等。通过编写作业指导书和操作规程,可以确保员工在执行任务时遵循标准操作程序,降低失误风险,提高服务质量。

技术负责人在组织建立三级质量管理体系文件的过程中,要确保文件之间的协调一致性,避免出现矛盾和漏洞。同时,还要关注文件的更新和维护,确保其与时俱进,适应机构发展和市场变化的需要。通过建立完善的质量管理体系文件,为机构的长期发展奠定坚实基础,提高机构在市场竞争中的核心竞争力。

因此,技术负责人应充分发挥组织和管理作用,建立完善的质量管理体系文件,为质量管理体系和消防安全评估过程控制体系的有效运行提供保障。同时,要加强文件更新和维护,确保机构在不断发展的过程中,始终遵循最佳实践,为机构的长远利益和公共安全保驾护航。

3.4.6.2 质量手册

质量手册是阐述机构质量管理体系全部要素的文件,是质量管理体系的纲领性文件,是机构质量管理体系的总要求和证明,也是识别和提供质量管理体系过程及其相互作用的方式的工具。编制质量手册有助于增强委托单位对机构的信任度和满意度,也有助于提高机构的市场竞争力,包括品牌形象和知名度。

质量手册编制的目的是对机构的质量管理体系加以正式公布或发布,以让委托单位或其他相关方了解或认知本机构的质量管理体系。编制质量手册的另一个目的是将质量管理体系要求及其过程整合起来,使机构的管理者能够依据质量管理体系要素和过程,通过手册来控制和监视质量管理体系的运作情况,达到持续改进质量管理体系的有效性及服务满意度。

质量管理要求:

> 质量手册的内容应至少包含:
> a)机构概况;
> b)体系覆盖的业务类别,如消防设施维护保养、检测和消防安全评估;
> c)服务声明;
> d)质量方针;
> e)质量目标;
> f)组织架构;
> g)技术负责人任命;
> h)岗位职责和权限;
> i)机构符合本文件的承诺;
> j)基于本文件要求的机构质量管理职能对照。

(1)机构概况。质量手册应首先介绍机构的基本信息,包括机构的历史、规模、业务范围等。这有助于让读者对机构有一个全面的了解,从而能够更好地理解后续的质量管理措施。

(2)体系覆盖的业务类别,如消防设施维护保养、消防设施检测和消防安全评估。质量手册应明确列出体系覆盖的业务类别,例如消防设施的维护保养、消防设施检测和消防安全评估等。这有助于确保所有相关人员清楚了解质量管理体系所涉及的领域。

（3）服务声明。质量手册应阐述机构的服务声明，即机构所提供的服务以及服务承诺。这有助于提升委托单位对机构的信任，并确保服务质量。

（4）质量方针。质量手册应明确质量方针，即机构在质量管理方面的总体方向。质量方针应符合机构的发展战略，并为全体员工提供指引。

（5）质量目标。质量手册应列出具体的质量目标，以使全体员工能够明确知道需要达成的目标。质量目标应具有可衡量性、可追溯性和可实现性，以确保持续改进。

（6）组织架构。质量手册应详细介绍机构的组织架构，包括各部门的职责、权限和相互关系。这有助于确保机构运行顺畅，提高工作效率。

（7）技术负责人任命。质量手册应明确技术负责人的任命，以便全体员工知晓。技术负责人负责组织内的技术事务，确保服务质量。

（8）岗位职责和权限。质量手册应列出所有岗位的职责和权限，以便全体员工清楚了解自己的工作范围和职责。这有助于确保各项工作得以有效开展。

（9）机构符合本文件的承诺。质量手册应包含机构对符合标准的承诺，表明机构对质量管理的重视和决心。这有助于提高员工的认同感和执行力。

（10）基于本文件要求的机构质量管理职能对照。质量手册应列出机构质量管理职能与本文件要求的对照，以确保各项质量管理措施得到有效实施。

机构建立质量手册的内容应全面、系统地阐述机构的质量管理理念和实践，为全体人员提供明确的指导，以实现优质的服务和持续改进。

3.4.6.3 质量手册示例

质 量 手 册

0.1 质量手册发布令

为建立质量管理体系，确保质量管理体系的有效运行，本公司依据《社会消防技术服务机构质量管理要求》，并结合本公司服务过程的实际情况编制了本手册。本手册是本公司质量管理活动的指导文件。

《质量手册》明确了本公司的质量方针、质量目标、服务声明，确定了本公司管理体系有效运行所需的过程，是本公司各部门/岗位质量管理工作的基本要求和行动准则，希望全体员工严格遵守，认真贯彻执行。

本手册于20××年×月×日由本公司总经理批准发布，并于发布之日起正式实施。

总经理：
20××年×月×日

0.2 公司概况

（公司概况、注册地址、经营地址、联系方式等）

0.3 质量方针发布令

本公司根据《社会消防技术服务机构质量管理要求》，由公司最高管理者制订了质量方针，现发布如下。

机构的质量方针

方针含义：（与承诺满足消防法律法规和技术标准要求、提高委托单位满意度和持续改进质量管理活动建立联系）

总经理：×××
20××年×月×日

0.4 组织架构

(机构组织架构图)

0.5 质量管理职能对照表

《社会消防技术服务机构质量管理要求》		总经理	技术负责人	项目负责人	设施操作员	人事行政	文件管理	合同管理	设备管理
章节	二级指标								
4 质量管理体系	4.1 基本要求	▲	▲	△	△	△	△	△	△
	4.2 基于风险的思维	▲	▲	△	△	△	△	△	△
	4.3 质量方针	▲	▲	△	△	△	△	△	△
	4.4 质量目标	▲	▲	△	△	△	△	△	△
	4.5 服务声明	▲	▲	△	△	△	△	△	△
	4.6 质量管理体系文件	△	▲	△	△	△	▲	△	△
5 从业人员和职责	5.1 一般规定	▲	△	△	△	▲	△	△	△
	5.2 职责	▲	▲	△	△	▲	△	△	△
	5.3 知识和能力	▲	▲	△	▲	▲	△	△	△
	5.4 评价	▲	▲	△	△	▲	△	△	△
6 工作场所和设备管理	6.1 工作场所	△	▲	△	△	▲	△	△	△
	6.2 设备管理	△	▲	△	△	△	△	△	▲
7 项目评审和合同管理	7.1 项目评审	△	▲	▲	△	△	△	△	△
	7.2 合同管理	△	▲	△	△	△	△	▲	△
8 技术交底和服务计划(方案)	8.1 技术交底	△	△	▲	△	△	△	△	△
	8.2 服务计划(方案)	△	△	▲	△	△	△	△	△
9 委托单位财产和备品(件)	9.1 委托单位财产	△	△	▲	▲	△	△	△	△
	9.2 备品(件)管理	△	▲	△	△	△	△	△	▲
10 从业过程	10.1 现场作业控制	△	△	▲	▲	△	△	△	△
	10.2 书面结论文件	△	▲	▲	△	△	△	△	△
	10.3 项目质量监督	△	▲	▲	△	△	△	△	△
11 信息管理	11.1 信息	△	▲	△	△	△	▲	△	△
	11.2 文件管理	△	△	△	△	△	▲	△	△
	11.3 记录和档案管理	△	▲	△	△	△	▲	△	△
12 检查、评价和改进	12.1 服务满意度调查	△	▲	△	△	▲	△	△	△
	12.2 内部审核	△	▲	△	△	△	△	△	△
	12.3 管理评审	▲	△	△	△	△	△	△	△
	12.4 持续改进	△	▲	△	▲	△	△	△	△

1 目的和范围

1.1 总则

本《质量手册》(以下简称"手册")描述了本公司管理体系各过程及其关系,本手册旨在通过对管理体系要求的有效应用,规范本公司的消防技术服务质量管理活动,确保公司依法合规从业并可持续发展,达到增强委托单位及相关方满意的目的。

本手册适用于消防技术服务质量管理,也适用于指导公司各职能部门/岗位的质量管理活动。

本公司质量管理体系范围覆盖:消防设施维护保养,消防设施检测,消防安全评估。

1.2 标准要求的适用性声明

《社会消防技术服务机构质量管理要求》均适用于本公司管理体系,不存在任何章节的删减(或者表述×××条款不适用,如无维保业务,可删减 8.2.5、9.2、10.1.2、10.1.3 条款)。

1.3 外包过程

本公司不存在任何的外包行为。

2 质量手册管理

2.1 质量手册的控制

《质量手册》是本公司质量管理活动的指导性文件,有效管理本手册有助于公司不断完善公司管理体系并持续改进。本手册为本公司的受控文件,由总经理批准颁布执行。质量手册编制、发布、实施和修订等管理活动由×××部门归口管理,未经技术负责人批准,任何人不得将手册提供给本公司以外人员。手册持有者应妥善保管,不得损坏、丢失、随意涂改。《质量手册》由技术负责人负责解释。

2.2 质量手册的修改

在手册使用期间,如有修改建议,各部门责任人应汇总意见,及时反馈到×××部门,技术负责人每年一次对手册的适用性、有效性进行评审,必要时,应对手册予以修改。凡出现下列情形之一时,及时对《质量手册》进行修改:

——手册内容与国家颁布的法律法规相冲突;

——质量方针调整;

——组织结构变动;

——组织结构的质量职能变动;

——经营环境和服务内容变化;

——其他需要修订的情况。

以上修订可不必更换版本,仅修订需要更新页的内容,标注该页的修订标识,并确保传达到所有手册收文部门。

2.3 手册的换版

出现下列情形之一时,《质量手册》必须换版:

——修订的内容较多,覆盖手册50%以上的章节,需要全面修订的;

——依据的标准更新,经过评审需要换版。

每一次换版均应废除并取代旧的版本。

3 引用标准、术语和定义

3.1 引用标准

《社会消防技术服务机构质量管理要求》。

3.2 术语和定义

本手册采用《社会消防技术服务机构质量管理要求》中所确立的术语和定义。

4 质量管理体系

4.1 基本要求

4.1.1 本公司策划质量管理体系时,识别、确定并掌握了国家和地方的消防法律法规、技术标准,按照监管部门要求,充分考虑了社会单位需求、市场环境、内部资源和绩效等因素,以确保:

a) 依法合规从业并可持续发展;

b) 质量管理体系能够实现所预期的结果;

c) 增强有利影响,避免或减少不利影响;
d) 持续改进。

4.1.2 本公司及消防技术服务从业人员(以下简称"从业人员")开展消防技术服务活动时,遵循客观独立、合法公正、诚实信用的原则。

4.1.3 本公司按《社会消防技术服务机构质量管理要求》,建立、实施、保持并持续改进质量管理体系,创建了质量管理体系文件。

本公司识别的主要过程包含:质量方针、质量目标、服务声明、项目评审和合同管理、技术交底和服务计划(方案)、委托单位财产和备品(件)、从业过程;

本公司识别的支持过程包含:从业人员和职责、工作场所和设备管理、信息管理、检查、评价和改进。

本公司总经理在质量管理体系的建立、实施以及保持等各阶段发挥领导决策作用,确保策划所需资源的配备,实现质量目标和管理体系的预期结果并持续改进管理体系。

4.1.4 当质量管理体系变更时,本公司考虑了变更目的、潜在后果、管理过程的完整性、资源的可获得性及各部门和岗位的职责的再分配等。

当发生下列情况引起的质量管理体系变更时,本公司能确保管理体系的完整性和有效性:
a) 质量方针或质量目标的变化;
b) 市场和服务的重大变动;
c) 内部组织架构、人员的重大调整;
d) 其他。

如发生以上变更,本公司同时会评估管理体系的充分性、适宜性和有效性。

4.2 基于风险的思维

4.2.1 本公司及时识别、防范、控制可能存在的风险点,确定应对措施,在质量管理体系的过程策划中整合并实施这些措施。见《风险和应对措施清单》。

4.2.2 由技术负责人每年组织对风险应对措施内容和实施的有效性进行评价,更新《风险和应对措施清单》。

4.2.3 本公司考虑了《社会消防技术服务机构质量管理要求》中列出的风险点。

4.3 质量方针

4.3.1 本公司总经理制订、实施并保持质量方针,内容如下:

××××

4.3.2 质量方针体现了承诺满足消防法律法规和技术标准要求、提高委托单位满意度和持续改进质量管理活动。

4.3.3 质量方针醒目公示于本公司的××××位置。

4.3.4 本公司主要通过培训、公示、邮件和公司群分享等方式,使用质量方针在全体员工中得到沟通和理解。

4.4 质量目标

4.4.1 本公司总经理在质量方针的基础上,建立了可测量的质量目标。

4.4.2 质量目标内容及统计方法如下:
a) 从业合规率100%(从业合规的项目数量/项目总数量×100%,无行政处罚);
b) 服务合同履约率100%(按合同约定履约的项目数量/项目总数量×100%);
c) 服务应急响应及时率100%(按合同约定时间内完成响应的次数/需响应的总次数×100%);
d) 书面结论文件的准确率和及时率100%(及时准确的出具书面结论文件数量/书面文件总数量×100%);
e) 设备检定/校准完成率100%(按计划完成检定/校准的设备数量/计划检定/校准的设备总数

量×100％)；

f) 服务满意度：消防技术服务管理系统评价 5 分、满意度问卷调查 100 分；

g) 质量管理体系有效运行：保持证书有效,不符合项 100％ 整改且采取纠正措施并跟踪有效性(已完成整改的不符合项数量/不符合项总数量×100％)。

4.4.3　本公司通过培训、质量目标分配、质量目标统计结果通报、邮件和公司群分享等方式,使质量目标在全体员工中得到沟通、理解和实施。

4.4.4　由技术负责人每半年对质量目标完成情况进行统计并保留记录。见《质量目标统计表》。

4.5　服务声明

4.5.1　本公司总经理对消防技术服务做出如下服务声明：

a) 本公司遵守国家和地方的消防法律法规、技术标准；

b) 本公司及消防技术服务从业人员开展消防技术服务活动时,遵循客观独立、合法公正、诚实信用的原则；

c) 本公司的服务承诺：(可从以下方面展开描述)

c1　对委托单位的承诺；

c2　对于技术服务活动的承诺；

c3　对于公司或人员的约束或保证。

……

4.5.2　本公司通过培训、邮件、公司群分享等方式,使服务声明在全体员工中得到沟通、理解和实施；

4.5.3　本公司通过网站、文件、邮件等方式,可为委托单位等相关方获取服务声明。

4.6　质量管理体系文件

4.6.1　为确保质量管理体系的有效运行,由技术负责人组织建立三级质量管理体系文件,包含质量手册、程序文件、作业指导书和操作规程。

4.6.2　质量手册的内容包含以下内容：

a) 公司概况；b)体系覆盖的业务类别；c)服务声明；d)质量方针；e)质量目标；f)组织架构；g)技术负责人任命；h)岗位职责和权限；i)符合《社会消防技术服务机构质量管理要求》的承诺；j)公司质量管理职能对照。

4.6.3　本公司建立相应的程序文件,明确相关过程的目的、范围、部门和岗位职责、工作流程和记录表单等。

4.6.4　根据本公司所从事的业务类别、不同消防设施和使用的设备,本公司建立了相应的消防设施维护保养、消防设施检测、消防安全评估作业指导书,消防设施和设备操作规程满足消防法律法规、技术标准要求。

质量管理体系文件见《质量管理体系文件清单》。

5　从业人员和职责

5.1　一般规定

5.1.1　本公司配备并保持符合从业条件要求,且与业务规模和承接项目数量相适应的从业人员。见《从业人员清单》、资格证书、社保证明。

5.1.2　本公司建立了《人员管理程序文件》,对人员选择、资格确认、聘用、授权、知识和能力保持、评价等进行规范管理,由×××部门主要负责人员管理。

5.2　职责

5.2.1　本公司总经理制订了组织架构图,明确了技术负责人、项目负责人和消防设施操作员等岗位职责,任命本公司×××为技术负责人,在合同中指定各项目的项目负责人。

5.2.2 最高管理者(总经理)履行的主要职责如下所述:

a) 负责制订、实施和保持质量方针,建立质量目标,做出服务声明;批准和发布质量管理体系文件,对质量管理体系的运行负全部责任。

b) 制订公司的组织架构,明确各部门岗位的职责权限和相互关系;组织实施技术负责人的能力评价。

c) 组织管理评审,以确保质量管理体系和质量方针的持续适宜性、充分性和有效性。

d) 任命技术负责人,授权技术负责人行使质量管理监督职权,保证其不受任何部门和个人干预,正确行使鉴别、把关、报告的职能。

e) 确保人力资源、工作场所、仪器设备等资源的提供。

f) 关注委托单位及满意度,传达满足委托单位和法律法规要求的重要性。

g) 授权内审人员独立进行内审工作。

h) 负责本公司的经营决策。

5.2.3 技术负责人履行的主要职责如下所述:

a) 公司质量监督管理及绩效改进;

b) 收集消防法律法规和技术标准并贯彻执行;

c) 组织实施质量手册、程序文件、作业指导书的编制、修订、审核及批准;

d) 组织实施公司人员培训及能力评价;

e) 组织实施设备监督管理;

f) 对公司出具的书面结论文件进行技术审核和签署;

g) 组织实施重大投诉、质量事故的调查和处置;

h) 组织实施服务满意度调查;

i) 组织实施项目质量监督、质量管理体系内部审核。

当本公司设置2名及以上技术负责人时,会明确1名技术负责人负责落实上述各项职责。

5.2.4 项目负责人履行的主要职责如下所述:

a) 项目团队的组建、人员分工和管理;

b) 组织实施项目现场勘查和项目评审;

c) 项目的技术交底、服务计划(方案)编制;

d) 项目从业过程质量和风险控制;

e) 项目现场沟通、档案管理和应急管理;

f) 书面结论文件编制和签署。

5.2.5 消防设施操作员履行的主要职责如下所述:

a) 消防设施维护、保养和检测等消防技术服务活动的实施;

b) 消防技术服务基础数据的采集和记录,对数据的真实性负责。

5.2.6 其他部门或岗位的职责见《岗位职责与权限》(或在此处直接列职责与权限)。(其中至少包括:人员管理部门或岗位、设备管理部门或岗位、采购管理部门或岗位、质量管理部门或岗位、维保/检测/评估部门或岗位、文件管理部门或岗位等。)

5.3 知识和能力

5.3.1 为保证质量管理体系有效运行以及实现服务符合性,本公司指定×××岗位收集、更新、积累所必需的知识,由技术负责人确认其内容、获取来源、时效性等,形成知识清单。知识类型包括:法律法规、技术标准、项目经验总结和政府部门等相关方的文件、内部知识(项目经验总结、个人经验总结)、行业内标杆做法等,见《知识清单》。

5.3.2 由技术负责人定期组织项目负责人、消防设施操作员等从业人员在公司内部通过培训、交流等方式共享公司所积累的知识。由项目负责人定期在项目组内通过培训、交流等方式组织开展知识共享。消防设施操作员应积极参与知识共享。

5.3.3　本公司按照技术负责人、项目负责人、消防设施操作员等岗位职能确定了各岗位所需的知识和能力要求。见《岗位知识和能力要求清单》。

5.3.4　由技术负责人组织制订年度培训计划，明确培训对象、教师、内容、方式和时间，通过培训确保相关岗位人员保持相应能力并记录。见《年度培训计划》和《培训记录》。

5.3.5　本公司×××岗位关注并督促所有注册消防工程师参加继续教育并通过考试，确保所有注册消防工程师在每个注册有效期内完成相应的继续教育。

5.4　评价

5.4.1　由技术负责人组织，通过笔试、面试、记录审查、意见反馈和观察操作等方式，对从业人员能力进行上岗前评价或年度评价。技术负责人的评价由本公司总经理组织实施。

5.4.2　当发现从业人员能力不足、工作质量下降时，本公司会采取专人辅导、专项培训、调整岗位等措施。

6　工作场所和设备管理

6.1　工作场所

6.1.1　本公司工作场所建筑面积×××平方米（维保检测业务，不小于200平方米；如仅消防安全评估业务，可不小于100平方米），符合从业条件要求。见租赁合同或产权证。

6.1.2　本公司在工作场所设置了专用的设备、档案存储区域（或独立的设备室、档案室）。

6.1.3　本公司在×××位置公示了营业执照、工作程序、收费标准、从业守则、注册消防工程师注册证书、投诉电话及质量方针。

6.2　设备管理

6.2.1　本公司配备并保持了符合从业条件要求，且与业务规模和承接项目数量相适应的消防技术服务基础设备、消防设施维护保养检测和消防安全评估设备。见《设备台账》。

6.2.2　本公司建立了《设备管理程序文件》，对设备购置、计量校准、标识、维护保养、领用、报废和档案等实施管理。由×××部门主要负责设备管理。

6.2.3　本公司由×××部门的××岗位管理设备，建立了设备台账，内容包含设备名称、型号规格、编号、制造商、生产日期、购置日期和设备状态信息，针对需检定/校准的设备，在设备台账中明确了检定/校准日期和检定/校准周期。见《设备台账》。

6.2.4　购置设备后，由设备管理人员查验合格证、说明书，确保状态完好后编号登记入账，填写设备履历表。见《设备履历表》。

6.2.5　由技术负责人确定依法需要计量检定/校准的设备，检定/校准周期，选择有资质的第三方公司进行检定/校准。见《检定/校准证书》。

6.2.6　在设备检定/校准期满前，由设备管理人员完成计量检定/校准，确认检定/校准要求和结果、报告日期，确认结果记录在《设备履历表》中。

6.2.7　检定合格或校准后的设备，由设备管理人员粘贴有效期标识。

6.2.8　由设备管理人员定期对设备进行维护保养，确保设备处于完好状态，并形成《设备维护保养记录》。根据设备合格、准用、停用状态，粘贴状态标识。

6.2.9　根据设备精度、使用频率、稳定性，由技术负责人确定需要期间核查的设备、频率、方法。见《期间核查设备清单》。

6.2.10　由技术负责人负责制订期间核查计划、组织实施、并保留记录。见《期间核查计划》和《期间核查记录》。

6.2.11　当设备检定/校准或期间核查结果不满足要求时，由技术负责人组织，根据设备使用记录等，追溯至已维护保养、检测、评估过的消防设施，必要时，对这些项目重新进行维护保养、检测、评估。

6.2.12 由技术负责人制订当设备功能失效时操作人员应采取的措施,措施包括:停用设备、报告项目负责人、确认影响及重新检测或评估等。

6.2.13 设备使用人员应履行设备领用、归还手续,记录使用前后的完好情况,保留记录。见《设备领用归还记录》。

7 项目评审和合同管理

7.1 项目评审

7.1.1 根据消防技术服务项目的特点、难度、复杂性,对于以下类型项目,由技术负责人组织开展项目评审,保留评审记录。见《项目评审记录》。

(明确需进行项目评审的项目条件、类型)

7.1.2 通过现场勘查或文件审查方式,掌握以下项目信息:

a)项目概况;b)消防设施状态;c)工程质量遗留问题;d)委托单位及第三方的技术支持能力;e)消防技术服务作业条件;f)项目合规性情况。

7.1.3 通过项目评审明确以下内容:

a)项目服务范围、预计周期、涉及的系统和数量;b)项目适用的消防法律法规和技术标准;c)公司满足项目的能力。

7.1.4 当项目实施过程中服务要求或内容发生变更时,根据变更程度及影响,由技术负责人确定是否组织再次评审。

7.2 合同管理

7.2.1 本公司承接业务时,由(×××部门或岗位)与委托单位签订消防技术服务合同。本公司的合同模板约定了服务的类型、地点、场所、系统、范围、遵循的技术标准、方式、期限、技术负责人、项目负责人、书面结论文件要求及双方责任和义务。

7.2.2 本公司的合同模板中,本公司对以下责任和义务作出了承诺:

a) 遵守消防相关法律法规;

b) 根据服务计划(方案)在受委托的服务范围内公正、客观、专业地开展消防技术服务活动;

c) 派遣符合资格和能力要求的从业人员按照技术标准实施消防技术服务活动;

d) 按照约定的服务计划(方案)实施消防技术服务活动,如实出具书面结论文件。

7.2.3 本公司的合同模板中,委托单位对以下责任和义务作出了承诺:

a) 提供完整、真实的资料和信息;

b) 配合公司现场从业活动,提供必要的支持;

c) 不得以任何形式妨碍或影响公司现场从业活动和结论的客观性;

d) 对公司发现的任何异常及时响应。

7.2.4 当采用委托单位的合同模板时,公司应在合同签订前对合同内容进行评审,当合同内容约定不完整或其他不适用时,与委托单位签订补充协议或补充说明,保留评审记录。见《合同评审记录》和《补充协议或补充说明》。

7.2.5 当合同履行中发生变更时,合同相关方会以书面形式签认,并作为合同的组成部分。

7.2.6 本公司在签订合同后5个工作日内,由项目负责人将项目基本信息录入消防技术服务管理系统。

7.2.7 本公司由(×××部门或岗位)管理合同原件并归档。

8 技术交底和服务计划(方案)

8.1 技术交底

8.1.1 合同签订后,由项目负责人向委托单位获取以下文件并妥善保存:

a)消防工程竣工验收文件;b)竣工图纸;c)消防设施状态;d)合规性证明文件;e)备品(件)供应商目录;f)其他合规性证明文件等。

8.1.2 由项目负责人将技术交底文件形成清单,双方签字确认。见《技术交底清单》。

8.2 服务计划(方案)

8.2.1 根据法律法规、技术规范、国家标准、行业标准、合同及技术交底文件,由项目负责人编制消防技术服务计划,计划内容包含项目名称、服务范围、服务内容和方法(检测和评估项目明确抽样比例)、人员(项目负责人、项目组人员配备)、时间、频次、编制/修订日期及编制和批准人。见《服务计划》。

8.2.2 考虑到项目特点、难度、复杂性,本公司对以下类型项目,由项目负责人编制消防技术服务方案。

(明确需编制服务方案的项目条件、类型)

8.2.3 消防技术服务方案内容包含:

a) 项目名称;b) 项目概况;c) 目的;d) 相关法律法规、技术标准;e) 服务原则;f) 服务程序;g) 作业保障条件;h) 服务过程风险提示;i) 安全防护措施;j) 服务计划。

见《服务方案》。

8.2.4 在项目开展前,由项目负责人组织,通过班组会交流、讨论等方式,确保消防技术服务计划(方案)在项目组内得到充分沟通、理解。

8.2.5 针对维护保养业务,由项目负责人将消防技术服务计划信息录入消防技术服务管理系统。

9 委托单位财产和备品(件)

9.1 委托单位财产

9.1.1 由项目负责人确定、验证、保护和防护消防技术服务项目中委托单位的设施设备、资料、图纸、数据信息、备品(件)、知识产权等委托单位财产。见《委托单位财产清单》。

9.1.2 若发生损坏、遗失委托单位财产等情况时,由项目负责人及时告知委托单位。

9.2 备品(件)管理

9.2.1 针对维护保养业务,本公司建立《设施备品(件)管理程序文件》,对由本公司采购的备品(件)进行管理,包含对供应商的选择和评价、备品(件)采购和验收等。由×××部门主要负责备品(件)管理。

9.2.2 由技术负责人组织进行供应商评价,建立合格供应商名录,组织年度评审并更新名录,保存相应记录,评价内容包含:

a) 企业资质、经营状况、信誉;b) 产品质量和技术性能;c) 供货能力和协作水平;d) 价格。

9.2.3 由项目负责人根据项目要求与委托单位确认采购需求,保留采购凭证。

9.2.4 由项目负责人或仓库管理人员对采购的备品(件)进行验收,核对品牌、规格型号、外观、数量及合格证明等信息无误后方可登记接收。

9.2.5 备品(件)贮存期间,由仓库管理人员保持"账、卡、物"一致,领用时符合"先进先出"原则。

10 从业过程

10.1 现场作业控制

10.1.1 作业要求

10.1.1.1 本公司建立了《现场作业管理程序文件》,对现场从业人员的操作、防护、过程记录等进行管理。

10.1.1.2 由项目负责人制订相关措施并满足以下要求,确保消防技术服务作业过程的有效实施:

a) 现场实际从业人员应与消防技术服务管理系统、公示信息保持一致。如人员发生变更时,应及时更新消防技术服务管理系统、公示信息。

b) 当承接同一委托方的维护保养和检测项目时,采取措施,保证从业活动的公正性。

c) 从业人员在领用、或使用检查和测试设备前,应确认其检定/校准的有效性和合格状态,并在使用、携带过程中做好安全防护。

d）从业人员应按照服务计划（方案）、作业指导书、设备操作规程的要求操作。如发生人员变更时，由技术负责人或项目负责人组织做好项目交接。

e）针对检测、评估业务，从业人员应按照服务计划（方案）、作业指导书要求的抽样比例进行检查和测试。

f）当发现消防设施问题，从业人员应及时记录，并告知委托单位予以确认处理。对可能造成重大火灾隐患的，由项目负责人立即报告服务项目所在地的消防救援机构。

g）在消防技术服务过程中，从业人员的记录应客观、真实、完整，且与实际从业活动一致。相应记录表应经双方签字确认，并保留。

h）记录表中体现使用的设备名称、编号、使用状态。

i）从业人员应按照本公司服务承诺要求进行执业。

10.1.1.3　维护保养服务记录信息满足 GB 25201—2010 中附录要求，检测服务记录信息满足 GB/T 44481—2024 要求。评估服务记录信息满足 XF/T 3005—2020 中附录要求。

10.1.1.4　记录包括原始记录、整改记录、复检记录和复测记录等，数据载体为纸质或电子形式。

10.1.2　维护保养信息

10.1.2.1　针对维护保养业务，现场首次从业时，本公司会制作包含消防技术服务信息的固定标识，并在项目现场的消防控制室（值班室）醒目位置进行公示，如有变更，会及时更新公示信息，内容包括：

a）公司名称；b）项目负责人和操作人员实名信息（证件照片、姓名、手机号码、注册消防工程师注册证书注册号和消防设施操作员职业资格证书编号）；c）维护保养责任期限；d）维护保养责任范围；e）投诉电话；f）公示日期。

10.1.2.2　由项目负责人整理消防技术服务档案复印件并加盖本公司公章，交由项目现场消防控制室（值班室）保存，文件包括：

a）法律地位证明文件（营业执照）；b）消防技术服务合同；c）项目负责人注册消防工程师注册证书；d）消防设施操作员国家职业资格证书；e）年度维护保养计划；f）每次维护保养记录（实时更新）；g）书面结论文件（实时更新）。

10.1.3　维护保养计划实施

10.1.3.1　本公司按照制订的维护保养计划实施消防设施维护保养。

10.1.3.2　由项目负责人每月向委托单位反馈维保计划实施情况和消防设施现状。

10.1.3.3　由项目负责人定期监督计划的实施情况。

10.1.4　沟通

现场从业期间，由项目负责人负责与委托单位及时沟通确认，沟通内容包括：

a）服务计划（方案）及相应现场从业人员；b）需委托单位配合的要求和陪同人员；c）项目进程；d）项目变更；e）服务结果和需要整改的问题；f）任何影响项目进展的情况。

形成的沟通记录包括："××""××"。

10.1.5　应急准备和响应

10.1.5.1　为预防和减少突发事件可能产生的影响，本公司针对火灾、爆炸、停电、漏电、停水、水侵、泄漏及疫情突发事件制订了应急预案。

10.1.5.2　应急预案内容包含适用范围、部门和岗位职责、响应启动程序、处置措施和应急保障等。见《应急预案》。

10.1.5.3　本公司每年对从业人员开展应急预案培训。

10.1.5.4　本公司通过演练、专家评审、突发事件后应急预案评价等方式，对应急预案的适宜性、可行性、有效性进行评估,适时更新。

10.1.5.5 当发生突发事件时,从业人员应按照应急预案及时响应。

10.1.5.6 本公司保留了应急预案培训、评估记录。见《培训记录》和《应急预案演练评审记录》。

10.2 书面结论文件

10.2.1 本公司出具的书面结论文件真实反映了委托单位实际情况和消防设施现状。针对维护保养业务,本公司至少每半年出具一次书面结论文件。

10.2.2 本公司及其从业人员对消防技术服务质量和出具的书面结论文件负责,并承担相应法律责任。

10.2.3 消防设施维护保养服务的书面结论文件内容包含:

a)封面;b)项目概况;c)消防设施维护保养范围;d)消防设施维护保养频次信息;e)消防设施统计信息;f)消防设施位置信息;g)项目组成员信息;h)维护保养使用的设备名称、编号;i)消防设施检查信息;j)消防设施功能测试信息;k)消防设施联动试验信息;l)消防设施问题与处理建议信息;m)与维护保养对象有关的声明;n)其他。

10.2.4 消防设施检测服务的书面结论文件内容包含:

a)封面;b)本公司的名称和地址;c)书面结论文件的唯一性标识和每一页上的标识;d)检测的起始和结束日期;e)书面结论文件编制完成的日期;f)被检测项目的名称和地址;g)检测项目基本情况;h)检测的范围;i)检测的依据;j)检测使用的设备、编号;k)检测项目中各系统的概述;l)检测项目提供的技术资料情况;m)检测人员;n)检测内容、数量、数据和结论;o)与检测对象有关的声明;p)其他。

10.2.5 消防安全评估服务的书面结论文件内容应包含:

a)封面;b)本公司的名称和地址;c)书面结论文件的唯一性标识和每一页上的标识;d)评估的起始和结束日期;e)书面结论文件编制完成的日期;f)被评估对象的名称和地址;g)评估对象基本情况;h)评估的范围;i)评估的原则及程序;j)评估的依据;k)评估使用的设备、编号;l)评估人员;m)评估的实施过程;n)评估的结果和建议(指明火灾隐患、消防安全问题和整改建议);o)与评估对象有关的声明;p)附录;q)其他。

10.2.6 书面结论文件由项目负责人编制、签名并加盖执业印章,由技术负责人技术审核、签名并加盖执业印章,并加盖本公司印章。

10.2.7 在项目完成后5个工作日内,由项目负责人将书面结论文件录入消防技术服务管理系统。

10.3 项目质量监督

10.3.1 本公司建立了《项目质量监督程序文件》,以实现全流程跟踪检视和质量责任倒查。由技术负责人策划、组织和实施项目服务全过程的质量监督,内容包含:

a) 从业人员携带、使用及操作设备的规范性;

b) 从业人员对作业指导书、设备操作规程的适用符合性;

c) 消防设施及环境条件的可控性;

d) 业务操作和判断的准确性;

e) 原始记录的规范性;

f) 书面结论文件的完整、规范和客观性。

10.3.2 质量监督方式包含:

a) 由项目负责人对项目过程质量进行日常检查;

b) 由独立于项目的人员实施项目质量抽查;

c) 适用时,可利用音、视频设备和物联网系统。

10.3.3 由技术负责人负责编制项目质量抽查计划,编制时考虑了以下因素:

a) 新开展的项目或新变更技术标准的项目;

b) 可能偏离程序文件的项目;

c) 以往项目服务过程中的常见问题;

d) 新进人员、换岗人员;

e) 消防设施有较大变化;

f) 使用的设备发生了变更。

10.3.4 当项目质量监督、委托单位反馈、监管部门监督检查或其他相关方检查发现,本公司自身服务或结果不满足质量管理要求时,由技术负责人组织根据其产生的影响,选择以下一种或一种以上控制措施,并保留记录:

a)纠正;b)标识或隔离;c)暂停;d)返工/复检/复评;e)扣发/召回/修正书面结论文件;f)通知委托单位。

11 信息管理

11.1 信息

11.1.1 本公司通过文件资料、网络、现场等多种方式获取信息,如经验、反馈、观察、预测和专家判断等,获取的信息包含消防技术服务各类基础信息、风险管控、隐患排查治理、事故处理、行政处罚、《社会消防技术服务机构质量管理要求》要求的所有成文信息、本公司所确定的为确保质量管理有效所需的信息等。见《信息清单》。

11.1.2 本公司通过培训、交流、讨论和评审等方式,加强信息共享和应用,预判消防技术服务活动中潜在的重大风险和主要业务动态,提高服务质量、管理效率、快速响应能力和处置水平。

11.1.3 本公司使用消防技术服务管理系统,录入、分析、验证、传递和报告消防技术服务的各类基础信息,按照监管部门要求实时、准确、完整地报送相关信息数据,实现消防技术服务全生命周期管理。

11.1.4 本公司采用(物联网和音、视频等方式)信息化手段,运用数字化技术开展消防技术服务活动,实现消防技术服务全程检视、预警预测和风险管控。

11.2 文件管理

11.2.1 技术负责人组织建立《文件管理程序文件》,对质量管理活动文件实施管理,包含文件的创建、更新、评审、批准、分发及作废要求。

11.2.2 质量管理活动文件在正式实施前由技术负责人确认是否得到批准,由技术负责人组织质量管理活动文件定期评审和修订。见《文件评审记录》和《文件修订记录》。

11.2.3 技术负责人组织收集消防法律法规、技术标准等外来文件,确认其适用的版本,并控制其发放。见《知识清单(外来文件清单)》。

11.3 记录和档案管理

11.3.1 本公司建立了质量管理记录。见《记录清单》。

11.3.2 档案包含人员档案、设备档案和项目档案。档案内容包含(如有内容单独保存,可根据公司实际情况说明):

a) 人员档案包含技术负责人、项目负责人、消防设施操作员等从业人员的个人简历、教育、职业资格、职业资格继续教育证明材料、劳动合同、保密声明、能力评价及岗位调整等记录;

b) 设备档案包含设备履历表、发票、合格证、说明书、维护保养记录、计量检定或校准记录及期间核查记录等记录;

c) 项目档案包含项目评审记录、合同、技术交底文件、服务计划、服务方案、过程记录及书面结论文件等记录。

11.3.3 本公司的记录管理满足以下要求:

a) 记录客观、真实、完整、字迹清晰。

b) 记录的修改可以追溯到前一个版本或原始结果,保存原始的以及修改后的数据和文档,包括修改的日期、标识修改的内容和负责修改的人员。修改经注册消防工程师签名盖章的消防安全技术文件,由原注册消防工程师进行;因离职等特殊情况,原注册消防工程师不能进行修改的,由其他相应级别的注册消防工程师修改,并签名、加盖执业盖章,对修改部分承担相应的法律责任。

c) 记录的储存符合防盗、防火、防潮、防尘、防鼠和防虫要求。

d) 记录保存6年以上,具有相关人员签字的书面记录(列明扫描成电子版的文件记录名称),制作成电子文档保存使用,原件妥善保存。电子形式的记录(写明保存方式)须防病毒和非法复制。

11.3.4 本公司由×××部门负责人员档案管理,×××部门负责设备档案管理,×××部门负责项目档案管理。档案信息发生变化时须及时更新。档案每人一档、每个设备一档、每个项目一档。

12 检查、评价和改进

12.1 服务满意度调查

12.1.1 本公司由技术负责人策划并制订服务满意度调查方案,明确调查对象、内容、方式、时间和统计分析方法等。见《顾客满意度调查方案》。

12.1.2 调查的内容包含服务质量、项目进度、服务响应(维护保养)、履约、投诉处理、人员态度、人员着装和人员行为规范性。见《满意度调查表》。

12.1.3 本公司通过信息系统、调查问卷、走访座谈等方式开展服务满意度调查。

12.1.4 本公司(每年12月份)收集和分析服务满意度调查结果,保留调查记录、统计分析记录。见《服务满意度分析记录》。

12.2 内部审核

12.2.1 本公司于(每年12月份)由技术负责人组织进行一次内部审核,评价本公司质量管理满足《社会消防技术服务机构质量管理要求》要求的程度,验证质量管理体系得到有效实施和保持。

12.2.2 内部审核采用文件记录审查和项目现场审核相结合的方式。审核前由技术负责人编制审核计划,明确审核依据、时间、人员及分工、对象(过程或部门或项目)等。见《内部审核计划》。

12.2.3 本公司制订了内部审核检查表实施内审。见《内部审核检查表》。

12.2.4 公司确保实施内部审核的人员满足以下要求:

a) 由技术负责人组织对审核人员进行关于《社会消防技术服务机构质量管理要求》和GB/T 19011的培训,熟悉标准要求,具备审核能力;

b) 安排不少于2名审核人员,相互审核各自的工作,不得审核自己的工作。

12.2.5 内部审核结束后由审核组长将发现的不符合项以书面形式告知被审核部门或相关负责人,被审核部门或相关负责人应在商定的期限内采取纠正措施予以改进。见《不符合报告》。

12.2.6 审核组长在审核结束后应形成内部审核报告以说明公司质量管理体系是否符合《社会消防技术服务机构质量管理要求》的要求并得到有效实施和保持。见《内部审核报告》。

12.2.7 保留审核计划、检查记录、不符合报告和内部审核报告记录。

12.3 管理评审

12.3.1 内审结束后,本公司总经理于(每年12月份)组织实施管理评审,对质量管理体系的实施情况进行评审以确保体系的持续适宜性、充分性和有效性。

12.3.2 本公司总经理通过管理评审对《社会消防技术服务机构质量管理要求》的上一次的管理评审输出、项目质量监督、服务满意调查、内部审核的信息和结果(质量方针、质量目标、服务声明、质量管理体系文件、风险点识别及应对措施、应急预案)进行评审,形成评审结论,包含:

a) 服务过程和质量的改进需求;

b) 质量管理体系所需的变更;

c) 人员和设备等资源需求计划;

d) 人员能力提升计划;

e）职责的再分配。

12.3.3 本公司保留管理评审报告。见《管理评审报告》。

12.3.4 当发生法律法规变化、公司重大人员变动、业务扩项等重大变化时,本公司会增加管理评审频次。

12.4 持续改进

本公司充分利用项目质量监督、服务满意度调查、内部审核和管理评审等方式,针对从业人员管理、设备管理、合同管理、现场作业控制、书面结论文件、档案管理等方面提出改进需求,采取措施并跟踪实施结果,保留记录。见《改进措施实施跟踪记录》。

13 符合《社会消防技术服务机构质量管理要求》的承诺

本公司××××(公司名称)承诺按照《社会消防技术服务机构质量管理要求》要求,建立、实施、保持质量管理体系并持续改进。

××××(公司名称)

总经理：×××

20××年×月×日

3.4.6.4 程序文件

机构管理是一项复杂而重要的工作,为了确保机构运行的高效性和规范性,建立一套完善的程序文件至关重要。程序文件是对机构内部各个环节工作进行系统、明确、详细地阐述,包括目的、范围、部门和岗位职责、工作流程和记录表单等。

质量管理要求：

> 机构应建立相应的程序文件,明确相关过程的目的、范围、部门和岗位职责、工作流程和记录表单等。机构程序文件包括：
> ——人员管理；
> ——设备管理；
> ——现场作业管理；
> ——设施备品(件)管理；
> ——项目质量监督；
> ——文件和记录管理。

(1) 人员管理程序。旨在确保机构拥有高素质、高效能的团队。该程序应明确机构的人力资源政策、招聘选拔标准、培训发展机制和绩效评估体系等。此外,还须涵盖员工关系管理、福利待遇制度、离职手续办理等内容。

(2) 设备管理程序。负责确保机构设备的正常运行和使用。该程序应涵盖设备采购、验收、调试、维护、保养和报废等各个环节。同时,还须明确设备使用规范、操作规程、安全注意事项,以及设备故障时的应急处理措施。

(3) 现场作业管理程序。旨在规范现场作业流程,确保作业安全、质量可控。该程序应包括现场作业的审批流程、安全防护措施、质量控制要求和现场环境安全管理等内容。同时,要明确现场作业人员的岗位职责和技能要求,以及现场作业过程中的监督与检查机制。

(4) 设施备品(件)管理程序。负责确保消防设施的正常运行。该程序应涵盖供应商的选择和评价、备品(件)的采购、库存、领用及报废等环节。同时,要明确备品(件)的分类、编号、存放要求,以及定期检查、保养、更新等措施。

(5) 项目质量监督程序。负责确保机构项目质量满足要求。该程序应包括项目质量抽查计划、监督内容、不符合项的处置等。同时，要明确项目质量管理的责任部门和岗位职责，以及项目质量问题的处理流程。

（6）文件和记录管理程序。负责确保机构文件的完整、准确、及时和规范。该程序应涵盖文件和记录的创建、审核、批准、归档、查询和销毁等环节。同时，要明确文件和记录的分类、编号、格式要求，以及定期审查、更新、备份等措施。

通过以上六个方面的扩充，我们可以更好地理解机构管理程序文件的重要性。在实际工作中，机构应根据自身特点和需求，不断完善和更新程序文件，以提高管理水平，实现可持续发展。

3.4.6.5 作业指导书和操作规程

消防安全是委托单位运营中不可或缺的一环，为了确保消防设施的正常运行和高效应对突发火灾事件，机构应当根据业务类别、消防设施及设备类型，制订详尽的消防设施维护保养、消防设施检测、消防安全评估作业指导书。这些指导书应包含消防设施和设备的操作规程，以满足我国消防法律法规、技术标准的相关要求。

质量管理要求：

> 机构应根据从事的业务类别、不同消防设施和使用的设备，建立相应的消防设施维护保养、消防设施检测、消防安全评估作业指导书，包含消防设施和设备操作规程，满足消防法律法规、技术标准要求。

首先，针对不同业务类别，机构应依据实际情况制订相应的消防设施维护保养指导书。这些指导书应详细列出各类消防设施的保养周期、保养内容以及保养方法，确保消防设施处于良好的工作状态。例如，针对商业建筑、住宅小区、工厂企业等不同场所，指导书应有所区别，以满足各类场所的特定需求。

其次，消防设施检测指导书的制订同样重要。检测指导书应明确消防设施检测的项目、标准、流程和责任主体，确保消防设施检测工作的规范进行。检测内容包括消防水源、消防泵、消火栓、火灾报警系统和灭火器等设施设备的性能检测。通过检测，及时发现并整改消防安全隐患，提高消防安全水平。

最后，消防安全评估作业指导书是对机构消防安全状况进行全面评估的依据。指导书应包含评估指标、评估方法、评估周期等内容。评估指标可以包括消防设施设备完好率、消防安全管理水平、火灾应急预案实施情况等。通过消防安全评估，委托单位可以更加清晰地了解自身消防安全现状，有针对性地制订整改措施，提升消防安全水平。

机构应根据业务类别、不同消防设施和使用的设备，建立完善的消防设施维护保养、消防设施检测、消防安全评估作业指导书，确保消防设施设备的正常运行，提高消防安全管理水平。这不仅符合我国消防法律法规、技术标准的要求，更是对机构员工和财产安全的一份保障。在实际工作中，各机构应认真执行这些指导书，切实加强消防安全工作，为构建和谐安全的社会环境贡献力量。

3.4.6.6 案例分析

为了确保消防技术服务机构能够高效、专业地履行职责，保障人民生命财产的安全，构建并维护一个健全、有效的质量管理体系及消防安全评估过程控制体系显得尤为关键。这一体系的稳固运行，离不开机构技术负责人的精心组织与严格管理。

技术负责人，作为消防技术服务机构的灵魂人物，须具备深厚的专业背景与前瞻性的战略眼光。他们不仅要精通消防技术知识，更要懂得如何将这些知识转化为实际的管理策略与操作规范。因此，在构建质量管理体系的过程中，技术负责人应亲自挂帅，组织建立一套层次分明、内容翔实的三级质量管理体系文件。

质量手册作为整个体系的纲领性文件,明确了机构的质量方针、质量目标以及质量管理体系的基本要求。它如同一盏明灯,为全体员工指明了前进的方向,确保所有人的工作都围绕同一个中心目标展开。

程序文件则是质量手册的具体化表现。它详细规定了各项工作的流程、职责、权限以及接口关系,确保每一项任务都能得到有序、高效地执行。例如,在消防安全评估过程中,程序文件会明确评估的启动条件、实施步骤、数据收集与分析方法以及报告撰写与审核流程等,为评估工作的顺利开展提供有力的保障。

作业指导书和操作规程,则是程序文件的进一步细化和补充。它们针对具体的操作岗位和作业活动,制订了详细、具体的操作步骤和注意事项。这些文件不仅有助于员工快速掌握岗位技能,提高工作效率,还能有效减少操作失误和安全事故的发生。例如,在消防设施的维护保养过程中,作业指导书会详细列出各项系统检查项目、检查标准以及维护保养方法等,确保消防设施始终处于良好的运行状态。

为了进一步增强质量管理体系的实效性和可操作性,机构还可以引入一些先进的管理工具和方法。例如,通过建立质量管理信息系统,实现质量数据的实时采集、分析与反馈;或者采用 PDCA(计划—执行—检查—行动)循环模式,不断优化和完善质量管理体系的各个环节。

此外,为了确保质量管理体系的持续有效运行,机构还应定期组织内部审核、管理评审等活动。通过这些活动,可以及时发现和纠正质量管理体系中存在的问题和不足,推动体系的持续改进和不断完善。同时,机构还应积极接受外部监督与认证机构的审核与评估,以获取更多的认可和支持。

综上,构建并维护一个健全、有效的质量管理体系及消防安全评估过程控制体系,是消防技术服务机构保障人民生命财产安全的重要基础。机构的技术负责人应充分发挥其领导作用,组织建立并不断完善三级质量管理体系的文件体系,为机构的长远发展奠定坚实的基础。

3.4.6.7 检查要素和内容

本节的检查要素和内容见表 3.10。

表 3.10 检查要素和内容

指标	检查要素	检查内容
4.6 质量管理体系文件	1. 有三级质量管理文件,包含质量手册、程序文件、作业指导书	1. 查看机构是否建立了三级质量管理文件。 2. 查看是否包括质量手册、程序文件、作业指导书、操作规程等
	2. 质量手册的内容应至少包含: a) 机构概况; b) 体系覆盖的业务类别,如消防设施维护保养、检测和消防安全评估; c) 服务声明; d) 质量方针; e) 质量目标; f) 组织架构; g) 技术负责人任命; h) 岗位职责和权限; i) 机构符合本标准的承诺; j) 基于本标准要求的机构质量管理职能对照	1. 查看质量手册,手册中是否包含了 a)~j) 的内容。 2. 查看体系覆盖的业务类别,是否与社会消防技术服务信息系统中申报的一致,是否与机构实际开展的业务一致。 3. 查看组织架构是否与机构实际一致。 4. 查看技术负责人任命书是否与机构实际一致。 5. 查看质量管理职能对照表,各标准条款是否有专门部门或岗位负责,随机抽选机构员工,询问是否熟悉本部门或岗位的质量管理职能
	3. 有人员管理、设备管理、文件管理、现场作业管理、设施备品(件)管理及项目质量监督等程序文件	查看机构是否建立了各程序文件

续表3.10

指标	检查要素	检查内容
4.6 质量管理体系文件	4. 每个程序文件的内容明确相关过程的目的、范围、部门和岗位职责、工作流程和记录表单等	随机抽取程序文件,查程序文件是否明确了相关过程的目的、范围、部门和岗位职责、工作流程和记录表单
	5. 有消防设施维护保养、消防设施检测、消防安全评估作业指导书,包含消防设施和设备操作规程	根据机构实际开展的业务,查看机构是否建立了消防设施维护保养、消防设施检测、消防安全评估作业指导书,消防设施操作规程和设备操作规程
	6. 消防设施维护保养、消防设施检测、消防安全评估作业指导书包含消防设施和设备操作规程,满足法律法规和技术标准要求	随机抽取作业指导书或操作规程的部分章节,查看是否满足消防法律法规和技术标准要求

3.5 从业人员和职责

3.5.1 一般规定

3.5.1.1 从业人员符合从业条件

消防设施维护保养、消防设施检测和消防安全评估消防技术服务机构应当符合从业条件,执业人员应当依法获得相应的资格。机构配备的从业人员应与业务规模和承接项目数量相适应。

(1)相关管理规定。

> **中华人民共和国应急管理部令**
> **第7号**
> **社会消防技术服务管理规定**
>
> 第二章 从业条件
> 第五条 从事消防设施维护保养检测的消防技术服务机构,应当具备下列条件:
> (四)注册消防工程师不少于2人,其中一级注册消防工程师不少于1人;
> (五)取得消防设施操作员国家职业资格证书的人员不少于6人,其中中级技能等级以上的不少于2人;
> 第六条 从事消防安全评估的消防技术服务机构,应当具备下列条件:
> (四)注册消防工程师不少于2人,其中一级注册消防工程师不少于1人;
> 第七条 同时从事消防设施维护保养检测、消防安全评估的消防技术服务机构,应当具备下列条件:
> (四)注册消防工程师不少于2人,其中一级注册消防工程师不少于1人;
> (五)取得消防设施操作员国家职业资格证书的人员不少于6人,其中中级技能等级以上的不少于2人;

(2)质量管理要求:

> 机构应配备并保持符合从业条件要求、与业务规模和承接项目数量相适应的从业人员。

第一，机构配备的从业人员应满足应急管理部《社会消防技术服务管理规定》(2021年11月9日)要求。

第二，机构应根据业务规模和所承接的项目数量、类型配备更多的从业人员，从而合理配置人员从事消防技术服务。可从以下三个方面衡量人员配置的适宜性：

① 从业人员数量和资格与机构所承接项目数量相适应，可以通过抽查项目负责人、消防设施操作员人均项目数量最多人员，所执业项目服务质量结果进行衡量。

② 从业人员数量和资格与项目规模相适应，可以通过抽查承接项目的项目负责人和消防设施操作员人均服务面积最大的项目服务质量结果进行衡量；

③ 从业时长满足项目质量要求，可以通过抽查从业时长最短的消防设施维护保养、消防设施检测和消防安全评估项目服务质量结果进行衡量。

可对从业人员如表3.11所列建立清单，实施清单管理。

表 3.11 从业人员清单

注册消防工程师

序号	姓名	注册级别	岗位	注册号	注册有效期
1	×××	一级 二级	技术负责人 项目负责人	×××	×××
2					
3					

消防设施操作员

序号	姓名	职业资格证书	证书编号	职业资格	获证日期
1	×××	五级/初级技能 四级/中级技能 三级/高级技能	×××	建(构)筑物消防员 消防设施操作员	×××
2					
3					
4					
5					
6					
7					

3.5.1.2 建立人员管理程序文件

为实现机构人力资源的合理配置，使在岗人员或即将上岗的人员均能具备相应的知识和持续保持相应的岗位能力，为机构质量管理体系的良好运行提供保障，机构应建立人员管理程序。

质量管理要求：

> 机构应建立人员管理程序文件，对人员选择、资格确认、聘用、授权、知识和能力保持、评价等进行规范管理。

人员管理程序的内容应包含从业人员的选择、资格确认、聘用、授权、如何保持各岗位人员知识和能力，定期的人员知识和能力评价等。

机构根据设立的岗位选择相应有资格的人员按流程进行聘用；在各岗位职责范围内给予相应人员

一定的权限便于其开展工作,根据监管部门、相关方和委托单位的需求结合所开展的业务,建立各岗位的知识和能力要求,定期对上岗前或在岗中的人员进行能力评价,需要时,开展相关的培训使各岗位人员持续满足要求。相关的培训类型包含新员工培训、上岗培训、在岗继续教育等。

3.5.1.3 人员管理程序文件示例

人员管理程序

一、目的

为规范和统一本公司人员管理的流程和方法,明确各岗位的职责和权限,为实现人力资源的合理配置,在岗人员均能达到相应的能力要求,为本公司质量管理体系的良好运行提供保障,特制订本程序文件。

二、范围

本程序文件适用于本公司的人员选择、资格确认、聘用、授权、知识和能力保持、评价等人员管理相关活动。

三、部门和岗位职责

3.1 ××部门为本公司人员管理的主管部门。负责人员选择、招聘、资格确认、聘用、授权、知识和能力保持、培训、评价等管理流程。

3.2 总经理负责制订本公司的组织架构,明确技术负责人、项目负责人和消防设施操作员等岗位职责,任命技术负责人,指定项目负责人,对技术负责人进行能力评价。

3.3 技术负责人负责对知识进行确认、组织培训计划的制订、监督培训的实施和组织能力评价等流程,对项目负责人和消防设施操作员进行能力评价。

3.4 ××部门××岗位负责收集、更新、积累相关知识,编制知识清单。

3.5 ××部门××岗位负责编制年度培训计划、组织实施培训。

四、工作流程

4.1 人员选择

4.1.1 由××部门组织制订各部门岗位的职责、知识和能力要求等,经总经理批准后,作为人员招聘和能力评价的依据。

4.1.2 各部门根据本公司的目标计划,结合本部门的工作内容和人员配置情况,提出人员需求,经××部门确认,总经理批准后,由××部门组织人员招聘。

4.2 人员招聘

4.2.1 根据人员需求计划和要求,由××部门在招聘网站或App上发布招聘信息,吸引潜在候选人。

4.2.2 收到简历后,根据招聘要求,筛选出符合条件的简历。

4.2.3 对筛选出的简历进行初步面试,了解候选人的基本情况和技能,筛选出符合条件的候选人。

4.2.4 对符合条件的候选人会同用人部门或总经理,进行深入的面试,了解候选人的性格、态度、能力等方面的内容。

4.2.5 根据面试结果,向符合条件的候选人发出聘用通知,并商谈具体的聘用条件。

4.3 资格确认

本公司对申请或拟调整为以下岗位的人员进行资格确认:

4.3.1 技术负责人:应确认其具备一级注册消防工程师资格,继续教育情况,符合技术负责人岗位职责、知识和能力要求。

4.3.2 项目负责人:应确认其具备一级注册消防工程师资格,继续教育情况,符合项目负责人岗位职责、知识和能力要求。

4.3.3 消防设施操作员:应确认其具备中级及以上消防设施操作员证书,符合消防设施操作员岗位职责、知识和能力要求。

4.3.4 特种作业人员:确认其特种作业操作证的作业类别、操作项目及有效期。

4.4 聘用和授权

4.4.1 经面试通过,或资格确认合格的人员,经用人部门确认,总经理批准后,聘用为相应岗位的人员。

4.4.2 根据本公司岗位和职责要求,或由总经理任命、指定或授权,相应岗位人员被授予相应的权力和职责,获得适当的资源,接受必要的培训,以期达到预期的目标和绩效要求。

4.5 知识和能力保持

4.5.1 由××部门××岗位收集、更新、积累为质量管理体系有效运行以及实现服务符合性所必需的知识,由技术负责人确认内容、获取来源、时效性,形成知识清单。知识包括:消防法律法规、技术规范、管理规定、经验总结、培训资料及使用说明书等。

4.5.2 根据各岗位的知识要求、消防法律法规、技术规范等知识的更新情况或培训计划,由技术负责人至少每年组织项目负责人、消防设施操作员等从业人员在内部共享公司所积累的知识,由项目负责人在项目组内至少每年组织开展知识共享,消防设施操作员积极主动参与知识共享。

4.5.3 本公司主要通过公司群分享、交流讨论、培训等方式共享知识。

4.5.4 每年第一季度,根据各岗位知识和能力要求,结合各部门的培训需求,由技术负责人组织××部门制订年度培训计划,明确培训对象、教师、内容、方式和时间,经总经理批准后实施。

4.5.5 培训方式包括:线上、线下、委外或相结合的方式等。培训内容包括:质量管理体系文件(包括质量方针、质量目标、服务声明)的培训、消防法律法规和技术规范的培训、应急预案的培训、审核人员能力的培训等。

4.5.6 由××部门或培训教师按计划组织或实施培训。培训完成后,由培训教师或用人部门对培训效果进行评价。

4.5.7 由××部门按年度培训计划,督促或监督培训的实施情况,收集培训记录并归档。

4.5.8 由技术负责人关注官方通知并督促本公司所有注册消防工程师参加继续教育并通过考试,确保所有注册消防工程师在每个注册有效期内完成相应的继续教育。

4.6 评价

4.6.1 新进人员在入职后,由技术负责人组织进行人员能力评价,评价合格后方可上岗执业。

4.6.2 每年年底,由技术负责人组织对在职的项目负责人和消防设施操作员进行人员能力评价,由总经理对技术负责人进行人员能力评价,评价合格后方可继续在岗执业。

4.6.3 对评价不合格的人员,或平时发现能力不足、工作质量下降的人员,由技术负责人组织采取专人辅导、专项培训、换岗等措施。

4.7 离职

4.7.1 主动离职的员工应提交书面申请,经过用人部门确认并办理完交接手续后由××部门负责协助办理完成。

4.7.2 正常离职与被解雇的员工在离职后都要归还工作期间所领取的设备以及涉及的敏感信息。

4.8 人员档案

4.8.1 由×××部门编制并更新《从业人员清单》,为每人建立并管理从业人员档案,档案信息发生变化时,及时更新。

4.8.2 人员档案包含技术负责人、项目负责人、消防设施操作员等从业人员的个人简历、教育、职业资格、职业资格继续教育证明材料、劳动合同、保密声明、能力评价及岗位调整等记录。

4.8.3 （以上档案内容如有单独放置的,请在此说明）。

五、记录表单

5.1 《年度培训计划》

5.2 《培训记录》

5.3 《知识清单》

5.4 《岗位知识和能力要求》

5.5 《人员能力评价记录》

5.6 《从业人员清单》

3.5.1.4 案例分析

某企业项目执业现场执业人数,存在不管项目面积大小,设施系统多寡,始终一人执业,且执业时长无变化。

3.5.1.5 检查要素和内容

本节检查要素和内容见表3.12。

表3.12 检查要素和内容

指标	检查要素	检查内容
5.1 一般规定	1. 有人员清单并附有相应的资格证书	查看人员清单,与资格证书核对
	2. 人员数量和资格满足从业要求	根据机构实际开展的业务,查看从业人数和资格等级是否满足从业条件
	3. 人员数量和资格与承接项目数量相适应（通过抽查人均项目数量最多人员的项目服务质量进行评价）	随机抽取人均项目数量最多人员,通过消防管理系统或实地查看项目服务质量
	4. 人员数量和资格与项目规模相适应（通过抽查承接项目人均服务面积最大的项目服务质量进行评价）	随机抽取承接项目人均服务面积最大的项目,通过消防管理系统或实地查看服务质量
	5. 从业时长满足项目质量要求（通过抽查从业时长最短的项目服务质量进行评价）	随机抽取从业时长最短的项目,通过消防管理系统或实地查看服务质量
	6. 人员管理程序文件内容包含人员选择、资格确认、聘用、授权、知识和能力保持、评价等	查看人员管理程序文件,是否包括人员选择、资格确认、聘用、授权、知识和能力保持、评价内容
	7. 人员管理程序文件在机构内部有效执行	1. 询问人员管理部门或岗位人员,程序文件中规定的人员管理流程是否与机构实际相符。 2. 查是否有新进人员,查是否按程序文件要求进行了人员选择、资格确认、聘用、评价等操作并保留了相应的记录

3.5.2 职责

3.5.2.1 组织架构及岗位职责

"最高管理者"可包括诸如首席执行官、总裁、总经理、董事长、董事会、执行董事、执行合伙人、单一所有人、合伙人和高级管理人员等。最高管理者具有在机构内授权和提供资源的权力。若质量管理体系范围仅覆盖组织的一部分,则最高管理者是指挥和控制机构该部分的人员。

最高管理者需要确立各岗位的具体职责和权限,并通过有效的沟通活动,确保组织人员理解和知晓各自的任务。相关职责和权限可分配给一人或多人。这些人员在被分配的领域和/或过程应能够做出决策和有效变更。必须强调,尽管权限可以分配,但最高管理者仍应对质量管理体系承担总体责任。

质量管理要求:

> 最高管理者应制订机构的组织架构,明确技术负责人、项目负责人和消防设施操作员等岗位职责,至少任命1名技术负责人和指定各项目的项目负责人。

机构应按照组织架构设置岗位,包含但不限于总经理、技术负责人、项目负责人、消防设施操作员、档案管理员、设备管理员、行政管理人员和财务管理人员等。对于小微机构,可以一人多岗;对于大机构,可以一岗多人。一岗多人时,应界定每个岗位相应的职责和权限。

组织架构和技术负责人任命书如图3.1所示。

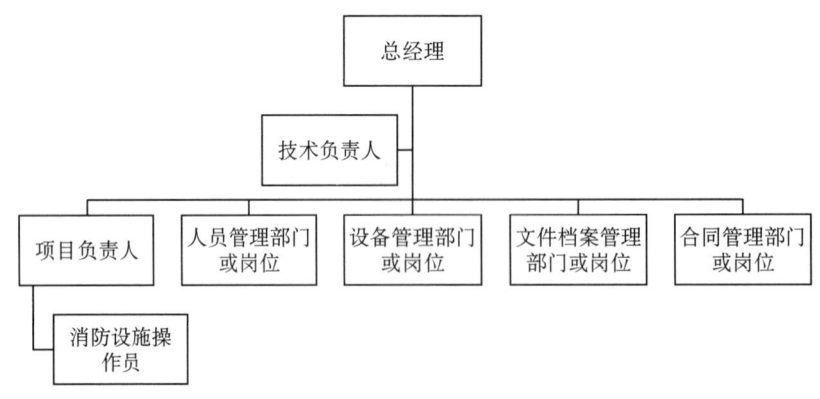

图3.1 组织架构(示例)

3.5.2.2 技术负责人任命书示例

技术负责人任命书

兹任命×××为×××公司的技术负责人,全面负责依据×××标准,建立、实施、保持、持续改进质量管理体系和消防安全评估过程控制体系,其履行以下主要职责:

a) 机构质量监督管理及绩效改进;
b) 收集消防法律法规和技术标准并贯彻执行;
c) 组织实施质量手册、程序文件、作业指导书的编制、修订、审核及批准;
d) 组织实施机构人员培训及能力评价;
e) 组织实施设备监督管理;
f) 对机构出具的书面结论文件进行技术审核和签署;
g) 组织实施重大投诉、质量事故的调查和处置;
h) 组织实施服务满意度调查;
i) 组织实施项目质量监督、质量管理体系内部审核。

以上任命自××××年××月××日至××××年××月××日

×××公司

机构最高管理者:

日期:

3.5.2.3 技术负责人主要职责

技术负责人是指经机构任命、负责社会消防技术服务机构质量监督管理、对出具的书面结论文件实施技术审核的人员。技术负责人应当具备一级注册消防工程师资格。技术负责人除负责消防技术服务执业相关的职责外,还应负责质量管理体系相关的职责。

质量管理要求:

> 技术负责人应履行以下主要职责:
> a) 机构质量监督管理及绩效改进;
> b) 收集消防法律法规和技术标准并贯彻执行;
> c) 组织实施质量手册、程序文件、作业指导书的编制、修订、审核及批准;
> d) 组织实施机构人员培训及能力评价;
> e) 组织实施设备监督管理;
> f) 对机构出具的书面结论文件进行技术审核和签署;
> g) 组织实施重大投诉、质量事故的调查和处置;
> h) 组织实施服务满意度调查;
> i) 组织实施项目质量监督、质量管理体系内部审核。
> 当机构设置2名及以上技术负责人时,宜明确1名技术负责人负责落实上述各项职责。

(1) 负责建立质量管理体系,监督质量管理体系运行及绩效改进:技术负责人对质量管理体系的建立、质量管理体系的有效运行和质量管理体系的持续改进有监管的职能。

(2) 负责收集消防法律法规和技术标准并在机构内部分享和贯彻:技术负责人自行收集或者是授权专人收集消防法律法规和技术标准,收集的技术标准和法规由技术负责人根据机构的业务确定适宜性和信息的有效性,技术负责人负责或授权专人及时更新法规和技术标准,收集的法规和技术标准用于机构内部培训或作为技术、业务工作的参考。

(3) 组织机构质量手册、程序文件、作业指导书的编制、修订、审核及批准:技术负责人牵头组织相关人员编制质量手册、程序文件和作业指导书,如质量管理体系有变化或业务、组织架构等方面发生变化,应及时修订质量管理手册、程序文件或作业指导书,技术负责人负责落实更新后的质量手册、程序文件和作业指导书得到审核和批准。

(4) 组织实施机构人员培训及能力评价:机构对于人员的培训类型包含新员工培训、上岗培训、在岗继续教育等。技术负责人每年或者在需要时(如新员工上岗、员工转岗等)对相关岗位人员的知识和能力开展评价,根据评价结果落实相应的培训。技术负责人或授权相应的岗位对培训进行管理,包含但不限于培训需求的收集、批准、编制培训计划、组织实施培训、培训签到、培训有效性评价和保留培训记录等。

(5) 组织实施设备监督管理:技术负责人对机构配备的基础设备和仪器设备进行监督管理,包含建立设备管理程序,从设备的购买、登记、建立设备台账、校准、校准周期确定、落实校准工作、设备期间核查、设备维护保养、设备领用归还及设备报废等环节实施管理。其中技术负责人须确定需要期间核查的设备、期间核查的频率、期间核查的方法和年度期间核查的实施等。需要时,需期间核查的设备可根据承接的业务所使用设备的不同而实时更新。

(6) 对机构出具的书面结论文件进行技术审核和签署:技术负责人对机构各个项目负责人出具的消防设施维护保养、检测和消防安全评估书面结论文件的技术内容进行审核,审核后应签名确认。

(7) 组织实施重大投诉、质量事故的调查和处置:一旦机构提供的消防设施维护保养、检测和消防安全评估服务发生有重大投诉或发生火灾等重大事故,技术负责人应组织相关人员和项目组成员进行调查并处置。

（8）组织实施服务满意度调查：机构应关注委托单位和相关方的满意度，以检验机构提供的消防设施维护保养、检测和消防安全评估服务的满意情况。机构满意度调查可分为线上和线下实施。

（9）组织实施项目质量监督、质量管理体系内部审核：技术负责人每年根据项目质量监督程序规定选取一定数量的消防设施维护保养、检测和消防安全评估项目（包含执业结束和正在执业中）进行质量监督抽查。每年年初对质量管理体系内部审核进行策划，策划的输出包含但是不限于内部审核计划、内部审核记录表等，按照策划的内容实施内部审核。

3.5.2.4 项目负责人主要职责

项目负责人是指经机构指定，负责消防技术服务项目的策划、实施和管理，并承担项目质量责任的人员。项目负责人应当具备相应的注册消防工程师资格。项目负责人除负责消防技术服务执业相关的职责外，还应负责质量管理体系相关的职责。

质量管理要求：

> 项目负责人应履行以下主要职责：
> a）项目团队的组建、人员分工和管理；
> b）组织实施项目现场勘查和项目评审；
> c）项目的技术交底、服务计划（方案）编制；
> d）项目从业过程质量和风险控制；
> e）项目现场沟通、档案管理和应急管理；
> f）书面结论文件编制和签署。

（1）项目团队的组建、人员分工和管理：项目负责人应按照消防设施维护保养、检测和消防安全评估项目特点组建项目组，包含注册消防工程师、消防设施操作员和其他辅助人员，在编制服务计划或服务方案的时候应界定项目组内各个从业人员分工，包含执业时间、执业内容、服务区域，在执业过程中根据情况实时沟通和调整。

（2）组织实施项目现场勘查和项目评审：项目负责人负责带领项目组相关人员对项目现场进行实地勘查，根据勘查结果和收集到的来自委托单位的项目材料实施项目评审。

（3）项目的技术交底、服务计划（方案）编制：项目负责人应在编制服务计划（方案）前完成和委托单位之间的技术交底工作，应在去项目现场执业前根据项目评审信息、合同及合同评审信息、技术交底材料等编制服务计划（方案），并和委托单位沟通以确认计划（方案）的可行性、适宜性。

（4）项目从业过程质量和风险控制：项目负责人在项目评审、签订合同、合同评审和技术交底时应充分考虑整个项目的风险点，在编写服务计划（方案）时应根据现场勘察结果、项目评审信息、合同及合同评审信息和技术交底材料等列出整个项目在执业过程中可能出现的风险，应在方案或计划中对可能出现的风险制订相应措施以避免风险发生和尽可能减少风险的影响。

（5）项目现场沟通、档案管理和应急管理：项目负责人在现场执业过程中应就服务计划（方案）中的安排以及执业过程中发现的问题和委托单位实时沟通，执业结束后应整理项目档案材料，将项目档案归档标识和保存或提交档案管理人员归档保存。对于项目现场任何突发事件按照制订的突发事件应急预案规定的措施进行应急管理。

（6）书面结论文件编制和签署：项目负责人在执业结束后在规定时间内编制并完成书面结论文件，签署后交技术负责人审核。

3.5.2.5 消防设施操作员主要职责

消防设施操作员是指取得相应等级的消防设施操作员证书，从事建（构）筑物消防设施运行、操作和维修、保养、检测等工作的人员。

质量管理要求：

> 消防设施操作员应履行以下主要职责：
> a) 消防设施维护、保养和检测等消防技术服务活动的实施；
> b) 消防技术服务基础数据的采集和记录，对数据的真实性负责。

（1）消防设施维护、保养和检测等消防技术服务活动的实施：消防设施操作员按照项目负责人编制的服务计划（方案）和作业指导书提供消防设施维护、保养和检测服务。

（2）消防技术服务基础数据的采集和记录，对数据的真实性负责：消防设施操作员应如实记录执业过程中采集的所有数据和信息，数据和信息应可追溯，并对数据的真实性负责。

3.5.2.6 检查要素和内容

本节的检查要素和内容见表3.13。

表3.13 检查要素和内容

指标	检查要素	检查内容
5.2 职责	1. 制订了组织架构	1. 查看机构是否建立了组织架构图。 2. 查组织架构图是否与机构实际部门或岗位设置相符
	2. 有技术负责人任命书	1. 查看是否有技术负责人任命书。 2. 查技术负责人是否与机构实际一致，是否在任命有效期内
	3. 有规定技术负责人岗位职责	查看是否规定了技术负责人的岗位职责
	4. 技术负责人岗位职责至少包含： a) 机构质量监督管理及绩效改进； b) 收集消防法律法规和技术标准并贯彻执行； c) 组织实施质量手册、程序文件、作业指导书的编制、修订、审核及批准； d) 组织实施机构人员培训及能力评价； e) 组织实施设备监督管理； f) 对机构出具的书面结论文件进行技术审核和签署； g) 组织实施重大投诉、质量事故的调查和处置； h) 组织实施服务满意度调查； i) 组织实施项目质量监督、质量管理体系内部审核。 设置2名及以上技术负责人时，宜明确1名负责落实上述各项职责	1. 查看技术负责人的岗位职责是否包含a)~i)的内容。 2. 询问技术负责人是否熟悉本岗位的职责
	5. 有指定每个项目的项目负责人	1. 查机构指定项目负责人的方式。 2. 随机抽取项目，机构是否指定项目负责人，是否与书面结论文件中项目负责人一致
	6. 有规定项目负责人岗位职责	查看是否规定了项目负责人的岗位职责
	7. 项目负责人岗位职责至少包含： a) 项目团队的组建、人员分工和管理； b) 组织实施项目现场勘查和项目评审； c) 项目的技术交底、计划（方案）编制； d) 项目从业过程质量和风险控制； e) 项目现场沟通、档案管理和应急管理； f) 书面结论文件编制和签署	1. 查看项目负责人的岗位职责是否包含a)~f)的内容。 2. 询问项目负责人是否熟悉本岗位的职责

续表3.13

指标	检查要素	检查内容
5.2 职责	8. 有规定消防设施操作员岗位职责	查看是否规定了消防设施操作员的岗位职责
	9. 设施操作员岗位职责至少包括： a) 消防设施维护、保养和检测等消防技术服务活动的实施； b) 消防技术服务基础数据的采集和记录，对数据的真实性负责	1. 查看消防设施操作员的岗位职责是否包含a)、b)的内容。 2. 询问消防设施操作员是否熟悉本岗位的职责

3.5.3 知识和能力

3.5.3.1 知识收集

机构的知识是来自机构的集体经验或个人经验的特定的知识。这些知识被用于或可用于实现机构的质量目标或预期结果。机构应考虑如何确定和管理为满足当前和未来需求所需的知识。机构的人员和其经验是机构知识的基础。

质量管理要求：

> 机构应指定专人收集、更新、积累为质量管理体系和消防安全评估过程控制体系有效运行以及实现服务符合性所必需的知识，由技术负责人确认内容、获取来源、时效性等，形成清单。
> 注：知识获取的来源可考虑：
> a) 从项目中得到的经验教训；
> b) 从政府部门、委托单位、供应商、合作伙伴等相关方获取知识；
> c) 机构内部现有的知识，包括集体经验或技术负责人、项目负责人、消防设施操作员等个人经验；
> d) 标杆对比。

机构技术负责人应负责落实收集、更新、积累为质量管理体系有效运行以及实现服务符合性所必需的知识，由技术负责人确认内容、获取来源、时效性等，形成清单。知识包含法规、技术标准、内部培训教材、从业经验、风险管控案例和经验、隐患排查治理案例、事故处理案例及行政处罚案例等。以上知识可作为机构实施培训教材的主要内容。

知识清单如表3.14所列。

表3.14 知识清单（含外来文件清单）

一、法律法规、管理规定

序号	名称	来源	实施/发布日期
1	中华人民共和国消防法（2021年修订）	网站	2021-4-29
2	上海市消防条例（2023年修订）	网站	2023-12-28
3	上海市建筑消防设施管理规定（沪府令第59号）	网站	2022-3-1
4	社会消防技术服务管理规定（应急管理部令第7号）	网站	2021-11-9
5	《注册消防工程师管理规定》（公安部令第143号）	网站	2017-10-1
6	消防技术服务机构从业条件（应急〔2019〕88号）	网站	2019-8-29

续表3.14

二、技术规范

序号	名称	来源	实施/发布日期
1	建筑防火通用规范(GB 55037—2022)	网站	2023-6-1
2	建筑设计防火规范(2018版)(GB 50016—2014)	网站	2018-3-28
3	消防设施通用规范(GB 55036—2022)	网站	2023-3-1
4	汽车库、修车库、停车场设计防火规范(GB 50067—2014)	网站	2015-8-1
5	自动喷水灭火系统设计规范(GB 50084—2017)	网站	2018-1-1
6	自动喷水灭火系统施工及验收规范(GB 50261—2017)	网站	2018-1-1
7	消防给水及消火栓系统技术规范(GB 50974—2014)	网站	2014-10-1
8	建筑防烟排烟系统技术标准(GB 51251—2017)	网站	2018-8-1
9	消防应急照明和疏散指示系统技术标准(GB 51309—2018)	网站	2019-3-1
10	火灾自动报警系统设计规范(GB 50116—2013)	网站	2014-5-1
11	火灾自动报警系统施工及验收标准(GB 50166—2019)	网站	2020-3-1
12	气体灭火系统设计规范(GB 50370—2005)	网站	2006-5-1
13	建筑内部装修设计防火规范(GB 50222—2017)	网站	2018-4-1
14	建筑消防设施检测评定技术规程(DB 31/T 1134—2019)	网站	2019-6-1
15	建筑消防设施的维护管理(GB 25201—2010)	网站	2011-3-1
16	单位消防安全评估(XF/T 3005—2020)	网站	2021-5-1

三、外部知识(政府部门、委托单位、供应商、合作伙伴等)

序号	名称	来源	实施/发布日期
1	×××通知、文件		
2	×××说明书		
……			

四、内部知识

序号	名称	来源	实施/发布日期
1	×××作业指导书		
2	×××操作规程		
3	×××培训资料		
……			

3.5.3.2 知识共享

知识共享有助于提高机构的整体效率和创新能力,通过共享信息、知识和经验,机构可以更快地做出决策,更有效地分配资源,从而降低成本并提高生产率。知识共享还有助于减少错误和疏漏,提高服务水平和服务满意度,员工可以将自己的经验和知识分享给其他同事,从而避免重复劳动和错误的发生。通过不断更新和分享最新的行业信息和趋势，机构可以保持敏锐的市场洞察力，及时调整战略和计划，以适应市场变化。

质量管理要求：

> 技术负责人应定期组织项目负责人、消防设施操作员等从业人员在内部共享机构所积累的知识，项目负责人应在项目组内定期组织开展知识共享，消防设施操作员应积极主动参与知识共享。
> 注：知识共享形式可为培训、宣传、经验交流等。

根据年度培训计划，或收集整理知识的情况，技术负责人组织定期的各类培训、宣传、经验交流等活动，项目负责人在项目组开展项目相关的培训活动，消防设施操作员积极参与，所有的培训活动应关注培训的有效性。

3.5.3.3 知识和能力要求的确定

能力是指应用知识和技能实现预期结果的本领。人员的能力可来自其教育、培训和经验。能够证实自身能力的人员有时指具备相应资格的人员。机构应根据活动或工作职位/岗位，确定知识和能力要求。

质量管理要求：

> 机构应按照技术负责人、项目负责人、消防设施操作员等岗位职能确定各岗位所需的知识和能力要求。

技术负责人、项目负责人、消防设施操作员等所需的知识和能力要求见表3.15。

表 3.15 岗位知识和能力要求

知识和能力要求	说明	技术负责人	项目负责人	消防设施操作员
满足相应的国家职业资格，包括注册消防工程师、行业特有工种职业资格等	技术负责人和项目负责人应具备一级注册消防工程师资格证书，消防设施操作员应具备取得消防设施操作员国家职业资格证书，根据承接的项目，如果该项目需要其他特有工种职业资格，则项目组成员应包含该资格人员作为辅助人员参与	4	4	4
消防法律法规	应培训过并掌握消防设施维护保养检测和消防安全评估服务相关的法律法规	3	2	1
技术标准	应培训过并掌握消防设施维护保养检测和消防安全评估的国家标准、行业标准或地方标准	3	3	3
消防设施维护保养、检测和消防安全评估作业指导书和设备操作规程	应培训过并掌握消防设施维护保养检测、消防安全评估作业指导书和仪器设备操作规程	3	3	3
机构的消防设施维护保养、检测和消防安全评估业务流程	项目招投标—项目评审—合同评审—签订合同（规定的时间内上传相应的技术服务系统）—技术交底—编制服务计划（方案）—批准服务计划（方案）—沟通服务计划（方案）—协调计划和方案安排（和委托单位）—现场执业—执业结束—执业原始过程记录完成—书面结论文件编制—审核和批准—在规定的时间内上传相应的系统（如需要）	3	3	1

续表3.15

知识和能力要求	说明	技术负责人	项目负责人	消防设施操作员
数据记录	项目负责人和设施操作员应能如实及时将执业过程中相关的检测数据记录,抽查一定样本的项目原始过程记录进行评定	1	2	3
数据分析、撰写书面结论文件	设施操作员根据现场执业过程中采集的数据和信息分析相应消防设施是否正常运行,项目负责人编写书面结论文件	3	3	1
质量管理	技术负责人对书面结论文件和项目质量监督管理;项目负责人对整个项目的质量管理;设施操作员在执业过程中采集数据、信息和原始过程记录的质量管理情况等	3	2	1
项目管理(从业活动的策划、组织和实施)	项目负责人:项目评审、合同评审、签订合同、技术交底、编制服务计划(方案)、现场执业实施、书面结论文件的策划等,设施操作员熟悉项目及要求并执业,委托单位无负面反馈	3	3	1
风险管理(从业过程中风险的识别、分析、评价、应对和沟通等)	人员管理风险、设备管理风险、项目评审风险、合同签署过程的风险、技术交底风险、服务计划(方案)风险、执业过程中风险、书面结论文件风险等的识别、应对和控制等。	3	2	1

注:"1"代表了解,"2"代表熟悉,"3"代表熟练应用,"4"代表具备。

3.5.3.4 培训

通过培训,员工可以了解新的知识和技术,提高工作效率和质量,从而促进机构的可持续发展。通过培训,机构可以加强员工之间的交流和合作,建立更紧密的关系,增强员工的归属感和忠诚度。通过培训,员工可以更好地了解自己的工作要求和标准,避免重复劳动和错误的发生,从而提高工作质量。技术负责人应组织制订年度培训计划、组织培训,并保留培训记录。

质量管理要求:

> 技术负责人应组织制订年度培训计划,明确培训对象、教师、内容、方式、时间等,通过培训确保相关岗位人员保持相应能力,并保留培训记录。

技术负责人可于每年初组织收集各部门或岗位的培训需求,形成年度培训计划,至少对质量方针、质量目标、服务声明、质量管理体系文件、突发事件和应急准备预案、消防法律法规、技术规范及内审人员进行培训。

按年度培训计划实施培训,组织培训考核和有效性评价。培训考核可包括:笔试、口试、操作演示和现场实践等。培训有效性可通过参培人员对培训内容的掌握、观察参培人员操作和行为的改变、组织培训满意调查等方式进行评价。

年度培训计划和培训记录见表3.16和表3.17。

表3.16 2024年度培训计划

序号	培训内容	培训对象	培训时间	培训方式	估计费用	培训老师	考核方式	备注
1	质量手册、程序文件	30	2024.1	会议	—	—		
2	突发事件和应急准备预案	10	2024.2	会议	—	—	笔试	

续表3.16

序号	培训内容	培训对象	培训时间	培训方式	估计费用	培训老师	考核方式	备注
3	消防设施维护保养、检测和消防安全评估作业指导书	10	2024.3	线上会议	—	—	口试	
4	操作规程	10	2024.6	会议	—	—	口试	
5	XF/T 3005技术标准	10	2024.9	会议	—	—	口试	
6	隐患处理案例	10	2024.11	会议	—	—	口试	
7	内审员培训	3	2024.6	外培	—	—	—	
8	—	—	—	—	—	—	—	

表3.17 培训记录表

培训主题	《社会消防技术服务机构质量管理要求》		
培训时间	2023.3.30	培训教师	技术负责人
培训地点	会议室	培训方式	线上集中培训
参加培训人员名单（签名）	各个参加培训人员签名		
培训内容摘要	《社会消防技术服务机构质量管理要求》中第4、5、6、7、8、9、10、11和12章内容，评价工具。		
考核方式及结果	后续项目监督抽查验证		

效果评价：
通过后续项目监督抽查验证，全体员工基本能了解《社会消防技术服务机构质量管理要求》的主要内容，后续将通过运行管理体系继续跟踪。

评价人：×××　　　　　　　　日期：2023.4.5

3.5.3.5 注册消防工程师继续教育

注册消防工程师在每个注册有效期内应当达到继续教育要求。具有注册消防工程师资格证书的人员，应当持续参加继续教育，并达到继续教育要求。注册消防工程师继续教育可以按照注册级别，采取集中面授、网络教学等多种形式进行。注册消防工程师享有参加继续教育的权利。注册消防工程师应当履行接受继续教育，不断提高消防安全技术能力的义务。

质量管理要求：

> 机构应确保所有注册消防工程师在每个注册有效期内完成相应的注册消防工程师继续教育。

注册消防工程师可通过关注社会消防技术服务信息系统，按通知公示要求进行继续教育。继续教育情况可通过社会消防技术服务信息系统进行查询。查询情况见图3.2。

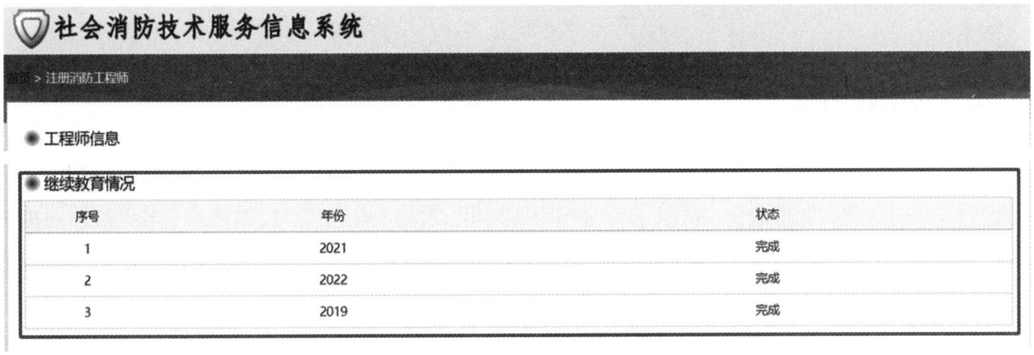

图 3.2 消防工程师继续教育情况

3.5.3.6 检查要素和内容

本节的检查要素和内容见表 3.18。

表 3.18 检查要素和内容

指标	检查要素	检查内容
5.3 知识和能力	1. 指定专人收集、更新、积累为质量管理体系和消防安全评估过程控制体系有效运行以及实现服务符合性所必需的知识	1. 查是否有指定专人收集、更新、积累知识。 2. 查收集的知识是否是质量管理体系有效运行以及实现服务符合性所必需的。 3. 查知识(如消防法律法规、技术规范)是否及时更新
	2. 技术负责人确认知识内容、获取来源、时效性等形成清单、定期更新	1. 查看是否编制了知识清单。 2. 查技术负责人是否确认了知识内容、获取来源和时效性。 3. 查知识清单是否定期更新
	3. 技术负责人组织项目负责人、消防设施操作员等在内部共享机构所积累的知识(如培训、宣传或经验交流)	1. 查技术负责人是否组织了知识共享。 2. 查看相关的培训/宣传/交谈记录
	4. 项目负责人应在项目组内定期组织开展知识共享,消防设施操作员应积极主动参与知识共享	1. 查项目负责人是否在项目组内组织了知识共享。 2. 查看相关的培训、分享记录。 3. 询问 1~2 名消防设施操作员,是否掌握培训、分享知识的内容
	5. 机构应确定技术负责人、项目负责人、消防设施操作员等岗位知识和能力要求	1. 查是否确定了技术负责人、项目负责人、消防设施操作员等岗位知识和能力要求。 2. 查看知识和能力要求记录清单
	6. 制订年度培训计划,包含培训对象、培训教师、培训内容、培训方式、培训时间等	1. 查看是否编制了年度培训计划。 2. 查看培训计划内容是否包含培训对象、培训教师、培训内容、培训方式、培训时间
	7. 按计划实施培训,保留培训记录	1. 抽取 1~2 份培训记录,查看培训时间是否按培训计划实施。 2. 查看培训记录中的考核结果和有效性评价
	8. 确保所有注册消防工程师在每个注册有效期内完成继续教育	抽 1~2 名注册消防工程师,查看是否完成了继续教育

3.5.4 评价

3.5.4.1 从业人员能力评价

从业人员能力是指从事某一特定工作岗位或从事某一特定职业所应具备的知识、技能和素质的总和。从业人员能力是一个综合性的概念，涵盖了专业知识、技能、素质、沟通能力、团队合作能力、学习能力和道德操守等多个方面。只有具备了这些方面的能力，从业人员才能胜任工作岗位，为企业和社会作出积极贡献。

质量管理要求：

> 技术负责人应对从业人员能力进行评价，评价的方式可包括笔试、面试、记录审查、意见反馈和观察操作等，经技术负责人对其能力确认后上岗。技术负责人的评价由机构最高管理者组织实施。

从业人员的能力通过评审其是否受过适当的教育、培训或既有经验进行确认，可通过工作面谈、简历评审、观察、培训证明文件或资质证书等作出判断。技术负责人应组织对新进员工在正式执业前、每年度对在职人员进行评价。技术负责人的评价由最高管理者组织实施，项目负责人和消防设施操作员的评价可由技术负责人组织实施。

各岗位人员知识和能力评价见表3.19—表3.21。

表3.19 人员知识和能力评价记录表(消防设施操作员)

岗位：消防设施操作员　　　　　　　　姓名：×××

知识和能力要求	达标要求	评价结果
满足相应的国家职业资格，包括注册消防工程师、行业特有工种职业资格等	4	具备四级消防设施操作员资格证书，在有效期内，时间××××-××-××
消防法律法规	1	于2024年5月参加了机构组织的关于×××等法规的知识的考核，考核结果合格
技术标准	3	于2024年2月参加了GB/T 25201、XF/T 3005、DB/T 1134的考核，考核结果合格
消防设施维护保养、检测和消防安全评估作业指导书和设备操作规程	3	于2024年3月参加了最新版本消防设施维护保养、检测和消防安全评估作业指导书和设备操作规程的作业指导书的培训，于2024年4月各跟踪了×××项目、×××项目和×××项目的执业操作过程，能熟练按照作业指导书进行执业
机构的消防设施维护保养、检测和消防安全评估流程	1	于2024年×月提问了解消防设施维护保养、检测和消防安全评估流程的主要环节和各风险点
数据记录	3	随机抽查该操作员维保和检测执业过程原始记录，分别为×××、×××、×××……项目，符合要求
数据分析、撰写书面结论文件	1	抽取3份该人员填写的原始过程记录，项目名称分别为 项目1名称： 项目2名称： 项目3名称： 以上抽取的原始过程记录中记录的数据包含××××……和判断符合要求
质量管理	1	参加了机构于2024年×月举办的ISO9001等质量管理方面的培训，跟踪该操作员×××项目在执业过程中采集数据、信息和原始过程记录的，能按照机构×××流程和作业指导书执行
项目管理(从业活动的策划、组织和实施)	1	抽取×××、×××、×××项目，询问设施操作员对项目的熟悉情况、执业记录和委托单位的评价，符合要求

续表3.19

知识和能力要求	达标要求	评价结果
风险管理(从业过程中风险的识别、分析、评价、应对和沟通等)	1	询问×××、×××、×××项目的风险隐患,能够了解并熟练说出从业过程中的风险及应对的措施,符合要求

评价结论(选择以下任意一条):满足①。
① 满足本岗位能力要求
② 需要针对_____内容进一步培训后再次评价
③ 需要进行_____实操训练后再次评价
④ 不符合岗位能力要求,建议转岗

评价人:(技术负责人)×××　　　　　　　　　　　　日期:2024.6.6

注:"1"代表了解,"2"代表熟悉,"3"代表熟练应用,"4"代表具备。

表3.20　人员知识和能力评价记录表(项目负责人)

岗位:项目负责人　　　　　　　　姓名:×××

知识和能力要求	达标要求	评价结果
满足相应的国家职业资格,包括注册消防工程师、行业特有工种职业资格等	4	具备国家注册一级注册消防工程师资格证书,在有效期内,时间××××-××-××,按要求完成了×××年度的继续教育
消防法律法规	2	于2024年5月参加了机构组织的关于×××等法规的知识的考核,考核结果合格
技术标准	3	于2024年2月参加了GB/T 25201、XF/T 3005、DB/T 1134的考核,考核结果合格
消防设施维护保养、检测和消防安全评估作业指导书和设备操作规程	3	于2024年3月参加了最新版消防设施维护保养、检测及消防安全评估作业指导书和设备操作规程的作业指导书的培训,于2024年4月各跟踪了×××项目、×××项目和×××项目的执业操作过程,能熟练指导消防设施操作员进行现场执业
机构的消防设施维护保养、检测和消防安全评估流程	3	于2024年×月提问了×××、×××、×××三个不同类型的解消防设施维护保养、检测和消防安全评估项目,能熟练讲解各个不同项目从项目评估直至书面结论文件的各个流程
数据记录	2	随机抽查该项目负责人针对×××、×××、×××项目的质量监督抽查记录,以及×××、×××、×××项目书面结论文件中的信息和数据,信息真实、数据准确,符合要求
数据分析、撰写书面结论文件	3	抽取3份该人员编制的结论文件,项目名称分别为 项目1名称:　项目2名称:　项目3名称: 以上抽取的书面结论文件分析判断结果和编制的内容符合要求
质量管理	2	参加了机构于2024年×月举办的ISO9001等质量管理方面的培训,参加了××××质量管理基础知识的培训,跟踪该项目负责人对×××、×××、×××项目的执业和管理,对项目信息的登记、计划(方案)的协调和管理、现场执业中设备、人员、记录等的控制、书面结论文件及时出具等,符合要求
项目管理(从业活动的策划、组织和实施)	3	抽查×××、×××、×××项目,观察和询问项目负责人对项目的熟悉情况、执业过程控制和委托单位的评价等,抽查项目评审、合同评审、签订合同、技术交底、编制服务计划(方案)、现场执业实施、书面结论文件的策划和实施等,委托单位无负面反馈
风险管理(从业过程中风险的识别、分析、评价、应对和沟通等)	2	询问该项目负责人负责的×××、×××、×××项目,从人员管理风险、设备管理风险、项目评审风险、合同签署过程风险、技术交底风险、服务计划(方案)风险、执业过程中风险及书面结论文件风险等的识别、应对和控制等的控制情况,符合要求

续表3.20

评价结论(选择以下任意一条):满足①。
① 满足本岗位能力要求
② 需要针对_____内容进一步培训后再次评价
③ 需要进行_____实操训练后再次评价
④ 不符合岗位能力要求,建议转岗

评价人:(技术负责人)×××	日期:2024.6.6

注:"1"代表了解,"2"代表熟悉,"3"代表熟练应用,"4"代表具备。

表3.21 人员知识和能力评价记录表(技术负责人)

岗位:技术负责人　　　姓名:×××

知识和能力要求	达标要求	评价结果
满足相应的国家职业资格,包括注册消防工程师、行业特有工种职业资格等	4	具备国家注册一级注册消防工程师资格证书,在有效期内,时间××××-××-××,按要求完成了×××年度的继续教育
消防法律法规	3	能及时和主动获取新×××等消防法律法规,熟练并将其应用到内部:如更新作业指导书,或者作为教材教授机构内部人员学习,或者是将之应用到执业过程相关环节中
技术标准	3	熟练掌握GB/T 25201、XF/T 3005、DB/T 1134等技术标准,能够将技术标准转化为机构内部作业指导书或培训教材等用于人员培训
消防设施维护保养、检测和消防安全评估作业指导书和设备操作规程	3	有能力建立消防设施维护保养、检测和消防安全评估作业指导书及设备操作规程,并培训机构从业人员
机构的消防设施维护保养、检测和消防安全评估流程	3	有能力建立解消防设施维护保养、检测和消防安全评估服务流程并根据需要更新
数据记录	1	有能力发现项目负责人、设施操作员原始过程记录或书面结论文件中数据的正确性等
数据分析、撰写书面结论文件	3	有能力发现项目负责人、设施操作员提交的原始过程记录或书面结论文件中对数据分析的正确性和书面结论文件的完整性、适宜性和充分性
质量管理	3	有能力发现并监督机构质量管理体系运行中存在的问题和有持续改进的能力
项目管理(从业活动的策划、组织和实施)	3	能够从一个项目的项目评审、合同评审、签订合同、技术交底、编制服务计划(方案)、现场执业实施、书面结论文件的策划和实施等过程中有发现问题的能力
风险管理(从业过程中风险的识别、分析、评价、应对和沟通等)	3	能够从人员管理风险、设备管理风险、项目评审风险、合同签署过程风险、技术交底风险、服务计划(方案)风险、执业过程中风险、书面结论文件风险等的识别、应对和控制等环节有发现问题和解决问题的能力

评价结论(选择以下任意一条):满足①。
① 满足本岗位能力要求
② 需要针对_____内容进一步培训后再次评价
③ 需要进行_____实操训练后再次评价
④ 不符合岗位能力要求,建议转岗

评价人:(总经理)×××	日期:2024.6.6

注:"1"代表了解,"2"代表熟悉,"3"代表熟练应用,"4"代表具备。

3.5.4.2 人员能力不满足时采取的措施

人员不满足或不再满足能力要求的情况可能有多种原因,如员工知识技能更新不及时、岗位调整、离职等。针对人员不满足或不再满足能力要求的情况,采取适当的措施是必要的,可以提高机构的整体运营效率和竞争力,促进机构的可持续发展。

质量管理要求：

> 当发现从业人员能力不足、工作质量下降时,机构应采取专人辅导、专项培训等措施。

当机构的人员不满足或不再满足能力要求时,应采取措施。这些措施包括但不限于辅导员工、提供培训、简化过程以使其能圆满地完成工作,或为其重新分配另一个工作岗位。

机构还应对所采取的任何措施的有效性进行评价,例如,可询问接受培训的人员是否认为自身已经具备了开展工作所需的能力,也可通过不同的方法做出评价,包括直接观察其工作完成情况或检查任务和项目的结果。

3.5.4.3 案例分析

某企业一名设施操作员,由于经验不足,操作不规范和预判有误,在项目现场操作时,将简单的水管渗漏事故直接演变成爆管事故,造成委托单位财产损失,直接影响机构的专业度和委托单位对机构的满意度。

3.5.4.4 检查要素和内容

本节的检查要素和内容见表3.22。

表 3.22 检查要素和内容

指标	检查要素	检查内容
5.4 评价	1. 技术负责人应对从业人员能力进行评价,评价方式包含笔试、面试、记录审查、意见反馈、观察操作等	1. 查看机构是否对技术负责人、项目负责人、消防设施操作员进行了能力评价。 2. 查看评价方式是否符合机构实际
	2. 各人员的能力评价经过技术负责人的确认后上岗,技术负责人的评价由机构最高管理者组织实施评价	1. 查看机构是否对新进员工进行了上岗前的能力评价。 2. 查看机构是否对在职员工进行了年度能力评价。 3. 查看技术负责人的能力评价是否由最高管理者组织实施
	3. 机构保留人员能力评价记录	查看机构是否保留了人员能力评价记录
	4. 对能力不足人员采取进一步措施(专人辅导、专项培训等)	1. 查看机构是否有人员能力评价不满足要求的人员。 2. 查看对能力不满足的人员所采取的措施,是否适用有效

3.6 工作场所和设备管理

3.6.1 工作场所

3.6.1.1 工场场所

固定的工作场所可为从业人员带来归属感和安全感,专业的办公设施和有序的场地可使从业人员较快投入工作状态并提高工作效率,传递良好的机构文化和精神风貌。

(1) 相关管理规定。

中华人民共和国应急管理部令
第7号
社会消防技术服务管理规定

第二章 从业条件
第五条 从事消防设施维护保养检测的消防技术服务机构,应当具备下列条件:
(二)工作场所建筑面积不少于200平方米;
第六条 从事消防安全评估的消防技术服务机构,应当具备下列条件:
(二)工作场所建筑面积不少于100平方米;
第七条 同时从事消防设施维护保养检测、消防安全评估的消防技术服务机构,应当具备下列条件:
(二)工作场所建筑面积不少于200平方米。

---

(2) 质量管理要求:

> 机构的工作场所应符合从业条件要求。

为从业人员的归属感、安全感和业务的持续性,确保从业人员有个安全的工作场所,及时交付消防技术服务;委托单位及时获取机构信息,消防技术服务机构应提供符合从业条件要求的固定工作场所,工作场所可租赁,如租赁应能提供租赁合同,自有住房则应能提供产权证明。

3.6.1.2 设备、档案存储区域

通过专门的设备和存储区域,可以有效地提高设备和档案管理的效率和安全性,可以更好地保证档案的质量和完整性,更好地保护设备不受到损坏,有利于设备和档案的长期保存。这对于机构的可持续发展具有重要意义。

(1) 相关管理规定。

中华人民共和国应急管理部令
第7号
社会消防技术服务管理规定

第三章 社会消防技术服务活动
第十五条 消防技术服务机构应当对服务情况作出客观、真实、完整的记录,按消防技术服务项目建立消防技术服务档案。
消防技术服务档案保管期限为6年。

---

(2) 质量管理要求:

> 机构的工作场所应设置专用的设备、档案存储区域,宜设置独立的设备室、档案室。

应急管理部《社会消防技术服务管理规定》规定消防技术服务项目档案应至少保存6年,消防技术服务机构应配置符合从业条件的基础设施和仪器设备,为有效管理项目档案、基础设备和仪器设备,机构应分别设置专用的档案和设备存储区域以保管设备和档案。需要时,如数量比较多时,建议设置独立的档案室和仪器设备室。

3.6.1.3 公示信息

为了增强透明度、展示专业能力、保障服务质量、促进行业自律、维护消费者权益及提高行业形象等,机构应在经营场所醒目公示相关信息。

(1) 相关管理规定。

> **中华人民共和国应急管理部令**
> **第 7 号**
> **社会消防技术服务管理规定**
>
> 第三章 社会消防技术服务活动
> 第十六条 消防技术服务机构应当在其经营场所的醒目位置公示营业执照、工作程序、收费标准、从业守则、注册消防工程师注册证书、投诉电话等事项。

(2) 质量管理要求:

> 机构应在工作场所醒目位置公示营业执照、工作程序、收费标准、从业守则、注册消防工程师注册证书、投诉电话等信息。

为使委托单位方便获取消防技术服务机构的基本信息和主要服务信息,同时,机构从业人员能随时了解机构业务信息和基本要求,消防技术服务机构应在工作场所醒目位置公示营业执照、工作程序、收费标准、从业守则、注册消防工程师注册证书及投诉电话等,公示的信息应及时更新。其中工作程序环节过程包含:项目评审(需要时)、合同评审(使用委托方合同模板)、签订合同、技术交底、服务方案(需要时)和(或)服务计划、现场执业、完成现场执业及出具书面结论文件等。公示的信息应实时更新,尤其是具时限性的信息,包含营业执照、注册消防工程师注册证书。

3.6.1.4 检查要素和内容见

本节检查要素和内容见表3.23。

表3.23 检查要素和内容

指标	检查要素	检查内容
6.1 工作场所	1. 有固定的工作场所(提供有房产证或租赁合同)	查看房产证/租赁合同,机构是否有固定工作场所
	2. 工作场所面积满足从业条件	查看房产证/租赁合同,工作场所面积是否满足从业条件要求
	3. 有专用的设备存储区域	现场查看,机构是否设置了专用设备存储区域
	4. 有专用的档案存储区域	现场查看,机构是否设置了专用档案存储区域
	5. 在工作场所醒目位置公示营业执照、工作程序、收费标准、从业守则、注册消防工程师注册证书、投诉电话等信息	1. 现场查看,机构是否公示营业执照、工作程序、收费标准、从业守则、注册消防工程师注册证书、投诉电话信息。 2. 查看公示位置是否清晰醒目

3.6.2 设备管理

3.6.2.1 配备符合从业条件要求的设备

消防技术服务机构提供消防设施维护保养、检测、消防安全评估服务离不开设备,设备包含基础设备和消防设施维护保养检测、消防安全评估设备。设备管理的好坏直接影响消防技术服务质量和消防设施系统维保检测或消防安全评估结果的准确性。设备管理得好可以延长设备寿命、减少设备故障、降低消防技术服务成本,提高服务效率。

(1) 相关管理规定一:

中华人民共和国应急管理部令
第 7 号
社会消防技术服务管理规定

第二章　从业条件

第五条　从事消防设施维护保养检测的消防技术服务机构,应当具备下列条件:

(三)消防技术服务基础设备和消防设施维护保养检测设备配备符合有关规定要求;

第六条　从事消防安全评估的消防技术服务机构,应当具备下列条件:

(三)消防技术服务基础设备和消防安全评估设备配备符合有关规定要求;

第七条　同时从事消防设施维护保养检测、消防安全评估的消防技术服务机构,应当具备下列条件:

(三)消防技术服务基础设备和消防设施维护保养检测、消防安全评估设备配备符合规定的要求;

(2) 相关管理规定二:

应急管理部关于印发
《消防技术服务机构从业条件》的通知
应急〔2019〕88 号

附表 1

消防技术服务基础设备配备要求

序号	设备名称	单位	配备数量	备注
1	计算机	套	3	每套中包括光盘刻录机、移动存储器各 1 个
2	打印机	台	1	激光打印机
3	传真机	台	1	适用普通纸
4	照相机	台	3	不低于 800 万像素
5	录音录像设备	个	2	用于现场记录,记录时间不少于 10 h
6	对讲机	对	2	通话距离不小于 1 000 m,含防爆型一对
7	消防技术服务专用车辆	台	2	满足装载相关专业设备和开展消防技术服务要求,并设置消防技术服务机构标识
8	个人防护和劳动保护装置	按照实际需要配备		

注:打印机、传真机等可配备同时满足相应要求的一体机。

附表 2

消防设施维护保养检测设备配备要求

序号	设备名称	单位	配备数量	备注
1	秒表	个	3	量程不小于 15 min;精度:0.1 s
2	卷尺	个	4	量程不小于 30 m;精度:±1 mm;2 个。量程不小于 5 m;精度:±1 mm;2 个

续表

序号	设备名称	单位	配备数量	备注
3	游标卡尺	个	3	量程不小于 150 mm;精度:±0.02 mm
4	钢直尺	个	3	量程不小于 50 cm;精度:±1 mm
5	直角尺	个	3	主要用于对消防软管卷盘的检查
6	电子秤	个	1	量程不小于 30 kg
7	测力计	个	1	量程:50~500 N;精度:±0.5%
8	强光手电	个	4	警用充电式,LED 冷光源
9	激光测距仪	个	3	量程不小于 50 m;精度:±3 mm
10	数字照度计	个	3	量程不小于 2 000 lx;精度:±5%
11	数字声级计	个	3	量程 30~130 dB;精度:±1.5 dB
12	数字风速计	个	3	量程:0~45 m/s;精度:±3%
13	数字微压计	个	1	量程:0~3 000 Pa;精度:±3%,具有清零功能,并配有检测软管
14	数字温湿度计	个	1	用于环境温度湿度检测
15	超声波流量计	个	1	测量管径范围:0~300 mm;精度:±1%
16	数字坡度仪	个	1	量程:0°~±90°;精度:±0.1°
17	垂直度测定仪	个	1	量程:0~500 mm;精度:±0.2 μm
18	消火栓测压接头	套	3	压力表量程:0~1.6 MPa;精度:1.6 级
19	喷水末端试水接头	套	3	压力表量程:0~0.6 MPa;精度:1.6 级
20	接地电阻测量仪	个	2	量程 0~1 000 Ω;精度:±2%
21	绝缘电阻测量仪	个	2	量程:1~2 000 MΩ;精度:±2%
22	数字万用表	个	3	可测量交直流电压、电流、电阻、电容等
23	感烟探测器功能试验器	个	3	检测杆高度不小于 2.5 m,如配聚烟罩,内置电源线,连续工作时间不少于 2 h
24	感温探测器功能试验器	个	3	检测杆高度不小于 2.5 m,内置电源线,连续工作时间不少于 2 h
25	线型光束感烟探测器滤光片	套	1	减光值分别为 0.4 dB 和 10.0 dB 各一片,具备手持功能
26	火焰探测器功能试验器	套	1	红外线波长大于等于 850 nm,紫外线波长小于或等于 280 nm,检测杆高度不小于 2.5 m
27	漏电电流检测仪	个	1	量程:0~2 A;精度:±0.1 mA
28	便携式可燃气体检测仪	个	1	可检测一氧化碳、氢气、氨气、液化石油气、甲烷等可燃气体浓度
29	数字压力表	个	1	量程:0~20 MPa;精度:0.4 级,具有清零功能
30	细水雾末端试水装置	套	1	压力表量程:0~20 MPa;精度:0.4 级

注:其他常用五金工具、电工工具等,按实际需要配备。

附表3

消防安全评估设备配备要求

序号	设备名称	单位	配备数量	备注
1	计算机	套	2	满足评估业务需要
2	评估软件	套	2	满足评估业务需要[评估需要的软件包括而不仅限于：人员疏散能力模拟分析软件，烟气流动模拟分析软件（CFD），结构安全计算分析软件等]
3	烟气分析仪	台	1	满足评估业务需要
4	烟密度仪	台	1	满足评估业务需要
5	辐射热通量计	台	1	满足评估业务需要

（3）质量管理要求：

> 机构应配备并保持符合从业条件要求、与业务规模和承接项目数量相适应的消防技术服务基础设备、消防设施维护保养检测和消防安全评估设备。

机构应按《消防技术服务机构从业条件》规定，配备消防技术服务基础设备、消防设施维护保养检测设备及消防安全评估设备。消防技术服务机构可通过评估同时开展的消防设施维护保养检测、消防安全评估项目数量和项目组评估所配备的基础设备和仪器设备配备是否适宜增添设备。

3.6.2.2 建立程序文件

机构建立设备管理程序文件，可以对设备管理的各个环节进行规范和指导，确保设备管理工作的有序进行。通过程序文件，可以对设备的采购、验收、检定/校准、期间核查、维护保养及领用归还等全过程进行管理，提高设备的使用效率，延长设备的使用寿命，降低设备故障对服务的影响。建立设备管理程序文件，可提高设备的稳定性和可靠性，对于机构稳定提供服务和持续发展具有重要意义。

质量管理要求：

> 机构应建立设备管理程序文件，对设备购置、计量校准、标识、维护保养、领用、报废和档案等实施管理。

机构应建立设备管理程序，通过对基础设备和仪器设备的购置、验收、检定/校准、标识、维护保养、期间核查及领用归还等过程管理，指导机构如何管理基础设备和消防设施的维护保养、检测设备及消防安全评估设备。

3.6.2.3 设备管理序文件示例

设备管理程序

一、目的

为规范和统一本公司设备管理的流程和方法，明确各岗位的职责和权限，为本公司质量管理体系的良好运行提供保障，特制订本程序文件。

二、范围

本程序文件适用于本公司的设备购置、计量校准、标识、维护保养、领用、报废和档案等设备管理的相关活动。

三、部门和岗位职责

3.1 ××部门为本公司设备管理的主管部门。负责设备购置、计量校准、标识、维护保养、领用、报废和档案等管理流程。

3.2 总经理负责设备采购、报废的批准。

3.3 技术负责人负责审核确认设备及台账、确定检定/校准计划、确定期间核查计划并组织期间核查,组织设备失效或不满足要求时的追溯。

3.4 ××部门××岗位负责查验设备,建立设备台账,组织设备的检定/校准,组织设备的维护保养。

3.5 设备使用人员负责保持设备使用期间的完好状态,履行设备领用、归还手续。

四、工作流程

4.1 设备购置

4.1.1 设备使用部门根据消防技术服务机构从业条件要求及业务需求,提出设备采购申请,经技术负责人审核,总经理批准后,进行设备采购。

4.1.2 采购的设备到货后,由××部门××岗位负责组织验收,验收内容包括:

a) 检查仪器设备的技术资料,包括合格证、使用说明书及零配件是否齐全;

b) 从外观上看是否存在缺陷;

c) 凡列入国家质量监督检验检疫总局公告第145号文件《中华人民共和国依法管理的计量器具目录》的检测设备,还须检查其是否有制造计量器具的许可证。

4.1.3 验收不合格的仪器设备由×××部门负责与供应商联系解决。

4.1.4 确保设备状态完好后编号登记入账,填写设备履历表。

4.1.5 建立或更新设备台账,内容包含设备名称、型号规格、编号、制造商、生产日期、购置日期及设备状态信息,针对需检定/校准的设备,在设备台账中明确了检定/校准日期和检定/校准周期。

4.2 设备检定/校准

4.2.1 由技术负责人确定依法需要计量检定/校准的设备,检定/校准周期,选择有资质的第三方公司进行检定/校准。

4.2.2 在设备检定/校准期满前1个月,由设备管理人员组织完成计量检定/校准,确认检定/校准要求和结果、报告日期,确认结果记录在《设备履历表》中。

4.2.3 检定合格或校准后的设备,由设备管理人员粘贴有效期标识。

4.2.4 检定/校准证书保存于设备档案中。

4.3 设备维护保养

4.3.1 由设备管理人员(每季度,或按设备使用说明书)对设备进行维护保养,确保设备处于完好状态,并形成《设备维护保养记录》。

4.3.2 维护保养内容可包括表面清洁、充电、换电、开关机测试、更换配件及补充耗材等。

4.3.3 根据设备合格、准用、停用状态,张贴状态标识。

4.4 设备期间核查

4.4.1 根据设备精度、使用频率、稳定性,由技术负责人确定需要期间核查的设备、频率、方法,制订期间核查计划,形成《期间核查设备清单和计划》。

4.4.2 由设备管理人员实施期间核查,形成《期间核查记录》。

4.5 设备领用、使用、归还

4.5.1 设备使用人员在领用时,确认设备状态,填写设备领用记录:

a) 设备是否完好可用;

b) 是否在检定/校准有效性内;

c) 是否为停用、待修、报废设备等。

4.5.2 归还设备时,由设备管理人员确认设备状态,填写设备归还记录:

a) 设备是否完好可用；

b) 检定/校准状态标识是否完好；

c) 是否需要进行维护保养等。

4.5.3 设备使用人员在使用设备前，检查其是否完好可用，是否在检定/校准有效期内，在原始记录中记录设备名称、编号和状态。

4.5.4 设备使用后，及时做好清理工作，需特殊处理或保护的仪器设备应恢复其原来保护状态。

4.6 设备失效或不满足要求时所采取的措施

4.6.1 当设备检定/校准或期间核查结果不满足要求时，应由设备管理人员将该设备标识为"停用"并隔离。

4.6.2 设备在使用中发生故障时，应停止使用，由设备使用人员标识为停用并隔离，并反馈设备管理人员。

4.6.3 由技术负责人组织，根据设备使用记录等，追溯至已维护保养、检测、评估过的消防设施，必要时，对这些项目重新进行维护保养、检测、评估。

4.6.4 由技术负责人制订当设备功能失效时操作人员需要采取的措施，措施包括停用设备、报告项目负责人、确认影响、重新检测或评估等。

4.7 设备维修和报废

4.7.1 设备经校准、检定不合格，或使用中发生故障时，由设备使用部门提出设备维修申请，经技术负责人审核、总经理批准后，进行设备维修。

4.7.2 设备管理员组织设备的维修事宜。维修后的设备要重新进行检定/校准，或验证，合格后方可投入使用。

4.7.3 凡无法修理或技术落后应淘汰的仪器设备，由设备管理人员提出设备报废申请，经技术负责人审核、总经理批准后，进行设备报废。

4.7.4 批准报废的设备标识为"已报废，禁止使用"并隔离，防止误用。从设备台账中移除，并更新设备档案。

4.8 设备档案

4.8.1 由××部门××岗位负责设备档案的管理。

4.8.2 为每个设备建立一个设备档案，档案内容包括：设备履历表、发票、合格证、说明书、维护保养记录、计量检定或校准记录及期间核查记录。

4.8.3 （以上档案内容如有单独放置的，请在此说明）。

五、记录表单

5.1 《设备台账》

5.2 《设备履历表》

5.3 《设备维护保养记录》

5.4 《期间核查设备清单和计划》

5.5 《期间检查记录》

5.6 《设备领用、归还记录》

3.6.2.4 建立设备台账

通过建立设备台账，可以全面掌握机构各类设备的数量、型号、设备状态、检定/校准日期和周期等信息，为设备管理提供全面、准确的基础数据。可以对设备进行分类管理，方便查找和调用设备信息，提高设备管理的效率。

质量管理要求：

> 机构应指定设备管理人员,建立设备台账,至少包含设备名称、型号规格、编号、制造商、生产日期、购置日期和设备状态,针对需检定/校准的设备还应包含检定/校准日期和检定/校准周期。

机构设备管理人员应建立设备台账,台账的信息包含所购设备的名称、型号规格、机构内部对此设备的编号、设备的制造商、生产日期、购置日期及设备状态(如合格、不合格、停用、待用和待维护等标识),针对需检定/校准的设备还应包含检定/校准日期或下次检定/校准的日期和检定/校准周期。

设备台账见表3.24。

表3.24 设备台账

序号	设备名称	型号规格	设备编号	制造商	生产日期	购置日期	设备状态	检定/校准日期	检定/校准周期

编制/日期:　　　　　　审核/日期:

3.6.2.5 设备查验登记

通过查验合格证和说明书,初步确认设备的质量和性能符合要求,避免购置不符合要求的设备。编号登记入账和填写设备履历表是设备管理的重要步骤,可以规范设备的管理流程,确保设备的准确记录和可追溯性。

质量管理要求:

> 机构购置设备后,设备管理人员应查验合格证、说明书,确保状态完好后编号登记入账,填写设备履历表。

设备管理人员接收所购的设备时,应检查是否有合格证、说明书,在确认该设备完好后对该设备编号、登记更新设备台账,同时建立该设备的履历表,将该设备的基础信息填入设备履历表中。可将设备基础信息、设备使用(领用和归还)信息、设备维护保养、维修信息和设备报废等根据管理要求单独成册。设备管理可根据项目需求灵活管理,可以由专人管理,也可交项目组自行管理,但是管理要求须一致。

设备履历表见表3.25。

表3.25 设备履历表

设备编号		名称		型号	
厂商		出厂编号		购入日期	
使用部门		使用人		保管人	
日期	使用、检定/校准、借用、归还、维护保养、变更记录	完好情况		确认人	备注

3.6.2.6 设备计量检定/校准

为确保设备测量结果的准确性和可靠性,设备应定期进行计量检定/校准,通过检定/校准,可以确保设备处于正常工作状态,避免因设备故障或损坏导致服务质量下降。正确的检定/校准可以及时发现和解决设备问题,延长设备使用寿命。

质量管理要求:

> 技术负责人应确定依法需要计量检定/校准的设备,检定/校准周期和方法。
> 设备管理人员应在设备检定/校准期满前完成计量检定/校准,确认结果。确认内容应包含检定/校准要求和结果、报告日期,需要时保留记录。
> 检定合格或校准后的设备,设备管理人员应标识有效期。

技术负责人应负责确定需要计量校准设备的校准周期和校准方法(外校除外)。

设备管理人员接收经外部计量检定/校准的设备时,应查验检定/校准报告内容,确认该设备校准的内容、结果和下次校准的时间或周期、报告日期。如果不符合或校准周期和前期机构的管理要求不一致等情况,应记录并按照机构相应的流程处理。

设备管理人员将检定合格或校准后的设备,张贴标识,标识信息包含设备名称、设备编号、校准日期、有效期及状态标识(含合格、停用、准用等)等,并放置在指定的区域。

设备检定/校准结果的确认可填入表 3.26 中,也可单独建立表格,见表 3.27。

表 3.26 设备履历表

设备编号		名称		型号	
厂商		出厂编号		购入日期	
使用部门		使用人		保管人	
日期	使用、检定/校准、借用、归还、维护保养、变更记录		完好情况	确认人	备注
××年×月×日	设备检定或校准		合格,正常	×××	

表 3.27 设备检定/校准确认记录

序号	设备名称	型号规格	设备编号	检定/校准日期	检定/校准状态	备注

确认/日期:　　　　　　审核/日期:

3.6.2.7 设备维护保养

为确保设备处于良好工作状态,提高检验检测的准确性和可靠性,设备须定期进行维护保养。通过维护保养,可以及时发现和解决设备问题,恢复设备性能,提高设备的稳定性和可靠性。维护保养可以减少设备故障和损坏的发生,提高设备的使用寿命,从而降低工作成本,提高工作效率。

质量管理要求:

> 设备管理人员应定期对设备进行维护保养,确保处于完好状态,保留记录。对设备状态进行标识,至少包含合格、准用、停用等。

设备管理人员应按照规定的每种设备的维护保养要求对设备进行维护保养,使设备始终处于完好状态,保留维护保养的记录,需要时,更新设备状态标识,设备状态标识至少包含合格、准用、停用等。

设备维护保养可填写在表 3.28 中,也可单独建立表格,见表 3.29。

表 3.28 设备履历表

设备编号		名称		型号	
厂商		出厂编号		购入日期	
使用部门		使用人		保管人	
日期	使用、检定/校准、借用、归还、维护保养、变更记录		完好情况	确认人	备注
××年×月×日	设备维护保养(包括清洁、更换电池、充电、开关机测试、补充耗材等。)		完好、正常	×××	

表 3.29 设备维护保养记录

保养日期:

序号	设备名称	设备编号	保养项目	备注
			设备维护保养(包括清洁、更换电池、充电、开关机测试、补充耗材等。)	

保养人/日期: 审核/日期:

3.6.2.8 设备期间核查

为使机构的设备始终处于良好的状态,机构对其设备在两次校准或检定之间的时间间隔内,可多次使用适当的技术校核方法检查设备的状态,以确保这些设备在使用期间一直维持良好状态。

质量管理要求:

> 技术负责人宜根据设备精度、使用频率、稳定性,确定需要期间核查的设备、频率、方法。
> 技术负责人负责制订期间核查计划并组织实施,保留记录。

技术负责人根据承接的业务类型、项目所涉及的设施系统数量、复杂程度确认机构每种仪器设备的使用频率,结合仪器设备的精度要求、稳定性等情况确定设备是否需要实施期间核查。技术负责人应负责制订每种需要期间核查设备的核查频率和核查方法,并在机构内和项目组及设备管理员进行充分的沟通后贯彻执行。

技术负责人负责定期制订期间核查计划,计划内容包含期间核查的设备、设备编号、采用的期间核查方法、期间核查实施人员及计划期间核查时间,确认后发送设备管理人员和期间核查的实施人员。

期间核查设备清单、计划、记录见表 3.30～表 3.32。

表 3.30　期间核查设备清单

序号	设备名称	设备出厂编号	设备自编号	规格型号	核查频次	核查方法

编制(技术负责人)：　　　　　　　　日期：

表 3.31　期间核查计划

序号	设备名称	编号(自编号)	型号规格	核查方法	计划日期	核查人员

编制(技术负责人)：　　　　　　　　日期：

表 3.32　期间核查记录

设备名称		设备编号		型号规格		检定/校准到期日	
标准件或参照设备名称		标准件或参照设备型号和编号		核查环境温度		核查环境湿度	
标准值和允差							
核查值和误差							
判定结果	□符合要求,继续使用 □不符合要求,停用 □不符合要求,采取进一步措施后再次核查							
核查人员		日期		批准人		日期	
再次核查结论： □符合要求,继续使用 □不符合要求,停用 　　　　核查人：　　　　　　　　日期：							
备注							

3.6.2.9　设备不满足要求时处置措施

当设备检定/校准或期间核查结果不满足要求时和当设备失效时,机构应及时采取措施,将因设备不满足要求造成的影响消除或降低到最小,确保服务的质量和稳定性,降低从业成本和风险。

质量管理要求：

> 当设备检定/校准或期间核查结果不满足要求时，应能追溯至已维护保养、检测、评估过的消防设施，必要时，应对这些项目重新进行维护保养、检测、评估。
> 技术负责人应制订当设备功能失效时操作人员需要采取的措施。

一旦发现设备检定/校准或期间核查结果不满足要求时，应立即根据设备维护保养记录、领用归还记录等信息查看该设备最近一次用于哪些消防设施维护保养检测或消防安全评估项目，需要时，对该项目的消防设施系统再次进行维护保养、检测和评估。

技术负责人应在机构内部规定，从业过程中发现设备失效时的措施，如携带备用设备，调整执业顺序重新申领合格的设备检测等。

3.6.2.10 设备领用归还

为确保设备的安全和有效使用，保证检验检测结果的准确性和可靠性，机构应规定设备领用、归还流程，明确设备使用前后的状态确认。

质量管理要求：

> 设备使用人员应履行设备领用、归还手续，记录使用前后的完好情况，保留记录。

设备使用人员应按照规定要求申领设备，按要求归还设备，在申领和归还设备时应检查设备的状态，设备管理人员应保留设备申领和归还的记录，记录信息包含但不限于设备名称、编号、领用时间、领用人、归还时间、归还人及设备状态等。

设备领用归还可填写在表3.33，也可单独建立表格，见表3.34。

表3.33 设备履历表

设备编号		名称		型号	
厂商		出厂编号		购入日期	
使用部门		使用人		保管人	
日期	使用、检定/校准、借用、归还、维护保养、变更记录		完好情况	确认人	备注
××年×月×日	设备领用或归还		完好、正常	×××	

表3.34 设备领用归还记录

领用日期	设备名称	内部编号	领用人签名	领用设备状态	归还日期	归还人签字	归还设备状态	管理员确认

3.6.2.11 案例分析

案例一

某企业技术负责人每年安排专人按时将需要校准的仪器设备送到有资质的检测机构进行校准，但是对校准好的设备和校准证书的结果未能查验符合性,直至第三方机构来检查才发现该设备校准结果为不合格。

案例二

某企业维保项目现场,发现项目组携带的消火栓测压接头压力表无任何防护,且无任何标识随意丢置在项目现场,设施操作员对此视若无睹。当测试消火栓动压时才发现压力表无反应已经损坏,后只能返回公司领用其余合格设备再至现场测试。询问该设施操作员,回答表示不知道仪器设备应做好防护和标识,不了解需要时可实施期间核查以检验其状态,领用或归还时,须检查设备使用状态等要求。以上因为该企业忽视仪器设备的管理,使公司成本增加,工作效率降低。

3.6.2.12 检查要素和内容

本节的检查要素和内容见表 3.35。

表 3.35 检查要素和内容

指标	检查要素	检查内容
6.2 设备管理	1. 有设备清单和实物	查看设备清单,查看设备实物
	2. 配备的设备符合从业要求	查看设备清单和实物,是否符合从业条件设备配备
	3. 设备配备数量与承接项目数量、规模相适应(通过抽查机构设备配备数量与同时开展服务的项目匹配情况进行评价)	查看机构设备配备数量与同时开展服务的项目匹配情况,是否相适应
	4. 建立的设备管理程序文件内容包含设备购置、计量校准、标识、维护保养、领用、报废和档案等	查看设备管理程序文件是否都包含设备购置、计量校准、标识、维护保养、领用、报废和档案内容
	5. 设备专人管理	查看机构是否设置专人管理设备
	6. 有设备台账	查看机构是否建立了设备台账
	7. 设备台账内容至少包含设备名称、型号规格、编号、制造商、生产日期、购置日期、设备状态,针对设备还应包含检定/校准日期和检定/校准周期	查看设备台账是否包含设备名称、型号规格、编号、制造商、生产日期、购置日期、设备状态,针对设备还应包含检定/校准日期和检定/校准周期内容
	8. 设备管理员对购置的设备进行查验,至少查验合格证、说明书	1. 查看机构是否对购置设备进行了查验。 2. 查看机构是否查验并保留了设备的合格证和说明书
	9. 设备查验后完成设备履历表,更新设备台账	1. 查看机构是否建立了设备履历表。 2. 查看机构是否将新购置设备更新至设备台账
	10. 技术负责人确定依法需要计量检定/校准的设备,明确检定或校准周期及方法	1. 查技术负责人是否确定了需要计量检定/校准的设备。 2. 查是否明确了检定或校准周期、方法
	11. 设备管理人员应在设备检定/校准期满前及时进行计量检定/校准	1. 设备管理人员是否在设备检定/校准期满前及时进行计量检定/校准。 2. 随机抽取最近两期检定/校准证书,查看检定/核准日期,是否存在空档期
	12. 应确认计量检定/校准的结果	查设备管理人员是否对检定/校准结果进行确认
	13. 确认内容应包含检定/校准要求和结果、报告日期,必要时保留记录	1. 查设备管理人员确认的内容是否包括要求、结果、报告日期。 2. 查是否保留了确认记录

续表3.35

指标	检查要素	检查内容
6.2 设备管理	14. 对检定/校准合格后的设备,设备管理人员应标识有效期,检定/校准证书归档	1. 随机抽取设备,查看是否贴有有效期标识,是否与证书对应一致。 2. 查检定/校准证书是否归档
	15. 设备管理人员应定期对设备进行维护保养	1. 查设备管理人员是否定期维护保养。 2. 随机抽取设备,查看维护保养状态。 3. 查是否保留了设备维护保养记录
	16. 所有设备均有设备状态标识(如合格、准用、停用)	1. 随机抽取设备,查是否都有状态标识。 2. 查机构停用、不符合要求、失效的设备,是否有停用或不合格等明显防止误用的标识
	17. 技术负责人宜根据设备精度、使用频率、稳定性,确定需要期间核查的设备、频率、方法	查技术负责人是否根据设备精度、使用频率、稳定性,明确需要期间核查的设备、频率和方法
	18. 技术负责人组织实施期间核查,保留记录	1. 查技术负责人是否组织了期间核查。 2. 随机抽取需要期间核查的设备,查看设备状态。 3. 查是否保留了期间核查记录
	19. 技术负责人应制订当设备功能失效时操作人员需采取的措施,当设备检定/校准或期间核查结果不满足要求时采取的措施	查技术负责人是否制订了当设备功能失效、当设备检定/校准或期间核查不满足要求时的应对措施
	20. 当设备检定/校准或期间核查结果不满足要求时,是否追溯至已维护保养、检测、评估过的消防设施,必要时,是否对这些项目重新进行维护保养、检测、评估	1. 查近期是否存在设备功能失效、设备检定/校准或期间核查不满足要求的情况,采取的措施是否适当有效。 2. 是否保留了相应的记录
	21. 保存有设备领用和归还记录	查是否保留了领用和归还记录

3.7 项目评审和合同管理

3.7.1 项目评审

3.7.1.1 项目评审原则

项目评审是指合同签订之前,通过现场勘察、文件资料审查、沟通交流等方式,获得和掌握项目、建筑物、消防系统设施等基本信息,经机构的商务人员、技术人员或管理人员评审讨论后,明确服务的范围和周期、适用的消防法律法规和技术规范、机构满足项目要求的能力,形成评审结论,并作为后续签订合同、制订服务计划方案的参考和依据。

项目评审是消防技术服务执业过程策划的重要过程,是机构能否达到委托单位要求和满意的基础。通过项目评审,可确保机构对委托单位做出承诺并具备履行承诺的能力,可使机构降低在执业过程中及执业结束后发生问题的风险。

质量管理要求：

> 机构宜考虑消防技术服务项目的特点、难度、复杂性，开展项目评审，保留评审记录。

机构可根据近一年的项目类型、数量、规模、性质、特点、难度和复杂性，在质量手册或相应程序文件中明确需要进行项目评审的项目类型和原则。除进行项目评审的项目外，其他项目可根据机构需要，选择是否进行项目评审，是否形成评审记录。进行项目评审的项目类型和原则，可根据后续项目情况进行调整，并非一成不变。

3.7.1.2 项目评审内容

质量管理要求：

> 项目评审时宜通过现场勘查或文件审查方式掌握以下项目信息：
> a）项目概况；
> b）消防设施状态；
> c）工程质量遗留问题；
> d）委托单位及第三方的技术支持能力；
> e）消防技术服务作业条件；
> f）项目合规性情况。
> 通过项目评审，应至少明确以下内容：
> a）项目服务范围、预计周期、涉及的系统和数量；
> b）项目适用的消防法律法规和技术标准；
> c）机构满足项目的能力。
> 当项目实施过程中服务要求或内容发生变更时，机构宜再次评审。

项目评审可在与委托单位建立联系后，在合同签订之前进行。可由机构的商务部门或技术负责人组织进行。可通过文件审查、现场勘察、查阅图纸、面谈及电话沟通等方式进行。

通过项目评审可掌握的信息说明如下。

（1）项目概况：如项目地址、建筑的高度、层数、火灾危险性和使用性质等。

（2）消防设施状态：如消防设施的所处的位置、数量、型号和运行状态等。

（3）工程质量遗留问题：如消防设施未完成事项，或工程遗留问题等。

（4）委托单位及第三方的技术支持能力：如委托单位、设备厂家、专项维保单位等，提供的作业支持、技术支持能力等。

（5）消防技术服务作业条件：如作业时间、空间是否受限和是否存在较危险、特殊、高大的环境或区域等。

（6）项目合规性情况：可通过查阅相关文件了解项目合规性等。

通过项目评审可明确的信息说明如下。

（1）项目服务范围、预计周期、涉及的系统和数量：明确项目服务的物理边界、建筑物的区域或楼层；明确服务的预计时间或频次；明确服务的消防系统和数量等。

（2）项目适用的消防法律法规和技术标准：明确该项目是否适用于现行消防法律法规、技术标准和执业准则，如不适用，明确并列明项目建造竣工时的消防法律法规、技术标准。

（3）机构满足项目的能力：明确机构的资质、人员、设备、程序及时间是否满足项目和委托单位的要求。

当项目实施过程中，发现服务要求、服务内容或其他变更情况时，机构可再次评审。

项目评审后,保留评审记录,见表3.36。

表3.36 项目评审记录

项目名称	
评审方式	□现场勘察　□文件审查　□其他
服务类型	□消防设施维护保养　□消防设施检测　□消防安全评估
项目概况	项目地址、建筑物的高度、层数、火灾危险性和使用性质等
消防设施状态	消防控制室所处的位置,主要设备的类型、数量、生产厂家、型号和运行状态等。可包括火灾报警控制器、消防联动控制器、消防控制室图形显示装置、消防专用电话总机、消防应急广播控制装置、消防应急照明和疏散指示系统控制装置及消防电源监控器等设备。消防水泵房、消防水箱、消防水池所处的位置,主要设备的数量、生产厂家、型号、参数和运行状态等。可包括消防水泵、稳压泵、报警阀等设施设备。风机房所处的位置,正压送风机、排烟风机、补风机的数量、生产厂家、型号、参数和运行状态等信息。气体灭火系统、自动跟踪定位射流灭火系统、细水雾灭火系统等消防设施设备的主要参数和运行状态
工程质量遗留问题	通过现场勘查、沟通交流或委托单位反馈发现未完成事项或遗留问题
委托单位及第三方的技术支持能力	委托单位是否有能力提供配合、维修等作业支持等。第三方可包括设备厂家、专项维保厂家,是否有能力提供备品件供给、配合现场执业等
消防技术服务作业条件	开展消防技术服务时,作业时间、空间是否有限制,委托单位允许的作业条件。是否存在较危险、特殊、高大等作业环境或区域。委托单位的管理规定和作业条件等
项目合规性情况	可通过查阅消防验收批文、产权证等了解项目的合规性。可通过现场勘察,发现是否有临时或非法搭建,或其他不合规的情况
项目服务范围、预计周期	明确项目服务的物理边界、建筑物的区域或楼层;明确服务的时间或频次等
涉及的系统和数量	明确服务设施消防系统名称和数量。如只服务部分消防系统,应写明
项目适用的消防法律法规、技术标准和执业准则等	明确该项目是否适用于现行的消防法律法规、技术标准和执业准则,如不适用,明确并列明项目建造竣工时的消防法律法规、技术标准
机构满足项目的能力	明确机构的资质,从业人员的数量、资质,设备的数量,预计的服务时间,或委托单位要求的其他事项是否满足
评审结论	□通过 □修改后重新评审,修改的内容:　　　　　　　　　　(可附后) □交上级进一步审批
评审人	总经理、商务部、技术负责人、项目负责人等
评审日期	
备注	

3.7.1.3 案例分析

×××消防技术服务机构商务人员、技术人员通过招标文件、现场勘查、文件审查,或其他方式掌握和明确评审信息,组织技术人员和管理人员进行项目评审,形成评审记录。

1. 通过招标文件掌握和明确项目评审信息

×××社会单位发布了消防维保项目的公开招标采购文件,×××消防技术服务机构获得此文件后,在采购内容及需求章节可知如下。

(1) 项目概况:项目名称、项目地址和建筑物(1号楼、6号楼、7号楼、8号楼)的高度、层数、建筑面积、建成时间、消防改造时间及工程质保情况等。

（2）消防系统：火灾自动报警系统、消火栓系统、自动喷淋系统、防排烟系统及气体灭火系统等。

（3）消防设施及数量：各建筑物各系统的消防设施名称、规格型号、数量及位置信息。见表3.37。

表3.37 各建筑物各系统消防布置情况

消防设施名称	规格型号	数量	位置
火灾报警控制联动控制主机（联动型）	×××	1台	消控室
火灾显示盘	×××	10台	1号楼各楼层
喷淋水泵	×××	2台	1号楼B1楼
排烟风机	×××	2台	6号楼屋顶
气体灭火控制主机	×××	3台	7号楼1楼
……			

（4）其他要求：招标人须安排维保人员常驻现场，须持证上岗。消防设施发生故障时，接到招标人通知后须半小时内派员到达现场处置等。

2. 通过现场勘查掌握和明确项目评审信息。

×××消防技术服务机构通过现场勘查以下区域可知。

（1）消防控制室：查看消防系统主机类型及状态，询问建筑物及消防系统的基本信息。

（2）消防水泵房：查看消防水泵的数量、参数及状态，查看报警阀组的数量及状态等。

（3）屋顶层或设备层：查看消防水箱、稳压泵的参数及状态，查看防排烟风机的数量、参数及状态等。

（4）标准楼层：查看消防设施点位的设置和外观，查看防火分隔措施是否完好等。

（5）重点区域：查看配电室、锅炉房等重点区域的平面布置、防火分隔及消防设施设置情况等。

通过查勘或询问的方式，获得工程质量遗留问题、消防技术服务作业条件、项目合规性情况等信息。

3.7.1.4 检查要素和内容

本节的检查要素和内容见表3.38。

表3.38 检查要素和内容

指标	检查要素	检查内容
7.1 项目评审	1. 明确哪些项目要开展项目评审	1. 查看机构是否明确了需要进行项目评审的原则； 2. 随机抽取符合评审原则的项目，查是否进行了项目评审，是否保留了记录
	2. 宜通过现场勘查或文件审查方式开展项目评审	查看或询问项目评审方式
	3. 项目评审时收集掌握以下项目信息： a）项目概况； b）消防设施状态； c）工程质量遗留问题； d）委托单位及第三方的技术支持能力； e）消防技术服务作业条件； f）项目合规性情况	查看项目评审记录，是否包括了a~f项内容
	4. 项目评审明确了以下内容： a）项目服务范围、预计周期、涉及的系统和数量； b）项目适用的消防法律法规和技术标准； c）机构满足项目的能力	查看项目评审记录，是否明确a~c项内容

续表3.38

指标	检查要素	检查内容
7.1 项目评审	5. 保留有评审记录	1. 随机抽取需要进行项目评审的项目，是否保留了项目评审记录。 2. 查看项目评审日期是否早于合同签订日期
	6. 项目实施过程中服务要求或内容发生变更，宜再次评审/记录	1. 查看机构是否有项目在实施过程中，服务要求或内容发生了变更。 2. 针对此类项目，是否组织了再次评审并保留了记录

3.7.2 合同管理

3.7.2.1 合同内容

合同是买卖双方签署的、对双方均具有约束力并规定买卖双方权利和义务的协议文件。合同明确了双方在交易中的权利和责任，避免了误解和纠纷的产生。合同保护了各方的权益，确保双方都能按照约定的条款执行。合同可以帮助双方管理交易中的风险，减少潜在的法律纠纷。在法律纠纷发生时，合同是法庭认可的重要证据，有利于维护各方的合法权益。

（1）相关管理规定：

中华人民共和国应急管理部令

第7号

社会消防技术服务管理规定

第十三条 消防技术服务机构承接业务，应当与委托人签订消防技术服务合同，并明确项目负责人。项目负责人应当具备相应的注册消防工程师资格。

消防技术服务机构不得转包、分包消防技术服务项目。

（2）质量管理要求：

机构承接业务，应与委托单位签订消防技术服务合同，约定服务的类型、地点、场所、系统、范围、遵循的技术标准、方式、期限、技术负责人、项目负责人、书面结论文件要求、双方责任和义务。

机构应至少对以下责任和义务做出承诺：

a）遵守消防相关法律法规；
b）根据服务计划（方案）在受委托的服务范围内公正、客观、专业地开展消防技术服务活动；
c）派遣符合资格和能力要求的从业人员按照技术标准实施消防技术服务活动；
d）按照约定的服务计划（方案）实施消防技术服务活动，如实出具书面结论文件。

委托单位应至少对以下责任和义务做出承诺：

a）提供完整、真实的资料和信息；
b）配合机构现场从业活动，提供必要的支持；
c）不得以任何形式妨碍或影响机构现场从业活动和结论的客观性；
d）对机构发现的任何异常及时响应。

机构可由技术负责人组织总经理、商务人员以及与合同管理相关的人员，首先，仔细阅读并理解上述约定合同内容、双方责任和义务要求；其次，结合现使用的模板，标出需要调整的具体条款或内容并进行修订；最后，对修订后的合同模板进行评审。评审通过后，组织相关沟通或培训，在后续项目中使用新

修订的合同模板。

3.7.2.2 合同评审

合同评审是指对合同条款、条件和风险进行审查,以确保合同符合法律法规并最大程度地保护各方的利益。通过评审合同条款,可以确保合同内容符合各方利益,避免不利于自己的条款。合同评审有助于发现潜在的风险和漏洞,避免双方在合同执行过程中出现问题,确保合同符合相关法规和标准,避免不当行为和法律纠纷,帮助双方优化合同条款,使合同更加清晰、公平和可执行。

质量管理要求:

> 当采用委托单位的合同模板时,机构应在合同签订前对合同内容进行评审,适用时,可签订补充协议,保留评审记录。

当采用委托单位的合同模板时,合同内容可能不完全符合标准要求,机构应在合同签订前对合同内容进行评审,可通过签订补充协议或补充说明的方式,约定未明确的内容。

合同评审记录如表3.39所列。

表3.39 合同评审记录

项目名称				
评审内容	结果			备注
按合同模板起草	□是	□否	□不适用	
合同条款符合要求	□是	□否	□不适用	
收费符合要求	□是	□否	□不适用	
支付方式符合要求	□是	□否	□不适用	
服务周期符合要求	□是	□否	□不适用	
维护保养、检测及评估人员能力满足要求	□是	□否	□不适用	
人力资源充足	□是	□否		
项目风险可控	□是	□否		

评审结论:
□通过
□修改后重新评审,修改的内容: (可附后)
□交上级进一步审批
                评审人: 日期:

3.7.2.3 合同管理

合同管理是指对组织内所有合同的创建、执行、监督和归档进行有效管理的过程。通过合同管理,组织可以更好地了解和监督合同条款的执行,降低风险。合同管理有助于确保合同符合法律法规,避免违约和法律风险,提供数据支持,帮助机构进行风险评估和决策制订。有效的合同管理可以提高合同管理流程的效率,节省时间和资源。

质量管理要求:

> 对合同履行中发生的变更,合同相关方应以书面形式签认,并作为合同的组成部分。
> 机构应在签订合同后5个工作日内,将项目基本信息录入消防技术服务管理系统。
> 机构应指定专人将合同原件归档。

合同履行过程中,如原合同约定的服务内容发生变更,合同相关方可签订补充协议等书面形式签认,作为原合同的组成部分。

机构应在签订合同后,按国家或地方要求,将项目基本信息按时录入至消防服务管理系统。

机构可明确合同原件管理的部门、岗位或职责,指定专人归档管理合同原件。

3.7.2.4 案例分析

1. 修订机构的合同模板

×××消防技术服务机构根据要求,修改了本机构的合同模板,举例如下。

消防技术服务合同

甲方(委托方):

统一社会信用代码:

乙方(受托方):

统一社会信用代码:

根据《中华人民共和国合同法》《中华人民共和国消防法》以及其他有关法律法规的规定,遵循平等、自愿、公平和诚实信用的原则,甲、乙双方就消防技术服务事项协商一致,签订本合同。

第一条　项目概况

项目名称：　　　　　　　。

项目地址：　　　　　　　。

第二条　合同标的

1. 消防技术服务类型:□消防设施维护保养　□消防设施检测　□消防安全评估。
2. 消防技术服务的系统和范围:

建筑物的层数、高度、类型。

□ 室内外消火栓系统　　□ 火灾自动报警系统　　□ 电气火灾监控系统

□ 细水雾灭火系统　　□ 自动喷水灭火系统　　□ 防排烟及通风、空调系统

□ 泡沫灭火系统　　□ 干粉灭火系统　　□ 水喷雾灭火系统

□ 可燃气体探测报警系统　　□ 气体灭火系统　　□ 固定消防炮灭火系统

□ 其他：

第三条　消防技术服务标准

第四条　消防技术服务人员和期限

此次技术服务的技术负责人为:×××;项目负责人为:×××。

服务的起止日期和频次

第五条　费用核算

费用总计人民币(大写)为　　　元

第六条　支付方式

第七条　报告交付

1. 报告交付时间为:　　年　　月　　日。
2. 报告一式　　份。

第八条　甲方的权利和义务

1. 提供完整、真实的资料和信息;
2. 配合乙方现场从业活动,提供必要的支持;
3. 不得以任何形式妨碍或影响乙方现场从业活动和结论的客观性;

4. 对乙方发现的任何异常及时响应。

第九条　乙方的权利和义务

1. 遵守消防相关法律法规；
2. 根据服务计划（方案）在受委托的服务范围内公正、客观、专业地开展消防技术服务活动；
3. 派遣符合资格和能力要求的从业人员按照技术标准实施消防技术服务活动；
4. 按照约定的服务计划（方案）实施消防技术服务活动，如实出具书面结论文件。

第十条　违约责任

第十一条　其他约定事项

第十二条　争议解决方式

第十三条　附则

1. 本合同自甲乙双方签字或盖章之日起生效。
2. 本合同一式　　份，甲乙双方各执　　份。
3. 本合同附件：

甲方（委托方签章）：	乙方（受托方签章）：
住所：	住所：
法定代表人：	法定代表人：
委托代理人：	委托代理人：
电话：	电话：
传真：	传真：
开户银行：	开户银行：
账号：	账号：
邮政编码：	邮政编码：

签署地点：　　省　　市　　区

签署时间：　　年　　月　　日

2. 对委托单位的合同模板进行评审

×××消防技术服务机构与委托单位签订的合同，为委托单位的合同模板，在签订合同前需要进行合同评审，形成合同评审记录。

项目名称	×××项目			
评审内容	结果			备注
按合同模板起草	□是	☑否	□不适用	此合同为委托单位合同模板
合同条款符合要求	□是	☑否	□不适用	查看合同内容，缺少约定内容，签订补充说明作为附件
收费符合要求	☑是	□否	□不适用	
支付方式符合要求	☑是	□否	□不适用	
服务周期符合要求	☑是	□否	□不适用	
维护保养、检测及评估人员能力满足要求	☑是	□否	□不适用	
人力资源充足	☑是	□否		
项目风险可控	☑是	□否		

评审结论： ☑ 通过 ☐ 修改后重新评审，修改的内容： ☐ 交上级进一步审批		（可附后）
评审人：(总经理、技术负责人、商务人员等)		日期：××××年××月××日

经合同评审后，合同条款内容不符合要求，签订补充说明作为附件。

消防技术服务合同 补充说明

甲方（委托方）：

统一社会信用代码：

乙方（受托方）：

统一社会信用代码：

以下为×××项目的消防技术服务合同的补充说明：

消防技术服务标准：

此次技术服务的技术负责人为：×××；项目负责人为：×××。

服务的起止日期和频次：

甲方的权利和义务

1. 提供完整、真实的资料和信息；
2. 配合乙方现场从业活动，提供必要的支持；
3. 不得以任何形式妨碍或影响乙方现场从业活动和结论的客观性；
4. 对乙方发现的任何异常及时响应。

乙方的权利和义务

1. 遵守消防相关法律法规；
2. 根据服务计划（方案）在受委托的服务范围内公正、客观、专业地开展消防技术服务活动；
3. 派遣符合资格和能力要求的从业人员按照技术标准实施消防技术服务活动；
4. 按照约定的服务计划（方案）实施消防技术服务活动，如实出具书面结论文件。

甲方（委托方签章）：	乙方（受托方签章）：
住所：	住所：
法定代表人：	法定代表人：
委托代理人：	委托代理人：
电话：	电话：
传真：	传真：
开户银行：	开户银行：
账号：	账号：
邮政编码：	邮政编码：
签署地点： 省 市 区	
签署时间： 年 月 日	

3.7.2.5 检查要素和内容

本节检查要素和内容见表3.40。

表 3.40 检查要素和内容

指标	检查要素	检查内容
7.2 合同管理	1. 承接的每个业务项目，均与委托单位签订消防技术服务合同	随机抽取服务项目，查机构是否与委托单位签订了消防技术服务合同
	2. 消防技术服务合同应约定服务的类型、地点、场所、系统、范围、遵循的技术标准、方式、期限、技术负责人、项目负责人、书面结论文件要求、双方责任和义务	随机抽取以机构模板签订的合同，查看合同内容是否包括服务的类型、地点、场所、系统、范围、遵循的技术标准、方式、期限、技术负责人、项目负责人、书面结论文件要求、双方责任和义务
	3. 合同中机构应至少对以下责任和义务做出承诺： a) 遵守消防相关法律法规； b) 根据服务计划(方案)在受委托的服务范围内公正、客观、专业地开展消防技术服务活动； c) 派遣符合资格和能力要求的从业人员按照技术标准实施消防技术服务活动； d) 按照约定的服务计划(方案)实施消防技术服务活动，如实出具书面结论文件	随机抽取以机构模板签订的合同，查看合同中对乙方的责任和义务中，是否包含 a~d 项内容
	4. 合同中委托单位应至少对以下责任和义务做出承诺： a) 提供完整、真实的资料和信息； b) 配合机构现场从业活动，提供必要的支持； c) 不得以任何形式妨碍或影响机构现场从业活动和结论的客观性； d) 对机构发现的任何异常及时响应	随机抽取以机构模板签订的合同，查看合同中对甲方的责任和义务中，是否包含 a~d 项内容
	5. 当采用委托单位的合同模板时，机构应在合同签订前对合同内容进行评审	随机抽取以委托单位模板签订的合同，查机构是否进行了合同评审
	6. 保留有评审记录	1. 查看机构是否保留了合同评审记录。 2. 查看机构是否保留了补充协议或说明，明确了委托单位模板中未规定的内容
	7. 对合同履行中发生的变更，合同相关方应以书面形式签认，并作为合同的组成部分	1. 查机构是否有合同履行中发生变更的项目。 2. 查此类项目，合同双方是否签订了补充协议，同主合同一起归档
	8. 签订合同后 5 个工作日内，将项目基本信息录入消防技术服务管理系统	随机抽取服务项目，查合同签订时间和项目信息录入系统的时间，是否在 5 个工作日之内
	9. 指定专人将合同原件归档	查机构是否指定专人归档保管合同原件

3.8 技术交底和服务计划(方案)

3.8.1 技术交底

3.8.1.1 技术交底内容

合同签订后，在编制服务计划(方案)之前，项目负责人应向委托单位获取技术交底文件资料。及时获取并充分了解技术交底文件资料对于确保项目顺利进行、提高项目执行效率和保证服务质量都是至关重要的。通过获取这些资料,可以更好地了解委托单位对项目的期望和具体要求,有利于编制出更加符合实际需求的服务计划(方案)。

质量管理要求:

> 合同签订后,项目负责人应向委托单位获取以下文件并妥善保存:
> a) 消防工程竣工验收文件(适用时);
> b) 竣工图纸(适用时,如建筑平面图、系统图等);
> c) 消防设施状态(如系统信息表、系统描述、消防设施清单等);
> d) 合规性证明文件;
> e) 备品(件)供应商目录;
> f) 其他合规性证明文件等。
> 项目负责人应将技术交底文件形成清单,双方签字确认。

项目负责人获得的文件可以是纸质版或电子版等委托单位现有的文件资料,也可以是通过现场查阅、拍照、观察和记录等方式自行整理形成的记录资料。可包括以下类型。

(1)消防工程竣工验收文件:如竣工验收合格通知证书、消防验收意见书、消防验收备案凭证和消防安全检查意见书等。

(2)竣工图纸:如建筑平面图、系统图、消防设施平面图、建筑平面图和消防设施系统图等。

(3)消防设施状态:如系统信息表、消防设施清单、系统控制逻辑关系说明、产品使用说明书、消防设施系统、种类及数量统计表等。

(4)合规性证明文件:审图合格证、施工许可证、有关消防产品的强制认证报告和检测报告等。

(5)备品(件)供应商目录:委托单位指定的备品件清单,或供应商名录等。

(6)其他合规性证明文件等:如产权证等,或机构认为需要获得的其他文件资料。

为了明确双方责任、建立权责关系、确保项目顺利实施等,为项目的顺利进行和双方合作的良好开展,项目负责人应将技术交底文件形成清单,双方签字确认。技术交底文件清单见表3.41。

表 3.41 技术交底文件清单

项目名称	
技术交底文件	a) 消防工程竣工验收文件:如竣工验收合格通知证书、消防验收意见书、消防验收备案凭证和消防安全检查意见书等
	b) 竣工图纸:如建筑平面图、系统图、消防设施平面图、建筑平面图和消防设施系统图等
	c) 消防设施状态:如系统信息表、消防设施清单、系统控制逻辑关系说明、产品使用说明书、消防设施系统、种类及数量统计表等
	d) 合规性证明文件:审图合格证、施工许可证、有关消防产品的强制认证报告和检测报告等
	e) 设施备品(件)供应商目录(适用时):委托单位指定的备品件清单,或供应商名录等
	f) 其他合规性证明文件等:如产权证等,或机构认为需要获得的其他文件资料
委托单位交接人/交接日期:	项目负责人接收/接收日期:

3.8.1.2 案例分析

×××消防技术服务机构与委托单位签订合同后,由项目负责人与委托单位对接,沟通并获得技术交底资料。

(1) 现场查阅了消防工程竣工验收文件;竣工验收合格通知证书。
(2) 现场查阅竣工图纸,并获得电子版图纸,保存于个人电脑硬盘中。
(3) 现场查阅消防点位图并拍照留存。现场整理形成主要消防设施清单。
(4) 现场查阅营业执照并拍照留存。
(5) 现场查阅近期维保报告、检测报告,并将结论页、建议页拍照留存。

以上内容整理形成清单如下。

项目名称	×××项目
技术交底文件	a) 消防工程竣工验收文件:现场查阅竣工验收合格通知证书
	b) 竣工图纸:现场查阅竣工图纸。电子版竣工图纸一份
	c) 消防设施状态:现场查阅并拍照留存消防点位图;现场整理形成主要消防设施清单
	d) 合规性证明文件:现场查阅并拍照留存营业执照
	e) 设施备品(件)供应商目录(适用时):委托单位无备品件供应商,均由维保单位提供
	f) 其他合规性证明文件等:现场查阅近期维保报告、检测报告;拍照留存报告的结论页、建议页
委托单位交接人/交接日期: (委托单位对接人 签字) ××××年××月××日	项目负责人接收/接收日期: (项目负责人 签字) ××××年××月××日

3.8.1.3 检查要素和内容

本节的检查要素和内容见表3.42。

表3.42 检查要素和内容

指标	检查要素	检查内容
8.1 技术交底	1. 合同签订后项目负责人已向委托单位获取以下资料并妥善保存: a) 消防工程竣工验收文件(适用时); b) 竣工图纸(适用时,如建筑平面图、系统图等); c) 消防设施状态(如系统信息表、系统描述、消防设施清单等); d) 合规性证明文件; e) 备品(件)供应商目录; f) 其他合规性证明文件等	随机抽取服务项目,查看项目负责人向委托单位获得的技术交底资料是否包括a~f项
	2. 将技术交底资料形成清单	1. 查项目负责人是否将上述获得的技术交底资料形成清单。 2. 查看清单上体现的文件资料名称是否与实际收集的资料相符
	3. 清单双方签字确认	查上述清单是否双方签字

3.8.2 服务计划(方案)

3.8.2.1 服务计划

服务计划是为了实现特定目标或提供特定服务而制订的详细计划和安排。服务计划通常包括任务分配、时间表、资源分配和工作流程等内容,旨在指导实际执行过程,确保项目或服务按照既定目标和计划有序进行。编制服务计划有助于明确项目或服务的总体目标和具体方向,为团队成员提供清晰的工作目标和指导,确保大家朝着共同的目标努力。

质量管理要求:

> 应根据法律法规、技术规范、国家标准、行业标准、合同、技术交底文件编制消防技术服务计划,计划内容应包含项目名称、服务范围、服务内容和方法(检测和评估项目应明确抽样比例)、人员(项目负责人、项目组人员配备)、时间、频次、编制/修订日期、编制和批准人等。

服务计划应根据消防法律法规、技术规范、国家标准、行业标准、合同约定的内容和技术交底文件资料编制。内容说明如下。

(1)项目名称:包括项目名称、项目地址等项目基本信息。
(2)服务范围:包括建筑物名称、楼层或区域、消防设施系统等。
(3)服务内容和方法:包括每阶段(每月或每天)技术服务的内容和方法,如为检测和评估项目,还应明确抽样比例。
(4)人员配备:明确项目负责人、消防设施操作员等人员信息。
(5)时间、频次:服务的时间、周期或频次。
(6)编制/修订日期、编制和批准人等。

3.8.2.2 服务方案

服务方案是在进行服务前制订的详细方案,包括项目目标、实施步骤、方法、资源需求和风险评估等内容,用于规划和指导服务的实施和管理。服务方案明确规划了项目的目标、实施步骤和方法,为项目实施提供了清晰的方向和指导。服务方案包括对资源需求的评估和规划,有助于合理调配人力、物力、财力等资源,确保项目顺利实施。

质量管理要求:

> 项目负责人宜考虑项目特点、难度、复杂性,编制消防技术服务方案。
> 消防技术服务方案内容可包含:
> a) 项目名称;
> b) 项目概况(建筑概况、消防设施概况、相关方情况等);
> c) 目的;
> d) 相关法律法规、技术标准;
> e) 服务原则;
> f) 服务程序(依据相关消防技术标准要求编写);
> g) 作业保障条件(相关方的配合度、技术支持能力等);
> h) 服务过程风险提示;
> i) 安全防护措施;
> j) 服务计划。

项目负责人可根据项目的特点、难度、复杂性,编制消防技术服务方案,如针对建筑面积较大、合同金额较大、是否为消防重点单位,或机构认为有必要编制服务方案的项目等。服务方案内容说明如下。

(1)项目名称:包括项目名称、项目地址等项目基本信息;
(2)项目概况:如建筑概况、建筑高度和层数、消防设施类型和数量、专项维保单位及供应商等相关方情况等;
(3)目的:消防设施维护保养、检测、消防安全评估的目的和意义;

(4) 相关法律法规、技术标准:适用于该项目的法律法规、技术标准,如不适用于现行标准,单独列出说明;

(5) 服务原则:包括机构对服务的承诺、对委托单位的保证等;

(6) 服务程序:根据不同类型的消防技术服务类型,依据相关消防技术标准要求、合同约定、该项目现场实际情况,编写服务的流程、内容、方法和频次等;

(7) 作业保障条件:如委托单位、专项维保单位、供应商等相关方的配合度和技术支持能力等;

(8) 服务过程风险提示:包括服务过程中,对机构项目组人员、对委托单位及其顾客、租户的影响,对消防设施设备的影响和对周围环境的影响等,需要进行风险提示;

(9) 安全防护措施:包括针对上述风险影响采取的安全防护措施;

(10) 服务计划。

3.8.2.3 服务计划(方案)管理

服务计划(方案)管理包括关于服务计划(方案)的内部沟通理解、与委托单位的外部沟通、按规定要求录入服务计划信息等。

质量管理要求:

> 项目负责人应在项目开展前,确保消防技术服务计划(方案)在项目组内得到充分沟通、理解。
> 针对维护保养业务,项目负责人应将消防技术服务计划信息录入消防技术服务管理系统。

在项目开展现场执业前,项目负责人可通过文件分享讨论、班组会讲解等方式,确保消防技术服务计划(方案)在项目组内得到充分沟通、理解。

针对维护保养业务,根据地方规定要求,将消防技术服务计划信息录入消防技术服务管理系统。

3.8.2.4 案例分析

×××消防技术服务机构在与委托单位签订合同之后,根据消防法律法规、消防技术规范、合同约定和获得的技术交底文件等,编制了×××项目的服务方案和服务计划。

消防技术服务方案

一、项目名称

×××项目

二、服务类型

☑消防设施维护保养、☑消防设施检测、☑消防安全评估。

三、项目概况

××位于××号,建筑使用性质为民用建筑。建筑总体分主楼(建筑地上×层,建筑高度××m,建筑面积××m^2),会议中心(地上建筑为×层,建筑高度××米,建筑面积××m^2),地下室(地下1层,建筑高度6.2 m,建筑面积21 700 m^2)。建筑于××××年××月×日通过××××部门消防验收。

消防系统范围:(1)火灾自动报警系统。(2)自动水喷淋灭火系统。(3)消防给水及消火栓系统。(4)气体灭火系统。(5)电气火灾监控系统。(6)防火门监控系统。(7)应急照明及疏散系统。(8)防排烟系统。(9)消防广播系统。(10)消防物联网系统。

主要消防设施清单

序号	产品名称	产品型号	数量	单位	生产厂家
1	火灾报警控制器	××××	2	台	××××
2	火灾显示盘	××××	20	只	××××

续表

序号	产品名称	产品型号	数量	单位	生产厂家
3	水流指示器	××××	27	只	××××
4	湿式报警阀	××××	6	套	××××
5	喷淋泵	××××	3	台	××××
6	消防泵	××××	2	台	××××
7	喷淋稳压装置	××××	1	组	××××
8	消防稳压装置	××××	1	组	××××
9	消防控制柜	××××	1	台	××××
10	喷淋控制柜	××××	1	台	××××
11	喷淋水泵接合器	××××	6	套	××××
12	消防水泵接合器	××××	6	套	××××
13	消防风机	××××	2	台	××××
14	消防风机	××××	16	台	××××
15	消防风机	××××	27	台	××××
16	消防风机	××××	9	台	××××
17	灭火剂瓶组	××××	62	套	××××
18	气启型驱动装置	××××	62	只	××××
19	驱动瓶组	××××	8	套	××××
20	电磁驱动装置	××××	8	只	××××
21	气体灭火控制盘	××××	8	台	××××

四、目的

消防设施维护保养：依据消防法律法规和技术标准，运用专业知识、技能和设备对消防设施进行检查、测试，对已损坏或无法实现规定使用功能等的部件进行维修、保养，以保持消防设施完好有效。定期对消防系统进行维修保养，及时发现和排除消防系统的故障和问题。避免因消防系统故障造成发生火情不报警和不能及时有效地控制火灾的发展。通过专业细致的维护和定期的检查维修，使消防设备保持良好的状态，延长设备的使用寿命。

消防设施检测：依据消防法律法规和技术标准，运用专业知识、技能和设备对消防设施的外观、安装质量和功能等进行的检查和测试。验证消防设备的性能和可靠性、发现和解决设备的缺陷和故障、确保设备在需要时能够有效地应对火灾风险。

消防安全评估：依据消防法律法规和技术标准，运用专业知识、技能和设备，对区域消防安全、社会单位消防安全、大型活动消防安全等进行分析、预测、评价和咨询。评估建筑物的消防安全状况、提出改进建议和措施、帮助建筑物管理者和业主制订有效的消防安全管理计划，以提高火灾防范能力和减少火灾风险。

五、相关法律法规、技术标准

1.《中华人民共和国消防法》(2021年修订)

2.《上海市消防条例》(2023年修订)

3.《建筑消防设施检测评定技术规程》(DB 31/T 1134—2019)

4.《单位消防安全评估》(XF/T 3005—2020)

5.《建筑设计防火规范》(2018年版)(GB 50016—2014)

6.《汽车库、修车库、停车场设计防火规范》(GB 50067—2014)

7.《自动喷水灭火系统设计规范》(GB 50084—2017)

8. 《自动喷水灭火系统施工及验收规范》(GB 50261—2017)
9. 《消防给水及消火栓系统技术规范》(GB 50974—2014)
10. 《建筑防烟排烟系统技术标准》(GB 51251—2017)
11. 《消防应急照明和疏散指示系统技术标准》(GB 51309—2018)
12. 《火灾自动报警系统设计规范》(GB 50116—2013)
13. 《火灾自动报警系统施工及验收标准》(GB 50166—2019)
14. 《气体灭火系统设计规范》(GB 50370—2005)
15. 《泡沫灭火系统技术标准》(GB 50151—2021)
16. 《细水雾灭火系统技术规范》(GB 50898—2013)
17. 《水喷雾灭火系统技术规范》(GB 50219—2014)
18. 《建筑灭火器配置验收及检查规范》(GB 50444—2008)
19. 《建筑内部装修设计防火规范》(GB 50222—2017)

六、服务原则

本机构及其消防技术服务从业人员开展消防技术服务活动,遵守消防法律法规和技术标准要求,遵循客观独立、合法公正、诚实信用的原则。

在消防设施维护保养、检测和消防安全评估执业活动过程中,保持客观,不受外部因素或个人情感的影响,使用标准化的仪器设备和服务流程,确保服务过程和建议基于事实和数据。在执业期间,应避免与利益相关方的利益冲突,保持判断的独立性。

所有消防技术服务活动均遵循国家相关法律法规和技术规范。对所有相关方均一视同仁,确保服务的公正性。服务过程中,真实反映实际情况。建立良好的信誉,遵守承诺,维护委托单位的信任。

七、服务程序

1. 消防设施维护保养

1.1 消防设施维护保养服务流程

1.1.1 与委托单位签订消防技术服务合同,约定服务的服务类型、地点、场所、系统、范围,遵循的技术标准、方式、期限,以及技术负责人、项目负责人、书面结论文件要求、双方责任和义务。

1.1.2 由项目负责人向委托单位获取技术交底资料。

1.1.3 根据法律法规、技术规范、国家标准、行业标准、合同、技术交底文件编制消防技术服务计划(方案);组织项目组内沟通、理解服务计划(方案);由项目负责人与委托单位沟通服务计划(方案)。

1.1.4 由项目负责人将消防技术服务计划信息录入消防技术服务管理系统。

1.1.5 按照服务计划(方案)、作业指导书、设备操作规程的要求进行操作执业,记录维保情况。

1.1.6 由项目负责人向委托单位沟通服务结果和需要整改的问题,双方签字确认后保存相应记录表。

1.1.7 每月形成月报表,每半年形成维保半年报、维保年报。

1.1.8 首次从业时,制作包含消防技术服务信息的固定标识,在项目现场的消防控制室(值班室)予以公示。

1.1.9 由项目负责人将消防技术服务档案交给委托单位,每次执业后,更新档案。

1.1.10 每次执业后,由项目负责人将项目记录表单整理归档。

1.2 消防设施维护保养服务内容和方法

1.2.1 火灾自动报警系统

■ 检查火灾探测器、火灾报警控制器的报警功能:采用专用的检测仪器,使探测器监测区域的烟雾浓度、温度达到探测器的报警设定阈值检查火灾探测器的火灾报警功能;探测器的火警确认灯应点亮并保持;消防控制室检查火灾报警控制器的火灾报警和信息显示功能;使探测器监测区域的环境恢复正常,手动操作控制器的复位键后,控制器应处于正常监视状态,探测器的火警确认灯应熄灭。

- 检查手动报警按钮、火灾报警控制器的报警功能:使报警按钮动作,报警按钮的火警确认灯应点亮并保持;消防控制室检查火灾报警控制器的火灾报警和信息显示功能;使报警按钮恢复正常,手动操作控制器的复位键后,控制器应处于正常监视状态,报警按钮的火警确认灯应熄灭。
- 检查消防联动控制器、输出模块启动、停止、反馈功能:操作消防联动控制器向输出模块发出启动控制信号,输出模块应在 3 s 内动作,并点亮动作指示灯;消防联动控制器应有启动光指示,显示启动设备的名称和地址注释信息;操作消防联动控制器向输出模块发出停止控制信号,输出模块应在 3 s 内动作,并熄灭动作指示灯。
- 检查消防设备应急电源转换功能:消防设备应急电源在主电源断电自动转换到电池组供电时,应发出声提示信号,声信号应能手动消除;当主电源恢复正常时,应自动转换到主电源供电;转换过程不应影响消防设备应急电源的正常工作。应急输出的转换时间不应大于 5 s。
- 检查水流指示器、压力开关、信号阀动作信号反馈功能:使水流指示器、压力开关、信号阀动作;消防联动控制器应接收并显示设备的动作反馈信号,显示设备的名称和地址注释信息。
- 检查消防水箱液位探测器动作信息反馈功能:调整消防水箱、池液位探测器的水位信号,模拟设计文件规定的水位,液位探测器应动作;消防联动控制器应接收并显示设备的动作信号,显示设备的名称和地址注释信息。
- 检查消火栓按钮报警功能:消火栓按钮动作,消火栓按钮启动确认灯应点亮并保持,消防联动控制器应发出声、光报警信号,记录启动时间;消防联动控制器应显示启动设备名称和地址注释信息。
- 检查电动送风口、电动挡烟垂壁、排烟口、排烟阀、排烟窗和电动防火阀启动、反馈功能,动作信号反馈功能:手动操作消防联动控制器总线控制单元电动送风口、电动挡烟垂壁、排烟口、排烟阀、排烟窗、电动防火阀的控制按钮、按键,对应的受控设备应灵活启动;消防联动控制器应接收并显示受控设备的动作反馈信号,显示动作设备的名称和地址注释信息。
- 检查排烟风机入口的总管上设置的 280℃ 排烟防火阀启动、反馈功能,动作信号反馈功能:排烟风机处于运行状态时,使排烟防火阀关闭,风机应停止运转;消防联动控制器应接收排烟防火阀关闭、风机停止的动作反馈信号,显示动作设备的名称和地址注释信息。
- 检查自动消防系统整体联动控制功能:使报警区域内符合联动触发条件的火灾探测器、手动火灾报警按钮发出火灾报警信号;消防联动控制器应发出控制相关系统动作的启动信号,点亮启动指示灯;各相关系统的联动控制功能应符合以下要求:

a. 消防应急广播系统与普通广播或背景音乐广播系统合用时,消防应急广播控制装置应停止正常广播;报警区域内所有的火灾声光警报器应同时启动,持续工作 8~20 s 后,所有的火灾声光警报器应同时停止警报;警报停止后,所有的扬声器应同时进行 1~2 次消防应急广播,每次广播 10~30 s 后,所有的扬声器应停止播放广播信息。

b. 防火卷帘控制器应控制防火卷帘下降至楼板面;消防联动控制器应接收并显示防火卷帘下降至楼板面的反馈信号。

c. 防火门监控器应控制报警区域内所有常开防火门关闭;防火门监控器应接收并显示每一樘常开防火门完全闭合的反馈信号。

d. 相应的电动送风口应开启,风机控制箱、柜应控制加压送风机启动;消防联动控制器应接收并显示电动送风口、加压送风机的动作反馈信号,显示设备的名称和地址注释信息。

e. 电动挡烟垂壁、排烟口、排烟阀、排烟窗、空气调节系统的电动防火阀应动作;消防联动控制器应接收并显示电动挡烟垂壁、排烟口、排烟阀、排烟窗、空气调节系统电动防火阀的动作反馈信号,显示设备的名称和地址注释信息;消防联动控制器接收到排烟口、排烟阀的动作反馈信号后,应发出控制排烟风机启动的启动信号;风机控制箱、柜控制排烟风机启动;消防联动控制器应接收并显示排烟分机启动的动作反馈信号,显示设备的名称和地址注释信息。

f. 集中控制型消防应急照明和疏散指示系统：应急照明控制器应按预设逻辑控制配接的消防应急灯具光源的应急点亮、系统蓄电池电源的转换；消防联动控制器应接收并显示应急照明控制器应急启动的动作反馈信号，显示设备的名称和地址注释信息。

g. 非集中控制型消防应急照明和疏散指示系统：火灾报警控制器的火警控制输出触点应动作，控制系统蓄电池电源的转换、消防应急灯具光源的应急点亮。

h. 电梯应停于首层或转换层，相关非消防电源应切断，其他相关系统设备应动作；消防联动控制器应接收并显示电梯停于首层或转换层、相关非消防电源应切断、其他相关系统设备动作的动作反馈信号，显示设备的名称和地址注释信息。

1.2.2 消防给水及消火栓系统

- 目视检查高位消防水箱的水位。玻璃水位计两端的角阀在不进行水位观察时应关闭。
- 目视检查气压水罐的压力，气压水罐有效储水容积不宜小于150 L。
- 目视检查控制阀门开启状态，系统上所有的控制阀门均应采用铅封或锁链固定在开启或规定的状态；目视检查铅封、锁链，当有破坏或损坏时及时修理更换。
- 目视检查消火栓进行外观，检查有无漏水，发现有不正常的消火栓及时更换。目视检查消防水泵接合器的接口及附件，应接口完好、无渗漏、闷盖齐全。目视检查检查消防水池、消防水箱等蓄水设施的结构材料是否完好，发现问题时及时处理。
- 手动启动消防水泵，检查水泵运行状态，消防水泵运转应平稳，应无不良噪声和振动；检查供电电源的情况；以自动直接启动或手动直接启动消防水泵时，消防水泵应在55 s内投入正常运行，且应无不良噪声和振动；以备用电源切换方式或备用泵切换启动消防水泵时，消防水泵应分别在1 min或2 min内投入正常运行。
- 消防水泵的出流量和压力试验：满足消防给水设计流量和压力的要求；消防水泵零流量时的压力不应超过设计工作压力的140%；当出流量为设计工作流量的150%时，其出口压力不应低于设计工作压力的65%。

1.2.3 自动喷水灭火系统

- 检查水泵状态：打开消防水泵出水管上试水阀，当采用主电源启动消防水泵时，消防水泵应启动正常；关掉主电源，主、备电源应能正常切换。备用电源切换时，消防水泵应在1 min内投入正常运行。自动或手动启动消防泵时应在55 s内投入正常运行。
- 检查控制阀门的铅封、锁链，当有破坏或损坏时及时修理更换。
- 检查喷头外观，发现有不正常的喷头及时更换，当喷头上有异物时及时清除
- 检查备用喷头数量。各种不同规格的喷头均应有一定数量的备用品，其数量不应小于安装总数的1%，且每种备用喷头不应少于10个。
- 末端试水装置和试水阀放水试验：开启系统中的每一个末端试水装置和试水阀，水流指示器、压力开关等信号装置的功能应均符合设计要求。湿式自动喷水灭火系统的最不利点做末端放水试验时，自放水开始至水泵启动时间不应超过5 min。
- 报警阀放水试验：当湿式报警阀进口水压大于0.14 MPa、放水流量大于1 L/s时，报警阀应及时启动；带延迟器的水力警铃应在5~90 s内发出报警铃声，不带延迟器的水力警铃应在15 s内发出报警铃声；压力开关应及时动作，启动消防泵并反馈信号。
- 湿式系统的联动试验，启动一只喷头或以0.94~1.5 L/s的流量从末端试水装置处放水时，水流指示器、报警阀、压力开关、水力警铃和消防水泵等及时动作，并发出相应的信号。

1.2.4 气体灭火系统

- 目视检查灭火剂储存容器及容器阀、阀驱动装置、喷嘴、信号反馈装置等全部系统组件应无碰撞变形及其他机械性损伤，表面应无锈蚀，保护涂层应完好，铭牌和保护对象标志牌应清晰，手动操作装置

的防护罩、铅封和安全标志应完整。
- 目视检查灭火剂储存容器内的压力,不得小于设计储存压力的90%。目视检查预制灭火系统的设备状态和运行状况应正常。目视检查喷嘴孔口应无堵塞。
- 目视检查可燃物的种类、分布情况,防护区的开口情况。
- 手动模拟启动试验:将防护区驱动装置应与阀门的动作机构脱离;按下手动启动按钮,观察相关动作信号及联动设备动作是否正常(如发出声、光报警,启动输出的负载响应,关闭通风空调、防火阀等);人工使压力信号反馈装置动作,观察相关防护区门外的气体喷放指示灯是否正常。
- 自动模拟启动试验:将防护区驱动装置应与阀门的动作机构脱离;人工模拟火警使防护区内任意一个火灾探测器动作,观察单一火警信号输出后,相关报警设备动作是否正常(如警铃、蜂鸣器发出报警声等);人工模拟火警使该防护区内另一个火灾探测器动作,观察复合火警信号输出后,相关动作信号及联动设备动作是否正常(如发出声、光报警,启动输出端的负载,关闭通风空调、防火阀等)。
- 模拟启动试验结果应符合:延迟时间与设定时间相符,响应时间满足要求;有关声、光报警信号正确;联动设备动作正确;驱动装置动作可靠。

1.2.5 防烟排烟系统

- 手动或自动启动防烟、排烟风机试运转,检查有无锈蚀、螺丝松动。
- 手动或自动启动挡烟垂壁、排烟窗、复位试验,检查有无升降、开关障碍。
- 目视检查供电线路有无老化;检查双回路电源自动切换功能。
- 手动或自动启动排烟防火阀、送风阀、送风口、排烟阀、排烟口及复位试验,检查有无变形、锈蚀及弹簧性能,确认性能可靠。
- 对全部防烟、排烟系统进行一次联动试验和性能检测,其联动功能和性能参数符合原设计要求。
- 机械加压送风系统的联动方法及要求:当任何一个常闭送风口开启时,相应的送风机均应能联动启动;与火灾自动报警系统联动时,当火灾自动报警探测器发出火警信号后,应在15 s内启动与设计要求一致的送风口、送风机,其状态信号应反馈到消防控制室。
- 机械防烟系统的性能检测方法及要求:选取送风系统末端所对应的送风最不利的三个连续楼层模拟起火层及其上下层,封闭避难层(间)仅需选取本层,测试前室及封闭避难层(间)的风压值及疏散门的门洞断面风速值,偏差不大于设计值的10%;对楼梯间和前室的测试应单独分别进行,且互不影响;测试楼梯间和前室疏散门的门洞断面风速时,应同时开启三个楼层的疏散门。
- 机械排烟系统的联动方法及要求:当任何一个常闭排烟阀或排烟口开启时,排烟风机均应能联动启动;与火灾自动报警系统联动,当火灾自动报警系统发出火警信号后,机械排烟系统应启动有关部位的排烟阀或排烟口、排烟风机;启动的排烟阀或排烟口、排烟风机应与设计和标准要求一致,其状态信号应反馈到消防控制室。有补风要求的机械排烟场所,当火灾确认后,补风系统应启动;排烟系统与通风、空调系统合用,当火灾自动报警系统发出火警信号后,由通风、空调系统转换为排烟系统。
- 机械排烟系统的性能检测方法及要求:开启任一防烟分区的全部排烟口,风机启动后测试排烟口处的风速,风速、风量应符合设计要求且偏差不大于设计值的10%;设有补风系统的场所,应测试补风口风速,风速、风量应符合设计要求且偏差不大于设计值的10%。

1.2.6 消防应急照明和疏散指示系统

- 集中控制型手动应急启动功能检查:手动操作应急照明控制器的一键启动按钮,对系统的手动应急启动功能进行检查;应急照明控制器应发出手动应急启动信号,显示启动时间;系统内所有的非持续型照明灯的光源应应急点亮、持续型灯具的光源应由节电点亮模式转入应急点亮模式;集中电源应转入蓄电池电源输出、应急照明配电箱应切断主电源的输出。
- 集中控制型自动应急启动功能检查:火灾报警控制器发出火灾报警输出信号,对系统的自动应急启动功能进行检查;应急照明控制器应发出系统自动应急启动信号,显示启动时间;系统内所有的非持续型照明灯的光源应应急点亮、持续型灯具的光源应由节电点亮模式转入应急点亮模式；B型集中电源应转入蓄电池电源输出，B型应急照明配电箱应切断主电源输出；A型集中电源、A型应急照明配电箱应保持主电源输出；切断集中电源的主电源，集中电源应自动转入蓄电池电源输出。

■ 非集中控制集中电源型手动应急启动功能检查：手动操作集中电源的应急启动控制按钮，集中电源应转入蓄电池电源输出，其所配接的所有非持续型照明灯的光源应应急点亮、持续型灯具的光源应由节电点亮模式转入应急点亮模式。

■ 非集中控制集中电源型自动应急启动功能检查：火灾报警控制器发出火灾报警输出信号，对系统的自动应急启动功能进行检查；集中电源应转入蓄电池电源输出，其所配接的所有非持续型照明灯的光源应应急点亮、持续型灯具的光源应由节电点亮模式转入应急点亮模式。

■ 非集中控制自带蓄电池型手动应急启动功能检查：手动操作应急照明配电箱的应急启动控制按钮，应急照明配电箱应切断主电源输出，其所配接的所有非持续型照明灯的光源应应急点亮、持续型灯具的光源应由节电点亮模式转入应急点亮模式。

■ 非集中控制自带蓄电池型自动应急启动功能检查：火灾报警控制器发出火灾报警输出信号，对系统的自动应急启动功能进行检查；应急照明配电箱应切断主电源输出，其所配接的所有非持续型照明灯的光源应应急点亮、持续型灯具的光源应由节电点亮模式转入应急点亮模式。

■ 检查蓄电池电源供电状态下的应急工作持续时间：应急点亮后，灯具点亮的持续时间应符合：建筑高度大于100 m的民用建筑，不应少于1.5 h；医疗建筑、老年人照料设施、总建筑面积大于100 000 m^2 的公共建筑和总建筑面积大于20 000 m^2 的地下、半地下建筑，不应少于1.0 h；其他建筑，不应少于0.5 h。

1.2.7 火灾警报和消防应急广播系统

■ 检查火灾报警器火灾警报功能：操作控制器使火灾声警报器启动；在警报器生产企业声称的最大设置间距、距地面1.5~1.6 m处，声警报的A计权声压级应大于60 dB，环境噪声大于60 dB时，声警报的A计权声压级应高于背景噪声15 dB。

■ 检查应急广播控制设备应急广播功能：通过自动和手动控制方式启动应急广播和选择两个以上广播分区，观察状态转换情况；检查状态指示、广播分区的显示情况、广播监听功能和声频功率放大器的输出功率可调性；停止应急广播。

■ 检查应急广播扬声器功能：操作消防应急广播控制设备使扬声器播放应急广播信息；语音信息应清晰；在扬声器生产企业声称的最大设置间距、距地面1.5~1.6 m处，应急广播的A计权声压级应大于60 dB，环境噪声大于60 dB时，应急广播的A计权声压级应高于背景噪声15 dB。

■ 检查联动控制功能：使报警区域内符合联动控制触发条件的两只火灾探测器，或一只火灾探测器和一只手动火灾报警按钮发出火灾报警信号。消防联动控制器应发出火灾警报装置和应急广播控制装置动作的启动信号，点亮启动指示灯。消防应急广播系统与普通广播或背景音乐广播系统合用时，消防应急广播控制装置应停止正常广播。报警区域内所有的火灾声光警报器和扬声器应按下列规定交替工作：①报警区域内所有的火灾声光警报器应同时启动，持续工作8~20 s后，所有的火灾声光警报器应同时停止警报；②警报停止后，所有的扬声器应同时进行1~2次消防应急广播，每次广播10~30 s后，所有的扬声器应停止播放广播信息。消防控制器图形显示装置应显示火灾报警控制器的火灾报警信号、消防联动控制器的启动信号，且显示的信息应与控制器的显示一致。

1.2.8 消防专用电话

■ 检查消防电话总机呼叫功能：操作消防电话总机，呼叫其中一部消防电话分机，观察消防电话总机受话器的回铃音以及呼叫指示情况。将该消防电话分机摘机，检查通话情况以及消防电话分机状态显示情况。

■ 按位置或区域，检查电话分机呼叫功能：将消防电话分机摘机，操作消防电话总机建立通话，检查通话情况；观察并记录声、光指示情况以及消防电话分机部位显示情况；将消防电话分机挂机，观察消防电话总机的显示情况。

1.2.9 防火分隔设施

- 常闭式防火门检查：从门的任意一侧手动开启，应自动关闭；无卡阻现象；当装有信号反馈装置时，开、关状态信号应反馈到消防控制室。
- 常开式防火门火灾报警联动控制功能检查：用专用测试工具，使常开防火门一侧的火灾探测器发出模拟火灾报警信号，门应自动关闭，并应将关闭信号反馈至消防控制室。
- 常开式防火门消防控制室手动控制功能检查：在消防控制室启动防火门关闭功能，接到消防控制室手动发出的关闭指令后门应自动关闭，并应将关闭信号反馈至消防控制室。
- 常开式防火门现场手动控制功能检查：现场手动启动防火门关闭装置，接到现场手动发出的关闭指令后门应自动关闭，并应将关闭信号反馈至消防控制室。
- 活动式防火窗火灾报警联动控制功能检查：用专用测试工具，使活动式防火窗任一侧的火灾探测器发出模拟火灾报警信号，门应自动关闭，并应将关闭信号反馈至消防控制室。
- 活动式防火窗消防控制室手动控制功能检查：在消防控制室启动防火窗关闭功能，接到消防控制室手动发出的关闭指令后，门应自动关闭，并应将关闭信号反馈至消防控制室。
- 活动式防火窗现场手动控制功能检查：现场手动启动防火窗关闭装置，接到现场手动发出的关闭指令后，门应自动关闭，并应将关闭信号反馈至消防控制室。
- 防火卷帘现场手动控制功能检查：①手动启动防火卷帘内外两侧控制器或按钮盒上的控制按钮，检查防火卷帘上升、下降、停止功能。②手动操作防火卷帘手动速放装置，检查防火卷帘依靠自重恒速下降功能；③手动操作防火卷帘的手动拉链，检查防火卷帘升、降功能，应无滑行撞击现象。
- 防火卷帘控制器的火灾报警功能检查：使火灾探测器组发出火灾报警信号，防火卷帘控制器应直接或间接地接收来自火灾探测器组发出的火灾报警信号，并应发出声、光报警信号；分别使火灾探测器组发出半降、全降信号，观察防火卷帘控制器声、光报警和防火卷帘动作、运行情况以及消防控制室防火卷帘动作状态信号显示情况。

2. 消防设施检测

2.1 消防设施检测服务流程

2.1.1 与委托单位签订消防技术服务合同，约定服务服务的类型、地点、场所、系统、范围和遵循的技术标准、方式、期限、技术负责人、项目负责人、书面结论文件要求及双方责任和义务。

2.1.2 由项目负责人向委托单位获取技术交底资料。

2.1.3 根据法律法规、技术规范、国家标准、行业标准、合同和技术交底文件编制消防技术服务计划(方案)；组织项目组内沟通、理解服务计划(方案)；由项目负责人与委托单位沟通服务计划(方案)。

2.1.4 按照服务计划(方案)、作业指导书、设备操作规程的要求进行操作执业，记录检测情况。

2.1.5 由项目负责人向委托单位沟通服务结果和需要整改的问题，双方签字确认后保存相应记录表。

2.1.6 项目结束后，由项目负责人将项目记录表单整理归档。

2.2 消防设施检测服务内容和方法

2.2.1 消防给水系统

- 市政消防水源的检测：①检查室外市政给水管网的进水管数量、管径；②检查市政供水的压力。检测方法：查阅资料、观察检查、尺量检查和仪表检测。
- 消防水池、高位消防水池的检测：①检查消防水池、高位消防水池的有效容积；②检查设置位置、水位显示、水位报警装置；③检查进、出水管和溢流管、排水管、溢流管的设置；④检查管道、阀门和进水浮球阀、人孔和爬梯位置等设置；⑤检查消防水池吸水井、吸(出)水管喇叭口、旋流防止器等设置。检测方法：查阅资料、观察检查、尺量检查。
- 消防水泵的检测：①检查消防水泵性能参数及运转状态；②检查工作泵、备用泵、吸水管、出水管及出水管上的泄压阀、水锤消除设施、止回阀、信号阀等的规格、型号、数量,检查吸水管、出水管上控制阀的明显标记;③检查消防水泵的引水方式,全部有效储水被有效利用的情况;④检查消防水泵供电、启动功能,主、备电源切换功能,备用泵启动和主、备泵相互切换功能,消防水泵就地和远程启停功能;⑤检查消防水泵停泵时,水锤消除设施后的压力超过水泵出水口设计压力的倍数;⑥检查消防水泵启动时出口流量、压力。检测方法:查阅资料、观察检查、仪表检测。

■ 稳压泵的检测:①检查稳压泵的性能参数及运转状态;②检查稳压泵供电、启动功能,主、备电源切换功能;备用泵启动和主、备泵相互切换功能;③检查启、停稳压泵的设定压力值;④检查稳压泵的控制、防止频繁启动的技术措施,及稳压泵在1h内的启停次数。检测方法:查阅资料、观察检查、仪表检测。

■ 气压水罐的检测:①检查气压水罐的有效容积、调节容积和稳压泵启停次数;②检查气压罐气侧压力。检测方法:查阅资料、观察检查、仪表检测。

■ 消防水泵接合器的检测:①检查消防水泵接合器设置位置、数量、进水管位置及安装质量;②对消防水泵接合器进行充水试验;③检查消防水泵接合器永久性标示铭牌。检测方法:查阅资料、观察检查。

■ 消防水泵控制柜的检测:①检查控制柜的性能参数;②检查控制柜的控制与操作;③检查主、备电源自动切换装置的设置。检测方法:查阅资料、观察检查、尺量检查。

■ 高位消防水箱的检测:①检查高位消防水箱的有效容积;②检查设置位置,水位显示、水位报警装置;③检查进出水管、溢流管、排水管的设置;④检查管道、阀门和进水浮球阀、人孔和爬梯位置等设置;⑤检查消防水池吸水井、吸(出)水管喇叭口、旋流防止器等设置。检测方法:查阅资料、观察检查、尺量检查。

2.2.2 室内外消火栓系统

■ 消火栓给水管网的检测:①检查管道的材质、管径、接头、连接方式、严密性和管顶覆土深度,及采取的防腐、防冻措施、管道标识;②检查管网不同部位安装的报警阀组、闸阀、止回阀、电磁阀、信号阀、水流指示器、减压孔板、节流管、减压阀、柔性接头、排水管、排气阀及泄压阀等的设置;③检查架空管道的立管、配水支管、配水管和配水干管的支架设置;④检查系统中的试验消火栓、自动排气阀的设置;⑤检查管网排水坡度及辅助排水设施的设置。检测方法:查阅资料、观察检查、尺量检查。

■ 减压阀的检测:①检查减压阀的性能参数;②检查减压阀阀前过滤器及过滤器的过滤面积;③检查减压阀阀前、阀后动、静压力;④检查减压阀阀后静压和动压差的大小;⑤检查减压阀处试验用压力排水管道的设置。检测方法:查阅资料、观察检查、仪表检测。

■ 泄压阀的检测:①检查泄压阀的性能参数;②检查泄压阀在设计泄压值时的启闭功能。检测方法:查阅资料、观察检查、仪表检测。

■ 室外消火栓的检测:①检查室外消火栓的布置情况,检查保护半径、设置间距、防撞措施;②检查室外消火栓距路边距离、距建筑外墙或外墙边缘距离;③检查人防工程、地下工程等建筑出入口附近室外消火栓的设置,检查距出入口的距离,检查停车场的室外消火栓与近一排汽车的距离、距加油站或油库的距离;④检查设有减压型倒流防止器的室外消防给水引入管,其减压型倒流防止器前设置的室外消火栓;⑤检查设有室外消火栓的给水管网平时运行的工作压力,火灾时水力最不利室外消火栓的出流量、供水压力(从地面算起)。检测方法:查阅资料、观察检查、尺量检查、仪表检测。

■ 室内消火栓的检测:①检查室内消火栓规格、型号;②检查室内消火栓设置数量、位置、间距及栓口距地面的安装高度;③检查室内消火栓箱门开启角度,以及箱内消防水带、软管卷盘、轻便水龙、消防水枪和消火栓按钮的配置;④检查消火栓的减压装置和活动部件、栓后流量、压力。检测方法:查阅资料、观察检查、尺量检查、仪表检测。

■ 消火栓系统功能的检测:①检查流量开关、低压压力开关等联锁启动消防水泵、相关设备及反馈信号显示的功能;②检查消防水泵启动后,反馈信号显示功能,以及水泵启动后不自动停泵功能。检测方法:查阅资料、观察检查、尺量检查、仪表检测、功能测试。

■ 消火栓系统不同供水分区最不利点的流量、压力的检测。检测方法:查阅资料、观察检查、尺量检查、仪表检测、功能测试。
- 消火栓系统超压时,减压措施有效性的检测。检测方法:查阅资料、观察检查、仪表检测、功能测试。

2.2.3 自动喷水灭火系统
- 自动喷水灭火系统报警阀组的常规检测:①检查报警阀及其组件、供水总控制阀、试验阀和排水管、压力表的安装质量;②检查报警阀的类型、安装位置,阀体所标注的规格、型号、水流方向的永久性标志,注明系统名称和保护区域的标志牌;检查供水总控制阀开、关可靠性,开、关状态处明确标志;③检查报警阀两侧距墙、正面距墙距离,及距地面高度;④检查连接报警阀进出口处信号控制阀的信号反馈功能、锁定阀位的锁具(不采用信号阀时);⑤检查水力警铃设置位置;⑥检查报警阀所处的地面排水措施。检测方法:查阅资料、观察检查、尺量检查。
- 湿式报警阀组的检测:①检查伺服状态下,压力波动时,延迟器、水力警铃的报警情况;②检查每台湿式报警阀供水最高、最低位置喷头之间的高程差;③检查湿式系统的排气阀安装位置,检查每层配水管的末端渗漏情况,检查排气阀前的常开式控制阀。检测方法:查阅资料、观察检查、尺量检查。
- 末端试水装置:①检查每个防火分区及楼层的最末端试水装置及排水设施;②检查末端试水装置组件(包括试验阀、与该保护区最小流量系数相同的孔板接头、压力表,出水应采用孔口出流的方式);③检查喷头的连接管和排水管直径。检测方法:查阅资料、观察检查、仪表检测。
- 水流指示器:①检查每个防火分区及楼层的水流指示器;检查设置货架内喷头的仓库,顶板下喷头与货架内喷头水流指示器独立设置情况。②检查水流指示器前信号阀与水流指示器之间的距离,水流指示器前后直管段长度;检查信号阀启闭信号的反馈,检查水流指示器竖直安装位置,其动作方向和水流方向的一致性。③检查水流指示器布线保护。检测方法:查阅资料、观察检查、尺量检查。
- 喷头:①检查喷头设置场所、规格、型号;②检查喷头安装间距,喷头与楼板、墙、梁等障碍物的距离;③检查喷头在有腐蚀性的其他环境、有冰冻危险场所及有碰撞危险场所安装时,采取的防护措施;检查隐蔽型喷头的装饰罩;④检查喷头溅水盘的变形和附着物、悬挂物及密封座滴漏、锈蚀情况。检测方法:查阅资料、观察检查、尺量检查、仪表检测。
- 系统管网:①检查管道的材质、管径、接头、连接方式和严密性,以及采取的防腐、防冻措施、管道标识;②检查管网不同部位安装的报警阀组、闸阀、止回阀、电磁阀、信号阀、水流指示器、减压孔板、节流管、减压阀、柔性接头、排水管、排气阀及泄压阀等的设置;③检查系统中的末端试水装置、试水阀、排气阀的设置;④检查干式喷水灭火系统、预作用喷水灭火系统管道的充水时间;⑤检查配水支管、配水管、配水干管设置的支架、吊架和防晃支架的设置;⑥检查管网排水坡度及辅助排水设施的设置。检测方法:查阅资料、观察检查、尺量检查、仪表检测。
- 湿式灭火系统系统功能的检测:①检查喷头动作后,报警阀启动功能、水力警铃发出报警铃声时间;②检查水力警铃的报警声响;③检查水流指示器与压力开关输出动作信号的准确性;④检查压力开关动作后直接联锁自动启动喷淋泵的功能及启泵时间;⑤检查最不利处喷头的动压;⑥检查消防控制室(盘)启停喷淋泵的控制功能,压力开关,水流指示器、信号阀和水泵等信号的显示功能。检测方法:查阅资料、观察检查、仪表检测、功能测试。

2.2.4 自动跟踪定位射流灭火系统
- 自动跟踪定位射流灭火系统的检测:①检查装置及组件的规格、型号;②检查装置外表腐蚀、气泡、剥落、机械损伤情况,紧固部位安装情况,回转机构的回转角度、俯仰角度及启动和停止的灵活性、安全性、可靠性;③检查装置设置的位置、高度、间距。检测方法:查阅资料、观察检查、尺量检查。
- 自动跟踪定位射流灭火系统功能的检测:①检查自动跟踪定位射流灭火系统的系统压力、流量、最大保护半径、射流半径、监控半径、定位时间;②检查自动跟踪定位射流灭火系统智能定位与联动决策管理的功能;③检查自动跟踪定位射流灭火系统与火灾自动报警系统及其他各种联动控制设备的自动通信功能;④检查自动跟踪定位射流灭火系统联动控制(自动控制、手动控制)及监视显示功能;⑤检查自动跟踪定位射流灭火系统电源数量、手自动切换功能,不间断电源的使用时间;⑥检查自动跟踪定位射流灭火系统运行的可靠性;⑦检查现场不小于24 h档案视频记录的功能。检验方法:查阅资料、观察检查、尺量检查、仪表检测、功能测试。

2.2.5 火灾自动报警系统

- 传输线路的检测:检查火灾自动报警系统的供电线路、消防联动控制线路的导线种类和电压等级。检测方法:查阅资料、观察检查、仪表检测。

- 线路布设的检测:检查系统线路是否单独布设,系统内不同电压等级、不同电流类别的线路是否布设在同一管内或线槽的同一槽孔内。检测方法:观察检查。

- 总线短路隔离器的检测:①检查每只总线短路隔离器保护的火灾探测器、手动报警按钮和模块等消防设备的总数;②检查总线穿越防火分区时是否设置总线短路隔离器。检测方法:观察检查。

- 消防控制室的常规检测:①检查附设在建筑物内的消防控制室的设置部位;②检查消防控制室门的通向;③检查消防控制室内电气线路及管路穿越情况;④检查消防控制室的外线电话设置情况。检测方法:观察检查。

- 控制器类设备(火灾报警控制器、消防联动控制器等)的检测:①检查控制器的安装位置和安装质量;②检查控制器配线布设质量;③检查控制器主电源引入线与消防电源的连接方式及标志;④检查控制器接地牢固程度、标志及工作接地线与保护接地线是否分开。检测方法:观察检查、尺量检查。

- 消防控制室图形显示装置的检测:①检查设置位置和安装质量;②检查系统模拟图和各层平面图中报警区域、主要部位和各消防设备的名称和物理位置是否明确;③检查分别发出火灾报警信号和联动控制信号时显示装置的接收时间、位置是否准确及是否优先显示火灾报警信号相对应的界面;④检查处于多报警平面时的自动和手动查询,且能手动插入使其立即显示首火警功能;⑤检查处于故障或联动平面时有火灾报警信号输入,显示装置立即转入火灾报警平面功能。检测方法:观察检查。

- 点型感烟、感温火灾探测器的检测:①检查探测器的安装位置和安装质量;②检查探测器至墙壁、梁边、空调送风口等的距离;③检查探测器的保护面积和保护半径;④检查探测器的安装间距;⑤检查探测器倾斜安装时的倾斜角;⑥检查标准试验条件下,探测器输出火警信号及启动探测器报警确认灯情况。检测方法:查阅资料、观察检查、尺量检查、功能测试。

- 手动报警按钮的检测:①检查手动报警按钮的安装位置和安装质量;②检查每个防火分区手动火灾报警按钮数量及从一个防火分区内任何位置到最邻近的一个手动报警按钮的距离;③检查手动报警按钮输出火灾报警信号及按钮复位功能。检测方法:观察检查、功能测试。

- 模块的检测:①检查模块的安装位置、安装质量、标识及防潮、防腐蚀措施;②检查本报警区域内的模块是否控制其他报警区域的设备;③检查模块的连接导线及其端部标志。检测方法:观察检查。

- 消防应急广播扬声器的检测:①检查扬声器的设置位置、安装质量和功率;②检查在环境噪声大于60 dB的场所设置的扬声器在其播放范围内最远点的播放声压级。检测方法:观察检查、功能测试。

- 火灾警报器的检测:①检查扬声器的设置位置;②检查火灾警报器的声压级;检查环境噪声大于60 dB场所设置的扬声器在其播放范围内最远点的播放声压级。检测方法:观察检查、功能测试。

- 消防专用电话分机或电话插孔的检测:①检查电话分机或电话插孔的设置位置、标识和距地面的高度;②检查消防电话、电话插孔是否能呼叫消防控制室并通话,呼叫铃声和通话语音是否清晰。检测方法:观察检查。

- 区域显示器的检测:①检查区域显示器的设置部位和距地面的高度;②检查区域显示器在报警区域及楼层内的设置数量。检测方法:观察检查。

- 火灾自动报警系统供电的检测:①检查火灾自动报警系统是否设有交流电源和蓄电池备用电源;②检查火灾自动报警系统的交流电源是否采用消防电源;③检查消防设备应急电源输出功率,检查蓄电池组的容量;④检查火灾自动报警系统主电源的保护装置。检测方法:观察检查。

- 系统接地的检测:①火灾自动报警系统采用专用接地或共用接地装置时的接地电阻值;②检查专用接地干线是否使用铜芯绝缘导线及其线芯截面积;③检查由消防控制室接地板引至各消防设备接地线材质及其线芯截面积。检测方法:仪表检测。

2.2.6 系统联动

- 火灾自动报警系统联动的检测:①检查消防联动控制器按设定的控制逻辑向各相关的受控设备发出联动控制信号,并接收相关设备的联动反馈信号的功能;②检查消防水泵、防排烟风机的联动控制方式和消防控制室手动直接控制功能;③检查启动电流较大的消防设备的分时启动功能;④检查需要火灾自动报警系统联动控制的消防设备联动触发信号的逻辑组合。检测方法:观察检查、功能测试。
- 自动喷水灭火系统联动的检测:①检查湿式系统的联动控制的联动触发信号及是否受消防联动控制器处于自动或手动状态影响;②检查系统组件启动和停止的动作信号反馈功能。检测方法:观察检查、功能测试。
- 消火栓系统联动的检测:①检查消火栓系统的联动触发信号及是否受消防联动控制器处于自动或手动状态影响;②检查系统组件启动和停止的动作信号反馈功能。检测方法:观察检查、功能测试。
- 气体灭火系统联动的检测:①检查气体灭火系统的控制器;②检查气体灭火系统的联动触发信号;检查探测器的组合;③检查气体灭火系统在接收到首个、第二个联动触发信号后的功能及相应联动控制信号;④检查气体灭火系统的手动控制功能;⑤检查气体灭火装置启动及喷放各阶段的联动反馈信号。检测方法:观察检查、功能测试。
- 防排烟系统联动的检测:①检查防烟系统的联动触发信号;②检查排烟系统的联动触发信号,检查排烟口、排烟窗或排烟阀开启的控制方式,检查该防烟分区空气调节系统的动作情况。检测方法:观察检查、功能测试。
- 防火门及防火卷帘系统联动的检测:①检查常开防火门的联动触发信号;检查疏散通道上各防火门的开启、关闭及故障状态信号反馈情况;②检查防火卷帘的控制方式;③检查防火卷帘的两侧手动控制按钮的设置;④检查电动开门器手动控制按钮的设置。检测方法:观察检查、功能测试。
- 电梯和消防电梯联动的检测:①检查电梯的联动触发信号;②检查消防电梯从首层至顶层的运行时间;③检查首层消防电梯入口处消防员操作按钮的设置。检测方法:观察检查、仪表检测、功能测试。
- 火灾警报和消防应急广播系统联动的检测:①检查火灾自动报警系统中火灾声光报警器的设置及确认火灾后的启动功能;②检查在火灾报警后启动火灾应急广播功能,检查火灾应急广播与公共广播合用时的设置。检测方法:观察检查、功能测试。
- 消防应急照明和疏散指示联动的检测:①检查消防应急照明和疏散指示系统的联动控制方式;②检查当确认火灾后,由发生火灾的报警区域开始,顺序启动全楼疏散通道的消防应急照明和疏散指示系统的时间。检测方法:观察检查、功能测试。

2.2.7 防烟系统

- 自然通风设施的检测:①检查封闭楼梯间、防烟楼梯间、独立前室、消防电梯前室、共用前室、消防电梯前室的自然通风面积;②检查避难层(间)自然通风口的朝向和自然通风面积。检测方法:查阅资料、观察检查、尺量检查。
- 机械加压送风机控制柜的检测:①检查控制柜的性能参数;②检查控制柜的控制与操作;③检查主、备电源自动切换装置的设置。检测方法:查阅资料、观察检查。
- 机械加压送风机的检测:①检查加压送风机的风量、风压;②检查加压送风机启、停功能及反馈信号;③检查加压送风机设置位置、标示、铭牌;④检查送风机进风口的位置设置。检测方法:查阅资料、观察检查、仪表检测。
- 加压送风口的检测:①检查加压送风口的位置设置;②检查任一常闭加压送风口时,联锁相应机械加压送风机启动功能;③检查加压送风口与风管连接情况。检测方法:查阅资料、观察检查、仪表检测。

- 加压送风竖井及送风管道的检测：①检查送风管道的厚度、耐火极限、材质及风速；②检查管道、竖井的设置。检测方法：查阅资料、观察检查。
- 机械加压送风系统功能的检测：①检查火灾自动报警联动时，相应加压送风口、加压送风机的联动功能；②检查前室、合用前室、消防电梯前室、封闭避难层（间）与走道之间的压差，以及封闭楼梯间、防烟楼梯间与走道之间的压差；③检查加压部位的门洞风速；④检查送风口的风速；⑤检查电梯井机械加压送风量；⑥检查至消防联动控制器的常闭加压送风口、加压送风机的动作信号。检测方法：查阅资料、观察检查、仪表检测、功能测试。

2.2.8 排烟系统

- 自然排烟设施的检测：①检查排烟窗（口）的设置位置和面积；②检查排烟窗（口）手动开启装置的设置。检测方法：观察检查、尺量检查。
- 排烟风机控制柜的检测：①检查控制柜的性能参数；②检查控制柜的控制与操作；③检查主、备电源自动切换装置的设置。检测方法：查阅资料、观察检查、尺量检查。
- 排烟风机及烟气出口的检测：①检查排烟风机的风量；②检查排烟风机启、停功能及反馈信号；③检查排烟风机及烟气出口的位置设置；④检查排烟风机设置位置、标示、铭牌。检测方法：查阅资料、观察检查、仪表检测。
- 排烟防火阀的检测：①检查排烟防火阀设置位置；②检查排烟风机入口处的280℃排烟防火阀自动关闭时，联锁关闭排烟风机的功能及反馈信号。检测方法：查阅资料、观察检查。
- 排烟口的检测：①检查排烟口设置位置；②检查常闭排烟口手动开启、复位功能及信号反馈功能；③检查任一常闭排烟口开启时，联锁相应排烟风机的启动功能；④检查排烟口与风管连接情况；⑤检查排烟口设在格栅吊顶内时，吊顶的开孔率。检测方法：查阅资料、观察检查、仪表检测。
- 排烟竖井及排烟管道的检测：①检查排烟管道的厚度、耐火极限、材质及风速；②检查管道、竖井的设置；③检查排烟管道在走道的吊顶内和穿越防火分区时的耐火极限。检测方法：查阅资料、观察检查。
- 防烟分区的检测：①检查防烟分区的划分；②检查挡烟垂壁、隔墙、梁等设置情况；③检查挡烟垂壁材质；④检查活动挡烟垂壁联动下降功能；⑤检查固定窗、可熔性采光带（窗）的设置。检测方法：查阅资料、观察检查、仪表检测、功能测试。
- 排烟系统的检测：①检查火灾自动报警时，相应排烟风口、排烟风机的联动功能；②检查排烟口处风速以及排烟系统的排烟量；③检查排烟系统与通风、空气调节系统合用时，排烟系统与通风、空气调节系统在火灾被确认后的切换功能；④检查至消防联动控制器的排烟口、排烟风机的动作信号。检测方法：查阅资料、观察检查、仪表检测、功能测试。

2.2.9 补风系统

- 补风风机控制柜的检测：①检查控制柜的性能参数；②检查控制柜的控制与操作；③检查主、备电源自动切换装置的设置。检测方法：查阅资料、观察检查、尺量检查。
- 补风风机的检测：①检查补风风机的风量；②检查补风风机启、停功能及反馈信号。检测方法：查阅资料、观察检查、仪表检测。
- 补风口的检测：①检查补风口设置位置；②检查补风口与风管连接情况；③检查补风口开启、复位功能。检测方法：查阅资料、观察检查、仪表检测。
- 补风管道的检测：检查风管的耐火极限。检测方法：查阅资料。
- 补风系统的检测：①检查火灾自动报警时，相关补风口、补风机的联动功能；②检查补风口处的风速。检测方法：查阅资料、观察检查、仪表检测、功能测试。

2.2.10 通风、空气调节系统

- 通风、空气调节系统管道的检测：检查风管的设置和材质。检测方法：查阅资料、观察检查。
- 防火阀的检测：①检查防火阀设置的位置；②检查防火阀两侧各2.0 m范围内的风管材质；③检

查防火阀暗装时暗装部位检修口的设置。检测方法：查阅资料、观察检查。

■ 通风、空气调节系统与排烟系统合用时的检测：①检查系统的风口、风道、风机等是否满足排烟系统的要求；②检查火灾确认后排烟区域的排烟口和排烟风机功能；③检查关闭与排烟无关的通风、空调系统的时间。检测方法：查阅资料、观察检查、功能测试。

2.2.11 可燃气体探测报警系统

■ 可燃气体探测器：①检查可燃气体探测器的安装位置、安装质量；②检查点型可燃气体探测器的保护半径；③检查线型可燃气体探测器的保护区域长度；④检查可燃气体探测器接入火灾报警控制器的方式。检测方法：观察检查、尺量检查。

■ 可燃气体报警控制器：①检查可燃气体报警控制器的安装位置和安装质量；②检查可燃气体报警控制器配线布设质量；③检查可燃气体报警控制器主电源引入线与消防电源的连接方式及标志；④检查可燃气体报警控制器接地牢固程度、标志及工作接地线与保护接地线是否分开；⑤检查可燃气体报警控制器的报警信息和故障信息的显示功能；⑥检查可燃气体报警控制器发出报警信号时，保护区内火灾声光报警器的启动功能。检测方法：观察检查、尺量检查、功能测试。

2.2.12 气体灭火系统

■ 防护区设置检查：①检查防护区的位置、划分、开口、通风、环境温度，防护区围护结构的耐压、耐火极限及门窗可自行关闭装置；②检查防护区的排气装置；③检查防护区泄压口的设置；④检查防护区内和入口处的声光报警装置、气体喷放指示灯、入口处的安全标志；⑤检查防护区安全出口的设置、疏散指示标志和应急照明的设置；⑥检查专用呼吸器的设置；⑦检查手动开启、停止按钮和防护区手动与自动转换装置的安装位置。检测方法：查阅资料、观察检查、尺量检查。

■ 预制灭火系统：①检查预制灭火系统的数量、型号、规格；②检查预制灭火系统的安装位置。检测方法：查阅资料、观察检查、尺量检查。

■ 模拟手动控制功能的检测：①检查气体灭火系统驱动装置的联锁动作；②检查关闭通风空调、防火阀，释放门禁等的联动功能；③检查有关声、光报警信号的联动功能；④检查气体防护区门外的气体喷放指示灯的联动功能；⑤检查至中央控制主机的报警、故障、喷放等反馈信号。检测方法：观察检查、功能测试。

■ 模拟自动控制功能的检测：①检查火灾自动报警时，灭火系统接到灭火指令并在设计设定的延时后，气体灭火系统驱动装置的联锁动作；②检查延时期间手动停止功能；③检查关闭通风空调、防火阀，释放门禁等的联动功能；④检查有关声、光报警信号的联动功能；⑤检查气体防护区门外的气体喷放指示灯的联动功能；⑥检查至中央控制主机的报警、故障、喷放等反馈信号。检测方法：观察检查、功能测试。

■ 模拟主用、备用电源切换功能的检测：检查主、备电源切换功能。检测方法：观察检查、功能测试。

2.2.13 消防电气

■ 消防配电箱检测：①消防配电箱的标识；②仪表、指示灯及开关按钮；③消防配电箱主、备电源切换功能。检测方法：观察检查。

■ 消防应急照明检测：①疏散照明的持续供电时间；②疏散照明安装位置；③疏散照明照度。检测方法：观察检查、仪表检测。

■ 疏散指示标志检测：①疏散指示标志的持续供电时间；②疏散指示标志的安装位置；③疏散指示标志的指示方向。检测方法：观察检查、仪表检测。

3. 消防安全评估

3.1 消防安全评估服务流程

3.1.1 与委托单位签订消防技术服务合同，约定服务服务的类型、地点、场所、系统、范围、遵循的技术标准、方式、期限、技术负责人、项目负责人、书面结论文件要求、双方责任和义务。

3.1.2 由项目负责人向委托单位获取技术交底资料。

3.1.3 根据法律法规、技术规范、国家标准、行业标准、合同、技术交底文件编制消防技术服务计划

(方案)；组织项目组内沟通、理解服务计划(方案)；由项目负责人与委托单位沟通服务计划(方案)。

3.1.4 按照服务计划(方案)、作业指导书、设备操作规程的要求进行操作执业，记录检测情况。

3.1.5 由项目负责人向委托单位沟通服务结果和需要整改的问题，双方签字确认后保存相应记录表。

3.1.6 项目结束后，由项目负责人将项目记录表单，整理归档。

3.2 消防安全评估服务内容和方法

3.2.1 建筑消防安全评估

■ 建筑消防合法性：检查建设工程消防验收文书或备案凭证、公众聚集场所投入使用营业消防安全检查法律文书。

■ 建筑使用情况：①查看消防设计文件、消防安全检查情况，核对与原设计的一致性；②对照建筑、场所使用情况，查看使用功能是否改变；③发现有改变用途或违反消防安全规定的地方可通过照相、录像记录相关资料。

■ 总平面布局：依据建筑防火设计要求，对建筑的防火间距、消防车道、消防救援场地、直升机停机坪等进行逐项检查。

■ 平面布置：依据建筑防火设计要求，对单体建筑的防火分区及分区内的防火分隔单元、防烟分区进行逐一检查；依据建筑防火设计要求，对有顶棚的步行街、歌舞娱乐放映游艺场所、儿童活动场所、老年人照料设施、员工宿舍、车间办公室、中间仓库等不同功能场所的布置进行逐一检查。依据建筑防火设计要求，对建筑内的消防控制室、消防水泵房、灭火设备室、防排烟机房、变配电室、锅炉房、发电机房、通风机房、储油间、瓶组间等重点部位的设置进行逐一检查。

■ 安全疏散和消防电梯：对安全出口、疏散走道、室内外疏散楼梯、房间疏散门、避难层(间)、避难走道、下沉式广场和消防电梯井及前室等设施的检查，还包括对建筑使用人数是否符合防火规范和设计要求的检查。

■ 建筑内部装修：①建筑内部装修部位及材料的燃烧性能；②建筑内部装修遮挡消防设施的情况；③建筑内部装修影响安全出口、疏散门和疏散走道的情况。

■ 防火构造：检查防火墙、房间隔墙和疏散走道两侧的隔墙等防火隔墙的做法、完全分隔情况、防火封堵情况；检查建筑竖井设置情况，在每层楼板处的防火封堵情况、检查门的设置情况；检查防火门窗、防火卷帘的设置位置、耐火性能等情况；检查防火门窗、防火卷帘的开闭状态。

■ 建筑外保温系统：检查建筑外墙的外保温系统保温材料和屋面保温材料的燃烧性能及系统构造。

■ 通风空调系统：检查①排风系统设置导除静电的接地装置情况；②排风设备设置楼层位置情况；③通风管材质、绝热材料及敷设情况；④通风系统防火阀设置情况；⑤通风机房的设置情况。

■ 配电线路及应急照明：检查配电线路敷设情况；消防配电线路的连续供电保证情况；电线电缆选用及敷设情况；检查应急照明设置位置、连续供电时间及照度情况。

3.2.2 消防设施评估

■ 建筑消防设施基本情况：①现场确认建筑消防设施的系统种类；②统计建筑消防设施各系统主要设备的规格型号和数量；③按照评估任务和图纸资料逐项确认被评估建筑消防设施系统的种类；④按照图纸和技术资料，现场核查并记录各系统主要设备的规格型号和数量。

■ 消防供配电设施：核对消防用电设备的供配电系统负荷等级与设计是否一致并符合规范要求；当建筑物内设有变电所时，现场对照图纸核实是否在变电所处开始自成系统；当建筑物为低压进线时，是否在进线处开始自成系统，是否有标识。

■ 消防配电：①逐项查看消防控制室、消防水泵房、消防电梯、防排烟机房等处最末一级配电箱是否采用单独供电回路，查看最末一级配电箱处是否设置主、备电源自动切换装置；②查看消防设备的配电箱是否有明显标志，检查配电箱上的仪表及指示灯显示是否正常，开关及控制按钮是否灵活可靠；③核查配电箱控制方式及操作程序是否符合设计并进行切断消防主电源试验。

- 火灾自动报警系统：检查消防控制室是否有显示被保护建筑的重点部位，疏散通道及消防设备所在位置的平面图或模拟图及其他检查；检查火灾报警控制器安装、主备电、功能等情况；检查火灾探测器选型、布线、安装情况，进行功能试验；检查手动报警按钮设置部位、数量、安装情况；检查火灾警报装置安装、设置情况；进行系统功能检查（正常监视状态、报警功能、联动控制功能）。
- 消防给水设施：检查消防水池容积、补水设施情况；检查消防水箱容积、补水设施、出口阀门、止回阀等情况；检查稳压泵气压水罐和稳压泵控制柜安装、双电源供电、启停运行控制、阀门及标识等情况。检查消防水泵房设置消防专用电话分机、应急照明灯，消防水泵房有明显标志情况；检查消防水泵及消防管道情况；检查消防水泵控制柜双电源供电、手动启停消防水泵主泵和备用泵、主、备消防自动切换功能等情况；检查水泵接合器规格、数量和安装位置、控制阀等情况。
- 消火栓系统：检查消防供水设施、消防管网；检查室外消火栓规格、数量和设置位置、安装等情况；检查室内消火栓和消火栓箱安装、位置等情况；检查消火栓系统功能（静压测试、动压试验）。
- 自动喷水灭火系统：检查消防供水设施、管网；检查报警阀组设置位置、标识和进、出口控制阀、组件安装和标识等情况；进行报警阀功能试验；检查水流指示器标志、状态、反馈信号等情况；检查喷头设置部位和类型、安装、外观、周围环境等情况；检查末端试水装置设置位置、压力显示等情况；进行系统功能测试。
- 气体灭火系统：检查每个防护区内、外相关设施设备及围护结构的设置情况。检查灭火剂贮存装置设置、外观和压力情况；查看每个喷嘴状态；进行气体灭火系统功能模拟启动试验。
- 机械加压送风系统：检查风机控制柜标志、双电源供电、手自切换装置设置情况；检查机械加压送风机铭牌、标志，现场启动、远程启动等情况；检查送风道软连接、外观等情况；检查送风阀（口）安装设置、开启和复位操作装置等情况；进行系统功能测试。
- 机械排烟系统：检查机械排烟风机控制柜标志、双电源供电、手自切换装置设置情况；检查排烟风机铭牌、标志，现场启动、远程启动等情况；检查排烟道软连接、外观等情况；检查排烟口、排烟阀、排烟防火阀、防火阀、电动排烟窗安装、位置、开启和复位操作、信号反馈等情况；进行系统功能测试。
- 消防应急照明及疏散指示系统：检查消防应急照明灯具安装、应急转换时间、地面最低水平照度；检查疏散指示标志安装、设置位置、工作状态、地面中心照度。
- 消防应急广播系统：检查扩音机显示状态、开关和控制按钮、监听功能等情况；检查扬声器安装、外观、音质情况；进行系统功能测试。
- 消防专用电话：检查消防专用电话设置位置、通话音质、外线电话等情况。
- 防火分隔设施：检查防火门组件及标识、启闭功能、常开防火门的自动关闭并反馈信号等检查。检查防火卷帘组件及标识、紧固件、现场手动、远程手动、自动控制及温控释放功能等情况。检查电动防火阀外观、开启与复位操作、自动关闭并反馈信号等情况。
- 消防电梯：检查首层的消防电梯迫降按钮、轿厢内的专用对讲电话应正常、联动控制的消防电梯并接收反馈信号等情况。
- 消防设施联动控制功能：将火灾报警控制器或联动控制器处于自动状态，选择任一楼层或防火分区模拟火灾确认状态，即测试同一区域内的两只火灾探测器或一只火灾探测器和一只手动报警按钮，查看下列内容：①相关区域声光报警器是否鸣响；②相关区域消防应急广播系统是否启动；③该区域的非消防电源是否被切断；④该区域应急照明及疏散指示系统是否启动；⑤区域内的消防电梯是否迫降；⑥该区域的机械加压送风系统是否启动；⑦该区域的机械排烟系统是否被启动；⑧该区域常开防火门是否关闭；⑨该区域防火卷帘是否动作到位；⑩该区域电动防火阀是否关闭；⑪涉及疏散的电动栅栏及门禁系统是否开启；⑫火灾报警控制器或联动控制器是否接收并显示上述相关消防系统动作的反馈信号。
- 灭火器：检查每个计算单元配置的灭火器数量和类型、设置位置、外观、放置环境等情况。
- 其他消防设施设备的检查：对民用、工业建筑和特殊场所涉及的其他消防设施设备，按照相关建筑消防技术标准进行评估。

3.2.3 消防安全管理评估

3.2.3.1 消防工作组织

- 消防工作组织机构、人员及其职责：①查阅单位明确消防安全责任的文件，核实是否逐级、逐部门、逐岗位明确消防安全责任人及其职责，询问各业务部门相关人员是否清楚本部门和本职岗位的消防安全责任；②对共有(用)建筑，查阅产权单位、使用单位、统一管理单位之间签订的相关文件资料，现场提问相关负责人，核查是否明确各自的消防安全管理职责。

- 消防安全责任人、管理人：①查阅有关文件、工作记录、会议记录、经费投入凭证等，现场询问消防安全责任人职责和单位消防安全情况，核查逐级消防安全责任、消防经费投入、督促整改火灾隐患、建立专职(志愿)消防队、制订灭火和应急疏散预案、配备消防控制室值班人员等工作落实情况；②查阅有关文件、工作记录、会议记录等，现场提问消防安全管理人(单位没有消防安全管理人的，提问消防安全责任人)职责内容，核查年度消防工作计划、消防安全制度、组织防火检查、整改火灾隐患、维护保养消防设施、管理专职(志愿)消防队、开展消防宣传培训、组织灭火和应急疏散演练、开展消防工作考评奖惩、重点部位管理等工作落实情况。

- 消防工作归口管理部门：①查阅单位设置或确定消防工作归口管理部门、专职或兼职消防管理人员及其工作职责的文件，通过查阅防火巡查检查、建筑消防设施巡查、消防安全教育培训、火灾隐患整改、灭火和应急疏散演练、建筑消防设施维护保养、消防工作考评奖惩等工作记录，核实其履行职责情况；②现场提问至少 2 名专(兼)职消防管理人员，核查是否清晰了解本单位消防安全整体情况、是否掌握岗位职责、是否清楚工作流程。

- 消防安全制度：①查阅单位是否以文件形式发布各项消防安全制度，核查各项制度是否符合本单位消防安全实际情况，是否具有针对性和可操作性；②对照每项工作制度，查阅相关工作记录，现场提问至少 2 名相关岗位人员，核查是否清楚本岗位的消防安全制度、是否落实制度相关规定。

3.2.3.2 防火检查巡查及隐患整改

- 防火检查：①查阅单位近 2 次的防火检查记录，现场提问至少 2 名防火检查人员，核实检查频次、检查内容、人员签名等；②针对防火检查发现的消防安全问题，跟踪查阅并现场核实整改情况。

- 防火巡查：①查阅单位近 2 个月的每日防火巡查记录，与现场评估发现的问题相比对，核实单位巡查人员是否及时发现并处置；②现场提问至少 2 名防火巡查人员，核实巡查频次、巡查内容是否符合规定，对巡查发现的消防安全问题是否妥善处置。

- 火灾隐患整改：①查阅单位火灾隐患整改处置程序，核实其内容是否齐全、程序是否完整；②结合现场检查和查阅资料，核实是否采取相应防范措施，保障隐患部位安全；③从日常防火检查、巡查记录中抽查隐患，查看其整改是否按照制度规定的程序、时限实施，并现场核查隐患整改效果。

- 消防安全宣传教育和培训：①查阅单位消防宣传教育培训制度和培训记录、影像资料等，核查实施频次、培训内容是否符合规定要求，核实消防安全责任人和管理人、专(兼)职消防安全管理人员、自动消防系统操作人员是否经过专门培训，员工上岗前是否经过培训；②通过问卷调查、现场提问、实地操作等形式，按照一定的比例(员工总数在 100 人以上的，抽查不同部门、岗位的员工，总数不少于 20 人；员工总数不足 100 人的，抽查不同部门、岗位的员工，总数不少于 10 人，少于 10 人的，全数调查)，了解员工消防安全教育培训实效。

3.2.3.3 安全疏散设施管理

实地检查单位所有的消防通道、安全出口、防火门等场所设施。

3.2.3.4 消防控制室管理

①查阅消防控制室相关制度规定，核查制度内容、应急程序和消防安全管理资料内容是否符合《消防控制室通用技术要求》(GB 25506)和《建筑消防设备管理及维护措施》(GB 25201)的规定；②比对设备火警、故障信息与相应运行记录，检查火警信息和设备故障是否及时登记，并按照规定进行处置；③检查消防控制室人员排班表和值班记录，核实是否落实 24h 双人值班要求；④检

查值班操作人员职业资格证书;⑤模拟火警信号,现场测试值班人员的设施操作和应急处置技能。

3.2.3.5 用火用电消防安全管理:①查阅单位用火用电安全管理相关制度、职责和安全操作规程;②查看用火审批工作记录;③结合现场检查,核查有无违规用火用电情况。

3.2.3.6 消防安全重点部位管理:①现场检查,核实单位确定重点部位是否有遗漏,防火标志是否设置清晰,值班人员是否在位,是否制订有针对性的消防安全管理措施;②查阅防火巡查和检查记录、事故处置记录及有关材料,核实日常防火巡查、检查是否落实,是否存在违规操作现象,是否及时发现和整改火灾隐患;③现场提问各重点部位至少2名员工,核查是否掌握安全操作规程和事故应急处置程序。

3.2.3.7 专职和志愿消防队:①现场检查,核实专职或志愿消防队人员组成和装备配备是否满足规定要求;②查阅定期例会、业务培训、日常训练、队员考核等相关资料;③查看专职或志愿消防队演练记录,核实是否定期组织演练,是否联合附近消防救援专职、志愿消防队共同进行;④现场模拟火情,实地测试专职或志愿消防队员灭火技能掌握情况,以及附近消防救援专职、志愿消防队联动情况。

3.2.3.8 灭火和应急疏散预案演练管理:①查阅单位灭火和应急疏散预案,检查其内容是否符合单位消防安全实际,是否结合单位情况变化和演练发现的问题及时进行修订;②查阅最近2次组织演练的工作计划、文字记录、影像视频等档案资料,核查责任部门、责任人职责落实情况,演练频次是否符合规定;③随机询问相关岗位员工是否熟练掌握灭火和应急疏散程序;④模拟警情,现场组织全面或局部灭火和应急疏散预案演练,检验演练实效(可结合专职和志愿消防队检查同步实施)。

八、作业保障条件

1. 相关方配合:消防设施的维护保养工作需要物业工程部的大力配合,在初期工程部能提供原建设图纸以便维保技术人员熟悉现场、消防设施的安装布置、消防设计意图,详尽的技术资料能在设备维修更换时便于快速处置。在消防设施日常测试工程中,维保人员和物业工作人员应共同商定测试的区域、测试的时间、测试的内容,做好测试区域的安全保护。对在消防联动测试工程中影响的其他机电系统做好应急保障预案,如非消防电源的切断、电梯迫降、防火卷帘门下降后的系统恢复应及时,将消防测试造成的影响面降至最小。

2. 技术支持:相关设施设备的维保单位需配合现场作业,部分设施设备的厂家或安装单位需要配合现场作业。

3. 程序保障:为保障作业活动有序受控进行,根据法律法规、技术规范、合同约定等编制了服务方案计划,作业人员严格按照服务方案计划、作业指导书和操作规程进行操作。

4. 人员保障:按标准要求和合同约定,指派具备资质的人员参与作业活动。如发生人员变更应做好项目交接。

5. 设备保障:按标准要求和项目需要,从业人员携带、使用有效的检查和测试设备,并做好安全防护。

6. 应急保障:为预防和减少突发事件可能产生的影响,制订了应急预案,并对从业人员进行了培训和现场演练。

九、服务过程风险提示

1. 消防设备供应及第三方服务的风险

消防设备由于长期处在运行过程中,随着时间的推移设备的老化是正常的,这就要在维保的时候将消防系统设备的维修及备品、备件的供应处在可控状态。不能因为设备的原因影响整个消防系统的正常运行。本项目采用的消防设备均为进口或合资产品,备品、备件的供应需要靠平时公司备的库存解决。由于本项目采用国外进口系列火灾报警系统,因此系统的调试软件掌握在供应商手中,如果局部改动需要增减外部设备须由供应商提供技术服务才能完成,因此,持续与供应商保持联系是项目顺利完成的保障条件之一。

2. 执业人员风险

在消防设施的维保过程中,对系统的功能进行测试时,必须在确保安全的前提下进行。

(1) 气体灭火功能测试,在测试的时候必须将启动钢瓶的瓶头阀拆卸下来,保证不能因为联动模块的动作启动瓶头阀从而造成七氟丙烷气体药剂的释放。

(2) 在消火栓系统测试时,严格掌握消防泵启动的时间,消防泵在进行动压测试时必须开启一个消火栓进行出水,以防管网因超压造成破裂。

(3) 在进行自动喷水灭火系统湿式报警阀现场放水测试时,必须根据污水井的潜水泵的排水速度进行操作。如果喷淋泵自动启动,导致放水时的压力和流量增大,可能会造成泵房间积水,进而引发严重后果。

(4) 消防报警系统联动测试环节需要进行对非消防电源的火警状态下自动切电功能,如果没有及时通知用户做好相关的断电准备工作就会造成工作用的电脑、机房内的网络设备及服务器因断电造成网络中断或资料存储的遗失。

3. 在消防设施操作、作业过程中,可能存在坠落、触电、物体打击、机械伤害等事故。按照实际需要配备个人防护和劳动保护装备。当现场环境不适宜时,先暂停作业,由项目组讨论后续方案。

4. 在服务过程中,可能存在关停消防设施设备的情况。从业过程中,需要暂时关停消防设施时,须提前获得单位消防安全责任人批准,并告知相关单位建立必要的防护措施。在消防设施所在建筑醒目位置张贴公告、设置明显提示标识。

十、安全防护措施

1. 高空作业安全防护措施

1.1 高空作业人员必须正确佩戴安全帽,必须系好安全带,并挂在牢固处(高挂低用)。

1.2 高处作业使用的脚手架、吊架、平台、脚手板、梯子、护栏、索具(钢丝绳、麻绳、化学纤维绳)等料具和安全带、安全网等安全防护用品的质量都必须符合国家规范的要求。

1.3 高处施工作业前,应进行针对性的书面安全交底,要被交底人签字,同时必须落实所有的安全技术措施和个人防护用品,未经落实时,不得进行施工作业。

1.4 从事高处作业的人员,必须定期体检。凡患有高血压、心脏病、贫血、癫痫症、严重近视及患有其他不适应高处作业病症的人员,均不得登高作业。

1.5 攀登和悬空高处作业人员以及搭设高处作业安全设施的人员,必须经过专业技术培训及专业考试合格,持证上岗。

1.6 作业过程中,对高处作业的安全技术设施,使用中发生损坏,必须及时解决,危及人身安全的,必须立即停止作业,排除险情或隐患后,方准作业。

2. 使用人字梯的安全防护措施

2.1 使用前检查该梯子是否安全,即检查梯子的铆钉是否松动,焊接是否开裂。

2.2 用结实的绳索将两边拉住、拴紧、绷直。

2.3 使用梯子时至少两人一组,有专人扶梯。

2.4 严禁使用梯子最上面两格。

2.5 严禁背对梯子作业。

2.6 距地面超过2 m以上的作业,且安全带无挂点时,除扶梯人外,须再设置一名监护人。

3. 预防触电的安全防护措施

3.1 保证电气设备的安装质量;装设保护接地装置;在电气设备的带电部位安装防护罩或将其装在不易触及的地点,或者采用联锁装置。

3.2 使用、维护、检修电气设备,严格遵守有关安全规程和操作规程。

3.3 尽量不进行带电作业,特别在危险场所(如高温、潮湿地点),严禁带电工作;必须带电工作时,应使用各种安全防护工具,如使用绝缘棒、绝缘钳和必要的仪表,戴绝缘手套,穿绝缘靴等,并设专人监护。

3.4 禁止非电工人员乱装乱拆电气设备,更不得乱接导线。

3.5 加强技术培训,普及安全用电知识,开展以预防为主的事故演习。

十一、服务计划

消防设施维护保养服务计划表

人员配备：项目负责人：××××；消防设施操作员：××××

序号	维保设备及分项	维保周期	维保项目及内容	第1期	第2期	第3期	第4期	第5期	第6期	第7期	第8期	第9期	第10期	第11期	第12期
									计划安排						
一、火灾自动报警系统															
1	火灾报警控制器	月	检查火灾报警功能。按实际安装数量检查	●	●	●	●	●	●	●	●	●	●	●	●
2	火灾探测器、手动火灾报警按钮	月	按楼层或区域，检查火灾报警功能。检查数量保证全年检查数量保证100%覆盖	（楼层或区域）	●	●	●	●	●	●	●	●	●	●	●
3	火灾显示盘	月	按楼层或区域，检查火灾报警显示功能。检查数量保证全年100%覆盖	（楼层或区域）											
4	消防联动控制器、输出模块	月	按位置或区域，检查输出模块启动功能。检查数量保证全年100%覆盖	（位置或区域）											
5	消防设备应急电源	月	检查转换功能（火灾报警控制器、联动控制器）		●	●	●	●	●	●	●	●	●	●	●
6	自动喷水灭火系统水流指示器、压力开关、信号阀、液位探测器	月	1. 按楼层或区域，信号阀动作信号反馈功能。检查数量保证全年100%覆盖。 2. 按保护区域，检查湿式报警阀反馈功能。开关、信号阀动作信号反馈功能。检查数量保证全年100%覆盖。 3. 按位置，检查消防水箱水位液位探测器动作信息反馈功能	（楼层或区域）											
7	消火栓按钮	月	按楼层或区域，检查报警功能。检查数量保证全年100%覆盖	（楼层或区域）											
8	电动送风口、电动挡烟垂壁、排烟口、排烟窗、电动防火阀、排烟防火阀、排烟机入口处的总管上设置的280℃排烟防火阀	月	1. 按楼层或区域，检查电动送风口、电动挡烟垂壁、电动防火窗、排烟口启动、反馈功能，电动防火阀动作信号反馈功能。检查数量保证全年100%覆盖。 2. 检查280℃排烟风机入口处的总管上设置的动作信号反馈功能	（楼层或区域）											

续表

序号	维保设备及分项	维保周期	维保项目及内容		计划安排											
			维保项目	维保内容	第1期	第2期	第3期	第4期	第5期	第6期	第7期	第8期	第9期	第10期	第11期	第12期
9	非消防电源相关系统	月	按楼层或区域，检查联动控制功能。按楼层或区域，检查数量保证全年100%覆盖		(楼层或区域)	●	●	●	●	●	●	●	●	●	●	●
10	自动消防系统	月	按楼层或区域，检查整体联动控制功能。按楼层或区域，检查数量保证全年100%覆盖		(楼层或区域)	●	●	●	●	●	●	●	●	●	●	●
11	消防电梯	月	按楼层或区域，检查联动控制功能。按楼层或区域，检查数量保证全年100%覆盖		(楼层或区域)	●	●	●	●	●	●	●	●	●	●	●
二、消防给水及消火栓系统																
12	消防水池、高位消防水池、高位消防水箱	月	检测高位消防水箱的水位		●	●	●	●	●	●	●	●	●	●	●	●
13	消防水泵	月	手动启动消防水泵运转一次，检查供电电源的情况		●	●	●	●	●	●	●	●	●	●	●	●
14	气压水罐	月	检测气压水罐的压力和有效容积		●	●	●	●	●	●	●	●	●	●	●	●
15	控制阀门	月	1.检查控制阀门开启状态，系统上所有的控制阀门均应采用铅封或锁链固定在开启或规定的状态。2.检查铅封、锁链，当有破坏或损坏时及时修理更换		●	●	●	●	●	●	●	●	●	●	●	●
16	消防水泵	季	进行消防水泵的出流量和压力试验				●			●			●			●
17	消火栓	季	对消火栓进行外观和漏水检查，发现有不正常的消火栓及时更换				●			●			●			●
18	消防水泵接合器	季	检查消防水泵接合器的接口及附件，应接口完好、无渗漏、闭盖齐全				●			●			●			●
19	消防水池、消防水箱	年	应检查消防水池、消防水箱等蓄水设施的结构材料是否完好、发现问题时及时处理													●

续表

序号	维保设备及分项	维保周期	维保内容	第1期	第2期	第3期	第4期	第5期	第6期	第7期	第8期	第9期	第10期	第11期	第12期
三、自动喷水灭火系统															
20	消防水泵或内燃机驱动的消防水泵	月	手动、自动启动喷淋泵	●	●	●	●	●	●	●	●	●	●	●	●
21	控制阀门铅封或锁链	月	检查控制阀门的铅封、锁链,当有破坏或损坏时及时修理更换	●	●	●	●	●	●	●	●	●	●	●	●
22	末端试水装置	月	利用末端试水装置进行水流指示器的试验	●	●	●	●	●	●	●	●	●	●	●	●
23	喷头	月	1. 检查喷头外观,发现有不正常的喷头及时更换,当喷头上有异物时及时清除。2. 检查备用数量检查	●		●		●	●		●	●		●	
24	报警阀、试水阀	季	对所有的末端试水阀和报警阀旁的放水试验阀进行一次放水试验,检查系统启动、报警功能以及出水情况是否正常			●			●			●			●
25	系统联动试验	年	检查系统运行功能												●
四、气体灭火系统															
26	高压二氧化碳系统、七氟丙烷管网灭火系统、IG-541灭火系统	月	1. 检查灭火剂储存容器及容器阀、驱动装置、信号反馈装置、喷嘴组件应无碰撞变形及其他机械性损伤,表面应无锈蚀,保护涂层应完好,铭牌和保护对象标志牌应清晰,手动操作志牌应清晰,手动操作装置的防护罩、铅封和安全标志应完整。2. 灭火剂储存容器内的压力,不得小于设计储存压力的90%	●	●	●	●	●	●	●	●	●	●	●	●

续表

序号	维保项目及内容			计划安排											
	维保设备及分项	维保周期	维保内容	第1期	第2期	第3期	第4期	第5期	第6期	第7期	第8期	第9期	第10期	第11期	第12期
27	预制灭火系统	月	检查预制灭火系统的设备状态和运行状况应正常	●	●	●	●	●	●	●	●	●	●	●	●
28	可燃物的种类,分布情况,防护区的开口情况	季	检查可燃物的种类、分布情况,防护区的开口情况			●			●			●			●
29	各喷嘴孔口	季	检查喷嘴孔口,应无堵塞			●			●			●			●
30	模拟启动试验、模拟喷气试验	年	对每个防护区进行1次模拟启动试验,进行1次模拟喷气试验												●
五、防烟排烟系统															
31	防烟、排烟风机	季	手动或自动启动试运转,检查有无锈蚀、螺丝松动			●			●			●			●
32	挡烟垂壁	季	手动或自动启动、复位试验,有无降障碍			●			●			●			●
33	排烟窗	季	手动或自动启动、复位试验,有无开关障碍			●			●			●			●
34	供电线路	季	检查供电线路有无老化,双回路电源自动切换功能			●			●			●			●
35	排烟防火阀	半年	手动或自动启动、锈蚀及变形、弹簧性能、复位试验检查,确认性能可靠						●						●
36	送风阀或送风口	半年	手动或自动启动、锈蚀及变形、弹簧性能、复位试验检查,确认性能可靠						●						●

续表

序号	维保设备及分项	维保周期	维保内容	计划安排											
				第1期	第2期	第3期	第4期	第5期	第6期	第7期	第8期	第9期	第10期	第11期	第12期
37	排烟阀或排烟口	半年	手动或自动启动,复位试验检查,有无变形、锈蚀及弹簧性能,确认性能可靠						●						●
38	防烟、排烟系统	年	对全部防烟、排烟系统进行一次联动试验和性能检测,其联动功能和性能参数符合原设计要求												●
六、消防应急照明和疏散指示系统															
39	手动应急启动功能	月	检查手动应急启动功能	●	●	●	●	●	●	●	●	●	●	●	●
40	持续应急工作时间	月	检查每一台灯具进行一次蓄电池电源供电状态下的应急工作持续时间	●	●	●	●	●	●	●	●	●	●	●	●
41	自动应急启动功能(集中控制型系统)	年	检查每一个防火分区至少进行一次火灾状态下自动应急启动功能										●		
七、火灾警报和消防应急广播系统															
42	火灾报警器	月	按楼层区域,检查数量保证全年100%覆盖	(楼层或区域)	●	●	●	●	●	●	●	●	●	●	●
43	消防应急广播控制设备	月	检查应急广播功能	(楼层或区域)	●	●	●	●	●	●	●	●	●	●	●
44	消防应急广播扬声器	月	按楼层或区域,检查数量保证全年100%覆盖	(楼层或区域)	●	●	●	●	●	●	●	●	●	●	●
45	火灾警报和消防应急广播系统	月	按楼层或区域,检查联动功控制能,保证全年100%覆盖	(楼层或区域)	●	●	●	●	●	●	●	●	●	●	●
八、消防专用电话															
46	消防电话总机	月	检查消防电话总机呼叫功能。按实际安装数量检查	●	●	●	●	●	●	●	●	●	●	●	●

续表

序号	维保设备及分项	维保周期	维保项目	维保内容	第1期(位置或区域)	第2期	第3期	第4期	第5期	第6期	第7期	第8期	第9期	第10期	第11期	第12期
47	电话分机、电话插孔	月		按位置或区域,检查电话分机呼叫功能。检查数量保证全年100%覆盖												
九、防火分隔设施																
48	防火门	季	手动启动常闭式防火门	检查防火门开关功能,且无卡阻现象			●			●			●			●
49	防火门	年		检查:常开式防火门火灾报警联动控制功能,消防控制室手动控制功能,现场手动功能												●
50	活动式防火窗	季	手动启动活动式防火窗	手动启动活动式防火窗,检查防火窗上的控制装置,检查防火窗开关功能且无卡阻现象			●			●			●			●
51	活动式防火窗	年		检查:活动式防火窗火灾报警联动控制功能,消防控制室手动控制功能,现场手动功能												●
52	防火卷帘	季		检查: 1. 手动操作防火卷帘内外两侧控制器或按钮盒上的控制按钮,检查防火卷帘上升、下降、停止功能。 2. 手动操作防火卷帘手动速放装置,检查防火卷帘依靠自重恒速下降功能。 3. 手动操作防火卷帘的手动拉链,检查防火卷帘升、降功能,且无消防撞击现象			●			●			●			●
53	防火卷帘	年		检查:防火卷帘控制器的火灾报警功能、自动控制功能、手动控制功能、故障报警功能、备用电源转换功能												●

消防设施检测服务计划表

人员配备:项目负责人:×××;消防设施操作员:×××

日期/时间	计划安排
××月××日 ××:××-××:××	消控室:消防主机检测。 消防水泵房:消防水泵检测、报警阀检测
××月××日 ××:××-××:××	屋顶层:稳压泵及消防水箱检测;防排烟风机检测;实验消火栓检测。 ×××层喷淋末端试水装置检测
××月××日 ××:××-××:××	××层消防联动检测
××月××日 ××:××-××:××	气体灭火系统检测
××月××日 ××:××-××:××	—

消防安全评估计划表

人员配备:项目负责人:×××;一级消防工程师:×××;消防设施操作员:×××

日期/时间	计划安排
××月××日 ××:××-××:××	首次沟通协调会
××月××日 ××:××-××:××	建筑消防安全评估
××月××日 ××:××-××:××	消防设施评估
××月××日 ××:××-××:××	消防安全管理评估
××月××日 ××:××-××:××	—

编制:　　　　　　日期:　　　　　　批准:　　　　　　日期:

3.8.2.5 检查要素和内容

本节检查要素和内容见表3.43。

表 3.43 检查要素和内容

指标	检查要素	检查内容
8.2 服务计划（方案）	1. 应根据法律法规、技术规范、国家标准、行业标准、合同、技术交底文件编制消防技术服务计划	随机抽取服务项目,查看是否编制了服务计划
	2. 计划内容应包含项目名称、服务范围、服务内容和方法（检测和评估项目应明确抽样比例）、人员（项目负责人、项目组人员配备）、时间、频次、编制/修订日期、编制和批准人等	查看服务计划是否包含要求内容
	3. 项目负责人宜考虑项目特点、难度、复杂性,编制消防技术服务方案	查看服务方案的编制原则是否明确
	4. 消防技术服务方案内容可包含: a) 项目名称; b) 项目概况(建筑概况、消防设施概况、相关方情况等); c) 目的; d) 相关法律法规、技术标准; e) 服务原则; f) 服务程序(依据相关消防技术标准要求编写);	查服务方案是否包含 a~j 内容

续表3.43

指标	检查要素	检查内容
8.2 服务计划（方案）	g) 作业保障条件（相关方的配合度、技术支持能力等）； h) 服务过程风险提示； i) 安全防护措施； j) 服务计划	查服务方案是否包含 a~j 内容
	5. 项目负责人应在项目开展前，确保消防技术服务计划（方案）在项目组内得到充分沟通、理解	询问沟通方式或查看交底沟通记录
	6. 针对维护保养业务，项目负责人应将消防技术服务计划信息录入消防技术服务管理系统	随机抽取服务项目，查录入计划是否及时

3.9 委托单位财产和备品（件）

3.9.1 委托单位财产

3.9.1.1 委托单位财产管理

委托单位财产是指构成服务，或者用于服务提供的财产。财产可以是有形的或无形的。机构应确保委托单位财产得到保护、识别、标识和验证，并当委托单位财产发生丢失、损坏或发现其他不适用或不可用的情况时，及时准确地告知委托单位。

质量管理要求：

> 机构应确定、验证、保护和防护消防技术服务项目中委托单位的设施设备、资料、图纸、数据信息、备品（件）、知识产权等委托单位财产。
> 若发生损坏、遗失委托单位财产等情况，机构应及时告知委托单位。

机构应确定、验证消防技术服务项目中委托单位财产，包括消防设施设备、文件、资料、图纸、数据信息、备品（件）和知识产权等，可形成清单管理，明确保护和防护措施。如委托单位财产发生损坏、遗失、变更等情况时，机构的项目负责人应及时与委托单位对接人进行联系，告知情况和采取措施。

3.9.1.2 案例分析

某消防技术服务机构识别的委托单位财产包括：
1. 竣工验收文件复印件、竣工图纸复印件，由项目负责人保存于项目档案中。
2. 电子版竣工图纸，由项目负责人保存于个人电脑中。
3. 消防设施备品件，由操作员与委托单位办理交接，保管于项目现场仓库。
4. 其他执业现场使用物品，如劳防用品、工器具等，由操作员个人保管。

由项目负责人根据上述情况整理成委托单位财产清单，见表 3.44。

表 3.44 委托单位财产清单

项目名称	×××	
序号	财产名称/数量/描述	保护、防护措施
1	图纸、资料类文件(竣工验收文件复印件、竣工图纸复印件、电子版竣工图纸),详细见技术交底文件清单	电子版文件存于项目负责人专用电脑中;纸质版文件保存于项目档案中
2	消防设施设备,详细见消防设施设备清单	消防设施设备操作前获得委托单位允许,按作业指导书规范操作
3	消防设施备品件	由操作员与委托单位办理交接,保管于项目现场仓库
4	其他执业现场使用物品,如劳防用品、工器具等	由操作员个人保管

如文件遗失、消防设施设备发生损坏、其他委托单位财产发生遗失或损伤时,及时告知对方对接人

编制人/日期:　　　　　　　批准人/日期:

3.9.1.3 检查要素和内容

本节检查要素和内容见表 3.45。

表 3.45 检查要素和内容

指标	检查要素	检查内容
9.1 委托单位财产	1. 机构应确定、验证、保护和防护消防技术服务项目中委托单位的设施设备、资料、图纸、数据信息、备品(件)和知识产权等委托单位财产	1. 查看机构是否确定、验证了委托单位财产。 2. 查看机构是否编制了委托单位财产清单。 3. 查看机构是否明确了委托单位财产的保护或防护措施
	2. 对委托单位财产有保护和防护措施,有损坏,及时告知委托单位	1. 查是否存在委托单位财产丢失或损坏的情况。 2. 查看机构是否对上述情况的措施和告知记录

3.9.2 备品(件)管理

3.9.2.1 建立程序文件

机构应确保对外部供方的控制,以使供应商所提供的产品和服务满足要求。机构应保持对供应商最新信息的了解,定期或不定期评价供应商持续提供满足要求的服务的能力。

质量管理要求:

> 针对维护保养业务,机构应建立设施备品(件)管理程序文件,对由机构采购的备品(件)进行管理,包含对供应商的选择和评价、备品(件)采购和验收等。

针对消防设施维护保养业务,机构会涉及到备品(件)的采购,机构可通过建立程序文件,对供应商的选择和评价、备品(件)采购、验收、入库及领用等过程进行管理。

3.9.2.2 设施备品(件)管理程序文件示例

设施备品(件)管理程序文件

一、目的

为规范和统一本公司备品(件)的流程和方法,明确各岗位的职责和权限,为本公司质量管理体系的

良好运行提供保障,特制订本程序文件。

二、范围

本程序文件适用于本公司的供应商的选择和评价、备品(件)采购和验收等设施备品(件)管理相关活动。

三、部门和岗位职责

3.1 ××部门为本公司备品(件)管理的主管部门。负责对供应商的选择和评价、备品(件)采购和验收等管理流程。

3.2 总经理负责合格供应商名录的批准。

3.3 技术负责人负责组织进行供应商评价,建立合格供应商名录,组织年度评审并更新名录。

3.4 项目负责人负责采购需求,提出采购申请,或提出紧急采购申请。

3.5 项目负责人或仓库管理人员对采购的备品(件)进行验收、储存、领用等。

四、工作流程

4.1 供应商评价与建立名录

4.1.1 由技术负责人组织进行供应商评价,评价内容包括:a)企业资质、经营状况、信誉;b)产品质量和技术性能;c)供货能力和协作水平;d)价格。

4.1.2 评价合格的供应商,列入合格供应商名录,经总经理批准。

4.1.3 由技术负责人组织供应商年度评审并更新名录。

4.2 备品(件)采购和验收

4.2.1 由项目负责人与委托单位确认采购需求,提出采购申请。

4.2.2 由××部门××岗位按需求采购。

4.2.3 因消防设施故障已影响委托单位正常工作等原因急需的备品件,由项目负责人提出紧急采购申请。

4.2.4 备品(件)到货后,由××部门××岗位进行验收,核对品牌、规格型号、外观、数量、合格证明等。

4.2.5 验收不合格的备品(件),由××部门××岗位组织退货或调换。

4.3 备品(件)入库和保管

4.3.1 备品(件)入库保存于××处,由××部门××岗位负责保存,建立台账。

4.3.2 备品(件)应分类码放整齐,按照防护要求进行保管,以保证库存备品和备件不变形、不锈蚀、不变质,始终处于完整的良好状态。

4.4 备品(件)领用

4.4.1 使用部门领用备品件,核对领用备品件名称、型号、数量,填写领用记录。

4.4.2 备品(件)领用时符合"先进先出"原则。

4.4.3 如遇特殊情况(如设备故障已影响正常运行等情况时),领用人员可先到库房办理借用,但应及时补办手续。

4.5 备品件维修和报废

4.5.1 经技术判定可修复的备品件,由××部门××岗位组织维修。

4.5.2 已修复合格的备品件,入库并以优先使用原则发放使用。

4.5.3 由于设备更新/改造、报废等原因不再使用以及老化、损坏的备件,作报废处理,设置报废标识并隔离,防止误用。

五、记录表单

5.1 《供应商评价表》

5.2 《合格供应商名录》

5.3 《消防设施备品件验收记录》

5.4 《消防设施备品件台账》

5.5 《消防设施备品件领用记录》

3.9.2.3 供应商评价

通过对供应商评价和建立合格供应商名录,机构可以更好地管理和控制供应链,保障服务质量,降低风险,提高效率和成本效益,促进供应商持续改进,同时确保符合法规和标准的要求,从而提升整体供应链管理水平和企业竞争力。

质量管理要求:

> 机构应进行供应商评价,建立合格供应商名录并定期评审、更新,保存相应记录,评价内容至少包含:
> a) 企业资质、经营状况、信誉;
> b) 产品质量和技术性能;
> c) 供货能力和协作水平;
> d) 价格。

(1) 企业资质、经营状况、信誉:企业的资质证书、经营状况是否正常,在行业内的信誉等;
(2) 产品质量和技术性能:在同类产品中质量、技术性能水平;
(3) 供货能力和协作水平:供货时间、备货能力、同机构的协作水平;
(4) 价格:在同类水平中价格范围。
评价通过的供应商可列入合格供应商名录。
对现有供应商,应定期(如每年)进行评价,根据评价结果,及时更新名录。
供应商评价记录和合格供应商名录见表3.46和表3.47。

表 3.46 供方评价表

供方名称		法定代表	
经营范围			
企业性质		联系人	
联系地址		联系电话	
材料名称		价格	
评价内容(描述具体情况)			
经营资格和信誉			
企业规模			
供货能力			
产品质量			
产品价格			
售后服务			
评定结论			
评定结论			
参加评定人员			
评定日期			

审批意见:

批准人:　　　　　　　　　　时间:

表 3.47 合格供方名录

序号	供方名称	供应产品及服务	供方地址	联系电话	联系人
1					
2					
3					
4					

编制/日期： 审核/日期：

3.9.2.4 备品(件)采购、验收和领用

机构应确定并实施检验或其他必要的活动,以确保采购的备品(件)满足规定的采购要求。

质量管理要求：

> 机构应根据项目要求与委托单位确认采购需求,保留采购凭证。
> 机构应对采购的备品(件)进行验收,核对品牌、规格型号、外观、数量、合格证明等信息无误后方可登记接收。
> 备品(件)贮存期间应保持"账、卡、物"一致,领用时,应符合"先进先出"原则。

机构与委托单位确认采购需求时,可明确采购物品的名称、数量、规格型号、质量要求和交货时间等信息,建议形成书面采购需求清单。保留采购凭证可包括采购合同、发票、送货单和验收单等,作为采购活动的记录和证据,以备后续查证。

机构在验收备品(件)时,可对照采购需求清单进行核对,确保品牌、规格型号、外观等符合要求。检查备品(件)的合格证明等信息,确认是否符合质量要求。在确认所有信息无误后,进行登记接收,并建立相应的库存记录,以便后续查询和管理。

机构可设置卡片或标签,记录每项物品的进出情况、数量变化等信息,以便随时掌握库存状况。领用时,应符合"先进先出"原则,可避免因库存时间过长而导致的品质下降或过期等问题。

3.9.2.5 案例分析

某消防技术服务机构根据要求,每年年初组织对供应商进行评价,形成记录,更新合格供方名录。当有新供应商时,先实施评价,经评价合格后再进行采购。当服务现场需要或备品件库存低于下限时,由使用部门发起采购申请,采购部门实施采购。当备品件直接发往项目现场时,由现场人员组织验收并在送货单上签字确认。当备件发往机构仓库时,由库管员验收并在送货单上签字确认,办理入库并形成入库单,更新备品件清单。当现场人员领用备品件时,由库管员办理出库并形成出库单,更新备品件清单,见表3.48。

表 3.48 消防设施备品件清单

序号	品牌	规格/型号	外观	数量	合格证明	验收日期	验收人
1							
2							
3							
4							

编制/日期： 审核/日期：

3.9.2.6 检查要素和内容

本节的检查要素和内容见表3.49。

表3.49 检查要素和内容

指标	检查要素	检查内容
9.2 备品(件)管理	1. 针对维护保养业务,建立设施备品(件)管理程序文件	查机构针对维保业务,是否建立了备品(件)管理程序文件
	2. 文件内容包括供应商的选择和评价、备品(件)采购和验收等	查程序文件内容是否包括了供应商的选择和评价、备品(件)的采购和验收
	3. 进行供应商评价,检查内容至少包含: a) 企业资质、经营状况、信誉; b) 产品质量和技术性能; c) 供货能力和协作水平; d) 价格	随机抽取供应商评价表,查看供应商评价检查内容是否包括了a~d的内容
	4. 建立合格供方目录,定期评审、更新	1. 查是否建立了合格供方目录。 2. 查是否对新供应商进行了评价,并更新至目录中。 3. 查是否对现有供应商进行了定期评价,根据评价结果更新了目录
	5. 确认采购需求,保留设施备品(件)采购凭证,验收采购的备品(件)	1. 查是否确认了委托单位的采购需求。 2. 查是否保留了采购凭证。 3. 查是否对备品(件)进行了验收
	6. 验收时核对品牌、规格型号、外观、数量、合格证明等信息无误后登记入库,备品(件)贮存期间保持"账、卡、物"一致	1. 查库存的备品件的状态。 2. 查备品(件)台账,是否与实物一致

3.10 从业过程

3.10.1 现场作业控制

3.10.1.1 作业要求

1. 建立现场作业程序文件

建立现场作业管理程序文件的目的在于规范技术服务流程、保障服务质量、确保安全性和提升效率。通过明确服务流程和质量要求,管理程序文件可以提高服务的标准化和规范化水平,确保消防设施的正常运行和有效性,降低服务中的风险和事故发生概率,以及提高工作效率,节约时间和成本。

质量管理要求:

> 机构应建立现场作业管理程序文件,对现场从业人员的操作、防护、过程记录等进行管理。

机构通过现场作业管理程序文件,明确项目负责人按消防法律法规、技术规范、项目合同约定和服务计划(方案)要求,有效实施消防技术服务作业过程。现场从业人员应按作业指导书、操作规程、服务计划(方案)要求操作,及时记录发现的消防设施问题。明确现场过程中从业人员、检查和测试设备的防护措施和要求。明确过程中记录的内容和方式。

2. 现场作业程序文件示例

现场作业管理程序文件

一、目的

为规范和统一本公司现场作业的流程和方法,明确各岗位的职责和权限,确保消防技术服务现场工作正常进行,保障消防技术服务结果准确和可靠,为本公司质量管理体系的良好运行提供保障,特制订本程序文件。

二、范围

本程序文件适用于本公司的现场从业人员的操作、防护、过程记录等现场作业管理相关活动。

三、部门和岗位职责

3.1 维保、检测、评估部为本公司现场作业管理的主管部门,负责现场从业人员的操作、防护、过程记录等管理流程。

3.2 技术负责人负责组织应急预案的制订、培训和评估。

3.3 项目负责人负责消防技术服务作业过程的有效实施,负责与委托单位进行沟通,组织响应突发事件。

3.4 项目负责人负责维护保养信息的公示,负责消防技术服务档案的建立,负责维护保养计划的实施。

3.5 消防设施操作人员负责在消防技术服务活动中形成客观、真实、完整记录,及时响应突发事件。

四、工作流程

4.1 现场作业前准备

4.1.1 在项目开展前,由项目负责人组织班组会交流,或通过公司项目群分享等方式,在项目组内充分沟通和理解服务计划(方案)。

4.1.2 现场实际从业人员应与消防技术服务管理系统、公示信息保持一致。如人员发生变更时,应及时更新消防技术服务管理系统、公示信息。

4.1.3 当承接同一委托方的维护保养和检测项目时,应安排不同人员执业,保证从业活动的公正性。

4.1.4 从业人员在使用检查和测试设备前,应确认检定/校准的有效性和合格状态,记录设备名称、编号、使用状态。在使用、携带过程中做好安全防护。

4.1.5 准备现场记录。维护保养服务记录信息满足 GB 25201—2010 中附录要求,检测服务记录信息满足 GB/T 44481—2024 要求,评估服务记录信息满足 XF/T 3005—2020 中附录要求。

4.1.6 由项目负责人与委托单位对接人沟通:服务计划(方案)及相应现场从业人员;需委托单位配合的要求和陪同人员。

4.2 现场作业

4.2.1 从业人员应按照服务计划(方案)、作业指导书、设备操作规程的要求操作。如发生人员变更时,由技术负责人或项目负责人组织做好项目交接。

4.2.2 针对检测、评估业务,从业人员应按照服务计划(方案)、作业指导书要求的抽样比例进行检查和测试。

4.2.3 在消防技术服务过程中,从业人员的记录应客观、真实、完整,且与实际从业活动一致。

4.2.4 当发现消防设施问题,从业人员应及时记录,反馈给项目负责人,由项目负责人告知委托单位予以确认处理。

4.2.5 对可能造成重大火灾隐患的,由项目负责人立即报告服务项目所在地的消防救援机构。

4.2.6 从业人员应按照本公司服务承诺要求进行执业。

4.2.7 从业人员应做好安全防护,当发生突发事件时,应按照应急预案及时响应。

4.2.8 由项目负责人与委托单位对接人沟通:项目进程;项目变更;任何影响项目进展的情况。

4.3 现场作业后反馈

4.3.1 由项目负责人与委托单位对接人沟通:服务结果和需要整改的问题。

4.3.2 经沟通后,原始记录表单和反馈单双方签字确认,并保留。

4.4 维护保养信息

4.4.1 针对维护保养业务,在现场首次从业时,本公司会制作包含消防技术服务信息的固定标识,并在项目现场的消防控制室(值班室)醒目位置进行公示,如有变更,会及时更新公示信息,内容包括:

a)公司名称;b)项目负责人和操作人员实名信息(证件照片、姓名、手机号码、注册消防工程师注册证书注册号和消防设施操作员职业资格证书编号);c)维护保养责任期限;d)维护保养责任范围;e)投诉电话;f)公示日期。

4.4.2 由项目负责人整理消防技术服务档案复印件并加盖本公司公章,交由项目现场消防控制室(值班室)保存,文件包括:

a) 法律地位证明文件(营业执照);b)消防技术服务合同;c)项目负责人注册消防工程师注册证书;d)消防设施操作员的国家职业资格证书;e)年度维护保养计划;f)每次维护保养记录(实时更新);g)书面结论文件(实时更新)。

4.5 维护保养计划实施

4.5.1 本公司按照制订的维护保养计划实施消防设施维护保养。

4.5.2 由项目负责人每月通过面谈、书面、执业系统等方式向委托单位反馈维保计划实施情况和消防设施现状。

4.5.3 由项目负责每月通过现场检查、执业系统等方式监督计划的实施情况。

4.6 项目档案

4.6.1 项目负责人负责为每个项目建立并管理项目档案,档案信息发生变化时,及时更新。

4.6.2 项目档案包含项目评审记录(如需要)、合同、技术交底文件(如需要)、服务计划、服务方案(如需要)、过程记录、书面结论文件等记录。

五、记录表单

5.1 《现场作业过程记录》

5.2 《项目人员变更交接记录》

5.3 《项目现场沟通记录》

3. 有效实施作业过程

项目负责人应对消防技术服务作业过程进行有效实施和控制,减少出现不符合输出的可能性,确保实现预期结果。

(1) 相关管理规定:

中华人民共和国应急管理部令
第7号
社会消防技术服务管理规定

第九条 消防技术服务机构及其从业人员应当依照法律法规、技术标准和从业准则,开展下列社会消防技术服务活动,并对服务质量负责。

> **第十条** 消防设施维护保养检测机构应当按照国家标准、行业标准规定的工艺、流程开展维护保养检测,保证经维护保养的建筑消防设施符合国家标准、行业标准。

(2) 质量管理要求:

> 项目负责人应确保消防技术服务作业过程的有效实施,至少满足以下要求:
> a) 现场实际从业人员应与消防技术服务管理系统、公示信息一致,如发生变更应及时更新;
> b) 机构在承接同一委托方的维护保养和检测项目时,应采取措施确保其从业活动的公正性;
> c) 从业人员应携带、使用有效的检查和测试设备,并做好安全防护;
> d) 从业人员应按照服务计划(方案)、作业指导书、设备操作规程的要求操作,如发生人员变更应做好项目交接;
> e) 针对检测、评估业务,从业人员应按照服务计划(方案)、作业指导书要求的抽样比例进行检查和测试;
> f) 当发现消防设施问题,从业人员应及时记录,告知委托单位予以确认处理,对可能造成重大火灾隐患的,应立即报告服务项目所在地的消防救援机构;
> g) 从业人员应对消防技术服务情况做出客观、真实、完整记录,与实际从业活动一致,经双方签字确认后保存相应记录表;
> h) 记录表中应注明使用的设备名称、编号、使用状态;
> i) 从业人员应履行机构的服务承诺。

项目负责人应有效实施消防技术服务作业过程,须满足以下要求。

(1) 现场实际从业人员应与消防技术服务管理系统、公示信息一致,如发生变更应及时更新:现场实际从业人员的信息应当与消防技术服务管理系统的公示信息一致,确保信息的准确性和及时性。当从业人员的相关信息发生变更时,如人员变动、联系方式更新等情况,应及时更新这些信息。这种及时更新的做法是为了确保消防技术服务团队的信息始终保持最新和准确,从而提高工作效率、保障消防安全和服务质量。当发生从业人员变更时,项目交接变得至关重要。在项目交接过程中,新接手的从业人员需要了解项目的背景信息、当前进展情况、未完成的任务和下一步计划。

(2) 机构承接同一委托方的维护保养和检测项目时,应采取措施确保其从业活动的公正性:当机构承接同一委托方的维护保养和检测项目时,可采取安排不同作业组人员,以确保从业活动的公正性。

(3) 从业人员应携带、使用有效的检查和测试设备,并做好安全防护:从业人员应根据项目检测、评估实际需要携带适用的设备。这些检查和测试设备应经过校定或校准,且在有效期内,设备状态为合格可用。使用设备时应遵循设备操作规程或使用说明书。根据需要,确保检测设备工具具有防水和防尘功能,以防止液体或颗粒物侵入导致损坏。避免超负荷操作检测设备工具,遵守设备的额定使用限制。

(4) 从业人员应按照服务计划(方案)、作业指导书、设备操作规程的要求操作,如发生人员变更应做好项目交接:从业人员在操作时,应严格按照服务计划(方案)、作业指导书和设备操作规程的要求进行操作,确保工作的准确性和安全性。这些文件通常包含了关于设备的正确使用方法、操作步骤、安全注意事项以及应急处理程序等重要信息,从业人员应该熟悉并遵守这些规定。

(5) 针对检测、评估业务,从业人员应按照服务计划(方案)、作业指导书要求的抽样比例进行检查和测试:在进行检测和评估业务时,从业人员应严格按照服务计划(方案)和作业指导书的要求,根据规定的抽样比例进行检查和测试。这种抽样方法有助于确保检测结果具有代表性,并且能够有效地评估被检测对象的整体情况。在抽样检查和测试过程中,如果出现异常情况或结果与预期不符,从业人员应立即采取适当的措施进行处理。这可能包括重新检测、调整抽样计划、排除异常样本等,以确保最终结果的准确性和可靠性。

(6) 发现消防设施问题,从业人员应及时记录,告知委托单位予以确认处理,对可能造成重大火灾隐患的,应立即报告服务项目所在地的消防救援机构:要点是须及时记录发现的消防设施问题的具体情况,包括问题的性质、位置、可能的原因等。这些记录可以作为后续处理和跟踪的重要依据。将问题告知委托单位,并要求其确认并处理,及时通知他们是确保问题得到妥善处理的关键步骤。如果发现的问题可能造成重大火灾隐患,例如存在严重安全隐患或可能影响人员生命安全的情况,从业人员应立即报告所在地的消防救援机构。这样可以确保消防部门能及时介入并采取必要的措施,以减少火灾风险。在通知委托单位和消防救援机构后,从业人员应跟踪问题的处理进展,确保问题得到有效解决并消除可能的火灾隐患。持续关注问题的处理过程是确保消防设施安全性的重要环节。

(7)从业人员应对消防技术服务情况做好客观、真实、完整记录,与实际从业活动一致,经双方签字确认后保存相应记录表:从业人员应当按照相关法律法规和标准进行消防技术服务,并记录相关的技术服务活动,这些记录应当真实、完整,反映实际情况,不得伪造、篡改或删除。记录由从业人员和相关方共同签字确认,以确保记录的真实性和准确性。记录表应当清晰明了,易于理解,并按照规定的格式和要求填写。妥善保存记录,确保其可追溯性和完整性,并在必要时能够提供相应的证明材料。

(8)记录表中应注明使用的设备名称、编号、使用状态:在记录表中注明使用的设备名称、编号、使用状态,有助于提高记录的准确性和可靠性,并为后续的查阅和追溯提供便利。后续出具书面结论文件时,可引用记录表中记录的设备信息。如发现设备失效或功能不符时,可根据记录表中的设备信息追溯到具体项目,根据影响程度采取相应的措施。

(9)从业人员应履行机构的服务承诺:为维护和提升消防技术服务机构的形象和声誉,保障服务质量,提高委托单位满意度,从而赢得市场的信任,从业人员应履行服务承诺,可包括按照承诺的服务时间、质量、价格等方面进行服务,确保服务过程和结果符合标准要求,并积极处理委托单位的反馈和投诉,及时解决问题,提高委托单位体验。

4. 现场作业记录

现场作业时,及时记录实际操作过程和结果,可通过记录反映实际操作情况,帮助从业人员在操作中发现问题和不足,可确保服务质量,避免出现疏忽或错误,可提高服务满意度。

质量管理要求:

> 维护保养服务记录信息应满足 GB 25201—2010 中附录要求,检测服务记录信息应满足 GB/T 44481—2024 要求。评估服务记录信息应满足 XF/T 3005—2020 中附录要求。记录可包括原始记录、整改记录、复检记录、复测记录等,数据载体可为纸质或电子形式。

维护保养服务记录信息包括项目信息、检查保养项目、检查保养内容、周期频次、检查保养结果及设备使用状态信息等。

检测服务记录信息包括项目信息、检测项目、检测内容、实测记录、故障记录及处理情况、设备使用状态信息等。

评估服务记录信息包括项目信息、检查依据、评价人员、检查内容、标准要求、检查结果和设备使用状态信息等。

3.10.1.2 维护保养信息和档案

通过公示相关信息,可以让相关人员了解消防设施的基本情况、维护保养机构和服务内容等信息,便于他们更好地管理和使用消防设施。及时更新的公示信息可以让委托单位了解消防技术服务及从业人员的最新情况,提高服务质量,增强服务满意度。

在项目现场消防控制室(值班室)保存消防技术服务档案,是确保服务质量、提供证据和参考的重要手段,也是保障消防安全的重要措施之一。可以记录和证明消防设施的维护保养过程和服务内容,为机构提供真实、完整的记录,便于机构进行管理和追溯。在发生消防安全事故或存在安全隐患时,消防技术服务档案可以作为证据和参考,为相关部门的调查和处理提供支持。通过保存消防技术服务档案,项目负责人可以确保服务质量,避免出现疏漏或错误,维护机构形象和市场信誉。

(1) 相关管理规定:

中华人民共和国应急管理部令

第 7 号

社会消防技术服务管理规定

第十四条 消防设施维护保养检测机构对建筑消防设施进行维护保养后,应当制作包含消防技术服务机构名称及项目负责人、维护保养日期等信息的标识,在消防设施所在建筑的醒目位置上予以公示。

---

(2) 质量管理要求:

针对维护保养业务,机构现场首次从业时应制作包含消防技术服务信息的固定标识,并在项目现场的消防控制室(值班室)醒目位置予以公示,公示信息应及时更新,内容应至少包括:

a) 机构名称;

b) 项目负责人和操作人员实名信息(证件照片、姓名、手机号码、注册消防工程师注册证书注册号和消防设施操作员职业资格证书编号);

c) 维护保养责任期限;

d) 维护保养责任范围;

e) 投诉电话;

f) 公示日期。

项目负责人应在项目现场消防控制室(值班室)保存消防技术服务档案,至少包括:

a) 法律地位证明文件(如营业执照);

b) 消防技术服务合同(可隐去涉及商业内容);

c) 项目负责人注册消防工程师注册证书;

d) 消防设施操作员国家职业资格证书;

e) 年度维护保养计划;

f) 每次维护保养记录(实时更新);

g) 书面结论文件(实时更新)。

以上档案文件复印件加盖机构公章。

机构在首次维护保养从业后,制作消防技术服务信息固定标识,醒目公示于项目现场的消防控制室(值班室)。当公示信息,如人员、维护保养范围等发生变化时,应及时更新。

项目负责人将消防技术服务档案交由委托单位对接人员保管。当每次执业后,或文件资料更新时,及时更新档案内容。

3.10.1.3 维护保养计划实施

通过按计划实施维护保养,可以及时发现并解决消防设施存在的问题和隐患,确保其正常运行,提高消防设施的可靠性和稳定性。通过定期的维护保养和监督,可以加强消防设施的管理,确保其符合相关标准和规范,提高消防设施的管理水平。通过项目负责人的监督和反馈,可以及时了解和解决委托单位对消防设施的需求和问题,提高服务质量,增强服务满意度。

按照制订的维护保养计划实施消防设施维护保养,以及定期监督计划的实施情况,是机构提升服务质量、树立良好形象、保障消防安全的重要措施之一,有助于促进机构的长远发展。

质量管理要求：

> 机构应按照制订的维护保养计划实施消防设施维护保养。
> 项目负责人应至少每月向委托单位反馈维保计划实施情况和消防设施现状。
> 项目负责人应定期监督计划的实施情况。

按照制订的维护保养计划，机构的项目负责人组织实施消防设施维护保养。

项目负责人可在每月执业结束后，通过报告、邮件等方式向委托单位反馈维保计划实施情况和消防设施现状，根据委托单位的反馈及时调整或更新。

项目负责人可通过消防技术服务系统、实施日常检查等方式定期监督计划的实施情况。

3.10.1.4 沟通

在现场从业期间，项目负责人应与委托单位进行充分的沟通，以达到相互理解的目的。

质量管理要求：

> 现场从业期间，项目负责人应就以下信息与委托单位及时沟通确认：
> a) 服务计划（方案）及相应现场从业人员；
> b) 需委托单位配合的要求和陪同人员；
> c) 项目进程；
> d) 项目变更（含人员变更）；
> e) 服务结果和需要整改的问题；
> f) 任何影响项目进展的情况。

现场从业期间，项目负责人与委托单位保持沟通。通过沟通，可以确保双方对服务需求和期望的理解一致，避免误解和偏差。保持沟通有助于及时发现和解决问题，确保服务顺利进行和达到预期效果。良好的沟通能够建立起信任和合作关系，增强服务的有效性和效率。通过沟通了解委托单位反馈，可以及时调整服务方案，提升服务质量和服务满意度。沟通是信息传递的桥梁，有助于双方了解对方的需求、期望和反馈，促进双向交流。

沟通的方式可包括：定期向甲方提供服务进展报告，展示工作进展和成果。主动收集甲方反馈意见，了解他们的需求和期望，以便调整服务方案。通过电话、邮件等方式保持定期沟通，及时了解甲方需求和反馈。安排定期会议与甲方讨论服务进展、存在的问题和下一步计划，加强沟通和合作。

3.10.1.5 应急准备和响应

机构应具备有效应对紧急情况和突发事件的能力。机构应定期演练、培训、评估和确认从业人员能力，尤其是在某些突发情况发生后，及时总结和改进应急预案。

质量管理要求：

> 为预防和减少突发事件可能产生的影响，机构应至少针对火灾、爆炸、停电、漏电、停水、水侵、泄漏、疫情等突发事件制订应急预案。
> 应急预案内容应至少包含适用范围、部门和岗位职责、响应启动程序、处置措施、应急保障等。
> 机构应每年对从业人员开展应急预案培训。
> 机构应对应急预案的适宜性、可行性、有效性进行评估，适时更新。
> （注：评估方式可包括演练、专家评审、突发事件后应急预案评价等。）
> 当发生突发事件时，从业人员应按照应急预案及时响应。
> 机构应保留应急预案培训、评估记录。

通过制订应急预案，机构可以在面对各种突发事件时作出迅速、有序的反应，保障人员安全、财产安全，维护业务连续性，提高危机管理能力，同时也有助于遵守法规要求，减少混乱和误解，从而保障机构的可持续发展和稳定运营。

制订应急预案，首先，对组织可能面临的不同类型的风险和威胁进行评估和识别，包括火灾、爆炸、停电、漏电、停水、水侵、泄漏等突发事件。明确应急预案的编制团队和应急响应团队，明确各成员的职责和任务，确保团队成员了解其在应急情况下的角色。建立清晰的内部和外部沟通计划，包括通信设备、联系人清单和应急通信流程，确保信息传递及时准确。基于风险评估和识别的情况，制订具体的行动计划和步骤，包括应急响应流程、人员疏散、设备检查等。确保所需资源（人员、设备、物资）的准备和调配计划，以便在紧急情况下能够快速有效地调动。定期组织应急演练和模拟演练，评估预案的有效性和适用性，发现问题并及时进行修订和改进。对员工进行应急预案培训和教育，提高员工的应急意识和应对能力，确保他们能够熟悉并执行应急预案。

对应急预案进行培训是提高组织应对紧急情况的关键步骤，能够增强员工的应急意识和能力，提高团队协作效率，降低风险和损失，保障组织在突发事件中的应对效果和业务连续性。

选择适合机构需求和员工特点的培训方法，结合多种形式进行综合培训，可以增强培训效果，确保员工在紧急情况下能够有效应对。培训方法可包括讲解培训、案例分析、现场演练和考核评价等。

定期评估可以确保应急预案与机构最新的情况和需求相符，保证预案内容和措施适应机构的实际情况。可以发现过时或不适用的部分，及时更新预案，确保应急响应程序的高效性和适用性，提高应对突发事件的效率。可以向员工传达最新的应急处理知识和技能，提高员工的应对能力和应变能力，增强应急预案的执行力。评估和更新预案是机构学习和改进的重要途径，通过不断反馈和改进，提高机构的危机管理水平和应对能力。有助于保障员工安全、保护财产、维护业务连续性和组织可持续发展。

从业人员按照应急预案及时响应是确保组织在面对突发事件时能够迅速有效地作出反应的关键。从业人员首先需要熟悉组织的应急预案，包括应急程序、联系方式、责任人等内容，确保了解如何在紧急情况下行动。需要时刻保持应急意识，警惕可能出现的突发事件，一旦发生紧急情况，能够迅速作出反应。按照应急预案中规定的程序和步骤行动，不擅自决定，遵循预案执行，确保行动有条不紊。从业人员发现紧急情况时，应及时向上级主管或应急领导汇报情况，启动应急响应程序。在紧急情况下，与其他从业人员密切合作，协调行动，确保整体响应效果。在紧急情况下保持冷静，避免恐慌，与他人保持有效沟通，确保信息传递清晰准确。

3.10.1.6 应急预案文件示例

应 急 预 案

一、目的

为有效预防和减少各类突发事件的发生，指导机构工作场所尤其是项目现场突发事件时能及时、有效、有序地组织应急救援，降低突发事故伴随产生的影响和危害。

二、适用范围

本文件适用于机构对突发事件的识别、预防及事件（或事故）发生后的处置。

三、术语和定义

下列术语和定义适用于本文件。

3.1 突发事件

突然发生，造成或者可能造成重大人员伤亡、财产损失、生态环境破坏和严重危害社会，危及公共安全的紧急事件，分为自然灾难、事故灾难、公共卫生事件和社会安全事件四大类。

四、主要内容

4.1 职责

4.1.1 机构总经理负责成立应急小组,总经理或技术负责人为应急小组组长,明确各岗位应急人员的职责。负责指挥、协调突发事件的响应和处置。需要时,组织各类应急措施的模拟演习。落实各类应急资源的配备,对机构各类突发事件的处置过程及结果负责。

4.1.2 技术负责人、项目负责人和设施操作员等作为应急小组成员,做好对突发事件、潜在事故隐患的识别、控制、应急准备和响应措施的落实等协调性工作。

4.1.3 机构其他工作人员应全权配合应急小组工作,参与对突发事件、潜在事故隐患的识别、控制等工作,需要时,参与应急准备响应预案的演练。

4.1.4 应急小组组长确定如信息传递人、义务消防员、物资抢救、临时急救人员、其他后备人员名单,并履行相应的传递、消防、抢救和救护等职责。

4.1.5 急救人员应负责将受伤人员迅速转移至上风向侧安全区域,并尽快送往医院或拨打120急救电话。在专业医护人员抵达之前,尽力采取救护措施,如可行时清除衣物,保持呼吸道畅通,进行心肺复苏救护等。

4.2 应急小组

4.2.1 应急小组组长为技术负责人或总经理,组员为项目负责人、设施操作员及其他岗位工作人员,如档案管理员和设施管理员等。应将应急小组成员名字、职责、联系方式以及常见的各类公共救护电话公布在机构醒目的位置以便于联系。

4.2.2 应急小组组长负责人员、资源配置、应急队伍的调动,协调和指挥事故现场处置有关工作,负责事故信息的上报和事故后期处置事项。

4.2.3 必要时,应急小组组织实施演练或组织专家评审以改进预案的适宜性、充分性和有效性。

4.2.4 应急小组成员联系方式:

应急小组组长:总经理(或者技术负责人)(联系方式:)

抢险组成员:项目负责人、设施操作员、现场从业人员(联系方式:)

急救组成员:办公室人事助理(联系方式:)

物资组成员:办公室主任(联系方式:)

通信组成员:技术负责人(联系方式:)

保障组成员:总经理、办公室主任、项目负责人(联系方式:)

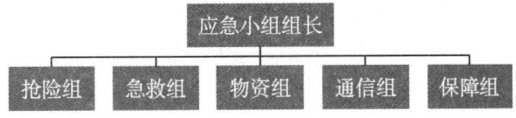

4.3 识别的突发事件

机构应急小组负责组织各部门识别突发事件,包含火灾、爆炸、停电、漏电、停水、水侵、泄漏、疫情等。

4.4 应急保障和应急器材

4.4.1 应急小组配合技术负责人或项目负责人协调落实应急用的设备、器材、工具、仪器仪表等的配备,应由专人定期检查、维护和保养,保证其性能处于良好的使用状态。对机构服务活动涉及的主要电器设施、电路干线及易燃易爆物品使用和贮存环境等,也应由专人进行每月不少于一次的检查。

4.4.2 应急小组应监督有关职能部门对消防器材及设施(包括消防栓、消防泵、消防面罩、灭火器等)进行定点标识,宜列出消防、灭火器材一览表。确保消防通道畅通,倡导采用环境影响较小的消防器材,淘汰含CFC类物质的灭火器等。

4.5 应急准备响应预案演练频次

4.5.1 应急小组组织机构工作人员演练能模拟的突发事件(如火灾等),演练频次一般每年不少于一次。演练情况应予以记录并保存,内容应包含演练时间、地点、突发事件、演练人员、演练情况、演练效果和改进机会等。

4.5.2 在实施各类演练时,可请相邻公司或周边居民一起参与。也可参与相邻公司举办的应急准备响应预案的演练活动。

4.6 应急准备响应预案的实施

4.6.1 现场人员应第一时间向现场主管和或保安室报警。报警要讲清楚:事故部位、事故类别、事故现场的环境条件、预计将受威胁的区域、已采取和准备采取的先行处置措施等。

4.6.2 主管或保安室接到报警后立即通知本机构成员(部门或班组)按预定方案处理,根据不同响应级别,向公司应急小组组长报告。

4.6.3 应急小组接到报警信息后,立即启动预案,派人赶赴现场,成立现场指挥部,调集管段范围内相关应急救援队伍和救援物资,按应急预案预定的职责和程序作出响应,进行现场应急救援。

4.6.4 一般性的突发事件由应急小组按应急准备响应预案处理。

4.6.5 较大的突发事件由应急小组成员及时通知专业机构(如消防队)到场处置,同时按应急准备响应预案进行灭火、疏散人员、抢救物资等,尽可能减少生命财产损失。

4.6.6 重大突发事件现场人员应立即电话"110"或"119"或其他外部应急联系部门,见4.6.11条款,同时报告应急小组各成员。报警时,务必讲明事故地点、事故(如火势)大小、受损物资、机构地址、电话号码等详细情况,并派人到路口接应。应急小组成员到场后按各自职责协助专业机构进行现场救护和通信、车辆的使用调度及相关的协调性工作。

4.6.7 突发事件后,应急小组在三天之内组织对突发事件进行原因分析,并制订相应的纠正或预防措施。

4.6.8 应急小组成员应协调使得纠正或预防措施得到有效实施,并对实施效果进行验证,最后对措施的有效性进行评价。

4.6.9 突发事件后需修订本文件的,应及时对文件进行修订。

4.6.10 因突发事件需向相关方答复意见的,应由应急小组成员起草,总经理审核并报批后答复。

4.6.11 公司外各部门、各应急专业队伍的联系电话号码:火警电话:119;报警电话:110;医疗急救电话:120;水上遇险求救:12395;交通事故报警:122;国家突发事件预警电话:12379。

4.7 突发事件现场应急处置流程

4.7.1 火灾(有爆炸危险)、爆炸事故:

① 灭火原则。抓住有利时机,第一时间扑灭小火;先控制、后灭火;先冷却保护着火部位及周围受影响的设备设施,后集中力量统一歼灭;先外围、后中间;先上风、后下风;救人第一,救人与灭火同时进行;灭火时,人员应在上风方向,不要待在低洼地带,穿戴好防护用具。

② 现场人员应立即做好个人防护,在危险区以外区域等待事故现场危险性监测、评估结果。协助其他专业救援队伍展开应急行动。

③ 进入危险区域的人员要佩戴好防护面罩,易燃易爆区域应使用防爆工具,严禁穿化纤服装和带钉鞋(进入危险现场的人员可先淋湿衣服),严防一切火源。

④ 参与火灾抢险的人员要穿戴好防护服,指挥员要注意观察风向、地形及火情,从上风或侧上风接近火场,选择正确位置,提高预防爆炸、烧伤和中毒的警惕性。

⑤ 警戒区域内要最大限度减少人员数量。

⑥ 充分利用地形、地物作掩体实施进攻,防止冲击波、辐射热的伤害。

4.7.2 火灾(无爆炸危险)事故:

① 现场人员应立即做好个人防护,立即启动固定消防设施灭火。

② 利用布置在各处的就近灭火器材扑救;

③ 转移火场周围其他物资。

4.7.3 泄漏事故：

① 立即利用砂土覆盖、围堵，收集收容处理、控制泄漏物。

② 加强现场通风，防止灼烫、中毒等次生事故发生。

③ 在确保安全的条件下，转移现场物资。

④ 冲洗被污染的区域。

4.7.4 停电、漏电事故：

① 现场人员应立即切断正在运行或待机状态的设备电源；断电依次从总到分路逐级断开电源。

② 检查检测漏电设备、部位、接地装置、线路。

③ 恢复通电或排除漏电故障后，自分到总逐级通电。

④ 从业人员严格依据规范作业。

4.7.5 停水、水侵事故：

① 现场人员应立即关闭正在使用的管道水阀，管道内的积水排空，从总阀到主干、到支管逐级关闭水阀。

② 检查水侵的故障原因，根据故障原因，维修或更换；维修或更换完毕后，如需做压力试验在试验通过后投入使用。

③ 从支管到主干、总管逐级打开水阀，恢复供水。

4.7.6 突发疫情事件：

① 现场人员做好自身防护。

② 现场人员应立即报告应急小组组长，由组长向主管部门疫情应急办公室报告，并及时向附近的疾病预防控制机构或者医疗机构报告。可行时，组织现场隔离。

③ 应急小组协助疾控或主管部门筛查工作，按要求处理后续事宜。

4.7.7 其他事故：

① 现场人员应立即做好个人防护，并对事故事态进行监测、判别。

② 根据事故事态判别结果，实施断电停产、疏散人员、转移周围物资等应急措施。

4.8 突发事件的预防措施

4.8.1 平时注意检查各项设施，及时反馈。项目负责人和设施操作员应关注并掌握各自服务项目现场的情况。

4.8.2 定期对从业人员开展各类应急准备响应预案的培训，加强从业人员识别事故隐患的能力。

4.8.3 定期对各类突发事件制订的应急准备响应预案进行评估，评估方式可包括演练、专家评审、突发事件后应急预案评价等，并保留评审相关记录，经评审后进行重新修订并发布。

五、记录表单

5.1 《预案演练或评审记录》

5.2 《培训记录》

3.10.1.7 案例分析

案例一

某消防技术服务机构要求在每次现场执业前，操作员须确认此次使用的仪器设备外观是否完好可用，是否有检定/校准标签，是否在检定/校准有效期内，确认后，将设备的名称、编号、状态（合格）记录在原始记录或设备使用记录中。根据服务计划进行执业，每项测试或检测结束后，及时记录测试或检测的设施设备、位置、区域和结果（数值）信息。

案例二

某消防技术服务机构根据要求在制订现场作业应急预案后,每年组织对从业人员进行培训,形成培训记录。结合委托单位的消防演练,每年组织一次针对本机构应急预案的现场演练,形成结论和记录。每年年底组织一次评审会议,对应急预案内容的适宜性、可行性、有效性进行评估,并进行更新,形成结论和记录,见表3.50。

表3.50 应急预案演练或评审记录

应急预案名称		演练或评审地点		演练或评审时间	
参加演练或评审人员	(外部评审专家注明单位)				
演练或评审的内容	应急预案内容				
演练或评审过程记录	如是评审,列明评审的主要内容(预案的主要内容) 如是演练,则描述演练安排和演练实战的内容				
演练或者评估效果	人员到位和职责分配等				
	应急物资配备和使用熟练情况				
	应急小组协调情况	① 高效(是,否) ② 合理(是,否)			
	支援部门和协作有效性	○及时,○不及时 ○按要求高效配合,○基本能够配合,○不配合			
	演练实战或评审的效果	○达到预期目标,○未达成目标,重新演练或评审			
演练或评审结论	① 预案的适宜性:○全部能够执行,○基本能够执行,○不能执行,需要修订 ② 预案的充分性:○安全满足要求,○大部分满足,进一步完善,○不充分,需要修订				
参加演练或评审人员(签名)					

3.10.1.8 检查要素和内容

本节的检查要素和内容见表3.51。

表3.51 检查要素和内容

指标		检查要素	检查内容
10.1 现场作业控制	10.1.1 作业要求	1. 建立现场作业管理程序文件	查看是否建立了现场作业管理程序文件
		2. 文件内容包括现场从业人员的操作、防护、过程记录等	查看文件内容,是否包括从业人员的操作、防护、过程记录等
		3. 项目负责人确保以下消防技术服务作业过程要求的有效实施,至少满足以下要求: a) 现场实际从业人员应与消防技术服务管理系统、公示信息一致,如发生变更应及时更新; b) 机构承接同一委托方的维护保养和检测项目时,应采取措施确保其从业活动的公正性; c) 从业人员应携带、使用有效的检查和测试设备,并做好安全防护;	随机选取服务项目,现场检查是否满足 a~i 要求

续表3.51

指标	检查要素		检查内容
10.1 现场作业控制	10.1.1 作业要求	d) 从业人员应按照服务计划(方案)、作业指导书、设备操作规程的要求操作,如发生人员变更应做好项目交接; e) 针对检测、评估业务,从业人员应按照服务计划(方案)、作业指导书要求的抽样比例进行检查和测试; f) 发现消防设施问题,从业人员应及时记录,告知委托单位予以确认处理,对可能造成重大火灾隐患的,应立即报告服务项目所在地的消防救援机构; g) 从业人员应对消防技术服务情况作出客观、真实、完整记录,与实际从业活动一致,经双方签字确认后保存相应记录表; h) 记录表中应注明使用的设备名称、编号、使用状态; i) 从业人员应履行机构的服务承诺	随机选取服务项目,现场检查是否满足 a~i 要求
		4. 维护保养服务记录信息应满足 GB 25201—2010 中附录要求,检测服务记录信息应满足 GB/T 44481—2024 要求。评估服务记录信息应满足 XF/T 3005—2020 中附录要求。记录可包括原始记录、整改记录、复检记录、复测记录等,数据载体可为纸质或电子形式	随机抽取过程记录,查看内容是否符合要求
	10.1.2 维护保养信息	1. 针对维护保养业务,机构现场首次从业时应制作包含消防技术服务信息的固定标识,并在项目现场的消防控制室(值班室)醒目位置予以公示,公示信息应及时更新	1. 通过项目现场查看,或视频等方式,查是否在项目现场的消防控制室(值班室)公示了消防技术服务信息的标识。 2. 查公示从业人员信息是否与项目现场一致,是否及时更新
		2. 内容应至少包括: a) 机构名称; b) 项目负责人和操作人员实名信息(证件照片、姓名、手机号码、注册消防工程师注册证书注册号和消防设施操作员职业资格证书编号); c) 维护保养责任期限; d) 维护保养责任范围; e) 投诉电话; f) 公示日期	查看消防技术服务信息的标识内容,是否包括 a~f 内容
		3. 项目负责人应在项目现场的消防控制室(值班室)保存消防技术服务档案,至少包括: a) 法律地位证明文件(如营业执照); b) 消防技术服务合同(可隐去涉及商业内容); c) 项目负责人注册消防工程师注册证书; d) 消防设施操作员国家职业资格证书; e) 年度维护保养计划; f) 每次维护保养记录(实时更新); g) 书面结论文件(实时更新); 以上档案文件复印件加盖机构公章	1. 通过项目现场查看,或视频、电话等方式,查项目现场的消防控制室(值班室)是否保存了消防技术服务档案,内容是否包括 a~g 项。 2. 查看维护保养记录和书面结论文件是否实时更新

续表3.51

指标		检查要素	检查内容
10.1 现场作业控制	10.1.3 维护保养计划实施	1. 应按照制订的维护保养计划实施维护保养	查是否按维护保养计划实施维护保养,查看月度记录报表
		2. 应至少每月向委托方反馈维保计划实施情况和消防设施现状	1. 询问项目负责人,与委托单位的反馈方式。 2. 查与委托单位的反馈内容是否包括维保计划实施情况、消防设施现状
		3. 应定期监督计划的实施情况	1. 询问项目负责人,监督维护保养计划实施情况的方式、频次、内容等。 2. 查维护保养实施情况是否按计划有效实施
	10.1.4 沟通	现场从业期间,项目负责人应就以下信息与委托单位及时沟通确认: a) 服务计划(方案)及相应现场从业人员; b) 需委托单位配合的要求和陪同人员; c) 项目进程; d) 项目变更(含人员变更); e) 服务结果和需要整改的问题; f) 任何影响项目进展的情况	询问项目负责人查服务确认记录是否包含a~f内容
	10.1.5 应急准备和响应	1. 至少针对突发火灾、爆炸、停电、漏电、停水、水侵、泄漏、疫情等突发事件制订应急预案	1. 查是否制订了应急预案。 2. 查看应急预案,是否包括火灾、爆炸、停电、漏电、停水、水侵、泄漏、疫情等突发事件
		2. 应急预案内容至少包含适用范围、部门和岗位职责、响应启动程序、处置措施、应急保障等	查看应急预案是否包含适用范围、部门和岗位职责、响应启动程序、处置措施、应急保障内容
		3. 每年对从业人员开展应急预案培训	1. 查是否每年对从业人员开展了应急预案培训。 2. 查看应急预案的年度培训记录。 3. 随机抽选参加培训人员,是否熟悉应急预案内容
		4. 对应急预案的适宜性、可行性、有效性进行评估,适时更新,评估方式包括演练、专家评审、事件后应急预案评价等	1. 查是否对应急预案进行了评估。 2. 查演练/评审记录,查对应急预案的适宜性、可行性、有效性的评价
		5. 当发生突发事件时,从业人员应按应急预案及时响应	1. 询问技术负责人是否发生过突发事件。 2. 如有发生,查看相应事件记录
		6. 保留应急预案培训、评估记录	查看是否保留了培训和评估记录

3.10.2 书面结论文件

3.10.2.1 书面结论文件基本要求

出具真实、客观的书面结论文件,可以反映机构在消防技术服务工作中的真实情况和服务质量,为委托单位提供可靠的依据和参考,有助于提高服务质量,增强服务满意度。

机构及其从业人员应当对消防技术服务质量和出具的书面结论文件负责,并承担相应法律责任。明确法律责任可以督促机构和从业人员遵守职业道德规范和法律法规,确保服务质量和真实性。

(1) 相关管理规定：

> **中华人民共和国应急管理部令**
> **第7号**
> **社会消防技术服务管理规定**
>
> 第九条
> 消防技术服务机构出具的结论文件，可以作为消防救援机构实施消防监督管理和单位（场所）开展消防安全管理的依据。

(2) 质量管理要求：

> 机构出具的书面结论文件应真实反映委托单位实际情况和消防设施现状，维护保养业务应当至少每半年出具一次书面结论文件。
> 机构及其从业人员应当对消防技术服务质量和出具的书面结论文件负责，并承担相应法律责任。

机构根据项目情况、现场记录，整理形成书面结论文件。维护保养业务应根据每月的维护保养情况，至少每半年整理出具一次维护保养报告。

机构及其从业人员应保证消防技术服务质量，对出具的书面结论文件负责，并承担相应法律责任。

3.10.2.2 书面结论文件内容

书面结论文件内容应真实、客观、准确，为机构和委托单位提供可靠的依据和参考，促进消防安全工作的开展。

质量管理要求：

> 消防设施维护保养服务的书面结论文件内容应包含：
> a) 封面；b) 项目概况；c) 消防设施维护保养范围；d) 消防设施维护保养频次信息；e) 消防设施统计信息；f) 消防设施位置信息；g) 项目组成员信息；h) 维护保养使用的设备名称、编号；i) 消防设施检查信息；j) 消防设施功能测试信息；k) 消防设施联动试验信息；l) 消防设施问题与处理建议信息；m) 与维护保养对象有关的声明；n) 其他。
> 消防设施检测服务的书面结论文件内容应包含：
> a) 封面；b) 检测机构的名称和地址；c) 书面结论文件的唯一性标识和每一页上的标识；d) 检测的起始和结束日期；e) 书面结论文件编制完成的日期；f) 被检测项目的名称和地址；g) 检测项目基本情况；h) 检测的范围；i) 检测的依据；j) 检测使用的设备、编号；k) 检测项目中各系统的概述；l) 检测项目提供的技术资料情况（适用时，如调试报告、竣工图纸、设计和施工记录、消防产品清单等）；m) 检测人员；n) 检测内容、数量、数据和结论；o) 与检测对象有关的声明；p) 其他。
> 消防安全评估服务的书面结论文件内容应包含：
> a) 封面；b) 评估机构的名称和地址；c) 书面结论文件的唯一性标识和每一页上的标识；d) 评估的起始和结束日期；e) 书面结论文件编制完成的日期；f) 被评估对象的名称和地址；g) 评估对象基本情况；h) 评估的范围；i) 评估的原则及程序；j) 评估的依据；k) 评估使用的设备、编号；l) 评估人员；m) 评估的实施过程；n) 评估的结果和建议（应指明火灾隐患、消防安全问题和整改建议）；o) 与评估对象有关的声明；p) 附录；q) 其他。

机构可根据上述要求，形成各业务的书面结论文件模板，经批准后，供后续项目使用。

3.10.2.3 书面结论文件签发和录入

书面结论文件应由项目负责人编制、签名并加盖执业印章，由机构的技术负责人技术审核、签名和加盖执业印章,并加盖机构印章,这样可以确保文件内容的真实性和权威性,避免虚假或误导性的结论文件。

(1) 相关管理规定:

> **中华人民共和国应急管理部令**
> **第 7 号**
> **社会消防技术服务管理规定**
>
> 第十二条 消防技术服务机构应当设立技术负责人,对本机构的消防技术服务实施质量监督管理,对出具的书面结论文件进行技术审核。技术负责人应当具备一级注册消防工程师资格。
>
> 第十四条 消防技术服务机构出具的书面结论文件应当由技术负责人、项目负责人签名并加盖执业印章,同时加盖消防技术服务机构印章。

(2) 质量管理要求:

> 书面结论文件应由项目负责人编制、签名并加盖执业印章,由机构的技术负责人技术审核、签名并加盖执业印章,加盖机构印章。
>
> 机构应在项目完成后 5 个工作日内将书面结论文件录入消防技术服务管理系统。

执业结束后,项目负责人根据现场记录等,整理编制书面结论文件,然后交由技术负责人进行技术审核,审核完成后,项目负责人和技术负责人签名并加盖执业印章,加盖机构的印章。

书面结论文件完成后,可由项目负责人在规定时间要求内,录入消防技术服务管理系统。

3.10.2.4 案例分析

案例一

某消防技术服务机构根据要求,评审消防设施维护保养服务的书面结论文件后增加了后述内容:消防设施统计信息、消防设施位置信息、维护保养使用的设备名称和编号、消防设施问题与处理建议信息、与维护保养对象有关的声明。

案例二

某消防技术服务机构根据要求,评审消防安全评估服务的书面结论文件后增加了后述内容:评估使用的设备和编号、评估的结果和建议(指明火灾隐患、消防安全问题和整改建议)。

3.10.2.5 检查要素和内容

本节检查要素和内容见表 3.52。

表 3.52 检查要素和内容

指标		检查要素	检查内容
10.2	书面结论文件	1. 按时出具书面结论文件	随机抽取书面结论文件,查是否在执业结束后,按合同约定及时出具
		2. 书面结论文件内容应至少包含标准要求	随机抽取书面结论文件,查看文件内容是否符合标准要求
		3. 书面结论文件由项目负责人编制、签名并加盖执业印章,经机构的技术负责人技术审核、签名并加盖执业印章,加盖机构印章	随机抽取书面结论文件,查看是否有项目负责人签名和执业印章,技术负责人的签名和执业印章,机构印章
		4. 在项目完成后 5 个工作日内将书面结论文件录入消防技术服务管理系统	随机抽取服务项目,查是否在项目完成 5 个工作日内将书面结论文件录入消防技术服务管理系统

3.10.3 项目质量监督

3.10.3.1 建立程序文件及监督内容

为确保项目服务质量,最大限度地满足委托单位需求,降低风险,实现持续改进,机构应进行项目质量监督并建立项目质量监督程序文件,明确监督内容、监督方式、监督计划和控制措施等要求。建立项目质量监督程序文件有助于明确监督内容、方式、计划和控制措施,实现项目跟踪检视和质量责任倒查,提升项目质量管理的效率和效果,确保项目顺利实施并达到预期的质量目标。该文件可以作为项目团队在质量管理方面的指导和依据,有助于确保项目顺利交付高质量的成果。

质量管理要求:

> 机构应建立项目质量监督程序文件,以实现全流程跟踪检视和质量责任倒查。机构技术负责人应策划、组织和实施项目服务全过程的质量监督,至少包含以下内容:
> a) 从业人员携带、使用及操作设备的规范性;
> b) 从业人员对作业指导书、设备操作规程的使用符合性;
> c) 消防设施及环境条件的可控性;
> d) 业务操作和判断的准确性;
> e) 原始记录的规范性;
> f) 书面结论文件的完整、规范和客观性。

机构建立项目质量监督文件,明确项目质量监督人员的要求,项目质量监督的内容,项目质量抽查计划的编制,项目质量监督的实施和记录,对于发现不符合要求的控制措施等。项目质量监督的内容说明如下。

(1) 从业人员携带、使用及操作设备的规范性:在项目现场,观察或询问消防设施操作员,携带的设备是否完好适用,使用的操作设备是否符合操作规程要求,判断其规范性。

(2) 从业人员对作业指导书、设备操作规程的使用符合性:在项目现场,观察或询问消防设施操作员,在操作具体消防设施设备时,是否符合作业指导书、操作规程的要求,判断符合性。

(3) 消防设施及环境条件的可控性:在项目现场,观察或询问消防设施操作员对所操作的消防设施设备及所处的作业环境、作业条件,是否了解、熟悉、可控。

(4) 业务操作和判断的准确性:在项目现场,观察或询问消防设施操作员对现场作业是否熟练规范,对结果和问题的判断是否准确。

(5) 原始记录的规范性:在项目现场,观察或查看原始记录,记录过程中是否规范、是否与现场实际一致,记录是否清晰可辨,判断规范性。

(6) 书面结论文件的完整、规范和客观性:在项目现场或在办公室,查看书面结论文件,查看文件内容是否与项目客观实际相符、格式是否规范、内容是否完整等。

3.10.3.2 项目质量监督程序文件示例

项目质量监督程序文件

一、目的

为规范和统一本公司项目质量监督的流程和方法,明确各岗位的职责和权限,实现全流程跟踪检视和质量责任倒查,为本公司质量管理体系的良好运行提供保障,特制订本程序文件。

二、范围

本程序文件适用于本公司的项目质量监督的计划、方式、内容、不符合处置等管理相关活动。

三、部门和岗位职责

3.1 质量部为本公司项目质量监督的主管部门。负责项目质量监督计划、方式、内容、不符合处置等管理流程。

3.2 技术负责人负责策划、组织和实施项目服务全过程的质量监督。

3.3 项目负责人对项目过程质量进行日常检查。

3.4 技术负责人负责编制项目质量抽查计划,组织实施质量抽查。

3.5 技术负责人负责组织不符合项的处置。

四、工作流程

4.1 项目质量监督内容

项目质量监督内容,包括以下内容:

a) 通过检查仪器设备,观察从业人员操作等方式,检查携带、使用及操作设备的规范性;

b) 通过观察从业人员,或询问等方式,检查对作业指导书、设备操作规程的使用符合性;

c) 通过观察从业人员操作,或询问等方式,检查对消防设施及环境条件的可控性;

d) 通过观察从业人员操作,或询问、查看记录等方式,检查业务操作和判断的准确性;

e) 通过查看记录、询问等方式,检查原始记录的规范性;

f) 通过查看已出具的报告,或询问等方式,检查书面结论文件的完整、规范和客观性。

4.2 项目质量监督方式

4.2.1 日常检查:由项目负责人组织进行,监督本项目组内从业人员及现场作业情况。

4.2.2 质量抽查:由技术负责人制订抽查计划,由独立于项目组外的人员进行监督。

4.2.3 对于已接入物联网的项目,可通过物联网服务商的App监督现场作业情况。

4.2.4 也可通过照片反馈,或视频连线等方式进行监督检查。

4.3 项目质量抽查计划与实施

4.3.1 由技术负责人编制(月度、季度或年度)质量抽查计划,编制时考虑以下类型项目或因素,纳入质量抽查中。

a) 新开展的项目或新变更技术标准的项目;

b) 可能偏离程序文件的项目;

c) 以往项目服务过程中的常见问题;

d) 新进人员、换岗人员;

e) 消防设施有较大变化;

f) 使用的设备发生了变更。

4.3.2 质量抽查人员应为独立于项目组的人员,具备以下条件,由技术负责人确认并列入质量抽查计划中。

a) 具备质量监督人员的基本条件,至少具有三年以上项目从业经历;

b) 熟悉有关项目作业的方法、程序;

c) 熟悉评价项目服务的结果。

4.3.3 质量抽查人员按计划实施质量监督,形成项目质量监督记录。

4.3.4 如在监督过程中发现不符合或不满足要求时,及时反馈给从业人员和项目负责人,并形成记录汇报技术负责人。

4.4 不符合处置

4.4.1 不符合可能来自公司内部组织的项目质量监督发现,也可能来自委托单位反馈、监督部门检查或其他相关方检查发现。

4.4.2 当内部或外部发现本公司自身服务或结果不满足质量管理要求时，由技术负责人组织根据其产生的影响，分析原因，制订纠正和控制措施，并跟踪措施的实施情况。

4.4.3 可采取的控制措施包括：a)纠正；b)标识或隔离；c)暂停；d)返工/复检/复评；e)扣发/召回/修正书面结论文件；f)通知委托单位。或以上几种措施的组合。

五、记录表单

5.1 《项目质量抽查计划》

5.2 《项目质量监督记录》

3.10.3.3 质量监督方式和质量抽查计划

为确保项目的质量、防止偏离程序文件、发现问题和解决常见问题、提供人员培训和支持，以及确保设施和设备的正常运行，提高服务质量，保证项目的顺利进行，机构应采取适当的质量监督方式。

质量管理要求：

> 质量监督方式可包含：
> a) 项目负责人对项目过程质量进行日常检查；
> b) 独立于项目的人员实施项目质量抽查；
> c) 适用时，可利用音、视频设备、物联网系统。
> 技术负责人应负责编制项目质量抽查计划，编制时宜考虑：
> a) 新开展的项目或新变更技术标准的项目；
> b) 可能偏离程序文件的项目；
> c) 以往项目服务过程中的常见问题；
> d) 新进人员、换岗人员；
> e) 消防设施有较大变化；
> f) 使用的设备发生了变更。

机构采用的质量监督方式可包含以下3种方式。

（1）日常检查：日常检查在项目组内部实施，由项目负责人对项目过程质量进行检查。

（2）质量抽查：质量抽查在项目组之间交叉进行，也可设置独立的质量抽查人员进行质量抽查。

（3）适用时，也可利用视频连线、查看现场音、视频资料和查看物联网系统采集的数据信息等方式，分析判断项目质量情况。

由技术负责人负责编制项目质量抽查计划，当出现以下项目时，可考虑进行质量抽查：

（1）新开展的项目或新变更技术标准的项目；

（2）可能偏离程序文件的项目；

（3）以往项目服务过程中的常见问题；

（4）新进人员、换岗人员；

（5）消防设施有较大变化；

（6）使用的设备发生了变更。

3.10.3.4 不符合输出的控制

机构在确定不符合或不满足质量管理要求的输出后，机构应基于其对服务符合性的影响采取适当措施。这些措施因不符合输出的性质不同，处置途径也各不相同。

(1) 相关管理规定：

中华人民共和国应急管理部令
第 7 号
社会消防技术服务管理规定

第十八条　消防技术服务机构在从事社会消防技术服务活动中，不得有下列行为：
（一）不具备从业条件，从事社会消防技术服务活动；
（二）出具虚假、失实文件；
（三）消防设施维护保养检测机构的项目负责人或者消防设施操作员未到现场实地开展工作；
（四）泄露委托人商业秘密；
（五）指派无相应资格从业人员从事社会消防技术服务活动；
（六）冒用其他消防技术服务机构名义从事社会消防技术服务活动；
（七）法律、法规、规章禁止的其他行为。

---

(2) 质量管理要求：

机构对项目质量监督、委托单位反馈、监管部门监督检查或其他相关方检查发现的机构自身服务或结果不满足质量管理要求，应根据其产生的影响，选择以下一种或一种以上控制措施，并保留记录：
a) 纠正；
b) 标识或隔离；
c) 暂停；
d) 返工/复检/复评；
e) 扣发/召回/修正书面结论文件；
f) 通知委托单位。

机构可通过项目质量监督发现机构自身服务或结果不满足质量管理要求的情况，外部相关方（如委托单位、监管部门等）也可能反馈服务或结果不满足质量管理要求的情况。机构应根据自身发现或是外部反馈的情况，采取的控制措施说明如下。

(1) 纠正：如对于浅显的不符合，应及时纠正，及时消除不符合现象。
(2) 标识或隔离：如不能及时纠正的，可先进行标识和隔离。
(3) 暂停：如对于复杂的不符合，可先暂停作业，待分析原因。
(4) 返工/复检/复评：如影响到已完成的作业内容，采用返工、复检、复评措施。
(5) 扣发/召回/修正书面结论文件：对于准备出具或已出具书面结论文件的项目，可先扣发/召回/修正书面结论文件。
(6) 通知委托单位：无论采取何种措施，均可通知委托单位，与委托单位保持沟通。

3.10.3.5 案例分析

某消防技术服务机构根据服务项目实际情况，针对现有的消防设施维护保养项目，由项目负责人每半年实施一次日常检查，形成日常检查记录。

针对有以下情形的服务项目：新开展的项目或新变更技术标准的项目，可能偏离程序文件的项目，以往项目服务过程中的常见问题，新进人员、换岗人员，消防设施有较大变化，使用的设备发生了变更等。由技术负责人制订项目质量监督计划，见表 3.53。针对现有维保项目，制订年度计划，针对新签订的服务项目，可制订月度计划或临时计划，由技术负责人组织进行项目质量监督，形成质量监督记录，见表 3.54。

表 3.53 项目质量监督计划

序号	项目名称	地点	监督原因	监督人	监督日期
1					
2					
3					
4					
5					

注:监督原因,请选择:A 新开展的项目或新变更技术标准的项目;B 可能偏离程序文件的项目;C 以往项目服务过程中的常见问题;D 新进人员、换岗人员;E 消防设施有较大变化;F 使用的设备发生了变更;G 其他(写明原因)。

技术负责人/日期:

表 3.54 项目质量监督记录

监督类型:□日常检查　　□质量抽查　　□其他:

项目名称	
监督内容	a) 从业人员携带、使用及操作设备的规范性: b) 从业人员对作业指导书、设备操作规程的使用符合性: c) 消防设施及环境条件的可控性: d) 业务操作和判断的准确性: e) 原始记录的规范性: f) 书面结论文件的完整、规范和客观性: 其他:
发现不符合时,采取的控制措施及跟踪	□纠正;□标识或隔离;□暂停;□返工/□复检/□复评; □扣发/□召回/□修正书面结论文件;□通知委托单位;□其他。

监督人员/日期:

3.10.3.6 检查要素和内容

本节检查要素和内容见表 3.55

表 3.55 检查要素和内容

指标	检查要素	检查内容
10.3 项目质量监督	1. 建立的项目质量监督程序文件内容至少包括监督内容、监督方式、不符合控制等要求	1. 查是否建立了项目质量监督程序文件。 2. 查看程序文件内容是否包括监督内容、监督方式、不符合控制要求
	2. 技术负责人应策划、组织和实施项目服务全过程的质量监督,至少包含以下内容: a) 从业人员携带、使用及操作设备的规范性; b) 从业人员对作业指导书、设备操作规程的使用符合性; c) 消防设施及环境条件的可控性; d) 业务操作和判断的准确性; e) 原始记录的规范性; f) 书面结论文件的完整、规范和客观性	1. 查技术负责人是否策划、组织和实施了项目服务全过程的质量监督。 2. 随机抽取项目质量监督记录,查看是否包含 a~f 项内容

续表3.55

指标	检查要素	检查内容
10.3 项目质量监督	3. 质量监督方式可包含： a) 项目负责人对项目过程质量进行日常检查； b) 独立于项目的人员实施项目质量抽查； c) 适用时，可利用音、视频设备、物联网系统	询问技术负责人质量监督所采取的方式及内容
	4. 技术负责人应负责编制项目质量抽查计划，编制时宜考虑： a) 新开展的项目或新变更技术标准的项目； b) 可能偏离程序文件的项目； c) 以往项目服务过程中的常见问题； d) 新进人员、换岗人员； e) 消防设施有较大变化； f) 使用的设备发生了变更	1. 查技术负责人是否编制项目质量抽查计划。 2. 查看项目质量抽查计划，编制计划时是否考虑了 a~f 项
	5. 机构对项目质量监督、委托单位反馈、监管部门监督检查或其他相关方检查发现的机构自身消防技术服务或结果不满足质量管理要求，应根据其产生的影响，选择以下一种或一种以上控制措施，并保留记录： a) 纠正； b) 标识或隔离； c) 暂停； d) 返工/复检/复评； e) 扣发/召回/修正书面结论文件； f) 通知委托单位	1. 询问技术负责人，或查询相关网站，查是否有消防技术服务或结果不满足质量管理要求的情况。 2. 针对上述情况，机构是否采取了 a~f 项的措施。 3. 查看记录，采取的措施是否与不符合产生的影响相适应

3.11 信息管理

3.11.1 信息

3.11.1.1 信息的获得、共享和应用

信息是指有意义的、通过传递和处理的数据，它包含着有用的知识和事实，可以帮助做出决策、解决问题或者获取更多的了解。信息可以是文字、图像、声音和视频等形式，它在今天的社会中扮演着至关重要的角色。信息是决策的基础，有了准确的信息，可以作出更明智的决策。信息是知识的源泉，通过获取信息，可以学习新知识、拓宽视野，不断提升。信息有助于解决问题，通过获取和分析信息，可以更好地理解问题的本质，找到解决方案。

质量管理要求：

机构宜通过多种方式获取信息，如经验、反馈、观察、预测和专家判断等，获取的信息包含消防技术服务各类基础信息、风险管控、隐患排查治理、事故处理、行政处罚、标准要求的所有成文信息，机构所确定的为确保质量管理有效所需的信息等。

机构应加强信息共享和应用，预判消防技术服务活动中潜在的重大风险和主要业务动态，提高服务质量、管理效率、快速响应能力和处置水平。

为及时发现或防范消防技术服务活动的风险,掌握行业动态等目的,机构可收集、获得风险管控、隐患排查治理、事故处理、行政处罚等信息以及消防技术服务各类基础信息、标准要求的所有成文信息、机构所确定的为确保质量管理有效所需的信息等。获取的方式可包括:根据自身经验总结整理、关注相关方(如委托单位、监管单位)反馈、观察、根据相关网站、自媒体号的文章进行预测或判断等。

为预判消防技术服务活动中潜在的重大风险和主要业务动态,提高服务质量、管理效率、快速响应能力和处置水平,机构可通过信息分享、组织讨论会、组织培训等方式加强信息共享和应用。

3.11.1.2 消防技术服务管理系统

消防技术服务管理系统,是指用于提供社会消防技术服务"全生命周期"管理和服务的数字化平台。为规范从业行为,落实主体责任,消防技术服务机构在办理营业执照后,可自主登录系统,录入机构和从业人员的基本信息以及消防技术服务项目情况。

质量管理要求:

> 机构应使用消防技术服务管理系统,录入、分析、验证、传递、报告消防技术服务的各类基础信息,按照监管部门要求实时、准确、完整地报送相关信息数据,实现消防技术服务全生命周期管理。

机构应按国家和地方监管部门要求,在消防技术服务管理系统中录入、分析、验证、传递、报告消防技术服务的各类机构、人员、执业等基础信息,实时、准确、完整地报送相关信息数据,实现消防技术服务全生命周期管理。

3.11.1.3 信息化手段

信息化手段管理指的是利用信息技术和信息系统来进行管理、协调和控制组织内的各项活动和资源,以达到提高效率、降低成本、提升服务质量等目标的管理方式。信息化手段管理可以自动处置许多日常工作流程,减少人为错误和重复劳动,提高工作效率。信息化手段管理为组织带来了新的运营方式,促进了组织的创新能力和竞争力。

质量管理要求:

> 机构应采用信息化手段,运用数字化技术开展消防技术服务活动,实现消防技术服务全程监视、预警预测和风险管控。

为实现消防技术服务全程检视、预警预测和风险管控,机构可采用的信息化手段、数字化技术可包括:使用信息系统、项目管理软件、物联网系统等。

3.11.1.4 案例分析

案例一

某消防技术服务机构通过关注某地方消防救援总队公众号获得"关于开展消防技术服务机构和消防职业资格证书专项检查的通告"的信息后,由技术负责人组织按照检查内容进行内部自查自评,对于发现的不符合及时分析原因并制订整改措施。

案例二

某消防技术服务机构通过关注社会消防技术服务信息系统网站和某支队公众号获得消防技术服务机构的处罚信息后,由技术负责人整理形成了处罚原因分析文件,通过月度例会分析讨论后,制订了本机构的预防措施。

案例三

某消防技术服务机构将收集到信息形成清单,见表3.56。收藏了链接,相关内容形成了截图和文件,在近期培训活动中组织分享和讨论。

表 3.56 信息清单

序号	名称	来源	发布日期
1	消防技术服务机构不按照国家标准、行业标准开展消防技术服务活动被处罚(附链接、截图)	×××网站	××××
2	近期全国多地火灾事故案例警示提示(附链接、截图)	×××公众号	××××

3.11.1.5 检查要素和内容

本节检查要素和内容见表 3.57。

表 3.57 检查要素和内容

指标	检查要素	检查内容
11.1 信息	1. 机构是否以多种方式获取信息,如经验、反馈、观察、预测和专家判断等	询问技术负责人,查机构获取信息方式
	2. 获取的信息包含消防技术服务各类基础信息、风险管控、隐患排查治理、事故处理、行政处罚信息及质量管理信息等,并对以上信息进行系统性归集	1. 询问技术负责人,查机构获得的信息包括哪些内容。 2. 查是否对上述信息进行系统性归集
	3. 提供机构由于应用信息预判了可能存在的风险,机构提高了消防技术服务的服务质量、管理效率,以及快速响应能力和处置水平	查看应用信息的案例及取得的效果
	4. 机构应使用消防技术服务管理系统,录入、分析、验证、传递、报告消防技术服务的各类基础信息	查机构是否按消防技术服务管理系统,录入、分析、验证、传递、报告消防技术服务的各类基础信息
	5. 按照监管部门要求实时、准确、完整地报送相关信息数据	查机构是否按监管部门要求,实时、准确、完整地报送相关信息数据
	6. 应对人员、项目等进行全生命周期管理	查机构是否按消防技术服务管理系统要求,对人员、项目进行全生命周期管理
	7. 机构采用信息化手段进行消防技术服务活动管理,如使用信息系统、项目管理软件、物联网系统等	查机构采用信息化手段的方式和成效

3.11.2 文件管理

3.11.2.1 体系文件及外来文件管理

文件是指信息及其载体,如记录、质量手册、程序文件、作业指导书、图样、报告及标准等。载体可以是纸张、电子的计算机盘片、照片或标准样品,或它们的组合。文件控制的目的在于确保质量管理体系所需的所有文件及时更新,并确保使用者可随时得到所需的文件。

文件管理是指组织、存储、保管、检索和处理文件和文档的活动和过程。在组织和个人生活中,文件管理是管理信息和数据的重要方面,其目的是确保文件可以被有效地组织、保存、找到和使用。文件管理在组织和个人的日常工作中扮演着重要的角色,能够在提高工作效率、保障信息安全、遵守法规、促进知识管理和保护环境等方面发挥重要作用。有效的文件管理可帮助组织提升整体管理水平和竞争力。

质量管理要求:

> 技术负责人应组织建立文件管理程序文件,对质量管理活动文件实施管理,至少包含文件的创建、更新、评审、批准、分发及作废要求。
> 技术负责人应确保质量管理活动文件在正式实施前得到批准,定期评审和修订。
> 技术负责人应确保消防法律法规、技术标准等外来文件的适用版本,并控制其发放。

机构由技术负责人组织建立文件管理程序文件,明确质量管理程序文件的创建、评审、批准、分发、更新、作废的流程和职责权限,明确文件的编号、标识和受控,明确外来文件的收集、更新等。

质量管理活动文件在正式实施前得到批准,质量手册文件可由最高管理者批准,程序文件可由最高管理者或技术负责人批准,作业指导书和操作规程可由技术负责人批准。技术负责人可定期或当内、外部因素发生变化时,组织文件的起草编制部门或岗位进行评审和修订。

外来文件包括消防法律法规、技术标准等,技术负责人可收集纸质或电子版的适用版本。发放时,须注意版本号,防止误用错用。见表3.58。

表 3.58　外来文件清单

一、法律法规、管理规定			
序号	名称	来源	实施/发布日期
1	中华人民共和国消防法(2021年修订)	网站	2021-4-29
2	上海市消防条例(2023年修订)	网站	2023-12-28
3	上海市建筑消防设施管理规定(沪府令第59号)	网站	2022-3-1
4	社会消防技术服务管理规定(应急管理部令第7号)	网站	2021-11-9
5	注册消防工程师管理规定(公安部令第143号)	网站	2017-10-1
6	消防技术服务机构从业条件(应急〔2019〕88号)	网站	2019-8-29
二、技术规范			
序号	名称	来源	实施/发布日期
1	建筑防火通用规范(GB 55037—2022)	网站	2023-6-1
2	建筑设计防火规范(2018版)(GB 50016—2014)	网站	2018-3-28
3	消防设施通用规范(GB 55036—2022)	网站	2023-3-1
4	汽车库、修车库、停车场设计防火规范(GB 50067—2014)	网站	2015-8-1
5	自动喷水灭火系统设计规范(GB 50084—2017)	网站	2018-1-1
6	自动喷水灭火系统施工及验收规范(GB 50261—2017)	网站	2018-1-1
7	消防给水及消火栓系统技术规范(GB 50974—2014)	网站	2014-10-1
8	建筑防烟排烟系统技术标准(GB 51251—2017)	网站	2018-8-1
9	消防应急照明和疏散指示系统技术标准(GB 51309—2018)	网站	2019-3-1
10	火灾自动报警系统设计规范(GB 50116—2013)	网站	2014-5-1
11	火灾自动报警系统施工及验收标准(GB 50166—2019)	网站	2020-3-1
12	气体灭火系统设计规范(GB 50370—2005)	网站	2006-5-1
13	建筑内部装修设计防火规范(GB 50222—2017)	网站	2018-4-1
14	建筑消防设施检测评定技术规程(DB 31/T 1134—2019)	网站	2019-6-1
15	建筑消防设备管理及维护措施(GB 25201—2010)	网站	2011-3-1
16	单位消防安全评估(XF/T 3005—2020)	网站	2021-5-1

编制/日期:　　　　　　审核/日期:

3.11.2.2 文件和记录管理程序文件示例

文件和记录管理程序

一、目的

为规范和统一本公司文件管理的流程和方法,明确文件管理的职责和权限,为本公司质量管理体系的良好运行提供保障,特制订本程序文件。

二、范围

本程序文件适用于本公司的文件的创建、更新、评审、批准、分发、作废要求等文件管理相关活动。

本公司的文件包括质量手册、程序文件、作业指导书(包括设备操作规程)、质量管理记录表格、外来文件(如消防法律法规、技术标准等)等。

三、部门和岗位职责

3.1 ××部门为本公司文件管理的主管部门。负责文件的创建、更新、评审、批准、分发、作废要求等流程。

3.2 由技术负责人负责组织质量管理体系文件的编制和审核,由总经理负责质量管理体系文件的批准。

3.3 由相关部门负责人相应记录表单的创建和修订,由技术负责人确认。

3.4 由××部门××岗位负责外来文件的收集、整理、形成清单,由技术负责人确认。

四、工作流程

4.1 文件分类

4.1.1 质量管理体系文件分为四个层次,分别是质量手册、程序文件、作业指导书和操作规程、记录表单。

4.1.2 记录表单包括质量管理体系运行和消防技术服务实施所需的各类记录表单。

4.1.3 外来文件包括消防法律法规、管理规定、技术规范等。

4.2 文件编号、版本号

4.2.1 质量管理体系文件编号

文件类型	公司代码	文件类型代码	文件序号	文件发布年份
质量手册	×××-	SC-	01-	20××
程序文件	×××-	CX-	01、02、03、…	20××
作业指导书 操作规程	×××-	ZD-	01、02、03、…	20××
记录表单	×××-	JL-	01、02、03、…	20××

4.2.2 质量管理体系文件初始版本为A/0版。通常当对文件进行小的修复、调整或校对,不会影响文件的结构或内容时,版本号可保持不变,只体现修订日期即可;当部分的调整或细微的修改,但不会、影响整体结构或核心内容时,版本号可升为A/1、A/2……当对文件进行了全面修订和更新时,版本号可升为B/0、C/0……

4.2.3 外来文件编号以原文件名称、编号、发布或修订日期为准。

4.3 文件创建、审核和批准

4.3.1 由××部门依据《社会消防技术服务机构质量管理要求》,创建质量手册,由技术负责人审核,总经理批准。

4.3.2 由相关职能部门依据《社会消防技术服务机构质量管理要求》,创建相应程序文件,由部门负责人或技术负责人审核,总经理批准。

4.3.3 由项目负责人依据相关法律法规、技术规范、使用说明书创建作业指导书和操作规程,由技术负责人审核,总经理批准。

4.3.4 根据标准要求和业务流程需要,由相关职能部门创建记录表单,由部门负责人或技术负责人确认后使用。

4.4 文件分发

4.4.1 由技术负责人确定质量管理体系文件的发放范围。

4.4.2 ××部门××岗位负责文件的发放,领用人签收,并填写《文件发放及回收记录》。

4.4.3 ××部门××岗位负责文件的收回,并填写《文件发放及回收记录》。

4.5 文件评审、更新与修订

4.5.1 在质量管理体系运行过程中,对本公司的质量管理体系文件发现不足和缺陷时,全体人员都有权提出修改建议。

4.5.2 由技术负责人定期组织质量管理体系文件的评审,发现更新或修订需求。保留《文件评审记录》。

4.5.3 当发生法律法规变化、公司重大人员变动、业务扩项等重大变化时,应考虑进行质量管理体系文件修订。

4.5.4 由××部门组织修订,填写《文件修订记录》,由主管部门负责人或技术负责人审核,总经理批准。修订的流程与编制的流程相同,修改、审核、批准的岗位人员不变。

4.5.5 修订完成的文件,填写文件修订页,由××部门发放新文件,收回原文件,填写《文件发放及回收记录》。

4.6 文件受控与作废

4.6.1 公司编制的质量管理体系文件和消防技术服务所依据的技术标准等属于受控文件。受控文件上应加有"受控"标识和分发号。

4.6.2 受控文件需要跟踪管理,以保持其有效性和时效性。受控文件失效及过期应加有"作废"标识。

4.6.3 其他质量管理体系有关的文件经加有"非受控"标识的为非受控文件。非受控文件在发放后不再跟踪管理。

4.7 外来文件

4.7.1 ××部门××岗位负责定期收集、更新消防法律法规、技术标准等,建立《知识清单(外来文件清单)》。

4.7.2 技术负责人确认外来文件的内容、获取来源、时效性等。

4.8 文件管理

4.8.1 本公司的全部文件由×××部门负责管理并负责文件的安全保密。

4.8.2 未经×××部门批准不得复印公司内部的管理和技术文件。

4.8.3 保存在计算机中的文件设有备份,并必须设置密码由专人管理。

4.8.4 借阅存档文件须填写《文件资料借阅记录》,并经×××部门批准。

4.9 记录管理

4.9.1 记录客观、真实、完整、字迹清晰。

4.9.2 记录的修改可以追溯到前一个版本或原始结果,保存原始的以及修改后的数据和文档,包括修改的日期、标识修改的内容和负责修改的人员。

4.9.3 修改经注册消防工程师签名盖章的消防安全技术文件,由原注册消防工程师进行;因离职等特殊情况,原注册消防工程师不能进行修改的,由其他相应级别的注册消防工程师修改,并签名、加盖执业盖章,对修改部分承担相应的法律责任。

4.9.4 记录储存于(列明储存区域),符合防盗、防火、防潮、防尘、防鼠、防虫要求。

4.9.5 具有相关人员签字的书面记录(列名扫描成电子版的文件记录名称),制作成电子文档保存使用，原件妥善保存。

4.9.6 电子形式的记录（写明保存方式），防病毒和非法复制。

4.9.7 记录保存6年以上。

五、记录表单

5.1 《文件清单》

5.2 《记录清单》

5.3 《文件发放及回收记录》

5.4 《文件评审记录》

5.5 《文件修订记录》

5.6 《知识清单（外来文件清单）》

5.7 《文件资料借阅记录》

3.11.2.3 案例分析

某消防技术服务机构根据要求编制了质量管理体系文件，包括质量手册、程序文件、作业指导书和操作规程，经审核、批准后发布实施。形成了文件清单和文件发放记录。文件清单见表3.59，文件发放记录见表3.60。

表3.59 质量管理体系文件清单

序号	文件名称	文件编号	版本号	发布日期
1	质量手册	××-SC-01-2024	A/0	××××
2	×××程序文件	××-CX-01-2024	A/0	××××
3	×××作业指导书	××-ZD-01-2024	A/0	××××
4	×××操作规程	××-ZD-04-2024	A/0	××××

表3.60 文件发放记录

序号	文件名称	文件编号	版本号	发放编号	接收部门	接收人	接收日期
1	质量手册	××-SC-01-2024	A/0	001	质量部	×××	
2	×××程序文件	××-CX-01-2024	A/0	001	质量部	×××	
3	×××作业指导书	××-ZD-01-2024	A/0	001	质量部	×××	
4	×××操作规程	××-ZD-04-2024	A/0	001	质量部	×××	

由技术负责人组织定期进行文件评审，计划于每年12月份进行，形成文件评审记录和修订记录，分别见表3.61和表3.62。

表3.61 文件评审记录

评审日期	×××			
评审人员	总经理、技术负责人、各部门负责人			
序号	文件名称	编号	版本号	评审结果
1	质量手册	××-SC-01-2024	A/0	因业务类型增加消防安全评估，需要进行修订
2	×××程序文件	××-CX-01-2024	A/0	现场作业程序文件中增加消防安全评估部分
3	×××作业指导书	××-ZD-01-2024	A/0	增加消防安全评估作业指导书
4	×××操作规程	××-ZD-04-2024	A/0	增加消防安全评估仪器设备操作规程

续表3.6.1

评审结论：
☐ 所评审文件均适宜、可行、有效，无需修订，继续执行。
☐ 以下文件需修订，修订原因、修订建议如下所示：
1. 因机构的业务类型增加消防安全评估，相应的质量手册、程序文件、作业指导书和操作规程需要进行修订。
2. _____

表3.62 文件修订记录

文件编号/名称	××-SC-01-2024　质量手册	
修订原因	因机构的业务类型增加消防安全评估	
修订人员	技术负责人	
修订日期	×××	
修订内容	修订前	修订后
版本号	A/0	A/1
修订内容	1.1　总则 　　本公司质量管理体系范围覆盖：消防设施维护保养、消防设施检测。 　　……	1.1　总则 　　本公司质量管理体系范围覆盖：消防设施维护保养、消防设施检测、消防安全评估。 　　……

新修订的文件经审核、批准后，在发放新版本文件的同时，收回旧版文件，并作废处理，形成文件发放、回收、销毁（作废）记录。

3.11.2.4 检查要素和内容

本节检查要素和内容见表3.63。

表3.63 检查要素和内容

指标	检查要素	检查内容
11.2　文件管理	1. 技术负责人应组织建立文件管理程序文件，明确本标准规定的文件以及其他各类文件的管理要求	1. 查是否建立了文件管理程序文件。 2. 查看文件，是否明确了质量手册、程序文件、作业指导书、操作规程、外来文件的管理要求
	2. 文件管理程序中应明确规定内部各类文件在创建、更新、评审、批准、分发和作废时的职责、权限、流程和标识要求等	查看文件管理程序，是否明确了规定内部各类文件在创建、更新、评审、批准、分发和作废时的职责、权限、流程和标识要求
	3. 所有在用文件应有编号标识，并在正式实施前已得到批准	随机抽取质量管理体系文件，查看是否有编号标识，查是否在正式实施前得到了相应的批准
	4. 应按照规定的评审周期对各类文件内容的适用性进行评审或修订	1. 查是否对各类文件的适用性进行了评审和修订。 2. 查看文件评审和修订记录
	5. 应建立消防法律法规、技术标准等外来文件的清单，并及时更新版本	1. 查是否建立了外来文件清单。 2. 查外来文件清单所列消防法律法规、技术标准是否为最新版本
	6. 各类文件发放、修订、回收和作废应有记录，包括文件名称、日期，签收/回收人、修订/作废说明和标识等	1. 查是否对各类文件发放、修订、回收和作废形成了记录。 2. 查看记录，是否包括文件名称、日期、签收/回收人、修订/作废说明和标识内容

3.11.3 记录和档案管理

3.11.3.1 质量管理记录

记录是阐明所取得结果或提供所完成活动的证据的文件。记录可用于正式的可追溯性活动,并为验证、预防措施和纠正措施提供证据。

相关管理规定:

> **中华人民共和国应急管理部令**
> **第 7 号**
> **社会消防技术服务管理规定**
>
> 第十五条 消防技术服务机构应当对服务情况作出客观、真实、完整的记录,按消防技术服务项目建立消防技术服务档案。
> 消防技术服务档案保管期限为 6 年。

记录管理是指对组织内产生的各种记录和信息进行有效管理、保存、检索和利用的过程。记录可以是以纸质文档或电子形式存在的信息。记录管理在组织运作中具有重要作用,不仅有助于确保信息的完整性和可靠性,还可以支持合规性、知识管理、决策支持和风险管理等方面,帮助组织提升管理水平和竞争力。

质量管理记录清单见表 3.64。

表 3.64 质量管理记录清单

序号	记录名称	记录主要组成内容
1	风险和应对措施清单	风险点、应对措施、有效性评价等
2	质量目标统计	质量目标、完成情况、统计、分析及改进措施等
3	程序文件清单	名称、编号/版本号、发布日期等
4	作业指导书清单	名称、编号/版本号、发布日期等
5	设备操作规程清单	名称、编号/版本号、发布日期等
6	技术负责人任命、人员清单	姓名和岗位名称等
7	知识清单	名称、来源、发布日期等
8	岗位知识和能力要求	知识和能力要求、各岗位名称等
9	年度培训计划	培训内容、培训对象、培训时间、培训方式、培训教师、考核方式等
10	培训记录	培训主题、培训时间、培训教师、培训地点、培训方式、参加培训人员名单(签名)、培训内容摘要、考核方式及结果、效果评价、评价人等
11	人员能力评价记录	姓名、岗位、评价内容、方式、结果、采取的措施、跟踪验证结果、评价人、评价时间等
12	设备台账	设备名称、型号规格、设备编号、制造商、生产日期、购置日期、设备状态、检定/校准日期、检定/校准周期等
13	设备履历表	设备编号、名称、型号、厂商、出厂编号、购入日期、使用部门、使用人、保管人、使用、检定/校准、借用、归还、维护保养、变更记录的日期、完成状态、确认人等
14	检定/校准证书	具备资质的单位出具
15	设备维护保养记录	设备名称、编号、日期、设备维护保养内容、状态、确认人

续表3.64

序号	记录名称	记录主要组成内容
16	期间核查设备清单	设备名称、编号、规格型号、核查频率、方法等
17	期间核查计划	设备名称、编号、规格型号、核查方法,实施期间核查时间,核查人等
18	期间核查记录	设备名称、编号、型号规格、检定/校准到期日、标准件或参照设备名称、标准件或参照设备型号和编号、核查环境温度和湿度、标准值和允差、核查值和误差、判定结果、核查人员等
19	设备领用归还记录	设备名称、编号、领用日期及状态、归还日期及状态、确认人
20	项目评审记录	名称、评审内容、评审人、结论和日期等
21	合同	服务的类型、地点、场所、系统、范围、遵循的技术标准、方式、期限、技术负责人、项目负责人、书面结论文件要求、双方责任和义务等
22	合同评审记录	评审内容、结果、评审结论、评审人、日期等
23	合同变更相关记录	变更内容、双方确认等
24	技术交底文件清单	文件名称、页数、交接人、交接日期等
25	服务计划	项目名称、服务范围、服务内容和方法(检测和评估项目应明确抽样比例)、人员(项目负责人、项目组人员配备)、时间、频次、编制/修订日期、编制和批准人等
26	服务方案	项目名称;项目概况(建筑概况、消防设施概况、相关方情况等);目的;相关法律法规、技术标准;服务原则;服务程序(依据相关消防技术标准要求编写);作业保障条件(相关方的配合度、技术支持能力等);服务过程风险提示;安全防护措施;服务计划等
27	委托单位财产清单	委托单位财产名称、数量,防护或保护措施,委托单位联络人等
28	合格供方名录	供方名称、供应产品及服务、供方地址、联系电话、联系人等
29	供方评价表	供方名称等基本信息、材料名称、价格、评价内容、评定结论、参加评定人员、评审日期、审批意见和批准人等
30	消防设施备品件台账	品牌、规格型号、外观、数量、合格证明等
31	消防设施维护保养过程记录	满足 GB 25201—2010 中附录要求
32	消防设施检测过程记录	满足 GB/T 44481—2024 要求
33	消防安全评估过程记录	满足 XF/T 3005—2020 中附录要求
34	项目人员变更交接记录	项目进展情况、遗留问题、双方签字等
35	维护保养项目公示信息	a) 机构名称; b) 项目负责人和操作人员实名信息(证件照片、姓名、手机号码、注册消防工程师注册证书注册号和消防设施操作员职业资格证书编号); c) 维护保养责任期限; d) 维护保养责任范围; e) 投诉电话; f) 公示日期
36	项目现场消防技术服务档案	a) 法律地位证明文件(如营业执照); b) 消防技术服务合同(可隐去涉及商业内容); c) 项目负责人注册消防工程师注册证书; d) 消防设施操作员国家职业资格证书; e) 年度维护保养计划; f) 每次维护保养记录(实时更新); g) 书面结论文件(实时更新)。 以上档案文件复印件加盖机构公章

续表3.64

序号	记录名称	记录主要组成内容
37	项目现场沟通记录	a) 服务计划(方案)及相应现场从业人员; b) 需委托单位配合的要求和陪同人员; c) 项目进程; d) 项目变更(含人员变更); e) 服务结果和需要整改的问题; f) 任何影响项目进展的情况
38	应急预案	适用范围、部门和岗位职责、响应启动程序、处置措施、应急保障等
39	应急预案培训、演练记录	预案名称、时间、内容、参与人、组织人、有效性评价、结论等
40	预案评审记录	预案名称、时间、内容、参与人、组织人、结论等
41	书面结论文件	消防设施维护保养服务的书面结论文件内容应包含: a) 封面;b)项目概况;c)消防设施维护保养范围;d)消防设施维护保养频次信息;e)消防设施统计信息;f)消防设施位置信息;g)项目组成员信息;h)维护保养使用的设备名称、编号;i)消防设施检查信息;j)消防设施功能测试信息;k)消防设施联动试验信息;l)消防设施问题与处理建议信息;m)与维护保养对象有关的声明;n)其他。 消防设施检测服务的书面结论文件内容应包含: a) 封面;b)检测机构的名称和地址;c)书面结论文件的唯一性标识和每一页上的标识;d)检测的起始和结束日期;e)书面结论文件编制完成的日期;f)被检测项目的名称和地址;g)检测项目基本情况;h)检测的范围;i)检测的依据;j)检测使用的设备、编号;k)检测项目中各系统的概述;l)检测项目提供的技术资料情况(适用时,如调试报告、竣工图纸、设计和施工记录、消防产品清单等);m)检测人员;n)检测内容、数量、数据和结论;o)与检测对象有关的声明;p)其他。 消防安全评估服务的书面结论文件内容应包含: a) 封面;b)评估机构的名称和地址;c)书面结论文件的唯一性标识和每一页上的标识;d)评估的起始和结束日期;e)书面结论文件编制完成的日期;f)被评估对象的名称和地址;g)评估对象基本情况;h)评估的范围;i)评估的原则及程序;j)评估的依据;k)评估使用的设备、编号;l)评估人员;m)评估的实施过程;n)评估的结果和建议(应指明火灾隐患、消防安全问题和整改建议);o)与评估对象有关的声明;p)附录;q)其他。
42	项目质量监督计划	项目名称、地点、监督人、监督时间等
43	项目质量监督记录	项目名称、监督时间、监督内容,从业人员携带、使用及操作设备的规范性,从业人员对作业指导书、设备操作规程的使用符合性,消防设施及环境条件的可控性、业务操作和判断的准确性、原始记录的规范性、书面结论文件的完整、规范和客观性,监督人、监督结论、不符合的处置等
44	文件评审、发放和销毁记录表	文件名称、版本号(如有)、文件主要内容、评审人员、发放人员或销毁人员、日期、批准人(如需要)等
45	外来文件清单	名称、来源、实施或发布日期、确认人等
46	记录清单	记录名称、记录编号、保存方式、保存岗位等
47	服务满意度调查方案	调查对象、内容、方式、时间、统计分析方法等
48	服务满意度调查表	委托单位名称、项目名称、调查内容、总分、分析、满意度评价、调查人等
49	服务满意度统计分析记录	统计样本、统计分析方法、结果、统计人和日期等
50	内审计划	目的、审核依据、时间、人员及分工、对象(过程或部门或项目)
51	内审检查记录	各级指标标题、评价要素、评价记录、符合程度、审核员和日期等

续表3.64

序号	记录名称	记录主要组成内容
52	不符合报告	部门或项目名称、代表、审核日期、不符合事实陈述、依据标准、对实施纠正措施的要求、验证方法、原因分析、确定的措施及纠正实施情况简述、审核组确认意见等
53	内审报告	目的、依据、内审实际安排、结论、不符合报告和改进建议等
54	管理评审报告	服务的改进需求、质量管理体系和消防安全评估过程控制体系的变更需求、人员和设备等资源需求计划、人员能力提升措施、职责的再分配（适宜时）
55	改进记录	部门或项目、改进事项、原因分析措施、实施人、验证情况、验证人等

3.11.3.2 档案

档案是记录各种信息的重要手段，通过档案管理，可以保存和记录机构、人员、设备和项目的各种历史资料，为今后的工作或研究提供参考和依据。

人员档案是人力资源管理的重要组成部分，通过档案管理可以记录和保存员工的信息和经历，为今后的招聘、培训、考核等工作提供参考和依据。设备档案是设备管理的重要组成部分，通过档案管理可以记录和保存设备的性能、状态、维护等信息，为设备的正常运行提供保障。项目档案是项目管理的重要组成部分，通过档案管理可以记录和保存项目的进度、质量、成本等信息，为今后的项目管理提供参考和依据。

质量管理要求：

> 档案包含人员档案、设备档案和项目档案。档案内容包含：
> a）人员档案应至少包含技术负责人、项目负责人、消防设施操作员等从业人员的个人简历、教育、职业资格、职业资格继续教育证明材料、劳动合同、保密声明、能力评价、岗位调整等记录；
> b）设备档案应至少包含设备履历表、发票、合格证、说明书、维护保养记录、计量检定或校准记录（如需要）、期间核查记录（如需要）等记录；
> c）项目档案应至少包含项目评审记录（如需要）、合同、技术交底文件（如需要）、服务计划、服务方案（如需要）、过程记录、书面结论文件等记录。

机构可指定档案管理岗位，明确其职责和权限。档案可保存在档案袋、档案夹或档案页中。当档案信息或内容发生变化时，及时更新。

档案包含人员档案、设备档案和项目档案，宜一人一档、一设备一档、一项目一档。各档案应包含以下内容：

（1）人员档案应至少包含技术负责人、项目负责人、消防设施操作员等从业人员的个人简历、教育、职业资格、职业资格继续教育证明材料、劳动合同、保密声明、能力评价及岗位调整等记录；

（2）设备档案应至少包含设备履历表、发票、合格证、说明书、维护保养记录、计量检定或校准记录（如需要）及期间核查记录（如需要）等记录；

（3）项目档案应至少包含项目评审记录（如需要）、合同、技术交底文件（如需要）、服务计划、服务方案（如需要）、过程记录及书面结论文件等记录。

3.11.3.3 记录和档案管理

记录是既往事件的客观反映，记录和档案管理有助于保存和传承知识，为今后的工作或研究提供参考和依据。

质量管理要求：

> 记录管理应至少满足以下要求：
> a) 记录应客观、真实、完整、字迹清晰。
> b) 记录的修改应可以追溯到前一个版本或原始结果，应保存原始的以及修改后的数据和文档，包括修改的日期、标识修改的内容和负责修改的人员；修改经注册消防工程师签名盖章的消防安全技术文件，应当由原注册消防工程师进行；因特殊情况，原注册消防工程师不能进行修改的，应当由其他相应级别的注册消防工程师修改，并签名、加盖执业盖章，对修改部分承担相应的法律责任。
> c) 记录的储存应防盗、防火、防潮、防尘、防鼠、防虫。
> d) 记录应至少保存6年，具有相关人员签字的书面记录，可以制作成电子文档保存使用，原件应妥善保存。电子形式的记录宜注意防病毒和非法复制。
> 注：记录的储存可采用纸质的形式和(或)电子的形式。
>
> 机构应指定专人建立并管理档案，档案信息发生变化时，及时更新。档案宜一人一档、一设备一档、一项目一档。

（1）记录应客观、真实、完整、字迹清晰，这是记录管理的基本要求，确保记录的真实性和可读性。

（2）对于记录的修改，应可以追溯到前一个版本或原始结果，并保存原始的以及修改后的数据和文档，包括修改的日期、标识修改的内容和负责修改的人员。这样能够保证记录的完整性和可追溯性，以便于问题的解决和责任的追究。

（3）记录的储存应采取适当的措施，以防止数据丢失、损坏或被篡改，如防盗、防火、防潮、防尘、防鼠和防虫等。电子形式的记录还需要注意防病毒和非法复制，以保护数据的完整性和安全性。

（4）记录应至少保存6年，并具有相关人员签字的书面记录，可以制作成电子文档保存使用，原件应妥善保存。这样可以确保记录的可查性和长期保存性，为今后的工作或调查提供参考和依据。对于电子形式的记录，储存形式（纸质或电子）也应予以考虑。

（5）机构可指定档案管理岗位，明确其职责和权限。档案可保存在档案袋、档案夹或档案页中。当档案信息或内容发生变化时，及时更新。档案包含人员档案、设备档案和项目档案，宜一人一档、一设备一档、一项目一档。

3.11.3.4 案例分析

某消防技术服务机构规定由办公室管理人员档案和设备档案，由维保检测部管理项目档案。

办公室为每位员工建立了一个档案袋，将个人简历、毕业证书、职业资格证书、职业资格继续教育截图、劳动合同、保密声明收集在一起。当有岗位调整时，将相应记录及时归档。每年度考核评价后，将评价记录及时归档。

办公室为每个仪器设备建立了一个档案袋，将设备履历表、合格证、说明书、每年度检定/校准记录进行归档。仪器设备的维护保养记录、领用归还记录、期间核查记录，按记录类型和月份归档。

维保检测部为每个项目建立了一个档案袋，按年度将该项目的项目评审记录、合同复印件、技术交底文件清单及纸质版文件、服务计划、服务方案、过程记录及书面结论文件进行归档。电子版技术交底文件、扫描成电子版的过程记录和书面结论文件保存在相应项目负责人电脑硬盘中，每季度使用移动硬盘备份。

以上档案如需查阅，需要经办公室或维保检测部负责人同意，查阅后形成记录。

3.11.3.5 检查内容和要素

本节检查要素和内容见表3.65。

表 3.65 检查内容和要素

指标	检查要素	检查内容
11.3 记录和档案管理	1. 有建立并执行标准列出的记录	1. 查看机构是否建立了标准要求的记录。 2. 查看记录清单,记录是否齐全
	2. 分类管理人员、设备和项目档案	查是否分别建立管理人员、设备、项目档案
	3. 人员档案应至少包含个人简历、教育、职业资格、继续教育证明、劳动合同、保密声明、能力评价、岗位调整等记录,并且及时归档更新	1. 随机抽取人员档案,查看是否包含了个人简历、教育、职业资格、继续教育证明、劳动合同、保密声明、能力评价、岗位调整记录。 2. 查是否归档更新
	4. 设备档案应至少包含设备履历表、发票、合格证、说明书、维护保养记录、计量检定或校准记录(如需要)、期间核查记录(如需要)等,并且及时归档更新	1. 随机抽取设备档案,查看是否包含了设备履历表、发票、合格证、说明书、维护保养记录、计量检定或校准记录(如需要)、期间核查记录(如需要)。 2. 查是否归档更新
	5. 项目档案应至少包含项目评审记录(如需要)、合同、技术交底文件(如需要)、服务方案(如需要)、过程记录、书面结论文件等	1. 随机抽取设备档案,查看是否包含了项目评审记录(如需要)、合同、技术交底文件(如需要)、服务方案(如需要)、过程记录、书面结论文件。 2. 查是否归档更新
	6. 记录应客观、真实、完整、字迹清晰,并可追溯	随机抽取记录,查看记录是否客观、真实、完整、字迹清晰,记录内容是否可追溯
	7. 机构应确保记录的修改可以追溯到前一个版本或原始结果,应保存原始的以及修改后的数据和文档,包括修改的日期、标识修改的内容和负责修改的人员	1. 查看记录或询问是否有记录修改情况。 2. 查看记录修改方式是否可追溯到前一个版本或原始结果
	8. 修改经注册消防工程师签名盖章的消防安全技术文件,应当由原注册消防工程师进行;因特殊情况,原注册消防工程师不能进行修改的,应当由其他相应级别的注册消防工程师修改,并签名、加盖执业盖章,对修改部分承担相应的法律责任	1. 查看记录或询问是否有消防技术文件修改情况。 2. 查看消防技术文件修改方式是否可追溯到前一个版本或原始结果
	9. 带有签名的纸质版原件记录应采取防盗、防火、防潮、防尘、防鼠、防虫的储存和保管方式	现场查记录保存区域或房间,是否采取了防盗、防火、防潮、防尘、防鼠、防虫的储存和保管方式
	10. 所有记录应至少保存 6 年,具有相关人员签字的书面记录,可以制作成电子文档保存使用,原件应妥善保存	1. 查看记录是否保存 6 年。 2. 查看时间较早的记录
	11. 消防技术服务档案应至少保存 6 年	1. 查消防技术服务档案是否保存 6 年。 2. 查看时间较早的归档档案
	12. 记录调阅和读取应得到授权以防止丢失、篡改或复制	查在记录调阅和读取时,是否有授权或批准措施,是否可以防止丢失、篡改或复制
	13. 宜明确电子版记录的备份周期,并按规定及时备份,以防止病毒和非法复制	1. 查电子版记录的类型、保存方式。 2. 是否规定了备份方式和周期。 3. 是否采取了防止病毒和非法复制的措施
	14. 应指定专人建立、管理技术负责人、项目负责人、消防设施操作员的人员档案、设备档案和项目档案	1. 查看机构是否指定专人管理人员、设备和项目档案。 2. 查看档案管理的状态
	15. 当档案信息发生变化时,应及时更新	随机抽取档案,查是否有更新的记录和内容

3.12 检查、评价和改进

3.12.1 服务满意度调查

3.12.1.1 服务满意度调查策划与实施

消防技术服务机构的顾客主要是项目的委托单位，本节旨在使机构关注对顾客反馈的监视，策划和开展服务满意度调查，以评价顾客满意程度、确定顾客满意的状况和趋势，并确定改进的机会、启动持续改进。顾客满意是指"顾客对其要求已被满足的程度的感受"，服务满意度调查为机构理解顾客对其服务的感受以及顾客的需求和期望是否得到满足提供了途径。机构应了解顾客对机构满意的感受，监视顾客满意的信息作为测量机构质量管理体系业绩的方法之一，可帮助机构评价所建立的质量管理体系的有效性，并识别改进的机会。

顾客满意度应来自顾客的亲身体验，而不是机构的猜测。顾客满意的程度基于顾客对机构提供的服务的要求和期望，从顾客的角度看来，其要求被满足的程度越高，顾客的感受越好，顾客满意程度越高。当然，不同顾客群体的要求存在差异，因此同样的服务，不同的顾客的感受和满意程度可能不同。另外，由于顾客的要求也是不断变化的，例如由于顾客主观感受的变化，因此相同的顾客对同样的服务，在不同时期的感受和满意程度也可能有所不同。顾客抱怨或投诉是顾客满意程度低的常见表现，但没有收到顾客抱怨或投诉，并不意味着顾客是满意的。顾客满意这种感受的表达有程度上的差别，机构应进行客观、全面的测量。顾客不好的感受或趋势会促使机构采取相应的纠正措施得到持续改进，顾客好的感受也可用于进一步提高服务质量。

需要注意的是，对顾客满意程度进行监视、测量时，有多种测量指标，常见的有满意度和满意率，本节介绍的是满意度。满意度和满意率的区别主要在于两者所反映的满意程度维度不同，满意率侧重于反映满意程度的广度，而满意度侧重于反映满意程度的深度。满意率指在一定数量的目标人群中表示满意的人群所占的百分比，主要用于测量满意程度的广度，即人们对于某事物或服务的满意程度有多广，例如，在环保满意率调查中，满意率是指达到基本满意以上的群众数量与总体群众的比值；满意度是一个相对的概念，代表顾客期望值与体验的匹配程度，侧重于反映顾客对服务的满意程度有多深，在消防技术服务行业，满意度可通过评价指标分值的加权计算得到，反映委托单位对机构提供的服务的整体感受和评价。

质量管理要求：

> 机构应策划并制订服务满意度调查方案，明确调查对象、内容、方式、时间、统计分析方法等。
> 调查的内容应至少包含服务质量、项目进度、服务响应（维护保养）、履约、投诉处理、人员态度、人员着装、人员行为规范性。
> 机构可通过信息系统、调查问卷、走访座谈等方式开展服务满意度调查。
> 机构应至少每12个月收集和分析服务满意度调查结果，保留调查记录、统计分析记录。
> 注：GB/T 19014—2019 附录 D 和附录 E 提供了服务满意度调查的测量和分析的指南。

机构应策划如何开展服务满意度调查活动，编制调查方案，明确调查对象、调查内容、调查方式、调查时间及统计分析方法等。当机构第一次编制服务满意度调查方案时，可以先通过编制年度方案的形式进行探索和试运行，待服务满意度调查工作流程基本固化后，再将方案转化为文件化的程序，予以规范。

(1) 调查对象:机构可以根据自身消防技术服务的业务类别、业务规模等确定调查对象的选取要求(例如消防设施维护保养、消防设施检测、消防安全评估项目的委托单位)、调查数量(例如对全部委托单位进行调查,或抽取一定比例的委托单位进行调查)和抽样原则(例如随机抽取,或指定重点委托单位)等。

(2) 调查内容:机构可以考虑从项目流程各阶段,委托单位与机构从业人员的接触环节入手,设计调查问题,包含服务质量、项目进度、服务响应、合同履约、投诉处理及从业人员行为规范性(例如服务态度、着装)等方面。设计问题措辞时,要注意表述聚焦、简短、清晰,不作诱导提问。

(3) 调查方式:机构应根据委托单位和项目的实际情况、机构内部流程的可操作性,考虑线下调查问卷、走访回访、电话调查和线上调查(例如消防技术服务管理系统、微信小程序)等不同方式来获取满意度信息。

(4) 调查时间:包括调查开展的时间,例如项目结束后由项目负责人对委托单位联系人进行反馈调查,年底由专人进行回访调查,这些做法可持续进行或按照机构所确立的具体的频次执行;以及结果统计的时间,例如每半年由专人回收调查问卷进行统计。

(5) 统计分析方法:对每一个调查问题可以赋予权重或分值,通过加权平均、算术平均等方式统计调查结果。调查问题也可以选择李克特量表,它是最常用的一种评分加总式量表,该量表由一组陈述组成,每一陈述有多种回答,回答选项数目由调查精度要求确定,分别有 3、5、7、10 等多种级别。如问题为:"您对项目现场从业人员交流时的服务态度的满意度如何?"采用李克特 5 级量表,设计非常满意、满意、一般、不满意、非常不满意五种回答,分别记为 5、4、3、2、1 分。

机构负责策划和开展服务满意度调查的人员,可以进一步学习《质量管理 顾客满意 监视和测量指南》(GB/T 19014—2019)。该标准给出了顾客满意调查的指导原则,策划、运行等过程指南,调查和统计分析方法等内容。

机构应按照策划制订的服务满意度调查方案,按计划开展服务满意度调查工作,并保留调查记录(例如调查问卷、回访记录),作为验证可追溯性的证据。

机构应按照策划的频次,定期对服务满意度调查结果进行统计分析,形成统计分析记录或报告,确定顾客满意程度,发现不足,并基于这些信息采取应对措施。服务满意度调查信息应作为管理评审的输入,用于确定是否需要采取改进措施以增强顾客满意。

服务满意度调查方案、服务满意度调查表、服务满意度统计分析记录分别见表 3.66～表 3.68。

表 3.66 服务满意度调查方案

一、调查对象
例如:覆盖当年度每一个项目的委托单位(合同甲方)。
二、调查内容
例如:问卷调查的内容包含服务质量、项目进度、服务响应(针对维护保养项目)、履约、投诉处理、人员态度、人员着装、人员行为规范性等。
三、调查方式
例如:
1. 线下问卷调查
由项目负责人在每个项目结束后,向委托单位联系人发放《服务满意度调查表》,填写完成后当场回收,提交给×××部门或人员。
2. 消防技术服务管理系统
由×××部门或人员定期记录消防技术服务管理系统上,每个完结项目业主评价信息栏内的满意度评价情况。
3. 电话/上门回访
针对部分重要委托单位,×××部门或人员应定期安排电话/上门回访跟踪委托单位,及时了解委托单位各种建议、意见和要求,并及时作出处理。
四、调查时间
例如:×××部门或人员每半年汇总统计一次线下问卷调查的结果,每年 12 月汇总当年度的线下问卷调查和消防技术服务管理系统满意度评价结果,并完成《服务满意度统计分析记录》。
五、统计分析方法
例如:分别统计线下问卷调查的得分和消防技术服务管理系统满意度评价的得分,采用取平均值的方式进行最终满意度得分的统计。

表 3.67　服务满意度调查表

委托单位名称				
项目名称				
调查内容	项目进度	□满意(10分)	□一般(5分)	□不满意(0分)
	服务质量	□满意(20分)	□一般(10分)	□不满意(0分)
	服务响应	□满意(10分)	□一般(5分)	□不满意(0分)
	合同履约	□满意(10分)	□一般(5分)	□不满意(0分)
	投诉处理	□满意(10分)	□一般(5分)	□不满意(0分)
	人员态度	□满意(5分)	□一般(2分)	□不满意(0分)
	人员着装	□满意(5分)	□一般(2分)	□不满意(0分)
	人员行为	□满意(10分)	□一般(5分)	□不满意(0分)
	应急能力	□满意(10分)	□一般(5分)	□不满意(0分)
	安全防护	□满意(10分)	□一般(5分)	□不满意(0分)
	意见建议			
总分(满分100分)	由调查人员填写统计分数			
结果分析	由调查人员填写,例如总体满意度情况、扣分项情况			
调查人:		日期:		

表 3.68　服务满意度统计分析记录

一、汇总情况
例如:
1. 线下问卷调查

序号	委托单位名称	项目名称	得分	扣分项

合计:××家委托单位,平均分××分

2. 消防技术服务管理系统

序号	委托单位名称	项目名称	得分	扣分项

合计:××家委托单位,平均分××分

3. 电话/上门回访反馈
回访××家,收到××家反馈

二、主要结果
例如:
1. 线下问卷调查总体满意度情况
2. 消防技术服务管理系统总体满意度情况

续表3.68

3. 主要扣分项分析
4. 不同业务的满意度
5. 和往年调查结果的趋势分析
……
三、发现的问题和改进措施
例如：可根据主要扣分项、委托单位反馈的意见建议等进行原因分析，制订改进措施。
编制人：
日期：

3.12.1.2 检查要素和内容

本节检查要素和内容见表3.69。

表3.69 检查要素和内容

指标	检查要素	检查内容
12.1 服务满意度调查	1. 应有服务满意度调查方案，方案内容应至少包括拟调查对象和数量或比例、内容、方式、回收要求、截止期限、统计分析方法等，可按 GB/T 19014 附录 D 和附录 E 的指南完成服务满意度调查和测量	服务满意度调查方案是否包含相应内容
	2. 应确定具体调查内容，至少涉及服务质量、项目进度、服务响应（维护保养）、履约、投诉处理、人员态度、人员着装、人员行为规范性	调查内容的充分性，是否包含相应内容
	3. 应根据策划的调查方式（如信息系统、调查问卷、走访座谈等），在规定期限内完成服务满意度调查，服务满意度调查的测量和分析可按 GB/T 19014 附录 D 和附录 E 的要求执行	是否根据策划的调查方案按期完成服务满意度调查
	4. 应至少每12个月收集、统计、分析服务满意度调查信息和结果	是否每12个月对调查结果进行统计分析
	5. 保留调查记录、统计分析记录	是否保留相应记录，确保可追溯

3.12.2 内部审核

3.12.2.1 内部审核策划与实施

内部审核是指由机构自身进行，确定机构质量管理体系满足审核准则要求的程度，所进行的有计划的、系统的、独立的和客观的自查活动。内部审核是机构对自身质量管理体系进行评价的方法之一，是为了证实机构质量管理体系的符合性和有效性，并针对发现的问题采取纠正措施，以确保体系的有效性和持续改进。机构应从公正的角度，通过内部审核获得质量管理体系的绩效和有效性的相关信息，以确保所策划的各项安排已经完成，并且质量管理体系得到有效实施和保持。通过内部审核可以达到下述目的，即确定质量管理体系是否：

（1）符合机构所确定的质量管理体系的要求；
（2）得到有效的实施与保持。

质量管理要求：

> 1. 机构应至少每12个月进行一次内部审核，评价机构质量管理满足标准要求的程度，验证质量管理体系和消防安全评估过程控制体系得到有效实施和保持。
> 2. 内部审核应采用文件记录审查和项目现场审核相结合的方式。审核前技术负责人应编制审核计划，明确审核依据、时间、人员及分工、对象（过程或部门或项目）等。
> 3. 机构应制订内部审核检查表实施内审。
> 4. 机构应确保实施内部审核的人员满足以下要求：
> a) 熟悉标准要求且接受过审核能力培训，如 GB/T 19011；
> b) 不审核自己的工作。
> 5. 内部审核结束后由审核组长将发现的不符合项以书面形式告知被审核部门或相关负责人，被审核部门或相关负责人应在商定的期限内采取纠正措施予以改进。
> 6. 审核组长在审核结束后应形成内部审核报告以说明机构质量管理体系是否符合标准要求并得到有效实施和保持。
> 7. 机构应保留审核计划、检查记录、不符合报告和内部审核报告等记录。

机构宜针对内部审核活动制订文件化的程序，对审核计划的制订、审核人员的职责、审核频率、时间间隔和审核发现的处置等做出规定。机构应根据机构的具体情况确定内部审核的频次，至少每12个月进行一次内部审核，按策划的时间间隔开展的内部审核是机构质量管理体系自我完善、自我改进的重要手段之一。当某一部门或过程运行问题多、重要程度高的时候，应加大审核力度。如在前一次内部审核中发现问题比较多的部门或过程往往需要增加审核频次和审核时间。

机构应对审核计划进行策划，可由机构的技术负责人、质量负责人或审核组长等组织实施。审核计划是针对特定时间段所策划的、并具有特定目的的一次或多次审核，包括策划、组织和实施内部审核的所有必要活动，以确保质量管理体系的绩效和有效性为导向。审核计划的策划应考虑根据拟审核的部门或过程的状况和重要性以及以往审核的结果，来确定审核的依据、时间、方法、对象、审核组人员及分工、检查表等。若机构已经实施的管理体系涉及多种具有类似要求的管理体系标准，可以采取减少重复劳动的多体系审核（如对一体化管理体系或多个管理体系的审核）。

机构的内部审核员应具有经证实实施审核的个人素质和能力，可以进一步学习《管理体系审核指南》（GB/T 19011—2021），该标准给出了审核原则、审核方案管理、管理体系审核实施等指南。内部审核需保持客观性和公正性，在策划人员分工和实施内审时，审核员不应审核自己的工作。在某些情况下，尤其是小微机构中需要特定专业知识的领域，有的人员可能需要审核自身的工作。在这种情况下，机构可让内审员与该部门同事一起进行审核，或由技术负责人、部门负责人等管理人员对审核结果进行评审，以确保审核结果的公正性。机构还可考虑借助外部供方的资源，如大学、外审员或其他组织。

机构应根据审核依据，制订内审检查表，覆盖机构确认的质量管理体系要求。采取的审核方法可包括直接观察过程、与相关人员面谈、抽样和审查成文信息（例如机构的质量管理体系文件、过程记录、人员档案、设备档案和项目档案）等。

内部审核既要关注活动及结果与规定的符合性，又要关注过程在实现目标方面的有效性。在内部审核过程中发现不符合时，审核组应将不符合项以书面形式告知被审核部门或负责人，责任部门的管理者应及时采取必要的纠正措施，以消除不符合以及产生不符合的原因。审核组应对纠正措施的有效性进行跟踪验证，并按规定记录和报告验证的结果。

这里必须注意区分"纠正"与"纠正措施"，纠正是指"为消除已发现的不合格所采取的措施"；而纠正措施是指"为消除不合格的原因并防止再发生而采取的措施"，即是为了消除与服务、过程、质量管理体系等方面有关的不合格、不符合和其他异常情况的原因，防止类似的问题再发生所采取的措施。纠正措施通常包括如下步骤：

（1）收集、评审不合格/不符合，包括顾客抱怨。

（2）确定不合格/不符合的原因：可以从 5M1E（人、机、料、法、环、测）和机制方面等分析，找出根本的原因，以及是否可能在其他过程也存在，可以运用八步（8D）问题解决法、"五问"分析法、因果分析图等方法。

（3）确定所需（优化）的纠正措施。

（4）实施纠正措施。

（5）验证和评审所采取的纠正措施的有效性：通过证据确认相关措施已经实施或已经进行了纠正，并且没有再次发生不合格/不符合，可以通过观察过程的绩效或评审成文信息完成对纠正措施有效性的评审；为了确保能够验证有效地实施了纠正措施，可在一段时间后再对所采取的措施进行评审；必要时，启动下一循环的改进。

（6）通过管理评审正式纳入质量管理体系；考虑是否存在以往尚未识别确定的风险或机遇，或者是否在策划期间未就应对风险和机遇的措施作出有效处理，需要时，应更新这些策划；还应考虑对质量管理体系的过程的更改需求。

内部审核完成后，审核组应编制内部审核报告，描述审核实施情况、不符合项情况、待改进项情况及内部审核结论等，以说明机构质量管理体系满足要求的程度、是否得到有效实施和保持，并将结果报告给机构负责人。其中，待改进项是指那些虽然满足要求但却可能反映质量管理体系潜在弱项的情况。此外，还可根据其他内部审核的经验和其他过程或项目的实践，确定改进的机会。

内部审核结果需作为管理评审的输入。机构应保留内部审核策划、实施和报告结果的成文信息，作为验证可追溯性的证据。

内部审核计划、不符合报告、内部审核报告分别见表 3.70～表 3.72。

表 3.70 内部审核计划

审核目的	例如：评价本机构的质量管理体系满足××标准要求和本机构质量管理体系文件要求的程度，验证质量管理体系得到有效实施和保持
审核依据	1. ××质量管理标准； 2. 本机构的质量管理体系文件
审核组成员	组长：AAA 组员：BBB，CCC
审核日期	××××年××月××日
内审工作安排	

日期和时间	审核组人员	被审查部门/人员/项目	条款/要求
××××年××月××日 9:00—9:30	AAA，BBB，CCC	相关部门	首次会议
××××年××月××日 9:30—15:00	AAA	办公室	4.1～4.6、11.1～12.4
	BBB	行政部	5.1～5.4、6.1～6.2
	CCC	项目部	7.1～10.3
××××年××月××日 15:00—15:30	AAA，BBB，CCC	/	审核组内部沟通
××××年××月××日 15:30—16:00	AAA，BBB，CCC	相关部门	末次会议
审核组长：		编制日期：	

表 3.71 不符合项报告

被审核部门/人员/项目	
审核日期	

不符合项事实陈述：
例如：发现××不符合，依据××（审核依据）的××条款

对实施纠正措施的要求：
例如：在××个工作日内完成

验证方法：
例如：对××××提供的纠正措施的证实性资料进行文件评价、对实施的纠正措施有效性进行项目现场验证

审核组组长 （签名）		审核组组员 （签名）		被审核方代表 （签名）	

原因分析、确定的措施及纠正实施情况简述：
由被审核方填写

被审核方代表：　　　　　　　　日期：

审核组确认意见：
纠正措施是否可行或有效？　□是　□否

审核组组长：　　　　　　　　日期：

表 3.72 内部审核报告

审核目的	评价本机构的质量管理体系满足××标准要求和本机构质量管理体系文件要求的程度，验证质量管理体系得到有效实施和保持
审核依据	1. ××质量管理标准； 2. 本机构的质量管理体系文件。
审核组成员	组长：AAA 组员：BBB，CCC

审核日期及内审计划实施情况：
例如：内审组于××××年××月××日—××××年××月××日对本机构的质量管理体系运行情况进行了为期X天的审核，按照《内部审核计划》如期完成了审核。

不符合项情况：
例如：本次内审共发现X项不符合项，主要分布在××过程××条款和××过程××条款，均为严重/一般不符合，已实施纠正措施，需要持续关注……

待改进项情况：
例如：本次内审共发现X项待改进项，主要是……

内部审核结论：
例如：每个主要章节的审核情况分别展开概述。
1. 体系策划建立方面，文件内容符合、质量目标按要求统计……
2. 人员管理方面，……
3. 设备管理方面，……
4. 项目管理方面，……
总体来看，本机构的质量管理体系基本满足××标准要求和本机构质量管理体系文件的要求，质量管理体系得到有效实施和保持

审核组长：　　　　　　　　　　　　　　　　　　　　编制日期：

3.12.2.2 案例分析

本案例以《管理体系审核指南》(GB/T 19011—2021)的要求为基础,总结了管理体系审核实施主要遵循的步骤,供机构开展内部审核时参考。

1. 审核活动的准备

1.1 审核准备阶段的文件评审

审核组长应评审受审核方的相关管理体系文件,可包括管理体系文件和记录,以及以往的审核报告。

(1) 收集信息,例如过程、职能方面的信息,以准备审核活动和适用的工作文本;
(2) 了解体系文件范围和程度的概况,以发现可能存在的差距。

1.2 编制审核计划

审核组长应根据受审核方提供的在文件中包含的信息编制审核计划。审核计划应便于有效地安排和协调审核活动,以达到审核目标。在编制审核计划时,应考虑以下原则:

(1) 尽可能避免在时间、场所及受审核部门安排上的冲突;
(2) "前紧后松",尽可能为后续的追踪活动留出宽裕的时间。

1.3 审核组工作分配

审核组长可在审核组内协商,将对具体的过程、活动、职能或场所的审核工作分配给审核组每位成员。分配审核组工作时,应考虑审核员的独立性和能力、资源的有效利用。为确保实现审核目标,可随着审核的进展调整所分配的工作。

1.4 准备工作文件

审核组成员应收集和评审与其承担的审核工作有关的信息,并准备必要的工作文件,用于审核过程的参考和记录审核证据。这些工作文件可包括:检查表、审核抽样方案、记录信息(如支持性证据、审核发现和会议记录)的表格。

检查表的内容可以包括:

(1) 审核的场所、部门、过程、活动,即到哪儿查?
(2) 审核的对象,即找谁查?
(3) 审核的项目或问题,即查什么?
(4) 审核的方法(包括抽查计划),即如何查?

2. 审核活动的实施

审核活动通常如下图所示的顺序实施。为了适应特定的审核情况,顺序有可能不同。

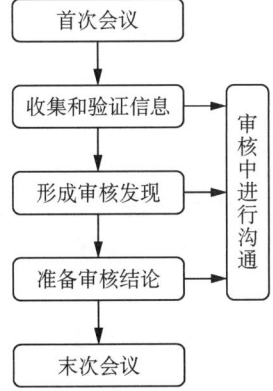

2.1 首次会议

首次会议的目的是:

(1) 确认所有有关方(例如受审核方、审核组)对审核计划的安排达成一致;

(2) 介绍审核组成员和计划分工;
(3) 确保所策划的审核活动能够实施。

审核组应与受审核方管理者及适当的受审核的职能、过程的负责人一起召开首次会议,会议应由审核组长主持。在会议期间,应提供询问的机会。针对机构的内部审核,首次会议可简单地对即将实施的审核内容和要求进行沟通解释。

2.2 审核中的沟通

在审核期间,适当时,审核组应定期讨论以交换信息,评定审核进展情况,以及需要时重新分配审核组成员的工作;审核组长应定期向受审核方通报审核进展及相关情况。

随着审核活动的进行,出现的任何变更审核计划的需求都应经评审,适当时,经受审核方批准。

2.3 信息的收集和验证

在审核中,应通过适当的抽样收集并验证与审核目标、范围和准则有关的信息,包括与职能、活动和过程间接有关的信息。只有能够验证的信息方可作为审核证据。作为审核发现的审核证据应予以记录。在收集证据的过程中,审核组如果发现了新的、变化的情况或风险,应予以关注。

收集信息的方法包括:面谈,观察,文件、记录等书面证据(包括电子文档形式的)。

审核员需将所收集的信息记录在审核检查表上作为审核证据,记录的详略程度由审核员判断。

审核记录的准则是:
(1) 要有可追溯性;
(2) 能够体现审核员的审核思路;
(3) 对每个过程的审核结束后,审核小组应对这个过程进行一个综合的判断(如符合、需改进、不符合等),为审核报告的编制提供输入依据。

2.4 形成审核发现

审核组应对照审核准则评价审核证据以确定审核发现。审核发现能表明符合或不符合审核准则。当审核计划有规定时,具体的审核发现应包括具有证据支持的符合事项和良好实践、改进机会以及对受审核方的建议。

应记录不符合及支持不符合的审核证据。可以对不符合进行分级。应与受审核方一起评审不符合,以获得承认,并确认审核证据的准确性,使受审核方理解不符合。应努力解决对审核证据或审核发现有分歧的问题,并记录尚未解决的问题。

2.5 准备审核结论

审核组在末次会议之前应充分讨论:
(1) 根据审核目标,评审审核发现以及在审核过程中所收集的其他适当信息;
(2) 考虑审核过程中固有的不确定因素,对审核结论达成一致;
(3) 适用时,提出改进建议;
(4) 适用时,讨论审核后续活动。

2.6 举行末次会议

审核组长应主持末次会议,提出审核发现和审核结论。参加末次会议的人员包括受审核方的管理者,相关职能、过程的负责人。适用时,审核组长应告知受审核方在审核过程中遇到的可能降低审核结论可信程度的情况。

适当时,末次会议应向受审核方阐明下列内容:
(1) 告知受审核方所收集的审核证据是基于已获得的信息样本;
(2) 报告的方法;
(3) 处理审核发现的过程和可能的后果;
(4) 以受审核方管理者理解和认同的方式提出审核发现和审核结论;

(5) 如果审核目标有规定，可以提出改进建议；
(6) 任何相关的审核后续活动，例如纠正措施的实施。

3. 审核报告的编制和分发

3.1 审核报告的编制

审核组长应根据审核计划报告审核结果，编制形成审核报告。审核报告应提供完整、准确、简明和清晰的审核记录，并包括或引用以下内容：审核目标、审核准则、明确审核组和受审核方在审核中的参与人员、进行审核活动的日期和地点、审核发现和相关证据、审核结论。

3.2 审核报告的分发

审核报告应在商定的时间期限内提交，注明日期，并经适当的评审和批准。如果延迟，应向受审核方通知原因。审核报告应分发至审核程序或审核计划规定的接收人。

4. 审核后续活动的实施

根据审核目标，审核结论可以表明采取纠正、纠正措施或其他改进措施的需要。此类措施通常由受审核方确定并在商定的期限内实施。适当时，受审核方应将这些措施的实施状况告知审核组。

审核组应对措施的完成情况及有效性进行验证，验证可以是后续审核活动的一部分。

3.12.2.3 检查要素和内容

本节检查要素和内容见表3.73。

表3.73 检查要素和内容

指标	检查要素	检查内容
12.2 内部审核	1. 应至少每12个月进行一次内部审核，评价机构自身质量管理活动满足本标准要求的程度，验证质量管理体系和消防安全评估过程控制体系得到有效实施和保持	1. 是否明确了内部审核的频次等要求。 2. 是否每12个月进行了一次内部审核
	2. 内部审核应采用文件记录审查和项目现场审核相结合的方式	内审方式的适宜性
	3. 内审前技术负责人应编制审核计划，确定审核组长、明确审核时间、人员及分工、对象（过程、部门或项目）等	1. 是否制订有内审计划。 2. 内容的充分性
	4. 内部审核应制订内审核检查表，覆盖本标准适用的相关要求。	1. 是否制订有内审检查表。 2. 内容覆盖适用的质量管理要求内容
	5. 内部审核人员应熟悉本标准要求，并接受过审核员能力培训	参与内审的人员是否经过质量管理知识和审核知识的培训
	6. 内部审核人员应按内审计划使用检查表实施内部审核，但不应审核自己的本职工作	1. 内审计划的人员分工是否适宜。 2. 是否按照内审检查表要求开展了内审
	7. 应将在内部审核中发现的不符合事实以书面不符合报告形式告知被审核部门或相关负责人，由被审核部门或相关负责人在商定的期限内落实纠正措施	是否有发现不符合项，形成了不符合项报告，进行原因分析、实施纠正措施
	8. 审核组长应验证不符合项纠正措施的有效性，并关闭不符合项	不符合项报告是否验证了纠正措施的有效性，并关闭不符合项
	9. 审核组长在审核结束后应形成内部审核报告以说明机构质量管理体系是否符合本文件要求并得到有效实施和保持	内审报告内容和结论的充分性
	10. 应保留审核计划、检查记录、不符合报告和内部审核报告等记录	是否保留相应记录，确保可追溯

3.12.3 管理评审

3.12.3.1 管理评审策划与实施

管理评审是指机构为确定其质量管理体系的适宜性、充分性、有效性达到规定目标所进行的评价活动。管理评审是由机构负责人实施的、与机构战略方向保持一致的活动,其目的是对质量管理体系绩效的有关信息进行评审,以确定体系是否:

(1) 适宜,即仍然适合其目的吗?
(2) 充分,即仍然是够用的吗?
(3) 有效,即仍然能实现预期结果吗?

管理评审是对质量管理体系评价的一种重要方法,是机构负责人系统、全面地了解和掌握质量管理体系运行状况的机会,帮助识别薄弱环节和改进方向。同时机构的质量管理体系不可能是一成不变的,它会受到内外部各种因素的影响,因此通过管理评审可以帮助机构负责人了解现行的质量管理体系达到预定目标的适宜性、充分性和有效性的情况,以确定是否需要对现行的过程作调整和改进,包括质量方针和质量目标是否需要变更、资源配置是否需要提升等。

质量管理要求:

> 1. 机构最高管理者应每年组织实施管理评审,对质量管理体系和消防安全评估过程控制体系的实施情况进行评审以确保体系持续适宜性、充分性和有效性。管理评审应在内审结束后进行。
> 2. 最高管理者通过管理评审应至少对项目质量监督、服务满意度、内部审核输出的信息和结果进行评审,形成评审结论,应至少包含:
> a) 服务过程和质量的改进需求;
> b) 质量管理体系和消防安全评估过程控制体系所需的变更;
> c) 人员和设备等资源需求计划;
> d) 人员能力提升计划;
> e) 职责的再分配(适宜时)。
> 3. 机构应保留管理评审报告。
> 4. 当发生法律法规变化、机构重大人员变动、业务扩项等重大变化时,机构应增加管理评审频次。

机构应规定管理评审的时间间隔,频次可根据机构的具体情况而定,至少每年组织实施一次,并应在内部审核结束后进行,因为内部审核的结果是管理评审的重要输入。某些管理评审活动可由机构中不同层级的负责人员完成,只需将获得的结果提供给机构负责人,不要求在一次管理评审中解决所有的输入事项,可以在后续的管理评审中逐步解决。

为确保管理评审的有效性,并避免重复召开会议,机构可将管理评审作为一项独立活动进行,也可结合其他业务活动安排一起进行,例如年度会议、战略策划、经营策划、运营会议和其他管理体系标准的评审。

除了定期的管理评审之外,在出现重大变化、异常情况时,一般也应及时进行管理评审,例如消防法律法规和技术标准的较大变化,顾客需求及市场形势的较大变化,相关方的较大变化,机构的组织架构和服务实现过程发生较大调整、重大人员变动、业务扩项,发生重大的或连续的行政处罚、顾客投诉。

管理评审输入的信息是为评价质量管理体系、确保质量管理体系的适宜性、充分性和有效性提供基础,因此输入的信息应能反映质量管理体系的状况和与质量管理体系保持和持续改进有关的内容。管理评审输入与前文各章节的质量管理要求内容直接相关,管理评审输入应用于确定趋势,以便做出与质量管理体系有关的决策并采取措施。至少应考虑项目质量监督、服务满意度调查、内部审核输出的信息和结果各项输入。此外,机构的管理评审输入可以扩大到覆盖质量管理体系持续有效运行的其他要求

内容,可包括以下内容:

(1) 以往管理评审中提出采取的改进措施情况、结果跟踪;

(2) 任何可能影响质量管理体系变更的外部和内部因素的变化,例如外部的消防法律法规和技术标准、行业领域存在问题或机遇的相关信息,内部的机构经营和发展、自身策划的变更、财务结果;

(3) 针对所识别的风险和机遇所采取应对措施的结果及其有效性;

(4) 质量目标的实现程度;

(5) 人员、设备等资源的充分性,对资源的需求是否得到充分满足,现行资源规划的适宜性;

(6) 服务过程的绩效和服务质量与机构以往水平或同行比较的情况、发展趋势等;

(7) 对外部供方的能力、绩效进行监测和评价的结果;

(8) 顾客等相关方的需求、期望和改进的建议,也包括顾客对机构的意见和抱怨;

(9) 监管部门的检查结果、第三方认证机构的审核结果等;

(10) 已实施对各类不符合项的纠正和纠正措施的情况、效果;

(11) 其他来自内部和外部的改进建议。

管理评审活动的结果就是管理评审的输出,能够提供关于质量管理体系的绩效和有效性以及所需的任何决策和措施方面的输出和信息。管理评审的重要目的之一是从输入的信息中找出与预期目标和要求的差距,识别薄弱环节,寻求改进的机会。管理评审不仅局限于对质量管理体系运行状况的报告和验证,管理评审的过程应是一个增值的过程,通过评审活动推动质量管理体系的有效性和适宜性的持续改进。通过管理评审对所需的改进作出决策,对质量管理体系、过程、服务提出改进要求。管理评审的输出应包括如下:

(1) 服务过程和质量的改进需求,例如服务流程有效性的改进、新业务的开发;

(2) 质量管理体系所需的变更,例如质量方针和目标的调整、质量管理体系文件的修订;

(3) 人员和设备等资源需求计划,例如人力资源的调整、购置新设备、改善工作环境;

(4) 人员能力提升计划,例如从业人员的持续教育培训;

(5) 职责的再分配(适用时),例如组织机构的调整、职责的变更。

管理评审的输出应成为实施改进的输入,作为管理评审输出的任何决定和措施应在组织内得到沟通,并予以跟踪、验证,以保证改进的实施及改进的效果。管理评审期间已经识别的措施的实施状况应作为下次管理评审活动的输入。机构应保留管理评审报告等成文信息,作为验证可追溯性的证据。成文信息还可包括管理评审计划、演示文稿、会议纪要等。

管理评审报告见表 3.74。

表 3.74 管理评审报告

评审时间	
评审地点	
主持人	机构负责人
出席部门及人员	

评审内容:
例如,可从以下方面展开描述。
1. 内、外部因素对机构质量管理体系的影响
2. 风险应对措施的有效性
3. 质量目标的实现情况
4. 质量管理体系文件的适用性
5. 人员和设备等资源的充分性
6. 项目质量监督情况
7. 服务满意度调查情况
8. 内部审核情况

续表3.74

评审结论和持续改进需求： 例如，通过本次评审很好地验证了机构质量管理体系持续的适应性、充分性、有效性。 在以下方面还需持续改进，可从以下方面展开描述：服务过程和质量的改进措施、质量管理体系文件变更、人员和设备等资源需求、人员能力提升计划、部门职责的再分配	
批准人：机构负责人	日期：

3.12.3.2 案例分析

为便于机构更好理解内部审核和管理评审的区别，策划评价改进活动，通过表 3.75 予以总结。

表 3.75 内部审核和管理评审的区别

区别事项	内部审核	管理评审
目的不同	评价机构的质量管理体系满足相关要求的程度，验证质量管理体系是否得到有效实施和保持，发现是否有不符合项并采取纠正措施	对机构的质量管理体系有关绩效进行评审，确保质量管理体系的持续适宜性、充分性和有效性，是否需要进行必要的改动和改进
组织者和执行者不同	由技术负责人或质量负责人组织，与被审核过程无直接责任关系的内审人员具体实施	由机构负责人主持实施，技术负责人、各部门负责人、关键质量管理人员参与
依据不同	执行的质量管理体系相关标准、机构的质量管理体系文件等	重点考虑项目质量监督、服务满意度调查、内部审核的结果；管理部门的要求、顾客的期望、社会和市场的需求；上一次管评输出的改进措施、质量目标完成情况等
程序不同	由内审人员按照一套系统的方法对体系所涉及的部门、过程进行现场审核，得到符合或不符合体系要求的证据	研究来自内外审、相关方、体系关键过程运行、能力验证等方面的信息，可结合年度会议、战略经营策划会议等一起进行
输出不同	对双方确认的不符合项，由被审核方提出并实施纠正和纠正措施，由审核组长验证并编制内审报告，内审的输出是管理评审输入的重要内容	管理评审的结论往往涉及体系及其过程的改进需求，提供所需资源、变更的需求，机构或职责调整、文件修改等
涉及的记录	内审计划、内审检查表、检查记录、不符合报告、内审报告	管理评审报告，其他例如管评计划、演示文稿、会议纪要等

3.12.3.3 检查要素和内容

本节检查要素和内容见表 3.76。

表 3.76 检查要素和内容

指标	检查要素	检查内容
12.3 管理评审	1. 应形成年终工作总结，由最高管理者每年组织实施管理评审	是否由最高管理者按期组织实施管理评审
	2. 管理评审的内容应至少包括： a) 上一次管理评审输出的措施要求； b) 项目质量监督结果； c) 服务满意度调查结果； d) 内部审核结果； e) 任何影响机构经营和发展的内外部环境变化	管理评审输入内容的充分性，是否包含 a～e 项内容

续表3.76

指标	检查要素	检查内容
12.3 管理评审	3. 管理评审后应形成书面报告和结论。结论应至少包含以下内容： a）服务过程和质量的改进需求； b）质量管理体系和消防安全评估过程控制体系所需的变更； c）人员和设备等资源需求计划； d）人员能力提升计划； e）职责的再分配（适宜时）	管理评审结论的充分性，是否考虑了 a）～e）项内容
	4. 应保留由最高管理者签字批准的管理评审报告	是否形成管理评审报告，由最高管理者批准发布
	5. 当发生法律法规变化、机构重大人员变动、业务扩项等重大变化时，机构应增加管理评审频次	是否发生过增加管理评审频次的情形

3.12.4 持续改进

3.12.4.1 持续改进活动

改进活动是质量管理体系过程的"PDCA 循环"管理方法中的处置（Act，A）阶段。持续改进是"提高绩效、增强满足要求的能力的循环活动"，重点是持续提高质量管理体系运行的适宜性、充分性和有效性，提高委托单位满意度。

质量管理要求：

> 机构应充分利用项目质量监督、服务满意度调查、内部审核和管理评审等方式，针对从业人员管理、设备管理、合同管理、现场作业控制、书面结论文件、档案管理等方面提出改进需求，采取措施并跟踪实施结果，保留记录。

持续改进活动强调机构主动积极的改进，而不是被动的整改，既可以是创新式的重大改进项目，例如管理机制创新、服务流程创新改造；也可以是日常渐进式的改进，例如质量管理小组。机构应考虑将项目质量监督、服务满意度调查、内部审核分析评价的结果，以及管理评审的输出作为持续改进的机会。实施改进有不同的方法：

（1）通过质量目标的不断提高或细化，来明确改进的方向；
（2）通过内部审核和数据分析来评价质量管理体系的现状，识别改进需求，寻找机会；
（3）通过风险预防（防止发生）和纠正措施（防止再发生）来实施改进；
（4）在管理评审中提出长效的改进方向，以期长期保证质量管理体系正常运行并发挥预期功能；
（5）分析和评价实施上述改进活动的有效性。

机构通过确定改进的机会，策划并切实地实施改进服务、纠正和预防不利影响以及提高质量管理体系的绩效和有效性等改进措施，以实现预期结果和持续满足相关方的要求和期望，改进质量管理体系的适宜性、充分性和有效性。

持续改进计划及跟踪验证记录见表 3.77。

表 3.77 持续改进计划及跟踪验证记录

序号	改进措施	责任部门/责任人	计划完成时间	完成情况	跟踪验证结果

3.12.4.2 检查要素和内容

本节检查要素和内容见表 3.78。

表 3.78 检查要素和内容

指标	检查要素	检查内容
12.4 持续改进	1. 应充分考虑和利用项目质量监督、服务满意度调查、内部审核和管理评审等方式,针对人员知识和能力、设备管理、合同管理、现场作业控制、书面结论文件、记录和档案管理等方面提出改进需求	持续改进的主要输入和改进机会来源是哪些
	2. 应针对确定的改进机会采取措施,跟踪实施结果,并保留记录	是否跟踪验证改进措施的有效性,并保留持续改进实施的案例和记录

第 4 章
消防技术服务作业指导书示例

本章提供了消防设施维护保养、消防设施检测和消防安全评估的作业指导书、记录和报告的示例以及仪器设备操作规程的示例,内容仅供参考,机构需根据最新的消防法律法规、技术标准等,以及机构实际情况进行调整。

4.1 消防设施维护保养作业指导书示例

消防设施维护保养作业指导书

一、范围

本文件规定了建筑消防设施维护保养的基本要求、程序、技术要求、检查内容和维护内容、维护保养书面结论文件以及档案管理。

本文件适用于本机构的建筑消防设施维护保养业务。

二、维护保养流程

2.1 根据消防技术服务项目的特点、难度、复杂性,开展项目评审,通过现场勘查或文件审查方式掌握项目信息。

2.2 与委托单位签订消防技术服务合同。

2.3 签订合同后5个工作日内,将项目基本信息录入消防技术服务管理系统。

2.4 合同签订后,项目负责人向委托单位获取技术交底文件并妥善保存。形成清单,双方签字确认。

2.5 根据法律法规、技术规范、国家标准、行业标准、合同、技术交底文件编制消防技术服务计划。

2.6 根据项目特点、难度、复杂性,编制消防技术服务方案。

2.7 在项目开展前,于项目组内充分沟通、理解消防技术服务计划(方案)。

2.8 将消防技术服务计划信息录入消防技术服务管理系统。

2.9 按照服务计划(方案)、作业指导书、设备操作规程的要求操作。

2.10 客观、真实、完整记录消防技术服务情况,与实际从业活动一致,经双方签字确认后保存相应记录表。

2.11 当发现消防设施问题,从业人员及时记录,告知委托单位予以确认处理;对可能造成重大火灾隐患的,立即报告服务项目所在地的消防救援机构。

2.12 首次从业时制作包含消防技术服务信息的固定标识,并在项目现场的消防控制室(值班室)醒目位置公示。在项目现场消防控制室(值班室)保存消防技术服务档案。

2.13 每半年出具一次真实反映委托单位实际情况和消防设施现状的书面结论文件。

2.14 在项目完成后5个工作日内将书面结论文件录入消防技术服务管理系统。

2.15 建立并管理项目档案。

三、建筑消防设施维护保养要求及操作方法

3.1 消防供配电设施

3.1.1 消防配电柜(箱)

3.1.1.1 目测检查消防电源主电源、备用电源工作状态消防设备末端配电切换装置工作状态

检查消防设备配电箱应有区别于其他配电箱的明显标志,不同消防设备的配电箱应有明显区分标识。手动测试配电箱面板开关及控制按钮,应灵活可靠,配电箱上的仪表、指示灯的显示应正常。

3.1.1.2 试验主、备电切换功能

在自动控制和人为控制两种方式下切换主备电源,备用消防电源投入及指示灯显示正常,消防用电设备正常运行。

3.1.2 消防设备应急电源

3.1.2.1 供电功能

检查消防设备应急电源接收联动信号功能,应能在接收到联动信号后按预先设定的联动功能输出特性供电。

3.1.2.2 应急转换功能

用秒表测试应急输出的转换时间不应大于 5 s。

3.2 火灾自动报警系统

3.2.1 火灾探测器

3.2.1.1 维护项目及内容

1) 外观应完好,无明显损伤;
2) 探测器安装应牢固不得有明显松动;
3) 探测器周围 0.5 m 内不应有遮挡物;
4) 当被监视区域达到报警条件时,应向火灾报警控制器输出火警信号;
5) 探测器报警后应能启动火灾报警确认灯;探测器报警确认灯在手动复位前应予以保持;
6) 探测器的编码应与竣工图标识、控制器显示相对应。

3.2.1.2 维护操作方法

1)、2)、3)、4)项:目测,手动检查。

5)、6)项:对可恢复的探测器采用专用的检测仪器或模拟火灾,使探测器达到报警设定值;对不可恢复的探测器采取模拟报警的方法,使探测器处于火灾报警状态;观察火灾探测器火警确认灯点亮情况。对线型光束感烟火灾探测器的火灾报警功能、复位功能进行检查并记录,探测器的火灾报警功能、复位功能。对线型感温火灾探测器的火灾报警功能、复位功能进行检查并记录;对线型感温火灾探测器的敏感部件故障功能进行检查并记录。对管路采样式吸气感烟火灾探测器的火灾报警功能、复位功能进行检查并记录;对管路采样式吸气感烟火灾探测器的采样管路气流故障报警功能进行检查并记录。对点型火焰探测器和图像型火灾探测器的火灾报警功能、复位功能进行检查并记录。

3.2.1.3 维护和检查设备:感烟(温)探测器功能试验器、线型光束感烟探测器滤光片、秒表、钢卷尺。

3.2.2 手动报警按钮

3.2.2.1 维护项目及内容

1) 外观应完好,无明显损伤;
2) 紧固部件无松动,启动零件不应破碎、变形或移位;
3) 报警按钮编码应与竣工图标识、控制器显示相对应;
4) 被触发时,应向火灾报警控制器输出火警信号;
5) 报警按钮与火灾报警控制器手动复位后,按钮的报警状态与火灾确认指示灯应能复位。

3.2.2.2 维护操作方法

1)、2)、3)项:目测,手动检查。

4)、5)项:使报警按钮动作后,观察按钮火警确认灯的点亮情况;检查控制器火灾报警情况、火警信息显示和记录情况。复位手动报警按钮的机械机构,手动操作控制器的复位键,观察按钮火警确认灯的熄灭情况。对可恢复的手动报警按钮,使报警按钮动作,报警按钮应发出火灾报警信号。对不可恢复的手动报警按钮应采用模拟动作的方法使报警按钮发出火灾报警信号,报警按钮应发出火灾报警信号。

3.2.2.3 维护和检查设备:手动报警按钮启动钥匙。

3.2.3 火灾报警控制器

3.2.3.1 维护项目及内容

1) 控制器的自检、消音、复位、屏蔽、历史记录查询、火警优先等功能应正常。
2) 控制器应能直接或间接地接收来自火灾探测器及其他报警触发器件的火灾报警信号,发出声、光报警信号,指示火灾发生部位,记录火灾报警时间,并予以保持,直至手动复位。

3) 火灾报警声信号应能手动消除,当再有火灾报警信号输入时,应能再次启动。

4) 控制器使用打印机记录火灾报警时间时,应打印出月、日、时、分等信息。

5) 当控制器内部、控制器与其连接的部件间产生故障时,应能在100 s内发出与火灾报警信号有明显区别的故障声、光信号,故障声信号应能手动消除,再有故障信号输入时,应能再启动。

6) 火灾报警控制器的电源部分应有主电源和备用电源转换装置。当主电源断电时,能自动切换到备用电源;当主电源恢复时能自动转换到主电源。

7) 在火灾报警故障状态下检查火警优先报警功能。

3.2.3.2 维护操作方法

1)项:操作控制器的自检按键,观察控制器面板上所有指示灯、显示器和音响器件的动作情况。当报警控制器处于报警状态时,手动操作控制器的消音键,检查控制器声信号消除情况。手动操作消防联动控制器或火灾报警控制器(联动型)的复位键,观察控制器、模块的工作情况。操作控制器屏蔽或取消屏蔽回路任一部件,检查控制器设备信息注释情况和屏蔽指示灯工作情况。结合探测器报警功能测试,查看报警控制器显示的报警部位、类型是否与现场一致。

2)、3)项:控制器发出消防联动设备控制信号时,应发出相应的声光信号指示,该光信号指示不能被覆盖且应保持至手动恢复;在接收到消防联动控制设备反馈信号10 s内应发出相应的声光信号,并保持至消防联动设备恢复。

4)项:结合探测器报警功能测试,查看打印机记录纸张信息是否完整。

5)项:控制器与任一现场部件之间的连接断路,用秒表测量控制器故障报警响应时间,检查控制器故障信息显示情况。

6)项:测试控制器电源转换功能。切断主电源,能自动转换到备用电源;主电源恢复时,能自动转换到主电源;主、备电源工作状态指示正常。

7)项:拆下火灾探测器,模拟火灾报警系统故障状态,对火灾探测器进行加烟/加温测试,火灾报警控制器收到信号后发出警报声响。

3.2.3.3 维护检查设备

感烟(温)探测器功能试验器、秒表。

3.2.4 火灾显示盘

3.2.4.1 维护项目及内容

1) 外观应完好,无明显损伤。

2) 安装牢固,平稳无倾斜。

3) 火灾显示盘应能正确接收和显示火灾报警控制器发出的火灾报警信号;声报警信号应能手动消除,再次有火警信号输入时,应能再启动。

4) 断开火灾显示盘的电源或信号线路,火灾报警控制器应在100 s内收到故障信号;故障信号在排除后自动复位。

3.2.4.2 维护操作方法

1)、2)项:目测,手动检查。

3)项:使探测器或手动报警按钮发出火灾报警信号,检查火灾显示盘和控制器火灾信息现实情况的一致性;手动操作设备的消音键,检查声信号消除情况。

4)项:使火灾显示盘的主电源处于故障状态,用秒表测量控制器故障报警响应时间,观察控制器的故障报警情况和故障报警显示情况。

3.2.5 消防控制室图形显示装置

3.2.5.1 维护项目及内容

1) 消防控制室图形显示装置应能接收火灾报警控制器和消防联动控制器发出的故障报警信号、火

灾报警信号和联动控制信号,显示相应信息;

2) 消防控制室图形显示装置应能监视并显示与控制器通信的工作状态;

3) 消防控制室图形显示装置应能显示建筑总平面图、保护对象的建筑平面图和系统图。

3.2.5.2 维护操作方法

使火灾报警控制器、消防联动控制器发出火灾报警信号、火灾探测器故障信号、联动控制信号、反馈信号,核对图形显示装置显示相应信号的物理位置准确性。

3.2.6 火灾警报装置

3.2.6.1 维护项目及内容

1) 安装应牢固、平稳、无松动;

2) 应在接收火灾报警控制器输出的控制信号后,发出声、光警报。

3.2.6.2 维护操作方法

1)项:目测,手动检查。

2)项:操作控制器使火灾警报器启动,观察火灾警报器是否发出声、光警报。在大于60 dB的场所,声警报的声压级高于背景噪声15 dB。

3.2.7 消防应急广播

3.2.7.1 维护项目及内容

1) 广播扬声器表面无破损,安装应牢固可靠。

2) 仪表、指示灯应显示正常,开关和控制按钮应动作灵活。

3) 扬声器语音广播音质应清晰。

4) 火灾应急广播与公共广播合用时,应保证能在消防控制室将相关部位的扬声器和音响广播扩音机强制转入火灾应急广播状态。

5) 消防应急广播设备的电源部分应具有主电源和备用电源转换装置,当主电源断电时,能自动切换到备用电源;当主电源恢复时,能自动切换到主电源。

3.2.7.2 维护操作方法

1)、2)项:目测,手动检查。

3)项:操作消防应急广播控制设备使扬声器播放应急广播信息,检查语音信息的播报情况。

4)项:结合消防联动功能测试,检查广播的控制功能。

5)项:进行电源切换测试。

3.2.8 消防电话

3.2.8.1 维护项目及内容

1) 消防电话主机仪表、指示灯显示应正常,开关和控制按钮应动作灵活;

2) 消防电话插孔外观应正常;

3) 当有消防电话分机呼叫时,总机应在3 s内发出呼叫声、光信号;

4) 在消防控制室应能与所有消防电话、电话插孔之间互相呼叫与通话;

5) 消防电话分机与消防电话总机的通话应清晰。

3.2.8.2 维护操作方法

1)、2)项:目测,手动检查。

3)项:将任一部电话分机摘机,用秒表测量总机的响应时间,检查总机呼叫信息显示情况。

4)、5)项:操作电话与总机建立通话,检查语音通话情况。

3.2.8.3 维护检查设备

秒表。

3.2.9 消防电梯

3.2.9.1 维护项目及内容

1) 首层的消防电梯迫降按钮,应用透明罩保护,当触发按钮时,能控制电梯下降至首层;

2) 消防控制室应能手动和自动控制电梯回落首层,功能、信号均应正常,此时其他楼层按钮不能呼叫控制电梯,只能在轿厢内控制;

3) 消防电梯从首层到顶层的运行时间不宜大于 60 s。

3.2.9.2 维护操作方法

1)项:目测,手动检查;触发首层的迫降按钮时,能控制电梯回落至首层,查看电梯下落情况。

2)、3)项:消防控制室手动和自动控制电梯迫降至首层,功能、信号均正常,此时其他楼层按钮呼叫功能失效,只能在轿厢内控制。消防电梯从首层到顶层的运行时间不宜大于 60 s。

3.2.9.3 维保检查设备

秒表。

3.2.10 系统联动测试

3.2.10.1 维护项目及内容

1) 火灾报警控制器及联动控制器对消防给水灭火系统、防烟排烟系统、气体灭火系统、防火卷帘、电动防火门、消防广播与火灾警报器、非消防用电切断及电梯等设备的控制应与设计文件相符;

2) 设置在消防控制室以外的消防联动控制设备的动作状态信号,均应在消防控制室显示;

3) 多线控制盘的启动和停止消防设备的功能。

3.2.10.2 维护操作方法

1)、2)项目测及现场使任一报警区域符合联动控制触发条件的火灾探测器、手动火灾报警按钮发出火灾报警信号;将火灾报警控制器及联动控制器置于自动状态,试验火灾报警控制器及联动控制器对消防广播与火灾警报器、防烟排烟系统、应急照明及疏散指示系统、防火卷帘、电动防火门、非消防用电切断及电梯等设备的联动控制功能;查看火灾报警控制器及联动控制器的启动提示,应能在规定的时间内发出预先设定的启动信号,其动作后的反馈信息应正确。

3)项:手动操作手动控制盘启动和停止按钮,检查消防水泵、排烟风机、正压送风机和补风机的启动或停止功能。手动操作输入、输出模块动作,相对应的被输入、输出模块控制的消防联动设备不仅限于火灾警报器、消防广播、非消防电源切断、应急照明强启、防火卷帘、客梯和消防电梯迫降、排烟阀、正压送风阀开启、电动排烟窗、电动挡烟垂壁下降及电动防火门等消防设备的动作并有收到相应的反馈信号。

3.2.11 火灾探测器的更换

拆下损坏的探测器,用专用设备读取探测器地址码,记录下来。购买同型号探测器,用专用仪器设备写入地址码,安装到位。观察探测器巡检灯间歇性闪烁。加烟或加温试验,探测器报警,主机收到信号后核对报警信息。

3.2.12 手动报警按钮更换

拆下损坏的手动报警按钮,用专用设备读取手报按钮地址码,记录下来。购买同型号手报按钮,用专用仪器设备或拨码写入地址码,安装到位。观察手报按钮巡检灯间歇性闪烁。手动操作按钮做报警试验,手报按钮报警,主机收到信号后核对报警信息。

3.2.13 模块更换

拆下故障模块,读取模块地址码,新购的同型号模块用专用设备写入地址码,将模块接入报警回路线中,将模块输入、输出端接入被控制或需要信号反馈的设备。按照要求调试模块,将被控设备动作,察看模块是否将信号传送到火灾报警主机上。火灾报警主机上点动新换的输出模块动作,察看模块控制设备动作。

3.2.14 线路故障查找及修复

火灾报警系统线路导线需要有一定的绝缘值(20 MΩ),导线绝缘层破损会导致绝缘电阻下降,造成火灾报警回路接地故障。火灾报警主机上出现一串外部设备故障,可以判定线路故障。选择显示故障设备中端地点,将线路断开,前半段接入回路,若无故障,可以确定故障线路在后半段,如此反复查找,最终确定故障段。将线路从线管中抽出,敷设新导线,使用摇表测试绝缘电阻后,接入报警回路中。

3.3 消防给水及消火栓系统

3.3.1 消防水源

3.3.1.1 维护项目及内容

1) 外观应完好,消防水池的补水设施应正常;
2) 应确保消防用水不作他用的技术措施正常;
3) 消防水池应设置就地水位显示装置,并应在消防控制中心或值班室等地点设置显示消防水池水位的装置。

3.3.1.2 维护操作方法

目测,手动检查。

3.3.2 消防水泵及控制柜

3.3.2.1 维护项目及内容

1) 设备应完整、无损坏及腐蚀等;
2) 吸水管、出水管上的控制阀应锁定在常开位置,并应有明显标记;
3) 消防控制柜或控制盘应设置专用线路连接的手动直接启泵按钮;
4) 消防水泵应能手动启停和自动启动,且不应设置自动停泵的控制功能,消防水泵应确保从接到启泵信号到水泵正常运转的自动启动时间不应大于 2 min;
5) 消防控制柜或控制盘应能显示消防水泵的运行状态;
6) 当主泵故障时,备用泵应能切换运行;
7) 消防水泵控制柜应注明所属系统,并在平时处于自动状态,其电源信息应反馈至消防控制室。

3.3.2.2 维护操作方法

1)、2)项:目测,手动检查。

3)、4)、5)、6)项:手动操作控制箱、柜的手、自动控制转换按钮、按键,检查控制箱、柜的显示情况;分别手动操作控制箱、柜各消防泵启动按钮、按键,检查对应消防泵启动情况;手动操作消防泵停泵按钮、按键,检查对应消防泵停止运转情况;手动操作控制箱、柜的手、自动控制转换按钮、按键,使控制箱、柜处于自动控制状态,模拟输入消防联动控制器的启动信号,观察主消防泵的启动情况;切断主消防泵的电源,用秒表测量泵组备用消防泵的启动时间。

7)项:目测系统标识、指示灯及仪表。目测控制柜是否在自动状态。切断消防水泵的供电电源,查看消防控制室是否收到报警信息。

3.3.2.3 维保检查设备

秒表。

3.3.3 稳(增)压设备

3.3.3.1 维护项目及内容

1) 设备应完整、无损坏及腐蚀等;
2) 稳压泵手动、自动启停功能应正常;
3) 稳压泵应设置备用泵,其工作性能与主泵相同,当主泵故障时,备用泵应能切换运行;
4) 吸水管、出水管上的控制阀应锁定在常开位置,并应有明显标记;
5) 启泵与停泵压力符合设定值,压力表显示正常。

3.3.3.2 维护操作方法

1)项:目测,手动检查。
2)项:对稳压泵进行手动、自动启停功能测试。

3)项:将水泵控制柜打到自动状态,模拟主泵故障,观察是否自动切换至备用泵工作状态。

4)、5)项:目测,手动检查压力表显示和阀门设置情况。

3.3.4 水泵接合器

3.3.4.1 维护要求

1)水泵接合器组件应齐全,止回阀的安装方向应使消防用水能从消防水泵接合器进入系统;

2)控制阀应常开,且启闭灵活;

3)消防水泵接合器永久性固定标志应能识别其所对应的消防给水系统或水灭火系统,当有分区时应有分区标识。

3.3.4.2 维护操作方法

目测,手动检查。

3.3.5 室内消火栓

3.3.5.1 维护项目及内容

1)外观应完好,消火栓箱组件应齐全完整;

2)消火栓箱门开启灵活,开度应符合要求;

3)消火栓箱应有明显标志,标识清晰;

4)消火栓口和水带接扣、水枪和水带接扣应相匹配;

5)水带和水带接扣的连接应牢固可靠,消防软管卷盘的卷盘轴与弯管、消防软管与软盘管进出口、软管与进水控制阀、软管与喷枪的连接牢固可靠;

6)临时高压系统的最不利点应符合以下要求:

a)最不利点静压(当建筑高度>100 m时),不应低于0.15 MPa;

b)最不利点静压(建筑高度≤100 m的一类高层公共建筑、工业建筑),不应低于0.10 MPa,设置稳压泵时,不应低于0.15 MPa;

c)最不利点静压(多、高层住宅、二类高层公共建筑、多层公共建筑),不应低于0.07 MPa,设置稳压泵时,不应低于0.15 MPa;

d)最不利点充实水柱(高层建筑、厂房、库房和室内净空高度超过8 m的民用建筑等场所)≥13 m;

e)最不利点充实水柱(其他场所)≥10 m。

3.3.5.2 维护操作方法

1)、3)、4)、5)项:目测,手动检查。

2)项:开启消火栓箱,用角度尺测量开度。

6)项:用消火栓测压接头测量最不利点静压。

3.3.5.3 维保检查设备

消火栓测压接头、钢卷尺、角度尺。

3.3.6 消火栓按钮

3.3.6.1 维护要求

1)外观应完好,安装应牢固可靠、无松动;

2)当建筑内无火灾自动报警系统,消防设计文件有要求时,启动消火栓按钮,消防水泵应直接启动;

3)当有火灾自动报警系统时,启动消火栓按钮,消防控制室应收到报警信号,显示报警部位。

3.3.6.2 维护操作方法

1)项:目测,手动检查。

2)、3)项:启动消火栓按钮,在控制室查看报警信号并观察消防泵启动情况。

3.3.7 管网控制阀门

3.3.7.1 维护要求

外观应完好；控制阀门处于全开启状态。

3.3.7.2 维护操作方法

目测，手动检查。

3.3.8 消火栓系统功能

3.3.8.1 维护项目及内容

1) 消防水泵出水管上的低压压力开关、高位消防水箱出水管上的流量开关动作信号应能直接联锁启动消防水泵，流量开关动作及水泵启动信号应能反馈至消防控制室；

2) 对干式消火栓系统测试时，报警阀（电动阀/电磁阀）应及时启动，压力开关应发出信号并联锁启动消防水泵，水力警铃动作应发出报警信号；

3) 水泵自动启动时间应不大于 2 min；

4) 系统设计为消火栓按钮直接启动消火栓泵的，消火栓按钮应设绿色回答指示灯，消火栓泵启动并给出回答信号后，回答确认灯点亮，并保持至消火栓泵停止工作。

3.3.8.2 维护操作方法：

1) 项：在泵房通过试验管或放水阀门放水，使管网压力持续降低，查看消防水泵出水干管上压力开关能否自动启动消防水泵。通过高位消防水箱排水管放水，使出水管上的流量开关动作，查看流量开关能否自动启动消防水泵。查看在消防控制室是否收到报警信息。

2) 项：根据系统类型，通过打开 1 个消火栓放气或按下消火栓箱内手动按钮模拟火灾发生，观察干式报警阀或雨淋阀（电磁阀/电动阀）是否打开，查看水泵、压力开关、水力警铃的动作情况。

3) 项：用秒表测量水泵启动的时间。

4) 项：目测，手动检查。

3.3.8.3 维保检查设备

秒表。

3.3.9 室外消火栓

3.3.9.1 维护要求

1) 室外消火栓的阀门应启闭灵活；

2) 室外地上式消火栓应布置在消防车易于接近的人行道和绿地等地点，且不应妨碍交通；

3) 地下室安装室外消火栓应有明显标志；

4) 地下室安装室外消火栓井内应无积水；

5) 室外消火栓口出水压力不应小于 0.14 MPa，火灾时水力最不利消火栓的供水压力从地面算起不应小于 0.10 MPa；

6) 应有可靠防冻措施。

3.3.9.2 维护操作方法

1)、2)、3)、4)、6)项：目测，手动检查。

5)项：用消火栓测压接头测试栓口静压。开启消火栓，待出水稳定后，查看消火栓测压接头的压力显示。

3.3.9.3 维护检查设备：消火栓测压接头。

3.3.10 消火栓水泵的联锁启动

检查水泵的联锁启动功能，通过消火栓按钮的动作、消火栓出水使消防水箱供水管上流量开关动作或系统管网上的压力下降触动压力开关动作后的消防泵启动。

3.4 自动喷水灭火系统

3.4.1 供水设施

供水设施应符合本作业指导书第 3.3.1 和 3.3.2 条的规定。

3.4.2 湿式报警阀组

3.4.2.1 维护项目及内容

1) 外观应完好，标志应清晰正确；

2) 报警阀的压力表应能正常显示；

3) 平时状态，报警阀延迟器应无出水，放水试验时延迟器应自动排水；

4) 打开试验阀放水，安装延迟器应在 5～90 s 内警铃开始连续报警，不安装延迟器的应在放水后 15 s 内，警铃开始连续报警；

5) 压力开关及时动作并联锁启动喷淋泵，消防联动控制器准确接收并显示压力开关及消防水泵的反馈信号；

6) 关闭试验阀门，水力警铃应停止报警、压力开关停止动作、报警阀上下压力表指示正常，延迟器最大排水时间不超过 5 min。

3.4.2.2 维护操作方法

1)、2)、3)、4)项：目测，手动检查。

5)项：开启报警阀试验管路阀门，用秒表测量从开启阀门到水力警铃报警的时间。

6)项：查看喷淋泵现场启动情况，查看消防联动控制器显示的压力开关和消防水泵的动作情况以及信号反馈情况。

3.4.2.3 维保检查设备：秒表。

3.4.3 干式报警阀组

3.4.3.1 维护项目及内容

1) 外观应完好，标志应清晰正确；

2) 报警阀的压力表应能正常显示；

3) 空气压缩机和气压控制装置状态应正常；

4) 报警阀试验时，压力开关应及时动作，联锁启动快速排气阀入口电动阀和消防水泵；

5) 水力警铃应发出报警铃声；

6) 消防联动控制器准确显示压力开关、消防水泵的反馈信号；

7) 关闭报警阀试验阀门，系统复位后，水力警铃停止报警、压力开关停止动作。

3.4.3.2 维护操作方法

1)、2)、3)、7)项：目测，手动检查。

4)、5)、6)项：打开报警阀试验管路阀门，查看消防控制装置显示的压力开关、消防水泵的反馈信号。查看喷淋泵的启动情况。

3.4.4 预作用报警阀组

3.4.4.1 维护项目及内容

1) 外观应完好，标志应清晰正确；

2) 报警阀的压力表应能正常显示；

3) 配有充气装置时，空气压缩机和气压控制装置状态应正常；

4) 预作用装置试验时，水流指示器、快速排气阀入口前电动阀应及时动作并向消防联动控制器反馈信号；

5) 水力警铃应发出报警铃声；

6) 预作用装置电磁阀的启动和停止按钮，应直接手动控制预作用阀组的开启；

7) 关闭报警阀试验阀门并系统复位后，水力警铃停止报警，电磁阀动作信号消失。

3.4.4.2 维护操作方法

1)、2)、3)、7)项：目测，手动检查。

4)、5)、6)项:操作手动控制盘上的预作用装置电磁阀启动按钮,查看消防联动控制器显示的水流指示器、快速排气阀入口前电动阀的信号反馈情况。

3.4.5 雨淋报警阀组

3.4.5.1 维护项目及内容

1) 外观应完好,标志应清晰正确;
2) 配置传动管时,传动管的压力表显示应符合设定值,气压传动管的供气装置状态应正常;
3) 水力警铃发出报警铃声;
4) 雨淋阀试验时,压力开关应联锁启动喷淋泵并向消防联动控制器发出反馈信号;
5) 自动和手动方式启动的雨淋阀,功能应正常;
6) 关闭报警阀试验阀门并系统复位后,水力警铃停止报警,电磁阀动作信号消失。

3.4.5.2 维护操作方法

1)、2)、3)、6)项:目测,手动检查。
4)项:查看消防联动控制器显示的压力开关和喷淋泵的动作情况以及信号反馈情况。
5)项:触发同一报警区域内的两只火灾探测器启动雨淋阀或手动启动雨淋阀,观察雨淋阀水源侧压力表变化情况。

3.4.6 水流指示器

3.4.6.1 维护项目及内容

1) 水流指示器外观不得有碰伤、污损,方向指示正确,且有永久性标志;
2) 水流指示器输出报警电信号应正常。

3.4.6.2 维护操作方法

目测,手动检查。使水流指示器动作,检查控制器的显示信息。

3.4.7 末端试水装置

3.4.7.1 维护项目及内容

1) 末端试水装置的安装位置应便于检查、试验,并应有相应排水能力的排水设施;
2) 末端试水装置应有标识,距地面的高度宜为1.5 m;
3) 末端试水装置应由试水阀、压力表以及试水接头组成。

3.4.7.2 维护操作方法

目测,手动检查。

3.4.8 喷头

3.4.8.1 维护项目及内容

1) 喷头溅水盘不得有变形和附着物、悬挂物;
2) 喷头安装间距,喷头与楼板、墙、梁等障碍物的距离应符合设计要求;
3) 有腐蚀性气体的环境和有冰冻危险场所安装的喷头,应采取防护措施;
4) 在有碰撞危险的场所安装的喷头应加设防护罩。

3.4.8.2 维护操作方法

目测,手动检查。

3.4.9 信号阀

3.4.9.1 维护项目及内容

1) 外观应完好,标志清晰应正确;
2) 信号阀正常状态下应处于开启位置,消防控制室应能接收其启闭信号。

3.4.9.2 维护操作方法

目测,手动检查。使信号阀动作,检查控制器的显示信息。

3.4.10 湿式系统联动功能测试

3.4.10.1 维护项目及内容

1) 开启最不利点末端试水装置后，报警阀应能动作，压力开关应能报警；
2) 水流指示器动作后应能准确输出报警信号；
3) 压力开关动作应直接联锁自动启动喷淋泵；
4) 自开启末端试水装置起至水泵启动的时间不应超过 5 min；
5) 消防控制设备应显示水流指示器、压力开关报警信号及水泵动作后的反馈信号。

3.4.10.2 维护操作方法

1)、2)、3)、5)项：开启系统末端试水装置，查看消防控制装置显示的水流指示器、压力开关、消防水泵的动作情况以及信号反馈情况，检查水力警铃是否报警。

4)项：用秒表测试自开启末端试水装置至消防水泵投入运行的时间。

3.4.10.3 维护操作设备

喷水末端试水接头、秒表。

3.4.11 干式系统联动功能测试

3.4.11.1 维护项目及内容

1) 开启最不利点末端试水装置后，报警阀应能动作，压力开关应能报警，补气装置应自动启动补气；
2) 水流指示器动作后应能准确输出报警信号；
3) 压力开关动作应直接联锁自动启动喷淋泵；
4) 排气阀入口的电动阀应启动；
5) 消防控制设备应显示水流指示器、压力开关报警信号、电动阀动作信号及水泵动作后的反馈信号。

3.4.11.2 维护操作方法

开启末端试水装置的控制阀，报警阀应及时启动，查看消防控制装置显示的压力开关、水流指示器、快速排气阀入口前电动阀、喷淋泵的动作情况以及信号反馈情况。

3.4.12 预作用系统联动功能测试

3.4.12.1 维护项目及内容

1) 系统火灾确认后，预作用阀组的电动阀应能动作，压力开关应能报警；
2) 水流指示器动作后应准确输出报警信号；
3) 喷淋泵应能启动；
4) 排气阀入口的电动阀应能启动；
5) 消防控制设备应显示水流指示器、压力开关报警信号、电动阀动作信号及水泵动作后的反馈信号。

3.4.12.2 维护操作方法

对探测器输入模拟火灾信号，待预作用装置开启后，查看消防控制设备显示的电动阀、压力开关、水流指示器、消防水泵的动作情况以及信号反馈情况。

3.4.13 雨淋系统联动功能测试

3.4.13.1 维护项目及内容

1) 使用传动管控制的系统时，传动管泄压后，应联动喷淋泵和雨淋阀；
2) 系统火灾确认后，雨淋报警阀应能动作并联动消防水泵；
3) 压力开关应动作；
4) 消防控制设备应显示水流指示器、压力开关报警信号、电动阀动作信号及水泵动作后的反馈信号。

3.4.13.2 维护操作方法

对探测器输入模拟火灾信号，待雨淋报警阀开启后，查看消防控制设备显示的消防水泵、电磁阀和压力开关的动作情况以及信号反馈情况。

3.4.14 水幕系统联动功能测试
水幕系统联动功能测试应符合本作业指导书第 3.4.13 条的规定。

3.4.15 防护冷却系统联动功能测试
防护冷却系统联动功能测试应符合本作业指导书第 3.4.10 条的规定。

3.4.16 局部应用系统
局部应用系统应符合本作业指导书第 3.4.10 条的规定。

3.5 水喷雾灭火系统

3.5.1 系统组件

3.5.1.1 维护项目及内容
1) 系统组件应固定牢固，无碰撞变形及其他机械性损伤，表面无锈蚀，保护涂层完好，标志牌清晰，手动操作装置的防护罩、铅封和完全标志完好；
2) 应能显示阀门的开、闭状态；
3) 应具备接收控制信号开、闭阀门的功能；
4) 应具备现场应急机械启动功能。

3.5.1.2 维护操作方法
1) 项：目测，手动检查。
2)、3)、4) 项：测试阀门启闭功能。

3.5.2 雨淋报警阀组
雨淋报警阀组应符合本作业指导书 3.4.5 条的规定。

3.5.3 喷头
喷头应符合本作业指导书 3.4.8 条的规定。

3.5.4 系统功能

3.5.4.1 维护项目及内容
1) 系统应具有自动控制、手动控制和应急机械启动三种控制方式；
2) 当雨淋阀开启后，消防水泵、电磁阀和压力开关应及时动作，并将动作信号反馈至消防控制装置。

3.5.4.2 维护操作方法
1) 项：目测，手动检查。
2) 项：对探测器输入模拟火灾信号，待雨淋报警阀开启后，查看消防控制设备显示的消防水泵、电磁阀和压力开关的动作情况以及信号反馈情况。

3.6 细水雾灭火系统

3.6.1 储水箱

3.6.1.1 维护要求
水位应正常。

3.6.1.2 维护方法
目测，手动检查。

3.6.2 消防水泵

3.6.2.1 维护项目及内容
1) 消防水泵应设置备用泵，主、备用泵应具有自动切换功能，并应能手动操作停泵，主、备用泵的自动切换时间应小于 30 s；
2) 水泵现场启停、远程控制应正常；

3)消防水泵的状态信息、启动、停止和故障的动作信号应反馈至消防控制室。

3.6.2.2 维护操作方法

1)项:模拟主泵故障,观察备用泵能否自动投入运行,测量切换时间。

2)项:现场和远程操作,查看水泵动作是否正常。

3)项:查看各状态信息、动作信号能否反馈至控制室。

3.6.2.3 维护检查设备:秒表。

3.6.3 储气容器

3.6.3.1 维护项目及内容:储气压力不小于设计压力的90%。

3.6.3.2 维护操作方法:目测,手动检查。

3.6.4 分区控制阀

3.6.4.1 维护项目及内容

1) 开式系统的分区控制阀应能在接到动作指令后立即启动,并应发出相应的阀门动作信号;

2) 闭式系统的分区控制阀采用信号阀时,应能反馈阀门的启闭状态和故障信号;

3) 开式系统的分区控制阀应具有自动、手动启动和机械应急操作启动功能,关闭阀门应采用手动操作方式,闭式系统的分区控制阀应为带开关锁定或开关指示的阀组。

3.6.4.2 维护操作方法

目测,手动检查。

3.6.5 管道及附件

3.6.5.1 维护要求

输送管道和支、吊架固定无松动,高压软管无变形、裂纹及老化。

3.6.5.2 维护方法

目测,手动检查。

3.6.6 喷头

3.6.6.1 维护项目及内容

1) 喷头应符合本作业指导书3.4.8条的规定;

2) 喷头的安装位置、安装高度、间距及与墙体、梁等障碍物的距离,均应符合设计要求;

3) 喷头的选择应符合下列规定:

a) 对于环境条件易使喷头喷孔堵塞的场所,应选用具有相应防护措施且不影响细水雾喷放效果的喷头;

b) 对于电子信息系统机房的地板夹层,宜选择适用于低矮空间的喷头;

c) 对于闭式系统,应选择响应时间指数(RTI)不大于$50(m \cdot s)^{0.5}$的喷头,其公称动作温度宜高于环境最高温度30℃,且同一防护区内应采用相同热敏性能的喷头。

4) 喷头布置应能保证细水雾喷放均匀、完全覆盖保护区域。

3.6.6.2 维护操作方法

目测,手动检查。

3.6.7 系统组件

3.6.7.1 维护项目及内容

系统组件固定牢固,无碰撞变形及其他机械性损伤,表面无锈蚀,保护涂层完好,标志牌清晰,手动操作装置的防护罩、铅封和完全标志完好;无漏水等情况。

3.6.7.2 维护操作方法

目测,手动检查。

3.6.8 细水雾系统联动功能测试

3.6.8.1 维护项目及内容

1）泵组系统应具有自动、手动控制方式；

2）开式系统应能在接收到两个独立的火灾报警信号后自动启动；

3）分区控制阀、泵组应动作可靠，系统的动作信号反馈装置应能及时发出系统启动的反馈信号。相应场所入口处的警示灯应动作；

4）系统启动时，应联动切断带电保护对象的电源，切断或关闭防护区内影响灭火效果或因灭火可能带来更大危害的设备和设施；

5）闭式系统应能在喷头动作后，由动作信号反馈装置（压力开关）直接联锁自动启动；

6）瓶组系统应具有自动、手动和机械应急操作控制方式。

3.6.8.2 维护操作方法

1）、5）项：目测，手动检查系统的控制方式。

2）、3）、4）项：分别采取模拟探测器报警和手动方式启动系统，查看系统设备的动作情况和联动逻辑关系，测定系统从报警到动作的时间。

6）项：打开闭式系统试水阀，目测，手动检查设备的动作情况。

3.6.8.3 维护检查设备

感烟（温）探测器功能试验器。

3.7 自动跟踪定位射流灭火系统

3.7.1 供水设施

供水设施应符合本作业指导书第3.3.1和3.3.2条规定。

3.7.2 灭火装置

3.7.2.1 维护项目及内容

1）外观应完好，无明显损伤；

2）回转机构启动和停止灵活，安全可靠。

3.7.2.2 维护操作方法

目测，手动检查。

3.7.3 控制装置

3.7.3.1 维护项目及内容

1）控制装置应具备与火灾自动报警系统和其他联动控制设备自动通信的功能；

2）控制装置的电源应正常；

3）控制装置的组件应完整无损，无明显缺陷。

3.7.3.2 维护操作方法

目测，手动检查。

3.7.4 系统功能-自动控制

3.7.4.1 维护项目及内容

1）系统在接收到火灾报警信号后，灭火装置应自动扫描着火点；

2）火灾确认后，跟踪定位完成并向火灾报警系统或其他联动控制设备传送报警和控制信号；

3）对应电磁阀打开，并反馈动作信号；

4）消防控制室收到对应防火分区水流指示器报警信号；

5）消防泵启动，并反馈动作信号；

6）灭火装置在复位、扫描过程中应转动均匀、灵活。

3.7.4.2 维护操作方法

关闭系统侧管道阀门，打开测试管路，系统复位，使联动控制单元的被控设备均处于自动状态，在试验火源作用下，观察系统是否能按设计要求自动启动消防泵组，打开阀门等相关设备，观察各组件的动作及反馈信号是否正常。

3.7.4.3 维护检查器具

火焰探测器功能试验器。

3.7.5 **系统功能-消防控制室手动控制和现场手动控制**

3.7.5.1 维护项目及内容

1) 消防泵组启、停应正常,反馈动作信号应正常;

2) 各电磁阀启、停应正常,反馈动作信号应正常;

3) 灭火装置回转机构应操作灵活,反馈动作信号应正常;

4) 现场手动控制装置应具有优先权。

3.7.5.2 维护操作方法

1)、2)、3)项:关闭系统侧管道阀门,打开测试管路,系统复位,使各控制装置的操作按钮处于手动状态,逐个按下各电控阀门及消防泵组的手动启、停操作按钮,观察阀门的启闭动作及反馈信号应正常。逐个操控灭火装置做俯仰和水平回转动作,观察各灭火装置的动作及反馈信号是否正常。

4)项:关闭系统侧管道阀门,打开测试管路,分别将系统置于自动和手动状态,现场手动操作查看设备运转是否正常,是否受自动信号和消防控制室手动控制信号的影响。

3.8 气体灭火系统

3.8.1 **气体灭火控制器**

3.8.1.1 维护项目及内容

1) 自检面板上所有的指示灯、显示器和音响器件,显示应正常;

2) 主、备电源转换功能应正常;

3) 自动、手动转换功能应正常,无论装置处于自动或手动状态,手动操作启动均应有效;

4) 控制器所处状态应有明显的标志或灯光显示,反馈信号显示应正常。

3.8.1.2 维护操作方法

1)、4)项:目测;操作控制器的自检机构,检查设备指示灯、显示器和音响器件的指示情况。

2)项:切断主电源,检查备用电源自动投入情况,观察工作指示灯显示情况;恢复主电源,检查主电源自动投入情况,观察工作指示灯显示情况。

3)项:操作控制器的手、自动控制转换控制按钮、键,检查控制器的显示情况。

3.8.2 **系统组件**

3.8.2.1 维护项目及内容

灭火剂储存容器及容器阀、单向阀、连接管、集流管、安全泄放装置、选择阀、阀驱动装置、喷嘴、信号反馈装置、检漏装置及减压装置等系统组件应无碰撞变形及其他机械性损伤,表面应无锈蚀,保护涂层应完好,铭牌和标志牌应清晰,手动操作装置的防护罩、铅封和安全标志应完整。

3.8.2.2 维护操作方法

目测,手动检查。

3.8.3 **存储装置-充装量及充装压力**

3.8.3.1 维护项目及内容

1) 低压二氧化碳灭火系统储存装置的液位计检查,灭火剂损失10%时应及时补充;

2) 七氟丙烷管网灭火系统及IG 541灭火系统等系统的灭火剂的压力,不得小于设计储存压力的90%;

3) 预制灭火系统的设备状态和运行状况应正常。

3.8.3.2 维护操作方法

目测,手动检查。

3.8.4 存储装置-称重检查
3.8.4.1 维护要求
称重装置正常;灭火剂净重不小于设计量的90%;二氧化碳储瓶及储罐在灭火剂损失量达到设定值时能发出报警信号。
3.8.4.2 维护方法
目测,手动检查。
3.8.4.3 维护操作设备
称重装置。

3.8.5 驱动装置
3.8.5.1 维护项目及内容
1) 驱动气体储存容器内的压力不小于设计压力的90%;
2) 电磁阀启闭功能应正常。
3.8.5.2 维护检查方法
目测,手动检查,测量电磁阀的启动电压。

3.8.6 灭火剂输送管道及附件
3.8.6.1 维护项目及内容
输送管道、支、吊架固定无松动,高压软管无变形、裂纹及老化。
3.8.6.2 维护操作方法
目测,手动检查。

3.8.7 喷嘴
3.8.7.1 维护要求
喷嘴孔口无堵塞。
3.8.7.2 维护方法
目测,手动检查。

3.8.8 模拟启动试验-自动模拟启动试验
3.8.8.1 维护项目及内容
1) 自动控制应在接到两个独立的火灾信号并延迟一定时间后才能启动;
2) 灭火系统接到灭火指令后能正常启动、喷射;
3) 有关的声、光报警装置均能发出符合设计要求的正常信号;
4) 有关联动设备动作正确;
5) 手动紧急停止装置应能在规定的延时时间内可靠地停止系统的启动。
3.8.8.2 维护操作方法
将气体灭火控制器的启动输出端与气体灭火系统相应防护区驱动装置连接。驱动装置应与阀门的动作机构脱离。也可以用1个启动电压、电流与驱动装置的启动电压、电流相同的负载代替。人工模拟火警使防护区内任意1个火灾探测器动作,观察单一火警信号输出后,相关报警设备动作是否正常,如警铃、蜂鸣器发出报警声等。人工模拟火警使该防护区内另一个火灾探测器动作,观察复合火警信号输出后,相关动作信号及联动设备动作是否正常,如发出声、光报警,启动输出端的负载响应,关闭通风空调、防火阀等。
3.8.8.3 维护检查设备
数字万用表、感烟(温)探测器功能试验器。

3.8.9 模拟启动试验-手动模拟启动试验
3.8.9.1 维护项目及内容
1) 灭火系统接到灭火指令并延迟一定时间后才能正常启动、喷射;

2) 有关的声、光报警装置均能发出符合设计要求的正常信号;
3) 有关联动设备动作正确;
4) 手动紧急停止装置应能在规定的延时时间内可靠地停止系统的启动。

3.8.9.2 维护检查方法

按下手动启动按钮,观察相关动作信号及联动设备动作是否正常,如发出声、光报警,启动输出端的负载响应,关闭通风空调、防火阀等。人工使压力信号反馈装置动作,观察相关防护区门外的气体喷放指示灯是否正常。

3.8.9.3 维护检查仪器

数字万用表。

3.9 防烟排烟系统

3.9.1 防烟排烟风机及控制柜

3.9.1.1 维护项目及内容

1) 风机的铭牌标志应清晰;
2) 传动皮带型的风机的防护罩应完好;风机出入口的防护网应完好;
3) 风机启动后运行平稳,无异常振动或声响;
4) 风机叶轮旋转方向正确;
5) 风机控制柜应有注明所属系统及编号的标志,按钮、指示灯及仪表正常;
6) 风机控制柜转换开关应处于自动状态;
7) 风机控制柜手动、控制室远距离启动应正常;
8) 消防控制室应能显示风机的启动、停止和故障状态。

3.9.1.2 维护操作方法

1)、2)、3)、4)、5)、6)项:目测,手动检查。

7)、8)项:将控制柜置于手动控制状态,手动启、停风机,查看风机运行及状态显示情况。将控制柜置于自动控制状态,消防控制室手动控制盘直启按钮启、停风机,查看风机运行及状态显示情况。

3.9.1.3 维护检查设备

秒表。

3.9.2 挡烟垂壁

3.9.2.1 维护项目及内容

1) 挡烟垂壁外观应完好,安装应牢固可靠;
2) 挡烟垂壁按钮开启、复位功能应正常;
3) 挡烟垂壁应下降到设计高度后将状态信号反馈至消防控制室;
4) 系统断电时,挡烟垂壁应自动下降至挡烟工作位置;
5) 挡烟垂壁上下限位功能正常。

3.9.2.2 维护操作方法

目测,手动检查,尺量检查降落高度。

3.9.2.3 维护检查设备

钢卷尺。

3.9.3 电动排烟窗

3.9.3.1 维护要求

1) 电动排烟窗外观应完好;
2) 电动排烟窗无封堵、遮挡;
3) 手动及控制室开启电动排烟窗正常,手动复位正常,关闭时应严密,反馈信号应正确。

3.9.3.2 维护方法
目测,手动检查,结合操作检查动作性能及信号反馈功能。

3.9.4 排烟防火阀

3.9.4.1 维护项目及内容
1) 排烟防火阀及组件外观应完好;
2) 排烟防火阀开启状态应正常;
3) 手动关闭风管上的排烟防火阀,关闭信号应反馈至消防控制室;
4) 手动关闭排烟风机入口处排烟防火阀,应联锁停止排烟风机,同时将关闭信号反馈至消防控制室。

3.9.4.2 维护操作方法
目测,手动检查。

3.9.5 送风阀(口)、排烟阀(口)

3.9.5.1 维护项目及内容
1) 送风阀(口)、排烟阀(口)及组件外观应完好,安装应牢固可靠;
2) 手动及消防控制室开启送风阀(口)、排烟阀(口)应正常,手动复位正常,关闭时应严密,反馈信号应正确。

3.9.5.2 维护操作方法
1)项:目测,手动检查。
2)项:进行手动开启、复位试验,送风阀(口)、排烟阀(口)动作灵敏、可靠性。消防控制室启动送风阀(口)、排烟阀(口),查看开启后状态信号反馈情况。

3.9.6 消防风管

3.9.6.1 维护项目及内容
检查消防风管外观应完好,无锈蚀、破损等。

3.9.6.2 维护操作方法
目测,手动检查。

3.9.7 系统联动试验

3.9.7.1 维护项目及内容
防烟排烟系统的联动功能应正常。

3.9.7.2 维护操作方法
1) 模拟加压送风口所在防火分区内的两只独立的火灾探测器或一只火灾探测器与一只手动火灾报警按钮的报警信号,应能在15 s内联动开启常闭加压送风口和加压送风机,试验相关加压送风场所的加压送风口开启和加压送风机启动功能;
2) 模拟同一防烟分区内且位于电动挡烟垂壁附近的两只独立的感烟火灾探测器的报警信号,满足电动挡烟垂壁降落的联动逻辑关系,火灾自动报警系统应在15 s内联动相应防烟分区的全部活动挡烟垂壁,60 s以内挡烟垂壁应开启到位,试验电动挡烟垂壁的降落功能;
3) 模拟同一防烟分区内的两只独立的火灾探测器的报警信号,满足排烟口、排烟窗或排烟阀开启的联动逻辑关系,火灾自动报警系统应在15 s内联动开启相应防烟分区的全部排烟阀、排烟口、排烟风机和补风设施,并应在30 s内自动关闭与排烟无关的通风、空调系统,试验相关排烟口、排烟窗或排烟阀的开启功能,同时停止该防烟分区的空气调节系统功能;
4) 模拟排烟口、排烟窗或排烟阀开启的动作信号,满足排烟风机启动的联动逻辑关系,试验相关排烟风机的启动功能。

3.9.7.3 维护检查设备
秒表。

3.10 消防应急照明和疏散指示系统

3.10.1 应急照明控制器

3.10.1.1 维护项目及内容

1) 应急照明控制器应能接收、显示、保持火灾报警控制器的火灾报警输出信号和灯具、集中电源或应急照明配电箱的工作状态信息；

2) 应急照明控制器应有自检、消音、复位和屏蔽功能；

3) 应急照明控制器应设主电源和直流备用电源，当主电源断电时，能自动切换到备用电源，当主电源恢复时，能自动转换到主电源，电源的转换不应使控制器产生误动作。

3.10.1.2 维护操作方法

1) 项：使火灾报警控制器发出火灾报警输出信号，检查应急照明控制器发出启动信号的情况。在应急照明控制器上查阅相关设备的工作状态信息。

2) 项：触发自检键，观察控制器面板上所有指示灯、显示器和音响器件是否正常。当报警控制器处于报警状态时，触发消音键，应能消除声报警信号。触发复位键，系统应能恢复正常状态。启动屏蔽或取消屏蔽，观察地址和设备状态。

3) 项：进行电源切换测试。

3.10.1.3 维护检查设备

感烟（温）探测器功能试验器。

3.10.2 应急照明集中电源

3.10.2.1 维护项目及内容

集中电源自检功能，主、备电源的自动转换功能，故障报警功能，消音功能应正常。

3.10.2.2 维护方法

操作控制器的自检机构，检查控制器指示灯、显示器和音响器的动作情况。切断主电源，检查备用电源自动投入情况，观察工作指示灯显示情况；恢复主电源，检查主电源自动投入情况，观察工作指示灯显示情况。操作集中电源应急输出启动按钮，使集中电源转入蓄电池电源输出，任一输入回路断开，观察集中电源故障信息显示情况。手动操作集中电源消音键，检查控制器声信号消除情况。

3.10.2.3 维护检查仪器

数字万用表。

3.10.3 应急照明配电箱

3.10.3.1 维护项目及内容

1) 按钮、指示灯应正常；

2) 应急照明配电箱主电源分配输出功能应正常；

3) 应急照明配电箱集中控制型应急照明配电箱主电源输出关断测试功能应正常；

4) 应急照明配电箱集中控制型应急照明配电箱灯具应急状态保持功能应正常。

3.10.3.2 维护操作方法

1) 项：目测，手动检查。

2) 项：处于主电源输出时，分别用万用表测量各回路输出电压，对照设计文件核对电压测量值。

3) 项：分别手动操作应急照明配电箱的主电源输出关断测试按键或开关和主电源输出恢复按键或开关检查应急照明配电箱主电源的输出状态。

4) 项：使应急照明配电箱配接的灯具处于应急工作状态，任意选取一个回路，分别使该回路短路、断路，观察灯具的工作状态。

3.10.4 应急照明灯具和疏散指示标志灯具

3.10.4.1 维护项目及内容

1) 外观应完好,无明显损伤;
2) 方向标志灯箭头的指示方向应按照疏散指示方案指向疏散方向,并导向安全出口。

3.10.4.2 维护操作方法

目测,手动检查。

3.10.5 **系统功能——集中控制型**

3.10.5.1 维护项目及内容

1) 自动应急启动功能,系统内所有的非持续型照明灯的光源应应急点亮、持续型灯具的光源应由节电点亮模式转入应急点亮模式。B型集中电源应转入蓄电池电源输出、B型应急照明配电箱应切断主电源输出。A型集中电源、A型应急照明配电箱应保持主电源输出。切断集中电源的主电源,集中电源应自动转入蓄电池电源输出。

2) 手动应急启动功能,系统内所有的非持续型照明灯的光源应应急点亮、持续型灯具的光源应由节电点亮模式转入应急点亮模式。集中电源应转入蓄电池电源输出、应急照明配电箱应切断主电源的输出。

3.10.5.2 维护操作方法

1)项:自动应急启动功能,检查该区域灯具光源点亮情况。检查系统中配接B型集中电源、B型应急照明配电箱的工作状态。检查A型集中电源、A型应急照明配电箱的工作状态,切断系统的主电源供电,再次检查A型集中电源、A型应急照明配电箱的工作状态。

2)项:手动应急启动功能,手动操作应急照明控制器的一键启动按钮,检查应急照明控制器发出启动信号的情况。检查该区域灯具光源的点亮情况。检查集中电源或应急照明配电箱的工作状态。

3.10.5.3 维护检查设备

感烟(温)探测器功能试验器、数字万用表。

3.10.6 **系统功能——非集中控制型**

3.10.6.1 维护项目及内容

1) 自动应急启动功能,灯具采用集中电源供电时,集中电源应转入蓄电池电源输出,其所配接的所有非持续型照明灯的光源应应急点亮、持续型灯具的光源应由节电点亮模式转入应急点亮模式。灯具采用自带蓄电池供电时,应急照明配电箱应切断主电源输出,其所配接的所有非持续型照明灯的光源应应急点亮、持续型灯具的光源应由节电点亮模式转入应急点亮模式。

2) 手动应急启动功能,灯具采用集中电源供电时,手动操作集中电源的应急启动控制按钮,集中电源应转入蓄电池电源输出,其所配接的所有非持续型照明灯的光源应应急点亮、持续型灯具的光源应由节电点亮模式转入应急点亮模式。灯具采用自带蓄电池供电时,手动操作应急照明配电箱的应急启动控制按钮,应急照明配电箱应切断主电源输出,其所配接的所有非持续型照明灯的光源应应急点亮、持续型灯具的光源应由节电点亮模式转入应急点亮模式。

3.10.6.2 维护操作方法

检查该区域灯具的点亮情况。手动操作集中电源或应急照明配电箱的应急启动按钮,检查集中电源或应急照明配电箱的工作状态,检查该区域灯具光源的点亮情况。

3.10.6.3 维护检查仪器

数字万用表

3.11 防火分隔设施

3.11.1 **电动防火门**

3.11.1.1 维护项目及内容

1) 防火门外表面应平整光滑,不得有明显缺陷;
2) 防火门配件应齐全,且位置适宜,安装可靠;
3) 防火门应启闭灵活,关闭严密;

4) 防火门关闭后应能从内、外两侧人为开启；

5) 设置在疏散通道上，并设有出入口控制系统的防火门，能自动和手动解除出入口控制系统；

6) 消防控制室手动或自动控制电动常开防火门，功能信号应正常。

3.11.1.2 维护操作方法

1)、2)、3)、4)项：目测，手动检查。

5)项：模拟火灾报警信号，观察防火门动作情况及消防控制室信号显示情况。

6)项：在消防控制室启动防火门关闭功能，观察防火门动作情况及消防控制室信号显示情况。

3.11.2 防火卷帘

3.11.2.1 维护项目及内容

1) 组件应齐全完好，紧固件无松动现象；

2) 防火卷帘上方应有箱体或其他能防止火灾蔓延的防火保护措施；

3) 卷帘应升降自如，运行时平稳顺畅、无卡涩现象；

4) 防火卷帘控制器主、备电源转换应正常；

5) 能够通过现场手动控制装置和消防控制室控制防火卷帘执行上升、停止、下降动作；

6) 能向消防控制室发送与其相关的防火卷帘关闭(状态)信号。

3.11.2.2 维护操作方法

1)、2)、3项)：目测，手动检查。

4)项：进行电源切换试验。

5)、6)项：在现场和消防控制室手动启动测试，检查联动控制器是否收到反馈信号。

3.11.2.3 维护检查工具

钢卷尺。

3.12 电气火灾监控系统

3.12.1 监控设备

3.12.1.1 维护项目及内容

1) 外观应完好，无明显损伤。

2) 监控设备应能接收来自探测器的监控报警信号，并在10 s内发出声、光报警信号，指示报警部位，记录报警时间，并予以保持，直至手动复位。

3) 当监控设备发生下述故障时，应能在100 s内发出与监控报警信号有明显区别的声光故障信号：

a) 监控设备与探测器之间的连接线断路、短路。

b) 监控设备主电源欠压。

c) 给备用电源充电的充电器与备用电源间连接线的断路、短路。

4) 监控设备应有主电源和备用电源转换装置。当主电源断电时，能自动切换到备用电源。当主电源恢复时，能自动转换到主电源。

5) 主、备电源的转换不应使监控设备发出报警信号。

3.12.1.2 维护操作方法

目测，手动检查。使任一只非故障部位的探测器发出监控报警信号，用秒表测量监控设备监控报警响应时间，检查监控设备的报警信息记录和显示情况；分别使监控设备与任一现场部件之间的连线断路、短路，用秒表测量监控设备故障报警响应时间，检查监控设备故障信息显示情况；切断主电源，检查备用电源自动投入情况，观察工作指示灯显示情况；恢复主电源，检查主电源自动投入情况，观察工作指示灯显示情况。

3.12.1.3 维护检查设备

秒表。

3.12.2 剩余电流式电气火灾监控探测器

3.12.2.1 维护项目及内容

1)探测器应设有工作状态指示灯和报警状态指示灯。

2)当被保护线路剩余电流达到报警设定值时,报警器应在30 s内发出报警信号,点亮报警指示灯。

3)探测器在报警时应发出声、光报警信号,并显示报警时的剩余电流值(仅适用于剩余电流式探测器)和传感器部位;报警声信号可手动消除,报警声信号手动消除后,应有消音指示,当再有其他报警信号输入时,报警声信号应能再启动。

3.12.2.2 维护操作方法

目测,手动检查,采用剩余电流发生器对探测器施加报警设定值的剩余电流,用秒表测量探测器的报警确认灯点亮时间;观察监控设备监控报警情况,检查监控设备的报警信息记录和显示情况。

3.12.2.3 维护检查设备

秒表、漏电电流检测仪。

3.12.3 测温式电气火灾监控探测器

3.12.3.1 维护项目及内容

1)探测器应设有工作状态指示灯和报警状态指示灯;

2)探测器的报警温度值应设定在45～140℃的范围内,报警值与设定值之差的绝对值不应大于设定值的5%;

3)当被监视部位温度达到报警设定值时,探测器应在40 s内发出报警信号,点亮报警指示灯;

4)探测器在报警时应发出声、光报警信号并显示报警值和部位,报警声信号可手动消除,报警声信号手动消除后,应有消音指示,当再有其他报警信号输入时,报警声信号应能再启动。

3.12.3.2 维护方法

目测,手动检查,采用发热试验装置给监控探测器加热至设定的报警温度,用秒表测量探测器的报警确认灯点亮时间;观察监控设备监控报警情况,检查监控设备的报警信息记录和显示情况。

3.12.3.3 维护检查设备

秒表。

3.13 可燃气体探测报警系统

3.13.1 可燃气体报警控制器

3.13.1.1 维护项目及内容

1)外观应完好,无明显损伤;

2)当控制器与可燃气体探测器及所连接的报警触发器件间连线短路、断路时,控制器应能在100 s内发出与可燃气体报警信号有明显区别的声、光故障信号,指示故障部位,记录故障时间;

3)控制器应具备电源转换功能,当主电源断电时,能自动切换到备用电源;当主电恢复时,能自动转换到主电源。

3.13.1.2 维护操作方法

1)项:目测,手动检查。

2)项:使任一只探测器发出故障信号,用秒表测量控制器故障响应时间,检查控制器的故障信息记录和显示情况。

3)项:切断主电源,检查备用电源自动投入情况,观察工作指示灯显示情况;恢复主电源,检查主电源自动投入情况,观察工作指示灯显示情况。

3.13.1.3 维护检查仪器

秒表。

3.13.2 可燃气体探测器

3.13.2.1 维护项目及内容

1) 外观应完好,无明显损伤;
2) 断开可燃气体探测器的电源或信号线路,火灾报警控制器应在 100 s 内收到故障信号;故障信号在排除后自动复位。

3.13.2.2 维护操作方法

目测,手动检查,使控制器与任一可燃气体探测器之间的连接断路,用秒表测量控制器故障报警响应时间,检查控制器故障信息显示情况。

3.13.2.3 维护检查设备

秒表。

3.14 消防设备电源监控系统

3.14.1 传感器

3.14.1.1 维护项目及内容

1) 外观应完好,无明显损伤;
2) 监控设备应有工作状态指示、自检和电源监控功能;
3) 监控设备报警时应能发出声、光报警信号,并予以保持,直至手动复位。

3.14.1.2 维护操作方法

目测,切断被监控消防设备的供电电源,观察监控主机监控报警情况,检查监控主机的报警信息记录和显示情况。

3.14.2 消防设备电源监控主机

3.14.2.1 维护项目及内容

1) 外观应完好,无明显损伤;
2) 监控主机应能接收并显示其监控的所有消防设备的主电源和备用电源的实时工作状态信息;
3) 监控主机应具有主电源和备用电源转换功能,并应有主、备电源工作状态指示;
4) 监控主机应能在发生故障的状况下,在 100 s 内发出故障声、光信号,显示并记录故障的部位、类型和时间,故障声信号应能手动消除,再有故障信号输入时,应能再启动;故障光信号应保持至故障排除;
5) 故障排除后,故障信号可自动或手动复位,复位后,监控器应在 100 s 内重新显示尚存的故障。

3.14.2.2 维护方法

目测,检查监控主机的显示情况。切断主电源,检查备用电源自动投入情况,观察工作指示灯显示情况;恢复主电源,检查主电源自动投入情况,观察工作指示灯显示情况;切断任一非故障部位传感器监控设备的电源,用秒表测量监控设备报警响应时间,检查监控主机信息记录情况和报警信息显示情况。

3.14.2.3 维护检查设备

秒表。

3.15 防火门监控系统

3.15.1 防火门监控器主机

3.15.1.1 维护项目及内容

1) 外观应完好,无明显损伤;
2) 监控器应能显示与其连接的电动闭门器和释放器的开、闭状态,并应有专用状态指示灯;
3) 发生故障时,监控器应在 100 s 内发出与报警信号有明显区别的声、光故障信号,故障声信号应能手动消除,再有故障信号输入时,应能再启动;故障光信号应保持至故障排除;
4) 监控器主、备电源转换功能应正常。

3.15.1.2 维护操作方法

1)项:目测,手动检查。
2)项:触发电动闭门器和释放器查看监控器工作状态。

3)项:模拟部件故障,用秒表记录故障报警时间。
4)项:进行电源切换测试。

3.15.2 电动闭门器、电磁释放器

3.15.2.1 维护项目及内容

1)电动闭门器、电磁释放器外观应完好;
2)电动闭门器、电磁释放器自动释放功能应正常;
3)电动门吸磁力吸合、释放功能应正常。

3.15.2.2 维护操作方法

1)项:目测,手动检查。
2)、3)项:操作电动闭门器、释放器和门磁开关令其动作,观察并记录试样和电动闭门器、释放器和门磁开关的状态。

3.15.3 控制功能

3.15.3.1 维护项目及内容

试验防火门监控主机的控制功能。

3.15.3.2 维护操作方法

通过防火门监控器主机手动或自动启动电动闭门器(电动释放器),试验现场联动设备工作状态、防火门关闭情况及门磁开关信号输出情况。

4.2 消防设施检测作业指导书示例

消防设施检测作业指导书

一、范围

本文件规定了建筑消防设施检测的内容、要求和方法。
本文件适用于本机构的建筑消防设施检测业务。

二、检测内容

2.1 消防供配电设施的检测内容包括消防配电、自备发电机组的发电机和储油设施、主备电切换功能。

2.2 火灾自动报警系统的检测内容包括火灾探测器、手动火灾报警按钮、火灾报警控制器、火灾显示盘、消防联动控制设备、消防控制室图形显示设备、可燃气体探测器、可燃气体报警控制器、电气火灾监控探测器、电气火灾监控设备、火灾警报装置和消防专用电话及系统功能。

2.3 消防应急广播系统的检测内容包括扩音机、扬声器和系统功能。

2.4 消防应急照明和疏散指示系统的检测内容应包括灯具、应急照明控制器、应急照明集中电源、应急照明配电箱及系统功能。

2.5 灭火设施的检测内容包括消火栓系统、消防炮、自动跟踪定位射流灭火系统、自动喷水灭火系统、水喷雾灭火系统、细水雾灭火系统、泡沫灭火系统、气体灭火系统、干粉灭火系统和灭火器等。各灭火设施的检测包括以下内容。

(1)消火栓系统的检测内容包括室内消火栓、消火栓按钮、室外消火栓及系统功能。

(2)消防炮和自动跟踪定位射流灭火系统的检测内容包括控制装置、电(手)动阀门、启泵功能和系统功能。

(3)自动喷水灭火系统和水喷雾灭火系统的检测内容包括报警阀组、水流指示器、压力开关、喷头、

末端试水装置和系统功能。

(4) 细水雾灭火系统的检测内容包括储气和储水瓶组、控制阀组、喷头和系统功能。

(5) 泡沫灭火系统的检测内容包括泡沫液储罐、比例混合装置、泡沫产生器、泡沫消火栓（箱）、泡沫喷头和系统功能。

(6) 气体灭火系统的检测内容包括灭火剂和驱动气体的储存装置、喷嘴、气体灭火控制器和系统功能。

(7) 干粉灭火系统的检测内容包括干粉储罐、管道及阀门、喷嘴、驱动气体储瓶和系统功能。

2.6 机械加压送风系统的检测内容包括送风机、送风阀（口）、可开启外窗、控制柜和系统功能。

2.7 排烟系统的检测内容包括排烟风机、补风机、排烟阀（口）、排烟防火阀、自然排烟窗（口）、挡烟垂壁、控制柜和系统功能。

2.8 其他建筑消防设施的检测内容，包括防火门、防火卷帘、电动防火阀、消防电梯和消防救援口等。

三、消防设施技术要求和检测方法

3.1 一般要求

3.1.1 检测技术要求

(1) 各消防设施的组件和设备应符合设计选型，并应具有出厂产品合格证，实施强制性认证的消防产品应具有符合法定市场准入规则的证明文件，灭火剂应在有效期内。

(2) 各消防设施的组件和设备的永久性铭牌和按规定设置的标志，其设置位置和色标应正确，文字和数据应齐全，文字内容及符号应清晰、准确。

(3) 系统组件、设备、管道、线槽、支架或吊架等应完好，无变形、锈蚀等损害，设备、管道应无泄漏现象，导线和电缆的连接、绝缘性能、接地电阻等应符合设计要求。各类阀门应处于正确位置，并应启闭灵活、无泄漏现象。

(4) 检测用的仪器、仪表等，应按照国家现行有关规定计量检定合格。

3.1.2 检测方法

(1) 检查各消防设施组件和设备的铭牌、标志、出厂产品合格证、消防产品的符合法定市场准入规则的证明文件、消防电梯的检测合格证、灭火剂的有效期等。

(2) 查看系统组件和设备、管道、线槽及支架或吊架等的外观，检查设备、管道和阀门以及喷头与管道的连接处有无泄漏、滴漏或失重、失压现象；检查各类阀门是否处于正确位置，启闭是否灵活。

(3) 检查采用绝缘电阻测试仪测量的导线和电缆的线间、线对地间绝缘电阻值的测量记录；检查采用接地电阻测试仪测量的系统接地电阻值的测量记录。

(4) 检查检测用仪器、仪表、量具等的计量检定合格证及其有效期。

(5) 采用核对方式检查时，应与设计、验收等相关技术文件对比。

3.2 消防供配电设施

3.2.1 消防配电

3.2.1.1 消防用电设置要求

(1) 建筑高度大于150 m的工业与民用建筑的消防用电应符合下列规定。

① 应按特级负荷供电；

② 应急电源的消防供电回路应采用专用线路连接至专用母线段；

③ 消防用电设备的供电电源干线应有两个路由。

(2) 除筒仓、散装粮食仓库及工作塔外，下列建筑的消防用电负荷等级不应低于一级：

① 建筑高度大于50 m的乙、丙类厂房；

② 建筑高度大于50 m的丙类仓库；

③ 一类高层民用建筑;
④ 二层式、二层半式和多层式民用机场航站楼;
⑤ Ⅰ类汽车库;
⑥ 建筑面积大于 5 000 m² 且平时使用的人民防空工程;
⑦ 地铁工程;
⑧ 一、二类城市交通隧道。

(3) 下列建筑的消防用电负荷等级不应低于二级:
① 室外消防用水量大于 30 L/s 的厂房;
② 室外消防用水量大于 30 L/s 的仓库;
③ 座位数大于 1 500 个的电影院或剧场,座位数大于 3 000 个的体育馆;
④ 任一层建筑面积大于 3 000 m² 的商店和展览建筑;
⑤ 省(市)级及以上的广播电视、电信和财贸金融建筑;
⑥ 总建筑面积大于 3 000 m² 的地下、半地下商业设施;
⑦ 民用机场航站楼;
⑧ Ⅱ类、Ⅲ类汽车库和Ⅰ类修车库;
⑨ 本条上述规定外的其他二类高层民用建筑;
⑩ 本条上述规定外的室外消防用水量大于 25 L/s 的其他公共建筑;
⑪ 水利工程,水电工程;
⑫ 三类城市交通隧道。

3.2.1.2 检测技术要求

(1) 消防用电设备的供电回路应为专用回路。

(2) 消防设备配电箱应有区别于其他配电箱的明显标志,不同消防设备的配电箱应有明显区分标识。配电箱上的仪表、指示灯的显示应正常,开关及控制按钮应灵活、可靠。

(3) 消防控制室、消防水泵房、防烟与排烟机房的消防用电设备及消防电梯等的供电,应在其配电线路的最末一级配电箱处具有主、备电源自动切换装置。切换备用电源的控制方式及操作程序应符合设计要求,主、备电源的切换时间应符合设计要求。

3.2.1.3 检测方法

(1) 核对消防配电方式,查看消防控制室及各消防设施最末一级配电箱的标志以及仪表、指示灯、开关和控制按钮。

(2) 核对各相关部位的配电方式、配电箱的控制方式和操作程序,进行以下试验并查看最末一级配电箱运行情况:

① 自动控制方式下,手动切断消防主电源,观察备用消防电源的投入及指示灯的显示情况,记录主备电源切换时间。

② 手动控制方式下,在低压配电室应先切断消防主电源,然后闭合备用消防电源,观察备用消防电源的投入及指示灯的显示情况。

3.2.2 自备发电机组

3.2.2.1 发电机

1) 检测技术要求

(1) 仪表、指示灯及开关按钮等应完好,显示应正常。

(2) 以自动控制方式启动时,达到额定转速并发电的时间不应大于 30 s,发电机运行及输出功率、电压、频率、相位的显示均应正常;以手动方式启动时,各输出指标应正常。

(3) 机房内的通风设施运行应正常。

2）检测方法

(1) 查看发电机铭牌、仪表和指示灯。

(2) 采用自动控制方式启动发电机并用秒表计时，30 s 后核对仪表的显示及其数据，观察机组的运行情况，试验时间不应超过 10 min。

(3) 采用手动控制方式启动发电机，查看输出指标及信号。

(4) 查看发电机房的通风设施。对设置机械换气设备的机房，手动启动换气设备，观察其运行情况。

3.2.2.2　储油设施

1）设置要求

(1) 建筑内单间储油间的燃油储存量不应大于 1 m^3。油箱的通气管设置应满足防火要求，油箱的下部应设置防止油品流散的设施。储油间应采用耐火极限不低于 3.00 h 的防火隔墙与发电机间分隔。

(2) 柴油机的排烟管、柴油机房的通风管、与储油间无关的电气线路等，不应穿过储油间。

(3) 燃油管道在设备间内及进入建筑物前，应分别设置具有自动和手动关闭功能的切断阀。

2）检测技术要求

(1) 储油设施内的油量应能满足发电机在设计连续供电时间内正常运行的用量，且储油间内的储油量不应大于 1 m^3，液位显示应正常，储油间油箱通向室外的通气管及通气管上的呼吸阀应完好无锈蚀。

(2) 燃油应能满足发电机在最不利环境下正常运行的要求。

3）检测方法

(1) 查看油位计及油位，按发电机的用油量核对储油设施内的储油量；查看通气管及呼吸阀。

(2) 根据机房的环境条件，核对燃油标号。

3.3　火灾自动报警系统

3.3.1　火灾自动报警系统设置要求

(1) 除散装粮食仓库、原煤仓库可不设置火灾自动报警系统外，下列工业建筑或场所应设置火灾自动报警系统：

① 丙类高层厂房；

② 地下、半地下且建筑面积大于 1 000 m^2 的丙类生产场所；

③ 地下、半地下且建筑面积大于 1 000 m^2 的丙类仓库；

④ 丙类高层仓库或丙类高架仓库。

(2) 下列民用建筑或场所应设置火灾自动报警系统：

① 商店建筑、展览建筑、财贸金融建筑、客运和货运建筑等类似用途的建筑；

② 旅馆建筑；

③ 建筑高度大于 100 m 的住宅建筑；

④ 图书或文物的珍藏库，每座藏书超过 50 万册的图书馆，重要的档案馆；

⑤ 地市级及以上广播电视建筑、邮政建筑、电信建筑，城市或区域性电力、交通和防灾等指挥调度建筑；

⑥ 特等、甲等剧场，座位数超过 1 500 个的其他等级的剧场或电影院，座位数超过 2 000 个的会堂或礼堂，座位数超过 3 000 个的体育馆；

⑦ 疗养院的病房楼，床位数不少于 100 张的医院的门诊楼、病房楼、手术部等；

⑧ 托儿所、幼儿园，老年人照料设施，任一层建筑面积大于 500 m^2 或总建筑面积大于 1 000 m^2 的其他儿童活动场所；

⑨ 歌舞娱乐放映游艺场所；

⑩ 其他二类高层公共建筑内建筑面积大于 50 m^2 的可燃物品库房和建筑面积大于 500 m^2 的商店营业厅，以及其他一类高层公共建筑。

(3)除住宅建筑的燃气用气部位外,建筑内可能散发可燃气体、可燃蒸气的场所应设置可燃气体探测报警装置。

3.3.2 火灾探测器

3.3.2.1 点型感烟、感温火灾探测器、一氧化碳火灾探测器

1)安装要求

(1)探测器至墙壁、梁边的水平距离不应小于0.5 m;

(2)探测器周围水平距离0.5 m内不应有遮挡物;

(3)探测器至空调送风口最近边的水平距离不应小于1.5 m,至多孔送风顶棚孔口的水平距离不应小于0.5 m;

(4)在宽度小于3 m的内走道顶棚上安装探测器时宜居中安装,点型感温火灾探测器的安装间距不应超过10 m,点型感烟火灾探测器的安装间距不应超过15 m,探测器至端墙的距离不应大于安装间距的一半;

(5)探测器宜水平安装,当确需倾斜安装时,倾斜角不应大于45°。

2)检测技术要求

(1)探测器处于离线状态时,火灾报警控制器应发出故障声、光信号,应显示故障部件的信息。

(2)探测器处于报警状态时,探测器的火警确认灯应点亮并保持,火灾报警控制器应发出火警声、光信号,记录报警时间,并显示报警信号相关信息。

(3)火灾报警控制器应能对探测器的报警状态进行复位,探测器的火警确认灯应熄灭。

3)检测方法

(1)使探测器处于离线状态,观察控制器的故障报警和故障信息显示情况。

(2)采用专用的检测仪或模拟报警的方法,使探测器监测区域的烟雾浓度、温度或气体浓度达到探测器的报警设定阈值或使探测器处于报警状态,观察探测器火警确认灯点亮情况,检查控制器火灾报警情况、火警信息记录和显示情况。

(3)使可恢复探测器的监测区域恢复正常,使不可恢复探测器恢复正常,手动操作火灾报警控制器的复位键,观察探测器火警确认灯熄灭情况。

3.3.2.2 独立式感烟/感温火灾探测报警器

1)安装要求

(1)探测器至墙壁、梁边的水平距离不应小于0.5 m;

(2)探测器周围水平距离0.5 m内不应有遮挡物;

(3)探测器至空调送风口最近边的水平距离不应小于1.5 m,至多孔送风顶棚孔口的水平距离不应小于0.5 m;

(4)在宽度小于3 m的内走道顶棚上安装探测器时宜居中安装,点型感温火灾探测器的安装间距不应超过10 m,点型感烟火灾探测器的安装间距不应超过15 m,探测器至端墙的距离不应大于安装间距的一半;

(5)探测器宜水平安装,当确需倾斜安装时,倾斜角不应大于45°。

2)检测技术要求

探测报警器处于报警状态时,探测报警器应发出火灾报警声信号,声报警信号的A计权声压级应在45~75 dB之间,并应采用逐渐增大的方式,初始声压级不应大于45 dB。

3)检测方法

采用专用的检测仪器或模拟火灾的方法,使探测报警器监测区域的烟雾浓度、温度达到探测报警器的报警设定阈值,检查探测报警器火灾报警声信号启动情况,用数字声级计测量声警报的声压级。

3.3.2.3 线型光束感烟火灾探测器

1) 安装要求

(1) 探测器光束轴线至顶棚的垂直距离宜为 0.3~1.0 m,高度大于 12 m 的空间场所增设的探测器的安装高度应符合设计文件的规定。

(2) 发射器和接收(反射式探测器的探测器和反射板)之间的距离不宜超过 100 m。

(3) 相邻两组探测器光束轴线的水平距离不应大于 14 m,探测器光束轴线至侧墙水平距离不应大于 7 m,且不应小于 0.5 m。

(4) 发射器和接收器(反射式探测器的探测器和反射板)应安装在固定结构上,且应安装牢固,确需安装在钢架等容易发生位移形变的结构上时,结构的位移不应影响探测器的正常运行。

(5) 发射器和接收器(反射式探测器的探测器和反射板)之间的光路上应无遮挡物。

(6) 应保证接收器(反射式探测器的探测器)避开日光和人工光源直接照射。

2) 检测技术要求

(1) 探测器离线时,火灾报警控制器应发出故障声、光信号,应显示故障部件的信息。

(2) 探测器光路的减光率未达到探测器的报警阈值时,探测器应处于正常监视状态。

(3) 探测器光路的减光率达到探测器的报警阈值时,探测器的火警确认灯应点亮并保持,火灾报警控制器应发出火警声、光信号,记录报警时间,并显示报警信号相关信息。

(4) 探测器光路的减光率超过探测器的报警阈值时,探测器的火警或故障确认灯应点亮,火灾报警控制器应发出火警或故障声、光信号,记录报警时间,并显示报警信号相关信息。

(5) 探测器监测区域恢复正常后,火灾报警控制器应能对探测器状态复位,探测器的报警确认灯应熄灭。

3) 检测方法

(1) 由控制器供电时,使探测器处于离线状态;不由控制器供电时,使探测器电源线和通信线分别处于断开状态,观察控制器的故障报警和故障信息显示情况。

(2) 采用 0.9 dB 的减光片或等效设备遮挡光路,观察探测器的故障状态。

(3) 采用减光率为 1.0~10.0 dB 的减光片或等效设备遮挡光路,观察探测器火警确认灯点亮情况、控制器火灾报警情况,检查控制器火警信息记录和火警信息显示情况。

(4) 采用减光率为 11.5 dB 的减光片或等效设备遮挡光路,观察探测器报警确认灯点亮情况、控制器火灾报警情况,检查控制器报警信息记录情况。

(5) 使探测器监测区域恢复正常,在控制器上对探测器进行复位,观察探测器的火警确认灯的熄灭情况。

3.3.2.4　线型感温火灾探测器

1) 安装要求

(1) 敷设在顶棚下方的线型差温火灾探测器至顶棚距离宜为 0.1 m,相邻探测器之间的水平距离不宜大于 5 m,探测器至墙壁距离宜为 1.0~1.5 m。

(2) 在电缆桥架、变压器等设备上安装时,宜采用接触式布置,在各种皮带输送装置上敷设时,宜敷设在装置的过热点附近。

(3) 探测器敏感部件应采用产品配套的固定装置固定,固定装置的间距不宜大于 2 m。

(4) 缆式线型感温火灾探测器的敏感部件应采用连续无接头方式安装,如确需中间接线,应采用专用接线盒连接,敏感部件安装敷设时应避免重力挤压冲击,不应硬性折弯、扭转,探测器的弯曲半径宜大于 0.2 m。

(5) 分布式线型光纤感温火灾探测器的感温光纤不应打结,光纤弯曲时,弯曲半径应大于 50 mm,每个光通道配接的感温光纤的始端及末端应各设置不小于 8 m 的余量段,感温光纤穿越相邻的报警区域时,两侧应分别设置不小 8 m 的余量段。

（6）光栅光纤线型感温火灾探测器的信号处理单元安装位置不应受强光直射，光纤光栅感温段的弯曲半径应大于0.3 m。

2）检测技术要求

（1）探测器离线时，火灾报警控制器应发出故障声、光信号，应显示故障部件的信息。

（2）敏感部件与信号处理单元断开时，探测器的故障指示灯应点亮，火灾报警控制器应发出故障声、光信号，并显示相关信息。

（3）探测器处于报警状态时，探测器的火警确认灯应点亮并保持，火灾报警控制器应发出火警声、光信号，记录报警时间，并显示报警信号相关信息。

（4）火灾报警控制器应能对探测器的报警状态进行复位，探测器的火警确认灯应熄灭。

3）检测方法

（1）由控制器供电时，使探测器处于离线状态；不由控制器供电时，使探测器电源线和通信线分别处于断开状态，观察控制器的故障报警和故障信息显示情况。

（2）使线型感温火灾探测器的信号处理单元和敏感部件间处于断路状态，观察信号处理单元故障指示灯点亮情况、控制器的故障报警和故障信息显示情况。

（3）采用专用的检测仪或模拟火灾报警的方法，使任一段长度敏感部件周围的温度达到探测器的报警设定阈值或使探测器处于报警状态，观察探测器火警确认灯点亮情况，检查控制器火灾报警情况、火警信息记录和显示情况。

（4）使可恢复探测器的监测区域恢复正常，使不可恢复探测器恢复正常监视状态，手动操作火灾报警控制器的复位键，观察探测器火警确认灯熄灭情况。

3.3.2.5 点型火焰探测器和图像型火灾探测器

1）安装要求

（1）安装位置应保证其视场角覆盖探测区域，并应避免光源直接照射在探测器的探测窗口。

（2）探测器的探测视角内不应存在遮挡物。

（3）在室外或交通隧道场所安装时，应采取防尘、防水措施。

2）检测技术要求

（1）探测器离线时，火灾报警控制器应发出故障声、光信号，应显示故障部件的信息。

（2）探测器监测区域的光波达到探测器的报警设定阈值时，探测器或其控制装置的火警确认灯应在30 s内点亮并保持，火灾报警控制器应发出火警声、光信号，记录报警时间，并显示报警信号相关信息。

（3）探测器监测区域恢复正常后，火灾报警控制器应能对探测器的报警状态进行复位，探测器的火警确认灯应熄灭。

3）检测方法

（1）探测器由火灾报警控制器供电时，使探测器处于离线状态；探测器不由火灾报警控制器供电时，使探测器电源线和通信线分别处于断开状态，观察控制器的故障报警和故障信息显示情况。

（2）在探测器监视区域内最不利处，采用专用的检测仪或模拟火灾的方法，向探测器释放试验光波，用秒表测量探测器火警确认灯点亮时间，检查控制器火灾报警情况、火警信息记录和火警信息显示情况。

（3）使监视区域环境恢复正常，手动操作火灾报警控制器的复位键，观察探测器火警确认灯熄灭情况。

3.3.2.6 吸气式感烟火灾探测器

1）安装要求

（1）高灵敏度吸气式感烟火灾探测器当设置为高灵敏度时，可安装在天棚高度大于16 m的场所，并应保证至少有两个采样孔低于16 m。

(2) 非高灵敏度的吸气式感烟火灾探测器不宜安装在天棚高度大于 16 m 的场所。

(3) 采样管应牢固安装在过梁、空间支架等建筑结构上。

(4) 在大空间场所安装时,每个采样孔的保护面积、保护半径应满足点型感烟火灾探测器的保护面积、保护半径的要求,当采样管道布置形式为垂直采样时,每 2℃温差间隔或 3 m 间隔(取最小者)应设置一个采样孔,采样孔不应背对气流方向。

(5) 采样孔的直径应根据采样管的长度及敷设方式、采样孔的数量等因素确定,并应满足设计文件和产品使用说明书的要求,采样孔需要现场加工时,应采用专用打孔工具。

(6) 当采样管道采用毛细管布置方式时,毛细管长度不宜超过 4 m。

(7) 采样管和采样孔应设置明显的火灾探测器标识。

2) 检测技术要求

(1) 采样管路的气流改变时,探测器或其控制装置的故障指示灯应点亮、控制器应发出故障声、光信号;探测器处于故障状态时,探测器或其控制装置应在 100 s 内发出故障信号;采样管路的气流恢复正常后,探测器应能恢复正常监视状态。

(2) 在试验烟气的作用下,探测器或其控制装置应在 120 s 内发出火灾报警信号。

3) 检测方法

(1) 根据产品说明书改变探测器的采样管路气流,观察探测器或其控制装置故障指示灯点亮情况,观察控制器的故障报警情况;用秒表记录探测器或其控制装置发出故障信号的时间;恢复探测器的正常采样管路气流,观察探测器是否恢复正常监视状态。

(2) 在最不利位置采样孔处,使用试验烟气加烟测试,用秒表记录探测器或其控制装置发出火警信号的时间。

3.3.2.7 可燃气体探测器

1) 安装要求

(1) 安装位置应根据探测气体的密度确定,若其密度小于空气密度,探测器应位于可能出现泄漏点的上方或探测气体的最高可能聚集点上方;若其密度大于或等于空气密度,探测器应位于可能出现泄漏点的下方。

(2) 在探测器周围应适当留出更换和标定的空间。

(3) 线型可燃气体探测器在安装时,应使发射器和接收器的窗口避免日光直射,且在发射器与接收器之间不应有遮挡物,发射器和接收器的距离不宜大于 60 m,两组探测器之间的轴线距离不应大于 14 m。

2) 检测技术要求

(1) 探测器在被监测区域内的可燃气体浓度达到报警设定值时,探测器的报警确认灯应在 30 s 内点亮并保持,控制器应发出可燃气体报警声、光信号,并记录报警时间。

(2) 探测器的监测区域恢复正常后,控制器应能对探测器的报警状态进行复位,探测器的报警确认灯应熄灭。

(3) 对于线型光束可燃气体探测器,当探测光束被完全遮挡时,探测器或其控制装置的故障指示灯应在 100 s 内点亮。

3) 检测方法

(1) 对探测器施加浓度为探测器报警设定值的可燃气体标准样气,用秒表测量探测器报警确认灯的点亮时间,查看控制器的可燃气体报警和信息显示情况。

(2) 清除探测器内的可燃气体,手动操作控制器的复位键,观察探测器报警确认灯的熄灭情况。

(3) 将线性光束可燃气体探测器发射器发出的光全部遮挡,用秒表测量探测器的故障指示灯点亮时间,查看控制器的故障信息显示情况。

3.3.2.8 电气火灾监控探测器

1) 安装要求

(1) 探测器周围应适当留出更换与标定的作业空间。

(2) 剩余电流式电气火灾监控探测器负载侧的中性线不应与其他回路共用,且不应重复接地。

(3) 测温式电气火灾监控探测器应采用产品配套的固定装置固定在保护对象上。

2) 检测技术要求

(1) 对于剩余电流式电气火灾监控探测器,当监测区域的剩余电流达到报警设定值时,探测器的报警确认灯应在 30 s 内点亮并保持,监控设备应发出监控报警声、光信号,并显示发出报警信号部件的地址注释信息。

(2) 对于测温式电气火灾监控探测器,当被监视部位温度达到报警设定值时,探测器的报警确认灯应在 40 s 内点亮并保持,监控设备应发出监控报警声、光信号,并显示发出报警信号部件的地址注释信息。

(3) 对于故障电弧探测器,当监测区域单位时间内故障电弧的数量达到报警设定值时,探测器的报警确认灯应在 30 s 内点亮并保持,监控设备应发出监控报警声、光信号,并显示发出报警信号部件的地址注释信息。

3) 检测方法

(1) 调节剩余电流发生器,模拟探测器监测区域的剩余电流达到报警设定值,用秒表测量探测器的报警指示灯点亮时间,观察监控设备监控报警情况,检查监控设备的报警信息记录和显示情况。

(2) 操作发热试验装置,模拟探测器监测区域的温度达到报警设定值,用秒表测量探测器的报警指示灯点亮时间,观察监控设备监控报警情况,检查监控设备的报警信息记录和显示情况。

(3) 操作故障电弧模拟发生装置 1 s 内发生不少于 14 个故障电弧,用秒表测量探测器的报警指示灯点亮时间,观察监控设备监控报警情况,检查监控设备的报警信息记录和显示情况。

3.3.3 手动报警按钮

3.3.3.1 安装要求

(1) 手动火灾报警按钮应设置在明显和便于操作的部位,其底边距地(楼)面的高度宜为 1.3～1.5 m,且应设置明显的永久性标识,消火栓按钮应设置在消火栓箱内,疏散通道设置的防火卷帘两侧均应设置手动控制装置。

(2) 应安装牢固,不应倾斜。

(3) 连接导线应留有不小于 150 mm 的余量,且在其端部应设置明显的永久性标识。

3.3.3.2 检测技术要求

(1) 按钮离线时,火灾报警控制器应发出故障声、光信号,应显示故障部件的信息。

(2) 按钮动作后,按钮的火警确认灯应点亮并保持,火灾报警控制器应发出火警声光信号,记录报警时间,并显示报警信号相关信息。

(3) 按钮的机械结构复位后,火灾报警控制器应能对按钮的报警状态进行复位,按钮的火警确认灯应熄灭。

3.3.3.3 检测方法

(1) 使按钮处于离线状态,观察控制器的故障报警和故障信息显示情况。

(2) 使按钮动作,观察按钮火警确认灯的点亮情况;检查控制器火灾报警情况、火警信息记录和火警信息显示情况。

(3) 复位手动火灾报警按钮的机械结构,手动操作控制器的复位键,观察按钮火警确认灯熄灭情况。

3.3.4 火灾报警控制器

3.3.4.1 安装要求

(1) 应安装牢固,不应倾斜。

(2) 安装在轻质墙上时,应采取加固措施。
(3) 落地安装时,其底边宜高出地(楼)面 100～200 mm。
(4) 应与消防电源、备用电源直接连接,不应使用电源插头。主电源应设置明显的永久性标识。
(5) 设备的接地应牢固,并应设置明显的永久性标识。

3.3.4.2　检测技术要求

(1) 火灾报警控制器的自检功能、操作级别、屏蔽功能、主备电自动转换功能、故障报警功能、短路隔离保护功能、火警优先功能、消音功能、二次报警功能和复位功能,应符合:

① 控制器应具有检查本机的功能(以下称自检),控制器在执行自检功能期间,受控制的外接设备和输出接点均不应动作。控制器自检时间超过 1 min 或其不能自动停止自检功能时,控制器的自检功能不应影响非自检部位、探测区和控制器本身的火灾报警功能;控制器应能手动检查其面板所有指示灯(器)、显示器的功能和所有声器件的功能。

② 控制器操作级别应符合 GB 4717—2024 第 5.4.13 条款的规定。

③ 控制器应有专用屏蔽总指示灯(器),无论控制器处于何种状态,只要有屏蔽存在,该屏蔽总指示灯(器)应点亮,并显示屏蔽时间;控制器应仅能通过手动方式屏蔽火灾探测器,每操作 1 次应仅能屏蔽 1 只火灾探测器,且不能屏蔽处于火灾报警和故障状态的火灾探测器;控制器应在屏蔽操作完成后 10 s 内启动屏蔽指示。

④ 控制器的电源部分应具有主电源和备用电源转换装置。当主电源断电时,能自动转换到备用电源;当主电源恢复时,能自动转换到主电源;主、备电源的转换不应使控制器发出火灾报警信号;主、备电源的工作应有状态指示,主电源和备用电源应有过流保护措施。

⑤ 控制器应设故障总指示灯(器),无论控制器处于何种状态,只要有故障报警信号输入,该故障总指示灯(器)均应点亮;当控制器与其连接的部件间发生故障时,控制器应在 100 s 内发出与火灾报警信号有明显区别的故障报警声、光信号,显示并记录故障报警时间,故障报警声信号应能手动消除,再有故障报警信号输入时,应能再启动;故障报警光信号应保持至故障排除;应能显示故障的部位和类型。

⑥ 当控制器采用总线工作方式时,应设有总线短路隔离器。短路隔离器动作时,控制器应能指示出被隔离部件的部位号或故障部位号。当某一总线发生一处短路故障导致短路隔离器动作时,受短路隔离器影响的部件数量不应超过 32 个。

⑦ 控制器应能直接或间接地接收来自火灾探测器及其他火灾报警触发器件的火灾报警信号,发出火灾报警声、光信号,指示火灾发生部位,显示并记录火灾报警时间,并予以保持,直至手动复位。

⑧ 当有火灾探测器的火灾报警信号输入时,控制器应在 10 s 内发出火灾报警声、光信号;当有手动火灾报警按钮报警信号输入时,控制器应在 10 s 内发出火灾报警声、光信号,并明确指示该报警是手动火灾报警按钮报警;控制器处于火灾报警状态时,火警总指示灯(器)应点亮。

⑨ 控制器应能手动消除火灾报警声信号,消声后,应点亮消音指示灯;有新的火灾报警信号输入时,声警报信号应能重新启动,并熄灭消音指示灯。

(2) 火灾报警控制器(联动型)的自动和手动工作状态转换显示功能应符合:应以手动和自动两种方式完成控制功能,并指示状态,控制状态应不受复位操作的影响。

3.3.4.3　检测方法

(1) 操作控制器的自检机构,检查控制器指示灯、显示器和音响器的动作情况。

(2) 检查控制器操作级别划分是否符合 GB 4717—2024 第 5.4.13 条款的规定。

(3) 操作控制器屏蔽回路任意部件,观察控制器屏蔽指示灯点亮情况,检查控制器地址注释信息显示情况;操作控制器解除回路部件的屏蔽,观察控制器屏蔽指示灯熄灭情况。

(4) 切断主电源,检查备用电源自动投入情况,观察工作指示灯显示情况;恢复主电源,检查主电源自动投入情况,观察工作指示灯显示情况。

(5) 分别使控制器与备用电源之间连线断路、短路,用秒表测量控制器故障报警响应时间、观察故障信息显示情况;使控制器处于备电工作状态,使控制器与任一现场部件之间的连线断路,用秒表测量控制器故障报警响应时间、观察故障信息显示情况。

(6) 使总线任一点线路短路,检查隔离保护现场部件的数量,检查控制器地址注释信息显示情况。

(7) 使任一只非故障部位的火灾探测器、手动火灾报警按钮发出火警信号,用秒表测量控制器火灾报警响应时间,检查控制器的火警信息记录和显示情况。

(8) 手动操作控制器的消音键,检查控制器信号消除情况。

(9) 再次使另一只非故障部位的火灾探测器、手动火灾报警按钮发出火警信号,用秒表测量控制器火灾报警响应时间,检查控制器的火警信息记录和显示情况。

(10) 恢复控制器的正常连接,使探测器监测区域恢复正常,复位手动火灾报警按钮的机械结构,手动操作控制器的复位键,观察控制器、探测器、手动火灾报警按钮的工作状态,观察控制器、模块的工作状态。

(11) 手动操作控制器的手动控制和自动控制工作状态的转换开关、按钮,观察控制器手动控制和自动控制工作状态显示情况。

3.3.5 火灾显示盘

3.3.5.1 安装要求

(1) 应安装牢固,不应倾斜。

(2) 安装在轻质墙上时,应采取加固措施。

3.3.5.2 检测技术要求

(1) 火灾显示盘的接收和显示报警信号功能、消音功能、复位功能、操作级别和电源故障报警功能应符合下列要求:

① 火灾显示盘应能接收与其连接的火灾报警控制器发出的火灾报警信号,并在火灾报警控制器发出火灾报警信号后3 s内发出火灾报警声、光信号,显示火灾发生部位;火灾报警声信号应能手动消除,当再有火灾报警信号输入时,应再次启动;火灾报警光信号应保持至火灾报警控制器复位;当接收的火灾报警信号为手动火灾报警按钮报警信号时,火灾显示盘应能显示该火灾报警信号为手动火灾报警按钮报警;火灾显示盘处于火灾报警状态时,火警总指示灯应点亮。

② 火灾显示盘的操作级别应符合GB 17429—2011第3.4.9条款中表1的要求。进入Ⅱ、Ⅲ级操作功能状态应采用操作号码或钥匙,用于进入Ⅲ级操作功能状态的操作号码或钥匙可用于进入Ⅱ级操作功能状态,但用于进入Ⅱ级操作功能状态的操作号码或钥匙不能用于进入Ⅲ级操作功能状态。

③ 采用主电源为220 V、50 Hz交流电源供电的火灾显示盘,在发生以下情况时,应在100 s内发出故障声、光信号,并显示故障的类型;故障声信号应与火灾报警声信号有明显区别;故障声信号应能手动消除,再有故障信号输入时,应再次启动;故障光信号应保持至故障排除或火灾报警控制器复位。

a) 给备用电源充电的充电器与备用电源之间的连接线断路、短路;

b) 备用电源与其负载之间的连接线断路、短路及备用电源单独供电时其电压不足以保证火灾显示盘正常工作;

c) 主电源欠压。

(2) 非控制器供电(采用主电源为220 V、50 Hz交流电源供电)的火灾显示盘的主备电转换功能应符合:当主电源断电时,应自动转换到备用电源;当主电源恢复时,应自动转换到主电源;应有主、备电源工作状态指示;主、备电源的转换不应影响火灾显示盘的正常工作。

3.3.5.3 检测方法

(1) 使探测器或手动火灾报警按钮发出火灾报警信号,检查火灾显示盘和控制器火灾信息显示情况。

(2) 手动操作设备的消音键,检查声信号消除情况。

(3) 撤出控制器的火灾报警信号,手动操作显示盘的复位键,观察显示盘的工作状态。

(4) 检查控制器的操作级别划分是否符合 GB 17429—2011 第 3.4.9 条款中表 1 的要求。

(5) 使火灾显示盘的主电源处于故障状态,观察控制器的故障报警和故障信息显示情况。

(6) 切断主电源,检查备用电源自动投入情况,观察工作指示灯显示情况。恢复主电源,检查主电源自动投入情况,观察工作指示灯显示情况。

3.3.6 消防联动控制器

3.3.6.1 安装要求

(1) 应安装牢固,不应倾斜。

(2) 安装在轻质墙上时,应采取加固措施。

(3) 落地安装时,其底边宜高出地(楼)面 100~200 mm。

(4) 应与消防电源、备用电源直接连接,不应使用电源插头。主电源应设置明显的永久性标识。

(5) 设备的接地应牢固,并应设置明显的永久性标识。

3.3.6.2 检测技术要求

(1) 消防联动控制器应能对指示灯、音响器件、显示器和打印机等进行功能自检。

(2) 消防联动控制器应具有自动和手动工作状态转换及显示功能。

(3) 消防联动控制器应具有主备电源的自动转换功能。

(4) 消防联动控制器的故障报警功能,应符合下列要求:

① 故障总指示灯在有故障存在时应点亮。

② 当发生下列故障时,消防联动控制器应在 100 s 内发出与火灾报警信号有明显区别的故障声、光信号,故障声信号应能手动消除,再有故障信号输入时,应能再启动;故障光信号应保持至故障排除。

a) 消防联动控制器与火灾报警控制器之间的连接线断路、短路和影响功能的接地(对于该类故障,应能指示出类型)。

b) 消防联动控制器与触发器件之间的连接线断路、短路和影响功能的接地(短路时发出报警信号除外)(对于该类故障,应能指示出部位)。

c) 消防联动控制器与独立使用的直接手动控制单元之间的连接线断路、短路和影响功能的接地(对于该类故障,应能指示出类型)。

d) 总线式消防联动控制器与输出/输入模块间连接线断路、短路和影响功能的接地(对于该类故障,应能指示出部位)。

e) 给备用电源充电的充电器与备用电源间连接线的断路、短路(对于该类故障,应能指示出类型)。

f) 备用电源与其负载间连接线的断路、短路(对于该类故障,应能指示出类型)。

g) 消防联动控制器主电源欠压(对于该类故障,应能指示出类型)。

③ 当主电源断电,备用电源不能保证消防联动控制器正常工作时,消防联动控制器应发出故障声信号,并保持 1 h 以上。

④ 消防联动控制器的故障信号在故障排除后,可以自动或手动复位。手动复位后,消防联动控制器应在 100 s 内重新显示存在的故障。

3.3.6.3 检测方法

(1) 操作消防联动控制器的自检功能,检查面板上的所有指示灯、显示器、音响器件和打印机等的工作情况。

(2) 手动操作消防联动控制器的手动控制和自动控制工作状态转换开关、按钮,观察控制器手动控制和自动控制工作状态的显示情况。

(3) 切断主电源,检查备用电源自动投用情况,观察主、备用电源的状态显示情况;恢复主电源,检查主电源自动投入情况,观察主、备用电源的状态显示情况。

(4) 模拟消防联动控制器与火灾报警控制器间,消防联动控制器与触发器件间,消防联动控制器与独立使用的直接手动控制单元间,总线式消防联动控制器与输出/输入模块间连接线断路、短路,模拟消防联动控制器电源的各种故障,观察故障信息显示情况。

3.3.7 消防控制室图形显示装置

3.3.7.1 检测技术要求

(1) 消防控制室图形显示装置应能显示完整的建筑总平面图,每个保护对象的建筑平面图及火灾自动报警系统、自动喷水灭火系统、消火栓系统等系统的系统图。

(2) 消防控制室图形显示装置与控制器之间的通信中断时,显示装置应在100 s内发出故障声、光信号。

(3) 火灾报警控制器、消防联动控制器发出火灾报警信号、联动控制信号、反馈信号时,显示装置应在10 s内显示报警或启动设备对应的建筑位置、建筑平面图,在建筑平面图上指示报警或启动设备的物理位置、报警或启动设备的地址注释信息、记录报警或启动时间,且显示的信息应与控制器的显示信息一致。

(4) 火灾报警控制器、消防联动控制器发出监管报警信号、屏蔽信号、故障信号时,显示装置应在100 s内显示设备对应的建筑位置、建筑平面图,在建筑平面图上指示设备的物理位置、设备的地址注释信息、记录报警时间,且显示的信息应与控制器的显示信息一致。

(5) 消防控制室图形显示装置应记录火灾报警触发器件的报警时间、地址注释信息及复位操作信息。

(6) 消防控制室图形显示装置应记录受控设备的类型、启动时间、反馈信息、地址注释信息。

(7) 消防控制室图形显示装置应记录各消防设备的动态信息,并能记录制造商、产品有效期等信息。

(8) 消防控制室图形显示装置应记录值班及操作人员的代码、产品维护保养的内容和时间、系统程序的进入和退出时间。

(9) 消防控制室图形显示装置在火灾报警控制器、消防联动控制器的各输入信号撤除后,显示装置应能对显示器工作状态复位,恢复正常显示状态。

3.3.7.2 检测方法

(1) 对照设计文件检查显示装置的总平面图,每个保护对象的建筑平面图及消防系统的系统图显示情况。

(2) 使显示装置与控制器间的通信中断,用秒表测量显示装置故障报警响应时间。

(3) 使火灾报警控制器、消防联动控制器发出火灾报警信号、联动控制信号、反馈信号,用秒表测量显示装置的响应时间,检查建筑平面图的显示情况,对照控制器的显示信息核查显示装置的显示情况。

(4) 使火灾报警控制器、消防联动控制器发出监管报警信号、屏蔽信号、故障信号,用秒表测量显示装置的响应时间,检查建筑平面图的显示情况,对照火灾报警控制器、消防联动控制器的显示信息核查显示装置的显示情况。

(5) 操作显示装置,查询显示装置的各项记录,对照设计文件、控制器的历史记录核对记录的准确性。

(6) 撤除火灾报警控制器、消防联动控制器的各输出信号,观察显示装置的显示情况。

3.3.8 可燃气体报警控制器

3.3.8.1 检测技术要求

可燃气体报警控制器的自检功能、报警功能、消音和复位功能、主备电源自动转换功能等,应符合下列要求。

(1) 控制器应能检查本机的可燃气体报警功能(以下称自检),控制器在执行自检功能期间,受其控制的外接设备和输出接点均不应动作。控制器自检时间超过 1 min 或其不能自动停止自检功能时,控制器的自检功能应不影响非自检部位和控制器本身的可燃气体报警功能;控制器应能手动检查其面板所有指示灯(器)、显示器的功能。

(2) 控制器应具有低限报警或低限、高限两段报警功能;控制器应能直接或间接地接收来自可燃气体探测器及其他报警触发器件的报警信号,发出可燃气体报警声、光信号,指示报警部位,记录报警时间,并保持至手动复位;当有可燃气体报警信号输入时,控制器应在 10 s 内发出报警声、光信号;控制器在可燃气体报警状态下应至少有两组控制输出;控制器处于可燃气体报警状态时,专用可燃气体报警总指示灯(器)应点亮。

(3) 控制器应能显示当前可燃气体报警部位的总数;应能区分最先报警部位;后续报警部位应按报警时间顺序连续显示;当显示区域不足以显示全部报警部位时,应按顺序循环显示;同时应设手动查询按钮(键)。

(4) 可燃气体报警声信号应能手动消除,当再次有可燃气体报警信号输入时,应能再次启动。

(5) 控制器通过手动复位按钮(键)复位后,仍然存在的状态及相关信息应保持或在 20 s 内重新建立。

(6) 控制器的电源部分应具有主电源和备用电源转换装置。当主电源断电时,能自动转换到备用电源;主电源恢复时,能自动转换到主电源;应有主、备电源工作状态指示,主电源应有过流保护措施。主、备电源的转换不应使控制器产生误动作。

3.3.8.2 检测方法

(1) 切断可燃气体报警控制器的所有外部控制连线,保持可燃气体探测器与可燃气体报警控制器相连接,接通电源。

(2) 按下列规定对可燃气体报警控制器进行功能检查。

① 自检功能。手动操作控制器自检机构,观察并记录控制器可燃气体报警声、光信号及输出接点动作情况;对于自检时间超过 1 min 或不能自动停止自检功能的控制器,在自检期间,使任一非自检回路处于可燃气体报警状态,观察并记录控制器可燃气体报警显示情况。手动操作控制器指示灯、显示器自检功能,观察并记录所有指示灯(器)和显示器的指示情况。

② 使可燃气体报警控制器与探测器之间的连线断路和短路,检查可燃气体报警控制器是否在 100 s 内发出故障信号。

③ 在故障状态下,使任一非故障探测器发出报警信号,检查可燃气体报警控制器是否在 60 s 内发出报警信号;再使其他探测器发出报警信号,检查可燃气体报警控制器的再次报警功能。

④ 检查消音和复位功能。

⑤ 使可燃气体报警控制器与备用电源之间的连线断路和短路,检查可燃气体报警控制器是否在 100 s 内发出故障信号。

⑥ 检查主、备电源的自动转换功能。切断控制器的主电源,使控制器中备用电源供电,再恢复主电源,检查并记录控制器主、备电源转换状态的指示情况。

3.3.9 电气火灾监控设备

3.3.9.1 检测技术要求

(1) 探测器发出报警信号后,电气火灾监控设备应在 10 s 内发出监控报警声、光信号,并记录报警时间,且应显示发出报警信号部件的地址注释信息。

(2) 监控设备与现场部件之间的连线断路和短路时,电气火灾监控设备应在 100 s 内发出故障声、光信号,显示故障部件的地址注释信息。

(3) 电气火灾监控设备应能对指示灯、显示器和音响器件进行功能自检。

(4) 电气火灾监控设备应根据不同的使用对象设置不同的操作级别:监控设备应至少设有两级操作

级别,第一级(最低级别)只允许消除声报警信号和查询信息。进入二级以上操作级别应采用钥匙或操作密码,用于进入高操作级别的钥匙或密码可用于进入低操作级别,但用于进入低操作级别的钥匙或密码不能用于进入高操作级别。

(5) 电气火灾监控设备应能对监控设备的报警状态复位,清除监控设备的声、光报警信号。

3.3.9.2 检测方法

(1) 模拟电气火灾监控探测器发出报警信号,观察电气火灾监控设备是否在10 s内发出监控报警声光信号,并记录报警时间;查询电气火灾监控设备是否显示发出报警信号部件的地址注释信息。

(2) 模拟电气火灾监控探测器断路和短路故障,检查监控设备是否在100 s内发出故障声光信号,并显示故障部件的地址注释信息。

(3) 操作自检机构,检查监控设备面板上的所有指示灯、显示器和音响器件的动作情况。

(4) 检查监控设备操作级别划分情况是否符合规定要求。

(5) 检查监控设备的消音和复位功能。

3.3.10 火灾警报器

3.3.10.1 安装要求

(1) 火灾声警报装置宜在报警区域内均匀安装,扬声器在走道内安装时,距走道末端的距离不应大于12.5 m。

(2) 火灾光警报装置应安装在楼梯口、消防电梯前室、建筑内部拐角等处的明显部位,且不宜与消防应急疏散指示标志灯具安装在同一面墙上,确需安装在同一面墙上时,距离不应小于1 m。

(3) 采用壁挂方式安装时,底边距地面高度应大于2.2 m。

(4) 应安装牢固,表面不应有破损。

3.3.10.2 检测技术要求

(1) 火灾声警报器声警报的声压级应符合:在警报器生产企业声称的最大设置间距、距地面1.5~1.6 m处,声警报的A计权声压级应大于60 dB,环境噪声大于60 dB时,声警报的A计权声压级应高于背景噪声15 dB。

(2) 带有语音提示功能的声警报器应能清晰播报语音信息。

(3) 在正常环境光线下,火灾光警报器的光信号在警报器生产企业声称的最大设置间距处应清晰可见。

3.3.10.3 检测方法

(1) 操作火灾报警控制器使声警报器启动,在警报器生产企业声称的最大设置间距、距地面1.5~1.6 m处用数字声级计测量声警报的声压级。

(2) 检查语音信息的播报情况。

(3) 操作火灾报警控制器使光警报器启动,在警报器生产企业声称的最大设置间距处,观察光信号的显示情况。

3.3.11 消防专用电话

3.3.11.1 安装要求

(1) 宜安装在明显、便于操作的位置,采用壁挂方式安装时,其底边距地(楼)面的高度宜为1.3~1.5 m。

(2) 避难层中,消防专用电话分机或电话插孔的安装间距不应大于20 m。

(3) 应设置明显的永久性标识。

(4) 电话插孔不应设置在消火栓箱内。

3.3.11.2 检测技术要求

(1) 消防专用电话网络应为独立的消防通信系统。消防控制室应设置有消防专用电话总机,消防电话分机应能以直通方式呼叫。

(2) 消防控制室应能接收消防电话分机的呼叫。

(3) 通话音质应清晰。

(4) 消防控制室、消防值班室、企业消防站等处应设置可直接报警的外线电话。

3.3.11.3 检测方法

(1) 查看电话设置形式并用消防专用电话通话，检查通话效果。

(2) 用插孔电话呼叫消防控制室，检查通话效果。

(3) 查看消防控制室、消防值班室、企业消防站等处的外线电话设置与通话效果。

3.4 消防应急广播系统

3.4.1 设置要求

集中报警系统和控制中心报警系统应设置消防应急广播。具有消防应急广播功能的多用途公共广播系统，应具有强制切入消防应急广播的功能。

3.4.2 扩音机

3.4.2.1 检测技术要求

(1) 仪表、指示灯显示应正常，开关和控制按钮(键)动作应灵活。

(2) 播放功能应正常。

3.4.2.2 检测方法

(1) 查看仪表、指示灯、开关和控制按钮，其动作和显示应正常。

(2) 用话筒播音，检查播音效果。

3.4.3 扬声器

3.4.3.1 安装要求

(1) 扬声器宜在报警区域内均匀安装，扬声器在走道内安装时，距走道末端的距离不应大于 12.5 m。

(2) 采用壁挂方式安装时，底边距地面高度应大于 2.2 m。

(3) 应安装牢固，表面不应有破损。

3.4.3.2 检测技术要求

扬声器的外观应完好，音质应清晰。

3.4.3.3 检测方法

检查外观及音响效果。

3.4.4 系统功能

3.4.4.1 检测技术要求

(1) 应能用话筒播音。

(2) 在火灾报警后，应能按设定的控制程序自动启动消防应急广播和火灾警报装置，消防应急广播应和火灾声光警报器交替工作，火灾声光警报器单次工作持续时间宜为 8～20 s，扬声器单次广播时间宜为 10～30 s。

(3) 消防应急广播与普通广播或背景音乐广播合用时，应具有强制切入消防应急广播的功能。

(4) 播音区域应正确，音质应清晰，声压级应符合：在扬声器生产企业声称的最大设置间距、距地面 1.5 m～1.6 m 处，应急广播的 A 计权声压级应大于 60 dB，环境噪声大于 60 dB 时，应急广播的 A 计权声压级应高于背景噪声 15 dB。

3.4.4.2 检测方法

(1) 在消防控制室用话筒对所选区域播音，检查音响效果。

(2) 在自动控制方式下，分别触发两只独立的火灾探测器或一只火灾探测器与一只手动火灾报警按钮,核对消防应急广播和火灾警报装置的工作情况、检查音响效果。

(3) 在普通广播或背景音乐广播处于关闭和播放状态下,自动和手动强制切换至消防应急广播。

(4) 用声级计测试启动消防应急广播前的环境噪声,启动应急广播,测量扬声器播音范围内最远点的声强,当环境噪声大于 60 dB 时,与环境噪声对比。

3.5 消防应急照明和疏散指示系统

3.5.1 设置要求

(1) 除筒仓、散装粮食仓库和火灾发展缓慢的场所外,下列建筑应设置灯光疏散指示标志,疏散指示标志及其设置间距、照度应保证将疏散路线指示明确、方向指示正确清晰、视觉连续:

① 甲、乙、丙类厂房,高层丁、戊类厂房;
② 丙类仓库,高层仓库;
③ 公共建筑;
④ 建筑高度大于 27 m 的住宅建筑;
⑤ 除室内无车道且无人员停留的汽车库外的其他汽车库和修车库;
⑥ 平时使用的人民防空工程;
⑦ 地铁工程中的车站、换乘通道或连接通道、车辆基地和地下区间内的纵向疏散平台;
⑧ 城市交通隧道、城市综合管廊;
⑨ 城市的地下人行通道;
⑩ 其他地下或半地下建筑。

(2) 除筒仓、散装粮食仓库和火灾发展缓慢的场所外,厂房、丙类仓库、民用建筑和平时使用的人民防空工程等建筑中的下列部位应设置疏散照明:

① 安全出口、疏散楼梯(间)、疏散楼梯间的前室或合用前室、避难走道及其前室、避难层、避难间、消防专用通道及兼作人员疏散的天桥和连廊;
② 观众厅、展览厅、多功能厅及其疏散口;
③ 建筑面积大于 200 m² 的营业厅、餐厅、演播室、售票厅、候车(机、船)厅等人员密集的场所及其疏散口;
④ 建筑面积大于 100 m² 的地下或半地下公共活动场所;
⑤ 地铁工程中的车站公共区,自动扶梯、自动人行道,楼梯,连接通道或换乘通道,车辆基地,地下区间内的纵向疏散平台;
⑥ 城市交通隧道两侧,人行横通道或人行疏散通道;
⑦ 城市综合管廊的人行道及人员出入口;
⑧ 城市地下人行通道。

(3) 消防控制室、消防水泵房、自备发电机房、配电室、防排烟机房以及发生火灾时仍需正常工作的消防设备房应设置备用照明,其作业面的最低照度不应低于正常照明的照度。

3.5.2 灯具

3.5.2.1 安装要求

(1) 灯具应固定安装在不燃性墙体或不燃性装修材料上,不应安装在门、窗或其他可移动的物体上。

(2) 灯具安装后不应对人员正常通行产生影响,灯具周围应无遮挡物,并应保证灯具上的各种状态指示灯易于观察。

(3) 灯具在顶棚、疏散走道或通道的上方安装时,应符合下列规定。

① 照明灯可采用嵌顶、吸顶和吊装式安装。
② 标志灯可采用吸顶和吊装式安装;室内高度大于 3.5 m 的场所,特大型、大型、中型标志灯宜采用吊装式安装。

③ 灯具采用吊装式安装时,应采用金属吊杆或吊链,吊杆或吊链上端应固定在建筑构件上。

(4) 灯具在侧面墙或柱上安装时,应符合下列规定。

① 可采用壁挂式或嵌入式安装。

② 安装高度距地面不大于 1 m 时,灯具表面凸出墙面或柱面的部分不应有尖锐角、毛刺等突出物,凸出墙面或柱面最大水平距离不应超过 20 mm。

(5) 在非集中控制型系统中,自带电源型灯具采用插头连接时,应采用专用工具方可拆卸。

(6) 照明灯宜安装在顶棚上。

(7) 当条件限制时,照明灯可安装在走道侧面墙上,并应符合下列规定。

① 安装高度不应在距地面 1~2 m 之间;

② 在距地面 1 m 以下侧面墙上安装时,应保证光线照射在灯具的水平线以下。

(8) 照明灯不应安装在地面上。

(9) 标志灯的标志面宜与疏散方向垂直。

(10) 出口标志灯的安装应符合下列规定。

① 应安装在安全出口或疏散门内侧上方居中的位置;受安装条件限制标志灯无法安装在门框上侧时,可安装在门的两侧,但门完全开启时标志灯不能被遮挡。

② 室内高度不大于 3.5 m 的场所,标志灯底边离门框距离不应大于 200 mm;室内高度大于 3.5 m 的场所,特大型、大型、中型标志灯底边距地面高度不宜小于 3 m,且不宜大于 6 m。

③ 采用吸顶或吊装式安装时,标志灯距安全出口或疏散门所在墙面的距离不宜大于 50 mm。

(11) 方向标志灯的安装应符合下列规定。

① 应保证标志灯的箭头指示方向与疏散指示方案一致。

② 安装在疏散走道、通道两侧的墙面或柱面上时,标志灯底边距地面的高度应小于 1 m。

③ 安装在疏散走道、通道上方时:室内高度不大于 3.5 m 的场所,标志灯底边距地面的高度宜为 2.2~2.5 m;室内高度大于 3.5 m 的场所,特大型、大型、中型标志灯底边距地面高度不宜小于 3 m,且不宜大于 6 m。

④ 当安装在疏散走道、通道转角处的上方或两侧时,标志灯与转角处边墙的距离不应大于 1 m。

⑤ 当安全出口或疏散门在疏散走道侧边时,在疏散走道增设的方向标志灯应安装在疏散走道的顶部,且标志灯的标志面应与疏散方向垂直、箭头应指向安全出口或疏散门。

⑥ 当安装在疏散走道、通道的地面上时,应符合下列规定:标志灯应安装在疏散走道、通道的中心位置;标志灯的所有金属构件应采用耐腐蚀构件或做防腐处理,标志灯配电、通信线路的连接应采用密封胶密封;标志灯表面应与地面平行,高于地面距离不应大于 3 mm,标志灯边缘与地面垂直距离高度不应大于 1 mm。

(12) 楼层标志灯应安装在楼梯间内朝向楼梯的正面墙上,标志灯底边距地面的高度宜为 2.2~2.5 m。

(13) 多信息复合标志灯的安装应符合下列规定。

① 在安全出口、疏散出口附近设置的标志灯,应安装在安全出口、疏散出口附近疏散走道、疏散通道的顶部;

② 标志灯的标志面应与疏散方向垂直、指示疏散方向的箭头应指向安全出口、疏散出口。

3.5.2.2 检测技术要求

(1) 系统应急启动后,照明灯具和标志灯具的工作状态应正常,标志灯具的指示方向应和疏散方向一致。

(2) 系统应急启动后,灯具在蓄电池电源供电时的持续工作时间应符合本作业指导书 3.5.8 条款的规定。

(3) 建筑设置照明灯的部位或场所疏散路径的地面水平最低照度应符合本作业指导书 3.5.9 条款的规定。

(4) 火灾状态下,灯具光源应急点亮、熄灭的响应时间应符合下列规定。

① 高危险场所灯具光源应急点亮的响应时间不应大于 0.25 s;

② 其他场所灯具光源应急点亮的响应时间不应大于 5 s;

③ 具有两种及以上疏散指示方案的场所,标志灯光源点亮、熄灭的响应时间不应大于 5 s。

3.5.2.3 检测方法

1) 照明灯具

(1) 系统自动、手动应急启动后,进行灯具应急启动功能的检查。

(2) 用照度计测量灯具设置部位地面的水平照度,进行灯具地面水平照度的检查。

(3) 系统手动应急启动后,用秒表测量灯具光源的持续点亮时间,进行灯具持续应急工作时间的检查。

2) 标志灯具

(1) 系统自动应急启动后,对照疏散指示方案进行灯具应急启动和疏散指示功能的检查。

(2) 系统手动应急启动后,用秒表测量灯具光源的持续点亮时间,进行灯具持续应急工作时间的检查。

3.5.3 应急照明控制器

3.5.3.1 安装要求

(1) 应安装牢固,不得倾斜。

(2) 在轻质墙上采用壁挂方式安装时,应采取加固措施。

(3) 落地安装时,其底边宜高出地(楼)面 100~200 mm。

(4) 设备在电气竖井内安装时,应采用下出口进线方式。

(5) 设备接地应牢固,并应设置明显标识。

(6) 应急照明控制器主电源应设置明显的永久性标识,并应直接与消防电源连接,严禁使用电源插头;应急照明控制器与其外接备用电源之间应直接连接。

3.5.3.2 检测技术要求

应急照明控制器的自检功能、操作级别、主备电源的自动转换功能、故障报警功能、消音功能和一键检查功能应满足下列规定。

(1) 控制器应能每月、每季度进行一次系统应急启动功能和自检持续时间的检查;月自检的自检持续时间应为 300~600 s;季度自检的自检持续时间应为 30±5 min;不能应急启动或自检持续时间不满足要求时,系统应发出自检故障报警;应能记录和查询系统自检类别、自检时间和自检故障信息。

(2) 控制器应能防止非专业人员操作,操作级别应满足 GB 17945—2024 第 5.6.4 条款表 8 要求。

(3) 控制器的主电源和蓄电池电源应能自动转换,主电源断电后,应自动转换到蓄电池电源供电;主电源恢复后,应自动切换到主电源供电。应能正确指示其主、备电源的工作状态。主电源、蓄电池电源的转换不应使应急照明控制器产生误动作。

(4) 当发生故障时,应急照明控制器应在 100 s 内发出与启动信号有明显区别的故障声、光信号,故障声信号应能手动消除,当有新的故障时,故障声信号应能再次启动;故障光信号在故障排除前应保持。

(5) 控制器应具有一键手动检查其配接系统设备工作状态的功能。手动操作应急照明控制器的一键检查按钮,应急照明控制器应能自动检查和显示其配接系统设备的类别和数量,处于正常工作状态设备的类别和数量,处于故障状态的系统设备的类别、数量和设置部位信息。

3.5.3.3 检测方法

(1) 操作控制器的自检机构,进行控制器的自检功能检查。

(2) 按照 GB 17945—2024 第 5.6.4 条款的规定检查控制器操作级别划分情况。

(3) 切断、恢复控制器的主电源，进行控制器主、备电转换功能检查。

(4) 分别使控制器与备用电源之间连线断路、短路，使控制器与应急照明配电箱或集中电源通信产生故障，使灯具与应急照明配电箱或集中电源之间连线短路、断路，进行控制器故障报警功能检查。

(5) 手动操作控制器的消音键，进行控制器消音功能检查。

(6) 手动操作控制器的一键检查按钮，进行控制器的一键检查功能检查。

3.5.4　应急照明集中电源

3.5.4.1　安装要求

(1) 应安装牢固，不得倾斜。

(2) 在轻质墙上采用壁挂方式安装时，应采取加固措施。

(3) 落地安装时，其底边宜高出地(楼)面 100～200 mm。

(4) 设备在电气竖井内安装时，应采用下出口进线方式。

(5) 设备接地应牢固，并应设置明显标识。

3.5.4.2　检测技术要求

应急照明集中电源的操作级别、故障报警功能、消音功能、电源分配输出功能、集中控制型集中电源转换手动测试功能、集中控制型集中电源通信故障连锁控制功能及集中控制型集中电源灯具应急状态保持功能应满足下列规定。

(1) 应急照明集中电源应能防止非专业人员操作，操作级别应符合 GB 17945—2024 第 5.7.4 条款表 9 的规定。

(2) 发生故障时，应急照明集中电源应在 100 s 内发出与启动信号有明显区别的故障声、光信号，并指示故障的类型；故障声信号应能手动消除，当有新的故障信号时，故障声信号应再启动；故障光信号在故障排除前应保持。

(3) 应急照明集中电源各输出回路的主电源、蓄电池电源的额定输出电压等级应一致，且与生产者标称的额定输出电压等级一致；主电源输出时，各输出回路的实际输出电压不应大于其额定输出电压的 120%。

(4) 集中控制型应急照明集中电源的电源转换手动测试功能应满足：集中控制型应急照明集中电源的电源转换手动测试功能手动操作应急照明集中电源的电源转换测试按键(钮)或开关，应急照明集中电源应在 5 s 内转入蓄电池电源输出；释放应急照明集中电源的电源转换测试按键(钮)或开关，应急照明集中电源应在 5 s 内恢复至主电源输出。

(5) 集中控制型应急照明集中电源的通信故障连锁控制功能应满足：与应急照明控制器的通信中断后，应急照明集中电源应在 30 s 内连锁控制其配接灯具的光源应急点亮；与应急照明控制器的通信恢复后，应急照明集中电源应在 20 s 内连锁控制其配接灯具的光源复位，且不应影响系统的应急启动功能。

(6) 集中控制型应急照明集中电源在系统应急启动后应转入蓄电池电源输出，除系统复位外，集中控制型应急照明集中电源应保持蓄电池电源输出至其设置的所有蓄电池电源管理单元切断放电输出。

3.5.4.3　检测方法

(1) 按照 GB 17945—2024 第 5.7.4 条款的规定检查操作级别划分情况。

(2) 分别使集中电源的充电器与电池组之间连线断路，使任一输出回路断开，进行集中电源故障报警功能检查。

(3) 手动操作设备的消音键，进行设备消音功能检查。

(4) 分别使集中电源处于主电输出或蓄电池电源输出状态，用万用表测量各回路输出电压，进行集中电源分配电输出功能检查。

(5) 手动操作应急照明集中电源的主电源和蓄电池电源转换测试按键(钮)或开关，进行电源转换手动测试功能检查。

(6) 使控制器与集中电源通信产生故障,进行设备通信故障连锁控制功能检查。

(7) 使设备配接的灯具处于应急工作状态,任意选取一个回路,分别使该回路短路、断路,进行灯具应急状态保持功能检查。

3.5.5 应急照明配电箱

3.5.5.1 安装要求

(1) 应安装牢固,不得倾斜。

(2) 在轻质墙上采用壁挂方式安装时,应采取加固措施。

(3) 落地安装时,其底边宜高出地(楼)面 100～200 mm。

(4) 设备在电气竖井内安装时,应采用下出口进线方式。

(5) 设备接地应牢固,并应设置明显标识。

3.5.5.2 检测技术要求

应急照明配电箱的主电源分配输出功能、集中控制型应急照明配电箱主电源输出关断测试功能、集中控制型应急照明配电箱通信故障连锁控制功能、集中控制型应急照明配电箱灯具应急状态保持功能应满足下列规定。

(1) 应急照明配电箱的配电输出性能满足下述要求:A 型应急照明配电箱的配电输出回路不应超过 8 路,B 型应急照明配电箱的配电输出回路不应超过 12 路;A 型应急照明配电箱的配电输出回路应采用直流输出;各配电输出回路的额定输出电压等级应一致,且与生产者标称的额定输出电压等级一致;在主电源输出时,各输出回路的实际输出电压不应大于其额定输出电压 120%;每个配电输出回路均应单独设置过负荷、短路保护装置,任一回路故障不应影响其他回路的正常工作。

(2) 集中控制型应急照明配电箱的主电源输出关断测试功能应满足:手动操作应急照明配电箱的主电源输出关断测试按键(钮)或开关,应急照明配电箱应在 5 s 内切断主电源输出;释放应急照明配电箱的主电源输出关断测试按键(钮)或开关,应急照明配电箱应在 5 s 内恢复主电源输出。

(3) 集中控制型应急照明配电箱的通信故障连锁控制功能应满足:与应急照明控制器的通信中断后,应急照明配电箱应在 30 s 内连锁控制其配接灯具的光源应急点亮;与应急照明控制器的通信恢复后,应急照明配电箱应在 20 s 内连锁控制其配接灯具的光源复位,且不应影响系统的应急启动功能。

(4) 集中控制型应急照明配电箱的电源应由主电源和蓄电池电源组成,蓄电池电源的容量应保证应急照明配电箱保持应急工作状态的持续工作时间,应急照明配电箱的持续工作时间不应小于其配接的自带电源型灯标称的最小初装持续应急工作时间,且不应小于 180 min。

3.5.5.3 检测方法

(1) 用万用表测量各回路输出电压,进行应急照明配电箱分配电输出功能检查。

(2) 分别手动操作应急照明配电箱的主电源输出关断测试按键(钮)或开关和主电源输出恢复按键(钮)或开关,进行应急照明配电箱主电源输出关断测试功能检查。

(3) 使控制器与应急照明配电箱通信产生故障,进行设备通信故障连锁控制功能检查。

(4) 使设备配接的灯具处于应急工作状态,任意选取一个回路,分别使该回路短路、断路,进行灯具应急状态保持功能检查。

3.5.6 集中控制型系统应急启动功能

3.5.6.1 检测技术要求

(1) 系统的自动应急启动功能应符合下列规定。

① 应急照明控制器发出系统自动应急启动信号,显示启动时间。

② 系统内所有的非持续型照明灯的光源应应急点亮、持续型灯具的光源应由节电点亮模式转入应急点亮模式,灯具光源应急点亮的响应时间符合下列规定。

a 高危险场所灯具光源应急点亮的响应时间不应大于 0.25 s;
b 其他场所灯具光源应急点亮的响应时间不应大于 5 s;
c 具有两种及以上疏散指示方案的场所,标志灯光源点亮、熄灭的响应时间不应大于 5 s。

③ A 型集中电源、A 型应急照明配电箱保持主电源输出;切断集中电源的主电源,集中电源自动转入蓄电池电源输出。

④ B 型集中电源转入蓄电池电源输出,B 型应急照明配电箱切断主电源输出。

(2) 需要借用相邻防火分区疏散的防火分区中标志灯指示状态的改变功能应符合下列规定。

① 应急照明控制器发出控制标志灯指示状态改变的启动信号,显示启动时间。

② 该防火分区内,按不可借用相邻防火分区疏散工况条件对应的疏散指示方案,需要变换指示方向的方向标志灯改变箭头指示方向,通向被借用防火分区入口的出口标志灯的"出口指示标志"的光源应熄灭,"禁止入内"指示标志的光源应急点亮;灯具改变指示状态的响应时间符合下列规定。

a 高危险场所灯具光源应急点亮的响应时间不应大于 0.25 s;
b 其他场所灯具光源应急点亮的响应时间不应大于 5 s;
c 具有两种及以上疏散指示方案的场所,标志灯光源点亮、熄灭的响应时间不应大于 5 s。

③ 该防火分区内其他标志灯的工作状态保持不变。

(3) 需要采用不同疏散预案的交通隧道、地铁隧道、地铁站台和站厅等场所中标志灯指示状态的改变功能应符合下列规定。

① 应急照明控制器发出控制标志灯指示状态改变的启动信号,显示启动时间。

② 该区域内,按照对应的疏散指示方案需要变换指示方向的方向标志灯改变箭头指示方向,通向需要关闭的疏散出口处设置的出口标志灯"出口指示标志"的光源熄灭、"禁止入内"指示标志的光源应急点亮;灯具改变指示状态的响应时间符合下列规定。

a 高危险场所灯具光源应急点亮的响应时间不应大于 0.25 s;
b 其他场所灯具光源应急点亮的响应时间不应大于 5 s;
c 具有两种及以上疏散指示方案的场所,标志灯光源点亮、熄灭的响应时间不应大于 5 s。

③ 该区域内其他标志灯的工作状态应保持不变。

(4) 系统的手动应急启动功能应符合下列规定。

① 应急照明控制器发出手动应急启动信号,显示启动时间;

② 系统内所有的非持续型照明灯的光源应急点亮、持续型灯具的光源由节电点亮模式转入应急点亮模式;

③ 集中电源转入蓄电池电源输出,应急照明配电箱切断主电源的输出;

④ 照明灯设置部位地面水平最低照度符合本作业指导书 3.5.9 条款的规定;

⑤ 灯具点亮的持续工作时间符合本作业指导书 3.5.8 条款的规定。

3.5.6.2 检测方法

(1) 系统自动应急启动功能的检测应符合下列要求。

① 按照系统控制逻辑设计文件的规定,使火灾自动报警控制器发出火灾报警输出信号,检查应急照明控制器发出启动信号的情况。

② 对照疏散指示方案,检查该区域灯具光源的点亮情况,测量灯具点亮响应时间。

③ 检查 A 型集中电源、A 型应急照明配电箱的工作状态,切断系统主电源供电,再次检查 A 型集中电源、A 型应急照明配电箱的工作状态。

④ 检查 B 型集中电源、B 型应急照明配电箱的工作状态。

(2) 需要借用相邻防火分区疏散的防火分区中标志灯指示状态的改变功能检测应符合下列规定。

① 按照系统控制逻辑设计文件的规定,使消防联动控制器发出被借用防火分区火灾报警的火灾报

警区域信号,检查应急照明控制器发出启动信号的情况。

② 对照疏散指示方案,检查该防火分区内灯具的工作状态,用秒表测量灯具指示状态改变的响应时间。

(3) 需要采用不同疏散预案的交通隧道、地铁隧道、地铁站台和站厅等场所中标志灯指示状态的改变功能检测应符合下列规定。

① 按照系统控制逻辑设计文件的规定,使消防联动控制器发出代表相应疏散预案的联动控制信号,检查应急照明控制器发出启动信号的情况。

② 对照疏散指示方案,检查该区域内灯具的工作状态,用秒表测量灯具指示状态改变的响应时间。

(4) 系统手动应急启动功能检测应符合下列规定。

① 手动操作控制器的一键启动按钮,检查应急照明控制器发出启动信号的情况。

② 对照疏散指示方案,检查该区域内灯具光源的点亮情况。

③ 检查集中电源或应急照明配电箱的工作状态。

④ 保持灯具应急工作状态,测量地面水平照度。

⑤ 保持灯具应急工作状态,测量灯具应急点亮的持续工作时间。

3.5.7 非集中控制型系统应急启动功能

3.5.7.1 检测技术要求

(1) 系统的自动应急启动功能应符合下列规定。

① 灯具采用集中电源供电时,集中电源应转入蓄电池电源输出,其所配接的所有非持续型照明灯的光源应急点亮、持续型灯具的光源由节电点亮模式转入应急点亮模式,灯具光源应急点亮的响应时间符合下列规定。

a 高危险场所灯具光源应急点亮的响应时间不应大于 0.25 s;

b 其他场所灯具光源应急点亮的响应时间不应大于 5 s;

c 具有两种及以上疏散指示方案的场所,标志灯光源点亮、熄灭的响应时间不应大于 5 s。

② 灯具采用自带蓄电池供电时,应急照明配电箱切断主电源输出,其所配接的所有非持续型照明灯的光源应急点亮、持续型灯具的光源由节电点亮模式转入应急点亮模式,灯具光源应急点亮的响应时间符合下列规定。

a 高危险场所灯具光源应急点亮的响应时间不应大于 0.25 s;

b 其他场所灯具光源应急点亮的响应时间不应大于 5 s;

c 具有两种及以上疏散指示方案的场所,标志灯光源点亮、熄灭的响应时间不应大于 5 s。

(2) 系统的手动应急启动功能应符合下列规定。

① 灯具采用集中电源供电时,手动操作集中电源的应急启动控制按钮,集中电源转入蓄电池电源输出,其所配接的所有非持续型照明灯的光源应急点亮、持续型灯具的光源由节电点亮模式转入应急点亮模式。

② 灯具采用自带蓄电池供电时,手动操作应急照明配电箱的应急启动控制按钮,应急照明配电箱切断主电源输出,其所配接的所有非持续型照明灯的光源应急点亮、持续型灯具的光源由节电点亮模式转入应急点亮模式。

③ 照明灯设置部位地面水平最低照度符合本作业指导书 3.5.9 条款的规定。

④ 灯具应急点亮的持续工作时间符合本作业指导书 3.5.8 条款的规定。

3.5.7.2 检测方法

(1) 按照系统设计文件的规定,使火灾自动报警控制器发出火灾报警信号,对照疏散指示方案,检查该区域灯具光源的点亮情况,测量灯具点亮响应时间。

(2) 系统手动应急启动功能检测应符合下列规定:

① 手动操作集中电源或应急照明配电箱的应急启动按钮,检查应急照明集中电源或应急照明配电箱的工作状态,检查该区域灯具光源的点亮情况。

② 保持灯具应急工作状态,测量地面水平照度。
③ 保持灯具应急工作状态,测量灯具应急点亮的持续工作时间。

3.5.8 持续工作时间

系统应急启动后,在蓄电池电源供电时的持续工作时间应满足下列要求。

(1) 建筑高度大于100 m的民用建筑,不应小于1.5 h。

(2) 医疗建筑、老年人照料设施、总建筑面积大于100 000 m² 的公共建筑和总建筑面积大于20 000 m² 的地下、半地下建筑,不应少于1.0 h。

(3) 其他建筑,不应少于0.5 h。

(4) 城市交通隧道应符合下列规定:

① 一、二类隧道不应小于1.5 h,隧道端口外接的站房不应小于2.0 h;

② 三、四类隧道不应小于1.0 h,隧道端口外接的站房不应小于1.5 h。

(5) 本条第(1)款～第(4)款规定的场所中,当按照 GB 51309—2018 第3.6.6条的规定设计时,持续工作时间应分别增加设计文件规定的灯具持续应急点亮时间(集中电源或应急照明配电箱应连锁控制其配接的非持续型照明灯的光源应急点亮、持续型灯具的光源由节电点亮模式转入应急点亮模式;灯具持续应急点亮时间应符合设计文件的规定,且不应超过0.5 h)。

(6) 集中电源的蓄电池组和灯具自带蓄电池达到使用寿命周期后标称的剩余容量应保证放电时间满足本条第(1)款～第(5)款规定的持续工作时间。

3.5.9 地面水平最低照度

照明灯应采用多点、均匀布置方式,建、构筑物设置照明灯的部位或场所疏散路径地面水平最低照度应符合下表的规定。

设置部位或场所	地面水平最低照度
Ⅰ-1 病房楼或手术部的避难间 Ⅰ-2 老年人照料设施 Ⅰ-3 人员密集场所、老年人照料设施、病房楼或手术部内的楼梯间、前室或合用前室、避难走道 Ⅰ-4 逃生辅助装置存放处等特殊区域 Ⅰ-5 屋顶直升机停机坪	不应低于10.0 lx
Ⅱ-1 除Ⅰ-3规定的敞开楼梯间、封闭楼梯间、防烟楼梯间及其前室,室外楼梯 Ⅱ-2 消防电梯间的前室或合用前室 Ⅱ-3 除Ⅰ-3规定的避难走道 Ⅱ-4 寄宿制幼儿园和小学的寝室、医院手术室及重症监护室等病人行动不便的病房等需要救援人员协助疏散的区域	不应低于5.0 lx
Ⅲ-1 除Ⅰ-1规定的避难层(间) Ⅲ-2 观众厅,展览厅,电影院,多功能厅,建筑面积大于200 m² 的营业厅、餐厅、演播厅,建筑面积超过400 m² 的办公大厅、会议室等人员密集场所 Ⅲ-3 人员密集厂房内的生产场所 Ⅲ-4 室内步行街两侧的商铺 Ⅲ-5 建筑面积大于100 m² 的地下或半地下公共活动场所	不应低于3.0 lx
Ⅳ-1 除Ⅰ-2、Ⅱ-4、Ⅲ-2—Ⅲ-5规定场所的疏散走道、疏散通道 Ⅳ-2 室内步行街 Ⅳ-3 城市交通隧道两侧、人行横通道和人行疏散通道 Ⅳ-4 宾馆、酒店的客房 Ⅳ-5 自动扶梯上方或侧上方 Ⅳ-6 安全出口外面及附近区域、连廊的连接处两端 Ⅳ-7 进入屋顶直升机停机坪的途径 Ⅳ-8 配电室、消防控制室、消防水泵房、自备发电机房等发生火灾时仍需工作、值守的区域	不应低于1.0 lx

3.6 消防给水设施

3.6.1 消防水池

3.6.1.1 设置要求

(1) 消防水池的有效容积应满足设计持续供水时间内的消防用水量要求,当消防水池采用两路消防供水且在火灾中连续补水能满足消防用水量要求时,在仅设置室内消火栓系统的情况下,有效容积应大于或等于 50 m³,其他情况下应大于或等于 100 m³。

(2) 消防用水与其他用水共用的水池,应采取保证水池中的消防用水量不作他用的技术措施。

(3) 消防水池的出水管应保证消防水池有效容积内的水能被全部利用,水池的最低有效水位或消防水泵吸水口的淹没深度应满足消防水泵在最低水位运行安全和实现设计出水量的要求。

(4) 消防水池的水位应能就地和在消防控制室显示,消防水池应设置高低水位报警装置。

(5) 消防水池应设置溢流水管和排水设施,并应采用间接排水。

3.6.1.2 检测技术要求

(1) 水池的水位及保证消防用水不被他用的设施应符合设计要求。

(2) 补水设施应正常并符合设计要求。

(3) 对于严寒和寒冷地区,消防水池和管道的防冻措施应完好并符合设计要求。

(4) 就地水位显示装置、消防控制中心或值班室等地点设置的显示消防水池水位的装置应正常,同时应有最高和最低报警水位。

3.6.1.3 检测方法

(1) 查看消防水池的水位及保证消防用水不被他用的设施是否正常。

(2) 检查消防水池的补水设施是否完好并处于正常状态。

(3) 对于严寒和寒冷地区,查看消防水池及其相关附件的防冻设施是否完好。

(4) 查看就地水位显示装置及消防控制室或值班室的水池水位显示装置是否正常。

3.6.2 消防水箱

3.6.2.1 设置要求

(1) 高层民用建筑、3 层及以上单体总建筑面积大于 10 000 m² 的其他公共建筑,当室内采用临时高压消防给水系统时,应设置高位消防水箱。

(2) 室内临时高压消防给水系统的高位消防水箱有效容积和压力应能保证初期灭火所需水量。

(3) 屋顶露天高位消防水箱的人孔和进出水管的阀门等应采取防止被随意关闭的保护措施。

(4) 设置高位水箱间时,水箱间内的环境温度或水温不应低于 5℃。

(5) 高位消防水箱的最低有效水位应能防止出水管进气。

(6) 临时高压消防给水系统的高位消防水箱的有效容积应满足初期火灾消防用水量的要求,并应符合下列规定。

① 一类高层公共建筑,不应小于 36 m³,但当建筑高度大于 100 m 时,不应小于 50 m³,当建筑高度大于 150 m 时,不应小于 100 m³。

② 多层公共建筑、二类高层公共建筑和一类高层住宅,不应小于 18 m³,当一类高层住宅建筑高度超过 100 m 时,不应小于 36 m³。

③ 二类高层住宅,不应小于 12 m³。

④ 建筑高度大于 21 m 的多层住宅,不应小于 6 m³。

⑤ 工业建筑室内消防给水设计流量当小于或等于 25 L/s 时,不应小于 12 m³;大于 25 L/s 时,不应小于 18 m³。

⑥ 总建筑面积大于 10 000 m² 且小于 30 000 m² 的商店建筑,不应小于 36 m³;总建筑面积大于 30 000 m² 的商店,不应小于 50 m³;当与本条第①款规定不一致时应取其较大值。

(7) 高位消防水箱的设置位置应高于其所服务的水灭火设施,且最低有效水位应满足水灭火设施最不利点处的静水压力,并应按下列规定确定。

① 一类高层公共建筑,不应低于 0.10 MPa,但当建筑高度超过 100 m 时,不应低于 0.15 MPa。

② 高层住宅、二类高层公共建筑、多层公共建筑,不应低于 0.07 MPa,多层住宅不宜低于 0.07 MPa。

③ 工业建筑不应低于 0.10 MPa,当建筑体积小于 20 000 m^3 时,不宜低于 0.07 MPa。

④ 自动喷水灭火系统等自动水灭火系统应根据喷头灭火需求压力确定,但最小不应小于 0.10 MPa。

⑤ 当高位消防水箱不能满足本条的静压要求时,应设稳压泵。

3.6.2.2 检测技术要求

(1) 水箱的水位及保证消防用水不被他用的设施应符合设计要求。

(2) 消防出水管上的止回阀应能严密关闭并处于正常工作位置。

(3) 对于严寒和寒冷地区,消防水箱和管道的防冻措施应完好并符合设计要求。

(4) 水箱的补水管道及其设置位置和其他补水设施,应正常并符合设计要求。

(5) 就地水位显示装置、消防控制中心或值班室等地点设置的显示消防水箱水位的装置应正常,同时应设有最高和最低报警水位。

(6) 在屋顶露天设置的高位消防水箱,水箱的人孔及进出口水管阀门的保护措施应完好。

(7) 细水雾灭火系统的储水箱在进、出水口或控制阀前设置的过滤装置应正常并符合设计要求。

3.6.2.3 检测方法

(1) 查看消防水箱的水位及保证消防用水不被他用的设施是否正常。

(2) 启动消防水泵后,查看水位是否上升。

(3) 对于严寒和寒冷地区,查看消防水箱及其相关附件的防冻设施是否完好。

(4) 查验水箱的补水设施。

(5) 查看就地水位显示装置及消防控制室或值班室的水箱水位显示装置是否正常。

(6) 核查露天设置的消防水箱的人孔、进出口水管阀门的保护措施。

(7) 查看细水雾灭火系统的储水箱进、出水口或控制阀前的过滤装置是否正常。

3.6.3 消防水泵

3.6.3.1 设置要求

(1) 消防水泵应确保在火灾时能及时启动;停泵应由人工控制,不应自动停泵。

(2) 消防水泵的性能应满足消防给水系统所需流量和压力的要求。

(3) 消防水泵所配驱动器的功率应满足所选水泵流量扬程性能曲线上任何一点运行所需功率的要求。

(4) 消防水泵应采取自灌式吸水。从市政给水管网直接吸水的消防水泵,在其出水管上应设置有空气隔断的倒流防止器。

(5) 柴油机消防水泵应具备连续工作的性能,其应急电源应满足消防水泵随时自动启泵和在设计连续供水时间内持续运行的要求。

(6) 消防水泵的流量扬程性能曲线应为无驼峰、无拐点的光滑曲线,零流量时的压力不应大于设计工作压力的140%,且宜大于设计工作压力的120%;当出流量为设计流量的150%时,其出口压力不应低于设计工作压力的65%。

(7) 消防水泵吸水管和出水管上应设置压力表,并应符合下列规定:

① 消防水泵出水管压力表的最大量程不应低于其设计工作压力的2倍,且不应低于1.60 MPa。

② 消防水泵吸水管宜设置真空表、压力表或真空压力表,压力表的最大量程应根据工程具体情况确

定,但不应低于 0.70 MPa,真空表的最大量程宜为-0.10 MPa。

③ 压力表的直径不应小于 100 mm,应采用直径不小于 6 mm 的管道与消防水泵进出口管相接,并应设置关断阀门。

3.6.3.2 检测技术要求

(1) 泵体上应有永久性的铭牌,且内容完整、清晰,水泵的规格、型号应符合设计要求。
(2) 水泵进出口阀门、软接头、偏心变径管等组件的位置、方向、顺序等应正确。
(3) 水泵的进出口阀门应处于常开位置,标志牌的标示应准确、清晰。
(4) 水泵上的压力表、试水阀及防超压装置等均应正常,且无损坏、锈蚀等现象。
(5) 水泵启动后应能正常运行,并能向消防控制设备正确反馈水泵状态的信号。
(6) 采用流量计和压力表测试消防水泵的性能,水泵性能应满足设计要求。
(7) 主用泵和备用泵的切换应正常,以备用电源切换方式启动消防水泵时,消防水泵应在 1 min 内投入正常运行,以备用泵切换方式启动消防水泵时,消防水泵应在 2 min 内投入正常运行。

3.6.3.3 检测方法

(1) 查验消防水泵的铭牌标识是否完整、清晰,规格、型号、性能指标是否符合设计要求。
(2) 查看水泵进出口的阀门、软接头、偏心变径管的位置、方向、顺序是否正确。
(3) 查看水泵阀门的标志,转动阀门手轮,检查阀门状态。
(4) 查看压力表、试水阀、防超压装置是否正常,有无损坏、锈蚀。
(5) 分别在泵房控制柜处和消防控制室启动消防水泵,查看消防水泵的运行及相关信号反馈情况。
(6) 按要求设置流量计,启动消防水泵,观察是否平稳运行,有无异常噪声、振动情况。启闭控制阀门,使待测消防泵以零流量、额定流量、1.5 倍的额定流量出流,观察压力表,分别记录上述流量下对应的压力值,核对与设计文件或标准要求的符合性。
(7) 以备用电源切换方式和备用泵切换方式启动消防水泵,测量消防水泵投入正常运行的时间。

3.6.4 稳压泵及气压水罐

3.6.4.1 设置要求

(1) 稳压泵的公称流量不应小于消防给水系统管网的正常泄漏量,且应小于系统自动启动流量,公称压力应满足系统自动启动和管网充满水的要求。
(2) 稳压泵的设计压力应保持系统自动启泵压力设置点处的压力在准工作状态时大于系统设置自动启泵压力值,且增加值宜为 0.07~0.10 MPa;
(3) 稳压泵的设计压力应保持系统最不利点处水灭火设施在准工作状态时的静水压力应大于 0.15 MPa。
(4) 设置稳压泵的临时高压消防给水系统应设置防止稳压泵频繁启停的技术措施,当采用气压水罐时,其调节容积应根据稳压泵启泵次数不大于 15 次/h 计算确定,但有效储水容积不宜小于 150 L。
(5) 稳压泵吸水管应设置明杆闸阀,稳压泵出水管应设置消声止回阀和明杆闸阀。
(6) 稳压泵应设置备用泵。

3.6.4.2 检测技术要求

(1) 稳压泵和气压水罐应有标明所属系统名称和编号的标志,且内容完整、准确、清晰。
(2) 稳压泵和气压水罐的进出口阀门应处于常开位置,标志牌应正确、准确、清晰。
(3) 气压水罐的工作压力应正常,储水容积应满足设计要求。
(4) 稳压泵的启动和运行应正常;每小时的启、停次数应符合设计要求;启、停泵压力应符合设定值;压力表显示应正常。

3.6.4.3 检测方法

(1) 查看稳压泵和气压水罐的标识。

(2) 查看进出口阀门的开启程度,查看阀门标志牌。
(3) 查看气压水罐的容积、工作压力。
(4) 查验启泵与停泵的压力,查看稳压泵的运行情况。

3.6.5 消防水泵控制柜

3.6.5.1 设置要求

(1) 消防水泵控制柜位于消防水泵控制室内时,其防护等级不应低于IP30;位于消防水泵房内时,其防护等级不应低于IP55。
(2) 消防水泵控制柜在平时应使消防水泵处于自动启泵状态。
(3) 消防水泵控制柜应具有机械应急启泵功能,且机械应急启泵时,消防水泵应能在接受火警后5 min内进入正常运行状态。

3.6.5.2 检测技术要求

(1) 控制柜上应有注明所属系统名称及编号的标志,且内容完整、准确、清晰。
(2) 现场应能通过按钮启、停每台水泵,且按钮、指示灯及仪表的安装位置正确,外观和显示等正常;现场的应急机械启泵装置应能正常启泵。
(3) 消防水泵控制柜应有双电源供电,应处于自动状态,指示灯显示正常。
(4) 主用泵与备用泵应能手动切换;当主用泵不能正常投入运行时,应能自动切换并能在设计要求时间内启动备用泵。

3.6.5.3 检测方法

(1) 查看消防水泵控制柜的按钮、指示灯及仪表是否正常,标识是否正确。
(2) 通过按钮手动操作启动和停止每台消防水泵,查看消防水泵的运行情况;使用应急机械启泵装置启动消防水泵,查看消防水泵的运行情况。
(3) 查看消防水泵控制柜的供电形式及状态。
(4) 手动操作切换主用和备用泵,模拟主用泵故障,并查看自动切换启动备用泵的情况,同时查看仪表及指示灯的显示情况。

3.6.6 水泵接合器

3.6.6.1 设置要求

(1) 下列建筑应设置与室内消火栓等水灭火系统供水管网直接连接的消防水泵接合器,且消防水泵接合器应位于室外便于消防车向室内消防给水管网安全供水的位置:
① 设置自动喷水、水喷雾、泡沫或固定消防炮灭火系统的建筑;
② 6层及以上并设置室内消火栓系统的民用建筑;
③ 5层及以上并设置室内消火栓系统的厂房;
④ 5层及以上并设置室内消火栓系统的仓库;
⑤ 室内消火栓设计流量大于10 L/s且平时使用的人民防空工程;
⑥ 地铁工程中设置室内消火栓系统的建筑或场所;
⑦ 设置室内消火栓系统的交通隧道;
⑧ 设置室内消火栓系统的地下、半地下汽车库和5层及以上的汽车库;
⑨ 设置室内消火栓系统,建筑面积大于10 000 m² 或3层及以上的其他地下、半地下建筑(室)。
(2) 临时高压消防给水系统向多栋建筑供水时,消防水泵接合器应在每座建筑附近就近设置。
(3) 水泵接合器应设在室外便于消防车使用的地点,且距室外消火栓或消防水池的距离不宜小于15 m,并不宜大于40 m。
(4) 墙壁消防水泵接合器的安装高度距地面宜为0.70 m;与墙面上的门、窗、孔、洞的净距离不应小于2.0 m,且不应安装在玻璃幕墙下方;地下消防水泵接合器的安装,应使进水口与井盖底面的距离不大于 0.4 m,且不应小于井盖的半径。

(5) 水泵接合器处应设置永久性标志铭牌,并应标明供水系统、供水范围和额定压力。

3.6.6.2 检测技术要求

(1) 水泵接合器上或其附近明显位置,应有注明所属供水系统、供水范围及额定压力的标志牌,且内容完整、准确、清晰。

(2) 控制阀应处于常开位置,且能灵活启闭;止回阀的安装方向应正确,止回阀应能严密关闭。

(3) 水泵接合器的位置应便于消防车安全供水,与消防水池或室外消火栓的距离宜为 15～40 m。

(4) 对于严寒和寒冷地区,水泵接合器的防冻措施应完好并符合设计要求。

(5) 水泵接合器应进行充水试验,且供水最不利点的压力、流量应符合设计要求。

3.6.6.3 检测方法

(1) 查看是否有注明所属供水系统、供水范围和额定压力的固定标志牌。

(2) 转动手轮,查看控制阀是否常开,启闭是否灵活,止回阀方向是否正确。用消防车或室外消火栓等加压设施供水,查看系统压力的变化及阀门的密封情况。

(3) 用卷尺测量水泵接合器与室外消火栓或消防水池的距离。

(4) 对于严寒和寒冷地区,查看水泵接合器的防冻措施是否完好。

(5) 选择距离待测消防水泵接合器水力条件最不利的消火栓,在干管处设置流量计,关闭其他环路管,采用消防水泵进行充水试验,达到最不利竖管设计出流量,观察最不利消火栓处压力表数值。

3.7 消火栓系统

3.7.1 室内消火栓系统

3.7.1.1 设置要求

(1) 除不适合用水保护或灭火的场所、远离城镇且无人值守的独立建筑、散装粮食仓库和金库可不设置室内消火栓系统外,下列建筑应设置室内消火栓系统。

① 建筑占地面积大于 300 m^2 的甲、乙、丙类厂房。

② 建筑占地面积大于 300 m^2 的甲、乙、丙类仓库。

③ 高层公共建筑,建筑高度大于 21 m 的住宅建筑。

④ 特等和甲等剧场,座位数大于 800 个的乙等剧场,座位数大于 800 个的电影院,座位数大于 1 200 个的礼堂,座位数大于 1 200 个的体育馆等建筑。

⑤ 建筑体积大于 5 000 m^3 的下列单、多层建筑:车站、码头、机场的候车(船、机)建筑,展览、商店、旅馆和医疗建筑,老年人照料设施,档案馆,图书馆。

⑥ 建筑高度大于 15 m 或建筑体积大于 10 000 m^3 的办公建筑、教学建筑及其他单、多层民用建筑。

⑦ 建筑面积大于 300 m^2 的汽车库和修车库。

⑧ 建筑面积大于 300 m^2 且平时使用的人民防空工程。

⑨ 地铁工程中的地下区间、控制中心、车站及长度大于 30 m 的人行通道,车辆基地内建筑面积大于 300 m^2 的建筑。

⑩ 通行机动车的一、二、三类城市交通隧道。

(2) 室内消火栓的流量和压力应满足相应建(构)筑物在火灾延续时间内灭火、控火的要求。

(3) 环状消防给水管道应至少有 2 条进水管与室外供水管网连接,当其中一条进水管关闭时,其余进水管应仍能保证全部室内消防用水量。

(4) 在设置室内消火栓的场所内,包括设备层在内的各层均应设置消火栓。

(5) 室内消火栓的设置应方便使用和维护。

3.7.1.2 检测技术要求

(1) 消火栓箱的组件应齐全,箱门应能灵活开、关,开启角度应符合要求;箱体外应有明显标志或区别色。

(2) 消火栓的阀门应能灵活启闭,且无泄漏,栓口的位置应便于连接水带,栓口的出水方向宜向下或与墙面垂直,栓口中心距地面的高度应便于操作且宜为1.1 m。

(3) 消火栓栓口处的静水压力应符合设计要求。

(4) 消火栓开启后,消防水泵应能自动启动,流量开关和(或)压力开关的反馈信号应正常,消火栓栓口处的出水压力应符合设计要求。

(5) 消火栓的供水管道及其标志色应完好,管道连接及阀门应无锈蚀和漏水现象。

3.7.1.3 检测方法

(1) 查看消火栓箱有无标志、组件是否齐全,箱门开关是否灵活,开启角度是否符合要求。

(2) 查看栓口的位置和方向,用卷尺测量栓口距离楼地面的高度。

(3) 采用消火栓系统试水检测装置,选择最不利和最有利处的消火栓,连接压力表及闷盖,开启消火栓,测量消火栓栓口的静水压力。

(4) 开启试验消火栓,以自动方式启动消防水泵,查看消火栓出口动水压力、流量开关和(或)低压压力开关的反馈信号。

(5) 查看供水管道及标志色是否完好,管道连接及阀门有无锈蚀。

3.7.2 消火栓按钮

3.7.2.1 检测技术要求

(1) 外观应完好,有透明罩保护。需要击碎保护罩启动的,应配击碎工具。

(2) 接入火灾报警控制器的消火栓按钮应能发出报警信号,对于干式消火栓系统,触发时应能启动快速启闭装置。

(3) 当按钮手动复位时,确认灯应能随之复位。

3.7.2.2 检测方法

(1) 查看外观和配件。

(2) 触发消火栓按钮后,查看火灾报警控制器是否发出火灾报警信号,对于干式消火栓系统,查看快速启闭装置的反馈信号显示是否正常。

(3) 手动复位消火栓按钮,查看其确认灯是否复位。

3.7.3 室外消火栓系统

3.7.3.1 设置要求

(1) 除城市轨道交通工程的地上区间和一、二级耐火等级且建筑体积不大于3 000 m³ 的戊类厂房可不设置室外消火栓外,下列建筑或场所应设置室外消火栓系统。

① 建筑占地面积大于300 m² 的厂房、仓库和民用建筑;

② 用于消防救援和消防车停靠的建筑屋面或高架桥;

③ 地铁车站及其附属建筑、车辆基地。

(2) 室外消火栓的设置间距、室外消火栓与建(构)筑物外墙、外边缘和道路路沿的距离,应满足消防车在消防救援时安全、方便取水和供水的要求。

(3) 当室外消火栓系统的室外消防给水引入管设置倒流防止器时,应在该倒流防止器前增设1个室外消火栓。

(4) 室外消火栓的流量应满足相应建(构)筑物在火灾延续时间内灭火、控火、冷却和防火分隔的要求。

(5) 当室外消火栓直接用于灭火且室外消防给水设计流量大于30 L/s时,应采用高压或临时高压消防给水系统。

3.7.3.2 检测技术要求

(1) 消火栓组件应齐全、完好,阀门应能灵活启闭。

(2) 地下式消火栓应有明显标志,井内应无积水。
(3) 消火栓栓口处的出水压力应符合设计要求。
(4) 对于严寒和寒冷地区,其防冻措施应完好并符合设计要求。

3.7.3.3 检测方法

(1) 查看消火栓的外观。
(2) 查看地下式消火栓的标志,检查井内是否有积水。
(3) 采用消火栓系统试水检测装置,打开阀门,测试出水压力。
(4) 对于严寒和寒冷地区,查看室外消火栓的防冻措施是否完好。

3.8 消防炮和自动跟踪定位射流灭火系统

3.8.1 消防炮

3.8.1.1 设置要求

(1) 室内固定水炮灭火系统应采用湿式给水系统,且消防炮安装处应设置消防水泵启动按钮。为水炮和泡沫炮灭火系统供水的临时高压消防给水系统应具有自动启动功能。
(2) 室内固定消防炮的设置应保证消防炮的射流不受建筑结构或设施的遮挡。
(3) 室外固定消防炮应符合:消防炮的射流应完全覆盖被保护场所及被保护物,喷射强度应满足灭火或冷却的要求;消防炮应设置在被保护场所常年主导风向的上风侧;炮塔应采取防雷击措施,并设置防护栏杆和防护水幕,防护水幕的总流量应大于或等于 6 L/s。
(4) 固定消防炮平台和炮塔应具有与环境条件相适应的耐腐蚀性能或防腐蚀措施,其结构应能同时承受消防炮喷射反力和使用场所最大风力,满足消防炮正常操作使用的要求。

3.8.1.2 检测技术要求

(1) 控制阀应能灵活启闭。
(2) 应能灵活进行回转与仰俯操作,操作角度应符合设定值,定位机构应可靠。
(3) 触发启泵按钮应能自动启动消防水泵,且消防炮的出水压力应符合设计要求。

3.8.1.3 检测方法

(1) 查看外观,转动手轮,查看入口控制阀是否活动灵活、严密。
(2) 人工操作消防炮,查看其回转与仰俯角操作是否灵活,定位机构是否可靠。具有自动或远程控制功能的消防炮,根据设计要求检测消防炮的回转、仰俯与定位控制情况。
(3) 触发启泵按钮,查看消防泵的启动和信号反馈情况,记录消防炮入口的压力表数值。

3.8.2 自动跟踪定位射流灭火系统

3.8.2.1 设置要求

(1) 自动消防炮灭火系统中单台炮的流量,对于民用建筑,不应小于 20 L/s;对于工业建筑,不应小于 30 L/s。
(2) 持续喷水时间不应小于 1.0 h。
(3) 系统应具有自动控制、消防控制室手动控制和现场手动控制的启动方式。消防控制室手动控制和现场手动控制相对于自动控制应具有优先权。
(4) 自动消防炮灭火系统和喷射型自动射流灭火系统在自动控制状态下,当探测到火源后,应至少有 2 台灭火装置对火源扫描定位和至少 1 台且最多 2 台灭火装置自动开启射流,且射流应能到达火源点。
(5) 喷洒型自动射流灭火系统在自动控制状态下,当探测到火源后,对应火源探测装置的灭火装置应自动开启射流,且其中至少有一组灭火装置的射流能到达火源点。

3.8.2.2 检测技术要求

(1) 在现场手动控制箱和系统控制主机上应能对灭火装置、自动控制阀及消防水泵进行正常操作,灭火装置的俯仰和水平回转应灵活可靠,并满足使用功能,自动控制阀的启闭及反馈信号应正常,消防水泵的启动及反馈信号应正常。

(2) 在自动控制状态下,系统探测到火灾后,应自动启动相应的灭火装置瞄准火源、启动消防水泵、打开相应的自动控制阀,并启动声、光警报器及火灾现场视频监控,自动控制阀、水流指示器、消防水泵的反馈信号应正常。

3.8.2.3 检测方法

(1) 使系统控制主机、现场控制箱处于手动控制状态,关闭被测灭火装置的检修阀,分别通过系统控制主机和现场控制箱,操作系统自动控制阀的开启、关闭,观察自动控制阀的启闭动作及信号反馈情况;手动操作被测灭火装置(自动消防炮和喷射型自动射流灭火装置)进行俯仰和水平回转,观察灭火装置的动作情况;手动启动消防水泵,查看水泵启动及信号反馈情况。

(2) 使系统处于自动控制状态,在系统保护区内放置模拟火源,观察系统的探测、报警、灭火装置定位、消防水泵启动、自动控制阀动作情况及火灾现场视频实时监控和记录启动情况,查看相应的反馈信号。当检测场所不允许喷水时,可在试验前通过启闭相关阀门,控制消防水泵供水不进入系统。

3.9 自动喷水灭火系统和水喷雾灭火系统

3.9.1 一般要求

(1) 自动喷水灭火系统和水喷雾灭火系统应设置在自动控制状态。检测前,应查看系统的控制方式和联动程序。

(2) 除散装粮食仓库可不设置自动灭火系统外,下列厂房或生产部位、仓库应设置自动灭火系统。

① 地上不小于 50 000 锭纱锭的棉纺厂房中的开包、清花车间,不小于 5 000 锭的麻纺厂房中的分级、梳麻车间,火柴厂的烤梗、筛选部位。

② 地上占地面积大于 1 500 m^2 或总建筑面积大于 3 000 m^2 的单、多层制鞋、制衣、玩具及电子等类似用途的厂房。

③ 占地面积大于 1 500 m^2 的地上木器厂房。

④ 泡沫塑料厂的预发、成型、切片、压花部位。

⑤ 除本条第①款～第④款规定外的其他乙、丙类高层厂房。

⑥ 建筑面积大于 500 m^2 的地下或半地下丙类生产场所。

⑦ 除占地面积不大于 2 000 m^2 的单层棉花仓库外,每座占地面积大于 1 000 m^2 的棉、毛、丝、麻、化纤、毛皮及其制品的地上仓库。

⑧ 每座占地面积大于 600 m^2 的地上火柴仓库。

⑨ 邮政建筑内建筑面积大于 500 m^2 的地上空邮袋库。

⑩ 设计温度高于 0℃ 的地上高架冷库,设计温度高于 0℃ 且每个防火分区建筑面积大于 1 500 m^2 的地上非高架冷库。

⑪ 除本条第⑦款～第⑩款规定外,其他每座占地面积大于 1 500 m^2 或总建筑面积大于 3 000 m^2 的单、多层丙类仓库。

⑫ 除本条第⑦款～第⑪款规定外,其他丙、丁类地上高架仓库,丙、丁类高层仓库。

⑬ 地下或半地下总建筑面积大于 500 m^2 的丙类仓库。

(3) 除建筑内的游泳池、浴池、溜冰场可不设置自动灭火系统外,下列民用建筑、场所和平时使用的人民防空工程应设置自动灭火系统。

① 一类高层公共建筑及其地下、半地下室。

② 二类高层公共建筑及其地下、半地下室中的公共活动用房、走道、办公室、旅馆的客房及可燃物品库房。

③ 建筑高度大于 100 m 的住宅建筑。

④ 特等和甲等剧场,座位数大于1 500个的乙等剧场,座位数大于2 000个的会堂或礼堂,座位数大于3 000个的体育馆,座位数大于5 000个的体育场的室内人员休息室与器材间等。

⑤ 任一层建筑面积大于1 500 m^2 或总建筑面积大于3 000 m^2 的单、多层展览建筑、商店建筑、餐饮建筑和旅馆建筑。

⑥ 中型和大型幼儿园,老年人照料设施,任一层建筑面积大于1 500 m^2 或总建筑面积大于3 000 m^2 的单、多层病房楼、门诊楼和手术部。

⑦ 除本条上述规定外,设置具有送回风道(管)系统的集中空气调节系统且总建筑面积大于3 000 m^2 的其他单、多层公共建筑。

⑧ 总建筑面积大于500 m^2 的地下或半地下商店。

⑨ 设置在地下或半地下、多层建筑的地上第四层及以上楼层、高层民用建筑内的歌舞娱乐放映游艺场所,设置在多层建筑第一层至第三层且楼层建筑面积大于300 m^2 的地上歌舞娱乐放映游艺场所。

⑩ 位于地下或半地下且座位数大于800个的电影院、剧场或礼堂的观众厅。

⑪ 建筑面积大于1 000 m^2 且平时使用的人民防空工程。

3.9.2 报警阀组

3.9.2.1 安装要求

(1) 报警阀组的安装应在供水管网试压、冲洗合格后进行。安装时应先安装水源控制阀、报警阀,然后进行报警阀辅助管道的连接。水源控制阀、报警阀与配水干管的连接,应使水流方向一致。报警阀组安装的位置应符合设计要求;当设计无要求时,报警阀组应安装在便于操作的明显位置,距室内地面高度宜为1.2 m;两侧与墙的距离不应小于0.5 m;正面与墙的距离不应小于1.2 m;报警阀组凸出部位之间的距离不应小于0.5 m。安装报警阀组的室内地面应有排水设施,排水能力应满足报警阀调试、验收和利用试水阀门泄空系统管道的要求。

(2) 压力表应安装在报警阀上便于观测的位置。

(3) 排水管和试验阀应安装在便于操作的位置。

(4) 水源控制阀安装应便于操作,且应有明显开、闭标志和可靠的锁定设施。

3.9.2.2 检测技术要求

(1) 应有注明系统名称和保护区域的标志牌,且内容正确、清晰,压力表显示应符合设定值。

(2) 控制阀应处于全部开启状态,手轮应有锁具固定,启闭标志应明显;采用信号阀时,阀的动作反馈信号应正确。

(3) 报警阀等组件应灵敏、可靠;压力开关动作时,应能自动启动消防水泵并向消防控制设备提供反馈信号;地面上设置的排水设施应能有效排水。

(4) 干式报警阀组和配有充气装置的预作用阀组,其空气压缩机和气压控制装置状态应正常,压力表显示应符合设定值。

(5) 预作用报警阀组和雨淋报警阀组的电磁阀启闭及反馈信号,应灵敏、可靠。

(6) 配置有传动管的雨淋报警阀组,其传动管的压力表显示应符合设定值,气压传动管的供气装置状态应正常,压力表显示应符合设定值。

3.9.2.3 检测方法

(1) 查看外观、标志牌、压力表。

(2) 查看控制阀、锁具或信号阀及其反馈信号。

(3) 对于湿式报警阀组,打开试验阀,查看压力开关、水力警铃的动作情况及其反馈信号,查看排水情况。

(4) 对于干式报警阀组和配有充气装置的预作用阀组,缓慢开启试验阀进行小流量排气;启动空气压缩机后,关闭试验阀,查看空气压缩机的运行情况,核对其启/停压力是否符合设计要求,自动控制功能是否正常。

(5)对于预作用阀组,关闭报警阀入口的控制阀,使消防控制设备输出电磁阀控制信号,查看电磁阀的动作情况及其反馈信号。

(6)对于雨淋报警阀组,采用电动控制时,关闭报警阀入口的控制阀,使消防控制设备输出电磁阀控制信号,查看电磁阀的动作情况及其反馈信号。当系统采用传动管控制时,核对传动管压力显示是否符合设定值;开启气压传动管供气装置的试验阀进行小流量排气,空气压缩机启动后关闭试验阀,查看空气压缩机的运行情况,核对其启/停压力是否符合设计要求。

3.9.3 水流指示器

3.9.3.1 安装要求

(1)水流指示器的安装应在管道试压和冲洗合格后进行,水流指示器的规格、型号应符合设计要求。

(2)水流指示器应使电器元件部位竖直安装在水平管道上侧,其动作方向应和水流方向一致;安装后的水流指示器桨片、膜片应动作灵活,不应与管壁发生碰擦。

3.9.3.2 检测技术要求

(1)水流指示器上应有明显、清晰的标志。

(2)水流指示器的启动与复位应灵敏、可靠,并应能及时反馈信号。

3.9.3.3 检测方法

(1)查看水流指示器的标志。

(2)开启末端试水装置,查看消防控制设备的报警信号;关闭末端试水装置,查看系统的复位信号。

3.9.4 喷头

3.9.4.1 安装要求

(1)喷头安装必须在系统试压、冲洗合格后进行。

(2)安装喷头时,不应对喷头进行拆装、改动,并严禁给喷头、隐蔽式喷头的装饰盖板附加任何装饰性涂层。

(3)安装喷头应使用专用扳手,严禁利用喷头的框架施拧;喷头的框架、溅水盘产生变形或释放原件损伤时,应采用规格、型号相同的喷头更换。

(4)安装在易受机械损伤处的喷头,应加设喷头防护罩。

(5)安装喷头时,溅水盘与吊顶、门、窗、洞口或障碍物的距离应符合设计要求。

(6)安装前检查喷头的型号、规格、使用场所应符合设计要求。系统采用隐蔽式喷头时,配水支管的标高和吊顶的开口尺寸应准确控制。

3.9.4.2 检测技术要求

(1)喷头的型号、规格及公称动作温度,应符合设计要求。

(2)安装喷头应牢固、整齐,无明显的磕碰伤痕及变形,表面涂层或镀层应完整,无附着物、悬挂物;安装于存在碰撞、冰冻可能或腐蚀气体环境中的喷头,应有防护措施。

(3)喷头的安装间距、部位以及溅水盘与顶板或梁等周围障碍物的距离应符合设计要求。

3.9.4.3 检测方法

(1)查验喷头的型号、规格是否符合设计选型,色标是否符合设计要求。

(2)查看喷头外观。

(3)采用钢尺测量喷头间距及溅水盘与顶板或障碍物的距离。

3.9.5 末端试水装置

3.9.5.1 安装要求

末端试水装置和试水阀的安装位置应便于检查、试验,并应有相应排水能力的排水设施。

3.9.5.2 检测技术要求

阀门、试水接头、压力表和排水管应正常,且应无渗漏现象,排水管的管径应符合设计要求。

3.9.5.3 检测方法

查看阀门、压力表、试水接头及排水管是否正常。

3.9.6 系统功能

3.9.6.1 湿式系统

1) 检测技术要求

(1) 开启末端试水装置后,出水压力应符合设计要求。水流指示器、报警阀、压力开关、流量开关应动作,水力警铃应鸣响;压力开关、流量开关应直接连锁启动消防水泵;水流指示器、压力开关、流量开关及消防水泵的反馈信号应正常。

(2) 应在开启末端试水装置后 5 min 内自动启动消防水泵。

(3) 报警阀动作后,距水力警铃 3 m 远处的警铃声压级不应小于 70 dB。

2) 检测方法

(1) 开启最不利处末端试水装置的控制阀,查看压力表的显示以及水流指示器、压力开关、流量开关和消防水泵的动作情况及其信号反馈情况。

(2) 用秒表测量自开启末端试水装置至消防水泵投入运行的时间。

(3) 用声级计测量水力警铃的声强值。

3.9.6.2 干式系统

1) 检测技术要求

(1) 开启系统末端试水装置后,报警阀、压力开关、流量开关应动作,并联动启动排气阀入口电动阀与消防水泵,供气装置应停止供气,水流指示器、压力开关、流量开关、电动阀和消防水泵的反馈信号应正常。

(2) 开启末端试水装置 1 min 后,其出水压力不应低于 0.05 MPa。

(3) 报警阀动作后,距水力警铃 3 m 远处的警铃声压级不应低于 70 dB。

2) 检测方法

(1) 开启最不利处末端试水装置的控制阀,查看水流指示器、压力开关、流量开关和消防水泵、电动阀的动作情况及其信号反馈和排气阀排气的情况。

(2) 测量自开启末端试水装置至出水压力达到 0.05 MPa 的时间。

(3) 用声级计测量水力警铃的声强值。

3.9.6.3 预作用系统

1) 检测技术要求

(1) 火灾报警控制器确认火灾后,应能自动启动预作用报警阀组的电磁阀、排气阀入口电动阀,压力开关、流量开关应动作并自动连锁启动消防水泵。

(2) 系统启动后,达到系统充水时间时,末端试水装置的出水压力不应低于 0.05 MPa。

(3) 报警阀动作后,距水力警铃 3 m 远处的警铃声压级不应低于 70 dB。

(4) 消防控制设备应显示电磁阀、电动阀、水流指示器、流量开关及消防水泵的反馈信号。

2) 检测方法

(1) 触发防护区内满足预作用报警阀组自动启动的相关报警触发装置,查看电磁阀、电动阀、消防水泵和水流指示器、压力开关、流量开关的动作情况及信号反馈和排气阀排气的情况。

(2) 系统启动后,达到系统设计充水时间时,测量末端试水装置的出水压力。

(3) 用声级计测量水力警铃的声强值。

3.9.6.4 雨淋系统

1) 检测技术要求

(1) 火灾自动报警系统确认火灾后,或传动管泄压后,系统应能启动雨淋阀,压力开关、流量开关应能及时动作,并联锁启动消防水泵;雨淋阀、消防水泵、压力开关和流量开关的动作反馈信号应正常。

(2) 距水力警铃 3 m 处的警铃声压级不应低于 70 dB。

(3) 并联设置多台雨淋阀组的系统,其逻辑控制关系应符合设计要求。

2) 检测方法

(1) 先后触发防护区内同一报警区域的两个报警触发装置或为传动管泄压,查看电磁阀、消防水泵、压力开关及流量开关的动作情况及反馈信号。

(2) 用声级计测量水力警铃声强值。

(3) 并联设置多台雨淋阀的系统,核对控制雨淋阀的逻辑关系。

(4) 不适合进行实际喷水的场所,应在试验前关严雨淋阀出口的控制阀。

3.9.6.5 水幕系统

1) 检测技术要求

(1) 自动控制的系统,应符合:火灾自动报警系统确认火灾后,或传动管泄压后,系统应能启动雨淋阀,压力开关、流量开关应能及时动作,并连锁启动消防水泵;雨淋阀、消防水泵、压力开关和流量开关的动作反馈信号应正常。距水力警铃 3 m 处的警铃声压级不应低于 70 dB。并联设置多台雨淋阀组的系统,其逻辑控制关系应符合设计要求。

(2) 人工操作的系统,控制阀的启闭应灵活、可靠。

2) 检测方法

(1) 自动控制的系统,检测方法应符合:先后触发防护区内同一报警区域的两个报警触发装置或为传动管泄压,查看电磁阀、消防水泵、压力开关及流量开关的动作情况及反馈信号。用声级计测量水力警铃声强值。并联设置多台雨淋阀的系统,核对控制雨淋阀的逻辑关系。不适合进行实际喷水的场所,应在试验前关严雨淋阀出口的控制阀。

(2) 当用于冷却防火卷帘时,触发防火卷帘下落到楼板面的动作信号与同一报警区域内任一火灾探测器,查看电磁阀、消防水泵、压力开关和流量开关的动作情况及反馈信号。

(3) 人工操作的系统,查看控制阀及压力表。

3.9.6.6 水喷雾灭火系统

(1) 检测技术要求水喷雾灭火系统的系统功能应符合本作业指导书第3.9.6.4中第1)条款的要求。

(2) 检测方法水喷雾灭火系统的检测方法应符合本作业指导书第3.9.6.4中第2)条款的要求。

3.10 细水雾灭火系统

3.10.1 一般要求

(1) 细水雾灭火系统应设置在自动控制状态。检测前,应查看系统的控制方式和联动程序。

(2) 细水雾灭火系统的持续喷雾时间应符合下列规定。

① 对于电子信息系统机房、配电室等电子、电气设备间,图书库、资料库、档案库、文物库、电缆隧道和电缆夹层等场所,应大于或等于 30 min。

② 对于油浸变压器室、涡轮机房、柴油发电机房、液压站、润滑油站及燃油锅炉房等含有可燃液体的机械设备间,应大于或等于 20 min。

③ 对于厨房内烹饪设备及其排烟罩和排烟管道部位,应大于或等于 15 s,且冷却水持续喷放时间应大于或等于 15 min。

(3) 细水雾灭火系统中过滤器的材质应为不锈钢、铜合金,或其他耐腐蚀性能不低于不锈钢、铜合金的金属材料。过滤器的网孔孔径与喷头最小喷孔孔径的比值应小于或等于0.8。

3.10.2 储水瓶组和储气瓶组

3.10.2.1 检测技术要求

(1) 采用瓶组式细水雾系统时,储水瓶组和储气瓶组应在有效的检验周期内,瓶组各组件的固定和支撑应稳固,固定框架应进行防腐处理。瓶组的存放位置及环境应符合其安全、正常运行的要求。

(2) 瓶组的机械应急操作处应有明显标志,应急操作装置的铅封应完好。

(3) 储存容器上应注明储存水或气体的名称,灭火剂驱动装置和分区控制阀应有明显的分区标志牌且标示正确、清晰。

(4) 储存容器上的液位计和(或)压力显示装置正面应朝向操作面,液位或储存压力显示应正常并在设计值范围内;储存容器上安全泄压装置的动作压力应符合设计规定。

3.10.2.2　检测方法

(1) 查看瓶组和其固定框架的外观及存放环境,核对储存容器是否处于有效的检验周期内。

(2) 查看瓶组应急操作装置的标志牌及铅封。

(3) 查看储存容器标识,查看灭火剂驱动装置及分区控制阀的标志牌。

(4) 查看储存容器上的液位或压力显示装置、安全泄压装置,查看液位或压力值是否符合设定值。

3.10.3　控制阀组

3.10.3.1　检测技术要求

(1) 应有注明系统名称和保护区域的标志牌,且内容正确、清晰,阀组的观测仪表位置和显示应符合设计要求。

(2) 开式系统的分区控制阀应处于全部关闭状态,闭式系统的分区控制阀处于全部开启状态且应为带开关锁定或开关指示的阀组;分区控制阀前后的阀门应处于常开位置;分区控制阀应具有启闭状态的信号反馈功能。

(3) 阀组的组件应灵敏、可靠。开式系统的分区控制阀应能采用手动和自动方式可靠动作,闭式系统的分区控制阀应能采用手动方式可靠动作。

3.10.3.2　检测方法

(1) 查看外观、标志牌、阀组的观测仪表。

(2) 查看分区控制阀开启状态和启闭标志、锁具或开关指示、信号阀及其反馈信号。

(3) 对于开式系统,分别采用手动和利用模拟信号电动启动分区控制阀,查看阀门动作情况和信号反馈情况,查看阀门是否与其保护的防护区相对应;对于闭式系统,采用手动方式关闭分区控制阀,查看阀门的启闭信号反馈情况。

3.10.4　喷头

3.10.4.1　设置要求

(1) 应保证细水雾喷放均匀并完全覆盖保护区域。

(2) 与遮挡物的距离应能保证遮挡物不影响喷头正常喷放细水雾,不能保证时应采取补偿措施。

(3) 对于使用环境可能使喷头堵塞的场所,喷头应采取相应的防护措施。

3.10.4.2　检测技术要求

(1) 喷头的技术要求应符合:喷头的型号、规格及公称动作温度,应符合设计要求。

(2) 喷头安装应牢固、整齐,无明显的磕碰伤痕及变形,表面涂层或镀层应完整,无附着物、悬挂物;安装于存在碰撞、冰冻可能或腐蚀气体环境中的喷头,应有防护措施。喷头的安装间距、部位以及溅水盘与顶板或梁等周围障碍物的距离应符合设计要求。

(3) 喷头应无被拆除、遮挡等情况,且开式喷头应没有喷嘴堵塞情况。

3.10.4.3　检测方法

(1) 查验喷头的型号、规格、闭式喷头的公称动作温度是否符合设计要求。

(2) 查看喷头外观和周围障碍物遮挡情况。采用卷尺或测距仪测量闭式喷头与顶棚或梁底的距离。

(3) 结合喷头布置环境查看开式喷头的喷嘴堵塞情况。

3.10.5　系统功能

3.10.5.1　检测技术要求

(1) 闭式细水雾系统开启试水阀后,泵组应能及时启动并发出相应的动作信号,出水压力应符合设计要求。系统的动作信号反馈装置应及时发出系统启动的反馈信号并在消防控制设备上正确显示。

(2) 开式细水雾系统应能接收火灾报警信号,自动或手动开启系统的分区控制阀、泵组或瓶组,直至相应防护区或保护对象保护面积内的细水雾正常喷放,响应时间和压力值应符合设计要求,喷雾形态应正常。消防控制设备上应正确显示分区控制阀和泵组、瓶组的状态。其他消防联动控制设备应能正常启动并发出正确的反馈信号。相应场所入口处的警示灯应正常动作。瓶组式细水雾系统可进行模拟细水雾喷放试验。

3.10.5.2 检测方法

(1) 闭式系统的检测方法如下。

① 打开试水阀,查看泵组能否及时启动并发出相应的动作信号,查看泵组出口压力是否符合设计值。

② 查看系统的动作信号反馈装置是否及时发出系统启动的反馈信号并在消防控制设备上正确显示。

(2) 开式系统的检测方法如下。

① 采用专用测试仪表或其他方式,对火灾探测器输入模拟火灾信号,查看分区控制阀、泵组或瓶组是否及时动作并发出相应的动作信号,系统的动作信号反馈装置是否及时发出系统启动的反馈信号,以及各反馈信号是否在相应控制设备上正确显示。

② 查看系统喷雾情况,查看泵组出口压力是否符合设计值。用秒表测量自火灾报警装置发出报警信号至细水雾喷头喷出细水雾的时间间隔,查看系统是否满足响应时间要求。

③ 查看系统相关联动控制装置和防护区入口处喷雾指示灯等装置的动作情况。

④ 不适合进行实际喷放细水雾的场所,手动开启泄放试验阀,采用模拟火灾信号启动系统,检查泵组或瓶组能否及时动作并发出相应的动作信号,系统的动作信号反馈装置能否及时发出系统启动的反馈信号,系统相关联动控制装置和相应场所入口处的警示灯是否动作。

3.11 泡沫灭火系统

3.11.1 设置要求

(1) 保护场所中所用泡沫液应与灭火系统的类型、扑救的可燃物性质、供水水质等相适应,并应符合下列规定。

① 用于扑救非水溶性可燃液体储罐火灾的固定式低倍数泡沫灭火系统,应使用氟蛋白或水成膜泡沫液。

② 用于扑救水溶性和对普通泡沫有破坏作用的可燃液体火灾的低倍数泡沫灭火系统,应使用抗溶水成膜、抗溶氟蛋白或低黏度抗溶氟蛋白泡沫液。

③ 采用非吸气型喷射装置扑救非水溶性可燃液体火灾的泡沫—水喷淋系统、泡沫枪系统和泡沫炮系统,应使用3%型水成膜泡沫液。

④ 当采用海水作为系统水源时,应使用适用于海水的泡沫液。

(2) 储罐的低倍数泡沫灭火系统类型应符合下列规定。

① 对于水溶性可燃液体和对普通泡沫有破坏作用的可燃液体固定顶储罐,应为液上喷射系统。

② 对于外浮顶和内浮顶储罐,应为液上喷射系统。

③ 对于非水溶性可燃液体的外浮顶储罐和内浮顶储罐、直径大于18 m的非水溶性可燃液体固定顶储罐、水溶性可燃液体立式储罐,当设置泡沫炮时,泡沫炮应为辅助灭火设施。

④ 对于高度大于7 m或直径大于9 m的固定顶储罐,当设置泡沫枪时,泡沫枪应为辅助灭火设施。

3.11.2 泡沫液储罐

3.11.2.1 检测技术要求

(1) 罐体铭牌或标志牌上应清晰注明泡沫灭火剂的名称、型号、混合比、泡沫灭火剂的有效日期和储量。

(2) 储罐的配件应齐全、完好,液位计、呼吸阀、安全阀和压力表的状态应正常。

(3) 储罐及其配件存放位置和环境应符合设计要求,并采取防晒、防冻和防腐等措施。

3.11.2.2　检测方法

(1) 查看标志牌上是否清晰注明泡沫灭火剂的型号、混合比、有效日期和储量。

(2) 查看储罐配件是否齐全、安全阀、压力表状态是否正常。

(3) 检查储罐存放位置和环境,根据环境要求,查看其防晒、防冻和防腐措施。

3.11.3　比例混合装置

3.11.3.1　检测技术要求

(1) 混合器的型号、规格应符合设计要求,液流指示方向正确。

(2) 阀门应能灵活启闭,压力表外观完好、显示正确并符合设计要求。

3.11.3.2　检测方法

(1) 查看比例混合器的规格、型号是否符合设计要求,液流方向是否正确。

(2) 手动或电动启闭阀门,查看阀门的动作情况以及压力表是否正常。

3.11.4　泡沫产生器

3.11.4.1　检测技术要求

(1) 泡沫产生器的型号、规格应符合设计要求。

(2) 吸气孔、发泡网和暴露的泡沫喷射口,应无杂物进入或堵塞现象;泡沫出口附近不应有阻挡泡沫喷射及泡沫流淌的障碍物。

3.11.4.2　检测方法

(1) 查看泡沫产生器的规格、型号是否符合设计要求。

(2) 查看吸气孔、发泡网和泡沫喷射口,是否有杂物进入或堵塞,泡沫出口附近是否有阻挡泡沫喷射和流淌的障碍物。

3.11.5　泡沫消火栓(箱)

3.11.5.1　检测技术要求

(1) 配备的泡沫枪、水带应齐全,型号、规格符合设计要求,工作压力满足设计要求。

(2) 外观正常,阀门应能灵活手动打开和关闭。

3.11.5.2　检测方法

(1) 查看泡沫消火栓箱配件是否齐全,型号、规格是否符合设计要求。

(2) 查看泡沫消火栓的外观,用消火栓扳手开、闭阀门。

3.11.6　泡沫喷头

3.11.6.1　检测技术要求

喷头的型号、规格应符合设计要求,吸气孔、发泡网无堵塞现象。喷头四周不应有阻挡泡沫喷射的障碍物,泡沫应能直接喷射到保护对象上。

3.11.6.2　检测方法

查看泡沫喷头的规格、型号以及吸气孔、发泡网和喷头周围的情况。

3.11.7　系统功能

3.11.7.1　检测技术要求

应能按设定的控制方式正常启动泡沫灭火系统,系统启动后,泡沫消防水泵、比例混合装置、泡沫产生装置的工作压力应符合设计要求,混合比应符合设计要求,泡沫产生装置喷洒泡沫应正常。

3.11.7.2　检测方法

(1) 按设定的控制方式启动泡沫灭火系统,查看泡沫消防水泵、比例混合装置、泡沫产生装置的工作压力,测试混合比及泡沫产生装置的发泡情况。

(2) 不适合进行实际喷放泡沫的场所,在试验泡沫消火栓上连接泡沫枪或泡沫产生器,打开试验泡沫消火栓后,按设定的控制方式启动泡沫灭火系统,查看泡沫消防水泵、比例混合装置、泡沫产生装置的工作压力,测试混合比及泡沫产生装置的发泡情况。

(3)测试后,冲洗设备和管道。

3.12 气体灭火系统

3.12.1 设置要求

(1)全淹没二氧化碳灭火系统不应用于经常有人停留的场所。

(2)全淹没气体灭火系统的防护区应符合下列规定。

① 防护区围护结构的耐超压性能,应满足在灭火剂释放和设计浸渍时间内保持围护结构完整的要求。

② 防护区围护结构的密闭性能,应满足在灭火剂设计浸渍时间内保持防护区内灭火剂浓度不低于设计灭火浓度或设计惰化浓度的要求。

③ 防护区的门应向疏散方向开启,并应具有自行关闭的功能。

(3)全淹没气体灭火系统的设计灭火浓度或设计惰化浓度应符合下列规定。

① 对于二氧化碳灭火系统,设计灭火浓度应大于或等于灭火浓度的1.7倍,且应大于或等于34%(体积百分比浓度)。

② 对于其他气体灭火系统,设计灭火浓度应大于或等于灭火浓度的1.3倍,设计惰化浓度应大于或等于惰化浓度的1.1倍。

③ 在经常有人停留的防护区,灭火剂释放后形成的浓度应低于人体的有毒性反应浓度。

(4)一个组合分配气体灭火系统中的灭火剂储存量,应大于或等于该系统所保护的全部防护区中需要灭火剂储存量的最大者。

(5)灭火剂的喷放时间和浸渍时间应满足有效灭火或惰化的要求。

(6)用于保护同一防护区的多套气体灭火系统应能在灭火时同时启动,相互间的动作响应时差应小于或等于2 s。

(7)全淹没气体灭火系统的喷头布置应满足灭火剂在防护区内均匀分布的要求,其射流方向不应直接朝向可燃液体的表面。局部应用气体灭火系统的喷头布置应能保证保护对象全部处于灭火剂的淹没范围内。

(8)用于扑救可燃、助燃气体火灾的气体灭火系统,在其启动前应能联动和手动切断可燃、助燃气体的气源。

(9)气体灭火系统的管道和组件、灭火剂的储存容器及其他组件的公称压力,不应小于系统运行时需承受的最大工作压力。灭火剂的储存容器或容器阀应具有安全泄压和压力显示的功能,管网系统中的封闭管段上应具有安全泄压装置。安全泄压装置应能在设定压力下正常工作,泄压方向不应朝向操作面或人员疏散通道。低压二氧化碳灭火系统的安全泄压装置应通过专用泄压管将泄压气体直接排至室外。高压二氧化碳储存容器应设置二氧化碳泄漏监测装置。

(10)管网式气体灭火系统应具有自动控制、手动控制和机械应急操作的启动方式。预制式气体灭火系统应具有自动控制和手动控制的启动方式。

3.12.2 储存装置

3.12.2.1 检测技术要求

(1)储存容器应在有效的检验周期内,储存容器及其组件的固定应牢固,手动操作装置的铅封应完好。

(2)灭火剂储存容器上应注明灭火剂的名称和编号,驱动气体储存容器和选择阀应有明显的分区标志牌且标示正确、清晰,选择阀应能灵活手动启闭。

(3)具有压力显示功能的储存容器,压力表正面应朝向操作面且其压力显示应正常并处于设计工作压力范围值内。

(4)带有称重装置的储存容器,其称重装置应正常,并应有原始重量标记。

(5)高压二氧化碳储存容器在灭火剂的失重量达到设定值时,应能发出报警信号。

(6) 低压二氧化碳储存容器的制冷装置应正常运行,温度和压力的控制值应符合设定值。

(7) 储存容器的存放位置及环境应符合其安全、正常运行的要求。

(8) 在储存容器或容器阀上,应设安全泄压装置和压力表。组合分配系统的集流管,应设安全泄压装置。安全泄压装置的动作压力,应符合相应气体灭火系统的设计规定。

3.12.2.2 检测方法

(1) 查看外观、铅封、压力表和标志牌及称重装置,核对储存容器是否处于有效的检验周期内。

(2) 操作选择阀的手动装置,打开后再复位。

(3) 对于二氧化碳灭火系统,按灭火剂储瓶内二氧化碳的设计储存量,设定允许的最大损失量,采用拉力计,向储瓶施加与最大允许损失量相等的向上拉力,查看检漏装置能否发出报警信号。

(4) 对于低压二氧化碳储罐,查看制冷装置及温度计和压力是否符合设定值。

(5) 检查储存装置的放置位置及环境,核查储存装置、集流管上的安全泄压装置。

3.12.3 喷嘴

3.12.3.1 检测技术要求

(1) 喷嘴的型号、规格应符合设计要求,喷口方向应正确、无堵塞现象,喷嘴应有表示其型号、规格的永久性标志。

(2) 对于多尘或腐蚀性场所,喷嘴应有相应的防护措施。

3.12.3.2 检测方法

(1) 查看喷嘴外观,对照设计查验其型号、规格。

(2) 对于多尘场所,查看喷嘴是否有保护装置。

3.12.4 气体灭火控制器

3.12.4.1 检测技术要求

(1) 气体灭火控制器的技术要求应符合本作业指导书第3.3.4条款和3.3.6条款的要求。

(2) 自动、手动转换功能应正常;灭火控制器处于自动状态时,应能实现手动操作启动方式。

(3) 灭火控制方式所处状态应有明显的标志或灯光显示,反馈信号显示应正确。

3.12.4.2 检测方法

(1) 对面板上所有的指示灯、显示器和音响器件进行功能自检。

(2) 将控制方式设定在手动,然后转换为自动,分别查看控制器的显示情况。

(3) 切断主电源,查看备用直流电源的自动投入和主、备用电源的状态显示情况。

(4) 在备用直流电源供电状态下,模拟下列故障并查看控制器的显示情况。

① 火灾探测器断路;

② 启动瓶组的启动信号线断路;

③ 选择阀后主管道上压力讯号器的接线短路。

(5) 故障报警期间,先后触发同一回路中的两个探测器,查看控制器的显示和记录情况,用万用表测量联动输出信号。

3.12.5 系统功能

3.12.5.1 检测技术要求

(1) 防护区内及其入口处的声光报警装置和入口处的安全标志、紧急启/停按钮应正常。

(2) 防护区应设置泄压口,七氟丙烷灭火系统的泄压口应位于防护区净高的2/3以上。

(3) 火灾报警控制器确认火灾报警后的延时启动时间应符合设定值。

(4) 模拟启动试验和模拟喷气试验应符合本作业指导书第3.12.6条款和3.12.7条款的要求。

3.12.5.2 检测方法

(1) 查看防护区内的声光报警装置,入口处的安全标志、声光报警装置以及紧急启/停按钮。

(2) 系统设定在自动控制状态,拆开该防护区启动瓶组的启动信号线并与万用表连接。将万用表调节至直流电压挡后,触发该防护区的紧急启动按钮并用秒表开始计时,测量延时启动时间,查看防护区内声光报警装置、通风设施以及入口处声光报警装置等的动作情况,气体灭火控制器与消防控制室显示的反馈信号。

(3) 先后触发防护区内的两个火灾探测器,查看气体灭火控制器的显示情况。在延时启动时间内,触发紧急停止按钮,达到延时启动时间后,查看万用表的显示情况及相关联动设备的联动情况。

(4) 当进行模拟启动试验和模拟喷气试验时,应符合本作业指导书第3.12.6条款和3.12.7条款的要求。

3.12.6 模拟启动试验方法

(1) 手动模拟启动试验可按下述方法进行。

① 按下手动启动按钮,观察相关动作信号及联动设备动作是否正常(如发出声、光报警,启动输出的负载响应,关闭通风空调、防火阀等)。

② 人工使压力信号反馈装置动作,观察相关防护区门外的气体喷放指示灯是否正常。

(2) 自动模拟启动试验可按下述方法进行。

① 将灭火控制器的启动输出端与灭火系统相应防护区驱动装置连接。驱动装置应与阀门的动作机构脱离。也可以用一个启动电压、电流与驱动装置的启动电压、电流相同的负载代替。

② 人工模拟火警使防护区内任意一个火灾探测器动作,观察单一火警信号输出后,相关报警设备动作是否正常(如警铃、蜂鸣器发出报警声等)。

③ 人工模拟火警使该防护区内另一个火灾探测器动作,观察复合火警信号输出后,相关动作信号及联动设备动作是否正常(如发出声、光报警,启动输出端的负载,关闭通风空调、防火阀等)。

(3) 模拟启动试验结果应符合下列规定。

① 延迟时间与设定时间相符,响应时间满足要求;

② 有关声、光报警信号正确;

③ 联动设备动作正确;

④ 驱动装置动作可靠。

3.12.7 模拟喷气试验方法

(1) 模拟喷气试验的条件应符合下列规定。

① IG 541 混合气体灭火系统及高压二氧化碳灭火系统应采用其充装的灭火剂进行模拟喷气试验。试验采用的储存容器数应为选定试验的防护区或保护对象设计用量所需容器总数的5%,且不得少于1个。

② 低压二氧化碳灭火系统应采用二氧化碳灭火剂进行模拟喷气试验。试验应选定输送管道最长的防护区或保护对象进行,喷放量不应小于设计用量的10%。

③ 卤代烷灭火系统模拟喷气试验不应采用卤代烷灭火剂,宜采用氮气,也可采用压缩空气。氮气或压缩空气储存容器与被试验的防护区或保护对象用的灭火剂储存容器的结构、型号、规格应相同,连接与控制方式应一致,氮气或压缩空气的充装压力按设计要求执行。氮气或压缩空气储存容器数不应少于灭火剂储存容器数的20%,且不得少于1个。

④ 模拟喷气试验宜采用自动启动方式。

(2) 模拟喷气试验结果应符合下列规定。

① 延迟时间与设定时间相符,响应时间满足要求。

② 有关声、光报警信号正确。

③ 有关控制阀门工作正常。

④ 信号反馈装置动作后,气体防护区外的气体喷放指示灯应工作正常。

⑤ 储存容器间内的设备和对应防护区或保护对象的灭火剂输送管道无明显晃动和机械性损坏。

⑥ 试验气体能喷入被试防护区内或保护对象上,且应能从每个喷嘴喷出。

3.13 干粉灭火系统

3.13.1 设置要求

(1) 全淹没干粉灭火系统的防护区应符合下列规定。

① 在系统动作时防护区不能关闭的开口应位于防护区内高于楼地板面的位置,其总面积应小于或等于该防护区总内表面积的15%。

② 防护区的门应向疏散方向开启,并应具有自行关闭的功能。

(2) 局部应用干粉灭火系统的保护对象应符合下列规定。

① 保护对象周围的空气流速应小于或等于 2 m/s;

② 在喷头与保护对象之间的喷头喷射角范围内不应有遮挡物;

③ 可燃液体保护对象的液面至容器缘口的距离应大于或等于 150 mm。

(3) 干粉灭火系统应保证系统动作后在防护区内或保护对象周围形成设计灭火浓度,并应符合下列规定。

① 对于全淹没干粉灭火系统,干粉持续喷放时间不应大于 30 s。

② 对于室外局部应用干粉灭火系统,干粉持续喷放时间不应小于 60 s。

③ 对于有复燃危险的室内局部应用干粉灭火系统,干粉持续喷放时间不应小于 60 s;对于其他室内局部应用干粉灭火系统,干粉持续喷放时间不应小于 30 s。

(4) 用于保护同一防护区或保护对象的多套干粉灭火系统应能在灭火时同时启动,相互间的动作响应时差应小于或等于 2 s。

(5) 组合分配干粉灭火系统的灭火剂储存量,应大于或等于该系统保护的全部防护区中需要灭火剂储存量的最大者。

(6) 干粉灭火系统的管道及附件、干粉储存容器和驱动气体储瓶的性能应满足在系统最大工作压力和相应环境条件下正常工作的要求,喷头的单孔直径应大于或等于 6 mm。

(7) 干粉灭火系统应具有在启动前或同时联动切断防护区或保护对象的气体、液体供应源的功能。

(8) 用于经常有人停留场所的局部应用干粉灭火系统应具有手动控制和机械应急操作的启动方式,其他情况的全淹没和局部应用干粉灭火系统均应具有自动控制、手动控制和机械应急操作的启动方式。

3.13.2 干粉储罐

3.13.2.1 检测技术要求

(1) 罐体应有明显的铭牌且标示清晰,其型号、规格及额定工作压力(20℃条件下)应符合设计要求。

(2) 罐体外观应正常,无明显缺陷。

(3) 干粉罐应有超压安全保护装置。

3.13.2.2 检测方法

(1) 查验干粉储罐铭牌、外观质量和设置情况。

(2) 对照图纸查验其型号、规格及额定工作压力是否符合设计要求。

(3) 查验安全装置的状态。

3.13.3 管道和阀门

3.13.3.1 检测技术要求

(1) 阀门的通道及其接口内径应与干粉罐上干粉输送管道的内径一致。

(2) 进气阀应设在干粉储罐的底部,并应与驱动气体储瓶相连。

(3) 安全阀应安装在干粉罐的顶部,且不应设在有干粉的部位。

3.13.3.2 检测方法

查验管道和阀门的安装及设置是否符合要求。

3.13.4 喷嘴

3.13.4.1 检测技术要求

(1) 喷嘴的型号、规格和设置方位应符合设计要求。
(2) 喷嘴的安装应牢固。
(3) 喷嘴上应安装防止湿气进入的密封帽,密封帽在喷嘴设计工作压力的气流作用下应能自动脱落。

3.13.4.2 检测方法

(1) 对照设计查验喷嘴的型号、规格和设置是否符合要求。
(2) 查验喷嘴的安装牢固情况和密封帽的安装情况。

3.13.5 驱动气体储瓶

3.13.5.1 检测技术要求

驱动气体储瓶应处于有效的检验周期内,压力显示值应符合设计要求,容器阀的外观应良好。

3.13.5.2 检测方法

查验驱动气体储瓶的外观、有效期和压力。

3.13.6 系统功能

3.13.6.1 检测技术要求

(1) 系统应具备自动控制、手动控制和机械应急操作三种启动方式。
(2) 选择阀应具备手动、自动控制打开的功能。
(3) 容器阀应具备手动、气动、电动等开启方式。
(4) 手动控制装置应设置在防护区外便于操作的安全位置。
(5) 机械应急操作装置应设置在贮瓶间或防护区外便于操作的位置,并能在一个地点完成释放灭火剂的全部动作。
(6) 模拟自动启动试验应符合下列要求。
① 模拟火灾信号,灭火控制装置和报警控制装置在接到火灾信号后能启动。
② 声、光报警装置应能正常动作,且其报警声强符合设计要求。
③ 联动设备动作正确。
(7) 模拟喷射试验应符合下列要求。
① 灭火系统接到灭火指令后,能正常、可靠地启动,试验介质能从被试防护区内的每个喷嘴喷出,且喷射通畅。
② 有关声、光报警及反馈信号符合设计要求。
③ 与灭火系统有关的联动设备动作正确、及时,符合设计要求。
④ 干粉输送管道和相应的驱动气体管道等设备,无明显晃动和机械损伤或堵塞。

3.13.6.2 检测方法

(1) 查验系统、选择阀、瓶头阀的启动方式。
(2) 查看手动控制装置和机械应急操作装置。
(3) 按下述方法进行模拟自动启动试验。
① 关断干粉储罐上的驱动器,用火灾探测器试验器模拟火灾信号使其报警,测量启动信号是否正常。
② 查验声、光报警装置及其联动设备的动作信号状态。
(4) 按下述方法进行模拟喷射试验。
① 采用氮气进行模拟喷气试验,氮气贮存容器的贮存压力应与干粉储罐的工作压力相等。用火灾探测器试验器向火灾探测器施加模拟火灾信号并使其报警,用秒表测量延时时间,观察每个喷嘴喷出气体的情况。
② 观察灭火启动装置和报警控制器的声、光报警信号是否正确,试验气体是否喷射正常。
③ 观察联动设备的动作情况,查看系统管路有无明显晃动和机械损伤。

3.14 灭火器

3.14.1 设置要求

(1) 灭火器的配置类型应与配置场所的火灾种类和危险等级相适应,并应符合下列规定。

① A 类火灾场所应选择同时适用于 A 类、E 类火灾的灭火器。

② B 类火灾场所应选择适用于 B 类火灾的灭火器。B 类火灾场所存在水溶性可燃液体(极性溶剂)且选择水基型灭火器时,应选用抗溶性的灭火器。

③ C 类火灾场所应选择适用于 C 类火灾的灭火器。

④ D 类火灾场所应根据金属的种类、物态及其特性选择适用于特定金属的专用灭火器。

⑤ E 类火灾场所应选择适用于 E 类火灾的灭火器。带电设备电压超过 1 kV 且灭火时不能断电的场所不应使用灭火器带电扑救。

⑥ F 类火灾场所应选择适用于 E 类、F 类火灾的灭火器。

⑦ 当配置场所存在多种火灾时,应选用能同时适用扑救该场所所有种类火灾的灭火器。

(2) 灭火器设置点的位置和数量应根据被保护对象的情况和灭火器的最大保护距离确定,并应保证最不利点至少在 1 具灭火器的保护范围内。灭火器的最大保护距离和最低配置基准应与配置场所的火灾危险等级相适应。

(3) 灭火器配置场所应按计算单元计算与配置灭火器,并应符合下列规定。

① 计算单元中每个灭火器设置点的灭火器配置数量应根据配置场所内的可燃物分布情况确定。所有设置点配置的灭火器灭火级别之和不应小于该计算单元的保护面积与单位灭火级别最大保护面积的比值。

② 一个计算单元内配置的灭火器数量应经计算确定且不应少于 2 具。

(4) 灭火器应设置在位置明显和便于取用的地点,且不应影响人员安全疏散。当确需设置在有视线障碍的设置点时,应设置指示灭火器位置的醒目标志。

(5) 灭火器不应设置在可能超出其使用温度范围的场所,并应采取与设置场所环境条件相适应的防护措施。

(6) 当灭火器配置场所的火灾种类、危险等级和建(构)筑物总平面布局或平面布置等发生变化时,应校核或重新配置灭火器。

(7) 灭火器应定期维护、维修和报废。灭火器报废后,应按照等效替代的原则更换。

(8) 符合下列情形之一的灭火器应报废。

① 筒体锈蚀面积大于或等于筒体总表面积的 1/3,表面有凹坑。

② 筒体明显变形,机械损伤严重。

③ 器头存在裂纹、无泄压机构。

④ 存在筒体为平底等结构不合理现象。

⑤ 没有间歇喷射机构的手提式灭火器。

⑥ 不能确认生产单位名称和出厂时间,包括铭牌脱落,铭牌模糊、不能分辨生产单位名称,出厂时间钢印无法识别等。

⑦ 筒体有锡焊、铜焊或补缀等修补痕迹。

⑧ 被火烧过。

⑨ 出厂时间达到或超过最大报废期限。

3.14.2 检测技术要求

(1) 选型、数量及放置位置应符合设计要求。

(2) 灭火器及灭火剂均应在有效期内,维修或检查标志及填写的内容应清晰、明确;报废年限应符合下列要求。

① 水基型灭火器——6 年;

② 干粉灭火器——10年；
③ 洁净气体灭火器——10年；
④ 二氧化碳灭火器和贮气瓶——12年。

(3) 筒体应无明显锈蚀和凹凸等损伤，手柄、插销、铅封和压力表等组件应齐全、完好；灭火器型号标识应清晰、完整。

(4) 压力表指针应在绿色区域范围内。

3.14.3 检测方法

(1) 查看灭火器的放置地点，核查其型号和数量。

(2) 查看生产日期、维修标志与日期、铅封、外观和压力表，核查其使用有效期。

3.15 防烟系统

3.15.1 设置要求

下列部位应采取防烟措施：封闭楼梯间；防烟楼梯间及其前室；消防电梯的前室或合用前室；避难层、避难间；避难走道的前室，地铁工程中的避难走道。

3.15.2 风机

3.15.2.1 检测技术要求

(1) 风机的铭牌应清晰，技术指标应符合设计要求；风机上应有注明系统名称和编号的标志，新风入口的防护网应完好。

(2) 风机启、停应正常，运转平稳，叶轮旋转方向正确，无异常振动与声响，反馈信号应正常。

3.15.2.2 检测方法

(1) 查看外观和标志牌。

(2) 控制室远程手动启动风机，查看其运行及信号反馈情况。

3.15.3 送风阀（口）

3.15.3.1 检测技术要求

(1) 阀体安装应牢固，无锈蚀及机械损伤。

(2) 送风阀（口）应能手动和自动开启，并可手动复位；开启与复位操作应灵活、可靠，关闭应严密，反馈信号应正确。

3.15.3.2 检测方法

(1) 查看外观。

(2) 手动、电动开启送风阀（口），手动复位送风阀（口），查看动作和信号反馈情况。

3.15.4 可开启外窗

3.15.4.1 检测技术要求

(1) 外观应完好，组件应齐全。

(2) 可开启外窗开启应灵活、可靠。

(3) 设置手动开启装置时，手动开启装置能灵活、可靠地开启相应的外窗。

3.15.4.2 检测方法

(1) 查看外观。

(2) 手动开启外窗，查看其动作情况。

(3) 操作手动开启装置，查看相应外窗的开启情况。

3.15.5 控制柜

3.15.5.1 检测技术要求

(1) 柜体上应有注明系统名称和编号的清晰标志，且文字标注正确。

(2) 仪表、指示灯显示应正常，开关及控制按钮应灵活、可靠。

(3) 应具备手动、自动切换功能且能可靠切换。

3.15.5.2 检测方法

(1) 查看标志、仪表、指示灯、开关和控制按钮。

(2) 通过按钮启、停每台风机,查看其仪表及指示灯显示情况。

(3) 查看手动、自动转换功能。

3.15.6 系统功能

3.15.6.1 检测技术要求

(1) 应能自动和手动启动相应区域的送风阀(口)、送风机,并能向火灾报警控制器正确反馈信号;任一送风阀(口)开启后应能联动送风机启动。

(2) 防烟楼梯间的余压值应为 40～50 Pa,前室、合用前室、封闭避难层(间)的余压值应为 25～30 Pa;疏散门门洞的断面风速应符合设计要求。

3.15.6.2 检测方法

(1) 将消防联动控制设备和风机控制柜设置在自动控制方式下,按照预定逻辑关系触发火灾报警器件,查看相应送风阀(口)、送风机的动作和信号反馈情况。手动启动任一送风阀(口),查看送风机的动作情况。

(2) 选取送风系统末端所对应的送风最不利的三个连续楼层,模拟起火层及其上、下层,封闭的避难层(间)仅需选择本层,测量防烟楼梯间、封闭的避难层(间)、前室或合用前室的余压和疏散门门洞的断面风速。

3.16 排烟系统

3.16.1 设置要求

(1) 除不适合设置排烟设施的场所、火灾发展缓慢的场所可不设置排烟设施外,工业与民用建筑的下列场所或部位应采取排烟等烟气控制措施。

① 建筑面积大于 300 m²,且经常有人停留或可燃物较多的地上丙类生产场所,丙类厂房内建筑面积大于 300 m²,且经常有人停留或可燃物较多的地上房间。

② 建筑面积大于 100 m² 的地下或半地下丙类生产场所。

③ 除高温生产工艺的丁类厂房外,其他建筑面积大于 5 000 m² 的地上丁类生产场所。

④ 建筑面积大于 1 000 m² 的地下或半地下丁类生产场所。

⑤ 建筑面积大于 300 m² 的地上丙类库房。

⑥ 设置在地下或半地下、地上第四层及以上楼层的歌舞娱乐放映游艺场所,设置在其他楼层且房间总建筑面积大于 100 m² 的歌舞娱乐放映游艺场所。

⑦ 公共建筑内建筑面积大于 100 m² 且经常有人停留的房间。

⑧ 公共建筑内建筑面积大于 300 m² 且可燃物较多的房间。

⑨ 中庭。

⑩ 建筑高度大于 32 m 的厂房或仓库内长度大于 20 m 的疏散走道,其他厂房或仓库内长度大于 40 m 的疏散走道,民用建筑内长度大于 20 m 的疏散走道。

(2) 除敞开式汽车库、地下一层中建筑面积小于 1 000 m² 的汽车库、地下一层中建筑面积小于 1 000 m² 的修车库可不设置排烟设施外,其他汽车库、修车库应设置排烟设施。

(3) 通行机动车的一、二、三类城市交通隧道内应设置排烟设施。

(4) 建筑中下列经常有人停留或可燃物较多且无可开启外窗的房间或区域应设置排烟设施。

① 建筑面积大于 50 m² 的房间;

② 房间的建筑面积不大于 50 m²,总建筑面积大于 200 m² 的区域。

3.16.2 风机

3.16.2.1 检测技术要求

(1) 风机的铭牌应清晰,技术指标应符合设计要求;风机上应有注明系统名称和编号的标志,新风入口的防护网应完好。

(2) 风机启、停应正常,运转平稳,叶轮旋转方向正确,无异常振动与声响,反馈信号应正常。

3.16.2.2 检测方法

(1) 查看外观和标志牌。

(2) 控制室远程手动启动风机,查看其运行及信号反馈情况。

3.16.3 排烟阀、排烟防火阀

3.16.3.1 检测技术要求

(1) 阀体安装应牢固,无锈蚀及机械损伤。

(2) 排烟阀、排烟防火阀应能手动和自动开启,并可手动复位;开启与复位操作应灵活、可靠,关闭应严密,反馈信号应正确。

3.16.3.2 检测方法

(1) 查看外观。

(2) 手动、电动开启排烟阀、排烟防火阀,手动复位排烟阀、排烟防火阀,查看动作和信号反馈情况。

3.16.4 自然排烟窗(口)

3.16.4.1 检测技术要求

(1) 外观应完好,组件应齐全。

(2) 排烟窗(口)的开启应灵活、可靠,开启方向应正确。

(3) 设置手动开启装置时,手动开启装置应能灵活、可靠地开启相应的排烟窗(口)。

3.16.4.2 检测方法

(1) 查看外观。

(2) 手动开启排烟窗(口),查看其开启情况。

(3) 操作手动开启装置,查看相应排烟窗口的动作情况。

3.16.5 挡烟垂壁

3.16.5.1 检测技术要求

(1) 挡烟垂壁的安装位置与下垂高度应符合设计要求。

(2) 活动挡烟垂壁的自动启动和现场手动启动功能应正常,当火灾确认后,火灾自动报警系统应在 15 s 内联动相应防烟分区的全部活动挡烟垂壁,60 s 以内挡烟垂壁应开启到位。

3.16.5.2 检测方法

(1) 查看挡烟垂壁的安装位置,测量其下垂高度。

(2) 分别触发两个相关的感烟火灾探测器,查看活动挡烟垂壁的动作情况及其信号反馈情况;利用现场手动启动装置启动挡烟垂壁,查看活动挡烟垂壁的动作情况及信号反馈情况,记录挡烟垂壁动作时间。

3.16.6 控制柜

3.16.6.1 技术要求

(1) 柜体上应有注明系统名称和编号的清晰标志,且文字标注正确。

(2) 仪表、指示灯显示应正常,开关及控制按钮应灵活、可靠。

(3) 应具备手动、自动切换功能且能可靠切换。

3.16.6.2 检测方法

(1) 查看标志、仪表、指示灯、开关和控制按钮。

(2) 通过按钮启、停每台风机,查看其仪表及指示灯显示情况。

(3) 查看手动、自动转换功能。

3.16.7 系统功能

3.16.7.1 检测技术要求

(1) 应能自动和手动启动相应区域的排烟阀（口）、排烟风机，并能向火灾报警控制器正确反馈信号。设置补风的系统，应能在启动排烟风机的同时启动补风机。任一排烟阀（口）开启后，应能联动排烟风机启动。排烟防火阀关闭时应能连锁关闭相应的排烟风机。

(2) 排烟口的风速及排烟量应符合设计要求；当设置补风系统时，补风口的风速及补风量应符合设计要求。

(3) 当通风与排烟合用风机时，应能自动切换到排烟运行状态。

(4) 自动排烟窗系统，应具有手动和自动开启功能，且应能灵活、可靠地打开和关闭。

3.16.7.2 检测方法

(1) 将消防联动控制设备和风机控制柜设置在自动控制方式下，按照预定逻辑关系触发火灾报警器件，查看相应排烟阀、活动挡烟垂壁、排烟风机、补风机的动作和信号反馈情况；通风与排烟合用系统，同时查看风机运行状态的转换情况；手动启动任一排烟阀，查看相应排烟风机的动作情况；手动关闭排烟防火阀，查看相应排烟风机的动作情况。

(2) 系统达到正常的排烟工况后，采用风速仪，按下列方法测量排烟风口或补风口的风速。

① 小截面风口（风口面积小于 $0.3\ m^2$），可采用 5 个测点，见图 1。

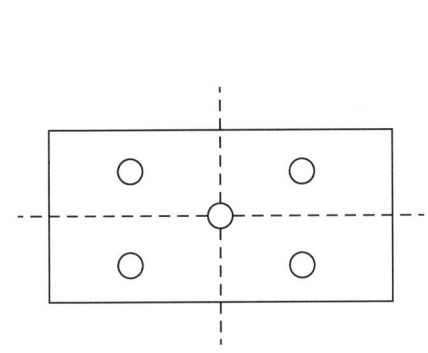

图 1　小截面风口测点布置

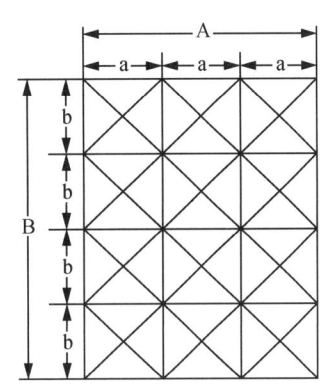

图 2　矩形风口测点布置

② 当风口面积大于 $0.3\ m^2$ 时，对于矩形风口，见图 2，按风口断面的大小划分成若干个面积相等的矩形，测点布置在图 2 中每个小矩形的中心，小矩形每边的长度为 200 mm 左右；对于条形风口，见图 3，在高度方向上至少安排两个测点，沿其长度方向上可取 4～6 个测点；对于圆形风口，见图 4，并至少取 5 个测点，测点间距≤200 mm。

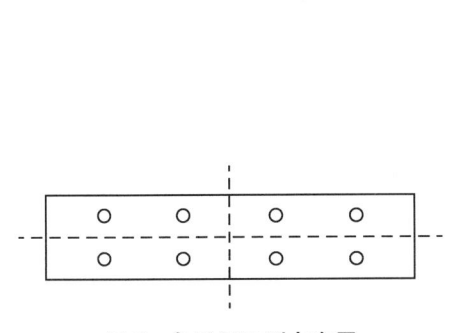

图 3　条形风口测点布置

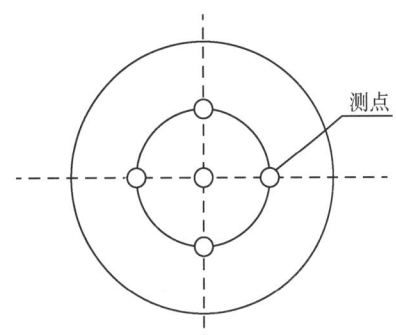

图 4　圆形风口测点布置

③ 若风口气流偏斜时，可临时安装一截长度为 0.5～1.0 m，断面尺寸与风口相同的短管进行测定。

(3) 按公式(1)计算排烟风口或补风口的平均风速：

$$V_p = (V_1 + V_2 + V_3 + \cdots + V_n)/n \tag{1}$$

式中 V_p——风口平均风速,单位为米每秒(m/s);
$V_1,V_2,V_3,\cdots,V_n$——各测点风速,单位为米每秒(m/s);
n——测点总数。

(4) 按公式(2)计算排烟量或补风量:

$$L = 3600V_p \cdot F \tag{2}$$

式中 L——排烟量或补风量,单位为立方米每小时(m³/h);
V_p——排烟口或补风口的平均风速,单位为米每秒(m/s);
F——排烟口或补风口的有效面积,单位为平方米(m²)。

(5) 将消防联动控制设备设置在自动控制方式下,按照预定逻辑关系触发火灾报警器件,查看相应区域自动排烟窗的动作情况及其反馈信号。手动开启排烟窗,查看相应区域排烟窗的动作情况。

3.17 防火分隔设施

3.17.1 防火门

3.17.1.1 设置要求

(1) 下列部位的门应为甲级防火门。
① 设置在防火墙上的门、疏散走道在防火分区处设置的门。
② 设置在耐火极限要求不低于3.00 h的防火隔墙上的门。
③ 电梯间、疏散楼梯间与汽车库连通的门。
④ 室内开向避难走道前室的门、避难间的疏散门。
⑤ 多层乙类仓库和地下、半地下及多、高层丙类仓库中从库房通向疏散走道或疏散楼梯间的门。

(2) 除建筑直通室外和屋面的门可采用普通门外,下列部位的门的耐火性能不应低于乙级防火门的要求,且其中建筑高度大于100 m的建筑相应部位的门应为甲级防火门。
① 甲、乙类厂房,多层丙类厂房,人员密集的公共建筑和其他高层工业与民用建筑中封闭楼梯间的门。
② 防烟楼梯间及其前室的门;消防电梯前室或合用前室的门。
③ 前室开向避难走道的门。
④ 地下、半地下及多、高层丁类仓库中从库房通向疏散走道或疏散楼梯的门。
⑤ 歌舞娱乐放映游艺场所中的房间疏散门。
⑥ 从室内通向室外疏散楼梯的疏散门。
⑦ 设置在耐火极限要求不低于2.00 h的防火隔墙上的门。

(3) 电气竖井、管道井、排烟道、排气道及垃圾道等竖井井壁上的检查门,应符合下列规定。
① 对于埋深大于10 m的地下建筑或地下工程,应为甲级防火门。
② 对于建筑高度大于100 m的建筑,应为甲级防火门。
③ 对于层间无防火分隔的竖井和住宅建筑的合用前室,门的耐火性能不应低于乙级防火门的要求。
④ 对于其他建筑,门的耐火性能不应低于丙级防火门的要求,当竖井在楼层处无水平防火分隔时,门的耐火性能不应低于乙级防火门的要求。

3.17.1.2 检测技术要求

(1) 组件应齐全、完好,开关应灵活,关闭应严密。
(2) 常闭式防火门开启后应能自动闭合,双扇和多扇防火门应能按顺序关闭;防火门关闭后应能从内、外两侧手动开启。
(3) 在接收到火灾报警信号后,电动常开防火门应能自动关闭并反馈信号。

(4) 设置在疏散通道上并具有门禁控制要求的防火门,应能自动和手动解除门禁。

3.17.1.3 检测方法

(1) 查看组件是否齐全;开、关防火门,检查开关是否灵活,查看关闭效果。

(2) 开启常闭防火门,查看自动闭合功能,查看双扇门和多扇门的关闭顺序,防火门关闭后,分别从内、外两侧开启。

(3) 分别触发两个相关报警触发装置,查看相应区域电动常开防火门的关闭效果及其信号反馈情况。

(4) 疏散通道上设置有出入口门禁控制装置的防火门,自动或远程手动输出控制信号,查看出入口门禁控制装置的解除情况及其信号反馈情况。

3.17.2 防火卷帘

3.17.2.1 基本功能和性能要求

防火卷帘一般用于防火墙、防火隔墙上尺寸较大且在正常使用情况下需保持敞开的开口。用于防火分隔的防火卷帘应符合下列规定。

(1) 应具有在火灾时不需要依靠电源等外部动力源而依靠自重自行关闭的功能。

(2) 耐火性能不应低于防火分隔部位的耐火性能要求。

(3) 应在关闭后具有烟密闭的性能。

(4) 在同一防火分隔区域的界限处采用多樘防火卷帘分隔时,应具有同步降落封闭开口的功能。

3.17.2.2 检测技术要求

(1) 组件应齐全、完好,紧固件应无松动现象。

(2) 现场手动、远程手动、自动控制和机械操作应正常,关闭应严密。

(3) 运行时应平稳顺畅、无卡涩现象。

(4) 防火卷帘接到火灾报警指令后,应能按程序下降至地面,并向火灾报警控制器正确反馈信号。

3.17.2.3 检测方法

(1) 查看卷帘及其电动机等部件的外观。

(2) 分别以机械操作、触发手动控制按钮、在消防控制室手动输出遥控信号和触发相关报警触发装置的方式操作卷帘升降,查看卷帘的运行情况及其信号反馈情况。

3.17.3 电动防火阀

3.17.3.1 设置要求

建筑内防排烟系统的风管和排烟管道、通风和空气调节系统的风管,在穿越防火墙、防火隔墙、防火分隔楼板处以及其他防火分隔部位处均需要设置防火阀等防火分隔措施,以确保防火分隔的有效性。

3.17.3.2 检测技术要求

(1) 应安装牢固,无锈蚀和机械损伤。

(2) 防火阀应能手动和自动开启,并可手动复位;开启与复位操作应灵活、可靠,关闭应严密,反馈信号应正确。

3.17.3.3 检测方法

(1) 查看防火阀的外观。

(2) 手动开启并复位。

(3) 分别触发两个相关火灾探测器,查看防火阀的动作情况及其信号反馈情况。

3.18 消防电梯

3.18.1 消防电梯设置要求

除城市综合管廊、交通隧道和室内无车道且无人员停留的机械式汽车库可不设置消防电梯外,下列建筑均应设置消防电梯,且每个防火分区可供使用的消防电梯不应少于1部。

① 建筑高度大于 33 m 的住宅建筑。
② 5 层及以上且建筑面积大于 3 000 m²(包括设置在其他建筑内第五层及以上楼层)的老年人照料设施。
③ 一类高层公共建筑,建筑高度大于 32 m 的二类高层公共建筑。
④ 建筑高度大于 32 m 的丙类高层厂房。
⑤ 建筑高度大于 32 m 的封闭或半封闭汽车库。
⑥ 除轨道交通工程外,埋深大于 10 m 且总建筑面积大于 3 000 m² 的地下或半地下建筑(室)。

3.18.2 消防电梯前室设置要求

除仓库连廊、冷库穿堂和筒仓工作塔内的消防电梯可不设置前室外,其他建筑内的消防电梯均应设置前室。消防电梯的前室应符合下列规定。
① 前室在首层应直通室外或经专用通道通向室外,该通道与相邻区域之间应采取防火分隔措施。
② 前室的使用面积不应小于 6.0 m²;前室的短边不应小于 2.4 m。
③ 与消防电梯前室合用的前室的使用面积,公共建筑、高层厂房、高层仓库、平时使用的人民防空工程及其他地下工程,不应小于 10.0 m²;住宅建筑,不应小于 6.0 m²;前室的短边不应小于 2.4 m。
④ 前室或合用前室应采用防火门和耐火极限不低于 2.00 h 的防火隔墙与其他部位分隔。除兼作消防电梯的货梯前室无法设置防火门的开口可采用防火卷帘分隔外,不应采用防火卷帘或防火玻璃墙等方式替代防火隔墙。

3.18.3 检测技术要求

(1) 设置在首层的消防电梯迫降按钮,应具有易碎透明保护罩;触发迫降按钮后,应能控制消防电梯下降至首层,此时其他楼层的控制按钮不能控制消防电梯停靠,只能在轿厢内控制。
(2) 轿厢内的专用对讲电话通话应正常、音质清晰。
(3) 电梯从首层至顶层的运行时间不宜大于 60 s。
(4) 联动控制的消防电梯,应能由消防控制设备手动和自动控制电梯回落至首层或转换层,并能接收反馈信号。
(5) 消防电梯的防水功能应正常。

3.18.4 检测方法

(1) 在首层触发电梯的迫降按钮,查看消防电梯的运行情况。
(2) 在电梯轿厢内用专用对讲电话通话,并控制轿厢的升降。
(3) 测试电梯从首层至顶层的运行时间。
(4) 具有联动功能的消防电梯,分别触发两个相关报警触发装置,查看电梯的动作情况和反馈信号;触发消防控制设备远程控制按钮,查看电梯的动作情况和反馈信号。
(5) 现场观察电梯的动力与控制电缆、电线、控制面板的防水措施,测量排水井容量,查看排水泵铭牌额定流量。

3.19 消防救援口

3.19.1 设置要求

(1) 除有特殊要求的建筑和甲类厂房可不设置消防救援口外,在建筑的外墙上应设置便于消防救援人员出入的消防救援口。消防救援口要结合楼层走道两侧或端部外墙上的开口及避难层或避难间以及救援场地,在外墙上选择合适的位置设置。
(2) 无外窗的建筑应每层设置消防救援口,有外窗的建筑应自第三层起每层设置消防救援口。消防救援口可以利用符合要求的外窗或门。
(3) 消防救援口应易于从室内和室外打开或破拆,采用玻璃窗时,应选用安全玻璃。

3.19.2 检测技术要求

(1) 消防救援口的净高和净宽均不应小于 1.0 m。

(2) 沿外墙的每个防火分区在对应消防救援操作面范围内设置的消防救援口不应少于2个。
(3) 消防救援口应设置可在室内和室外易于辨识的永久性明显标志。

3.19.3 检测方法
(1) 测量消防救援口的净高、净宽。
(2) 检查消防救援口的设置数量、设置位置。
(3) 检查消防救援口的标志。

4.3 消防安全评估作业指导书示例

消防安全评估作业指导书

一、范围

本文件规定了消防安全评估的内容、程序和方法。

本文件适用于本机构的消防安全评估业务。

二、评估小组组成人员及要求

2.1 消防安全项目评估组人员组成可以根据项目规模及需要确定,但不应少于2人。

2.2 消防安全项目评估项目负责人应由一级注册消防工程师担任,组员应根据需要配置不同的注册消防工程师或建筑消防设施操作员(四级)。

三、制订评估计划,落实评估日程

3.1 根据收集的资料,制订评估计划和方案,编制消防安全评估表。

3.2 提交需要现场审核的资料清单开展前期准备工作。

对单位消防安全管理评估的相关资料(如被评估建筑、场所取得的消防行政许可文件,单位消防安全责任制,多产权或使用建筑内单位与业主、物业之间签订的消防安全管理协议,单位消防安全组织构架,单位各类消防安全管理制度,防火巡查、检查记录,火灾隐患整改记录,消防控制室值班记录,消防设施维护保养记录,各类消防设施操作规程,消防应急预案及其演练记录,员工消防培训记录,单位易燃易爆危险品管理相关资料等),项目评估组应根据评估需要收集下列资料。

3.2.1 总平面图。

3.2.2 建筑平面图。

3.2.3 设施设备相关资料。

(1) 火灾自动报警系统技术资料;
(2) 自动喷水灭火系统技术资料;
(3) 室内消火栓系统技术资料;
(4) 室外消火栓系统技术资料;
(5) 气体灭火系统技术资料;
(6) 泡沫灭火系统技术资料;
(7) 其他灭火系统技术资料;
(8) 防排烟系统(设施)技术资料;
(9) 消防水幕、防火卷帘、防火门、防火窗和防火阀等防火分隔设施技术资料;
(10) 灭火器技术资料;
(11) 疏散指示标志技术资料;

(12) 应急照明技术资料;
(13) 其他有关技术资料。

3.2.4 判定评估对象火灾危险性的相关资料(如:厂房、车间的主要工艺流程,原料、产品及其中间体的主要理化性能资料)。

3.2.5 列出消防管理评估单元所需要的行政文件、规章制度和工作记录档案等文件目录清单供委托方准备。

3.2.6 建筑的消防行政许可。

3.2.7 消防安全责任制。

3.2.8 消防安全制度及操作规程(包括各项制度、规程的制订及落实)。
(1) 消防安全责任制;
(2) 消防安全教育、培训制度;
(3) 防火巡查、检查制度;
(4) 安全疏散设施管理制度;
(5) 消防设施器材维护管理制度;
(6) 消防(控制室)值班制度;
(7) 火灾隐患整改制度;
(8) 用火、用电安全管理制度;
(9) 灭火和应急疏散预案演练制度;
(10) 易燃易爆危险物品和场所防火防爆管理制度;
(11) 专职(志愿)消防队的组织管理制度;
(12) 燃气和电气设备的检查和管理(包括防雷、防静电)制度;
(13) 消防安全工作考评和奖惩制度;
(14) 其他消防安全制度。

3.2.9 消防控制室管理。

3.2.10 员工专业培训及持证上岗。

3.2.11 消防安全教育培训和宣传。

3.2.12 防火巡查、检查。

3.2.13 火灾情况及火灾隐患整改。

3.2.14 消防安全重点部位管理。

3.2.15 消防设施、安全疏散设施的维护管理。

3.2.16 用火、用电、燃气(油)安全管理。

3.2.17 易燃易爆危险品安全管理。

3.2.18 消防安全工作考评和奖惩。

3.2.19 消防档案(包括是否齐全及管理)。

3.2.20 单位内部施工现场管理。

3.2.21 火灾处置能力及条件包括微型消防站建设与管理、微型消防站人员培训及演练,灭火和应急疏散预案的编制及演练。

四、消防安全评估实施

4.1 组织评估例会。介绍评估的目的、评估的程序、各评估单元负责人、评估时间安排、委托单位需要配合的事项,了解委托单位消防安全重点关注事项。

4.2 抽查测试消防设施。抽查测试应能检验消防设施和器材的主要功能是否达到国家消防技术标准要求,抽查数量不应低于本标准规定,评估报告中应详细记录抽查消防设施名称、抽查部位和抽查结果。

4.2.1 消防水泵的性能测试或者启动测试(全数检查);如未安装性能测试设施,应建议安装。

4.2.2 自动喷水系统的末端放水测试(地下、标准层、最高层分别抽一个防火分区)。

4.2.3 消防控制阀门检查-包括目视检查和全开全关操作检查(10%)。

4.2.4 消防报警系统检查(主机全查,末端10%)。

4.2.5 防火门、防火卷帘检查(10%不少于2个防火分区)。

4.2.6 排烟风机检查(10%不少于2个防烟分区)。

4.2.7 其他自动灭火系统检查(主机全数检查,末端10%)。

4.2.8 灭火器检查(不少于2个防火分区)。

4.2.9 室内外消火栓放水检查(室外全数检查、室内每个供水分区不少于1个)。

4.3 现场检查。建筑单元的消防安全检查包括但不限于建筑周边环境、地下层、首层、标准层、顶层和屋面等部位的检查,评估报告应详细记录检查部位和检查发现的问题。

4.4 消防安全管理文件和记录审核。包括但不限于3.2.8条所列的消防安全制度及操作规程,灭火和应急疏散预案及其演练记录,防火巡查、检查记录,消防设施维护保养和年度检测记录,消防中断程序和详细记录,火源的控制(动火许可证制度,吸烟的管理,电气防火措施),消防变更管理程序和记录等。

4.5 校核现场消防设施是否符合原消防设计文件或现行消防技术标准要求。应重点核查项目改建、扩建、室内装修、使用性质变更和危险源变更造成的及原消防设计不符的情况。

4.6 员工消防知识测试和技能考核,对员工总人数的5%~10%且不少于10人进行消防知识考试和灭火器、消火栓使用技能考核。

4.7 评估反馈。总结所有的整改项,并将初步整改方案提交委托单位。对能够当场改正或短期内改正的整改项,协助单位落实整改;对一时难以整改的事项,提出整改建议,协助制订整改方案。

4.8 提交评估报告。复查委托单位整改情况,根据国家消防法律、法规以及本标准撰写评估报告,评估反馈后15个工作日内应将评估报告交付委托单位;对于特殊类型或情况复杂的建筑,评估单位可以在委托合同规定的时间内将评估报告交付委托单位。

五、建筑消防安全评估

5.1 建筑消防合法性

5.1.1 检查内容如下:

(1)依法需要进行消防验收的建筑物或场所经消防验收合格的文件。

(2)依法进行竣工验收消防备案的建筑物或场所,竣工验收消防备案手续或经抽查合格的文件。

(3)公众聚集场所投入使用营业消防安全检查法律文件。

5.1.2 检查方法如下:

检查建设工程消防验收文书或备案凭证、公众聚集场所投入使用营业消防安全检查法律文书。

5.2 建筑使用情况

5.2.1 检查内容如下。

(1)建筑物或场所的使用功能、用途,应与消防验收、竣工验收消防备案、消防安全检查时确定的用途一致。

(2)建筑物或场所改建、扩建、变更用途和装修,应依法履行消防安全管理手续。

(3)对建筑物或场所使用情况进行现场核查时,对以下情形进行重点检查:

① 采用金属夹芯板材的建筑;

② 住宅改为群租房或小型旅馆;

③ 原设计为标准厂房,现使用功能已更改;

④ 生产、储存、经营易燃易爆危险品的建筑内设置居住场所；
⑤ 厂房、仓库建筑内设置员工宿舍。

5.2.2 检查方法如下：
(1) 查看消防设计文件、消防安全检查情况，核对与原设计的一致性。
(2) 对照建筑、场所使用情况，查看使用功能是否改变。
(3) 发现有改变用途或违反消防安全规定的地方可通过照相、录像记录相关资料。

5.3 总平面布局

5.3.1 一般规定。
依据建筑防火设计要求，对建筑的防火间距、消防车道、消防救援场地和直升机停机坪等进行逐项检查。

5.3.2 防火间距。

5.3.2.1 检查内容如下：
(1) 与相邻建筑的间距。
(2) U形或山形等建筑两翼之间的距离。
(3) 加油加气站，石油化工工程，石油天然气工程，石油库，易燃易爆化学物品专用码头等特殊建筑物，与周围居住区、公共设施、厂矿企业的距离，以及其场区内部建筑物、设施相互之间的距离。

5.3.2.2 检查方法如下：
(1) 现场检查，用测距仪器进行测量。
(2) 核对施工图纸，查看有无擅自搭建的临时建筑占用防火间距。
(3) 储罐、堆场、架空电力线路等的防火间距按相应规范的规定进行检查测量。

5.3.3 消防车道。

5.3.3.1 检查内容如下：
(1) 建筑物消防车道设置情况。
(2) 高层建筑沿建筑的一个长边设置的消防车道，该长边所在建筑立面应设置消防车登高操作场地和消防救援窗口。
(3) 工厂、仓库区及可燃液体储罐区、可燃气体储罐区、可燃材料堆场设置的消防车道。
(4) 供消防车取水的天然水源和消防水池设置消防车道及取水口。
(5) 消防车道的设置满足消防车通行的情况。

5.3.3.2 检查方法如下：
(1) 现场检查环形消防车道是否有两处与市政道路连通。
(2) 测量尽头式消防车道回车场的尺寸。
(3) 测量消防车道的净宽度、净空高度和转弯半径。
(4) 测量消防车道与建筑之间的距离，检查是否有妨碍消防车作业的树木、电力设施、架空管线和广告牌等障碍物。
(5) 对消防车取水口进行观察和测量。

5.3.4 消防救援场地。

5.3.4.1 检查内容如下：
(1) 高层建筑消防车登高操作场地的布置形式。
(2) 消防车登高操作场地范围内是否设置影响登高车停靠，作业的地下车库出入口、人防工程出入口等设施和障碍物。

5.3.4.2 检查方法如下：
(1) 检查消防车登高操作场地的布置形式、设置位置，有无影响登高车停靠、作业的设施或者障碍物。

(2) 测量消防车登高操作场地的尺寸,操作场地之间的间距以及场地与建筑之间的间距。

5.3.5 直升机停机坪。

5.3.5.1 检查内容如下：

(1) 直升机停机坪与屋顶设备用房的间距。

(2) 建筑通向停机坪的出口数量。

(3) 直升机停机坪的照明、消防设施。

5.3.5.2 检查方法如下：

(1) 现场检查和测量停机坪的间距与出口数量。

(2) 对停机坪的出入口、航空障碍灯、消火栓等设施进行逐个检查。

5.4 平面布置

5.4.1 一般规定。

5.4.1.1 依据建筑防火设计要求,对单体建筑的防火分区及分区内的防火分隔单元、防烟分区进行逐一检查。

5.4.1.2 依据建筑防火设计要求,对有顶棚的步行街、歌舞娱乐放映游艺场所、儿童活动场所、老年人照料设施、员工宿舍、车间办公室及中间仓库等不同功能场所的布置进行逐一检查。

5.4.1.3 依据建筑防火设计要求,对建筑内的消防控制室、消防水泵房、灭火设备室、防排烟机房、变配电室、锅炉房、发电机房、通风机房、储油间及瓶组间等重点部位的设置进行逐一检查。

5.4.2 防火防烟分区。

5.4.2.1 检查内容如下：

(1) 防火分区、防烟分区面积。

(2) 防火门、防火卷帘、防火分隔水幕等防火分区开口部位的分隔措施的完整性、有效性。

(3) 核查擅自变更防火分区的情况,变更后的防火分区是否符合规范要求。

(4) 挡烟垂壁的设置情况。

5.4.2.2 检查方法如下：

(1) 对照设计图纸和消防验收文件,现场检查是否存在变更防火分区现象。

(2) 对每个防火、防烟分区进行检查,重点检查防火分隔措施及挡烟垂壁设置是否符合规定,对采用防火卷帘进行分隔的,要测量防火卷帘长度,检查防火卷帘上部与建筑构件之间的封堵情况;防火分区跨越楼层的,要检查每个楼层。

(3) 检查建筑中庭防火分隔措施,仅作为人员通行使用的中庭内是否设置有可燃物及游乐设施、经营性展位等使用功能场所。

(4) 对有顶棚的步行街逐个检查每家商铺,查看步行街与其他使用功能场所的防火分隔是否符合要求。

5.4.3 建筑功能场所的设置。

5.4.3.1 检查内容如下：

(1) 有顶棚的步行街。

(2) 歌舞娱乐放映游艺场所,托儿所、幼儿园,儿童活动场所,老年人照料设施等。

(3) 厂房内员工宿舍、办公室,以及中间仓库等甲、乙类火灾危险性场所的设置、平面布置位置和分隔措施。

(4) 仓库内员工宿舍、办公室和休息室的布置位置和分隔措施。

(5) 商场内有明火的食品加工厨房。

5.4.3.2 检查方法如下：

(1) 对照设计文件,查看是否存在变更功能场所设置现象,观察商场内是否增设KTV、餐饮、游艺、儿童游乐及各种培训班等功能场所。

(2) 对建筑内设置的功能场所逐一进行现场检查,对场所的设置位置、与其他场所的防火分隔措施、安全出口的设置和内部装修等消防要素逐一进行检查。

(3) 检查有顶棚的步行街两侧的商铺,查看商铺之间的隔墙耐火极限、核实商铺面积及在步行街首层直通室外的安全出口。

5.4.4　消防控制室。

5.4.4.1　检查内容如下:

(1) 单独建造的消防控制室的耐火等级。

(2) 附设在建筑内的消防控制室的设置位置。

(3) 消防控制室的送、回风管,在其穿墙处应设防火阀。

(4) 疏散门的设置情况。

5.4.4.2　检查方法如下:

(1) 通过观察、敲击等方法检查消防控制室的防火隔墙和楼板与其他部位分隔的情况。

(2) 检查疏散门是否能直通室外或安全出口。

(3) 检查进出消防控制室的风管、管孔、线槽等开口部位的防火封堵措施是否完好。

(4) 检查消防控制室入口处是否设置明显的标志,检查消防控制室的门是否是乙级防火门。

5.4.5　消防水泵房。

5.4.5.1　检查内容如下:

(1) 单独建造的消防水泵房的耐火等级。

(2) 附设在建筑内的消防水泵房设置楼层及室内地面与室外出入口地坪高差。

(3) 消防水泵房的疏散门设置情况。

(4) 消防水泵房设置防止水淹的措施。

(5) 消防水泵房通风设施和防火封堵情况。

5.4.5.2　检查方法如下:

(1) 通过观察等方法检查消防水泵房的防火隔墙和楼板与其他部位的分隔情况。

(2) 消防水泵房疏散门是否能直通室外或安全出口,进入泵房是否穿越其他房间,开向疏散走道的门是否采用甲级防火门。

(3) 查看消防水泵房入口处挡水设施是否完好。

(4) 检查进出消防水泵房的管孔、线槽等开口部位的防火封堵措施是否完好。

(5) 实地观察消防水泵房是否有充足的光线和良好的通风条件;设置在地上或地下、半地下室无外窗的消防水泵房,应对机械通风系统进行通风量测试。

(6) 检查消防泵房内排水设施或排水沟排水是否能够正常排水;设置在地下、半地下的泵房是否有集水坑及污水泵,并经常进行清理。

5.4.6　燃油或燃气锅炉房。

5.4.6.1　检查内容如下:

(1) 燃油或燃气锅炉等设置在建筑外的专用房间的耐火等级。

(2) 贴邻民用建筑布置的锅炉房,所贴邻的建筑的防火分隔情况,及贴邻部位的使用功能是否为人员密集场所。

(3) 布置在民用建筑内时,相邻部位的使用功能是否为人员密集的场所。

(4) 采用液化石油气作为燃料的锅炉房不得设置在地下或半地下。

(5) 储油间的储量、设置位置及分隔情况。

(6)是否设置火灾报警装置和相适应的灭火设施。

5.4.6.2 检查方法如下:

(1)检查燃油或燃气锅炉房设置的位置和设施,查看部位是否符合要求。

(2)查看锅炉房的疏散门是否是直通室外或安全出口。

(3)观察锅炉房等与其他部位之间的防火隔墙和楼板的防火分隔情况;检查隔墙和楼板上是否开设有洞口及是否采用甲级防火门、窗。

(4)检查锅炉房内设置的储油间的防火分隔情况;检查其储油量是否符合要求。

5.4.7 柴油发电机房。

5.4.7.1 检查内容如下:

(1)柴油发电机房的设置楼层位置。

(2)柴油发电机房毗邻部位的使用功能。

(3)柴油发电机房设置火灾报警装置和相适应的灭火设施。

5.4.7.2 检查方法如下:

(1)观察发电机房布置、设施是否符合要求,机房、储油间等分隔设施是否发生过改变。

(2)检查机房的防火隔墙和楼板与其他部位分隔及门是否是采用甲级防火门。

(3)检查机房内储油间的防火隔墙与发电机间分隔情况,核查储油间储油量。

5.4.8 变配电室、瓶组间等其他重点部位。

5.4.8.1 检查内容如下:

(1)房间的设置位置。

(2)与其他使用功能场所的防火分隔情况。

(3)相应的灭火设施设置情况。

5.4.8.2 检查方法如下:

(1)逐一现场检查建筑内设置的变配电室、瓶组间等其他重点部位的设置位置。

(2)采用观察、敲击等检查方法核查变配电室、瓶组间等其他重点部位的防火隔墙和楼板构造材料及做法。

(3)检查变配电室、瓶组间等其他重点部位火灾探测及灭火设施设置情况。

5.5 安全疏散和消防电梯

5.5.1 一般规定。

安全疏散的消防安全评估包括对安全出口、疏散走道、室内外疏散楼梯、房间疏散门、避难层(间)、避难走道、下沉式广场和消防电梯井及前室等设施的检查,还包括对建筑使用人数是否符合防火规范和设计要求的检查。

5.5.2 安全出口。

5.5.2.1 检查内容如下:

(1)检查安全出口的设置位置、数量、宽度和出口之间的距离。

(2)检查安全出口疏散门设置形式、开启方向、逃生门锁装置。

5.5.2.2 检查方法如下:

(1)查阅消防设计文件、建筑平面图、剖面图,根据检查场所或建筑的使用功能确定疏散人数和疏散宽度指标,核算该场所或建筑每层、每个防火分区需要的安全出口宽度和数量;根据计算结果开展现场检查,实地查看安全出口的数量。

(2)现场逐个检查,安全出口位置,出口之间的距离与疏散走道、疏散楼梯的宽度之间是否互相匹配。

5.5.3 疏散门。

5.5.3.1 检查内容如下:

(1) 疏散门的数量、门之间的间距、开启方向和畅通性等符合防火规范的要求。
(2) 检查疏散门的形式和有效宽度。

5.5.3.2 检查方法如下：

(1) 查阅消防设计文件、建筑平面图，核实建筑层数、高度、使用功能等，一般场所或房间根据使用功能、建筑面积确定疏散门设置数量；对于剧场、电影院和礼堂的观众厅或多功能厅、体育馆的观众厅等特殊场所，还需要根据每个疏散门的平均最多疏散人数进一步校核疏散门的数量。
(2) 现场逐个检查，疏散门的形式、宽度、门之间的间距是否符合防火规范要求。

5.5.4 疏散距离。

5.5.4.1 检查内容如下：

(1) 观众厅、多功能厅、营业厅等敞开空间的疏散距离。
(2) 其他房间内任一点至直通疏散走道的疏散门之间的距离。
(3) 直通疏散走道的房间疏散门到最近安全出口之间的距离。

5.5.4.2 检查方法如下：

(1) 对观众厅、多功能厅、营业厅等使用人数较多的房间的疏散距离进行逐一检查。
(2) 对照消防设计文件、建筑平面图，测量房间至疏散门、疏散门至安全出口的距离。

5.5.5 疏散楼梯。

5.5.5.1 检查内容如下：

(1) 疏散楼梯的设置形式、位置、数量情况。
(2) 楼梯构造及防火分隔构件。
(3) 管道穿越情况及装修材料等情况。

5.5.5.2 检查方法如下：

(1) 查阅消防设计文件、建筑平面图，查看疏散楼梯的设置形式、设置位置有无改变，改变后是否符合防火要求。
(2) 逐一检查各疏散楼梯，查看楼梯数量是否满足要求，是否被封堵、占用及存放杂物。
(3) 观察管道穿越是否符合防火规范要求。
(4) 查看有无可燃材料装修。

5.5.6 疏散走道。

5.5.6.1 检查内容如下：

(1) 疏散走道的设置形式、围护结构完整性。
(2) 走道宽度、长度及走道畅通性等情况。

5.5.6.2 检查方法如下：

(1) 查阅消防设计文件、建筑平面图，核实走道的设置形式有无改动，不同部位疏散走道是否满足疏散的要求。
(2) 根据建筑类别、房间布置情况，实际测量走道宽度、长度。
(3) 检查走道是否被占用、封堵、堆放杂物或改为他用。

5.5.7 避难层(间)、避难走道、下沉式广场。

5.5.7.1 检查内容如下：

(1) 避难层(间)设置的楼层高度、间距、数量、可供避难的净面积、疏散楼梯、外窗和消防设施的设置等情况。
(2) 避难走道设置位置、设置形式、防烟前室、直通地面的出口数量、走道净宽、装修材料及消防设施设置等情况。
(3) 下沉式广场的敞开空间净面积、开口间距、疏散楼梯和防风雨棚等情况。

5.5.7.2 检查方法如下：

(1) 查阅消防设计文件、建筑平面图、剖面图，了解避难层(间)设置楼层，对每个避难层(间)的形式、前室、出口数量、间距、分隔设施、装修材料、外窗位置及面积、消防设施逐一进行现场检查和测量。

(2) 实测和计算可供避难的使用面积。

(3) 实地检查避难走道、下沉式广场设置位置，观察是否满足避难疏散的要求。

5.5.8 消防电梯井及前室。

5.5.8.1 检查内容如下：

(1) 首层的消防电梯前室或扩大前室至室外出口的距离。

(2) 消防电梯每层停靠情况。

(3) 轿厢内装修材料。

(4) 消防电梯井、机房与相邻电梯井、机房的防火分隔情况。

5.5.8.2 检查方法如下：

(1) 逐一检查，对每层电梯前室进行检查。

(2) 实际测量首层的消防电梯前室门至室外出口的距离。

(3) 检查每层电梯前室是否被占用或改为他用，前室是否设置卷帘，前室内是否有其他门、窗、洞口。

(4) 查看电梯内装修材料是否为不燃材料。

5.6 建筑内部装修

5.6.1 检查内容如下：

(1) 建筑内部装修部位及材料的燃烧性能。

(2) 建筑内部装修遮挡消防设施的情况。

(3) 建筑内部装修影响安全出口、疏散门和疏散走道的情况。

5.6.2 检查方法如下：

(1) 查阅消防设计文件和建筑内部装修平面图、装修记录，核对顶棚、墙面、地面等重点装修部位使用的材料的燃烧性能。

(2) 检查照明灯具的高温部位，靠近难燃或可燃材料时，是否采取隔热、散热等防火保护措施。

(3) 逐一对地上建筑的水平疏散走道和安全出口的门厅，其顶棚装饰材料是否采用燃烧性能等级为A级的装修材料进行检查。

(4) 检查地下商场、地下展览厅的售货柜台、固定货架、展览台等，是否采用A级装修材料检查。

(5) 现场核查建筑装修是否妨碍消防设施的使用；消火栓门四周的装修材料颜色与消火栓门的颜色是否有明显区别。

(6) 现场核查建筑装修是否妨碍疏散设施的使用。

5.7 防火构造

5.7.1 防火墙和防火隔墙。

5.7.1.1 检查内容如下：

(1) 防火墙、房间隔墙和疏散走道两侧的隔墙等防火隔墙的做法。

(2) 防火墙、房间隔墙和疏散走道两侧的隔墙等防火隔墙的完全分隔情况。

(3) 防火墙、防火隔墙的管道穿越等开口部位的防火封堵情况。

5.7.1.2 检查方法如下：

(1) 查阅图纸，现场采用观察、敲击等方法核实防火墙、房间隔墙和疏散走道两侧的隔墙等防火隔墙所用材料、厚度，以及是否从楼地面基层隔断砌至顶板底面基层。

(2) 现场核实各种管道、风道穿越防火墙、防火隔墙的封堵措施。

5.7.2 建筑竖井。
5.7.2.1 检查内容如下：
(1) 电梯井设置情况。
(2) 电缆井、管道井、排烟道、排气道和垃圾道等竖向井道的设置情况。
(3) 电缆井、管道井在每层楼板处的防火封堵情况。
(4) 管道井的检查门的设置情况。
5.7.2.2 检查方法如下：
(1) 检查电梯井是否敷设与电梯无关的电缆、电线等。
(2) 检查电梯井、机房与相邻消防电梯井、机房之间的防火隔墙做法及是否有开口。
(3) 逐一检查电缆井、管道井等竖向井道在每层楼板处的封堵情况，检查门是否采用丙级防火门。
(4) 逐一检查电缆井、管道井与房间、走道等相连通的孔洞是否进行封堵。
5.7.3 防火门窗、防火卷帘。
5.7.3.1 检查内容如下：
(1) 防火门窗、防火卷帘的设置位置、耐火性能等情况。
(2) 防火门窗、防火卷帘的开闭状态。
5.7.3.2 检查方法如下：
(1) 查看图纸、现场核实，查看防火门窗、防火卷帘产品与消防设计文件的一致性。
(2) 逐一检查防火门窗、防火卷帘的开闭状态。
5.7.4 天桥和连廊。
5.7.4.1 检查内容如下：
(1) 天桥和连廊的使用功能。
(2) 天桥和连廊设置位置、防火分隔构造、长度等情况。
5.7.4.2 检查方法如下：
(1) 现场查看连廊内是否设有除人员通行以外的其他功能。
(2) 观察天桥和连廊的结构与构造做法。
(3) 实测天桥和连廊的长度。
(4) 查看连廊两端防火分隔情况，设置的门是否是甲级防火门。
5.7.5 建筑外保温系统。
5.7.5.1 检查内容如下：
(1) 建筑外墙的外保温系统保温材料的燃烧性能及系统构造。
(2) 屋面保温材料的燃烧性能及系统构造。
5.7.5.2 检查方法如下：
(1) 查阅外墙外保温工程验收的有关文件和记录，核对外墙外保温工程设计和外保温材料的燃烧性能。
(2) 查看外保温材料的进场检验清单、台账及燃烧性能检验报告等。
(3) 上屋面查看保温层及防水层外是否有不燃材料保护层。

5.8 通风空调系统

5.8.1 通风空调系统防火检查。
5.8.1.1 检查内容如下：
(1) 排风系统设置导除静电的接地装置情况。
(2) 排风设备设置楼层位置情况。
(3) 通风管材质、绝热材料及敷设情况。

(4) 通风系统防火阀设置情况。
(5) 通风机房的设置情况。

5.8.1.2 检查方法如下：
(1) 实际检查静电的接地装置及防静电措施。
(2) 检查通风、空调系统中的管道在穿越防火隔墙、楼板和防火墙处的孔隙是否采用防火封堵材料封堵。
(3) 观察附设在建筑内的通风空调机房的防火隔墙和楼板与其他部位的分隔做法。通风、空调机房开向建筑内的门是否是甲级防火门。

5.8.2 通风空调系统防爆检查。

5.8.2.1 检查内容如下：
(1) 甲、乙类厂房内的空气循环使用情况。
(2) 民用建筑内空气中含有容易起火或爆炸危险物质的房间通风设施。
(3) 可燃气体管道和甲、乙、丙类液体管道是否穿过通风机房和通风管道的情况。

5.8.2.2 检查方法如下：
(1) 检查厂房内有爆炸危险场所的排风管道，是否有穿过防火墙和有爆炸危险的房间隔墙。
(2) 检查空气中含有易燃、易爆危险物质的房间，其送、排风系统是否采用防爆型的通风设备。
(3) 净化或输送有爆炸危险粉尘和碎屑的除尘器、过滤器或管道，是否设置泄压装置。

5.9 建筑防爆

5.9.1 有爆炸危险厂房(仓库)的布置。

5.9.1.1 检查内容如下：
(1) 有爆炸危险的甲、乙类厂房(仓库)的布置情况及结构形式。
(2) 甲、乙类生产场所(仓库)的设置楼层位置。
(3) 有爆炸危险的甲、乙类生产部位的泄压设施。
(4) 有爆炸危险的甲、乙类厂房的总控制室设置情况。

5.9.1.2 检查方法如下：
(1) 观察有爆炸危险的设备是否避开厂房的梁、柱等主要承重构件，并且采用敞开或半敞开式结构。
(2) 检查甲、乙类厂房的分控制室与本厂房的分隔情况，看是否采用耐火极限不低于 3.00 h 的防火隔墙与其隔开。
(3) 检查变、配电站是否设置在甲、乙类厂房内或毗邻是否设置在爆炸性气体、粉尘环境的危险区域内。

5.9.2 泄压设施检查。

5.9.2.1 检查内容如下：
(1) 厂房(库房)泄压设施设置情况。
(2) 检查有爆炸危险的厂房与相邻厂房连通处封堵情况。
(3) 散发可燃气体、可燃蒸气、粉尘的房的屋顶、地面、墙面处理情况。

5.9.2.2 检查方法如下：
(1) 观察厂房(库房)泄压设施的部位是否合理,泄压设施是否可靠;是否避开人员密集场所和主要交通道路。
(2) 检查有爆炸危险的厂房与相邻厂房连通处是否采用防火材料密封。
(3) 检查散发较空气重的可燃气体、可燃蒸气的甲类厂房以及有粉尘、纤维爆炸危险的乙类厂房是否采用不发火花的地面;当采用绝缘材料作整体面层时,是否采取防静电措施。
(4) 检查散发较空气轻的可燃气体、可燃蒸气的甲类厂房,采用轻质屋面板作为泄压面积时,顶棚是否平整、无死角,厂房上部空间通风是否良好。

(5) 检查散发可燃粉尘、纤维的厂房,是否经常清扫表面粉尘。

5.10 配电线路及应急照明

5.10.1 配电线路敷设。

5.10.1.1 检查内容如下:

(1) 架空电力线及非消防配电的敷设情况。

(2) 消防配电线路的连续供电保证情况。

(3) 电线电缆选用及敷设情况。

5.10.1.2 检查方法如下:

(1) 查阅电气设计图纸、工程施工、验收记录、电缆质量证明文件和性能检测报告或型式检验报告等资料,并结合建筑和场所使用情况分类别进行现场检查。

(2) 检查布线用电缆、电缆槽盒及管路在穿越不同的防火分区或电缆隧道、电缆沟、电缆间的隔墙处是否进行封堵,穿越建筑物的隔墙处或至配电间、控制室的沟道入口处是否采用相当于建筑构件耐火极限的不燃烧材料填实。

(3) 检查电缆封堵的材料及做法。

(4) 检查是否在封闭楼梯间、防烟楼梯间内明敷设电气管线、电缆槽盒。

(5) 消防配电线路是否与其他配电线路分开敷设;敷设在同一电缆井、沟内时,是否分别布置在电缆井、沟的两侧,且消防配电线路采用矿物绝缘类不燃性电缆。

5.10.2 应急照明设置。

5.10.2.1 检查内容如下:

(1) 除住宅建筑外,民用建筑、厂房和丙类仓库的疏散照明设置位置。

(2) 应急照明的连续供电时间及照度情况。

5.10.2.2 检查方法如下:

(1) 现场逐一核查封闭楼梯间、防烟楼梯间及其前室、消防电梯间的前室或合用前室、避难走道及避难层(间)等的应急照明设施。

(2) 用照度仪现场实测不同场所和部位的地面水平照度是否达到要求。

(3) 根据建筑的使用功能和规模核对应急照明的连续供电时间。

六、消防设施评估

6.1 建筑消防设施基本情况

6.1.1 检查内容如下:

(1) 现场确认建筑消防设施的系统种类。

(2) 统计建筑消防设施各系统主要设备的规格型号和数量。

6.1.2 检查方法如下:

(1) 按照评估任务和图纸资料逐项确认被评估建筑消防设施系统的种类。

(2) 按照图纸和技术资料,现场核查并记录各系统主要设备的规格型号和数量。

6.2 消防供配电设施

6.2.1 供配电负荷等级。

6.2.1.1 检查内容如下:

(1) 一级负荷供电电源应由双重电源供电,当双重电源采用一用一备工作方式时,其转换时间应满足防火规范要求。

(2) 二级负荷供电电源电压等级为10 kV时,其两回路应分别取自同一座区域变电站不同变压器供电的两段母线或取自两座区域变电站。

(3) 三级负荷供电除消防泵用电有特殊要求外,其他应按国家相关的标准、规范执行。

(4) 采用备用电源供电时,供电时间和容量应满足各消防用电设备设计火灾延续时间最长者的要求。

6.2.1.2　检查方法如下:

(1) 查阅电气设计图纸、施工记录、工程验收记录和电力部门相关证明文件等资料。

(2) 核对消防用电设备的供配电系统负荷等级与设计是否一致并符合规范要求;当建筑物内设有变电所时,现场对照图纸核实是否在变电所处开始自成系统;当建筑物为低压进线时,是否在进线处开始自成系统,是否有标识。

6.2.2　消防配电。

6.2.2.1　检查内容如下:

(1) 消防用电设备应采用单独的供电回路;消防控制室、消防水泵房、消防电梯和防排烟机房等处的供电设备,应在各自最末一级配电箱处设置主、备电源自动切换装置。

(2) 不同消防设备的配电箱应有明显区分标志,配电箱上的仪表及指示灯的显示应正常,开关及控制按钮应灵活可靠。

(3) 切换备用电源的控制方式及操作程序应符合设计要求。

6.2.2.2　检查方法如下。

(1) 逐项查看消防控制室、消防水泵房、消防电梯和防排烟机房等处最末一级配电箱是否采用单独供电回路,查看最末一级配电箱处是否设置主、备电源自动切换装置。

(2) 查看消防设备的配电箱是否有明显标志,检查配电箱上的仪表及指示灯显示是否正常,开关及控制按钮是否灵活可靠。

(3) 核查配电箱控制方式及操作程序是否符合设计并进行以下试验:

① 自动控制方式下,手动切断消防主电源,观察备用消防电源的投入及指示灯的显示(主消防电源指示灯灭,备用消防电源指示灯亮,供电正常)。

② 手动控制方式下,在低压配电室先切断消防主电源,后闭合备用消防电源,观察备用消防电源的投入及指示灯的显示(主消防电源指示灯灭,备用消防电源指示灯亮,供电正常)。

③ 查看最末一级配电箱电压表和指示灯的状态。

6.2.3　自备发电机组。

6.2.3.1　检查内容如下:

(1) 发电机铭牌、仪表、指示灯及按钮等应完好,显示应正常。

(2) 储油箱内的油量、燃油标号应符合设计要求。

(3) 自动启动并达到额定转速发电的时间应符合规范要求,发电机运行及输出功率、电压、频率和相位的显示均正常。

(4) 机房通风设施运行正常。

6.2.3.2　检查方法如下:

(1) 查看发电机铭牌、仪表、指示灯及按钮等是否完好,查看发电机工作状态频率显示是否为 50 Hz、电压显示是否为 380 V。

(2) 查验储油箱内的油量、燃油标号是否符合设计要求。

(3) 自动控制方式时,切断主消防电源,检查发电机是否能自动启动;用秒表计时,30 s 后查看并记录仪表的显示数据(频率显示应为 50 Hz、电压显示应为 380 V)并观察机组的运行状况;手动控制方式时,按下发电机启动按钮,用秒表计时,30 s 后查看并记录仪表的显示数据(频率显示应为 50 Hz、电压显示应为 380 V)并观察机组的运行状况。

(4) 查看发电机房的通风设计是否运行正常。

6.3 火灾自动报警系统

6.3.1 消防控制室。

6.3.1.1 检查内容如下：

(1) 消防控制室内应有显示被保护建筑的重点部位、疏散通道及消防设备所在位置的平面图或模拟图。

(2) 消防控制室内应无与其无关的电气线路通过。

(3) 消防控制室应设置可直接报警的外线电话和应急照明。

6.3.1.2 检查方法如下：

(1) 检查消防控制室是否有显示被保护建筑的重点部位、疏散通道及消防设备所在位置的平面图或模拟图。

(2) 检查消防控制室内是否有其他电气线路通过。

(3) 检查消防控制室内是否有外线电话，是否有应急照明设施。

6.3.2 火灾报警控制器。

6.3.2.1 检查内容如下：

(1) 火灾报警控制器安装应牢固、平稳、不倾斜。

(2) 火灾报警控制器接线端子处所配导线的端部，均应标明编号，字迹清晰不褪色；端子板的每个接线端，接线不得超过两根。

(3) 报警控制器应有主电源和直流备用电源；主电源引入线直接与消防专用电源连接，并有明显标志；主电源的保护开关不应采用漏电保护开关。

(4) 接地线采用铜芯绝缘导线，线芯截面积不小于 $4\ mm^2$；接地牢固，并有明显标志。

(5) 报警控制器单独接地电阻值应小于 $4\ \Omega$，联合接地（共用接地）电阻值应小于 $1\ \Omega$。

(6) 主电源断电时应自动转换至备用电源供电，主电源恢复后应自动转换为主电源供电，并分别显示主、备电源的状态。

(7) 火灾自动报警控制器的显示、自检、消音、复位功能正常。

6.3.2.2 检查方法如下：

(1) 检查每台火灾报警控制器安装是否牢固，平稳。

(2) 查看每台火灾报警控制器柜内配线，导线端是否标明编号和端子接线数量。

(3) 查看每台火灾报警控制器是否有主电源和直流备用电源；火灾报警控制器的主电源引线是否直接与消防专用电源连接，有无明显标志。

(4) 查看每台火灾报警控制器接地线是否采用铜芯绝缘导线，采用游标卡尺测量线芯截面积；查看接地是否牢固，有无明显标志。

(5) 采用接地电阻测量仪测量并记录接地电阻值。

(6) 切断主电源，检查直流备用电源供电的情况（主电源灯灭，备用电源灯亮），除系统报主电源故障外，其他工作正常。

(7) 触发自检键，查看显示和警报声响功能是否正常，在报警期间，按下消音键，查看声响是否停止；再按下复位键，查看系统是否处于正常工作状态。

6.3.3 火灾探测器。

6.3.3.1 检查内容如下：

(1) 探测器的选型和布置应符合《火灾自动报警系统设计规范》(GB 50116)要求。

(2) 探测器安装应牢固，无松动、脱落、丢失和被遮挡现象。

6.3.3.2 检查方法如下：

(1) 按楼层或防火分区，检查每个区域是否设置火灾探测器，查看火灾探测器设置是否符合规范要求,火灾探测器类型是否符合要求。

(2) 按楼层或防火分区,逐个查看火灾探测器安装是否牢固,是否存在松动、脱落、丢失和被遮挡现象。

6.3.3.3 火灾探测器功能试验如下。

(1) 点型感烟、感温探测器。

① 检查内容如下:应在试验烟气或温度作用下动作,向火灾报警控制器输出火警信号,并启动探测器报警确认灯;探测器报警确认灯在手动复位前应予以保持。

② 检查方法如下:采用感烟探测器试验装置向感烟探测器释放烟气,感温探测器试验装置向感温探测器加温,查看探测器报警确认灯以及火灾报警控制器的火警信号显示;探测器报警确认灯应在手动复位前予以保持。

(2) 线型光束感烟探测器。

① 检查内容如下:当对射光束的减光值达到 1.0~10 dB 时,应在 30 s 内向火灾报警控制器输出火警信号,启动探测器报警确认灯。

② 检查方法如下:将滤光片置于相向的发射与接收器件之间,并尽量靠近接收器的光路上,同时用秒表开始计时。在不改变滤光片设置位置的情况下,查看 30 s 内火灾报警控制器的火警信号、探测器报警确认灯的动作情况。当对射光束的减光值达到 1.0~10 dB 时,应在 30 s 内向火灾报警控制器输出火警信号,启动探测器报警确认灯。

(3) 线型感温探测器。

① 检查内容如下:应在试验热源作用下动作,向火灾报警控制器输出火警信号;线性火灾探测器报警应启动报警确认灯,并在手动复位前应予以保持。

② 检查方法如下:可恢复型线型感温探测器,在距离终端盒 0.3 m 以外的部位,使用 55~145℃ 的热源加热,查看火灾报警控制器火警信号显示。不可复位点型感温探测器,采用线路模拟的方式试验。

(4) 火焰(或感光)探测器。

① 检查内容如下:应在试验光源作用下,在规定的响应时间内动作,并向火灾报警控制器输出火警信号;具有报警确认灯的探测器应同时启动报警确认灯,并在手动复位前应予以保持。

② 检查方法如下:在探测器监测视角范围内、距离探测器 0.55~1.00 m 处,放置紫外光波长小于 80 nm 或红外光波长大于 850 nm 光源,探测器在规定的响应时间内动作,并向火灾报警控制器输出火警信号,具有报警确认灯的探测器应同时启动报警确认灯,并在手动复位前应予以保持。

(5) 管路采样的吸气式感烟探测器。

① 检查内容如下:应在试验烟气作用下动作,向火灾报警控制器输出火警信号。

② 检查方法如下:采样管最末端(最不利处)采样孔加入试验烟,探测器或其控制装置在 120 s 内发出火灾报警信号。

(6) 可燃气体探测器。

① 检查内容如下:可燃气体探测器应在被监测区域内的可燃气体浓度达到报警设定值时,发出报警信号。

② 检查方法如下:向探测器释放对应的试验气体,观察报警响应时限内报警控制器的显示情况。

6.3.4 手动报警按钮。

6.3.4.1 检查内容如下:

(1) 设置部位和数量应符合《火灾自动报警系统设计规范》(GB 50116)要求。

(2) 手动报警按钮安装应牢固,无松动、脱落、丢失和被遮挡现象。

6.3.4.2 检查方法如下:

(1) 按楼层或防火分区,检查每个防火区域是否设置手动报警按钮,设置的位置和数量是否符合要求。

(2) 按楼层或防火分区,逐个查看手动报警按钮安装是否牢固,是否有松动、脱落、丢失和被遮挡现象。

6.3.5 火灾警报装置。

6.3.5.1 检查内容如下:

(1) 安装应牢固。

(2) 每个报警区域内应合理设置火灾警报装置。

6.3.5.2 检查方法如下:

(1) 按楼层或防火分区,逐个查看火灾警报装置安装是否牢固。

(2) 按照报警区域逐个查看火灾警报装置的设置位置是否合理。

6.3.6 系统功能检查。

6.3.6.1 检查内容如下:

(1) 火灾自动报警系统平时应处于正常的监视状态。

(2) 火灾自动报警系统的报警功能应正常。

(3) 火灾自动报警系统的联动控制功能应正常。

6.3.6.2 检查方法如下:

(1) 查看火灾报警控制器主菜单和面板,查看并记录火灾报警控制器的指示灯是否正常;测试系统巡检功能,检查火灾自动报警系统是否存在故障、屏蔽等信息,查看相关设施位置和显示地址是否正确。

(2) 手动状态下,按楼层或防火分区分别测试一只火灾探测器和一只手动报警按钮,查看位置和显示地址是否正确,火灾探测器和手动报警按钮的确认灯是否启动。

(3) 自动状态下,按楼层或防火分区分别测试两只火灾探测器或一只火灾探测器和一只手动报警按钮,查看位置和显示地址是否正确,火灾探测器和手动报警按钮的确认灯是否点亮;查看声光报警器是否鸣响,消防应急广播系统是否启动,应急照明及疏散指示系统是否启动,区域内的消防电梯是否迫降,区域内的防排烟系统是否被启动,常开防火门是否关闭,防火卷帘是否动作到位,涉及疏散的电动栅栏及门禁系统是否开启等,消防控制室是否接收和显示上述相关消防系统动作的反馈信号。

6.4 消防给水设施

6.4.1 消防水池。

6.4.1.1 检查内容如下:

(1) 消防水池容积应符合规范要求,应设置就地水位显示装置,消防水池水位正常。

(2) 消防水池补水设施应正常。

(3) 寒冷地区的消防水池应采取防冻措施。

6.4.1.2 检查方法如下:

(1) 查验消防水池容积;查看水位显示装置及消防水池水位是否正常;设置有消防水池液位自动报警装置的,应查看信号传送到报警控制器的情况。

(2) 查看补水设施是否正常,阀门是否开启,有无明显标志。

(3) 寒冷地区查看是否采取防冻措施。

6.4.2 消防水箱。

6.4.2.1 检查内容如下:

(1) 消防水箱容积应符合规范要求;应设置就地水位显示装置,消防水箱水位应正常。

(2) 消防水箱补水措施应正常。

(3) 消防水箱出口阀门应常开并有明显标志,出水管上的止回阀应关闭严密。

6.4.2.2 检查方法如下:

(1) 查验消防水箱容积;查看消防水箱是否设置水位显示装置及消防水箱水位是否正常;对设置有消防水箱液位自动报警装置的,应查看信号传送到报警控制器的情况。

(2) 查看补水设施是否正常,阀门是否开启,有无明显标志。

(3) 查看消防水箱出口阀门是否开启,有无明显标志;启动消防水泵,查看水是否进入消防水箱。

6.4.3 稳压泵气压水罐和稳压泵控制柜。

6.4.3.1 检查内容如下:

(1) 稳压泵、气压水罐和稳压泵控制柜安装应牢固,运行平稳,无锈蚀。

(2) 稳压泵控制柜应有双电源供电,指示灯显示应正常,并应处于自动状态。

(3) 稳压泵启动、停止运行应正常,电接点压力表的压力设定值应符合设计要求;管网压力显示应正常。

(4) 稳压泵进、出口阀门应开启,并有明显标志。

6.4.3.2 检查方法如下:

(1) 查看稳压泵、气压水罐和稳压泵控制柜安装是否牢固,分别手动启动主稳压泵和备用稳压泵,查看运行是否平稳,检查设备和支架外观是否锈蚀。

(2) 查验稳压泵控制柜的供电是否设置主、备电源自动切换装置,泵控柜指示灯显示是否正常,系统是否处于自动状态。

(3) 查验电接点压力表的压力设定值是否符合设计要求;启动运行状态是否正常,管网压力显示是否正常。

(4) 查看进、出口阀门是否完全开启及标志是否正确。

6.4.4 消防水泵房。

6.4.4.1 检查内容如下:

(1) 消防水泵房应设置消防专用电话分机、应急照明灯,消防水泵房有明显标志。

(2) 消防水泵应采用灌式吸水。

(3) 消防水泵有注明系统名称和编号的标志牌;进、出口阀门常开,启闭标志牌正确。

(4) 消防水泵的进、出口应设压力表,显示正常。

(5) 消防水泵及消防管道安装应牢固,无锈蚀。

6.4.4.2 检查方法如下:

(1) 查看消防水泵房是否设置消防专用电话分机、应急照明灯,消防水泵房是否有明显标志。

(2) 查看消防水泵是否采用自灌式吸水。

(3) 查看消防水泵和进、出口阀门的标志是否正确和完整;转动阀门手轮,检查每个阀门是否完全开启。

(4) 查看消防水泵进、出口管道上是否安装压力表;查看压力表显示值是否正常并记录。

(5) 查看消防水泵及消防管道安装是否牢固,有无锈蚀情况并记录。

6.4.5 消防水泵控制柜。

6.4.5.1 检查内容如下:

(1) 消防水泵控制柜应有注明所属系统及编号的标志。

(2) 消防水泵控制柜应有双电源供电,应处于自动状态,指示灯显示正常。

(3) 手动启停消防水泵主泵和备用泵,应运行平稳。

(4) 主、备消防泵应具有自动切换功能。

(5) 消防控制室应能手动启动消防泵。

6.4.5.2 检查方法如下:

(1) 查看消防水泵控制柜是否有注明所属系统及编号的标志。

(2) 查看水泵控制柜的供电是否设置主、备电源自动切换装置,系统是否处于自动状态,控柜指示灯显示是否正常。

(3) 手动分别启动消防水泵主泵和备用泵,查看运行情况,并手动停止。

(4) 模拟主泵故障,查看自动切换启动备用泵情况,同时查看仪表及指示灯显示。

(5) 消防控制室远程启动、关闭所有消防水泵,查看水泵运行和反馈信号情况。

6.4.6 水泵接合器。

6.4.6.1 检查内容如下:

(1) 水泵接合器规格、数量和安装位置应符合设计要求;阀门安装方式应符合设计要求。

(2) 水泵接合器应标明用途的明显标志。

(3) 控制阀应常开,且启闭灵活;组件应齐全完整,无锈蚀。

(4) 寒冷地区防冻措施应完好。

6.4.6.2 检查方法如下:

(1) 查验水泵接合器规格、数量和安装位置是否符合设计要求;查看单向阀安装方向是否正确,止回阀是否严密关闭;地下式水泵接合器接口至井盖的距离不大于 0.40 m,接口应正对井口。

(2) 查看水泵接合器附近是否有注明所属系统和区域的固定标志牌。

(3) 转动手轮查看控制阀是否开启,启闭是否灵活,组件是否齐全完整,有无锈蚀。

(4) 寒冷地区查看是否采取防冻措施。

6.5 消火栓系统

6.5.1 消防供水设施。

检查内容和检查方法同 6.4。

6.5.2 消防管网。

6.5.2.1 检查内容如下:

(1) 室内外消火栓系统管网应畅通,阀门应常开。

(2) 消火栓泵前后进、出口管网压力应符合规范要求。

(3) 低温地区管网应采取防冻措施。

6.5.2.2 检查方法如下:

(1) 通过开启任一室外消火栓和室内消火栓每根立管任一消火栓进行喷水试验,查验管道、阀门是否畅通。

(2) 查看每台消火栓泵前后进、出口管网压力表,检查压力表是否完好及压力显示是否正常。

(3) 检查低温地区管网是否采取防冻措施。

6.5.3 室外消火栓。

6.5.3.1 检查内容如下:

(1) 消火栓规格、数量和设置位置应符合规范要求。

(2) 消火栓不应被遮挡、圈占和埋压。

(3) 消火栓安装应牢固,组件完整,开关灵活,外观质量符合要求。

(4) 消火栓压力符合规范要求。

6.5.3.2 检查方法如下:

(1) 核对设计和竣工验收文件,现场查看消火栓规格、数量和设置位置是否符合设计要求。

(2) 逐一查看每个室外消火栓,检查其是否被遮挡、圈占和埋压。

(3) 逐一检查每个室外消火栓,检查其安装是否牢固,组件是否完整,开关及出水口闷盖开启是否灵活,是否存在锈蚀等情况。

(4) 现场开启一个室外消火栓,用带压力表试验水枪测试出水压力,并进行射水试验,检查压力是否符合要求。

6.5.4 室内消火栓和消火栓箱。

6.5.4.1 检查内容如下：

(1) 消火栓箱安装应牢固，应有明显标志，箱内组件齐全，箱门开关灵活；

(2) 消火栓不应被遮挡、圈占；

(3) 消火栓栓口的安装位置应能保证水带与栓口连接方便；安装高度、栓口朝向符合防火规范要求。

6.5.4.2 检查方法如下：

(1) 按楼层或防火分区逐一查看消火栓箱安装是否牢固，有无明显标志，箱内组件是否齐全，箱门开关是否灵活。

(2) 按楼层或防火分区逐一检查消火栓箱有无被遮挡、圈占现象。

(3) 按楼层或防火分区逐一检查消火栓的安装位置是否便于操作；检查安装高度、栓口朝向是否符合要求。

6.5.5 消火栓系统功能。

6.5.5.1 检查内容如下：

(1) 静水压力应符合规范要求。

(2) 消火栓动压试验压力应符合相关要求；消防水泵出水干管上设置的压力开关、高位消防水箱出水管上的流量开关等信号应直接自动启动，消防联动控制装置应能接收其反馈信号。

6.5.5.2 检查方法如下。

(1) 静压测试：使用消火栓系统试水检测装置，分别选择最不利处消火栓和最有利处消火栓，连接压力表及关闭闷盖，开启消火栓，分别测量栓口静水压力并记录；

(2) 动压试验：选择最不利点处消火栓连接消火栓系统试水检测装置进行试水试验，查看消防水泵房内消防水泵是否自动启动，消防控制室的反馈信号是否正常，测量并记录最不利点处消火栓的出水压力。

6.6 自动喷水灭火系统

6.6.1 消防供水设施。

6.6.1.1 自动喷水灭火系统包括：湿式系统、干式系统、预作用系统、雨淋系统、水幕系统和水喷雾自动喷水灭火系统。评估前应确认系统的类型、主要设备的规格型号和数量。

6.6.1.2 检查内容和检查方法同 6.4。

6.6.2 管网。

6.6.2.1 检查内容如下：

(1) 报警阀后的管道应采用内外壁热镀锌钢管，镀锌钢管应采用沟槽式连接(卡箍)或丝扣、法兰连接；

(2) 配水干管、配水管应作红色或红色环圈标志；

(3) 干式灭火系统和预作用系统配水干管最末端应设有电动阀和自动排气阀；

(4) 水箱重力自流管接入系统管网的部位应符合规范要求。

6.6.2.2 检查方法如下：

(1) 检查并记录报警阀后的管道是否采用镀锌钢管或镀锌无缝钢管，检查管道的连接方式。

(2) 检查报警阀室和管道井以及吊顶内配水干管，配水管是否作红色或红色环圈标志。

(3) 检查并记录对干式灭火系统和预作用系统配水干管最末端是否设有电动阀和自动排气阀。

(4) 现场查看水箱自流供水管接入系统管网的部位是否在报警阀组之前。

6.6.3 报警阀组。

6.6.3.1 检查内容如下。

(1) 报警阀组位置应便于操作，报警阀组周围无遮挡物，报警阀附近有排水设施。

(2) 报警阀组应有注明系统名称、保护区域的标志牌,压力表显示符合设定值。

(3) 报警阀组进、出口的控制阀应采用信号阀,不采用信号阀时,应用锁具固定阀位,阀门应常开并有标识。

(4) 报警阀组件应完整可靠,连接应正确,阀门标识应正确,开闭状态应符合规范要求。

(5) 水力警铃应设在有人值班地点的附近或走道。

(6) 报警阀组功能试验:

① 开启湿式报警阀试水阀,报警阀启动功能符合规范要求。

② 干式报警阀组气源设备及安装符合设计和规范要求,压力显示符合设定值。

③ 雨淋报警阀组配置传动管时,传动管的压力表显示符合设定值。

6.6.3.2 检查方法如下。

(1) 检查每个报警阀附近是否有排水设施,查看每个报警阀安装位置是否便于操作,周围有无遮挡物。

(2) 检查每个报警阀组是否有注明系统名称、保护区域的标志牌,压力表显示是否符合设定值。

(3) 查看每个报警阀组的控制阀是否开启,查看有无启闭标志,采用信号阀时反馈信号是否正确;不采用信号阀时,检查是否用锁具固定阀位。

(4) 检查每个报警阀组件是否完整;查看组件连接管阀门是否有标识,标识是否准确,开闭状态是否符合要求。

(5) 查看每个报警阀组的水力警铃安装位置。

(6) 检查报警阀组功能:

① 将消防联动控制器设置在手动状态下,开启每个湿式报警阀组的试水阀,查看报警阀是否动作,水力警铃是否鸣响,压力开关动作是否直接启动喷淋泵。

② 缓慢开启干式报警阀试验阀小流量排气,空气压缩机启动后关闭试验阀,查看空气压缩机的运行情况、核对启停压力是否符合设计要求。

③ 系统采用传动管控制时,核对传动管压力显示是否符合设定值。

6.6.4 水流指示器。

6.6.4.1 检查内容如下:

(1) 水流指示器应有明显标志。

(2) 水流指示器前的信号阀应全开,并应反馈启闭信号。

6.6.4.2 检查方法如下:

(1) 按楼层或防火分区,查看水流指示器有无明显标志。

(2) 按楼层或防火分区,查看水流指示器前是否设信号阀,检查是否开启。

6.6.5 喷头。

6.6.5.1 检查内容如下:

(1) 喷头设置部位和类型应符合规范要求,干式系统喷头采用直立型喷头或干式下垂型喷头。

(2) 喷头安装应牢固,无变形和附着物、悬挂物。

(3) 喷头周围无遮挡物。

6.6.5.2 检查方法如下:

(1) 按楼层或防火分区,查验每个喷头设置部位和类型是否符合规范要求,查看是否存在设置的空白点。

(2) 按楼层或防火分区,查看每个喷头安装是否牢固,查看喷头是否有变形和附着物、悬挂物。

(3) 按楼层或防火分区,查看每个喷头附近是否有遮挡物。

6.6.6 末端试水装置。

6.6.6.1 检查内容如下:

(1) 每套报警阀组应在最不利点处设置末端试水装置,其他防火分区、楼层均应设置试水阀,末端试水装置和试水阀应便于操作且有足够排水能力的排水设施。

(2) 末端试水装置和试水阀压力表应显示正常。

6.6.6.2 检查方法如下:

(1) 查看每套报警阀组系统最不利点处是否设置末端试水装置,其他防火分区、楼层是否设置了直径为 25 mm 的试水阀,末端试水装置和试水阀位置是否便于操作且有足够排水能力的排水设施。

(2) 查看每个楼层或防火分区末端试水装置和试水阀压力表显示是否正常。

6.6.7 系统功能。

6.6.7.1 湿式自动喷水灭火系统功能。

(1) 检查内容如下:

开启末端试水装置,出水压力应符合规范要求。水流指示器、报警阀、压力开关动作,水力警铃鸣响;压力开关直接连锁自动启动喷淋泵,水流指示器、压力开关及消防水泵的启动和停止的动作信号应反馈至消防联动控制器。

(2) 检查方法如下:

分别检查并记录每组报警阀最不利点处末端试水装置的压力表显示值;在消防联动控制器设置在手动状态下,开启每组报警阀最不利点处末端试水装置,在消防水泵房查看湿式报警阀是否动作,水力警铃是否鸣响,查看压力开关动作是否直接启动喷淋泵;在消防控制室查看水流指示器报警信号、压力开关动作信号和喷淋水泵的启动信号是否正常。系统功能试验完毕后,必须将系统恢复到正常工作状态。

6.6.7.2 干式自动喷水灭火系统功能。

(1) 检查内容如下。

① 系统组件应齐全,阀门开闭状态符合标准要求。

② 系统功能测试:开启干式报警阀组的试水阀后,报警阀、压力开关应动作,停止供气装置,联动启动排气阀入口电动阀与消防水泵;消防控制设备应显示压力开关、电动阀及消防水泵的反馈信号。

(2) 检查方法如下。

① 逐一查看系统组件是否齐全,阀门开闭状态是否正确。

② 系统功能测试:分别关闭每组干式报警阀出口阀门,分别开启干式报警阀组的试水阀,查看供气装置是否关闭,压力开关和消防水泵、电磁阀的动作情况以及排气阀的排气情况;在消防控制室查看压力开关、电动阀及消防水泵的动作反馈信号是否正常。系统功能试验完毕后,必须将系统恢复到正常工作状态。

6.6.7.3 预作用系统功能。

(1) 检查内容如下。

① 系统组件应齐全,阀门开闭状态符合标准要求;

② 系统功能测试:火灾报警控制器确认火灾后,自动启动预作用报警阀组的电磁阀、排气阀入口电动阀,压力开关应动作并自动联动消防水泵;消防控制设备应显示压力开关、电动阀及消防水泵的反馈信号。

(2) 检查方法如下。

① 逐一查看系统组件是否齐全,阀门开闭状态是否正确。

② 系统功能测试:关闭预作用报警阀出口控制阀,先后触发防护区域内的两只相关火灾探测器或一只火灾探测器和一只手动报警按钮,查看预作用阀电磁阀、排气阀入口电动阀、压力开关和消防水泵的动作情况,在消防控制室查看消防控制设备是否显示电动阀、压力开关及消防水泵的反馈信号。

③ 系统功能试验完毕后,应将系统恢复到正常工作状态。

6.6.7.4 雨淋系统(水幕系统、水喷雾系统)功能。

(1) 检查内容如下。

① 系统组件应齐全,阀门开闭状态符合规范要求;

② 系统功能测试：

a）火灾状态下，消防控制设备能手动和自动控制雨淋阀的电磁阀，雨淋阀开启，水力警铃鸣响，压力开关应动作并直接启动消防水泵，消防控制室应显示压力开关和消防水泵的动作信号。

b）当采用传动管控制的系统时，传动管泄压后，自动联动雨淋阀，压力开关应动作，水力警铃鸣响，压力开关应直接启动消防水泵，消防控制室应显示压力开关和消防水泵的动作信号。

（2）检查方法如下：

① 逐一查看系统组件是否齐全，阀门开闭状态是否正确；

② 系统功能测试：

a）试验前关闭雨淋阀出口控制阀，在消防控制室手动启动雨淋阀的电磁阀，查看雨淋阀是否开启，水力警铃是否鸣响，压力开关是否动作，是否直接启动消防水泵，在消防控制室查看压力开关和消防水泵的动作信号；自动状态下，先后触发防护区内两个相关火灾探测器或一只火灾探测器和一只手动报警按钮，查看雨淋阀是否开启，水力警铃是否鸣响，压力开关是否动作，是否直接启动消防水泵，在消防控制室查看压力开关和消防水泵的动作信号。

b）试验前关闭雨淋阀出口控制阀，模拟传动管泄压后，查看雨淋阀是否开启，水力警铃是否鸣响，压力开关是否动作，是否直接启动消防水泵，在消防控制室查看压力开关和消防水泵的动作信号。

（3）系统功能试验完毕后，必须将系统恢复到正常工作状态。

6.7 泡沫灭火系统

6.7.1 消防供水设施。

6.7.1.1 检查内容和检查方法同6.4。

6.7.2 泡沫泵站和泡沫液贮罐。

6.7.2.1 检查内容如下：

（1）泡沫泵站应设置消防专用电话分机、应急照明灯，泡沫泵站有明显标志，泡沫泵站的门、窗不宜朝向保护对象。

（2）泡沫液贮罐罐体或铭牌、标志牌上应清晰注明泡沫灭火剂的型号、配比浓度、泡沫灭火剂的有效日期和储量。

（3）贮罐配件应齐全完好无锈蚀，液位计、呼吸阀、安全阀、放空阀及压力表状态正常。

（4）泡沫液储罐、泡沫管道、泡沫比例混合器、泡沫混合液管道及泡沫产生器等应涂红色。

（5）阀门应有标识，开启状态应符合规范要求。

6.7.2.2 检查方法如下：

（1）查看泡沫泵站是否设置消防专用电话分机、应急照明灯，泡沫泵站是否有明显标志；查看泡沫泵站的门、窗是否朝向被保护对象。

（2）查看罐体、铭牌、标志牌是否完整齐全。

（3）查看贮罐配件是否齐全，有无锈蚀：液位计、呼吸阀、安全阀、放空阀和压力表状态是否正常。

（4）查看泡沫液储罐、泡沫管道、泡沫比例混合器、泡沫混合液管道及泡沫产生器等涂装是否符合要求。

（5）查看阀门有无标识，标识是否正确，检查阀门开启状态是否正确，如供水阀是否开启，回流阀是否关闭。

6.7.3 比例混合器。

6.7.3.1 检查内容如下：

（1）比例混合器的安装应牢固，应无损伤、锈蚀，水流方向应与比例混合器箭头方向相同。

（2）阀门启闭应灵活，压力表显示应正常。

6.7.3.2 检查方法如下：

（1）查看比例混合器安装是否牢固，有无损伤、锈蚀，水流方向与比例混合器箭头方向是否一致。

(2) 手动启闭阀门,检查其灵活性,查看压力表显示状况。

6.7.4 泡沫产生器。

6.7.4.1 检查内容如下:

(1) 泡沫发生器控制阀应常开,并有明显标志。

(2) 泡沫发生器安装应牢固,无损坏或变形,无锈蚀。

(3) 吸气孔、发泡网及暴露的泡沫喷射口,不得有杂物进入或堵塞,泡沫出口附近不得有阻挡泡沫喷射及泡沫流淌的障碍物。

6.7.4.2 检查方法如下:

(1) 查看每个泡沫产生器的控制阀是否处于完全开启状态,有明显标志。

(2) 检查每个泡沫产生器安装是否牢固,有无损坏、变形、锈蚀。

(3) 查看每个泡沫产生器的吸气孔、发泡网及暴露的泡沫喷射口有无杂物进入或堵塞,查看泡沫出口附近有无阻挡泡沫喷射及泡沫流淌的障碍物。

6.7.5 泡沫喷头。

6.7.5.1 检查内容如下:

(1) 泡沫喷头安装应牢固,无损坏或变形,无锈蚀。

(2) 喷头四周应无障碍物并保证泡沫直接喷到保护对象上。

6.7.5.2 检查方法如下:

(1) 检查每个泡沫喷头安装是否牢固,有无损坏、变形、锈蚀。

(2) 查看每个喷头四周有无障碍物。

6.7.6 管道。

6.7.6.1 检查内容如下:

(1) 连接产生器立管在罐壁上应固定牢固,无变形、锈蚀、损伤。

(2) 泡沫混合液立管与水平管道连接的金属软管两端应固定牢固,无锈蚀、破损,罐壁上泡沫混合液立管的下端应设置放空阀,放空阀状态应正常。

(3) 泡沫混合液管道、泡沫管道、管道过滤器应涂红色。

6.7.6.2 检查方法如下:

(1) 查看罐壁上的每根立管安装是否牢固,有无变形、锈蚀、损伤。

(2) 查看每根立管与水平管道连接的金属软管两端固定是否牢固,有无锈蚀、破损;查看罐壁上泡沫混合液立管的下端是否设置放空阀,放空阀状态是否正常。

(3) 查看系统管道的涂装是否符合要求。

6.7.7 泡沫消防炮。

6.7.7.1 检查内容如下:

(1) 泡沫消防炮安装应牢固,无锈蚀、变形和损伤。

(2) 泡沫消防炮控制阀应启闭灵活。

(3) 回转与仰俯操作应灵活,操作角度应符合设定值。

6.7.7.2 检查方法如下:

(1) 手动操作,检查每个泡沫消防炮安装是否牢固,有无锈蚀、变形和损伤。

(2) 手动启闭控制阀,检查每个泡沫消防炮控制阀是否启闭灵活。

(3) 手动操作每个泡沫炮,检查其灵活性和操作角度。

6.7.8 泡沫灭火系统功能。

6.7.8.1 检查内容如下:

(1) 系统应设置泡沫灭火控制器,泡沫灭火控制器应有泡沫泵和控制阀的手动控制按钮,标识清晰、完整、准确。

(2) 系统应能接收火灾报警信号,自动或手动开启泡沫灭火系统的控制阀和泡沫消防泵,直至泡沫产生器喷水或喷射泡沫;泡沫产生器入口的压力值应符合设计要求,泡沫产生器喷洒应正常,消防控制设备应显示控制阀和泡沫消防泵的状态。

6.7.8.2 检查方法如下:

(1) 查看系统是否设置泡沫灭火控制器,泡沫灭火控制器有无控制泡沫泵和控制阀的手动控制按钮,标识是否清晰完整准确。

(2) 拆除一个泡沫产生器,将其安装在罐壁外,关闭其余泡沫产生器的进口阀,按设定的控制方式(手动启动、自动启动)启动泡沫消防泵和控制阀;查看泡沫消防泵、比例混合器、泡沫产生器入口的压力表的显示;查看泡沫产生器的发泡情况并查验消防控制室的显示情况;不宜实际喷泡沫的系统,关闭泡沫液进、出口阀,按上述方法启动系统,查验泡沫产生器的喷洒情况并查验消防控制室的显示情况。

(3) 冲洗设备和管道后,将系统恢复到正常工作状态。

6.8 气体灭火系统

6.8.1 防护区。

6.8.1.1 检查内容如下:

(1) 防护区内应设疏散通道,防护区门应为防火门,且向外开启并能自行关闭,在疏散通道与出口处,应设应急照明和疏散指示标志。

(2) 防护区内和入口处应设声光报警装置,入口处应设安全标志和灭火剂释放指示灯,应设置系统紧急启动和停止按钮及手动自动转换装置。

(3) 无窗或固定窗扇的地上防护区和地下防护区,应设置机械排风装置;灭火后防护区应能通风换气。

(4) 门窗设有密封条的防护区应设置泄压装置。

(5) 有人工作的场所,宜配置空气呼吸器。

(6) 防护区设有开口时,应设置自动关闭装置。

(7) 围护结构应满足规范要求。

6.8.1.2 检查方法如下:查看每个防护区内、外相关设施设备及围护结构的设置情况。

6.8.2 储瓶间。

6.8.2.1 检查内容如下:

(1) 储瓶间应设在靠近防护区的专用房间且有明显标志,出口处直通室外或疏散通道,应设应急照明。

(2) 地下储瓶间应设置机械排风装置,排风口直通室外。

6.8.2.2 检查方法如下:

(1) 查看每个储瓶间出口是否有明显标志,出口处是否直通室外或疏散通道,储瓶间是否设有应急照明。

(2) 查看每个地下储瓶间是否设有机械排风装置,排风口是否直通室外。

6.8.3 灭火剂贮存装置。

6.8.3.1 检查内容如下:

(1) 贮存装置应设固定标牌,标明设计规定的贮存装置编号、皮重、容积、灭火剂名称、充装量、充装日期和充装压力;驱动装置和选择阀应有分区标志,驱动装置的压力应正常。

(2) 同一防护区内用的灭火剂贮存装置规格应一致。

(3) 贮存装置的支、框架固定应牢固,并采取防腐处理。

(4) 二氧化碳灭火剂贮存装置设称重检漏装置且正常,二氧化碳储瓶及储罐在灭火剂的损失量达到设定值时发出报警信号。

(5) 低压二氧化碳储罐的制冷装置应正常运行,控制的温度和压力应符合设定值。

6.8.3.2 检查方法如下:

(1) 查看每个储存装置是否设置耐久固定标牌,查看标牌内容是否符合要求;查看驱动装置和选择阀是否有分区标志,并查验驱动装置的压力是否正常。

(2) 检查同一防护区内用的每个灭火剂贮存装置规格。

(3) 查看每个贮存装置固定方式,检查其是否采取防腐处理。

(4) 对二氧化碳灭火系统,按灭火剂储瓶内二氧化碳的设计储存量,设定允许的最大损失量;采用拉力计,向每个储瓶施加与最大允许损失量相等的向上拉力,查看检漏装置能否发出报警信号。

(5) 对低压二氧化碳储罐,查看制冷装置及温度和压力是否符合设定值。

6.8.4 系统组件(驱动装置、集流管、选择阀、压力信号器、单向阀、喷头)。

6.8.4.1 检查内容如下:

(1) 系统驱动装置压力表便于观测,压力符合设计要求;驱动瓶正面设标志牌,标明防护区名称,并安装牢固;电磁驱动器电气连接线应采用金属管保护。

(2) 集流管固定在支、框架上并安装牢固,组合分配气体灭火系统的集流管上,应设泄压装置。

(3) 选择阀上应设置标明防护区名称或编号的永久性标志牌;手柄应在操作面一侧,安装高度超过1.7 m时,应采取便于操作的措施。

(4) 每个防护区主管道上应设压力信号器。

(5) 容器阀与集流管之间的管道上应设液体单向阀,单向阀与容器阀或单向阀与集流管之间应采用软管连接。

(6) 喷嘴应无堵塞现象。

6.8.4.2 检查方法如下:

(1) 查看每个系统驱动装置压力表,并记录压力值;查看标志牌是否符合要求;电磁驱动器电气连接线是否采用金属管保护。

(2) 查看集流管安装情况;查看组合分配气体灭火系统的集流管上是否设泄压装置;查看泄压装置的泄压方向。

(3) 查看每个选择阀是否设置标明防护区名称或编号的永久性标志牌;查看手柄位置是否便于操作。

(4) 查看每个防护区主管道上是否设压力信号器。

(5) 查看每个容器阀与集流管之间的管道上是否设液体单向阀,检查其连接方式。

(6) 查看每个喷嘴状态。

6.8.5 气体灭火系统功能模拟启动。

6.8.5.1 检查内容如下:

(1) 自动状态下,灭火控制装置和报警控制装置应在接到两个相关的火灾信号或手动启动紧急启动按钮后,启动防护区声、光报警装置,在规定延时时间内,自动启动驱动装置的电磁阀;延时时间内关闭防护区通风设施和开口阀门,气体释放后,防护区门口的气体释放灯应点亮,消防联动控制装置应能显示火灾报警信号、联动控制设备的动作反馈信号、系统的启动信号和气体释放信号。

(2) 应急切断应能在规定的延时时间内可靠地切断自动控制功能。

6.8.5.2 检查方法如下:

(1) 在自动控制状态,拆除每个防护区启动钢瓶(装置)的启动信号线或拆下启动瓶的电磁阀,用万用表测量启动信号或观察电磁阀动作情况;逐个触发每个防护区的紧急启动按钮或先后触发防护区内相关两个火灾探测器,用秒表开始计时,测量并记录延时启动的时间;延时时间内小于30 s,查看防护区内声光报警装置、通风设施以及开口阀门、入口处声光报警装置的动作情况;延时结束,检查与该防护区对应的电磁阀是否动作,其余电磁阀有无动作;电磁阀动作一一对应后,模拟对应区域的压力开关动作,查看该防护区门外的气体释放灯是否被点亮;在消防控制室查看火灾报警信号、联动控制设备的动作反馈信号、系统的启动信号和气体释放信号显示是否正常。

(2)先后触发每个防区内的两个相关火灾探测器或每个防护区的紧急启动按钮,查看气体灭火控制器的显示状态;在延时启动时间内,触发对应防护区的紧急停止按钮,查看声光报警装置是否被停止,延时30 s后,对应区域的电磁阀是否启动,查看消防控制室气体灭火控制器是否显示系统被停止。

(3)试验完成后,逐级复位并将系统恢复至正常工作状态。

6.9 机械加压送风系统

6.9.1 风机控制柜。

6.9.1.1 检查内容如下:

(1)风机控制柜应有注明系统名称和编号的标志。

(2)风机控制柜应有双电源供电,指示灯显示应正常。

(3)风机控制柜应有手动、自动切换装置。

6.9.1.2 检查方法如下:

(1)查看每个风机控制柜有无注明系统名称和编号标志。

(2)查看控制柜的供电是否设置主、备电源自动切换装置;触发按钮,启停每台风机,查看仪表及指示灯显示是否正常。

(3)查看是否设置手动、自动切换装置。

6.9.2 机械加压送风机。

6.9.2.1 检查内容如下:

(1)送风机的铭牌清晰,并有注名称和编号的标志。

(2)风机现场、远程启停正常,启动运转平稳,旋转方向正确,消防控制室应能显示风机的工作状态。

6.9.2.2 检查方法如下:

(1)查看每台送风机的铭牌是否清晰,是否有注明风机名称和编号的标志。

(2)现场手动或控制室远程手动启停每台送风机,查看风机叶轮旋转方向是否正确,有无异常,控制器的信号反馈是否正常。

6.9.3 送风道。

6.9.3.1 检查内容如下:风机和风道的软连接应严密完整,风道无破损、变形、锈蚀。

6.9.3.2 检查方法如下:查看每台送风机和风道的软连接是否严密完整,查看非隐蔽风道是否存在破损、变形、锈蚀等情况。

6.9.4 送风阀(口)。

6.9.4.1 检查内容如下:

(1)送风阀(口)的安装应牢固,无损伤。

(2)送风阀开启与复位操作应灵活可靠,关闭时应严密,反馈信号应正确。

6.9.4.2 检查方法如下:

(1)查看每个送风阀安装是否牢固,有无损伤。

(2)对每个楼梯间或前室的送风阀,手动、电动开启,手动复位,查看动作和信号反馈是否正确。

6.9.5 系统功能。

6.9.5.1 检查内容如下:

(1)机械加压送风系统应能自动和手动启动相应区域的送风阀、送风机,并向火灾报警控制器反馈信号。

(2) 送风口的风速应符合规范要求。

(3) 防烟楼梯间、前室、合用前室、消防电梯前室和避难层(间)的余压值应符合规范要求。

6.9.5.2　检查方法如下：

(1) 自动状态下,分别触发两只相关火灾探测器或一只火灾探测器和一只手动报警按钮,查看相应区域送风阀和送风机的动作情况,消防控制室是否显示火灾报警、送风阀和送风机的动作信号;在消防控制室手动开启送风阀和送风机,观察送风阀和送风机是否启动,消防控制室是否显示送风阀和送风机的动作反馈信号。

(2) 采用数字风速计测量并记录送风口的风速。

(3) 采用数字微压计,在保护区域的顶层、中间层及最下层,测量防烟楼梯间、前室、合用前室、消防电梯前室和避难层(间)的余压。

6.10　机械排烟系统

6.10.1　机械排烟风机控制柜。

6.10.1.1　检查内容如下：

(1) 机械排烟风机控制柜应有注明系统名称和编号的标志。

(2) 机械排烟风机控制柜应有双电源供电,指示灯显示应正常。

(3) 机械排烟风机控制柜应有手动、自动切换装置。

6.10.1.2　检查方法如下：

(1) 查看每台机械排烟风机控制柜有无注明系统名称和编号的标志。

(2) 查看每台机械排烟风机控制柜的供电是否设置主、备电源自动切换装置,触发按钮,启停每台风机,查看仪表及指示灯显示是否正常。

(3) 查看每台机械排烟风机控制柜是否有手动、自动切换装置。

6.10.2　排烟风机。

6.10.2.1　检查内容如下：

(1) 排烟风机的铭牌清晰,并有注明名称和编号的标志。

(2) 排烟风机现场、远程启停正常,启动运转平稳,旋转方向正确,消防控制室应能显示风机的工作状态。

6.10.2.2　检查方法如下：

(1) 查看每台排烟风机的铭牌,并检查有无注明系统名称和编号标志。

(2) 现场手动或控制室远程手动启、停每台排烟风机,查看风机叶轮旋转方向是否正确,有无异常,控制器的信号反馈是否正常。

6.10.3　排烟道。

6.10.3.1　检查内容如下：风机和排烟道的软连接应严密完整,排烟道无破损、变形、锈蚀。

6.10.3.2　检查方法如下：查看每台风机和排烟道的软连接是否严密完整,查看非隐蔽排烟道是否存在破损、变形、锈蚀等情况。

6.10.4　排烟口、排烟阀、排烟防火阀、防火阀、电动排烟窗。

6.10.4.1　检查内容如下：

(1) 排烟口、排烟阀、排烟防火阀、防火阀和电动排烟窗应安装牢固;排烟口距可燃构件或可燃物的距离不应小于1.00 m。

(2) 排烟口、排烟阀、排烟防火阀、防火阀和电动排烟窗开启与复位操作灵活可靠,关闭时应严密,反馈信号应正确。

(3) 除常开的阀(口)外,现场应设置手动控制装置。

6.10.4.2　检查方法如下：

(1) 查看每个排烟口、排烟阀、排烟防火阀、防火阀和电动排烟窗安装是否牢固。排烟口附近是否有可燃构件或可燃物。

(2) 在控制室或现场手动、电动开启每个排烟口、排烟阀、排烟防火阀、防火阀和电动排烟窗,手动复位,查看动作和反馈信号是否正确。

(3) 除常开的阀(口)外,查看现场是否设置手动控制装置。

6.10.5 系统功能。

6.10.5.1 检查内容如下:

(1) 机械排烟系统应能自动和手动启动相应区域排烟阀、排烟风机,并向火灾报警控制器反馈信号。

(2) 机械排烟系统中,当任一排烟口(排烟阀)开启时,排烟风机应能自动启动。

(3) 排烟口的风速、排烟量应符合设计要求。

(4) 当通风与排烟合用风机时,应自动切换到高速运行状态。

(5) 电动排烟窗系统,应具有直接启动或联动控制开启功能。

6.10.5.2 检查方法如下:

(1) 自动状态下,分别触发两只相关火灾探测器或一只火灾探测器和一只手动报警按钮,查看相应区域排烟阀和排烟风机的动作情况,消防控制室是否显示火灾报警、排烟阀和排烟风机的动作信号;在消防控制室手动开启排烟阀和排烟风机,观察送风阀和送风机是否启动,消防控制室是否显示排烟阀和排烟风机的动作反馈信号。

(2) 手动开启排烟口(排烟阀),查看排烟风机能否自动启动,火灾报警控制器能否显示排烟风机和排烟阀状态。

(3) 采用风速仪,测量排烟风口的风速,并按公式(I)计算排烟量:

$$L = 3\,600 V_p \cdot F \tag{I}$$

式中 L——排烟量的数值,单位为立方米每小时(m^3/h);

V_p——排烟口平均风速的数值、单位为米每秒(m/s);

F——排烟口的有效面积的数值,单位为平方米(m^2)。

(4) 当通风与排烟合用风机时,火灾确认后,查看风机是否能够自动切换到高速运行状态。

(5) 分别触发两个相关的火灾探测器或触发手动报警按钮,查看相应区域电动排烟窗动作情况及反馈信号。

6.11 消防应急照明及疏散指示系统

6.11.1 消防应急照明。

6.11.1.1 检查内容如下:

(1) 消防应急照明灯具安装应牢固、无遮挡,状态指示灯正常。

(2) 消防应急照明灯具应急转换时间不大于5 s。

(3) 疏散照明的地面最低水平照度应符合规范要求。

6.11.1.2 检查方法如下:

(1) 按楼层或防火分区逐个查看消防应急照明灯具安装是否牢固、是否被遮挡,状态指示是否正常。

(2) 每层或每个防火分区随机抽取一台消防应急照明灯具,用秒表测试并记录应急照明灯具应急转换时间。

(3) 模拟火灾状态,火灾自动报警系统自动切断非消防电源,消防应急照明灯被点亮后,使用照度计测量两个消防应急照明灯之间地面中心的照度;对配电室、消防控制室、消防水泵房、防烟排烟机房、消防用电的蓄电池室、自备发电机房和电话总机房以及发生火灾时仍需坚持工作的其他房间,使用照度计测量正常照明时的工作面照度;切断正常照明后,测量应急照明时工作面的最低照度。

6.11.2 疏散指示标志。

6.11.2.1 检查方法如下:

(1) 疏散指示标志应安装牢固、无遮挡,指示方向明显清晰。

(2) 安全出口标志和疏散指示标志设置应符合规范要求。

(3) 灯光疏散指示标志的状态灯应正常,地面中心照度应符合规范要求。

6.11.2.2 检查方法如下:

(1) 检查疏散指示标志安装是否牢固、有无遮挡,疏散指示方向是否正确清晰。

(2) 查看安全出口标志设置位置,用卷尺测量并记录设置高度、间距。

(3) 切断正常供电电源,在灯光疏散指示标志前通道中心处,用照度计测量地面照度;灯前通道地面中心的照度不应低于 1.0 lx;关闭正常照明,查看灯光疏散指示标志的发光情况,用照度计测试照度。

6.12 消防应急广播系统

6.12.1 扩音机。

6.12.1.1 检查内容如下:仪表、指示灯显示正常,开关和控制按钮动作灵活。监听功能正常。

6.12.1.2 检查方法如下:查看仪表、指示灯显示是否正常,开关和控制按钮是否灵活。用话筒播音,检查监听效果。

6.12.2 扬声器。

6.12.2.1 检查内容:安装牢固、外观完好,音质清晰。

6.12.2.2 检查方法:查看外观,听音质。

6.12.3 系统功能。

6.12.3.1 检查内容如下:

(1) 应能用话筒播音。

(2) 应在火灾报警后,按设定的控制程序自动启动消防应急广播。

(3) 播音区域应正确、音质清晰。

(4) 环境噪声大于 60 dB 的场所,消防应急广播应高于背景噪声 15 dB。

6.12.3.2 检查方法如下:

(1) 在消防控制室用话筒对所有区域播音,检查音响效果。

(2) 自动控制方式下,分别触发两个相关的火灾探测器或触发手动报警按钮后,核对启动消防应急广播的程序和区域,检查音响效果。

(3) 公共广播扩音机处于关闭和播放状态下,自动和手动强制切换消防应急广播。

(4) 用声级计测试启动消防应急广播前的环境噪声,当大于 60 dB 时,重复测量启动消防应急广播后扬声器播音范围内最远点的声压级,并与环境噪声对比。

6.13 消防专用电话

6.13.1 检查内容如下:

(1) 消防水泵房、发电机房、高低压配电室、防排烟机房和消防电梯等应设消防专用电话。

(2) 消防专用电话分机应以直通方式呼叫。

(3) 消防控制室应能接受插孔电话的呼叫,通话音质清晰。

(4) 消防控制室、消防值班室、企业消防站等处应设置可直接报警的外线电话。

6.13.2 检查方法如下:

(1) 查看消防水泵房、发电机房、高低压配电室、防排烟机房和消防电梯等是否设置消防专用电话。

(2) 分别用消防专用电话通话,检查通话效果。

(3) 每个楼层选择一个电话插孔,用插孔电话呼叫消防控制室,检查通话效果。

(4) 查看消防控制室、消防值班室或企业消防站等处的外线电话。

6.14 防火分隔设施

6.14.1 防火门。

6.14.1.1 检查内容如下：

(1) 组件及标识齐全完好，应启闭灵活、关闭严密。

(2) 防火门应能自动闭合，双扇防火门应按顺序关闭；关闭后应能从内、外两侧人为开启。

(3) 常开防火门，应在火灾报警后自动关闭并反馈信号。

(4) 设置在疏散通道上、并设有出入口控制系统的防火门，应能自动和手动解除出入口控制系统。

6.14.1.2 检查方法如下：

(1) 检查每扇防火门外观，组件及标识是否齐全，检查密封条是否完好。

(2) 开启每扇常闭防火门，查看自行关闭效果，检查双扇门的关闭顺序；关闭后，分别从内外两侧开启。

(3) 对常开防火门，模拟火灾报警，查验常开防火门在接收到控制信号后是否自动关闭，消防控制室是否显示其反馈信号。

(4) 对疏散通道上设有出入口控制系统的防火门，自动或远程手动输出控制信号，查看出入口控制系统的解除情况及反馈信号。

6.14.2 防火卷帘。

6.14.2.1 检查内容如下：

(1) 防火卷帘组件及标识齐全完好，紧固件应无松动现象。

(2) 现场手动、远程手动、自动控制及温控释放功能应正常，关闭时严密；运行时应平稳顺畅、无卡涩现象。

(3) 安装在疏散通道上的防火卷帘，应在一个相关探测器报警后下降至距地面 1.8 m 处停止；另一个相关探测器报警后，卷帘应继续下降至地面，并向火灾报警控制器反馈信号。

(4) 仅用于防火分隔的防火卷帘，火灾确认后，应直接下降至地面，并应向火灾报警控制器反馈信号。

6.14.2.2 检查方法如下：

(1) 查看每套防火卷帘外观，检查组件及标识是否齐全。

(2) 在消防控制室，手动远程控制防火卷帘，查看运行情况和反馈信号；使用防火卷帘两侧升降按钮分别操作卷帘升降查看卷帘运行情况，在控制室查看反馈信号情况；现场测试温控释放功能，检查卷帘能否自动降落；

(3) 在自动状态下，模拟火灾信号（触发烟、温探测器或手动报警按钮），观察疏散通道和防火分隔处所有防火卷帘是否下降，自动下降程序是否符合要求，有无反馈信号。

6.14.3 电动防火阀。

6.14.3.1 检查内容如下：

(1) 电动防火阀应完好无损，开启与复位灵活可靠，关闭时应严密。

(2) 电动防火阀应在相关火灾探测器动作后自动关闭并反馈信号。

6.14.3.2 检查方法如下：

(1) 查看每个电动防火阀是否完好，开启与复位是否灵活，关闭时是否严密。

(2) 按照每个防火分区，在自动状态下，分别触发两个相关的火灾探测器，查看电动防火阀动作情况和反馈信号，并复位。

6.15 消防电梯

6.15.1 检查内容如下：

(1) 首层的消防电梯迫降按钮，应用透明罩保护，当触发按钮时，能控制消防电梯下降至首层，此时其他楼层按钮不能呼叫控制消防电梯，只能在轿厢内控制。

(2) 轿厢内的专用对讲电话应正常。
(3) 从首层到顶层的运行时间不应超过 60 s。
(4) 联动控制的消防电梯,由消防控制设备手动和自动控制电梯回落首层,并接收反馈信号。

6.15.2 检查方法如下:

(1) 触发首层的迫降按钮,查看消防电梯运行情况。
(2) 在轿厢内用专用对讲电话通话,并控制轿厢的升降。
(3) 用秒表测量自首层升至顶层的运行时间,不应大于 60 s。
(4) 具有联动功能的消防电梯,分别触发两个相关的火灾探测器,查看电梯的动作情况和反馈信号;触发消防控制设备远程控制按钮,重复试验。

6.16 消防设施联动控制功能

6.16.1 检查内容如下:消防设施的联动控制功能应满足规范要求。

6.16.2 检查方法如下。

将火灾报警控制器或联动控制器处于自动状态,选择任一楼层或防火分区模拟火灾确认状态,即测试同一区域内的两个火灾探测器或一个火灾探测器和一个手动报警按钮,查看下列内容:

(1) 相关区域声光报警器是否鸣响。
(2) 相关区域消防应急广播系统是否启动。
(3) 该区域的非消防电源是否被切断。
(4) 该区域应急照明及疏散指示系统是否启动。
(5) 区域内的消防电梯是否迫降。
(6) 该区域的机械加压送风系统是否启动。
(7) 该区域的机械排烟系统是否被启动。
(8) 该区域常开防火门是否关闭。
(9) 该区域防火卷帘是否动作到位。
(10) 该区域电动防火阀是否关闭。
(11) 涉及疏散的电动栅栏及门禁系统是否开启。
(12) 火灾报警控制器或联动控制器是否接收并显示上述相关消防系统动作的反馈信号。

6.17 灭火器

6.17.1 检查内容如下:

(1) 每个计算单元配置的灭火器数量和类型应符合《建筑灭火器配置设计规范》(GB 50140)要求。
(2) 灭火器应设置在位置明显和便于取用的地点,且不得影响安全疏散。
(3) 对有视线障碍的灭火器设置点,设置指示其位置的发光标志。
(4) 灭火器的摆放稳固,其铭牌应朝外;手提式灭火器宜设置在灭火器箱内或挂钩、托架上;灭火器箱不得上锁。
(5) 灭火器设置在潮湿或强腐蚀性的地点或室外时,应有相应的保护措施。
(6) 灭火器应在有效期和报废年限内;二氧化碳灭火器重量应与铭牌标示一致。
(7) 灭火器铭牌或灭火器维修合格证应清晰,无残缺。
(8) 灭火器筒体应无明显锈蚀和凹凸等损伤,手柄、插销、铅封和压力表等组件应齐全完好,无松动、脱落或损伤。
(9) 喷射软管应完好,无龟裂;喷嘴无堵塞。
(10) 压力表指针应在绿色区域范围内。

6.17.2 检查方法如下:

(1) 按照《建筑灭火器配置设计规范》(GB 50140)要求,查看灭火器数量和类型是否符合要求。

(2) 查看灭火器是否设置在位置明显和便于取用的地点,是否影响安全疏散。

(3) 对有视线障碍的灭火器设置点,是否设置指示其位置的发光标志。

(4) 查看灭火器的摆放是否稳固,铭牌是否朝外;对设置在灭火器箱内或挂钩、托架上的手提式灭火器,灭火器箱是否方便开启,采用钢卷尺测量顶部离地面高度和底部离地面高度是否符合要求。

(5) 对设置在潮湿或强腐蚀性的地点或室外的灭火器,查看是否有相应的保护措施。

(6) 查看灭火器铭牌确认灭火器是否在有效期和报废年限内;对二氧化碳灭火器进行称重核查是否与铭牌标示重量一致。

(7) 查看灭火器铭牌或灭火器维修合格证是否清晰,无残缺;灭火剂的种类、充装压力、总质量、灭火级别、制造厂名、出厂日期和维修日期等标志是否齐全、清晰。

(8) 查看灭火器筒体是否有明显锈蚀和机械损伤,查看手柄、插销、铅封和压力表等组件是否齐全完好,无松动、脱落或损伤。

(9) 查看灭火器喷射软管是否完好,有无龟裂;喷嘴有无堵塞。

(10) 查看压力表指针是否在绿色区域范围内。

(11) 检查完毕后,在每具灭火器明显部位粘贴检查合格标志(检查合格标志由技术服务机构自行印制),并在检查合格标志上加盖执业印章。

6.18 其他消防设施设备的检查

对民用、工业建筑和特殊场所涉及的其他消防设施设备,按照相关建筑消防技术标准进行评估。

七、消防安全管理评估

7.1 消防工作组织

7.1.1 消防工作组织机构、人员及其职责。

7.1.1.1 检查内容如下:

(1) 单位以正式文件形式,确定消防安全责任人、消防安全管理人,设置或者确定消防工作归口管理部门,明确各级、各部门、各岗位消防安全职责,确定各级、各部门、各岗位消防安全负责人。

(2) 共有(用)建筑的产权单位、使用单位书面明确各方消防安全管理责任,以及确定责任人对共用的疏散通道、安全出口、建筑消防设施和消防车通道进行统一管理。

7.1.1.2 检查方法如下:

(1) 查阅单位明确消防安全责任的文件,核实是否逐级、逐部门、逐岗位明确消防安全责任人及其职责;询问各业务部门相关人员是否清楚本部门和本职岗位的消防安全责任。

(2) 对共有(用)建筑,查阅产权单位、使用单位、统一管理单位之间签订的相关文件资料,现场提问相关负责人,核查是否明确各自的消防安全管理职责。

7.1.2 消防安全责任人、管理人。

7.1.2.1 检查内容如下:

(1) 单位消防安全责任人按照《机关、团体、企业、事业单位消防安全管理规定》(公安部令第61号)履行职责情况。

(2) 消防安全管理人按照《机关、团体、企业、事业单位消防安全管理规定》(公安部令第61号)履行职责情况。

7.1.2.2 检查方法如下:

(1) 查阅有关文件、工作记录、会议记录和经费投入凭证等,现场询问消防安全责任人职责和单位消防安全情况,核查逐级消防安全责任、消防经费投入、督促整改火灾隐患、建立专职(志愿)消防队、制订灭火和应急疏散预案、配备消防控制室值班人员等工作落实情况。

(2) 查阅有关文件、工作记录、会议记录等,现场提问消防安全管理人(单位没有消防安全管理人的,提问消防安全责任人)职责内容,核查年度消防工作计划、消防安全制度、组织防火检查、整改火灾隐患、维护保养消防设施、管理专职(志愿)消防队、开展消防宣传培训、组织灭火和应急疏散演练、开展消防工作考评奖惩、重点部位管理等工作落实情况。

7.1.3 消防工作归口管理部门。

7.1.3.1 检查内容如下：

(1) 单位设置或者确定消防工作归口管理部门,确定专职或兼职消防管理人员。

(2) 消防工作归口管理部门和专兼职消防管理人员依法履行职责情况。

7.1.3.2 检查方法如下：

(1) 查阅单位设置或确定消防工作归口管理部门、专职或兼职消防管理人员及其工作职责的文件,通过查阅防火巡查检查、建筑消防设施巡查、消防安全教育培训、火灾隐患整改、灭火和应急疏散演练、建筑消防设施维护保养、消防工作考评奖惩等工作记录,核实其履行职责情况。

(2) 现场提问至少2名专(兼)职消防管理人员,核查是否清晰了解本单位消防安全整体情况、是否掌握岗位职责、是否清楚工作流程。

7.2 消防安全制度

7.2.1 检查内容如下：

(1) 单位按照《机关、团体、企业、事业单位消防安全管理规定》(公安部令第61号),结合本单位消防安全实际需要,建立健全各项消防安全制度和保障消防安全的工作规程,并公布实施。

(2) 各项消防安全制度和保障消防安全的工作规程执行落实情况。

7.2.2 检查方法如下：

(1) 查阅单位是否以文件形式发布各项消防安全制度,核查各项制度是否符合本单位消防安全实际情况,是否具有针对性和可操作性。

(2) 对照每项工作制度,查阅相关工作记录,现场提问至少2名相关岗位人员,核查是否清楚本岗位的消防安全制度、是否落实制度相关规定。

7.3 防火检查巡查及隐患整改

7.3.1 防火检查。

7.3.1.1 检查内容如下：

(1) 单位定期开展防火检查情况(机关、团体、事业单位至少每季度进行1次,其他单位至少每月进行1次)。

(2) 防火检查的内容、工作记录、人员签字等。

(3) 防火检查发现问题的处置和整改情况。

7.3.1.2 检查方法如下：

(1) 查阅单位近2次的防火检查记录,现场提问至少2名防火检查人员,核实检查频次、检查内容、人员签名等。

(2) 针对防火检查发现的消防安全问题,跟踪查阅并现场核实整改情况。

7.3.2 防火巡查。

7.3.2.1 检查内容如下：

(1) 单位开展每日防火巡查情况(公众聚集场所营业期间至少每2 h巡查1次,医院、老年人照料设施、寄宿制学校、托儿所和幼儿园开展夜间防火巡查)。

(2) 防火巡查的内容、工作记录、人员签字等。

(3) 防火巡查发现问题的处置和整改情况。

7.3.2.2 检查方法如下：

(1) 查阅单位近2个月的每日防火巡查记录,与现场评估发现的问题相比对,核实单位巡查人员是否及时发现并处置。

(2) 现场提问至少 2 名防火巡查人员,核实巡查频次、巡查内容是否符合规定,对巡查发现的消防安全问题是否妥善处置。

7.3.3 火灾隐患整改。

7.3.3.1 检查内容如下:

(1) 火灾隐患整改处置程序制订情况(包括对火灾隐患的认定,确定整改措施、期限以及负责整改的部门、人员,整改资金落实等)。

(2) 火灾隐患未消除之前相应防范措施制订和落实情况。

(3) 火灾隐患整改有关档案资料的建立、更新和归档情况。

7.3.3.2 检查方法如下:

(1) 查阅单位火灾隐患整改处置程序,核实其内容是否齐全、程序是否完整。

(2) 结合现场检查和查阅资料,核实是否采取相应防范措施,保障隐患部位安全。

(3) 从日常防火检查、巡查记录中抽查隐患,查看其整改是否按照制度规定的程序、时限实施,并现场核查隐患整改效果。

7.4 消防安全宣传教育和培训

7.4.1 检查内容如下:

(1) 开展常态化消防安全宣传教育情况。

(2) 消防安全重点单位定期开展员工消防安全培训(对每名员工至少每年进行 1 次,公众聚集场所至少每半年进行 1 次)。

(3) 消防安全重点单位组织员工上岗前消防安全培训情况。

(4) 消防安全责任人、消防安全管理人、专(兼)职消防管理人员和消防控制室值班操作人员接受消防安全专门培训情况。

(5) 消防安全培训记录和影像资料建档情况。

7.4.2 检查方法如下:

(1) 查阅单位消防宣传教育培训制度和培训记录、影像资料等,核查实施频次、培训内容是否符合规定要求,核实消防安全责任人和管理人、专(兼)职消防安全管理人员、自动消防系统操作人员是否经过专门培训,员工上岗前是否经过培训。

(2) 通过问卷调查、现场提问、实地操作等形式,按照一定的比例(员工总数在 100 人以上的,抽查不同部门、岗位的员工总数不少于 20 人;员工总数不足 100 人的,抽查不同部门、岗位的员工总数不少于 10 人,少于 10 人的全数调查),了解员工消防安全教育培训实效。

7.5 安全疏散设施管理

7.5.1 检查内容如下:

(1) 消防通道是否保持畅通,有无堆放杂物、占用消防通道现象。

(2) 安全出口是否保持畅通,有无锁闭、封堵等现象。

(3) 常闭式防火门是否处于关闭状态。

(4) 建筑外窗、疏散通道是否设置影响疏散逃生的广告牌、铁栅栏等障碍物。

7.5.2 检查方法如下:

实地检查单位所有的消防通道、安全出口、防火门等场所设施。

7.6 消防控制室管理

7.6.1 检查内容如下:

(1) 消防控制室值班、火灾事故应急处置、消防控制设备故障处置等制度规程的制订和落实情况。

(2) 消防控制室值班操作人员持相应技能等级的消防职业资格证书,以及掌握消防设施操作和应急处置规程情况。

(3) 消防控制室值班记录表、建筑消防设施故障维修记录表等工作记录的填写、更新、归档情况。

7.6.2　检查方法如下:

(1) 查阅消防控制室相关制度规定,核查制度内容、应急程序和消防安全管理资料内容是否符合《消防控制室通用技术要求》(GB 25506)和《建筑消防设备的管理及维护措施》(GB 25201)的规定。

(2) 比对设备火警、故障信息与相应运行记录,检查火警信息和设备故障是否及时登记,并按照规定进行处置。

(3) 检查消防控制室人员排班表和值班记录,核实是否落实 24 h 双人值班要求。

(4) 检查值班操作人员职业资格证书。

(5) 模拟火警信号,现场测试值班人员的设施操作和应急处置技能。

7.7　用火用电消防安全管理

7.7.1　检查内容如下:

(1) 用火、用电安全管理责任部门、责任人和职责的确定,以及安全操作规程制订情况。

(2) 用火审批制度落实情况。

(3) 用火用电审批、记录及有关材料的填写、更新和归档情况。

7.7.2　检查方法如下:

(1) 查阅单位用火用电安全管理相关制度、职责和安全操作规程。

(2) 查看用火审批工作记录。

(3) 结合现场检查,核查有无违规用火用电情况。

7.8　消防安全重点部位管理

7.8.1　检查内容如下:

(1) 确定消防安全重点部位,针对不同部位火灾危险性,制订相应管理要求、安全操作规程和事故应急处置操作程序。

(2) 将内部火灾、爆炸危险源确定为消防安全重点部位。

(3) 消防安全重点部位的值守、巡查和安全操作规程落实情况。

(4) 易燃易爆危险品的储存、出入库登记、使用等情况。

7.8.2　检查方法如下:

(1) 现场检查,核实单位确定重点部位是否有遗漏,防火标志是否设置清晰,值班人员是否在位,是否制订有针对性的消防安全管理措施。

(2) 查阅防火巡查和检查记录、事故处置记录及有关材料,核实日常防火巡查、检查是否落实,是否存在违规操作现象,是否及时发现和整改火灾隐患。

(3) 现场提问各重点部位至少 2 名员工,核查是否掌握安全操作规程和事故应急处置程序。

7.9　专职和志愿消防队

7.9.1　检查内容如下:

(1) 依法建立专职或志愿消防队。

(2) 建立并落实专职或志愿消防队定期例会、业务培训、训练演练和队员考核等制度。

(3) 专职或志愿消防队人员组成和装备器材配备,以及消防业务学习和灭火技能训练情况。

(4) 与附近消防救援、专职、志愿消防队联动机制建立及落实情况。

(5) 单位专职消防队定期向辖区消防救援机构报告消防训练和演练情况。

7.9.2　检查方法如下:

(1) 现场检查,核实专职或志愿消防队人员组成和装备配备是否满足规定要求。

(2) 查阅定期例会、业务培训、日常训练和队员考核等相关资料。

(3) 查看专职或志愿消防队演练记录,核实是否定期组织演练,是否联合附近消防救援专职、志愿消防队共同进行。

(4) 现场模拟火情,实地测试专职或志愿消防队员灭火技能掌握情况,以及附近消防救援专职、志愿消防队联动情况。

7.10 灭火和应急疏散预案演练管理

7.10.1 检查内容如下:

(1) 灭火和应急疏散预案制订及定期修订情况。

(2) 灭火和应急疏散预案演练的责任部门、责任人和职责确定情况。

(3) 灭火和应急疏散预案定期演练制度落实情况(消防安全重点单位至少每半年进行1次,其他单位至少每年组织1次)。

(4) 灭火和应急疏散预案演练记录、影像资料等更新和归档情况。

7.10.2 检查方法如下:

(1) 查阅单位灭火和应急疏散预案,检查其内容是否符合单位消防安全实际,是否结合单位情况变化和演练发现的问题及时进行修订。

(2) 查阅最近2次组织演练的工作计划、文字记录、影像视频等档案资料,核查责任部门、责任人职责落实情况,演练频次是否符合规定。

(3) 随机询问相关岗位员工是否熟练掌握灭火和应急疏散程序。

(4) 模拟警情,现场组织全面或局部灭火和应急疏散预案演练,检验演练实效(可结合专职和志愿消防队检查同步实施)。

4.4 仪器设备操作规程示例

仪器设备操作规程

一、电子秒表

1 设备参数

量程15 min,精度±0.1 s。

2 使用方法

2.1 按 MINUTE 键设置"分"的长短。

2.2 按 SECOND 键设置"秒"的长短。

2.3 按 START/STOP 键,开始或者停止倒计时。

2.4 同时按 M 和 S 键,归0,重新设定时间。

2.5 当设定的时间结束,到0的时候连续发出"滴滴、滴滴……"的警报声,提示您设定的时间已经到了。

2.6 按 MINUTE 或 SECOND 键结束警报声,时间归0;按 START/STOP 结束警报声,并回复到初始设定时间。

3 日常维保

3.1 保持电池定期更换,一般在显示变暗时即可更换,不要等电子秒表的电池耗尽再更换。

3.2 电子秒表平时放置的环境要干燥、安全,做到防潮、防震、防腐蚀和防火等工作。

3.3 避免在电子秒表上放置物品。

3.4 在没有把握的情况下,不要随意打开电子秒表,应送专业人士进行维修。

4 注意事项

4.1 使用前一定要进行验表,主要看按键是否有问题,记录的时间是否准。

4.2 按键时尽量用正确的角度和适合的力量,不要在按钮的边缘或斜角度按压,避免卡住或损坏按钮。

二、游标卡尺

1 设备参数

量程 150 mm,精度±0.02 mm。

2 使用方法

2.1 打开数显卡尺电源,按下"ON/OFF"键,此时显示屏会显示"0.00",即为初始值。

2.2 将数显卡尺的测头放置在需要测量的物体上,注意测头要与物体表面接触,避免测量误差。

2.3 移动数显卡尺的另一端,使其与物体的另一侧接触,并保持水平状态,此时显示屏上会显示出测量结果,可以记录下来。

2.4 如果需要连续测量多个物体的尺寸,可以按下"ZERO"键,将当前值设为零,然后再进行下一次测量,此时显示屏上会显示出相对数值,即为相对于零点的测量值。

2.5 使用完毕后,按下"ON/OFF"键关闭电源。

3 日常维保

数显卡尺不宜在潮湿、接触水或导电粉尘等环境下使用。使用前,用无水干净的软布擦净尺身表面。

4 注意事项

4.1 使用前要归零,否则影响准确性。

4.2 数显卡尺为高精度物品,请轻拿轻放。

三、电子秤

1 设备参数

量程 30 kg,精度±1 g。

2 使用方法

2.1 将电子秤放在坚硬、平整的表面上,以确保测量的准确性。

2.2 通过轻触开机按钮来启动,等待电子秤显示归零信号。

2.3 将要称量的物体轻放在电子秤的称量平台上,确保物体均匀平衡地放置在上面。

2.4 当电子秤的读数稳定后,读取显示的重量数值。

2.5 使用完毕后,关闭电子秤。

3 日常维保

3.1 搬运时务必小心轻放,避免强烈震动,避免冲击或撞击。

3.2 储存时不要存放在阳光直射或淋雨的地方。

4 注意事项

4.1 避免将电子秤放置在不稳定或不平衡的位置上。

4.2 在测量过程中避免在电子秤周围制造震动和振动。

4.3 避免将物体从高处直接放置在电子秤上,以免对电子秤产生冲击和损坏。

四、激光测距仪

1 设备参数

量程 50 m,精度±3 mm。

2 使用方法

2.1 按动"电源键"打开激光测距仪,仪器默认进入单段距离测量模式。

2.2 仪器默认的测量基准为该仪器的尾端。反复按动"测量基准切换键"可以在仪器的三脚架螺母位置、仪器的前端、仪器的延伸杆及仪器的尾端进行基准切换设置,下次测量将以用户设定的基准位置开始。关机后,测量基准自动还原为仪器的尾端。

2.3 按动单位转换键可以进行测量单位切换,从"米"到"毫米"到"十进制英尺"到"分数英尺"到"十进制英寸"再到"分数英寸"循环切换。

2.4 手握机器放置在准备测量的起始点,按"测量键"打开激光,将激光瞄准想要测量的目标,再按一次"测量键"进行测量。

2.5 按"电源键"打开激光测距仪,仪器自动进入单段距离测量模式。按"测量键"打开激光,激光指示图标从下向上闪烁,将激光束瞄向所要测量的目标。再按一次"测量键"进行测量,测量结果以大字体显示在屏幕的最下方。测量结束后激光自动关闭。

2.6 按住"电源键"约2 s关闭仪器。如在5 min内没有对仪器进行操作,仪器将自动关闭以节省电池电量。

3 日常维保

3.1 使用本仪器时要远离沙尘和潮湿环境,清理本仪器时可以使用干净的软布以清水蘸湿挤干后擦拭,不得使用腐蚀或挥发性物质来清理仪器。

3.2 光学部件只能用干净的软布或棉签用蒸馏水蘸湿挤干后擦拭。

3.3 不要用手触摸本仪器的镜头。

3.4 定期检查仪器内装的电池电量,长时间不使用本仪器时要将电池取出。

3.5 当屏幕上电量指示图标显示为空时要更换电池。

4 注意事项

4.1 测量时不要将本激光测距仪指向太阳或其他强光源,这样会使测量出错,或测量不准确。

4.2 不要在潮湿、沙尘等恶劣环境下使用本产品,长时间在恶劣环境下使用会损坏本激光测距仪的内部器件或导致测量数据不准确。

4.3 将本激光测距仪从一个环境带到另一个环境时,如两个环境的温差很大,请待仪器温度与环境温度大体一致后再使用。

4.4 本激光测距仪在测量浅色液体(如:水)、透明玻璃聚苯乙烯泡沫塑料,或者其他类似半透明、低密度的物质时会导致错误。

五、数字照度计

1 设备参数

量程2 000 lx,精度±5%。

2 使用方法

2.1 打开电源。

2.2 选择适合的测量档位。

2.3 打开光检测罩,并将光检测器正面对准待测光源。

2.4 读取照度表LCD测量值。

2.5 读取测量值时,如最高位数显示"1"即表示过载,应立刻选择较高档位测量。

2.6 数据保持开关,将开关拨至HOLD,LCD显示符号"H",且显示值被锁定,将开关拨至ON,则可取消读数锁定功能。

2.7 测量工作完成后,请将光检测器罩好,关闭仪表电源。

3 日常维保

光检测器的灵敏度会因使用条件或时间而降低,建议您对仪表做定期校正,以维持基本精确度。

4 注意事项

4.1 请勿在高温、高湿场所下测量。

4.2 使用时,光检测器须保持清洁。

六、数字声级计

1 设备参数
量程30～130 dB,精度±1.5 dB。

2 使用方法
2.1 按一下电源开关键开机,再按则关机。

2.2 按电源开关键后,进入默认测量模式,仪器显示的数值就是A计权声强级LP。

2.3 若当前的测量实际声级低于30 dB,屏幕会显示"UNDER";若当前的测量实际声级高于130 dB,屏幕会显示"OVER",表明当前声级量已超过本机测量范围。

2.4 开机默认的时间加权为"FAST"。测量声级时,如上下起伏较大,可按一下"FIS",转换为"SLOW"。

2.5 测量过程中,按"MAX"键可测量最大噪声量,屏幕会显示"LMAX"字样。

2.6 测量过程中,按"HOLD"键,则保持当前测量数据不动,屏幕会显示"HOLD"字样。

3 日常维保
3.1 当长时间不使用本机时,请将电池仓内的电池取出,以免电池漏液后腐蚀电池盒及电池极片。

3.2 开机后,LCD屏幕上出现电量不足符号时,请及时更换电池。

3.3 酒精、稀释液等对机壳,尤其是对LCD视窗有腐蚀作用,所以清洁机壳时用少量水轻轻擦拭即可。

4 注意事项
4.1 不要将本仪器存放在以下环境中:可能被水溅湿或有高度灰尘的地方;高浓度盐或硫磺的空气中;带有其他气体或化学物质的空气中;高温、高湿度或阳光直射的地方。

4.2 严禁碰撞、潮湿等。

七、数字风速计

1 设备参数
量程0～45 m/s,精度±3%。

2 使用方法
2.1 按主机"开关"键开机,屏幕全显示1 s后进入当前风速、风温测量画面。

2.2 按"UNIT"键,风速单位会在m/s、km/h、ft/min、knots、mph之间转换。

2.3 手持风速计,按风速传感器内箭头指示的方向,将风速传感器对准出风口,保持风速传感器与出风口垂直(注意不要挤压风速传感器,否则将导致风速传感器损坏或测量不准)。

2.4 等待大约2 s使数据稳定。

2.5 在风速的测量过程中,按"MODE"键可测风速的最大(MAX)、最小值(MIN)和平均值(AVG),再按"MODE"键可退出。

2.6 在风速的测量过程中,按"HOLD"键可锁定数据,再按"HOLD"键可解除。

3 日常维保
3.1 当长时间不使用本机时,请将电池仓内的电池取出,以免电池漏液后腐蚀电池盒及电池极片。

3.2 不能使用酒精、稀释液等清洗机壳,会对LCD屏幕有腐蚀作用,所以清洗机壳只需用少量清水轻轻擦拭即可。

4 注意事项
请不要把本仪器放置在以下环境中:可能被水溅湿或高度灰尘的地方;高浓度盐或硫磺的空气中;

带有其他气体或化学物质的空气中；高温、高湿度（大约50℃，90%）或阳光直射的地方。

八、消火栓测压接头

1　设备参数

压力表量程0～1.6 MPa，精度1.6级。

2　使用方法

2.1　将消火栓测压接头连接到消火栓栓口。

2.2　安装好压力表，并调整压力表检测位置使之竖直向上。

2.3　在消火栓测压接头出口处装上端盖。

2.4　缓慢打开消火栓阀门，压力表显示值为消火栓栓口的静水压(MPa)。

2.5　打开消火栓阀门放水，此时不应压折水带，压力表显示的水压即为消火栓栓口的水压力。

2.6　测量完成后，关闭消火栓阀门，旋松压力表，使消火栓测压接头内的水压泄掉，再取下端盖。

3　日常维保

消火栓测压接头使用后，应将水擦净放回。

4　注意事项

4.1　测量时，特别是在测量栓口静压时，开启阀门应缓慢，避免压力冲击而损坏检测装置。

4.2　静压测量完成后，折下端盖缓慢旋下端盖泄压。

4.3　测量出口压力和充实水柱时，应注意水带不应有弯折。

九、接地电阻测量仪

1　设备参数

量程0～1 000 Ω，精度±2%。

2　使用方法

2.1　使用前，请先确定使用测试线。产品标配两组测试线，长线组和短线组。在使用前先对测试线进行零点校准(因测试线都有内阻)，出厂默认短线组为零点校准组。

2.2　电池电压检查：打开仪表，LCD先全屏显示一下，然后回到所选档位。若LCD上显示电池处于低电状态，需更换电池，否则本仪器不可正常使用。

2.3　连接测试棒：将带有测试夹子的测试线插入本仪器对应接头中，E端接绿线，P端接黄线，C端接红线；或P和C端接简易测试线(简单测量时)，若连接不紧则会影响测试结果。

2.4　精确测量：将P和C接地钉打到地深处，它们和地设备排列成一行直线，且彼此间隔5～10 m，按照地电阻测试图连接测试线。

2.5　简单测量：当接地钉不方便使用时，可将一个外露的低接地电阻物体做一个极，如金属水槽、水管、商用电力系统的共同接地端以及建筑物接地端，都可以用此两线方法(E.P)。

2.6　地电阻测量时，将按档开关先拨至2 000 Ω档按下"PRESSTO TEST"键，若显示值小于2 000 Ω，再依200 Ω/20 Ω/2 Ω档的顺序切换，直到最佳测量档位，此时显示值即为被测地电阻值；测量电阻时，按"PRESS TO TEST"键，状态指示灯会点亮，表示正处于正常测量状态。

2.7　在地电阻测量时，可按下"PRESS TO TEST"键并顺时针旋转至"LOCK"位置可锁定测试键，可以不用长时间手动操作。

2.8　在无任何按键动作的情况下，10 min后本仪器会自动关机。自动关机后，应先选择开关旋转到"OFF"档再打到其他档才能开机。

2.9　当测试结束并打算暂时不用本仪器时，请将旋转开关转到"OFF"位置。

3　日常维保

3.1　当工具在很长的时间不会用时，请把电池取出并放置好。

3.2 不要把本仪器暴露在太阳、极端温度和潮湿等恶劣环境中。

3.3 当本仪器潮湿时,请确定使其干燥后存贮。

3.4 酒精、稀释液等对机壳尤其是视窗有腐蚀作用,所以清洁机壳时用少量水轻轻擦拭即可。

4 注意事项

4.1 不要在有易燃气体的环境下测试,使用本仪器的过程中可能会产生火花,若在有易燃气体的环境下测试可能会导致爆炸。

4.2 当本仪器或使用者的手是湿的时候,请一定不要去连接测试棒。

4.3 不要施加超过本仪器的容许界限或测试范围的电量供应。

4.4 当正在测试时请不要打开电池盖。

4.5 不要在出现任何不正常情况的时候进行测试,如胶壳破裂、测试棒断开、金属件外露等。

4.6 在测试棒已连接而正在进行测试时请不要切换测试范围。

4.7 当仪器表面湿滑,请不要更换电池或打开电池门,须用干布擦干。

4.8 若需更换电池或打开电池门,请在关机后进行。

十、数字万用表

1 设备参数

电压(直流 200 mV~1 000 V、交流 2 V~750 V)、电流(直流 20 μA~10 A、交流 20 mA~10 A)、电阻(200 Ω~20 MΩ)、电容(20 nF~20 mF)等。

2 使用方法

2.1 电压测量:①将黑表笔插入"COM"插座,红表笔插入"V/Ω/Hz"插座;②将量程开关转至"DCV"量程上,如果被测电压大小未知,应选择最大量程,再逐步减小,直至获得分辨率最高的读数;③将测试表笔可靠接触测试点,屏幕即显示被测电压值;测量直流电压显示时,为红表笔所接的该点电压与极性。

2.2 电流测量:①将黑表笔插入"COM"插孔,红表笔插入"mA"或"10 A"插孔中;②将功能开关转至"DC 或 AC mA/10 A"档,如果被测电流大小未知,应选择最大量程,再逐步减小,直至获得分辨率最高的读数;③将仪表的表笔串联接入被测电路上,屏幕即显示被测电流值;测量直流电流显示时,为红表笔所接的该点电流与极性。

2.3 电阻测量:①将黑表笔插入"COM"插孔,红表笔插入"V/Ω/Hz"插孔;②将量程开关转至相应的电阻量程上,将两表笔跨接在被测电阻上。

2.4 电容测量:①将黑表笔插入"COM"插孔,红表笔插入"V/Ω/Hz"插孔;②将量程开关转至电容量程上,将两表笔跨接在被测电容上。

2.5 如显示"OL",表明已超过量程范围,须将量程开关转至高一档。

2.6 按下"HOLD/BL",屏幕出现"HOLD"符号,当前数据就会保持在屏幕上;再次按下此键,"HOLD"符号消失,恢复测量。

2.7 自动关机:当仪表停止使用约(15±1)min 后,仪表便自动断电进入休眠状态;若要重新启动电源,拨盘至 OFF 档后重新开启电源即可。

2.8 电源开启与关闭:拨盘至 OFF 档为电压的关闭,按住"HOLD/BL"键开机,取消自动关机功能,同时 LCD 屏无 AP0 符号。

3 日常维保

3.1 请注意防水、防尘、防摔。

3.2 请使用湿布和温和的清洁剂清洁仪表外表,不得使用研磨剂及酒精等烈性溶剂。

3.3 如果长时间不使用,应取出电池,防止电池漏液腐蚀仪表。

4 注意事项

4.1 当测量高电压时,千万注意避免触及高压电路。

4.2 请勿在电阻量程或电容测量时输入电压。

4.3 请在测试电容容量之前,须对电容进行充分地放电,以防止损坏仪表。

十一、感烟、感温探测器功能试验器

1 设备参数

烟源:环保雾香液,温源:>75℃。

2 使用方法

2.1 加烟试验:拨动"功能开关"至"感烟"档位,按"启动开关",此时烟雾从喷头内排出,进行感烟试验、加烟结束后松开"启动开关"

2.2 加温试验:拨动"功能开关"至"感温"档位,按"启动开关",启动加温系统,枪体内温度随即升高,热源从喷头内排出,进行感温试验。

3 日常维保

试验器长期闲置,保持每周进行一次充电以延长电池使用寿命。

4 注意事项

4.1 加温工作后,由于枪体余温较高,不要用手直接接触,以免烫伤。

4.2 该产品内存可燃气体,应将其保存在35℃以下阴暗处。

4.3 严禁在易燃易爆场合使用,以免引发火灾。

十二、线型光束感烟探测器滤光片

1 设备参数

减光值0.4 dB,减光值10 dB。

2 使用方法

2.1 确认线型光束感烟火灾探测器与火灾报警控制器连接并接通电源,处于正常监视状态。

2.2 将减光值为0.4 dB的滤光片置于线型光束感烟火灾探测器的光路中并尽可能靠近接收器,观察火灾报警控制器的显示状态和线型光束感烟火灾探测器的报警确认灯状态。

2.3 如果30 s内发出火灾报警信号,记录其响应阈值小于1.0 dB,结束试验。

2.4 如果30 s内未发出火灾报警信号,继续试验,将减光值为10 dB的滤光片置于线型光束感烟火灾探测器的光路中并尽可能靠近接收器,观察火灾报警控制器的显示状态和线型光束感烟火灾探测器的报确认灯状态。

2.5 如果30 s内未发出火灾报警信号,记录其响应阈值大于10.0 dB。

3 日常维保

测量完成后,使用干净布清洁后,放入包装箱内。

4 注意事项

测量时,保持镜片清洁。

十三、火焰探测器功能试验器

1 设备参数

红外线波长大于或等于850 nm,紫外线波长小于或等于280 nm。

2 使用方法

2.1 打开火焰试验器上的开关选择对应的档位是红外或是紫外档位,便可产生能使红外、紫外火焰探测器响应的红外光线和紫外光线。

2.2 将火焰探测器试验装置举高到探测器监测视角范围内、距离探测器1 m以内的部位,将火焰

探测器试验装置的红外镜筒或紫外镜筒对准红外或紫外火焰探测器。

3 日常维保

试验器长期闲置,保持每周进行一次充电以延长电池使用寿命。

4 注意事项

请勿用肉眼长时间观看光源,避免紫外线灼伤眼睛,红外光源正常情况下用肉眼是无法看到的。

十四、便携式可燃气体检测仪

1 设备参数

分辨率:1% LEL、1 ppm、0.1 ppm、0.1% vol(ppm 与 mg/m 单位可转换)。

报警点:不同的气体类型报警点不同。可燃气为例:低报 20% LEL、高报 50% LEL。

显示误差:≤±5% FS。

响应时间:T_{90}<60 s。

2 使用方法

2.1 在关机状态下,按开关键 5 s 以上,检测仪开机。然后系统自动执行以下自检程序,系统显示正在启动界面,并开启背光灯;发出开机音,以检测蜂鸣器功能;开启震动和报警指示,以检测这些功能是否正常;检测范围高低报显示、自检结束后,直接进入检测状态。

2.2 在开机状态,且设备工作在测模式下长按开关键。蜂鸣器发出断续声音,3 s 后当屏幕出现已关机时,松开开关键即可关闭本检测仪。

2.3 在检测状态下,按下开关键,可进入用户菜单。

2.4 零点设置。在洁净的空气中,进入用户菜单,通过方向键选择零点平移,按开关键,再进入零点设置页面,按下[保存]键可进行零点平移。

2.5 报警记录。进入报警记录界面,显示时间和最大值,开机 3 min 后,开始记录报警值,只保存单个报警循环里的最大值。如"06301237"表示 06 月 30 日 12 点 37 分,"46"表示报警值,L 表示低报,H 表示高报。

2.6 报警功能。

低报警:①缓慢的变调"滴滴"报警音。②红色报警灯闪烁。③震动。

高报警:①异常急促的变调"滴滴"报警音。②红色报警灯闪烁。③震动。

传感器保护、故障:①急促的变调报警音。②无气体浓度时显示 100% LEL,且报警灯持续闪烁。

欠压:①报警音提示。②界面显示"请充电",请及时到安全的地方充电,否则将自动关机。

3 日常维保

3.1 如该设备表面有污物时,可用干净的软布蘸水轻轻擦拭,不要使用带腐蚀性的溶剂和硬物擦拭本机表面,否则可能导致本机表面划伤或损坏。

3.2 不得在过高、过低的温度、较高的湿度、电磁场以及强烈的日光下使用和储藏该设备。

4 注意事项

4.1 零点平移操作请确保是在洁净的空气中进行操作,否则将受环境中反应产生的不同浓度气体的影响而影响该设备的精度。

4.2 如无特殊要求,请勿修改报警值参数。

4.3 在关机状态下充电是无法打开该设备进行检测的。请不要在检测现场对该设备进行充电,以免因拔插充电器产生的火花引起火灾或者爆炸。

4.4 防止该设备从高处跌落或受剧烈震动。

4.5 消防设施维护保养现场记录示例

消防设施维护保养现场记录

项目名称：_____　　操作人员：_____
日　　期：_____　　维保期数：_____

仪器设备使用列表

序号	仪器设备名称	型号/规格	仪器编号	仪器状态
1				
2				
3				
4				
5				

序号	维保项目及内容			维保结果		
	维保设备及分项	维保周期	维保内容	维保位置/区域/楼层	维保结果	问题、建议
一、火灾自动报警系统						
1	火灾报警控制器	月	检查火灾报警功能。按实际安装数量检查			
2	火灾探测器、手动火灾报警按钮	月	按楼层或区域，检查火灾报警功能。检查数量保证全年100%覆盖			
3	火灾显示盘	月	按楼层或区域，检查火灾报警显示功能。检查数量保证全年100%覆盖			
4	消防联动控制器、输出模块	月	按位置或区域，检查输出模块启动功能。检查数量保证全年100%覆盖			
5	消防设备应急电源	月	检查转换功能（火灾报警控制器、联动控制器）			
6	自动喷水灭火系统水流指示器、压力开关、信号阀、液位探测器	月	1. 按楼层或区域，检查水流指示器、信号阀动作信号反馈功能。检查数量保证全年100%覆盖。 2. 按保护区域，检查湿式报警阀压力开关、信号阀动作信号反馈功能。检查数量保证全年100%覆盖。 3. 检查消防水箱液位探测器动作信息反馈功能			
7	消火栓按钮	月	按楼层或区域，检查报警功能。检查数量保证全年100%覆盖			

续表

序号	维保项目及内容			维保结果		
	维保设备及分项	维保周期	维保内容	维保位置/区域/楼层	维保结果	问题、建议
8	电动送风口、电动挡烟垂壁、排烟口、排烟阀、排烟窗、电动防火阀、排烟风机入口的总管上设置的280℃排烟防火阀	月	1. 按楼层或区域,检查电动送风口、电动挡烟垂壁、排烟口、排烟阀、排烟窗、电动防火阀启动、反馈功能,动作信号反馈功能。检查数量保证全年100%覆盖。 2. 检查排烟风机入口的总管上设置的280℃排烟防火阀启动、反馈功能,动作信号反馈功能			
9	非消防电源等相关系统	月	按楼层或区域,检查联动控制功能。检查数量保证全年100%覆盖			
10	自动消防系统	月	按楼层或区域,检查整体联动控制功能。检查数量保证全年100%覆盖			
11	消防电梯	月	按楼层或区域,检查联动控制功能。检查数量保证全年100%覆盖			
二、消防给水及消火栓系统						
12	消防水池、高位消防水池、高位消防水箱	月	检测高位消防水箱的水位			
13	消防水泵	月	手动启动消防水泵运转一次,检查供电电源的情况			
14	气压水罐	月	检测气压水罐的压力和有效容积			
15	控制阀门	月	1. 检查控制阀门开启状态,系统上所有的控制阀门均应采用铅封或锁链固定在开启或规定的状态。 2. 检查铅封、锁链,当有破坏或损坏时及时修理更换			
16	消防水泵	季	进行消防水泵的出流量和压力试验			
17	消火栓	季	对消火栓进行外观和漏水检查,发现有不正常的消火栓及时更换			
18	消防水泵接合器	季	检查消防水泵接合器的接口及附件,应接口完好、无渗漏、闷盖齐全			
19	消防水池、消防水箱	年	应检查消防水池、消防水箱等蓄水设施的结构材料是否完好,发现问题时及时处理			
三、自动喷水灭火系统						
20	消防水泵或内燃机驱动的消防水泵	月	手动、自动启动喷淋泵			

续表

序号	维保项目及内容			维保结果		
	维保设备及分项	维保周期	维保内容	维保位置/区域/楼层	维保结果	问题、建议
21	控制阀门铅封或锁链	月	检查控制阀门的铅封、锁链,当有破坏或损坏时及时修理更换			
22	末端试水装置	月	利用末端试水装置进行水流指示器的试验			
23	喷头	月	1. 检查喷头外观,发现有不正常的喷头及时更换,当喷头上有异物时及时清除。 2. 检查备用数量检查			
24	报警阀、试水阀	季	对所有的末端试水阀和报警阀旁的放水试验阀进行一次放水试验,检查系统启动、报警功能以及出水情况是否正常			
25	系统联动试验	年	检查系统运行功能			
四、气体灭火系统						
26	高压二氧化碳系统、七氟丙烷管网灭火系统、IG-541灭火系统	月	1. 检查灭火剂储存容器及容器阀、阀驱动装置、喷嘴、信号反馈装置等全部系统组件应无碰撞变形及其他机械性损伤,表面应无锈蚀,保护涂层应完好,铭牌和保护对象标志牌应清晰,手动操作装置的防护罩、铅封和安全标志应完整。 2. 灭火剂储存容器内的压力,不得小于设计储存压力的90%			
27	预制灭火系统	月	检查预制灭火系统的设备状态和运行状况应正常			
28	可燃物的种类、分布情况,防护区的开口情况	季	检查可燃物的种类、分布情况,防护区的开口情况			
29	各喷嘴孔口	季	检查喷嘴孔口,应无堵塞			
30	模拟启动试验、模拟喷气试验	年	对每个防护区进行1次模拟启动试验,进行1次模拟喷气试验			
五、防烟排烟系统						
31	防烟、排烟风机	季	手动或自动启动试运转,检查有无锈蚀、螺丝松动			
32	挡烟垂壁	季	手动或自动启动、复位试验,有无升降障碍			
33	排烟窗	季	手动或自动启动、复位试验,有无开关障碍			

续表

序号	维保项目及内容			维保结果		
	维保设备及分项	维保周期	维保内容	维保位置/区域/楼层	维保结果	问题、建议
34	供电线路	季	检查供电线路有无老化,双回路电源自动切换功能			
35	排烟防火阀	半年	手动或自动启动、复位试验检查,有无变形、锈蚀及弹簧性能,确认性能可靠			
36	送风阀或送风口	半年	手动或自动启动、复位试验检查,有无变形、锈蚀及弹簧性能,确认性能可靠			
37	排烟阀或排烟口	半年	手动或自动启动、复位试验检查,有无变形、锈蚀及弹簧性能,确认性能可靠			
38	防烟、排烟系统	年	对全部防烟、排烟系统进行一次联动试验和性能检测,其联动功能和性能参数符合原设计要求			
六、消防应急照明和疏散指示系统						
39	手动应急启动功能	月	检查手动应急启动功能			
40	持续应急工作时间	月	对每一台灯具进行一次蓄电池电源供电状态下的应急工作持续时间检查			
41	自动应急启动功能(集中控制型系统)	年	对每一个防火分区至少进行一次火灾状态下自动应急启动功能检查			
七、火灾警报和消防应急广播系统						
42	火灾报警器	月	按楼层或区域,检查火灾警报功能。检查数量保证全年100%覆盖			
43	消防应急广播控制设备	月	检查应急广播功能。按实际安装数量检查			
44	消防应急广播扬声器	月	按楼层或区域,检查应急广播功能。检查数量保证全年100%覆盖			
45	火灾警报和消防应急广播系统	月	按楼层或区域,检查联动控制功能。检查数量保证全年100%覆盖			
八、消防专用电话						
46	消防电话总机	月	检查消防电话总机呼叫功能。按实际安装数量检查			
47	电话分机、电话插孔	月	按位置或区域,检查电话分机呼叫功能。检查数量保证全年100%覆盖			
九、防火分隔设施						
48	防火门	季	手动启动常闭式防火门,检查防火门开关功能,且无卡阻现象			

续表

序号	维保项目及内容			维保结果		
	维保设备及分项	维保周期	维保内容	维保位置/区域/楼层	维保结果	问题、建议
49	防火门	年	检查:常开式防火门火灾报警联动控制功能、消防控制室手动控制功能、现场手动控制功能			
50	活动式防火窗	季	手动启动活动式防火窗上的控制装置,检查防火窗开关功能且无卡阻现象			
51	活动式防火窗	年	检查:活动式防火窗火灾报警联动控制功能、消防控制室手动控制功能、现场手动控制功能			
52	防火卷帘	季	检查:①手动启动防火卷帘内外两侧控制器或按钮盒上的控制按钮,检查防火卷帘上升、下降、停止功能;②手动操作防火卷帘手动速放装置,检查防火卷帘依靠自重恒速下降功能;③手动操作防火卷帘的手动拉链,检查防火卷帘升、降功能,且无滑行撞击现象			
53	防火卷帘	年	检查:防火卷帘控制器的火灾报警功能、自动控制功能、手动控制功能、故障报警功能、备用电源转换功能			

维保单位:　　　　　　　　委托单位:　　　　　　　　日期:

4.6 消防设施故障维护单示例

消防设施故障维护单

项目名称:＿＿＿＿＿＿＿＿＿＿＿＿　　操作人员:＿＿＿＿＿＿＿＿＿＿＿＿
日　　期:＿＿＿＿＿＿＿＿＿＿＿＿　　维保期数:＿＿＿＿＿＿＿＿＿＿＿＿

序号	系统(设备)名称/位置	故障描述	故障原因	解决方案	备注
1					
2					
3					
4					
5					

续表

维保单位意见：

委托单位意见：

维保单位：　　　　　　　　　　委托单位：　　　　　　　　　　日期：

4.7 消防设施维护保养报告示例

消防设施维护保养报告

项目名称	
项目地址	
建筑消防设施列表	☐ 火灾自动报警系统　　☐ 消防专用电话　　☐ 可燃气体探测报警系统 ☐ 消火栓（消防炮）系统　☐ 防火分隔设施　　☐ 电气火灾监控系统 ☐ 自动喷水灭火系统　　☐ 消防电梯　　　　☐ 消防电源监控系统 ☐ 泡沫灭火系统　　　　☐ 细水雾灭火系统　☐ 防火门监控系统 ☐ 气体灭火系统防　　　☐ 干粉灭火系统　　☐ 水喷雾灭火系统 ☐ 防排烟系统　　　　　☐ 火灾应急照明和疏散指示标志　☐ 灭火器 ☐ 应急广播系统　　　　　　　　　　　　　　　☐ 其他：☐
项目概况	建筑面积：　　　　　层数：　　　　　使用性质：
维保起止日期	
本次维保情况简述及结论	（维保机构公章） 签发日期：　　　年　　月

技术负责人：　　　　　　　　　项目负责人：　　　　　　　　　操作人员：
签名盖章　　　　　　　　　　　签名盖章　　　　　　　　　　　签名

一、项目概况

建筑消防设施基本信息表

项目名称			项目地址		
委托单位名称			委托单位联系人		
建筑使用性质			总建筑面积		
单体建筑名称	建筑高度	层数		建筑面积	
		地上	地下	地上	地下
建筑消防设施列表	☐ 消防供配电设施		☐ 室内外消火栓系统		☐ 细水雾灭火系统
	☐ 火灾自动报警系统		☐ 自动喷水灭火系统		☐ 防烟系统
	☐ 电气火灾监控系统		☐ 气体灭火系统		☐ 排烟系统
	☐ 可燃气体探测报警系统		☐ 泡沫灭火系统		☐ 防火分隔设施
	☐ 应急广播系统		☐ 消防炮灭火系统		☐ 应急照明和疏散指示标志
	☐ 消防专用电话		☐ 消防电梯		☐ 其他：

介绍项目的名称、地址、建造年代、消防设施配置及各个系统的简介和技术要求。

二、消防技术服务参照的技术规范

1.《建筑设计防火规范》(GB 50016—2014)(2018 年版)
2.《自动喷水灭火系统设计规范》(GB 50084—2017)
3.《火灾自动报警系统设计规范》(GB 50116—2013)
4.《气体灭火系统设计规范》(GB 50370—2005)
5.《火灾自动报警系统施工及验收标准》(GB 50166—2019)
6.《自动喷水灭火系统施工及验收规范》(GB 50261—2017)
7.《建筑消防设施的维护管理》(GB 25201—2010)
8.《建筑防烟排烟系统技术标准》(GB 51251—2017)
9.《消防应急照明和疏散指示系统技术标准》(GB 51309—2018)

三、建筑消防设施统计表

序号	主要消防设施内容	规格型号	品牌/生产厂家	数量	备注
火灾自动报警系统					
1	火灾报警控制器（联动型）				配置
2	点型感烟探测器				
3	点型感温探测器				

续表

序号	主要消防设施内容	规格型号	品牌/生产厂家	数量	备注
4	手动报警按钮				
5	输入模块				
6	输入输出模块				
7	声光报警器				
8	图形显示装置				
消防水源及供水设施					
1	高位水箱				容积
2	消火栓泵				参数:
3	喷淋泵				参数:
4	稳压装置				参数:
室内外消火栓给水系统					
1	室外消火栓				
2	室内消火栓				
3	消火栓按钮				是否含有直接启泵功能
4	试验消火栓				部位:
自动喷水灭火系统					
1	湿式报警阀组				
2	水流指示器				
3	末端试水/放水装置				
4	洒水喷头1				
5	洒水喷头2				
6	预作用报警阀组				
7	空气维护装置				
8	雨淋报警阀组				
9					
水喷雾灭火系统					
1	水喷雾喷头				
2					

续表

序号	主要消防设施内容	规格型号	品牌/生产厂家	数量	备注
气体灭火系统					
1	气体钢瓶				管道形式：
2	灭火药剂				
3	灭火控制盘				
4	驱动钢瓶				
5	选择阀1				
6	选择阀2				
7	气体喷头				
机械排烟系统					
1	排烟风机				
2	活动挡烟垂壁				
3	排烟阀				
机械加压送风系统					
1	送风机				
2	送风阀				

四、建筑消防设施维保结果

（一）消防供配电设施

维保项目	维保内容	维保要求	发现的问题及处理措施	维保结论
消防配电柜(箱)	消防电源主电源、备用电源工作状态	应有区别于其他配电箱的明显标志,不同消防设备的配电箱应有明显区分标识。配电箱上的仪表、指示灯的显示应正常,开关及控制按钮应灵活可靠		
	消防设备末端配电切换装置工作状态			
自备发电机组	发电机启动装置外观及工作状态	发电机铭牌完好,仪表、指示灯及开关按钮等完好,显示正常;机房通风设施运行正常		
	储油设施	燃油标号正确,储油箱内的油量能满足发电机运行3～8 h的用量,油位显示正常		
消防配电柜(箱)	试验主、备电切换功能	在自动控制和人为控制两种方式下切换主备电源,备用消防电源投入及指示灯显示正常,消防用电设备正常运行		

续表

维保项目	维保内容	维保要求	发现的问题及处理措施	维保结论
自备发电机组	自备发电机组 试验发电机自动、手动启动功能	自动启动并达到额定转速并发电的时间不大于30 s,发电机运行及输出功率、电压、频率、相位的显示均正常		
消防设备应急电源	供电功能	能接收联动信号的消防设备应急电源,应能在接收到联动信号后按预先设定的联动功能和输出特性供电		
	应急转换功能	应急输出的转换时间不应大于5 s		

(二) 火灾自动报警系统

维保项目	维保内容	维保要求	发现的问题及处理措施	维保结论
火灾报警控制器	运行状况	指示灯及开关按钮等完好,显示正常,文字符号标识清晰		
	检测接地电阻	电阻值:接地电阻值符合要求(采用专用接地装置时,接地电阻值不大于4 Ω;采用共用接地装置时,接地电阻值不大于1 Ω)		
	试验火灾报警、火警优先、故障报警、自检、消音复位功能			
火灾显示盘	试验报警、显示功能	火灾显示盘能接收来自火灾报警控制器的火灾报警信号,发出声、光报警信号,准确显示火灾部位		
CRT显示器	试验报警、显示功能	CRT显示器能接收来自火灾报警控制器的火灾报警、故障报警和联动动作信息信号,发出声、光报警信号,准确显示报警部位		
消防联动控制器	外观及运行状况	指示灯及开关按钮等完好,显示正常,文字符号标识清晰;各项功能符合《消防联动控制系统》(GB 16806—2006)第4.2.3—4.2.7条的要求		
	试验故障报警、自检、信息显示及查询功能			
	试验电源功能			
火灾探测器	外观及运行状态,试验报警功能	运行状态,抽取数量不少于总数25%的火灾探测器试验报警功能,年内全部测试一遍。指示灯显示正常,探测器周围0.5 m内无遮挡物;探测器在规定的时间内向火灾报警控制器输出火警信号,启动探测器报警确认灯;探测器报警确认灯在手动复位前予以保持		(本年已累计检测总数的 %)

续表

维保项目	维保内容	维保要求	发现的问题及处理措施	维保结论
手动报警按钮	外观及运行状态,试验报警功能	运行状态,抽取数量不少于总数25%的手动报警按钮试验报警功能,年内全部测试一遍外观完好,启动零件未破碎、变形或移位;触发后,向报警控制器输出火警信号,启动报警确认灯,能手动复位		(本年已累计检测总数的　%)
火灾报警控制器	检测主、备电切换功能	主电源断电时自动转换至备用电源供电,主电源恢复后自动转换为主电源供电,并分别显示主、备电源的状态		
火灾警报装置	试验报警功能	在接收火灾报警控制器输出的控制信号后,发出声警报或声、光警报;环境噪声大于60 dB的场所,声警报的声压级高于背景噪声15 dB		
消防联动控制器	试验对室内消火栓系统的控制显示功能	能控制消防水泵的启、停;显示消防水泵的工作、故障状态;显示启泵按钮的位置		
	试验对自动喷水灭火系统的控制显示功能	能控制系统的启停;显示消防水泵的工作、故障状态;显示水流指示器、报警阀、安全信号阀的工作状态;能显示消防水池及水箱水位、有压气体管道气压,并能控制水泵、电磁阀、电动阀等的操作		
	试验对泡沫灭火系统的控制显示功能	能控制泡沫泵及消防水泵的启停;显示系统的工作状态		
	试验对管网气体灭火系统的控制显示功能	能显示系统的手动、自动工作状态;在报警、喷射各阶段,控制室有相应的声、光警报信号,并能手动切除声响信号;在延时阶段,自动关闭防火门、窗,停止通风空调系统,关闭有关部位防火阀;显示气体灭火系统防护区的报警、喷放及防火门(帘)、通风空调等设备的状态		
	试验对干粉灭火系统的控制显示功能	能控制系统的启、停;显示系统的工作状态		
	试验对电动防火门、防火卷帘的控制显示功能	在接到相应火灾报警信号后对电动防火门、防火卷帘有控制显示功能		
	检查消防电梯迫降功能	消防控制室手动和自动控制回落到首层,功能、信号正常		
	试验对排烟阀、防火阀和空调系统的控制功能	消防控制室自动和手动打开排烟阀,关闭电动防火阀和空调系统,功能、信号正常		
	试验非消防电源的联动切断功能	消防控制室能强制切断有关部位的非消防电源,并接通警报装路及火灾应急照明灯和疏散指示灯,控制电梯全部停于首层		

(三)电气火灾监控系统

维保项目	维保内容	维保要求	发现的问题及处理措施	维保结论
电气火灾监控器	外观及工作状态,进行自检和漏电试验检查	外观完好,实时显示数据在正常范围内,功能完好、动作正常		
电气火灾监控主机	外观及运行状态	外观完好,工作状态指示正常,自检正常,主机的数据接收和事件记录完整准确		
系统功能	试验监控报警和故障报警功能	监控设备应能接收来自电气火灾监控探测器的报警信号,并发出声、光报警信号,显示相应报警部位		

(四)可燃气体探测报警系统

维保项目	维保内容	维保要求	发现的问题及处理措施	维保结论
可燃气体探测器	外观及工作状态 外观完好,文字符号和标志清晰齐全。	探测器在被监测区域内的可燃气体浓度达到报警设定值时,能发出报警信号		
	试验报警功能			
报警主机	外观及运行状态	外观完好,紧固部件无松动,控制机构灵活,文字符号和标志清晰,安装牢固、平稳、无倾斜;各项功能符合《可燃气体报警控制器》(GB 16808—2008)第 4.1.3~4.1.7 条的要求		
	测试报警、故障报警、自检、电源等功能			

(五)消防给水及消火栓系统

维保项目	维保内容	维保要求	发现的问题及处理措施	维保结论
消防水池	外观,核对储水量、自动进水阀进水功能	外观完好;消防控制设备能显示水位;水位正常,补水设施正常		
消防水箱	外观,核对储水量、自动进水阀进水功能	外观完好;消防控制设备能显示水位;水位正常,补水设施正常,消防出水管上的止回阀关闭严密		
稳(增)压泵及气压水罐	工作状态;模拟系统渗漏,测试稳压泵、增压泵及气压水罐稳压、增压能力,自动启泵、停泵及联动启动主泵的压力工况;检测气压水罐的压力和有效容积	工作状态;模拟系统渗漏,测试稳压泵、增压泵及气压水罐稳压、增压能力,自动启泵、停泵及联动启动主泵的压力工况;检测气压水罐的压力和有效容积外观完整无损、无锈蚀;进出口阀门常开,标识正确,启动运行正常;启泵与停泵压力符合设定值,压力表显示正常;气压水罐的调节储水量、工作压力符合设计要求		

续表

维保项目	维保内容	维保要求	发现的问题及处理措施	维保结论
消防水泵及控制柜	工作状态,试验手动/自动启泵功能和主、备泵切换功能,控制柜转换开关是否处于自动状态	工作状态,试验手动/自动启泵功能和主、备泵切换功能,控制柜转换开关是否处于自动状态,水泵进出口阀门常开,水泵和阀门的标志清晰正确,压力表、试水阀及防超压装置等正常;水泵控制柜注明所属系统及编号的标志清晰,按钮、指示灯及仪表正常,控制柜转换开关处于自动状态;通过水泵控制柜按钮、消防控制室远程能正常启停水泵;消防控制室能显示消防水泵的启动、停止和故障状态,能显示消防水泵的电源工作状态;主泵不能投入正常运行时,能自动切换启动备用水泵		
消火栓水泵的连锁启动	启动控制功能	水泵的连锁启动应符合设计,并应由消火栓按钮的动作、消防水箱供水管上流量开关动作或系统管网上的压力开关动作后连锁启动		
减压阀组	外观及运行状况,进行放水试验,检测和记录减压阀前后的压力	外观完好,减压阀阀前、阀后静动压符合设计要求		
管网控制阀门	检查水源控制阀外观	检查水源控制阀外观		
消防水泵及控制柜	利用测试装置测试消防泵供水时的流量和压力	测试消防泵供水时的流量和压力符合设计参数		
消火栓按钮	外观,试验远距离启泵功能及信号指示功能	外观,抽取不少于总数25%的启泵按钮试验远距离启泵功能及信号指示功能,年内全部测试一遍		(本年已累计检测总数的 %)
水泵结合器	外观及附件完整情况,标识	外观完好,无渗漏,闷盖齐全,标识清晰,控制阀常开,启闭灵活		
管网控制阀门	检查室外阀门井中进水管上的控制阀门是否处于全开启状态	检查室外阀门井中进水管上的控制阀门是否处于全开启状态		
室内消火栓	外观及配件完整情况,试验最不利点消火栓出水压力、静压及水质,选择不同楼层抽测室内消火栓静压和出水压力	外观及配件完整情况,试验最不利点消火栓出水压力、静压及水质,选择不同楼层抽测室内消火栓静压和出水压力外观完好,配件齐全完整;消火栓箱门开关灵活,开度符合要求;消火栓阀门启闭灵活,栓口与水带连接紧密,不漏水;标志和使用标识清晰;消火栓栓口处的静水压力符合设计要求,且不大于1 MPa,不低于0.07 MPa(建筑超过100 m时,不低于0.15 MPa),最不利点消火栓出水压力符合设计要求,且不大于0.5 MPa,不小于0.09 MPa		

续表

维保项目	维保内容	维保要求	发现的问题及处理措施	维保结论
消防卷盘	外观及配件完整情况	外观完好,配件齐全,消防软管与软盘管进出口、软管与进水控制阀、软管与喷枪的连接牢固可靠		
室外消火栓	外观,地下消火栓标识,试验室外消火栓出水压力,防冻措施	外观完好,标识明显,井内无积水,阀门启闭灵活,出水压力不应小于0.1 MPa。冬季有可靠防冻措施		

各楼层的消火栓静水压力及屋顶试验消火栓动压

楼层									
静压(MPa)									
楼层									
静压(MPa)									

屋顶试验消火栓动压:

(六) 消防炮灭火系统

维保项目	维保内容	维保要求	发现的问题及处理措施	维保结论
阀门	外观,检查启闭是否正常	外观,检查回转机构动作是否正常、外观完好,控制阀启闭灵活,回转与仰俯操作灵活,操作角度符合设定值,定位机构可靠		
消防炮	外观,检查回转机构动作是否正常			
消防泵组	外观,检查启动运转是否正常			
氮气瓶组	外观,检查储压是否正常			
供水水源及水位指示装置	检查是否正常			
控制装置	外观,检查运行是否正常			
泡沫液罐	外观,检查泡沫液液位是否正常			

半年检

维保项目	维保内容	维保要求	发现的问题及处理措施	维保结论
泡沫炮、水炮系统	外观,检查喷水是否正常			

年检

维保项目	维保内容	维保要求	发现的问题及处理措施	维保结论
固定消防炮灭火系统	外观,检查喷射是否符合设计要求			
管道	冲洗、除锈			

(七)自动喷水灭火系统

维保项目	维保内容	维保要求	发现的问题及处理措施	维保结论
喷头	外观,清除异物及周边障碍物	外观完好,无变形和附着物、悬挂物		
水流指示器	外观和开闭状态			
系统所有控制阀门	检查铅封、锁链完好状况,对电磁阀和信号阀进行启动试验			
报警阀组	外观,试验报警功能	外观完好,标志清晰正确;报警阀的压力表显示符合设定值;平时状态,报警阀延迟器无出水,放水试验时延迟器自动排水;打开试验阀放水,安装延迟器的在5~90 s内警铃开始连续报警,不安装延迟器的放水后15 s内,警铃开始连续报警;距水力警铃3 m处,警铃声响不小于70 dB(A);压力开关动作,消防水泵正常启动,消防控制设备及联动控制装置正确显示。关闭试验阀门,水力警铃停止报警、压力开关停止动作、报警阀上下压力表指示正常,延迟器最大排水时间不超过5 min		
雨淋阀组	外观检查及试验报警功能	(1) 外观应完好,标志应清晰正确; (2) 配置传动管时,传动管的压力表显示应符合设定值;气压传动管的供气装置状态应正常; (3) 水力警铃发出报警铃声; (4) 雨淋阀试验时,压力开关应联锁启动喷淋泵并向消防联动控制器发出反馈信号; (5) 自动和手动方式启动的雨淋阀,功能应正常; (6) 关闭报警阀试验阀门并系统复位后,水力警铃停止报警,电磁阀动作信号消失		
预作用阀组	外观检查及试验报警功能	(1) 外观应完好,标志应清晰正确; (2) 报警阀的压力表应能正常显示; (3) 配有充气装置时,空气压缩机和气压控制装置状态应正常; (4) 预作用装置试验时,水流指示器、快速排气阀入口前电动阀应及时动作并向消防联动控制器反馈信号; (5) 水力警铃应发出报警铃声; (6) 预作用装置电磁阀的启动和停止按钮,应直接手动控制预作用阀组的开启; (7) 关闭报警阀试验阀门并系统复位后,水力警铃停止报警,电磁阀动作信号消失		

续表

维保项目	维保内容	维保要求	发现的问题及处理措施	维保结论
水流指示器	试验报警功能	外观完好,无碰伤、污损,有明显标志,方向指示正确,信号阀全开。开启末端试水装置,水流指示器立即启动,消防控制设备显示正确的报警信号;关闭末端试水装置,水流指示器立即复位		
末端试水装置	外观,放水试验	阀门、试水接头、压力表和排水管正常;开启最不利点末端试水装置后,出水压力不低于0.05 MPa,水流指示器、报警阀、压力开关动作,消防水泵正常启动,消防控制设备正确显示水流指示器、压力开关及消防水泵的反馈信号		
室外阀门井中控制阀门	外观和开启状况	外观完好,阀门开启灵活,进水管上的控制阀门处于全开启状态		

湿式报警阀末端试水装置静压

楼层						
静压(MPa)						
湿式报警阀编号						

湿式报警阀末端试水装置动压

楼层						
动压(MPa)						
湿式报警阀编号						

(八) 泡沫灭火系统

维保项目	维保内容	维保要求	发现的问题及处理措施	维保结论
泡沫喷头	外观			
泡沫产生器	外观			
固定式泡沫炮	外观,检查回转机构、仰俯机构或电动操作机构性能是否达到标准要求			
泡沫比例混合器	外观			
泡沫液储罐	外观,核对泡沫液有效期及储存量,清除储罐上低、中倍数泡沫混合液立管的锈渣,泡沫消火栓	外观,测试启闭性能,阀门外观、标识,测试启闭性能		

续表

维保项目	维保内容	维保要求	发现的问题及处理措施	维保结论
压力表	外观			
管道过滤器	外观			
金属软管	外观			
管道及附件	外观			
动力源和电气设备	外观和工作状况			
水源及水位指示装置	外观和工作状况			

（九）气体灭火系统

维保项目	维保内容	维保要求	发现的问题及处理措施	维保结论
全部系统组件	外观	系统组件固定牢固,无碰撞变形及其他机械性损伤,表面无锈蚀,保护涂层完好,标志牌清晰,手动操作装置的防护罩、铅封和安全标志完好;选择阀手动启闭灵活		
灭火剂贮存容器	检查贮存容器内的压力	压力不小于设计贮存压力的90%;气动驱动装置:检查气动源的压力,其压力不小于设计压力的90%		
灭火剂贮存容器	逐个称重检查	称重装置正常;灭火剂净重不小于设计量的95%;二氧化碳储瓶及储罐在灭火剂的损失量达到设定值时能发出报警信号		
管道、支架	检查灭火剂贮瓶间设备、灭火剂输送管道和支、吊架的固定情况和高压软管的外观状况	输送管道、支、吊架固定无松动,高压软管无变形、裂纹及老化		
喷嘴孔口	外观,清除异物	喷嘴孔口无堵塞		
气体灭火控制装置	外观及工作状态			
系统功能	对每个防护区进行一次模拟自动启动试验,如有不合格项目,则进行模拟喷气试验			

(十) 细水雾灭火系统

维保项目	维保内容	维保要求	发现的问题及处理措施	维保结论
全部系统组件	外观			
分区控制阀	动作试验			
储水箱、储水容器	检查储水水位			
储气容器	检查储气压力			
喷头	外观,清除异物			
管道、支架和连接件	检查外观和牢固程度			
储水箱、储水容器	换水			
过滤器、管道管件	检查及清洗、排渣			
系统功能	模拟联动功能试验			

(十一) 防烟系统

维保项目	维保内容	维保要求	发现的问题及处理措施	维保结论
控制柜	外观及工作状态,按钮启动、停止风机	标志清晰,仪表、指示灯显示正常,开关及控制按钮灵活可靠,手动、自动切换装置在自动位置		
送风机	外观及工作状态,测试手动/自动启动、停止功能	风机的铭牌标志清晰,传动皮带的防护罩、新风入口的防护网完好,风机启动运转平稳,叶轮旋转方向正确,无异常振动与声响		
送风阀	外观,测试手动、电动开启功能	安装牢固;开启与复位操作灵活可靠,关闭时严密,反馈信号正确		
系统功能	测试自动、手动送风功能	能自动和手动启动相应区域的送风阀、送风机,并向火灾报警控制器反馈信号;送风口的风速不大于 7 m/s,防烟楼梯间的余压值为 40~50 Pa,前室、合用前室的余压值为 25~30 Pa		

(十二) 排烟系统

维保项目	维保内容	维保要求	发现的问题及处理措施	维保结论
控制柜	外观及工作状态,按钮启动、停止风机	标志清晰,仪表、指示灯显示正常,开关及控制按钮灵活可靠,手动、自动切换装置在自动位		
排烟机	外观及工作状态,测试手动/自动启动、停止功能	排烟机的铭牌标志清晰,启动运转平稳,叶轮旋转方向正确,无异常振动与声响		

续表

维保项目	维保内容	维保要求	发现的问题及处理措施	维保结论
电动排烟窗	外观,测试电动排烟窗直接启动和联动开启功能	外观完好,开启与复位操作灵活可靠,关闭时严密,反馈信号正确		
挡烟垂壁及其控制装置	外观及工作状况,测试挡烟垂壁的释放功能	外观完好,标牌牢固,标识清楚;收到消防控制中心的控制信号后能下降至挡烟工作位置		
排烟阀及其控制装置	外观,测试排烟阀手动/自动开启功能	安装牢固;开启与复位操作灵活可靠,关闭时严密,反馈信号正确		
系统功能	测试自动、手动排烟功能	能自动和手动启动相应区域的排烟阀、排烟风机,并向火灾报警控制器反馈信号;设有补风的系统,在启动排烟风机的同时启动送风机;排烟口的风速不大于 10 m/s,排烟量符合设计要求;通风与排烟合用风机时能自动切换到高速运行状态		

(十三) 应急照明和疏散指示标志

维保项目	维保内容	维保要求	发现的问题及处理措施	维保结论
应急照明	外观和工作状态	牢固、无遮挡,状态指示灯正常。疏散指示标志的外观和工作状态牢固、无遮挡,疏散方向的指示正确清晰		
应急照明	测试照度,电源切换、充电、放电功能	切断正常供电电源后,应急工作状态的持续时间和照度符合要求		
疏散指示标志	测试照度和应急工作状态持续时间			

(十四) 应急广播系统

维保项目	维保内容	维保要求	发现的问题及处理措施	维保结论
扬声器	外观,测量音量、音质	外观完好,音质清晰;环境噪声大于 60 dB 的场所,扬声器在播放范围内最远点的播放声压级高于背景噪声 15 dB		
扩音机	外观和工作状态	仪表、指示灯显示正常,开关和控制按钮动作灵活;监听功能正常		
系统功能	主备电自动转换、选层控制、合用广播强行切换	主备电自动转换、选层控制、合用广播强行切换		

(十五) 消防专用电话

维保项目	维保内容	维保要求	发现的问题及处理措施	维保结论
消防专用电话	在消防控制室进行对讲通话试验	抽取不少于总数 25% 的消防电话和电话插孔在消防控制室进行对讲通话试验,年内全部测试一遍,消防专用电话分机以直通方式呼叫;消防控制室能接受插孔电话的呼叫;消防控制室、消防值班室、企业消防站等处设有外线电话可正常使用;通话音质清晰		(本年已累计检测总数的 %)

(十六) 防火分隔设施

维保项目	维保内容	维保要求	发现的问题及处理措施	维保结论
防火门	外观及配件完整性,防火门启闭状况	组件齐全完好,启闭灵活、关闭严密;双扇防火门能按顺序关闭,关闭后能从内、外两侧人为开启;常闭防火门开启后能自动闭合;电动常开防火门,在火灾报警后自动关闭并反馈信号;设置在疏散通道上,并设有出入口控制系统的防火门,能自动和手动解除出入口控制系统		
防火卷帘	外观及配件完整性,试验防火卷帘的手动、机械应急和自动控制功能、信号反馈功能、封闭性能	组件齐全完好,紧固件无松动现象;现场手动、远程手动、自动控制和机械操作正常,关闭时严密,下落高度符合设计要求;运行平稳顺畅、无卡涩现象		

(十七) 消防电梯

维保项目	维保内容	维保要求	发现的问题及处理措施	维保结论
消防电梯	外观及工作状况,测试首层迫降按钮控制电梯回首层功能,消防电梯应急操作功能,电梯轿厢内消防电话通话质量	触发首层迫降按钮时,能控制消防电梯下降至首层,此时其他楼层按钮不能呼叫控制消防电梯,只能在轿厢内控制;从首层到顶层的运行时间不超过 60 s;联动控制的消防电梯,能由消防控制设备手动和自动控制电梯回落首层,并接收反馈信号;轿厢内的专用对讲电话正常		
紧急按钮	外观	外观完好,透明罩无破损		
电梯井排水设施	外观及工作状况,排水功能	外观完好,能正常排水		

(十八) 厨房设备灭火装置

维保项目	维保内容	维保要求	发现的问题及处理措施	维保结论
全部系统组件	外观			
灭火剂和驱动气体容器	检查压力			
喷嘴孔口储存	外观,清除异物			
季检:				
管道、支架	检查灭火剂储瓶间设备、灭火剂输送管道和支、吊架的固定情况和高压软管的外观状况			
年检:				
系统功能	模拟喷放试验			

4.8 消防设施检测记录和报告示例

消防设施检测记录和报告

项目名称					
委托单位					
项目地址					
联系人			电话		
相关许可文件(证书编号)					
建筑物使用性质		建筑物总面积(m^2)			
检测部位使用功能		检测总面积(m^2)			
序号	建筑物名称	类别	层数	高度(m)	检测区域及面积(m^2)
1					
2					
3					
4					
5					
6					
7					
8					

续表

检测类别		检测起止日期	
检测项目	火灾自动报警系统、室内外消火栓系统、自动喷水灭火系统、机械防排烟系统、应急照明及疏散指示系统		
检测综合评定	依据国家、地方相关消防技术规范、标准、规定的要求和委托单位提供的工程资料,本次检测合格。 签发日期:＿＿＿年＿＿＿月＿＿＿日 (各系统分项内容见实测记录)		

技术负责人:＿＿＿＿＿＿＿＿＿＿＿＿＿＿(签字并盖章)
项目负责人:＿＿＿＿＿＿＿＿＿＿＿＿＿＿(签字并盖章)
现场检测人:＿＿＿＿＿＿＿＿＿＿＿＿＿＿(签字)

火灾自动报警系统检测记录表

报告编制人：_____（签字或盖章）

施工单位：

仪器设备使用列表

序号	仪器设备名称	型号/规格	仪器编号
1			
2			
3			
4			
5			
6			
7			
8			

系统概述

一、系统形式：集中报警系统
二、本次检测范围：
三、系统设置：
火灾报警控制器××台、楼层显示器××台、感烟探测器××只、感温探测器××只、手动报警按钮××只。
四、联动设备：警铃/声光、消防应急广播、非消防电源切断（照明/动力）、防火卷帘、门禁装置、应急照明及疏散指示标志、常开防火门、电梯迫降、排烟风机、排烟阀、正压风机、正压阀、补风机、电动排烟窗、活动挡烟垂壁。

系统评述

经检测：
1. 火灾报警控制器报警、消音、复位、自检、故障报警、火灾优先及主备电源切换功能正常。
2. 探测器、手动火灾报警按钮报警及信号反馈功能正常。
3. 联动功能测试：防火分区内任意两点火警联动警铃/声光、消防应急广播播音、非消防电源切断、防火卷帘下降到底、门禁装置释放、应急照明及疏散指示标志动作、常开防火门自动关闭、电梯迫降至首层，相应排烟阀开启、排烟风机启动、活动挡烟垂壁动作、电动排烟窗打开、正压阀开启、正压风机启动及补风机启动。

依据国家、地方相关消防技术规范、标准、规定的要求和委托单位提供的工程资料，本次系统检测合格。

系统检测记录附表

1. 消防供配电设施及消防设备电源监控系统

1.1 消防供配电

检测内容	检测结果	检测说明
消防用电负荷等级	合格	
消防用电设备供电专用回路	合格	

1.2 备用电源

检测内容	检测结果	检测说明
独立于工作电源的市电回路		
柴油发电机		
应急供电电源（EPS）		

1.3 火灾自动报警系统电源

检测内容	检测结果	检测说明
火灾自动报警系统主电源设置		
蓄电池或应急电源设置及功能		

1.4 主备电源自动切换装置

检测内容	检测结果	检测说明
主备电源自动切换装置		

1.5 消防供配电线路

检测内容	检测结果	检测说明
消防供配电线路敷设		

1.6 系统接地

检测内容	检测结果	检测说明
共用接地电阻值不大于 1 Ω		
专用接地电阻值不大于 4 Ω		

2. 消防设备电源监控系统

检测内容	检测结果	检测说明
消防设备电源监控传感器		
消防设备电源监控器		

3. 火灾探测器

3.1 点型火灾探测器

检测内容	检测结果	检测说明
类别与使用场所是否相符		
报警功能		
探测器与顶棚安装距离应符合规范要求		
探测器至墙壁、两边水平距离不小于 0.5 m		
探测器周围 0.5 m 内不应有遮挡物		
至空调送风口边的水平距离不小于 1.5 m		
至多孔送风顶棚孔口的水平距离不小于 0.5 m		
探测器安装的倾斜角应不小于 45°		
探测器确认灯应向便于人员观察的主要入口方向且功能正常		
宽度小于 3 m 的内走道宜居中布置,感烟探测器的安装间距不应超过 15 m,感温探测器安装间距不应超过 10 m		
探测器保护范围应符合规范要求		

3.2 线型火灾探测器

检测内容	检测结果	检测说明
在电缆桥架或支架上设置时,宜采用接触式布置		
在各种皮带输送装置上设置时,宜设置在装置的过热点附近		
报警功能		

3.3 空气采样式火灾探测器

检测内容	检测结果	检测说明
至顶棚的距离宜为 0.1 m		
相邻管路之间的水平距离不宜大于 5 m		
管路至墙壁的距离宜为 1～1.5 m		
报警功能		

3.4 红外光束探测器

检测内容	检测结果	检测说明
至顶棚的垂直距离宜为 0.3～1.0 m,距地高度不宜超 20 m		
探测区域长度不宜超过 100 m		
相邻两组探测器光束轴线的水平距离不应大于 14 m		
探测器光束轴线至侧墙水平距离不应大于 7 m,且不应小于 0.5 m		
发射器与接收器之间的光路上应无遮挡物或干扰源		
发射器与接收器应安装牢固		
报警功能		

3.5 可燃气体探测器

检测内容	检测结果	检测说明
安装应符合设计要求		
向探测器释放对应的试验气体观察报警功能		

4. 手动报警按钮

检测内容	检测结果	检测说明
应安装牢固,并不得倾斜		
应安装在墙上距地(楼)面高度 1.3～1.5 m		
每个防火分区应至少设置一个手动报警按钮,手动报警按钮的间距不大于 30 m		
反馈信号指示功能		
报警功能		

5. 楼层显示器

5.1 安装

检测内容	检测结果	检测说明
安装高度		
正面操作距离		

5.2 功能

检测内容	检测结果	检测说明
火灾报警		
火灾确认和消音功能		
自检功能		

6. 火灾报警控制联动器

6.1 安装

6.1.1 引入的配线

检测内容	检测结果	检测说明
配线应整齐,避免交叉,固定牢固		
端子板接线端,接线不应超过两根		
电缆芯和导线,应留有不小于20 cm的余量		
导线应绑扎成束		
导线引入线穿线后,在进线管处应封堵		

6.1.2 其他

检测内容	检测结果	检测说明
控制器的正面操作距离不应小于1.5 m		
壁挂控制器的底边距离(楼)面高度应便于观看和操作		
落地控制器底宜高出地坪0.1~0.2 m		
主电源引入线应直接与消防电源连接,应有明显标志;严禁使用电源插头		

6.2 基本功能

检测内容	检测结果	检测说明
火灾报警报自检功能		
消音、复位功能		
故障报警功能		
火灾优先功能		
报警记忆功能		
主、备电源转换功能		
打印功能		

6.3 联动控制功能

6.3.1 手动控制功能

检测内容	检测结果	检测说明
启停消防泵功能,反馈信号显示		
启停喷淋泵功能,反馈信号显示		
启停正压风机功能,反馈信号显示		
启停排烟风机功能,反馈信号显示		
启停补风机功能,反馈信号显示		
固定灭火系统的控制功能,反馈信号显示		
正压风阀开启,反馈信号显示		
排烟阀控制功能,反馈信号显示		

6.3.2 自动控制功能

检测内容	检测结果	检测说明
消防泵启动功能,反馈信号显示		
正压风机启动功能,反馈信号显示		
排烟风机启动功能,反馈信号显示		
补风机启动功能,反馈信号显示		
固定灭火系统的控制功能,反馈信号显示		
正压风阀控制功能,反馈信号显示		
排烟阀控制功能,反馈信号显示		
排烟窗控制功能,反馈信号显示		
活动挡烟垂壁控制功能,反馈信号显示		
门禁释放功能,反馈信号显示		
电梯迫降功能,反馈信号显示		
火灾警报装置控制功能,反馈信号显示		
接通火灾事故广播功能,反馈信号显示		
非消防电源切断,停止空调机、新风机功能,反馈信号显示		
防火分隔的防火卷帘下降到底,反馈信号显示		
常开防火门的控制功能,反馈信号显示		

7. 应急照明及疏散指示标志

检测内容	检测结果	检测说明
安装高度、位置应符合规范要求		
非消防电源与应急电源切换功能		

8. 消防应急广播

检测内容	检测结果	检测说明
从一个防火区内任何部位到最近一个扬声器的距离不大于 25 m,走道内最后一个扬声器至走道末端的距离不应大于 12.5 m		
播音内容		
音质和音量		
手动切换功能		
手动选择广播分区		

9. 消防电话

检测内容	检测结果	检测说明
控制室与消防泵房间通话		
控制室与电话插孔通话		

10. 警报装置

检测内容	检测结果	检测说明
每个防火分区至少应设一个火灾警报装置		
警铃		
声光报警		

11. 消防电梯

检测内容	检测结果	检测说明
迫降的控制功能		
信号反馈功能		

12. 防火卷帘

检测内容	检测结果	检测说明
现场启闭装置功能检查		
卷帘通道上的防火卷帘两侧,应设置火灾探测器组及其警报装置,且两侧应设置手动控制按钮		
防火隔断应一步到底		
疏散通道上的防火卷帘,感烟探测器动作后,卷帘下降至距地(楼)面 1.8 m;感温探测器动作后,卷帘下降到底		

13. 消防控制室

检测内容	检测结果	检测说明
消防控制室的门应向疏散方向开启,且入口处应设置明显的标志		
消防控制室的送、回风管在其穿墙处应设防火阀		

续表

检测内容	检测结果	检测说明
消防控制室内严禁与其无关的电气线路及管路穿过		
消防控制室周围不应布置电磁场干扰较强及其他影响消防控制设备工作的设备用房		
消防控制室内设备的布置应符合规范要求		

14. 图形显示装置

检测内容	检测结果	检测说明
图形显示装置设置、安装		
图形显示装置主、备电源的自动转换功能		
图形显示装置故障报警功能		
图形显示装置消音功能、信号接收和显示功能		
图形显示装置手动报警功能、复位功能		

15. 电气火灾监控探测器

检测内容	检测结果	检测说明
剩余电流式电气火灾监控探测器设置、安装		
剩余电流式电气火灾监控探测器报警功能		
测温式电气火灾监控探测器设置、安装		
测温式电气火灾监控探测器报警功能		
故障电弧探测器设置、安装		
故障电弧探测器报警功能		

16. 电气火灾监控主机

检测内容	检测结果	检测说明
电气火灾监控主机设置、安装		
电气火灾监控主机监控报警功能		
电气火灾监控主机故障报警功能		
电气火灾监控主机自检功能		
电气火灾监控主机消音功能		
电气火灾监控主机复位功能		

室内外消火栓系统检测记录表

报告编制人：_____（签字或盖章）

施工单位：

仪器设备使用列表

序号	仪器设备名称	型号/规格	仪器编号
1			
2			
3			
4			
5			
6			
7			
8			

系统概述

一、系统形式：临时高压给水系统。市政供水 2 路，进水压力×MPa。

二、本次检测范围：

三、系统启动方式：泵控柜手动启停泵、控制中心启停泵、消火栓按钮联动启泵、高位水箱流量开关启泵、压力开关启泵。

四、系统设置：泵房间设于 B2 层，消防水池×吨（设置在××）、消防泵 2 台（1 用 1 备，扬程 97 m，流量 10 L/s，功率 30 kW）、稳压泵 2 台（1 用 1 备，扬程 83 m，流量 1.5 L/s，功率 2.2 kW）、气压罐 1 只（容积 150 L）、室内消火栓×套、室外消火栓×套、水泵接合器×套等。

系统评述

经检测：

1. 泵控柜手动启停泵功能正常，控制中心启停泵功能正常、消火栓按钮联动启泵功能正常、高位水箱流量开关启泵功能正常、压力开关启泵功能正常。
2. 系统压力测试符合规范要求。

依据国家、地方相关消防技术规范、标准、规定的要求和委托单位提供的工程资料，本次系统检测合格。

系统检测记录附表

1. 电源

检测内容	检测结果	检测说明
电源供应的可靠性		

2. 水源

检测内容	检测结果	检测说明
自然水源、水池水源、市政水源		市政水源 MPa

3. 消防水泵及消防水泵房

检测内容	检测结果	检测说明
外观和安装质量		
吸水管应单独设置并不少于 2 条		
各种阀门及压力表安装		
泄压阀安装情况及调定值		1.2 MPa
泵控箱启、停泵		

续表

检测内容	检测结果	检测说明
消防控制室启、停泵		
远距离启泵按钮联动启泵		
管网压力开关启泵情况(启泵压力值)		0.68 MPa
主、备泵切换		
主、备电源切换		
泵进出水管上标识		
泵房间应急照明、通信设施		

4. 稳压装置

检测内容	检测结果	检测说明
外观和安装质量		
手动和自动启泵情况		
稳压泵功能检测情况(稳压范围)		0.75~0.88 MPa
主、备泵自动切换情况		
保压情况		

5. 管网

检测内容	检测结果	检测说明
安装质量应符合规范要求		
排污设置及排污情况		

6. 减压阀组

检测内容	检测结果	检测说明
安装质量及设置情况		—
比例式减压阀的比例值		比例值:
可调式减压阀的阀后压力		压力值: MPa

7. 室内消火栓

检测内容	检测结果	检测说明
安装质量		
出水口动压、静压测试(见附表)		
水带规格和水带绑扎		
消防软管卷盘接口绑扎牢固		
启泵后消火栓按钮灯显示情况		
消火栓按钮启动信号反馈情况		

8. 水泵接合器

检测内容	检测结果	检测说明
安装质量及设置情况		
单向阀的密封性测试情况		

9. 市政室外消火栓

检测内容	检测结果	检测说明
安装位置是否合理便于消防车停靠和操作		
与水泵结合器的间距是否符合规范要求		
出水情况及静压		MPa

10. 室外消火栓(非市政室外消火栓)

检测内容	检测结果	检测说明
安装质量		
出水口动压、静压测试		MPa

11. 室内外消火栓系统压力测试结果附表

序号	楼层	数量(只)	静压(MPa)	动压(MPa)	减压孔板(ϕmm)

备注:启泵动压。

自动喷水灭火系统检测记录表

报告编制人：_____（签字或盖章）

施工单位：

仪器设备使用列表

序号	仪器设备名称	型号/规格	仪器编号
1			
2			
3			
4			
5			
6			

系统概述

一、系统形式：临时高压给水系统。市政供水 2 路，进水压力×MPa。
二、本次检测范围：
三、系统启动方式：泵控柜手动启停泵、控制中心启停泵、压力开关启泵。
四、系统设置：泵房间设于 B2 层，喷淋泵 2 台（一用一备，扬程 82 m，流量 30 L/s，功率 55 kW）、喷淋稳压泵 2 台（一用一备，扬程 85 m，流量 1.0 L/s，功率 2.2 kW）、气压罐 1 只（容积 150 L）、湿式报警阀组×套（控制范围：a，b，c）、水泵接合器×套、喷头×只等。

系统评述

经检测：
1. 泵控柜手动启停泵功能正常、控制中心启停泵功能正常，末端放水，水力警铃鸣响、压力开关启泵功能正常。
2. 系统压力测试符合规范要求。

依据国家、地方相关消防技术规范、标准、规定的要求和委托单位提供的工程资料，本次系统检测合格。

系统检测记录附表

1. 喷淋泵组综合功能检查

1.1 电源

检测内容	检测结果	检测说明
电源供应的可靠性	合格	

1.2 水源

检测内容	检测结果	检测说明
自然水源、水池水源、市政水源	合格	市政水源　MPa

1.3 喷淋泵

检测内容	检测结果	检测说明
外观和安装质量	合格	
电控箱启、停泵情况	合格	
消防中心启、停泵情况	合格	
主、备泵切换情况	合格	
主、备电源切换情况	合格	
泄压阀安装情况及调定值	合格	MPa

1.4 稳压装置

检测内容	检测结果	检测说明
外观和安装质量	合格	
手动和自动启泵情况	合格	
稳压泵功能检测情况(稳压范围)	合格	MPa— MPa
主、备泵自动切换情况	合格	
保压情况	合格	

2. 水泵接合器

检测内容	检测结果	检测说明
安装质量及设置情况	合格	
单向阀的密封性测试情况	合格	

3. 减压阀组

检测内容	检测结果	检测说明
安装质量及设置情况		
比例式减压阀的比例值		比例值：
可调试减压阀的阀后压力		压力值： MPa

4. 湿式自动喷淋灭火系统

4.1 报警阀

检测内容	检测结果	检测说明
湿式报警阀组安装质量	合格	
报警阀进出水口压力表安装情况	合格	
室内地面排水设施	合格	
开启试水阀门,压力开关动作情况	合格	
报警阀联动泵情况	合格	
管网压力开关联动泵情况(启泵压力值)	合格	MPa
延时 90 s 内水力警铃动作情况	合格	
关闭试水阀门,水力警铃和压力开关情况	合格	

4.2 管网

检测内容	检测结果	检测说明
安装情况	合格	
排污设置和排污情况	合格	

4.3 喷头

检测内容	检测结果	检测说明
安装情况	合格	
型号选择和保护面积是否符合规范要求(有无盲区)	合格	

4.4 水流指示器

检测内容	检测结果	检测说明
信号输出情况	合格	
信号阀启闭功能情况	合格	

4.5 系统联动试验

检测内容	检测结果	检测说明
开启末端放水装置,喷淋泵动作情况	合格	
水力警铃、压力开关、水流指示器等设备的动作情况	合格	

5. 喷淋系统压力测试结果附表

序号	系统名称	楼层	静压(MPa)	动压(MPa)

备注:启泵动压。

机械防排烟系统检测记录表

报告编制人：_____（签字或盖章）

施工单位：

仪器设备使用列表

序号	仪器设备名称	型号/规格	仪器编号
1			
2			
3			
4			
5			
6			

系统概述

一、系统形式：机械排烟系统、机械加压送风系统、机械补风系统。
二、本次检测范围：
三、系统设置：排烟风机×台，正压风机×台，补风机×台。

1. 正压送风系统参数表

序号	系统名称	风机编号(位置)	保护区域	风量(m³/h)	风压(Pa)	功率(kW)	转速(r/min)	数量(台)
1								
2								
3								
4								
5								

备注：(1) 风口形式及联动方式：
  (2) 其他情况说明：

2. 排烟系统参数表

序号	系统名称	风机编号(位置)	保护区域	风量(m³/h)	风压(Pa)	功率(kW)	转速(r/min)	数量(台)
1								1
2								1
3								1
4								
5								

备注：(1) 风口形式及联动方式：
  (2) 其他情况说明：

3. 排烟时的补风系统参数表

序号	系统名称	风机编号(位置)	保护区域	风量(m³/h)	风压(Pa)	功率(kW)	转速(r/min)	数量(台)
1								1
2								
3								
4								
5								

备注：(1) 风口形式及联动方式：
  (2) 其他情况说明：

系统评述

经检测：
1. 手动启动排烟阀、排烟风机功能正常。
2. 联动启动排烟阀、排烟风机功能正常。
3. 风量风速等参数测试符合规范要求。

依据国家、地方相关消防技术规范、标准、规定的要求和委托单位提供的工程资料，本次系统检测合格。

系统检测记录附表

1. 加压送风系统检测结果

1.1 加压送风系统参数

序号	测试部位（防烟分区）	与走道的压差(Pa)		平均风速(m/s)		检测结果
		前室	楼梯间	前室→走道	楼梯间→前室	
1						
2						
3						
4						
5						
备注：						

1.2 加压送风系统功能

1.2.1 送风口

检测内容	检测结果	检测说明
风口安装情况		

1.2.2 风机

检测内容	检测结果	检测说明
电源可靠性		
运转情况		
风机安装情况		

1.2.3 管道

检测内容	检测结果	检测说明
管道材质		
管道系统功能		

1.2.4 系统启动功能

检测内容	检测结果	检测说明
手动控制		
自动控制		

2. 排烟系统检测结果

2.1 排烟系统参数

序号	测试部位（防烟分区）	实测排烟量（m³/h）	要求排烟量（m³/h）	设计排烟量（m³/h）	检测结果
1					
2					
3					
4					

2.2 排烟系统功能

2.2.1 防烟分区

检测内容	检测结果	检测说明
防烟分区划分		

2.2.2 排烟口

检测内容	检测结果	检测说明
应设置在储烟仓内		
风口安装情况		

2.2.3 风机

检测内容	检测结果	检测说明
电源可靠性		
运转情况		
风机安装情况		
火警后双速风机及时转换到排烟运行状态		

2.2.4 排烟防火阀

检测内容	检测结果	检测说明
安装牢固、关闭严密		
自动关闭时并联锁关闭排烟风机		

2.2.5 管道

检测内容	检测结果	检测说明
管道材质		
管道系统功能		—

2.2.6 系统启动功能

检测内容	检测结果	检测说明
手动控制		—
自动控制		—

3. 补风系统检测结果

3.1 补风系统参数

序号	测试部位(防烟分区)	实测补风量(m³/h)	要求补风量(m³/h)	设计补风量(m³/h)	检测结果
1					
2					
3					
4					
5					

备注:

3.2 补风系统功能

3.2.1 补风口

检测内容	检测结果	检测说明
风口安装情况		

3.2.2 风机

检测内容	检测结果	检测说明
电源可靠性		
运转情况		
风机安装情况		

3.2.3 管道

检测内容	检测结果	检测说明
管道材质		
管道系统功能		

3.2.4 系统启动功能

检测内容	检测结果	检测说明
手动控制		
自动控制		

气体灭火系统检测记录表

报告编制人：_____（签字或盖章）

施工单位：

仪器设备使用列表

序号	仪器设备名称	型号/规格	仪器编号
1			
2			
3			
4			
5			
6			
7			
8			

系统概述

一、系统形式：无管网式七氟丙烷气体灭火系统（或管网式七氟丙烷气体灭火系统）。
二、保护范围：
三、系统设置：气体灭火控制器×台、灭火装置×组。
四、启动方式：手动控制、自动控制、机械应急操作。
五、气体防护区概况：

气体防护区名称	容积(m³)	设计浓度(%)	灭火剂(kg)	钢瓶(只)	喷头(只)	感烟探测器(只)	感温探测器(只)	备注

系统评述

经检测：
1. 系统手动、自动控制功能正常。
2. 联动功能模拟测试，防护区的警铃、声光鸣响、其他_____，延时 30 s 电磁阀启动正常，气体喷放指示灯动作等功能正常。

依据国家、地方相关消防技术规范、标准、规定的要求和委托单位提供的工程资料，本次系统检测合格。

系统检测记录附表

1. 防护区的设置

检测内容	检测结果	检测说明
一个组合分配系统保护防护区不应超过 8 个		
一个防护区设置预制的灭火系统装置数量不宜超过 10 台，预制充装压力不应大于 2.5 MPa；单台热气溶胶预制灭火系统保护容积不应大于 160 m³，设多台时，间距不得大于 10 m		
防护区的疏散通道、疏散指示标志和应急照明装置		
隔墙和门的耐火极限不应低于 0.5 h，吊顶的耐火极限不应低于 0.25 h，防火门的开启方向正确		

续表

检测内容	检测结果	检测说明
防护区内和入口处的声光报警装置、入口处的安全标志		
释放指示灯的信号来源真实性及亮灯时间、复位灭灯		
启动、停止按钮操作性能		
无窗或固定窗扇的地上防护区和地下防护区的排气装置		
门窗设有密封条的防护区的泄压装置		
专用的空气呼吸器或氧气呼吸器		

2. 储瓶间的设置

检测内容	检测结果	检测说明
防火分隔、安全疏散、温度、湿度、灯光照度是否符合要求(环境温度应为−10~50℃)		

3. 气瓶及储罐的设置

检测内容	检测结果	检测说明
外观检查		
安装质量		
充装量检查(压力或重量)		
储存装置应符合设计要求(操作面距墙面或两个操作面之间的距离不宜小于1.0 m,且不应小于储存容器外径的1.5倍)		
储存容器或容器阀上,应设安全泄压装置和压力表		

4. 气体输送管网的设置

检测内容	检测结果	检测说明
灭火剂输送管道的外表面宜涂红色油漆。在吊顶内、活动地板下等隐蔽场所内的管道,可涂红色油漆色环,色环宽度不应小于50 mm		
管道及附件的安装要求(管道小于或等于80 mm宜采用螺栓连接;大于80 mm宜采用法兰连接)		
灭火剂输送管道的安装要求(螺纹根部应有2~3条外露螺纹)		
管道支吊架的安装要求		

5. 选择阀

检测内容	检测结果	检测说明
联动功能情况		
手柄位置应便于操作		
手柄附近应有标明防护区的永久性标牌		

6. 喷头的设置

检测内容	检测结果	检测说明
喷嘴的外观、安装位置		
喷头的保护高度和保护半径(最大保护高度不宜大于 6.5 m;最小保护高度不应小于 0.3 m;喷头安装高度小于 1.5 m 时,保护半径不宜大于 4.5 m;喷头安装高度不小于 1.5 m 时,保护半径不应大于 7.5 m)		

7. 气体灭火控制器

检测内容	检测结果	检测说明
安装位置及质量		
各类指示灯及显示		
电源自动转换		
手动、自动转换功能		

8. 火灾探测器的设置

8.1 点型火灾探测器

检测内容	检测结果	检测说明
类别与使用场所是否相符		
报警功能		
探测器与顶棚安装距离应符合规范要求		
探测器至墙壁、两边水平距离不小于 0.5 m		
探测器周围 0.5 m 内不应有遮挡物		
至空调送风口边的水平距离不小于 1.5 m		
至多孔送风顶棚孔口的水平距离不小于 0.5 m		
探测器安装的倾斜角应不小于 45°		
探测器确认灯应向便于人员观察的主要入口方向且功能正常		
宽度小于 3 m 的内走道宜居中布置,感烟探测器的安装间距不应超过 15 m,感温探测器安装间距不应超过 10 m		
探测器保护范围应符合规范要求		

8.2 线型火灾探测器

检测内容	检测结果	检测说明
在电缆桥架或支架上设置时,宜采用接触式布置		
在各种皮带输送装置上设置时,宜设置在装置的过热点附近		
报警功能		

9. 声光报警装置的设置

检测内容	检测结果	检测说明
防护区内声光报警装置的安装设置		
声光报警装置声压级不应小于 60 dB		

10. 手动/自动转换开关的设置

检测内容	检测结果	检测说明
手动/自动转换开关安装高度中心点距地面 1.5 m		

11. 紧急起停功能

检测内容	检测结果	检测说明
显示系统的手动、自动工作状态		
紧急启动功能,直接启动或延时 30 s 后启动		
在自动启动延时 30 s 内停止功能		
各种信号的反馈功能		

12. 模拟手动控制功能的检测

检测内容	检测结果	检测说明
启动手控装置(或延时 30 s 后),能启动气体灭火系统		
防护区外声、光报警情况		
外控其他设备联动情况		
至中央控制主机的报警、故障、喷放等信号反馈情况		

13. 模拟自动控制功能的检测

检测内容	检测结果	检测说明
控制柜为自动档,在接到同一防护区内两个独立的火灾报警信号后(延时 30 s 后),能联动气体灭火系统		
防护区外声、光报警情况		
外控其他设备的联动情况		
至中央控制主机的报警、故障、喷放等信号反馈情况		
同一防护区内的预制灭火系统装置多于 1 台时,必须能同时启动,其动作响应时差不得大于 2 s		

14. 模拟主用、备用电源切换功能的检测

检测内容	检测结果	检测说明
主用、备用电源自动转换功能		

应急照明及疏散指示系统检测记录表

报告编制人：_____（签字或盖章）

施工单位：

仪器设备使用列表

序号	仪器设备名称	型号/规格	仪器编号
1			
2			
3			
4			
5			
6			
7			
8			

系统概述

一、系统形式:集中控制型、非集中控制型
二、保护范围:
三、系统设置:
四、启动方式:手动控制、自动控制。

系统评述

经检测:
1. 系统手动、自动控制功能正常。
2. 联动功能模拟测试,系统应急启动、切换功能正常。

依据国家、地方相关消防技术规范、标准、规定的要求和委托单位提供的工程资料,本次系统检测合格。

系统检测记录附表

1. 系统设置

检测内容	检测结果	检测说明
系统形式与场所是否相符		
系统布线是否符合规范、设计要求		

2. 非集中控制型系统

2.1 系统供电

检测内容	检测结果	检测说明
应急照明配电箱或集中电源的输入及输出回路中不应装设剩余电流动作保护器		
任一配电回路配接灯具的数量、范围设置应符合规范		
系统备用照明设置应符合规范、设计要求		

2.2 消防疏散照明、指示灯具

检测内容	检测结果	检测说明
灯具的选型应符合规定		
灯具的安装应符合规定		

2.3 集中电源

检测内容	检测结果	检测说明
集中电源设置、安装应符合规定		
集中电源的输出回路、供电范围应符合规定		

2.4 应急照明配电箱

检测内容	检测结果	检测说明
配电箱选择、防护等级应符合规定		
应急照明配电箱输出回路、供电范围不应超过规定要求		

2.5 火灾状态下的系统控制功能

检测内容	检测结果	检测说明
手动应急启动功能		
自动应急启动功能		

3. 集中控制型系统

3.1 系统供电

检测内容	检测结果	检测说明
应急照明配电箱或集中电源的输入及输出回路中不应装设剩余电流动作保护器		
任一配电回路配接灯具的数量、范围设置应符合规范		
系统备用照明设置应符合规范、设计要求		

3.2 消防疏散照明、指示灯具

检测内容	检测结果	检测说明
灯具的选型应符合规定		
灯具的安装应符合规定		

3.3 集中电源

检测内容	检测结果	检测说明
集中电源设置、安装应符合规定		
集中电源的输出回路、供电范围应符合规定		

3.4 应急照明配电箱

检测内容	检测结果	检测说明
配电箱选择、安装、防护等级应符合规定		
应急照明配电箱输出回路、供电范围不应超过规定要求		

3.5 应急照明集中控制器

检测内容	检测结果	检测说明
任一台应急照明控制器直接控制灯具的总数量不应大于		
控制器的设置、安装应满足要求		
基本功能正常		

3.6 系统功能

3.6.1 非火灾状态下的系统功能

检测内容	检测结果	检测说明
系统正常功能模式下,各设备应正常运行		
系统主电源断电控制功能		
系统正常照明断电控制功能		

3.6.2 火灾状态下的系统控制功能

检测内容	检测结果	检测说明
自动应急启动功能		
手动应急启动功能		

附:主要设备清单

产品名称	产品型号	生产厂家	数量	市场准入证明

4.9 消防安全评估记录和报告示例

消防安全评估记录和报告

项目名称				
项目地址				
委托单位		联系人		联系电话
评估机构		法定代表人		联系电话

续表

评估项目基本情况	叙述委托单位基本情况,开展本次评估的目的、任务,评估任务的具体内容以及相关要求
评估依据	逐个列明本项目消防安全评估所依据的主要消防法规(含地方消防法规)、消防技术标准(含地方消防技术标准),并标注技术标准的版本号
评估情况概述	此次评估工作_____为项目负责_____、___为单项评估负责人,___年___月___日召开评估交底协调会议后,按照行业标准《单位消防安全评估》的规定,针对建筑消防设施、消防安全管理三个单项共计____个子项进行了评估,共发现____处火灾隐患或者消防安全问题,其中建筑消防安全方面____处,消防设施方面____处消防安全管理方面____处(详见各单项评估结果);针对发现的火灾隐患存在消防安全问题均已提出整改建议,并于___年___月___日将评估情况以会议形式对委托单位进行了反馈 评估机构印章 年　月　日
项目负责人	(执业印章)
审核 (技术负责人)	(执业印章)
签发 (法定代表人)	(签字或印章)

序号	评估子项	发现的火灾隐患或者消防安全问题	整改建议
1	建筑消防合法性		
2	建筑使用情况		
3	总平面布局		
4	平面布置		
5	安全疏散和消防电梯		
6	建筑内部装修		
7	防火构造		
8	通风空调系统		
9	建筑防爆		
10	配电线路敷设及应急照明设置		

单项评估负责人　　　　　　　　　　　　　　　　　　　　　　　　　　　　　(执业印章)

序号	评估子项	发现的火灾隐患或者消防安全问题	整改建议
1	消防供配电设施		
2	火灾自动报警系统		
3	消防给水设施		
4	消火栓系统		
5	自动喷水灭火系统		
6	泡沫灭火系统		
7	气体灭火系统		
8	机械加压送风系统		

续表

序号	评估子项	发现的火灾隐患或者消防安全问题	整改建议
9	机械排烟系统		
10	应急照明和疏散指示系统		
11	消防应急广播系统		
12	消防专用电话		
13	防火分隔设施		
14	消防电梯		
15	灭火器		

单项评估负责人　　　　　　　　　　　　　　　　　　　　　　　　　　　（执业印章）

序号	评估子项	发现的火灾隐患或者消防安全问题	整改建议
1	消防工作组织		
2	消防安全制度		
3	防火检查巡查及隐患整改		
4	消防安全宣传教育和培训		
5	安全疏散设施管理		
6	消防控制室管理		
7	用火用电安全管理		
8	消防安全重点部位管理		
9	专职和志愿消防队管理		
10	灭火和应急疏散预案演练		

单项评估负责人　　　　　　　　　　　　　　　　　　　　　　　　　　　（执业印章）

（项目组认为需要在评估报告中写清楚的其他问题。）

消防安全评估记录

单位名称		委托方	
单位地址		检查时间	
检查对象			
检查依据	《建筑设计防火规范》(GB 50016) 《汽车库、修车库、停车场设计防火规范》(GB 50067) 《建筑内部装修设计防火规范》(GB 50222) 《汽车加油加气站设计与施工规范》(GB 50156) 其他： 注：所依据的技术标准应注明其版本号		

	岗位	姓名	分工	签字	职业资格
评估人员	评估人员				
	评估人员				
	评估人员				
	评估人员				
	评估人员				
	单项负责人		执业印章		

序号	检查内容	标准要求	检查结果
6.1.1	建筑消防合法性		
6.1.1.1	消防验收合格的手续、竣工验收消防备案手续或者经抽查合格的手续、消防安全检查法律文书	应持有建设工程消防验收文书或备案凭证,公众聚集场所还应持有投入使用、营业消防安全检查法律文书	
6.1.2	建筑使用情况		
6.1.2.1	建筑物或场所的使用功能一致性	使用功能、用途应与消防验收、竣工验收消防备案、消防安全检查时确定的用途一致。改变使用性质是否履行合法手续	
6.1.3	总平面布局		
6.1.3.1	与相邻建筑的防火间距、同一建筑不同部位之间的间距	建筑间的防火间距应符合国家标准要求	

续表

序号	检查内容	标准要求	检查结果
6.1.3.2	消防车道的设置形式及满足消防车通行的情况	消防车道的净宽度和净空高度均不应小于4.0 m,与建筑之间不应设置妨碍消防车操作的树木架空管线等障碍物,靠建筑外墙一侧的边缘距离建筑外墙不宜小于5 m,坡度不宜大于8 m,环形消防车道至少应有两处与其他车道连通,尽头式消防车道应设置回车道或回车场,回车场面积不应小于12 m×12 m,高层建筑不宜小15 m×15 m,供重型消防车使用不宜小于18 m×18 m	
6.1.3.3	消防扑救面和登高操作场地的设置位置长度、宽度、承载能力、坡度	高层建筑应至少沿一个长边或周边长度的1/4且不小于一个长边长度的底边连续布置消防车登高操作场地,且范围内裙房进深不应大于4 m,消防车登高操作场地长度、宽度分别不应小于15 m和10 m。建筑高度大于50 m的建筑,场地长度、宽度分别不应小于20 m和10 m,场地靠建筑外墙一侧的边缘距离建筑外墙不宜小于5 m,且不应大于10 m,场地的坡度不宜大于3%	
6.1.3.4	停机坪设置情况	距机房、水箱间、天线等保持至少5 m距离,建筑到机坪出口不少于2个,每个净宽不小于0.9 m,四周设航空障碍灯,并应安装应急照明灯和消火栓	

6.1.4 平面布置

序号	检查内容	标准要求	检查结果
6.1.4.1	防火分区面积	应符合国家标准要求	
	代替防火墙分隔的防火卷帘	除中庭外,防火分隔长度不超过30 m时,卷帘长度不得大于10 m;当防火分隔长度超过30 m时,卷帘长度不得大于该部位宽度的1/3,且不大于20 m;防火卷帘、防护罩等与楼板、梁和墙、柱之间的空隙,应采用防火封堵材料等封堵	
	设在变形缝处附近的防火门	应设置在楼层较多一侧,且开启时门扇不跨越变形缝	
	建筑内的防火隔墙	应采用不燃材料且耐火极限满足国家标准要求,管道穿越处应采用防火封堵材料等封堵严密	
	防烟分区的划分、面积	建筑防烟分区面积应不大于500 m²,汽车库不超过2 000 m²	
	挡烟垂壁等防烟分隔设施的高度、燃烧性能	采用不燃烧材料制成,从顶棚下垂不小于500 mm的固定或活动的挡烟设施,壁板无变形破损,悬挂牢固稳定	
6.1.4.2	有顶棚的步行街、厨房	有顶棚的步行街不应设置有游乐设施、经营性展位等使用功能场所,商铺与步行街之间、两侧商铺之间的隔墙耐火极限不应小于1.00 h,步行街、商铺与其他空间之间的隔墙耐火极限不小于3.00 h,各商铺面积不超过300 m²。有明火的食品加工厨房应以耐火极限不小于2.00 h的隔墙及乙级防火门窗与其他空间分隔	
	歌舞娱乐放映游艺场所,托儿所、幼儿园、儿童活动场所,老年人照料设施	设置的楼层部位应满足国家标准要求;应以耐火极限不小于2.00 h的隔墙、1.50 h不燃性楼板及乙级防火门窗与其他空间分隔	

续表

序号	检查内容	标准要求	检查结果
6.1.4.2	厂房内员工宿舍、办公室,以及甲、乙类火灾危险性中间仓库等场所	厂房内严禁设置员工宿舍,丙类厂房内设置的办公室、休息室应以耐火极限不小于2.50 h的隔墙、1.50 h不燃性楼板及乙级防火门窗与其他空间分隔,至少1个安全出口;甲、乙、丙类火灾危险性中间仓库应以耐火极限不小于3.00 h的隔墙、1.50 h不燃性楼板及甲级防火门窗与其他空间分隔	
	仓库内员工宿舍、办公室和休息室	仓库内严禁设置员工宿舍,丙、丁类库房内设置的办公室、休息室应以耐火极限不小于2.50 h的隔墙、1.50 h不燃性楼板及乙级防火门窗与其他空间分隔,并设置独立安全出口	
6.1.4.3	消防控制室耐火等级	单独建造的消防控制室,其耐火等级不应低于二级。附设在建筑内的消防控制室应采用耐火极限不低于2.00 h的防火隔墙和1.50 h的楼板与其他部位分隔	
	控制室设置位置	宜设置在首层或地下一层靠外墙部位,不应设置在电磁场干扰较强及其他可能影响消防控制设备正常工作的房间附近	
	疏散门	应直通室外或安全出口	
6.1.4.4	消防水泵房耐火等级	单独建造的消防水泵房,其耐火等级不应低于二级。附设在建筑内的消防水泵房应采用耐火极限不低2.00 h的防火隔墙和1.50 h的楼板与其他部位分隔	
	消防水泵房设置位置	附设在建筑内的消防水泵房,不应设置在地下三层及以下或室内地面与室外出入口地坪高差大于10 m的地下楼层	
	疏散门	开向建筑内的门应采用乙级防火门,疏散门应直通室外或安全出口	
	防水、通风情况	应采取可靠防水淹及排水技术措施,通风量宜按照6次/h设置	
6.1.4.5	燃油燃气锅炉房设置位置	应设置在首层或地下一层靠外墙部位,但常(负)压燃油或燃气锅炉可设置在地下或屋顶处且距离通向屋面的安全出口不应小于6 m;采用相对密度(与空气密度的比值)不小于0.75的可燃气体为燃料的锅炉,不得设置在地下或半地下	
	锅炉房防火分隔	与其他部位之间应采用耐火极限不低于2.00 h的防火隔墙和1.50 h的不燃性楼板分隔。在隔墙和楼板上不应开设洞口,确需在隔墙上设置门、窗时,应采用甲级防火门、窗	
	锅炉房疏散门	应直通室外或安全出口	
	储油间的分隔、储量	总储存量不应大于1 m³,且储油间应采用耐火极限不低于3.00 h的防火隔墙、甲级防火门与锅炉间分隔	
6.1.4.6	柴油发电机房设置位置	宜布置在首层或地下一、二层,不应布置在人员密集场所的上一层、下一层或贴邻	
	柴油发电机房防火分隔	应采用耐火极限不低于2.00 h的防火隔墙和1.50 h的不燃性楼板与其他部位分隔,门应采用甲级防火门	

续表

序号	检查内容	标准要求	检查结果
6.1.4.6	柴油发电机房消防设施设置	应设置火灾报警装置和与柴油发电机容量与建筑规模相适应的灭火设施,当建筑内其他部位设置自动喷水灭火系统时,机房内应设置自动喷水灭火系统	
	储油间的分隔、储量	总储存量不应大于 $1\ m^3$,储油间应采用耐火极限不低于 3.00 h 的防火隔墙、甲级防火门与发电机间分隔	
6.1.4.7	变配电室、瓶组间等其他重点部位防火分隔	灭火设备室、通风空调机房、变配电室等,应采用耐火极限不低于 2.00 h 的防火隔墙和 1.50 h 的楼板与其他部位分隔;设置在丁、戊类厂房内的通风机房,应采用耐火极限不低于 1.00 h 的防火隔墙和 0.50 h 的楼板与其他部位分隔;通风、空调机房和变配电室开向建筑内的门应采用甲级防火门,其他设备房开向建筑内的门应采用乙级防火门	
	变配电室、瓶组间等其他重点部位相应的灭火设施设置情况	应配置相适应的符合国家标准要求的火灾报警和灭火设施	

6.1.5 安全疏散和消防电梯

序号	检查内容	标准要求	检查结果
6.1.5.1	安全出口的数量	应符合国家标准要求	
	安全出口的位置	应符合国家标准要求	
	安全出口的距离	建筑内的安全出口和疏散门应分散布置,且建筑内每个防火分区或一个防火分区的每个楼层、每个住宅单元每层相邻两个安全出口以及每个房间相邻两个疏散门最近边缘之间的水平距离不应小于 5 m	
6.1.5.2	疏散门的开启方向	向疏散方向开启,除甲、乙类生产车间外,人数不超过 60 人且每樘门的平均疏散人数不超过 30 人的房间,开启方向不限	
6.1.5.3	房间内任一点至疏散门的距离	应满足国家标准要求	
	房间疏散门至疏散楼梯距离	应满足国家标准要求	
	疏散楼梯间及前室的门至室外安全出口的距离	楼梯间应在首层直通室外,确有困难时,可在首层采用扩大的封闭楼梯间或防烟楼梯间前室;当层数不超过 4 层且未采用扩大的封闭楼梯间或防烟楼梯间前室时,可将直通室外的门设置在离楼梯间不大于 15 m 处	
6.1.5.4	疏散楼梯的形式	应满足国家标准要求	
	疏散楼梯间距和数量	应满足标准中疏散距离、疏散宽度、安全出口数量的要求	
	疏散楼梯内装修	应采用 A 级不燃性材料	
	前室面积	前室的使用面积:公共建筑、高层厂房(仓库),不应小于 $6.0\ m^2$;住宅建筑,不应小于 $4.5\ m^2$;与消防电梯间前室合用时,合用前室的使用面积:公共建筑、高层厂房(仓车),不应小于 $10.0\ m^2$;住宅建筑,不应小于 $6.0\ m^2$;住宅建筑剪刀楼梯间共用前室与消防电梯的前室合用时,不应小于 $12.0\ m^2$	
	排烟窗面积	防烟楼梯间前室、消防电梯前室可开启外窗面积不应少于 $2.0\ m^2$;合用前室不应少于 $3.0\ m^2$;靠外墙的防烟楼梯间每五层内可开启外窗总面积之和不应少于 $2.0\ m$	

续表

序号	检查内容	标准要求	检查结果
6.1.5.5	疏散走道	设置形式不应被改动,围护结构应完整,宽度满足要求	
6.1.5.6	避难层(间)设置的高度、间距、数量	第一个避难层(间)的楼地面至灭火救援场地地面的高度不应大于 50 m,两个避难层(间)之间的高度不宜大于 50 m	
	避难层(间)的面积	应能满足设计避难人数避难的要求,并宜按 5.0 人/m² 计算	
	避难层疏散楼梯错位的形式	通向避难层(间)的疏散楼梯应在避难层分隔、同层错位或上下层断开	
	通向避难走道的防火门型号和种类	防火分区至避难走道入口处应设置防烟前室,前室的使用面积不应小于 6.0 m²,开向前室的门应采用甲级防火前室开向避难走道的门应采用乙级防火门	
	避难走道安全出口的数量和形式	避难走道直通地面的出口不应少于 2 个,并应设置在不同方向;当避难走道仅与一个防火分区相通且该防火分区至少有 1 个直通室外的安全出口时,可设置 1 个直通地面的出口。任一防火分区通向避难走道的门至该避难走道最近直通地面的出口的距离不应大于 60 m;避难走道的净宽度不应小于任一防火分区通向该避难走道的设计疏散总净宽度	
	避难走道内装修	应采用 A 级不燃性材料	
	下沉式广场的设置	不同区域通向下沉式广场开口最近边缘之间的水平距离不应小于 13 m,用于疏散的净面积不应小于 169 m²;防风雨篷不应完全封闭,四周开口部位应均匀布置且面积不应小于地面面积的 25%,开口高度不应小于 1.0 m;开口设置百叶时,百叶的有效排烟面积按百叶通风口面积的 60%计算	
6.1.5.7	消防电梯的位置、数量	应分别设置在不同防火分区内,且每个防火分区不应少于 1 台	
	手动控制、通信设施、速度和载重、轿厢内装修材料	应能每层停靠,载重量不应小于 800 kg,从首层至顶层的运行时间不宜大于 60 s,在首层的消防电梯入口处应设置供消防队员专用的操作按钮;轿厢的内部装修应采用不燃材料,轿厢内部应设置专用消防对讲电话	
	电梯井底排水设施	排水井的容量不应小于 2 m³,排水泵的排水量不应小于 10 L/s	
	电梯顶部电机房	消防电梯井、机房与相邻电梯井、机房之间应设置耐火极限不低于 2.00 h 的防火隔墙,隔墙上的门应采用甲级防火门	
6.1.6 建筑内部装修			
6.1.6.1	开关、插座、配电箱、高温照明灯具的防火隔热措施	配电箱不应直接安装在低于 B1 级的材料上,开关、插座和照明灯具靠近可燃物时,应采取隔热、散热等防火措施。额定功率不小于 60 W 的白炽灯、卤钨灯、高压钠灯、金属卤化物灯、荧光高压汞灯(包括电感镇流器)等,不应直接安装在可燃物体上或采取其他防火措施	

续表

序号	检查内容	标准要求	检查结果
6.1.6.2	装修是否影响疏散走道和安全出口、疏散门、避难层（间）等的疏散能力	水平疏散走道及门厅的顶棚装饰材料应为A级，其他部位不低于B1级；避难层（间）、疏散楼梯间及前室均应使用A级材料；内装修不得减小疏散走道、安全出口的数量及净宽度；疏散走道两侧和安全出口附近不得设置有误导人员安全疏散的反光镜子、玻璃等装修材料	
	地下商场、地下展览厅售货柜台、固定货架、展览台	应采用A级装修材料	
	装修对消防设施的影响	装修不应影响消防设施的正常使用功能，消火栓四周装修材料颜色应与消火栓门的颜色有明显区别	
6.1.7 防火构造			
6.1.7.1	防火墙、房间隔墙和疏散走道两侧的隔墙等防火隔墙的做法	应符合《建筑设计防火规范》(GB 50016)的规定	
	防火墙、防火隔墙的管道穿越等开口部位的防火封堵情况	应采用防火封堵材料将墙与管道之间的空隙紧密填实，穿过防火墙处的管道保温材料，应采用不燃材料；当管道为难燃及可燃材料时，应在防火墙两侧的管道上采取防火措施	
6.1.7.2	电缆井、管道井、排烟道、排气道、垃圾道等竖向井道的设置情况	电缆井、管道井、排烟道、排气道、垃圾道等竖向井道，应分别独立设置，井壁耐火极限不应低于1.00 h；电缆井、管道井应在每层楼板处采用不低于楼板耐火极限的不燃材料或防火封堵材料封堵，与房间、走道等相连通的孔隙应采用防火封堵材料封堵；垃圾道宜靠外墙设置，排气口应直接开向室外，垃圾斗应能自行关闭且以不燃材料制作	
	管道井检查门的设置情况	检查门应采用丙级防火门	
6.1.7.3	防火门窗、防火卷帘的设置位置、耐火性能等情况	应符合《建筑设计防火规范》(GB 50016—2014)中第6.5条的规定	
6.1.7.4	天桥和连廊设置位置、防火分隔构造、长度等情况	应符合《建筑设计防火规范》(GB 50016)中第6.6条的规定	
6.1.7.5	建筑外墙的外保温系统保温材料的燃烧性能及系统构造	应符合《建筑设计防火规范》(GB 50016)中第6条的规定	
6.1.8 通风空调系统			
6.1.8.1	排风系统设置导除静电的接地装置情况	排除有燃烧或爆炸危险气体、蒸气和粉尘的排风系统，应设置导除静电的接地装置，排风设备不应布置在地下或半地下建筑（室）内，排风管应采用金属管道，并应直接通向室外安全地点，不应暗设	
6.1.8.2	甲、乙类厂房内的空气循环使用情况	甲、乙类厂房内的空气不应循环使用，丙类厂房内含有燃烧或爆炸危险粉尘、纤维的空气，在循环使用前应经净化处理，并应使空气中的含尘浓度低于其爆炸下限的25%	
	民用建筑内空气中含有容易起火或爆炸危险物质的房间通风设施	应设置自然通风或独立的机械通风设施，且其空气不应循环使用	
	可燃气体管道和甲、乙、丙类液体管道是否穿过通风机房和通风管道的情况	可燃气体管道和甲、乙、丙类液体管道不应穿过通风机房和通风管道，且不应紧贴通风管道的外壁敷设	

续表

序号	检查内容	标准要求	检查结果
6.1.9 建筑防爆			
6.1.9.1	有爆炸危险的甲、乙类厂房(仓库)的设置情况及结构形式	有爆炸危险的甲、乙类厂房宜独立设置,并宜采用敞开或半敞开式。其承重结构宜采用钢筋混凝土或钢框架、排架结构	
	甲、乙类生产场所(仓库)的设置楼层位置	有爆炸危险的甲、乙类生产部位,宜布置在单层厂房靠外墙的泄压设施或多层厂房顶层靠外墙的泄压设施附近;有爆炸危险的设备宜避开厂房的梁、柱等主要承重构件布置	
	有爆炸危险的甲、乙类生产部位的泄压设施	泄压设施宜采用轻质屋面板、轻质墙体和易于泄压的门、窗等,应采用安全玻璃等在爆炸时不产生尖锐碎片的材料	
	有爆炸危险的甲、乙类厂房的总控制室设置情况	有爆炸危险的甲、乙类厂房的总控制室应独立设置	
6.1.9.2	厂房(库房)泄压设施设置情况	泄压设施的设置应避开人员密集场所和主要交通道路,并宜靠近有爆炸危险的部位;作为泄压设施的轻质屋面板和墙体的质量不宜大于 60 kg/m²;屋顶上的泄压设施应采取防冰雪积聚措施	
	检查有爆炸危险的厂房内,与相邻厂房连通处封堵情况	使用和生产甲、乙、丙类液体的厂房,其管、沟不应与相邻厂房的管、沟相通,下水道应设置隔油设施;散发较空气重的可燃气体、可燃蒸气的甲类厂房和有粉尘、纤维爆炸危险的乙类厂房,不宜设置地沟;确需设置时,其盖板应严密,地沟应采取防止可燃气体、可燃蒸气和粉尘、纤维在地沟积聚的有效措施,且应在连通处采用防火材料密封	
	散发可燃气体、可燃蒸气、粉尘的厂房的屋顶、地面、墙面处理情况	顶棚应尽量平整、无死角,厂房上部空间应通风良好;散发较空气重的可燃气体、可燃蒸气的甲类厂房和有粉尘、纤维爆炸危险的乙类厂房,应采用不发火花的地面,采用绝缘材料作整体面层时,应采取防静电措施;散发可燃粉尘、纤维的厂房,其内表面应平整、光滑,并易于清扫	
6.1.10 配电线路及应急照明			
6.1.10.1	架空电力线及非消防配电的敷设情况	架空电力线与甲、乙类厂房(仓库),可燃材料堆垛,甲、乙、丙类液体储罐,液化石油气储罐,可燃、助燃气体储罐的最近水平距离应符合规定。配电线路不得穿越通风管道内腔或直接敷设在通风管道外壁上,穿金属导管保护的配电线路可紧贴通风管道外壁敷设。配电线路敷设在有可燃物的闷顶、吊顶内时,应采取穿金属导管、采用封闭式金属槽盒等防火保护措施	
	消防配电线路的连续供电情况	消防用电设备应采用专用的供电回路,当建筑内的生产、生活用电被切断时,应仍能保证消防用电。备用消防电源的供电时间和容量,应满足该建筑火灾延续时间内各消防用电设备的要求	

续表

序号	检查内容	标准要求	检查结果
6.1.10.1	消防配电线路电线电缆选用及敷设情况	明敷时(包括敷设在吊顶内)应穿金属导管或采用封闭式金属槽盒保护,金属导管或封闭式金属槽盒应采取防火保护措施;当采用阻燃或耐火电缆并敷设在电缆井、沟内时,可不穿金属导管或采用封闭式金属槽盒保护;当采用矿物绝缘类不燃性电缆时,可直接明敷;暗敷时,应穿管并应敷设在不燃性结构内且保护层厚度不应小于30 mm;宜与其他配电线路分开敷设在不同的电缆井、沟内;确有困难需敷设在同一电缆井、沟内时,应分别布置在电缆井沟的两侧,且消防配电线路应采用矿物绝缘类不燃性电缆	
	除建筑高度小于27 m的住宅建筑外,民用建筑、厂房和丙类仓库的疏散照明设置位置	封闭楼梯间、防烟楼梯间及其前室、消防电梯间的前室或合用前室、避难走道、避难层(间),观众厅、展览厅、多功能厅和建筑面积大于200 m² 的营业厅、餐厅、演播室等人员密集的场所,建筑面积大于100 m² 的地下或半地下公共活动场所公共建筑内的疏散走道;人员密集的厂房内的生产场所及疏散走道应设置疏散照明灯具。疏散照明灯具应设置在出口的顶部、墙面的上部或顶棚上,备用照明灯具应设置在墙面的上部或顶棚上	
	应急照明的连续供电时间及照度情况	连续供电时间对于建筑高度大于100 m的民用建筑和一、二类隧道不应小于1.5 h;对于医疗建筑、老年人照料设施、总建筑面积大于100 000 m² 的公共建筑和总建筑面积大于20 000 m² 的地下、半地下建筑、其他隧道不应少于1.0 h;对于其他建筑,不应少于0.5 h。地面最低水平照度对于疏散走道,不应低于1.0 lx;对于人员密集场所、避难层(间),不应低于3.0 lx;对于病房楼或手术部的避难间,不应低于10.0 lx;对于楼梯间、前室或合用前室、避难走道,不应低于5.0 lx;消防控制室、消防水泵房、自备发电机房、配电室、防排烟机房以及发生火灾时仍需正常工作的消防设备房应设置备用照明,其作业面的最低照度不应低于正常照明的照度	

单位名称		委托方	
单位地址		检查时间	
建筑消防设施	A 消防供配电设施 B 火灾自动报警系统 C 消防给水设施 D 消火栓和消防炮 E 自动喷水灭火系统	F 泡沫灭火系统 G 气体灭火系统 H 机械加压送风系统 I 机械排烟系统 J 应急照明和疏散指示标志	K 应急广播系统 L 消防专用电话 M 消防分隔设施 N 消防电梯 O 灭火器 P 其他
	此项已检查; □ 无此项; 有此项而未检查		
检查依据	《建筑设计防火规范》(GB 50016) 《火灾自动报警系统施工及验收标准》(GB 50166) 《自动喷水灭火系统施工及验收规范》(GB 50261) 《气体灭火系统施工及验收规范》(GB 50263) 《泡沫灭火系统施工及验收规范》(GB 50281) 《消防给水及消火栓系统技术规范》(GB 50974) 《建筑消防设施检测技术规程》(GB/T 44418) □ 其他		

续表

主要仪器列表	建筑消防设施检测箱： ① 感温探测器试验装置； ② 感烟探测器试验装置； ③ 水喷淋系统试水装置； ④ 消火栓系统试水装置； ⑤ 数字兆欧表； ⑥ 数字照度计； ⑦ 数字风速仪； ⑧ 数字声级计； ⑨ 数字微压计； ⑩ 数字万用表；	⑪ 垂直度； ⑫ 多功能工程坡度测定仪； ⑬ 数字秒表； ⑭ 数字试电笔； ⑮ 钢卷尺； ⑯ 感烟探测器试验装置； ⑰ 纤维卷尺； ⑱ 游标卡尺； ⑲ 数字式接地电阻测试仪
项目概况		
单项负责人		评估人员

单位名称				委托方		
单位地址				统计时间		
设备名称	规格型号	数量	设备名称		规格型号	数量
火灾报警控制器			气体灭火控制器			
消防联动控制器			气体灭火剂储存装置			
火灾探测器			启动瓶			
消火栓泵			机械加压送风机			
喷淋泵			机械加压送风机控制柜			
消火栓泵控制柜			送风阀			
喷淋泵控制柜			机械排烟风机			
稳压泵			机械排烟风机控制柜			
稳压泵控制柜			排烟阀			
消防水池			排烟防火阀			
消防水箱			防火阀			
水泵接合器			消防应急照明灯具			
室外消火栓			消防疏散指示标志			
室内消火栓			消防应急广播主机			
报警阀组			消防专用电话主机			
喷头			防火门			
泡沫消防泵			防火卷帘			
泡沫液储罐			灭火器			
比例混合器						
泡沫产生器						

序号	检查内容	标准要求	检查结果
6.2.2	消防供配电设施		
6.2.2.1	供配电负荷等级		
1	一级负荷供电电源的供电情况，主备电源转换时间	一级负荷供电电源应由双重电源供电，当双重电源采用一用一备工作方式时，其转换时间不大于30 s	
2	二级负荷供电电源电压等级为10 kV时的供电情况	二级负荷供电电源电压等级为10 kV时，其两回路应分别取自同一座区域变电站不同变压器供电的两段母线或取自两座区域变电站	
3	三级负荷供电的情况	三级负荷供电除消防泵用电有特殊要求外，其他应按国家相关的标准、规范执行	
4	备用电源的供电时间和容量	备用电源的供电时间和容量，应满足各消防用电设备设计火灾延续时间最长的要求	
6.2.2.2	消防配电		
1	消防用电设备的供电回路，消防控制室、消防水泵、消防电梯、防排烟风机等处的最末一级配电箱	消防用电设备应采用单独的供电回路；消防控制室、消防水泵、消防电梯、防排烟风机等的供电设备，应在各自最末一级配电箱处设置主、备电源自动切换装置	
2	消防设备配电箱是否有明显标识，标识是否准确，状态是否正常	消防设备配电箱应有区别于其他配电箱的明显标志，不同消防设备的配电箱应有明显区分标识。配电箱上的仪表、指示灯的显示应正常，开关及控制按钮应灵活可靠	
3	备用电源的控制方式及操作程序	切换备用电源的控制方式及操作程序应符合设计要求	
6.2.2.3	自备发电机组		
1	仪表、指示灯及开关按钮等是否完好、正常	仪表、指示灯及开关按钮等应完好，显示应正常	
2	储油箱内的油量和油位情况	储油箱内的油量应能满足发电机运行3~8 h的用量，油位显示应正常	
3	燃油标号情况	燃油标号应正确	
4	达到额定转速发电的时间，发电机运行及输出功率、电压、频率和相位	自动启动并达到额定转速发电的时间应符合规范要求，发电机运行及输出功率、电压、频率、相位的显示均应正常	
5	机房通风设施运行情况	机房通风设施运行正常	
6.2.3	火灾自动报警系统		
6.2.3.1	消防控制室		
1	消防控制室门的开启方向，其入口处有无标志	消防控制室的门应向疏散方向开启，并应在入口处设置明显的标志	
2	消防控制室内有无重点部位、疏散通道及消防设备所在位置的平面图或模拟图	消防控制室内应有显示被保护建筑的重点部位、疏散通道及消防设备所在位置的平面图或模拟图等	
3	消防控制室的送、回风管在穿墙处是否设防火阀	消防控制室的送、回风管，其穿墙处应设防火阀	
4	消防控制室是否有无关的电气线路通过	消防控制室内严禁与其无关的电气线路通过	

续表

序号	检查内容	标准要求	检查结果
5	消防控制室有无外线电话和应急照明	消防控制室应设置可直接报警的外线电话和应急照明	

6.2.3.2 火灾报警控制器

序号	检查内容	标准要求	检查结果
1	火灾报警控制器安装情况	火灾报警控制器安装应牢固、平稳、不得倾斜	
2	火灾报警控制器接线端子接线和标志情况	火灾报警控制器接线端子处所配导线的端部,均应标明编号,字迹清晰不易褪色。端子板的每个接线端,接线不得超过两根	
3	报警控制器主电源和直流备用电源	报警控制器应有主电源和直流备用电源。主电源引入线应直接与消防专用电源连接,并应有明显标志。主电源的保护开关不应采用漏电保护开关	
4	接地线的线芯面积和标志	接地线采用铜芯绝缘导线,线芯截面积不小于 4 mm²;接地牢固,并有明显标志	
5	火灾报警控制器接地电阻值	火灾报警控制器单独接地电阻值应小于 4 Ω,联合接地电阻值应小于 12 Ω	
6	主电源和备用电源转换功能	主电源断电时应自动转换至备用电源供电,主电源恢复后应自动转换为主电源供电,并显示主、备电源的状态	
7	火灾自动报警控制器的显示、自检、消音、复位功能	火灾自动报警控制器的显示、自检、消音、复位功能应正常	

6.2.3.3 火灾探测器

序号	检查内容	标准要求	检查结果
1	探测器的设置和选型	探测器的设置和选型应符合《火灾自动报警系统设计规范》(GB 50116)要求	
2	探测器安装是否牢固,是否有松动、脱落、丢失和被遮挡现象	探测器安装应牢固,不应有松动、脱落、丢失和被遮挡现象	

6.2.3.4 火灾探测器功能试验

序号	检查内容	标准要求	检查结果
1	点型感烟、感温探测器	应在试验烟气或温度作用下动作,向火灾报警控制器输出火警信号,并启动探测器报警确认灯;探测器报警确认灯应在手动复位前予以保持	
2	线型光束感烟探测器	当对射光束的减光值达到1.0~10 dB时,应在30 s内向火灾报警控制器输出火警信号,启动探测器报警确认灯	
3	线型感温探测器	应在试验热源作用下动作,向火灾报警控制器输出火警信号;线性火灾探测器报警应启动报警确认灯,并应在手动复位前予以保持	
4	火焰(或感光)探测器	应在试验光源作用下,在规定的响应时间内动作,并向火灾报警控制器输出火警信号;具有报警确认灯的探测器应同时启动报警确认灯,并应在手动复位前予以保持	
5	管路采样的吸气式感烟探测器	应在试验烟气作用下动作,向火灾报警控制器输出火警信号	
6	可燃气体探测器	可燃气体探测器在被监测区域内的可燃气体浓度达到报警设定值时,应发出报警信号	

续表

序号	检查内容	标准要求	检查结果
6.2.3.5	手动报警按钮		
1	手动报警按钮设置部位和数量	设置部位和数量应符合《火灾自动报警系统设计规范》(GB 50116)的要求	
2	手动报警按钮安装情况	手动报警按钮安装应牢固,不应有松动、脱落、丢失和被遮挡现象	
6.2.3.6	火灾警报装置		
1	火灾警报装置安装	火灾警报装置安装应牢固	
2	报警区域内设置情况	每个报警区域内应合理设置火灾警报装置	
6.2.3.7	系统功能检查		
1	火灾报警控制器的面盘显示情况	火灾自动报警系统平时应处于正常的监视状态	
2	火灾自动报警系统的报警功能	火灾自动报警系统的报警功能应正常	
3	火灾自动报警系统的联动控制功能	火灾自动报警系统的联动控制功能应正常	
6.2.4	消防给水设施		
6.2.4.1	消防水池　　　　容积:		
1	消防水池容积,有无水位显示装置,水位是否正常	消防水池容积应符合规范要求,应设置就地水位显示装置消防水池水位正常	
2	消防水池补水设施	消防水池补水设施应正常	
3	消防水池防冻措施	寒冷地区的消防水池应采取防冻措施	
6.2.4.2	消防水箱　　　　容积:		
1	消防水箱容积,有无水位显示装置,水位是否正常	消防水箱容积应符合规范要求。应设置就地水位显示装置,消防水箱水位应正常	
2	消防水箱补水措施	消防水箱补水措施应正常	
3	消防水箱出口阀门是否开启,有无标志,出水管上的止回阀关闭方向	消防水箱出口阀门应常开并有明显标志,出水管上的止回阀关闭时应严密	
6.2.4.3	稳压泵、增压泵及气压水罐		
1	稳压泵、气压水罐和稳压泵控制柜安装,运行状态和外观情况	稳压泵、气压水罐和稳压泵控制柜安装应牢固,运行平稳,无锈蚀	
2	稳压泵控制柜供电,指示灯显示,是否处于自动状态	稳压泵控制柜应有双电源供电,指示灯显示应正常,并处于自动状态	
3	稳压泵启动、停止,电接点压力表的压力设定值和管网压力	稳压泵启动、停止运行应正常,电接点压力表的压力设定值应符合设计要求;管网压力显示应正常	
4	稳压泵进、出口阀门是否开启,有无标志	稳压泵进、出口阀门应开启,并有明显标志	
6.2.4.4	消防水泵房		
1	消防水泵房是否有消防专用电话分机、应急照明灯和标志	消防水泵房应设置消防专用电话分机、应急照明灯,消防水泵房应有明显标志	

续表

序号	检查内容	标准要求	检查结果
2	消防水泵是否采用自灌式吸水	消防水泵应采用自灌式吸水	
3	消防水泵有无注明系统名称和编号的标志牌。进、出口阀门是否开启,启闭标志牌是否正确	消防水泵应有注明系统名称和编号的标志牌。进、出口阀门应常开,启闭标志牌应正确	
4	消防水泵的进、出口是否设压力表,显示是否正常	消防水泵的进、出口应设压力表,显示应正常	
5	消防水泵及消防管道安装情况	消防水泵及消防管道安装应牢固,无锈蚀	

6.2.4.5 消防水泵控制柜

序号	检查内容	标准要求	检查结果
1	消防水泵控制柜是否有注明所属系统及编号的标志	消防水泵控制柜应有注明所属系统及编号的标志	
2	消防水泵控制柜供电,是否处于自动状态和指示灯显示是否正常	消防水泵控制柜应有双电源供电,应处于自动状态,指示灯显示应正常	
3	消防水泵主泵和备用泵,运行情况	手动启停消防水泵主泵和备用泵,运行应平稳	
4	主、备消防泵切换功能	主、备消防泵应具有自动切换功能	
5	消防控制室手动启动消防泵	消防控制室应能手动启动消防泵	

6.2.4.6 水泵结合器

序号	检查内容	标准要求	检查结果
1	水泵结合器规格、数量和安装位置及阀门安装方式	水泵结合器规格、数量和安装位置应符合设计要求。阀门安装方式应符合设计要求	
2	水泵接合器标志	水泵接合器应设标明用途的明显标志	
3	控制阀是否开启,组件是否齐全完整,无锈蚀	控制阀应常开,且启闭灵活;组件应齐全完整,无锈蚀	
4	水泵结合器开通功能	试水开通功能正常	
5	地下式水泵接合器接口至井盖的距离和接口位置	地下式水泵接合器接口至井盖的距离不宜大于0.40 m,接口应正对井口	
6	水泵结合器防冻措施	寒冷地区防冻措施应完好	

6.2.5 消火栓系统

6.2.5.1 消防供水设施

序号	检查内容	标准要求	检查结果
1	检查内容同6.2.4	标准要求同6.2.4	

6.2.5.2 消防管网

序号	检查内容	标准要求	检查结果
1	消火栓系统管网畅通和阀门是否开启	室内外消火栓系统管网应畅通,阀门应常开	
2	消火栓泵前后进、出口管网压力	消火栓泵前后进、出口管网压力应符合规范要求	
3	管网的防冻措施	低温地区管网应采取防冻措施	

6.2.5.3 室外消火栓

序号	检查内容	标准要求	检查结果
1	消火栓规格、数量和设置位置	消火栓规格、数量和设置位置应符合规范要求	
2	消火栓周围环境	消火栓不应被遮挡、圈占和埋压	

续表

序号	检查内容	标准要求	检查结果
3	消火栓安装情况,组件是否齐全	消火栓安装应牢固,组件完整,开关灵活,外观质量符合要求	
4	消火栓供水压力	消火栓供水压力从地面算起不应小于 0.10 MPa	

6.2.5.4 室内消火栓和消火栓箱

序号	检查内容	标准要求	检查结果
1	消火栓箱安装是否牢固,有无标志,组件是否齐全,箱门开关情况	消火栓箱安装应牢固,应有明显标志,箱内组件应齐全,箱门开关灵活	
2	消火栓周围环境	消火栓不应被遮挡、圈占	
3	消火栓栓口的安装位置,栓口高度和方向	消火栓栓口的安装位置应能保证水带与栓口连接方便。安装高度、栓口垂直墙面向外或向下	

6.2.5.5 消火栓系统功能

序号	检查内容	标准要求	检查结果
1	消火栓静水压力	静水压力:一类高层民用公共建筑不应低于 0.10 MPa,但当建筑高度超过 100 m 时不应低于 0.15 MPa,高层住宅、类高层公共建筑、多层民用建筑不应低于 0.07 MPa	
2	消火栓动压	消火栓动压试验压力应符合相关要求。消防水泵由出水干管上设置的压力开关、高位消防水箱出水管上的流量开关等信号应直接自动启动,消防联动控制装置应能接收其反馈信号	

6.2.6 自动喷水灭火系统

6.2.6.1 消防供水设施

1	检查内容同 6.2.4		

6.2.6.2 管网

序号	检查内容	标准要求	检查结果
1	报警阀后的管道材质和连接方式	报警阀后的管道应采用内外壁热镀锌钢管,镀锌钢管应采用沟槽连接或丝扣、法兰连接	
2	配水干管、配水管标志	配水干管、配水管应作红色或红色圆环标志	
3	配水干管最末端有无电动阀和自动排气阀	干式灭火系统和预作用系统配水干管最末端应设电动阀和自动排气阀	
4	水箱重力供水管的接法	水箱重力供水管应接入喷淋系统管网的部位应符合规范要求	

6.2.6.3 报警阀组　　　类型:　　　规格:　　　数量:

序号	检查内容	标准要求	检查结果
1	报警阀组位置和周围环境	报警阀组位置应便于操作,报警阀组周围不应有遮挡物,报警阀附近应有排水设施	
2	报警阀组的标志和压力	报警阀组应有注明系统名称、保护区域的标志牌,压力表显示应符合设定值	
3	报警阀组进、出口的控制阀形式	报警阀组进、出口的控制阀应采用信号阀,不采用信号阀时,应用锁具固定阀位,阀门应常开并有标识	
4	报警阀组件、阀门标志和状态	报警阀组件应完整可靠,连接应正确,阀门标识应正确,开闭状态应符合规范要求	
5	水力警铃安装位置	水力警铃应设在有人值班的附近或走道	

续表

序号	检查内容	标准要求	检查结果
6	报警阀组功能试验		
a)	湿式报警阀组功能	开启湿式报警阀试水阀,报警阀启动功能应符合规范要求	
b)	干式报警阀组功能	干式报警阀组气源设备及安装应符合设计和规范要求,压力显示应符合设定值	
c)	雨淋报警阀组功能	雨淋报警阀组配置传动管时,传动管的压力表显示应符合设定值	
6.2.6.4	水流指示器		
1	水流指示器位置有无标志	水流指示器位置应有明显标志	
2	水流指示器前的信号阀开启状态	水流指示器前的信号阀应全开,并应反馈启闭信号	
6.2.6.5	喷头　　　数量：　　　厂家：		
1	喷头设置部位和类型	喷头设置部位和类型应符合要求,干式系统喷头应采用直立型喷头或干式下垂型喷头	
2	喷头安装情况	喷头安装应牢固,不得有变形和附着物、悬挂物	
3	喷头周围环境	喷头周围不能有遮挡物	
6.2.6.6	末端试水装置		
1	末端试水装置和试水阀设置和周围环境	每套报警阀组应在最不利点处设置末端试水装置,其他防火分区楼层均应设置试水阀,末端试水装置和试水阀应便于操作且有足够排水能力的排水设施	
2	末端试水装置和试水阀压力	末端试水装置和试水阀压力表显示应正常	
6.2.6.7	系统功能		
1	湿式系统功能	开启末端试水装置,出水压力不应低于 0.05 MPa。水流指示器、报警阀、压力开关应动作,水力警铃应鸣响;压力开关应能直接启动喷淋泵消防控制设备,应显示水流指示器、压力开关及消防水泵的反馈信号	
2	干式系统功能	系统组件应齐全,阀门开闭状态符合要求	
		系统功能:开启干式报警阀组的试水阀后,报警阀、压力开关应动作,停止供气装置,联动启动排气阀入口电动阀与消防水泵;消防控制设备应显示压力开关、电动阀及消防水泵的反馈信号	
3	预作用系统功能	系统组件应齐全,阀门开闭状态符合要求	
		火灾报警控制器确认火灾后,自动启动预作用报警阀组的电磁阀、排气阀入口电动阀,压力开关应动作并自动联动消防水泵;消防控制设备应显示压力开关、电动阀及消防水泵的反馈信号	
4	雨淋系统(水幕系统、水喷雾系统)功能	系统组件应齐全,阀门开闭状态符合要求	
		火灾状态下,消防控制设备应能手动和自动控制雨淋阀的电磁阀,雨淋阀应启开,水力警铃应鸣响,压力开关应动作并直接启动消防水泵,消防控制室应显示压力开关和消防水泵的动作信号	

续表

序号	检查内容	标准要求	检查结果
4	雨淋系统(水幕系统、水喷雾系统)功能	传动管控制系统传动管泄压后,应自动联动雨淋阀,压力开关应动作,水力警铃应鸣响,压力开关应直接启动消防水泵,消防控制室应显示压力开关和消防水泵的动作信号	

6.2.7 泡沫灭火系统

6.2.7.1 消防供水设施

1	检查内容同6.2.4		

6.2.7.2 泡沫泵站和泡沫液贮罐

序号	检查内容	标准要求	检查结果
1	泡沫泵站是否有消防专用电话、应急照明灯和标志	泡沫泵站应设置消防专用电话分机、应急照明灯,泡沫泵站应有明显标志	
2	泡沫液贮罐罐体或铭牌、标志牌	泡沫液贮罐罐体或铭牌、标志牌上应清晰注明灭火剂型号、配比浓度、有效日期和储量	
3	贮罐配件及压力表	贮罐配件应齐全完好无锈蚀,液位计、呼吸阀、安全阀、放空阀及压力表状态应正常	
4	泡沫液储罐、管道、比例混合器和泡沫产生器外观	泡沫液储罐、泡沫管道、泡沫比例混合器、泡沫混合液管道、泡沫产生器等应涂红色	
5	阀门的标志和状态	阀门应有标识,开启状态应符合规范要求	

6.2.7.3 比例混合器

1	比例混合器的安装和外观	比例混合器的安装应牢固,无损伤、锈蚀,水流方向应与比例混合器箭头方向相同	
2	阀门和压力表	阀门启闭应灵活,压力表显示应正常	

6.2.7.4 泡沫产生器

1	控制阀状态和标志	泡沫产生器控制阀应常开,并有明显标志	
2	泡沫产生器安装情况	泡沫产生器安装应牢固,无损坏或变形,无锈蚀	
3	吸气孔、发泡网及泡沫喷射口状态	吸气孔、发泡网及暴露的泡沫喷射口,不得有杂物进入或堵塞,泡沫出口附近不得有阻挡泡沫喷射及泡沫流淌的障碍物	

6.2.7.5 泡沫喷头

1	泡沫喷头安装情况	泡沫喷头安装应牢固,应无损坏或变形,无锈蚀	
2	喷头周围环境	喷头四周不应有影响的障碍物并保证使泡沫可直接喷到保护对象上	

6.2.7.6 管道

1	立管安装	连接产生器的泡沫混合液立管在罐壁上固定应牢固,无变形、锈蚀、损伤	
2	立管与水平管道连接的金属软管安装	泡沫混合液立管与水平管道连接的金属软管两端固定应牢固,无锈蚀、破损	
3	管道、管道过滤器外观	泡沫混合液管道、泡沫管道、管道过滤器涂红色	

6.2.7.7 泡沫消防炮

1	泡沫消防炮安装	泡沫消防炮安装应牢固,无锈蚀、变形和损伤	

续表

序号	检查内容	标准要求	检查结果
2	泡沫消防炮控制阀状态	泡沫消防炮控制阀应启闭灵活	
3	回转与仰俯操作情况	回转与仰俯操作应灵活,操作角度应符合设定值	
6.2.7.8	泡沫灭火系统功能	系统能接收火灾报警信号,自动或手动开启泡沫灭火系统的控制阀和泡沫消防泵,直至泡沫产生器喷水或喷射泡沫,泡沫产生器入品的压力值应符合设计要求,泡沫产生器喷洒应正常,消防控制设备应显示控制阀和泡沫消防泵的状态	

系统类型	□ IG 541 灭火系统 七氟丙烷灭火系统 □ 气溶胶灭火装置 □ 其他 二氧化碳灭火系统

6.2.8 气体灭火系统

6.2.8.1 防护区

序号	检查内容	标准要求	检查结果
1	防护区内疏散通道,防护区门和出口	防护区内应设疏散通道,防护区门为防火门,且应向外开启并能自行关闭;在疏散通道与出口处,应设应急照明和疏散指示标志	
2	防护区内和入口处设备设置情况	防护区内和入口处应设声光报警装置,入口处应安全标志和灭火剂释放指示灯,应设置系统紧急启动和停止按钮及手动自动转换装置	
3	无窗或固定窗扇的地上防护区和地下防护区,是否设置机械排风装置	无窗或固定窗扇的地上防护区和地下防护区,应设置机械排风装置;灭火后防护区应能通风换气	
4	门窗设有密封条的防护区是否设置泄压装置	门窗设有密封条的防护区应设置泄压装置	
5	是否配置空气呼吸器	有人工作的场所,宜配置空气呼吸器	
6	防护区设有开口时,是否设置自动关闭装置	防护区设有开口时,应设置自动关闭装置	
7	围护结构、门窗和吊顶的耐火等级	围护结构和门窗耐火极限不应低于 0.5 h,吊顶耐火极限不应低于 0.25 h	

6.2.8.2 贮瓶间

序号	检查内容	标准要求	检查结果
1	贮瓶间设置及标志	贮瓶间应设在靠近防护区的专用房间且有明显标志,出口处直通室外或疏散通道,应设应急照明	
2	地下储瓶间是否设置机械排风装置,排风口是否直通室外	地下储瓶间应设置机械排风装置,排风口应直通室外	

6.2.8.3 灭火剂贮存装置　　　规格:　　　数量:

序号	检查内容	标准要求	检查结果
1	贮存装置固定标牌	贮存装置应设固定标牌,标明设计规定的贮存装置编号、皮重、容积、灭火剂名称、充装量、充装日期、充装压力、驱动装置和选择阀应有分区标志,驱动装置的压力应正常	
2	灭火剂贮存装置规格	同一防护区内用的灭火剂贮存装置规格应一致	
3	贮存装置的支、框架	贮存装置的支、框架应固定牢固,并采取防腐处理	
4	二氧化碳灭火剂贮存装置是否设称重检漏装置	二氧化碳灭火剂贮存装置应设称重检漏装置且应正常,当二氧化碳储瓶及储罐在灭火剂的损失量达到设定值时发出报警信号	

续表

序号	检查内容	标准要求	检查结果
5	低压二氧化碳储罐的制冷装置	低压二氧化碳储罐的制冷装置应正常运行,控制的温度和压力应符合设定值	

6.2.8.4 系统组件（驱动装置、集流管、选择阀、压力讯号器、流量讯号器、单向阀、喷头）

序号	检查内容	标准要求	检查结果
1	系统驱动装置压力和标志	系统驱动装置压力表便于观测,压力符合设计要求;驱动瓶正面应设标志牌,标明防护区名称,并安装牢固;电磁驱动器电气连接线应采用金属管保护	
2	集流管安装及泄压装置	集流管应固定在支、框架上并安装牢固,组合分配气体灭火系统的集流管上应设泄压装置	
3	选择阀标志和安装高度	选择阀上应设置标明防护区名称或编号的永久性标志牌,手柄应在操作面一侧,安装高度超过 1.7 m 时,应采取便于操作的措施	
4	压力信号器	每个防护区主管道上应设压力讯号器、流量讯号器	
5	液体单向阀和连接软管	容器阀与集流管之间的管道上应设液体单向阀,单向阀与容器阀或单向阀与集流管之间应采用软管连接	
6	喷嘴	喷嘴应无堵塞现象	

6.2.8.5 气体灭火系统功能

序号	检查内容	标准要求	检查结果
1	功能试验	自动状态下,灭火控制装置和报警控制装置应在接到两个相关的火灾信号或手动启动紧急启动按钮后,启动防护区声、光报警装置,在不超过 30 s 延时时间内,自动启动驱动装置的电磁阀,延时时间内关闭防护区通风设施和开口阀门,气体释放后,防护区门口的气体释放灯应点亮,消防联动控制装置应能显示火灾报警信号、联动控制设备的动作反馈信号、系统的启动信号和气体释放信号	
2	紧急停止功能	应急切断应能在不超过 30 s 延时时间内可靠地切断自动控制功能	

6.2.9 机械加压送风系统

6.2.9.1 风机控制柜

序号	检查内容	标准要求	检查结果
1	风机控制柜的标志	风机控制柜应有注明系统名称和编号的标志	
2	风机控制柜供电和状态	风机控制柜应有双电源供电指示灯显示应正常	
3	手动、自动切换装置情况	风机控制柜应有手动、自动切换装置	

6.2.9.2 机械加压送风机　　　　　　数量

序号	检查内容	标准要求	检查结果
1	送风机的铭牌和标志	送风机的铭牌清晰,并有注明名称和编号的标志	
2	风机的运行及反馈	风机现场远程启停正常,启动运转平稳,旋转方向正确,消防控制室应能显示风机的工作状态	

6.2.9.3 送风道

序号	检查内容	标准要求	检查结果
1	风机和风道的软连接情况	风机和风道的软连接应严密完整,风道无破损、无变形、无锈蚀	

6.2.9.4 送风阀（口）

序号	检查内容	标准要求	检查结果
1	送风阀（口）的安装	送风阀（口）的安装应牢固,无损伤	

续表

序号	检查内容	标准要求	检查结果
2	送风阀开启与复位状况	送风阀开启与复位操作应灵活可靠,关闭时应严密,反馈信号应正确	

6.2.9.5 系统功能

序号	检查内容	标准要求	检查结果
1	机械加压送风系统功能测试	机械加压送风系统应能自动和手动启动相应区域的送风阀、送风机,并向火灾报警控制器反馈信号	
2	送风口的风速测试	送风口的风速不宜大于 7 m/s	
3	防烟楼梯间、前室、合用前室、消防电梯前室和避难层(间)的余压值测试	防烟楼梯间、前室、合用前室、消防电梯前室和避难层(间)的余压值应符合规范要求	

6.2.10 机械排烟系统

6.2.10.1 机械排烟风机控制柜

序号	检查内容	标准要求	检查结果
1	排烟风机控制柜的标志	机械排烟风机控制柜应有注明系统名称和编号的标志	
2	排烟风机控制柜供电和状态	机械排烟风机控制柜应有双电源供电,指示灯显示应正常	
3	排烟风机控制柜的手动、自动切换装置	机械排烟风机控制柜应有手动、自动切换装置	

6.2.10.2 排烟风机

序号	检查内容	标准要求	检查结果
1	排烟风机的铭牌和标志	排烟风机的铭牌清晰,并有注明名称和编号的标志	
2	排烟风机运行状态和反馈	排烟风机现场、远程启停正常,启动运转平稳,旋转方向正确,消防控制室应能显示风机的工作状态	

6.2.10.3 排烟道

序号	检查内容	标准要求	检查结果
1	风机和排烟道的软连接状况	风机和排烟道的软连接应严密完整,排烟道无破损、无变形、无锈蚀	

6.2.10.4 排烟口、排烟阀、排烟防火阀、防火阀、电动排烟窗

序号	检查内容	标准要求	检查结果
1	排烟口、排烟阀、排烟防火阀、防火阀、电动排烟窗安装和环境	排烟口、排烟阀、排烟防火阀、防火阀、电动排烟窗应安装牢固。排烟口距可燃构件或可燃物的距离不应小于 1.00 m	
2	排烟口、排烟阀、排烟防火阀、防火阀、电动排烟窗开启与复位的情况	排烟口、排烟阀、排烟防火阀、防火阀、电动排烟窗开启与复位操作应灵活可靠,关闭时应严密,反馈信号应正确	
3	手动控制装置	除常开的阀(口)外,现场应设置手动控制装置	

6.2.10.5 系统功能

序号	检查内容	标准要求	检查结果
1	机械排烟系统自动和手动启动功能	机械排烟系统应能自动和手动启动相应区域排烟阀、排烟风机,并向火灾报警控制器反馈信号	
2	排烟口(排烟阀)联动排烟风机功能	机械排烟系统中,当任一排烟口(排烟阀)开启时,排烟风机应能自动启动	
3	排烟口的风速测试	排烟口的风速不宜大于 10 m/s,排烟量符合设计要求	
4	通风与排烟合用风机时的切换功能	通风与排烟合用风机,应自动切换到高速运行状态	

续表

序号	检查内容	标准要求	检查结果
5	电动排烟窗系统功能	具有直接启动或联动控制开启功能	
6.2.11	消防应急照明及疏散指示系统		
6.2.11.1	消防应急照明		
1	消防应急照明灯具状态	消防应急照明灯具安装应牢固、无遮挡,状态指示灯应正常	
2	应急转换时间	消防应急照明灯具应急转换时间不应大于 5 s	
3	疏散照明的地面最低水平照度	疏散照明的地面最低水平照度应满足规范要求	
6.2.11.2	疏散指示标志		
1	疏散指示标志状态	疏散指示标志安装应牢固、无遮挡,指示方向明显清晰	
2	安全出口标志和疏散指示标志设置	安全出口标志和疏散指示标志设置应符合规范要求	
3	疏散指示标志地面中心照度	灯光疏散指示标志的状态灯应正常,地面中心照度应符合规范要求	
6.2.12	消防应急广播系统		
6.2.12.1	扩音机		
1	扩音机的显示和监听	仪表指示灯显示正常,开关和控制按钮动作灵活。监听功能正常	
6.2.12.2	扬声器		
1	扬声器安装情况	安装牢固外观完好、音质清晰	
6.2.12.3	系统功能		
1	话筒播音功能	应能用话筒播音	
2	自动播放功能	应在火灾报警后,按设定的控制程序自动启动消防应急广播,控制程序应符合要求	
3	播音区域和音质	播音区域应正确、音质应清晰	
4	应急广播声级	环境噪声大于 60 dB 的场所,消防应急广播应高于背景噪声 15 dB	
6.2.13	消防专用电话		
1	消防水泵房、发电机房、高低压配电室、防排烟机房、消防电梯等是否安装消防专用电话	消防水泵房、发电机房、高低压配电室、防排烟机房、消防电梯等部位应设消防专用电话	
2	消防专用电话是否直通方式呼叫	消防专用电话分机应以直通方式呼叫	
3	通话功能和音质	消防控制室应能接受插孔电话的呼叫,通话音质清晰	
4	消防控制室、消防值班室、企业消防站等处是否有外线电话	消防控制室、消防值班室、企业消防站等处应设外线电话	
6.2.14	防火分隔设施		
6.2.14.1	防火门		
1	组件、标识、关闭情况	组件及标识齐全完好,应启闭灵活、关闭严密	

续表

序号	检查内容	标准要求	检查结果
2	自动闭合功能和内外侧开启功能	防火门应能自动闭合,双扇防火门应按顺序关闭;关闭后应能从内、外两侧人为开启	
3	常开防火门自动控制功能	电动常开防火门,应在火灾报警后自动关闭并反馈信号	
4	自动和手动解除出入口控制系统	设置在疏散通道上、并设有出入口控制系统的防火门,应能自动和手动解除出入口控制系统	

6.2.14.2 防火卷帘

序号	检查内容	标准要求	检查结果
1	组件及标识情况	防火卷帘组件及标识应齐全完好,紧固件应无松动现象	
2	防火卷帘功能	现场手动、远程手动、自动控制及温控释放功能应正常,关闭时应严密。运行时应平稳顺畅、无卡涩现象	
3	疏散通道上的防火卷帘自动控制功能	安装在疏散通道上的防火卷帘,应在一个相关探测器报警后下降至距地面1.8 m处停止;另一个相关探测器报警后,卷帘应继续下降至地面,并向火灾报警控制器反馈信号	
4	用于防火分隔的防火卷帘自动控制功能	仅用于防火分隔的防火卷帘,火灾确认后,应直接下降至地面,并向火灾报警控制器反馈信号	

6.2.14.3 电动防火阀

序号	检查内容	标准要求	检查结果
1	电动防火阀状态	电动防火阀应完好无损,开启与复位应灵活可靠,关闭时应严密	
2	电动防火阀自动控制功能	电动防火阀应在相关火灾探测器动作后自动关闭并反馈信号	

6.2.15 消防电梯

序号	检查内容	标准要求	检查结果
1	消防电梯迫降按钮测试	首层的消防电梯迫降按钮,应用透明罩保护,当触发按钮时,能控制消防电梯下降至首层,此时其他楼层按钮不能呼叫控制消防电梯,只能在轿厢内控制	
2	轿厢内的专用对讲电话通话	轿厢内的专用对讲电话应正常	
3	首层到顶层运行时间	从首层到顶层的运行时间不应超过60 s	
4	消防电梯自动控制功能	联动控制的消防电梯,应由消防控制设备手动和自动控制电梯回落首层,并接收反馈信号	

6.2.16 消防设施联动控制功能

序号	检查内容	标准要求	检查结果
1	消防设施的联动控制功能测试	建筑内消防设施的联动控制功能应满足规范要求	

6.2.17 灭火器

序号	检查内容	标准要求	检查结果
1	灭火器配置的数量和类型	每个计算单元配置的灭火器数量和类型应符合《建筑灭火器配置设计规范》(GB 50140)的要求	
2	灭火器设置位置	灭火器应设置在位置明显和便于取用的地点,且不得影响安全疏散	
3	有视线障碍的灭火器设置点标志	对有视线障碍的灭火器设置点,应设置指示其位置的发光标志	

续表

序号	检查内容	标准要求	检查结果
4	灭火器的位置和铭牌	灭火器的摆放应稳固,其铭牌应朝外,手提式灭火器宜设置在灭火器箱内或挂钩、托架上,其顶部离地面高度不应大于50 m;底部离地面高度不宜小于0.08 m。灭火器箱不得上锁	
5	灭火器保护措施	灭火器设置在潮湿或强腐蚀性的地点或室外时,应有相应的保护措施	
6	灭火器有效期	灭火器应在有效期和报废年限内。二氧化碳灭火器重量应与铭牌标示一致	
7	灭火器铭牌或灭火器维修合格证情况	灭火器铭牌或灭火器维修合格证应清晰,无残缺	
8	灭火器筒体及组件	灭火器筒体应无明显锈蚀和凹凸等损伤,手柄、插销、铅封、压力表等组件应齐全完好,无松动、脱落或损伤	
9	喷射软管情况	喷射软管应完好,无龟裂;喷嘴无堵塞	
10	压力表指针范围	压力表指针应在绿色区域范围内	

单位名称		委托方	
单位地址		检查时间	
检查对象			
检查依据	《中华人民共和国消防法》 《机关、团体、企业、事业单位消防安全管理规定》(公安部令第61号) 《消防控制室通用技术要求》(GB 25506) 《建筑消防设备管理及维护措施》(GB 25201) □ 其他: 注:所依据的技术标准应注明其版本号		

评估人员	岗位	姓名	分工	签字	职业资格
	单项负责人				
	评估人员				
	评估人员				
	评估人员				
	评估人员				
	评估人员			执业印章	

序号	检查内容	标准要求	检查结果

6.3.1 消防工作组织

6.3.1.1 消防工作组织机构、人员及其职责

序号	检查内容	标准要求	检查结果
1	消防安全管理组织	以正式文件确定消防安全责任人、消防安全管理人	
		明确单位消防安全组织机构,并以正式文件确定消防安全归口管理部门	

续表

序号	检查内容	标准要求	检查结果
1	消防安全管理组织	消防安全归口管理部门应明确本单位负责落实日常消防管理工作的专(兼)职人员	
		明确各级、各部门、各岗位消防安全职责	
		确定各级、各部门、各岗位消防安全负责人	
		随机抽查提问2个业务部门人员所掌握消防职责的情况	
2	共有(用)建筑消防安全管理	应成立消防安全统一管理机构	
		应书面明确产权方、使用方、统一管理单位的消防安全职责	
		应按规定开展防火检查(巡查)消防演练、消防宣传教育和培训、消防安全奖惩等工作	
		现场提问产权方、使用方、统一管理单位相关负责人，应掌握自身消防安全职责	

6.3.1.2 消防安全责任人、管理人

序号	检查内容	标准要求	检查结果
1	消防安全责任人履行工作职责情况	掌握本单位的消防安全情况	
		批准实施年度消防工作计划	
		提供必要的经费和组织保障	
		确定逐级消防安全责任，批准实施消防安全制度和保障消防安全的操作规程	
		组织防火检查，督促落实火灾隐患整改，及时处理涉及消防安全的重大问题	
		依法建立专职消防队、志愿消防队	
		组织制订符合本单位实际的灭火和应急疏散预案，并实施演练	
2	消防安全管理人履行工作职责情况	拟订年度消防工作计划，组织实施日常消防安全管理工作	
		组织制订消防安全制度和保障消防安全的操作规程并检查督促其落实	
		拟订消防安全工作的资金投入和组织保障方案	
		组织实施防火检查和火灾隐患整改工作	
		组织实施对消防设施、灭火器材和消防安全标志的维护保养	
		组织管理专职消防队和义务消防队	
		开展消防知识、技能的宣传教育和培训，组织灭火和应急疏散预案的实施和演练	
		组织消防工作考核奖惩	

续表

序号	检查内容	标准要求	检查结果
6.3.2	消防安全制度制订及落实情况	消防安全教育、培训制度应符合本单位消防安全实际情况,相关培训的内容、频次应符合要求,相关工作记录应规范并体现出制度得到有效落实,相关岗位人员曾经得到培训	
		防火巡查、检查制度内的检查巡查内容、频次及发现问题的处置程序应符合规定,检查巡查记录规范,有效运行	
		安全疏散设施管理制度结合本单位实际制订并有效落实	
		消防(控制室)值班制度的内容应满足国家相关标准要求	
		消防设施、器材维护管理制度应结合本单位实际制订且得到有效落实	
		火灾隐患整改制度应结合本单位实际制订且得到有效落实	
		用火、用电安全管理制度应明确本单位用火、用电审批程序	
		易燃易爆危险物品和场所防火防爆制度应结合本单位实际制订	
		专职和志愿消防队组织管理制度应结合本单位实际制订	
		灭火和应急疏散预案演练制度应结合本单位实际制订	
		燃气和电气设备的检查和管理制度(包括防雷、防静电)应明确责任部门并确定检查频次	
		消防安全工作考评和奖惩制度应结合本单位实际制订	
6.3.3	防火检查巡查及隐患整改		
6.3.3.1	防火检查	机关、团体、事业单位应至少每季度进行1次防火检查,其他单位至少每月进行1次防火检查	
		防火检查的内容应符合《机关、团体、企业、事业单位消防安全管理规定》(公安部令第61号)第二十六条规定	
		防火检查应填写检查记录,检查人员和被检查部门负责人应在检查记录上签名	
		对防火检查发现的问题,应立即改正,不能立即改正的,应明确整改责任和整改措施,采取相应防范措施,限期加以整改	
		防水检查人员应掌握制度内容并及时发现、处置火灾隐患	

续表

序号	检查内容	标准要求	检查结果
6.3.3.2	防火巡查	公众聚集场所在营业期间的防火巡查应至少每2h一次;营业结束时对营业现场进行检查,消除遗留火种。医院、老年人照料设施,寄宿制的学校、托儿所、幼儿园应加强夜间防火巡查,其他消防安全重点单位可以结合实际组织夜间防火巡查	
		巡查部位和内容应符合《机关、团体、企业、事业单位消防安全管理规定》(公安部令第61号)第二十五条规定	
		防火巡查人员应及时纠正违章行为,妥善处置火灾危险,无法当场处置的,立即报告。发现初起火灾立即报警并及时扑救	
		防火巡查填写巡查记录,巡查人员及其主管人员应在巡查记录上签名	
		防火巡查人员应掌握制度内容并及时发现、处置火灾隐患	
6.3.3.3	火灾隐患整改	应制订火灾隐患整改处置程序,内容应包括对火灾隐患的认定,确定整改措施、期限以及负责整改的部门、人员,整改资金落实等	
		火灾隐患未消除之前应制订和落实相应防范措施	
		火灾隐患整改有关档案资料应及时建立、更新和归档	
		从日常防火检查、巡查记录中抽查的隐患,整改工作应按照制度规定的程序、时限实施,隐患整改效果现场可以核查	
6.3.4	经常性消防宣传教育	单位应开展常态化消防安全宣传教育	
		公众聚集场所在营业、活动期间,应向公众宣传防火、灭火、疏散逃生等常识	
		学校、幼儿园应通过多种形式对学生和幼儿进行消防安全常识教育	
	消防专门培训	消防安全责任人、消防安全管理人和专兼职消防管理人员应接受专门培训	
	员工岗前培训	单位应组织新上岗和进入新岗位的员工进行上岗前的消防安全培训	
	消防安全重点单位定期组织员工消防培训	消防安全重点单位应对每名员工至少每年进行1次消防安全培训	
		公众聚集场所对员工的消防安全培训至少每半年应进行1次	
	培训内容	培训内容应满足《机关、团体、企业、事业单位消防安全管理规定》(公安部令第61号)第三十六条规定	
	员工消防素质	通过闭卷考试、现场提问、实地操作等形式,核查员工是否清楚岗位火灾危险性,是否能够熟练操作灭火器、室内消火栓等,是否会检查消除火灾隐患,是否会组织引导人员疏散	

续表

序号	检查内容	标准要求	检查结果
6.3.5	消防通道	应随时保持畅通,无堆放杂物、占用消防通道现象	
	安全出口	应随时保持畅通,无锁闭、封堵等现象	
	常闭式防火门	应处于关闭状态	
	建筑外窗、疏散通道设置障碍物	不应设置影响疏散逃生的广告牌、铁栅栏等障碍物	
6.3.6	工作制度	消防控制室值班(交接班)、火灾事故应急处置、消防控制设备故障处置等制度规程,应符合《消防控制室通用技术要求》(GB 25506)和《建筑消防设备管理及维护措施》(GB 25201)的规定	
	值班值守	检查消防控制室人员排班表和值班记录,核实落实24 h双人值班要求的情况	
	持证上岗	消防控制室值班操作人员应通过消防行业特有工种职业技能鉴定,持有相应技能等级的职业资格证书	
	设施操作	模拟火警信号,现场测试值班人员应具备熟练操作设施和应急处置的技能	
	工作记录	消防控制室值班记录表、建筑消防设施故障维修记录表等工作记录应及时填写、更新、归档	
		比对设备火警、故障信息与相应运行记录,检查火警信息和设备故障是否及时登记,并按照规定进行了处置	
6.3.7	安全管理制度	应制订用火用电安全管理相关制度、职责和安全操作规程	
		应明确用电安全管理的责任部门、责任人和职责	
	持证上岗	电工、焊工、易燃易爆危化品操作人员应持证	
	用电安全	不应存在违规使用大功率电器现象	
		配电箱、开关、插座不得安装在可燃材料上,照明、电热设备的高温部位应采取不燃材料隔热措施	
		电气线路敷设应采取防火保护措施,无私拉乱接电线现象	
		应定期组织对用电设施、电气线路进行安全检查	
	用火安全	应建立并落实用火审批制度	
		动火现场要安排专人值守,配置灭火器材设施	
		不应存在违规用火现象	
		厨房烟道应定期清理	
6.3.8	管理制度	应制订消防安全重点部位管理要求安全操作规程及事故应急处置操作程序	
	重点部位确定	应将内部火灾、爆炸危险源确定为重点部位	
		确定重点部位不应有遗漏	
	防火标志设置	重点部位是否设置明显的防火标志	

续表

序号	检查内容	标准要求	检查结果
6.3.8	落实严格管理	应明确各重点部位具体负责人员,加强值班值守,采取严格的火灾防控措施	
		通过查阅防火巡查和检查记录、事故处置记录及有关材料,能够核实重点部位日常防火巡查、检查落实情况,不应存在违规操作现象,应能及时发现和整改火灾隐患	
		至少对各重点部位的1名员工进行现场提问,应能掌握安全操作规程和事故应急处置程序	
	易燃易爆危险品管理	应根据单位实际制订安全管理制度,明确易燃易爆危险品安全管理责任	
		危险品储存量不应超过规定要求	
		不同性质危险品不得混存混放	
		易燃易爆危险品出入库应严格落实登记制度	
		在人员密集场所严禁违章经营、储存、使用液化石油气、汽油等物品	
6.3.9	建队情况	符合《中华人民共和国消防法》第三十九条规定的单位应建立专职消防队	
		其他单位应建立志愿消防队	
		明确专职和志愿消防队职责任务	
	消防队员	人员数量应符合国家关于消防站、微型消防站的相关规定要求	
	消防装备器材配备	应结合实际需要,为消防队配备相应的消防装备、器材	
	日常工作制度	应建立并落实消防队定期例会、业务培训制、训练演练、考核奖惩等工作制度	
	建立联动工作机制	应建立与附近消防救援队、专职消防队、志愿消防队的联动机制,定期组织开展联合演练	
	队员管理	专职消防员应经培训合格并取得相应岗位的职业资格证书	
	工作定期报告	单位专职消防队应每年向辖区消防救援机构报告消防训练和演练情况	
	实地测试	现场模拟火情,专职或志愿消防队员应能及时到场并具备灭火技能,与附近消防、专职、志愿消防队能够联动并一同处置火灾	
6.3.10	预案制修订	应根据自身实际情况,有针对性地制订灭火和应急疏散预案	
		预案内容应符合《机关、团体、企业、事业单位消防安全管理规定》(公安部令第61号)第三十九条规定	
		结合情况变化和演练发现的问题,应及时对预案进行修订完善	

续表

序号	检查内容	标准要求	检查结果
6.3.10	组织演练	单位应明确组织灭火和应急疏散预案演练的责任部门、责任人和职责	
		单位应根据实际情况,制订年度演练计划,确定组织预案演练的频次	
		消防安全重点单位应至少每半年进行1次演练;其他单位应至少每年组织1次演练	
	演练效果	被随机询问的员工应能熟练掌握灭火和应急疏散程序	
		模拟警情,现场组织全面或局部灭火和应急疏散预案演练,各小组能够按照预案完成灭火疏散任务	

第 5 章
质量认证概述

质量认证的起源可以追溯到工业革命时期。随着大规模工业生产的兴起,市场经济条件下对产品质量的要求逐渐提高。欧美国家在这一背景下率先开展了对产品质量的评价和监督活动,标志着质量认证制度的初步形成。

随着时间的推移,质量认证的概念和实践迅速在全球范围内得到推广。各国纷纷认识到,建立统一的质量标准和认证体系不仅可以确保产品的安全性和可靠性,还能增强消费者的信任感。这一制度迅速扩展到多个领域,包括工业、农业、贸易、科技、公共服务、政府监管以及社会治理等,成为现代经济中不可或缺的组成部分。

质量认证不仅提升了产品的市场竞争力,还促进了国际贸易的便利化。通过认证,企业能够向国际市场证明其产品符合特定的质量标准,从而消除贸易壁垒,拓展市场空间。在当今全球化的背景下,质量认证已成为国际公认的质量管理工具,帮助企业在激烈的市场竞争中获得优势,实现可持续发展。

5.1 认证的基本概念

在《合格评定　词汇和通用原则》(GB/T 27000—2023/ISO/IEC 17000：2020)中，认证是指与产品、过程、服务和体系等有关的第三方证明。根据我国《认证认可条例》(2023年修订版)对认证的定义是：指由认证机构证明产品、服务、管理体系符合相关技术规范、相关技术规范的强制性要求或者标准的合格评定活动。

对于认证可以作如下理解。

（1）认证具有第三方属性。第三方合格评定机构独立于供需双方，通过由具有独立地位和专业能力的机构严格依据标准和技术规范实施，具有更高的权威性和公信力。

（2）认证的对象可以是产品、过程、服务、系统、装置、项目、数据、设计、材料、特定事项声明、人员、机构及组织或它们的任意组合。

（3）认证的依据是标准、相关技术规范等。

（4）认证结果通常以认证证书、标志等形式向社会公示，通过这种公示性说明，解决信息不对称问题，并提供质量信用担保，以获得相关方和社会公众的普遍信赖。

5.2 质量认证的内涵

质量认证作为市场经济条件下加强质量管理、提高市场效率的基础性制度，本质属性是"传递信任、服务发展"，具有市场化、国际化的典型特征，承担着质量管理"体检证"、市场经济"信用证"、国际贸易"通行证"的基本功能，发挥着改善市场供给、服务市场监督、优化市场环境和促进市场开放等重要作用。

5.2.1 一个本质量属性

质量认证具有"传递信任、服务发展"的本质属性。质量认证通过对产品、服务或管理体系的认证，向消费者、合作伙伴和利益相关者传递了一种信任关系，表明组织或产品已经符合了一定的标准和质量要求。质量认证促使组织不断改进和提升自身的质量水平，推动产品、服务或管理体系的持续优化和升级。质量认证的推广和普及可以带动整个行业的发展，推动行业标准化、专业化和规范化，促进行业健康发展和提升整体竞争力。

5.2.2 两个典型特征

质量认证表现出"市场化"和"国际化"两个典型特征。市场化特征意味着质量认证体系更加注重市场需求和消费者期望，认证标准和流程更加贴近市场实际，以满足消费者对产品和服务质量的需求。国际化特征使得质量认证越来越重要，因为在全球化贸易背景下，质量认证是国际贸易中的重要准入条件之一，有助于消除贸易壁垒。质量认证不仅推动了企业的质量提升和服务水平改进，也促进了全球贸易的畅通和国际合作的深化，有助于构建更加公平、透明和高效的全球贸易体系。

5.2.3 三个基本功能

质量认证被称为质量管理"体验证",市场经济"信用证"和国际贸易"通行证"。质量认证被称为质量管理的"体验证",意味着它不仅仅是对产品或服务质量的认可,更是对整个质量管理体系的验证和认证。这包括组织的管理结构、流程、资源配置等方方面面,确保整个质量管理体系的健全和有效运作。质量认证被称为市场经济的"信用证",强调了在市场经济中建立信任和稳定关系的重要性。质量认证作为一种第三方认可机制,为消费者和合作伙伴提供了可靠的信息,帮助建立信任和增强企业的信誉。质量认证被称为国际贸易的"通行证",是因为在国际贸易中,认证是进入国际市场的重要准入条件之一,有助于消除贸易壁垒,简化贸易程序,促进跨境贸易的便利化和顺畅进行。

5.2.4 四个突出作用

质量认证具有改善市场供给,服务市场监督,优化市场环境和促进市场开放的突出作用。质量认证可以帮助企业确保其产品和服务符合一定的标准和规范,提高质量稳定性和可靠性,从而改善市场供给的质量水平。质量认证通常由第三方机构进行,其独立性和客观性有助于加强市场监督,监督企业是否遵守相关法规和标准,从而维护市场秩序。通过提升产品和服务质量,质量认证可以帮助企业提升竞争力,促进产业结构优化和升级。质量认证有助于推动国际间的认可和互认,促进跨国贸易和合作,扩大市场开放程度。

在质量基础设施体系中,质量认证作为合格评定的重要组成部分,直接服务于市场主体,解决市场中的质量信息不对称和信任传递机制,是与企业、消费者、政府部门等关系非常密切,应用非常广泛的质量基础设施之一。

5.3 质量认证制度

我国的质量认证按照法律效力可分为强制性认证制度和自愿性认证制度;按照认证对象可分为产品认证制度、管理体系认证制度、服务认证制度、过程认证制度及人员认证制度;按照制度所有者可分为国家统一推行的认证制度、机构自主推行的认证制度。我国常见的质量认证主要包括强制性产品认证(CCC)、节能(节水)产品认证、有机产品认证、绿色产品认证、质量管理体系认证、环境管理体系认证、职业健康安全管理体系认证、食品安全管理体系认证、知识产权管理体系认证、信息安全管理体系认证、能源管理体系认证、商品售后服务认证、养老服务认证、健康服务认证、教育服务认证和金融服务认证等。除强制性产品认证(CCC)外,其他均为自愿性认证。

5.3.1 强制性产品认证制度

强制性产品认证是各国政府为保护人身健康安全和动植物生命安全、保护环境、保护国家安全等目的,依法实施的具有市场准入管理性质的产品认证制度。采用第三方认证方式对涉及安全、健康、环保等法规要求的产品实施市场准入管理,是许多国家的普遍做法。实施强制性产品认证,都由政府法令、技术法规作出规定,具有强制实施的效力,并且有严格的市场监管作为保障,其目的就是保安全底线。

强制性产品认证作为强制实施的一种市场准入制度,对于国内经济的发展起着非常重要的作用。

一是可以保障产品的质量安全,二是可以推动产业结构优化升级,三是可以整顿和规范经济秩序,四是可以促进政府职能转变,有利于市场经济体制的完善。

5.3.2 质量管理体系认证制度

质量管理体系认证是国际通行的质量管理手段,国际标准化组织(ISO)、国际电工委员会(IEC)和国际电信联盟(ITU)都将质量管理体系认证作为加强质量管理的最佳实践方案向全世界推荐。

质量管理体系认证通过行业定位、技术评价、质量诊断和能力建设等多样化服务活动,推动国际先进质量管理方法的应用,开展对全员、全过程、全要素和全生命周期的质量管理,有效增加企业管理能力,提升产品和服务质量;有效促进供需对接,提高技术能力水平;有效开展持续培训,提升人员素质和质量意识。

质量管理体系认证制度的推广,一是可以提高企业的产品质量和管理水平;二是使认证企业的市场竞争力得到加强;三是国内企业获得认证证书后,通过国际互认可以直接获得国际认可,从而为产品打入国际市场、突破贸易技术壁垒、扩大国际贸易发挥重要作用;四是可以促进技术法规要求、标准和计量要求的贯彻实施。

5.3.3 服务认证制度

服务认证是由第三方对服务提供者的管理及服务水平是否达到相关标准要求进行证实的合格评定活动。服务是与产品和质量管理体系并列的认证对象。服务是产品的一种形态,是组织与顾客在接触面上至少一项活动的输出,通常是无形的并由顾客来体验。服务认证是基于服务感知、关注服务质量管理和服务提供能力的认证制度,是质量认证的重要组成部分,对于促进服务业高质量发展、提升优质服务供给、增强服务国际竞争力具有积极作用。

附 录

附录1 相关消防法律法规、技术规范

附1.1 中华人民共和国消防法

附1.1.1 发布及修订历史

1957年11月29日,第一届全国人民代表大会常务委员会第八十六次会议原则批准《消防监督条例》。

1984年5月11日,第六届全国人民代表大会常务委员会第五次会议批准《中华人民共和国消防条例》,自1984年10月1日起施行。1957年的《消防监督条例》同时废止。

1998年4月29日,第九届全国人民代表大会常务委员会第二次会议通过《中华人民共和国消防法》。1984年的《中华人民共和国消防条例》同时废止。

2008年10月28日第十一届全国人民代表大会常务委员会第五次会议修订《中华人民共和国消防法》。

2019年4月23日第十三届全国人民代表大会常务委员会第十次会议第一次修正《中华人民共和国消防法》。

2021年4月29日第十三届全国人民代表大会常务委员会第二十八次会议第二次修正《中华人民共和国消防法》。

附1.1.2 2021年修正的《中华人民共和国消防法》部分内容

2021年修正的《中华人民共和国消防法》共七章七十四条,七个章节分别为:第一章 总则,第二章 火灾预防,第三章 消防组织,第四章 灭火救援,第五章 监督检查,第六章 法律责任,第七章 附则。

在第一章总则中,第一条明确了制定本法的目的:为了预防火灾和减少火灾危害,加强应急救援工作,保护人身、财产安全,维护公共安全。

第二条规定了消防工作的方针和原则:消防工作贯彻预防为主、防消结合的方针,按照政府统一领导、部门依法监管、单位全面负责、公民积极参与的原则,实行消防安全责任制,建立健全社会化的消防工作网络。

第三条规定了消防工作的领导管理:国务院领导全国的消防工作。地方各级人民政府负责本行政区域内的消防工作。

第四条规定了消防工作的监督管理:国务院应急管理部门对全国的消防工作实施监督管理。县级以上地方人民政府应急管理部门对本行政区域内的消防工作实施监督管理,并由本级人民政府消防救援机构负责实施。军事设施的消防工作,由其主管单位监督管理,消防救援机构协助;矿井地下部分、核电厂、海上石油天然气设施的消防工作,由其主管单位监督管理。县级以上人民政府其他有关部门在各自的职责范围内,依照本法和其他相关法律、法规的规定做好消防工作。法律、行政法规对森林、草原的

消防工作另有规定的,从其规定。

第五条规定了单位和个人的义务:任何单位和个人都有维护消防安全、保护消防设施、预防火灾、报告火警的义务。任何单位和成年人都有参加有组织的灭火工作的义务。

在第二章火灾预防中,第十六条规定了:机关、团体、企业和事业等单位应当履行下列消防安全职责。(一)落实消防安全责任制,制定本单位的消防安全制度、消防安全操作规程,制定灭火和应急疏散预案;(二)按照国家标准、行业标准配置消防设施、器材,设置消防安全标志,并定期组织检验、维修,确保完好有效;(三)对建筑消防设施每年至少进行一次全面检测,确保完好有效,检测记录应当完整准确,存档备查;(四)保障疏散通道、安全出口、消防车通道畅通,保证防火防烟分区、防火间距符合消防技术标准;(五)组织防火检查,及时消除火灾隐患;(六)组织进行有针对性的消防演练;(七)法律、法规规定的其他消防安全职责。单位的主要负责人是本单位的消防安全责任人。

第十七条规定了:消防安全重点单位除应当履行本法第十六条规定的职责外,还应当履行下列消防安全职责。(一)确定消防安全管理人,组织实施本单位的消防安全管理工作;(二)建立消防档案,确定消防安全重点部位,设置防火标志,实行严格管理;(三)实行每日防火巡查,并建立巡查记录;(四)对职工进行岗前消防安全培训,定期组织消防安全培训和消防演练。

第三十四条规定了对消防技术服务机构的要求:消防设施维护保养检测、消防安全评估等消防技术服务机构应当符合从业条件,执业人员应当依法获得相应的资格;依照法律、行政法规、国家标准、行业标准和执业准则,接受委托提供消防技术服务,并对服务质量负责。

在第四章灭火救援中,第四十四条规定了火灾报警和救援:任何人发现火灾都应当立即报警。任何单位、个人都应当无偿为报警提供便利,不得阻拦报警。严禁谎报火警。人员密集场所发生火灾,该场所的现场工作人员应当立即组织、引导在场人员疏散。任何单位发生火灾,必须立即组织力量扑救。邻近单位应当给予支援。消防队接到火警,必须立即赶赴火灾现场,救助遇险人员,排除险情,扑灭火灾。

在第六章法律责任中,第六十九条规定了消防技术服务机构的法律责任:消防设施维护保养检测、消防安全评估等消防技术服务机构,不具备从业条件从事消防技术服务活动或者出具虚假文件的,由消防救援机构责令改正,处五万元以上十万元以下罚款,并对直接负责的主管人员和其他直接责任人员处一万元以上五万元以下罚款;不按照国家标准、行业标准开展消防技术服务活动的,责令改正,处五万元以下罚款,并对直接负责的主管人员和其他直接责任人员处一万元以下罚款;有违法所得的,并处没收违法所得;给他人造成损失的,依法承担赔偿责任;情节严重的,依法责令停止执业或者吊销相应资格;造成重大损失的,由相关部门吊销营业执照,并对有关责任人员采取终身市场禁入措施。前款规定的机构出具失实文件,给他人造成损失的,依法承担赔偿责任;造成重大损失的,由消防救援机构依法责令停止执业或者吊销相应资格,由相关部门吊销营业执照,并对有关责任人员采取终身市场禁入措施。

第七章附则中,第七十三条规定了以下用语的含义:

(一)消防设施,是指火灾自动报警系统、自动灭火系统、消火栓系统、防烟排烟系统以及应急广播和应急照明、安全疏散设施等。

(二)消防产品,是指专门用于火灾预防、灭火救援和火灾防护、避难、逃生的产品。

(三)公众聚集场所,是指宾馆、饭店、商场、集贸市场、客运车站候车室、客运码头候船厅、民用机场航站楼、体育场馆、会堂以及公共娱乐场所等。

(四)人员密集场所,是指公众聚集场所,医院的门诊楼、病房楼,学校的教学楼、图书馆、食堂和集体宿舍,养老院,福利院,托儿所,幼儿园,公共图书馆的阅览室,公共展览馆、博物馆的展示厅,劳动密集型企业的生产加工车间和员工集体宿舍,旅游、宗教活动场所等。

附1.2 社会消防技术服务管理规定

《社会消防技术服务管理规定》于 2021 年 8 月 17 日经应急管理部第 27 次部务会议审议通过，2021 年 9 月 13 日以应急管理部令第 7 号发布。

社会消防技术服务管理规定

第一章 总则

第一条 为规范社会消防技术服务活动，维护消防技术服务市场秩序，促进提高消防技术服务质量，根据《中华人民共和国消防法》，制定本规定。

第二条 在中华人民共和国境内从事社会消防技术服务活动、对消防技术服务机构实施监督管理，适用本规定。

本规定所称消防技术服务机构是指从事消防设施维护保养检测、消防安全评估等社会消防技术服务活动的企业。

第三条 消防技术服务机构及其从业人员开展社会消防技术服务活动应当遵循客观独立、合法公正、诚实信用的原则。

本规定所称消防技术服务从业人员，是指依法取得注册消防工程师资格并在消防技术服务机构中执业的专业技术人员，以及按照有关规定取得相应消防行业特有工种职业资格，在消防技术服务机构中从事社会消防技术服务活动的人员。

第四条 消防技术服务行业组织应当加强行业自律管理，规范从业行为，促进提升服务质量。

消防技术服务行业组织不得从事营利性社会消防技术服务活动，不得从事或者通过消防技术服务机构进行行业垄断。

第二章 从业条件

第五条 从事消防设施维护保养检测的消防技术服务机构，应当具备下列条件：

（一）取得企业法人资格；

（二）工作场所建筑面积不少于 200 平方米；

（三）消防技术服务基础设备和消防设施维护保养检测设备配备符合有关规定要求；

（四）注册消防工程师不少于 2 人，其中一级注册消防工程师不少于 1 人；

（五）取得消防设施操作员国家职业资格证书的人员不少于 6 人，其中中级技能等级以上的不少于 2 人；

（六）健全的质量管理体系。

第六条 从事消防安全评估的消防技术服务机构，应当具备下列条件：

（一）取得企业法人资格；

（二）工作场所建筑面积不少于 100 平方米；

（三）消防技术服务基础设备和消防安全评估设备配备符合有关规定要求；

（四）注册消防工程师不少于 2 人，其中一级注册消防工程师不少于 1 人；

（五）健全的消防安全评估过程控制体系。

第七条 同时从事消防设施维护保养检测、消防安全评估的消防技术服务机构，应当具备下列条件：

（一）取得企业法人资格；

（二）工作场所建筑面积不少于 200 平方米；

（三）消防技术服务基础设备和消防设施维护保养检测、消防安全评估设备配备符合规定的要求；

（四）注册消防工程师不少于2人，其中一级注册消防工程师不少于1人；

（五）取得消防设施操作员国家职业资格证书的人员不少于6人，其中中级技能等级以上的不少于2人；

（六）健全的质量管理和消防安全评估过程控制体系。

第八条 消防技术服务机构可以在全国范围内从业。

第三章 社会消防技术服务活动

第九条 消防技术服务机构及其从业人员应当依照法律法规、技术标准和从业准则，开展下列社会消防技术服务活动，并对服务质量负责：

（一）消防设施维护保养检测机构可以从事建筑消防设施维护保养、检测活动；

（二）消防安全评估机构可以从事区域消防安全评估、社会单位消防安全评估、大型活动消防安全评估等活动，以及消防法律法规、消防技术标准、火灾隐患整改、消防安全管理、消防宣传教育等方面的咨询活动。

消防技术服务机构出具的结论文件，可以作为消防救援机构实施消防监督管理和单位（场所）开展消防安全管理的依据。

第十条 消防设施维护保养检测机构应当按照国家标准、行业标准规定的工艺、流程开展维护保养检测，保证经维护保养的建筑消防设施符合国家标准、行业标准。

第十一条 消防技术服务机构应当依法与从业人员签订劳动合同，加强对所属从业人员的管理。注册消防工程师不得同时在两个以上社会组织执业。

第十二条 消防技术服务机构应当设立技术负责人，对本机构的消防技术服务实施质量监督管理，对出具的书面结论文件进行技术审核。技术负责人应当具备一级注册消防工程师资格。

第十三条 消防技术服务机构承接业务，应当与委托人签订消防技术服务合同，并明确项目负责人。项目负责人应当具备相应的注册消防工程师资格。

消防技术服务机构不得转包、分包消防技术服务项目。

第十四条 消防技术服务机构出具的书面结论文件应当由技术负责人、项目负责人签名并加盖执业印章，同时加盖消防技术服务机构印章。

消防设施维护保养检测机构对建筑消防设施进行维护保养后，应当制作包含消防技术服务机构名称及项目负责人、维护保养日期等信息的标识，在消防设施所在建筑的醒目位置上予以公示。

第十五条 消防技术服务机构应当对服务情况作出客观、真实、完整的记录，按消防技术服务项目建立消防技术服务档案。

消防技术服务档案保管期限为6年。

第十六条 消防技术服务机构应当在其经营场所的醒目位置公示营业执照、工作程序、收费标准、从业守则、注册消防工程师注册证书、投诉电话等事项。

第十七条 消防技术服务机构收费应当遵守价格管理法律法规的规定。

第十八条 消防技术服务机构在从事社会消防技术服务活动中，不得有下列行为：

（一）不具备从业条件，从事社会消防技术服务活动；

（二）出具虚假、失实文件；

（三）消防设施维护保养检测机构的项目负责人或者消防设施操作员未到现场实地开展工作；

（四）泄露委托人商业秘密；

（五）指派无相应资格从业人员从事社会消防技术服务活动；

（六）冒用其他消防技术服务机构名义从事社会消防技术服务活动；

（七）法律、法规、规章禁止的其他行为。

第四章 监督管理

第十九条 县级以上人民政府消防救援机构依照有关法律、法规和本规定，对本行政区域内的社会消防技术服务活动实施监督管理。

消防技术服务机构及其从业人员对消防救援机构依法进行的监督管理应当协助和配合,不得拒绝或者阻挠。

第二十条　应急管理部消防救援局应当建立和完善全国统一的社会消防技术服务信息系统,公布消防技术服务机构及其从业人员的有关信息,发布从业、诚信和监督管理信息,并为社会提供有关信息查询服务。

第二十一条　县级以上人民政府消防救援机构对社会消防技术服务活动开展监督检查的形式有:

(一)结合日常消防监督检查工作,对消防技术服务质量实施监督抽查;

(二)根据需要实施专项检查;

(三)发生火灾事故后实施倒查;

(四)对举报投诉和交办移送的消防技术服务机构及其从业人员的违法从业行为进行核查。

开展社会消防技术服务活动监督检查可以根据实际需要,通过网上核查、服务单位实地核查、机构办公场所现场检查等方式实施。

第二十二条　消防救援机构在对单位(场所)实施日常消防监督检查时,可以对为该单位(场所)提供服务的消防技术服务机构的服务质量实施监督抽查。抽查内容为:

(一)是否冒用其他消防技术服务机构名义从事社会消防技术服务活动;

(二)从事相关社会消防技术服务活动的人员是否具有相应资格;

(三)是否按照国家标准、行业标准维护保养、检测建筑消防设施,经维护保养的建筑消防设施是否符合国家标准、行业标准;

(四)消防设施维护保养检测机构的项目负责人或者消防设施操作员是否到现场实地开展工作;

(五)是否出具虚假、失实文件;

(六)出具的书面结论文件是否由技术负责人、项目负责人签名、盖章,并加盖消防技术服务机构印章;

(七)是否与委托人签订消防技术服务合同;

(八)是否在经其维护保养的消防设施所在建筑的醒目位置公示消防技术服务信息。

第二十三条　消防救援机构根据消防监督管理需要,可以对辖区内从业的消防技术服务机构进行专项检查。专项检查应当随机抽取检查对象,随机选派检查人员,检查情况及查处结果及时向社会公开。专项检查可以抽查下列内容:

(一)是否具备从业条件;

(二)所属注册消防工程师是否同时在两个以上社会组织执业;

(三)从事相关社会消防技术服务活动的人员是否具有相应资格;

(四)是否转包、分包消防技术服务项目;

(五)是否出具虚假、失实文件;

(六)是否设立技术负责人、明确项目负责人,出具的书面结论文件是否由技术负责人、项目负责人签名、盖章,并加盖消防技术服务机构印章;

(七)是否与委托人签订消防技术服务合同;

(八)是否在经营场所公示营业执照、工作程序、收费标准、从业守则、注册消防工程师注册证书、投诉电话等事项;

(九)是否建立和保管消防技术服务档案。

第二十四条　发生有人员死亡或者造成重大社会影响的火灾,消防救援机构开展火灾事故调查时,应当对为起火单位(场所)提供服务的消防技术服务机构实施倒查。

消防救援机构组织调查其他火灾,可以根据需要对为起火单位(场所)提供服务的消防技术服务机构实施倒查。

倒查按照本规定第二十二条、第二十三条的抽查内容实施。

第二十五条　消防救援机构及其工作人员不得设立消防技术服务机构,不得参与消防技术服务机构的经营活动,不得指定或者变相指定消防技术服务机构,不得利用职务接受有关单位或者个人财物,不得滥用行政权力排除、限制竞争。

第五章　法律责任

第二十六条　消防技术服务机构违反本规定,冒用其他消防技术服务机构名义从事社会消防技术服务活动的,责令改正,处2万元以上3万元以下罚款。

第二十七条　消防技术服务机构违反本规定,有下列情形之一的,责令改正,处1万元以上2万元以下罚款:

(一)所属注册消防工程师同时在两个以上社会组织执业的;

(二)指派无相应资格从业人员从事社会消防技术服务活动的;

(三)转包、分包消防技术服务项目的。

对有前款第一项行为的注册消防工程师,处5 000元以上1万元以下罚款。

第二十八条　消防技术服务机构违反本规定,有下列情形之一的,责令改正,处1万元以下罚款:

(一)未设立技术负责人、未明确项目负责人的;

(二)出具的书面结论文件未经技术负责人、项目负责人签名、盖章,或者未加盖消防技术服务机构印章的;

(三)承接业务未依法与委托人签订消防技术服务合同的;

(四)消防设施维护保养检测机构的项目负责人或者消防设施操作员未到现场实地开展工作的;

(五)未建立或者保管消防技术服务档案的;

(六)未公示营业执照、工作程序、收费标准、从业守则、注册消防工程师注册证书、投诉电话等事项的。

第二十九条　消防技术服务机构不具备从业条件从事社会消防技术服务活动或者出具虚假文件、失实文件的,或者不按照国家标准、行业标准开展社会消防技术服务活动的,由消防救援机构依照《中华人民共和国消防法》第六十九条的有关规定处罚。

第三十条　消防设施维护保养检测机构未按照本规定要求在经其维护保养的消防设施所在建筑的醒目位置上公示消防技术服务信息的,责令改正,处5 000元以下罚款。

第三十一条　消防救援机构对消防技术服务机构及其从业人员实施积分信用管理,具体办法由应急管理部消防救援局制定。

第三十二条　消防技术服务机构有违反本规定的行为,给他人造成损失的,依法承担赔偿责任;经维护保养的建筑消防设施不能正常运行,发生火灾时未发挥应有作用,导致伤亡、损失扩大的,从重处罚;构成犯罪的,依法追究刑事责任。

第三十三条　本规定中的行政处罚由违法行为地设区的市级、县级人民政府消防救援机构决定。

第三十四条　消防技术服务机构及其从业人员对消防救援机构在消防技术服务监督管理中作出的具体行政行为不服的,可以依法申请行政复议或者提起行政诉讼。

第三十五条　消防救援机构的工作人员设立消防技术服务机构,或者参与消防技术服务机构的经营活动,或者指定、变相指定消防技术服务机构,或者利用职务接受有关单位、个人财物,或者滥用行政权力排除、限制竞争,或者有其他滥用职权、玩忽职守、徇私舞弊的行为,依照有关规定给予处分;构成犯罪的,依法追究刑事责任。

第六章　附则

第三十六条　保修期内的建筑消防设施由施工单位进行维护保养的,不适用本规定。

第三十七条　本规定所称虚假文件,是指消防技术服务机构未提供服务或者以篡改结果方式出具的消防技术文件,或者出具的与当时实际情况严重不符、结论定性严重偏离客观实际的消防技术文件。

本规定所称失实文件,是指消防技术服务机构出具的与当时实际情况部分不符、结论定性部分偏离客观实际的消防技术文件。

第三十八条　本规定中的"以上""以下"均含本数。

第三十九条　执行本规定所需要的文书式样,以及消防技术服务机构应当配备的仪器、设备、设施目录,由应急管理部制定。

第四十条　本规定自2021年11月9日起施行。

附1.3　注册消防工程师管理规定

《注册消防工程师管理规定》2017年10月1日起施行。

注册消防工程师管理规定

第一章　总则

第一条　为了加强对注册消防工程师的管理,规范注册消防工程师的执业行为,保障消防安全技术服务与管理质量,根据《中华人民共和国消防法》,制定本规定。

第二条　取得注册消防工程师资格证书人员的注册、执业和继续教育及其监督管理,适用本规定。

第三条　本规定所称注册消防工程师,是指取得相应级别注册消防工程师资格证书并依法注册后,从事消防设施维护保养检测、消防安全评估和消防安全管理等工作的专业技术人员。

第四条　注册消防工程师实行注册执业管理制度。注册消防工程师分为一级注册消防工程师和二级注册消防工程师。

第五条　公安部消防局对全国注册消防工程师的注册、执业和继续教育实施指导和监督管理。

县级以上地方公安机关消防机构对本行政区域内注册消防工程师的注册、执业和继续教育实施指导和监督管理。

第六条　注册消防工程师应当严格遵守有关法律、法规和国家标准、行业标准,恪守职业道德和执业准则,增强服务意识和社会责任感,不断提高专业素质和业务水平。

第七条　鼓励依托消防协会成立注册消防工程师行业协会。注册消防工程师行业协会应当依法登记和开展活动,加强行业自律管理,规范执业行为,促进行业健康发展。

注册消防工程师行业协会不得从事营利性社会消防技术服务活动,不得通过制定行业规则或者其他方式妨碍公平竞争,损害他人利益和社会公共利益。

第二章　注册

第八条　取得注册消防工程师资格证书的人员,必须经过注册,方能以相应级别注册消防工程师的名义执业。

未经注册,不得以注册消防工程师的名义开展执业活动。

第九条　省、自治区、直辖市公安机关消防机构(以下简称省级公安机关消防机构)是一级、二级注册消防工程师的注册审批部门。

第十条　注册消防工程师的注册分为初始注册、延续注册和变更注册。

第十一条　申请注册的人员,应当同时具备以下条件:

(一)依法取得注册消防工程师资格证书;

(二)受聘于一个消防技术服务机构或者消防安全重点单位,并担任技术负责人、项目负责人或者消防安全管理人;

（三）无本规定第二十三条所列情形。

第十二条　申请注册的人员，应当通过聘用单位向单位所在地（企业工商注册地）的省级或者地市级公安机关消防机构提交注册申请材料。

申请注册的人员，拟在消防技术服务机构的分支机构所在地开展执业活动的，应当通过该分支机构向其所在地的省级或者地市级公安机关消防机构提交注册申请材料。

第十三条　公安机关消防机构收到注册申请材料后，对申请材料齐全、符合法定形式的，应当出具受理凭证；不予受理的，应当出具不予受理凭证并载明理由。对申请材料不齐全或者不符合法定形式的，应当当场或者在5日内一次告知申请人需要补正的全部内容，逾期不告知的，自收到申请材料之日起即为受理。

地市级公安机关消防机构受理注册申请后，应当在3日内将申请材料送至省级公安机关消防机构。

第十四条　省级公安机关消防机构应当自受理之日起20日内对申请人条件和注册申请材料进行审查并作出注册决定。在规定的期限内不能作出注册决定的，经省级公安机关消防机构负责人批准，可以延长10日，并应当将延长期限的理由告知申请人。

第十五条　省级公安机关消防机构应当自作出注册决定之日起10日内颁发相应级别的注册证、执业印章，并向社会公告；对作出不予注册决定的，应当出具不予注册决定书并载明理由。

注册消防工程师的注册证、执业印章式样由公安部消防局统一制定，省级公安机关消防机构组织制作。

第十六条　注册证、执业印章的有效期为3年，自作出注册决定之日起计算。

申请人领取一级注册消防工程师注册证、执业印章时，已经取得二级注册消防工程师注册证、执业印章的，应当同时将二级注册消防工程师注册证、执业印章交回。

第十七条　申请初始注册的，应当自取得注册消防工程师资格证书之日起1年内提出。

本规定施行前已经取得注册消防工程师资格但尚未注册的，应当在本规定施行之日起1年内提出申请。

逾期未申请初始注册的，应当参加继续教育，并在达到继续教育的要求后方可申请初始注册。

第十八条　申请初始注册应当提交下列材料：

（一）初始注册申请表；

（二）申请人身份证明材料、注册消防工程师资格证书等复印件；

（三）聘用单位消防技术服务机构资质证书副本复印件或者消防安全重点单位证明材料；

（四）与聘用单位签订的劳动合同或者聘用文件复印件，社会保险证明或者人事证明复印件。

聘用单位同时申请消防技术服务机构资质的，申请人无需提供前款第三项规定的材料。

逾期申请初始注册的，还应当提交达到继续教育要求的证明材料。

第十九条　注册有效期满需继续执业的，应当在注册有效期届满3个月前，按照本规定第十二条的规定申请延续注册，并提交下列材料：

（一）延续注册申请表；

（二）原注册证、执业印章；

（三）与聘用单位签订的劳动合同或者聘用文件复印件，社会保险证明或者人事证明复印件；

（四）符合本规定第二十九条第二款规定的执业业绩证明材料；

（五）继续教育的证明材料。

第二十条　注册消防工程师在注册有效期内发生下列情形之一的，应当按照本规定第十二条的规定申请变更注册：

（一）变更聘用单位的；

（二）聘用单位名称变更的；

（三）注册消防工程师姓名变更的。

第二十一条　申请变更注册，应当提交变更注册申请表、原注册证和执业印章，以及下列变更事项证明材料：

（一）注册消防工程师变更聘用单位的，提交新聘用单位的消防技术服务机构资质证书副本复印件或者消防安全重点单位证明材料，与新聘用单位签订的劳动合同或者聘用文件复印件，社会保险证明或者人事证明复印件，与原聘用单位解除（终止）工作关系证明；

（二）注册消防工程师聘用单位名称变更的，提交变更后的单位工商营业执照等证明文件复印件；

（三）注册消防工程师姓名变更的，提交户籍信息变更材料。

变更注册后，有效期仍延续原注册有效期。原注册有效期届满在半年以内的，可以同时提出延续注册申请；准予延续的，注册有效期重新计算。

第二十二条　注册消防工程师自申请变更注册之日起，至注册审批部门准予其变更注册之前不得执业。

第二十三条　申请人有下列情形之一的，不予注册：

（一）不具有完全民事行为能力或者年龄超过70周岁的；

（二）申请在非消防技术服务机构、非消防安全重点单位，或者2个以上消防技术服务机构、消防安全重点单位注册的；

（三）刑事处罚尚未执行完毕，或者因违法执业行为受到刑事处罚，自刑事处罚执行完毕之日起至申请注册之日止不满5年的；

（四）未达到继续教育、执业业绩要求的；

（五）因存在本规定第五十条违法行为被撤销注册，自撤销注册之日起至申请注册之日止不满3年的；

（六）因存在本规定第五十五条第二项、第五十六条、第五十七条违法执业行为之一被注销注册，自注销注册之日起至申请注册之日止不满3年的；

（七）因存在本规定第五十五条第一项、第三项违法执业行为之一被注销注册，自注销注册之日起至申请注册之日止不满1年的；

（八）因违法执业行为受到公安机关消防机构行政处罚，未履行完毕的。

第二十四条　注册消防工程师注册证、执业印章遗失的，应当及时向原注册审批部门备案。

注册消防工程师注册证或者执业印章遗失、污损需要补办、更换的，应当持聘用单位和本人共同出具的遗失说明，或者污损的原注册证、执业印章，向原注册审批部门申请补办、更换。原注册审批部门应当自受理之日起10日内办理完毕。补办、更换的注册证、执业印章有效期延续原注册有效期。

第三章　执业

第二十五条　注册证、执业印章是注册消防工程师的执业凭证，由注册消防工程师本人保管、使用。

第二十六条　一级注册消防工程师可以在全国范围内执业；二级注册消防工程师可以在注册所在省、自治区、直辖市范围内执业。

第二十七条　一级注册消防工程师的执业范围包括：

（一）消防技术咨询与消防安全评估；

（二）消防安全管理与消防技术培训；

（三）消防设施维护保养检测（含灭火器维修）；

（四）消防安全监测与检查；

（五）火灾事故技术分析；

（六）公安部或者省级公安机关规定的其他消防安全技术工作。

第二十八条　二级注册消防工程师的执业范围包括：

（一）除 100 米以上公共建筑、大型的人员密集场所、大型的危险化学品单位外的火灾高危单位消防安全评估；

（二）除 250 米以上公共建筑、大型的危险化学品单位外的消防安全管理；

（三）单体建筑面积 4 万平方米以下建筑的消防设施维护保养检测（含灭火器维修）；

（四）消防安全监测与检查；

（五）公安部或者省级公安机关规定的其他消防安全技术工作。

省级公安机关消防机构应当结合实际，根据上款规定确定本地区二级注册消防工程师的具体执业范围。

第二十九条　注册消防工程师的执业范围应当与其聘用单位业务范围和本人注册级别相符合，本人的执业范围不得超越其聘用单位的业务范围。

受聘于消防技术服务机构的注册消防工程师，每个注册有效期应当至少参与完成 3 个消防技术服务项目；受聘于消防安全重点单位的注册消防工程师，1 个年度内应当至少签署 1 个消防安全技术文件。

注册消防工程师的聘用单位应当加强对本单位注册消防工程师的管理，对其执业活动依法承担法律责任。

第三十条　下列消防安全技术文件应当以注册消防工程师聘用单位的名义出具，并由担任技术负责人、项目负责人或者消防安全管理人的注册消防工程师签名，加盖执业印章：

（一）消防技术咨询、消防安全评估、火灾事故技术分析等书面结论文件；

（二）消防安全重点单位年度消防工作综合报告；

（三）消防设施维护保养检测书面结论文件；

（四）灭火器维修合格证；

（五）法律、法规规定的其他消防安全技术文件。

修改经注册消防工程师签名盖章的消防安全技术文件，应当由原注册消防工程师进行；因特殊情况，原注册消防工程师不能进行修改的，应当由其他相应级别的注册消防工程师修改，并签名、加盖执业盖章，对修改部分承担相应的法律责任。

第三十一条　注册消防工程师享有下列权利：

（一）使用注册消防工程师称谓；

（二）保管和使用注册证和执业印章；

（三）在规定的范围内开展执业活动；

（四）对违反相关法律、法规和国家标准、行业标准的行为提出劝告，拒绝签署违反国家标准、行业标准的消防安全技术文件；

（五）参加继续教育；

（六）依法维护本人的合法执业权利。

第三十二条　注册消防工程师应当履行下列义务：

（一）遵守和执行法律、法规和国家标准、行业标准；

（二）接受继续教育，不断提高消防安全技术能力；

（三）保证执业活动质量，承担相应的法律责任；

（四）保守知悉的国家秘密和聘用单位的商业、技术秘密。

第三十三条　注册消防工程师不得有下列行为：

（一）同时在 2 个以上消防技术服务机构，或者消防安全重点单位执业；

（二）以个人名义承接执业业务、开展执业活动；

（三）在聘用单位出具的虚假、失实消防安全技术文件上签名、加盖执业印章；

（四）变造、倒卖、出租、出借，或者以其他形式转让资格证书、注册证或者执业印章；

（五）超出本人执业范围或者聘用单位业务范围开展执业活动；

（六）不按照国家标准、行业标准开展执业活动，减少执业活动项目内容、数量，或者降低执业活动质量；

（七）违反法律、法规规定的其他行为。

第四章　继续教育

第三十四条　注册消防工程师在每个注册有效期内应当达到继续教育要求。具有注册消防工程师资格证书的非注册人员，应当持续参加继续教育，并达到继续教育要求。

第三十五条　公安部消防局统一管理全国注册消防工程师的继续教育工作，组织制定一级注册消防工程师的继续教育规划和计划。

省级公安机关消防机构负责本行政区域内一级、二级注册消防工程师继续教育的组织实施和管理，组织制定二级注册消防工程师的继续教育规划和计划。省级公安机关消防机构可以委托教育培训机构实施继续教育。

第三十六条　注册消防工程师继续教育可以按照注册级别，采取集中面授、网络教学等多种形式进行。

第三十七条　对达到继续教育要求的注册消防工程师，实施继续教育培训的机构应当出具证明材料。

第五章　监督管理

第三十八条　县级以上公安机关消防机构依照有关法律、法规和本规定，对本行政区域内注册消防工程师的执业活动实施监督管理。

注册消防工程师及其聘用单位对公安机关消防机构依法进行的监督管理应当协助与配合，不得拒绝或者阻挠。

第三十九条　省级公安机关消防机构应当制定对注册消防工程师执业活动的监督抽查计划。县级以上地方公安机关消防机构应当根据监督抽查计划，结合日常消防监督检查工作，对注册消防工程师的执业活动实施监督抽查。

公安机关消防机构对注册消防工程师的执业活动实施监督抽查时，检查人员不得少于2人，并应当表明执法身份。

第四十条　公安机关消防机构对发现的注册消防工程师违法执业行为，应当责令立即改正或者限期改正，并依法查处。

公安机关消防机构对注册消防工程师作出处理决定后，应当在作出处理决定之日起7日内将违法执业事实、处理结果或者处理建议抄告原注册审批部门。原注册审批部门收到抄告后，应当依法作出责令停止执业、注销注册或者吊销注册证等处理。

第四十一条　公安机关消防机构工作人员滥用职权、玩忽职守作出准予注册决定的，作出决定的公安机关消防机构或者其上级公安机关消防机构可以撤销注册。

第四十二条　注册消防工程师有下列情形之一的，注册审批部门应当予以注销注册，并将其注册证、执业印章收回或者公告作废：

（一）不具有完全民事行为能力或者年龄超过70周岁的；

（二）申请注销注册或者注册有效期满超过3个月未延续注册的；

（三）被撤销注册、吊销注册证的；

（四）在1个注册有效期内有本规定第五十五条第二项、第五十六条、第五十七条所列情形1次以上，或者第五十五条第一项、第三项所列情形2次以上的；

（五）执业期间受到刑事处罚的；

（六）聘用单位破产、解散、被撤销，或者被注销消防技术服务机构资质的；

（七）与聘用单位解除（终止）工作关系超过3个月的；

（八）法律、行政法规规定的其他情形。

被注销注册的人员在具备初始注册条件后，可以重新申请初始注册。

第四十三条 公安机关消防机构实施监督检查时，有权采取下列措施：

（一）查看注册消防工程师的注册证、执业印章、签署的消防安全技术文件和社会保险证明；

（二）查阅注册消防工程师聘用单位、服务单位相关资料，询问有关事项；

（三）实地抽查注册消防工程师执业活动情况，核查执业活动质量；

（四）法律、行政法规规定的其他措施。

第四十四条 公安机关消防机构实施监督检查时，应当重点抽查下列情形：

（一）注册消防工程师聘用单位是否符合要求；

（二）注册消防工程师是否具备注册证、执业印章；

（三）是否存在违反本规定第三十条、第三十三条规定的情形。

第四十五条 公安机关消防机构对注册消防工程师执业活动中的违法行为除给予行政处罚外，实行违法行为累积记分制度。

累积记分管理的具体办法，由公安部制定。

第四十六条 注册消防工程师聘用单位应当建立本单位注册消防工程师的执业档案，并确保执业档案真实、准确、完整。

第四十七条 任何单位和个人都有权对注册消防工程师执业活动中的违法行为和公安机关消防机构及其工作人员监督管理工作中的违法行为进行举报、投诉。

公安机关消防机构接到举报、投诉后，应当及时进行核查、处理。

第六章 法律责任

第四十八条 注册消防工程师及其聘用单位违反本规定的行为，法律、法规已经规定法律责任的，依照有关规定处理。

第四十九条 隐瞒有关情况或者提供虚假材料申请注册的，公安机关消防机构不予受理或者不予许可，申请人在1年内不得再次申请注册；聘用单位为申请人提供虚假注册申请材料的，同时对聘用单位处1万元以上3万元以下罚款。

第五十条 申请人以欺骗、贿赂等不正当手段取得注册消防工程师资格注册的，原注册审批部门应当撤销其注册，并处1万元以下罚款；申请人在3年内不得再次申请注册。

第五十一条 未经注册擅自以注册消防工程师名义执业，或者被依法注销注册后继续执业的，责令停止违法活动，处1万元以上3万元以下罚款。

第五十二条 注册消防工程师有需要变更注册的情形，未经注册审批部门准予变更注册而继续执业的，责令改正，处1000元以上1万元以下罚款。

第五十三条 注册消防工程师聘用单位出具的消防安全技术文件，未经注册消防工程师签名或者加盖执业印章的，责令改正，处1000元以上1万元以下罚款。

第五十四条 注册消防工程师未按照国家标准、行业标准开展执业活动，减少执业活动项目内容、数量，或者执业活动质量不符合国家标准、行业标准的，责令改正，处1000元以上1万元以下罚款。

第五十五条 注册消防工程师有下列行为之一的，责令改正，处1万元以上2万元以下罚款：

（一）以个人名义承接执业业务、开展执业活动的；

（二）变造、倒卖、出租、出借或者以其他形式转让资格证书、注册证、执业印章的；

（三）超出本人执业范围或者聘用单位业务范围开展执业活动的。

第五十六条 注册消防工程师同时在2个以上消防技术服务机构或者消防安全重点单位执业的，依据《社会消防技术服务管理规定》第四十七条第二款的规定处罚。

第五十七条　注册消防工程师在聘用单位出具的虚假、失实消防安全技术文件上签名或者加盖执业印章的,依据《中华人民共和国消防法》第六十九条的规定处罚。

第五十八条　本规定的行政处罚,除第五十条、第五十七条另有规定的外,由违法行为地的县级以上公安机关消防机构决定。

第五十九条　注册消防工程师对公安机关消防机构在注册消防工程师监督管理中作出的具体行政行为不服的,可以依法申请行政复议或者提起行政诉讼。

第六十条　公安机关消防机构工作人员有下列行为之一,尚不构成犯罪的,依法给予处分;构成犯罪的,依法追究刑事责任:

（一）超越法定职权、违反法定程序或者对不符合法定条件的申请人准予注册的;

（二）对符合法定条件的申请人不予受理、注册或者拖延办理的;

（三）利用职务上的便利,索取或者收受他人财物或者谋取不正当利益的;

（四）不依法履行监督管理职责或者发现违法行为不依法处理的。

第七章　附则

第六十一条　本规定中的"日"是指工作日,不含法定节假日;"以上""以下"包括本数、本级。

第六十二条　本规定自2017年10月1日起施行。

附1.4　关于消防技术服务机构的地方标准

附1.4.1　河南省《消防技术服务机构服务规范》(DB 41/T 2567—2023)

2023年12月15日发布,2024年3月12日实施。包括9个章节,分别是:1 范围,2 规范性引用文件,3 术语和定义,4 一般规定,5 管理要求,6 服务流程,7 服务要求,8 档案管理,9 服务质量评价与改进。部分内容如下:

4　一般规定

4.1　消防技术服务机构及其从业人员开展社会消防技术服务活动应当遵循客观独立、合法公正、诚实信用的原则,并应接受行政主管部门的监督管理。

4.2　消防技术服务机构及其从业人员应当依照法律法规、技术标准和从业准则,开展建筑消防设施维护保养检测和消防安全评估,并对服务质量负责。

4.3　消防技术服务机构应当将机构和从业人员的基本信息录入社会消防技术服务信息系统,发生变更的应及时办理变更手续。

4.4　消防技术服务机构出具的结论文件,可以作为行政主管部门实施消防监督管理和单位或场所开展消防安全管理的依据。

4.5　消防技术服务机构及其从业人员应对行政主管部门依法进行的监督管理协助和配合,不得拒绝或者阻挠。

5　管理要求,包括5.1 服务机构要求,5.2 从业人员要求,5.3 质量管理要求,其中:

5.3　质量管理要求

5.3.1　消防技术服务机构应设立技术负责人,对本机构的消防技术服务活动实施质量管理,对出具的书面结论性文件进行技术审核。技术负责人应具备一级注册消防工程师资格,并具有不少于3个消防技术服务项目的经历。

5.3.2　消防技术服务机构承接业务,应与委托方签订消防技术服务合同,并明确项目负责人。项目负责人应具备注册消防工程师资格,并应到项目现场开展工作。

5.3.3　从事消防技术服务的操作人员应取得注册消防工程师或中级及以上消防设施操作员职业资格证书。

5.3.4 同一项目的技术负责人、项目负责人和操作人员应由三名具有相应资格的不同人员担任。

5.3.5 消防技术服务机构出具的书面结论性文件应由技术负责人、项目负责人签名并加盖注册机构颁发的执业印章,同时加盖消防技术服务机构在行政主管部门备案的印章。

5.3.6 消防技术服务机构应当在其经营场所的醒目位置公示营业执照、工作程序、收费标准、从业守则、注册消防工程师注册证书、投诉电话等。

5.3.7 对建筑消防设施进行维护保养检测后,应当制作包含消防技术服务机构名称、项目负责人、维护保养检测日期等信息的标识,在消防设施所在建筑的醒目位置予以公示。

5.3.8 消防技术服务机构收费应当遵守价格管理法律法规的规定。

5.3.9 消防技术服务机构的技术服务活动应符合以下要求:

a) 按照国家标准、行业标准维护保养检测建筑消防设施,开展消防安全评估活动;

b) 在一个维护保养年度内,维护保养服务应能覆盖单位或场所的所有消防设施,不得漏项,经维护保养的建筑消防设施性能应符合国家标准、行业标准;

c) 检测应覆盖合同约定的所有消防设施系统、项目,重点项目不得漏项,检测结论为合格的单位或场所消防设施性能不应存在严重缺陷;

d) 评估内容应包括单位或场所的建筑防火、建筑消防设施和消防安全管理,评估结论为合格的单位或场所不应存在重大火灾隐患。

6 服务流程

6.1 沟通拟定方案。消防技术服务机构与委托方进行初步沟通,确定服务对象、范围和项目等。根据委托方提供的值班、巡查、检测、灭火演练中发现建筑消防设施存在问题和故障资料与数据,结合现有的消防法律法规和消防技术标准,拟定方案及预算。

6.2 签订合同。消防技术服务机构承接业务,应当与委托方签订合同,明确服务对象、范围、项目和服务期限以及双方的权利、义务和责任。

6.3 服务准备。确定项目负责人,按照信息管理系统的要求制定服务计划、下发任务。

6.4 实施服务。依据GB 25201—2010、XF 503或XF/T 3005规定内容实施服务,对重点环节按照信息管理系统要求通过照片、视频、文字等形式进行记录,按要求保存过程材料。服务过程中发现的问题,应及时反馈给委托方。

6.5 出具报告书。服务结束后,由项目负责人对完成情况进行核验,确认按计划完成任务,并按相关规定生成报告书。

6.6 签发和备案。由技术负责人审核并签发报告书,并在信息管理系统备案。

6.7 归档。将技术服务过程资料和报告书等按第8章的要求整理归档。

7 服务要求

7.1 消防技术服务机构应当按照法律法规、标准规范规定的内容、程序、周期等要求,开展消防设施维护保养检测和消防安全评估。

7.2 维护保养机构发现消防设施存在问题、故障,或者接到委托方通知要求维护,应当在24 h内予以响应。

7.3、7.4、7.5 分别为维护保养最低人数和时长要求、检测最低人数和时长要求、评估人数和时长要求。

7.6 建筑消防设施检测的频次和抽查比例应符合XF 503及有关标准规范的要求。

7.7 建筑消防设施每年应至少检测一次,检测对象包括全部设备、组件,并应符合以下要求:

a) 消防控制室、消防泵房、电梯机房、配电室、风机房、避难层等消防安全重点部位的消防设施应全数检测;

b) 每个防火分区的消防设施均应抽检测试,且抽检的设施应具有代表性和涵盖性;

c) 住宅建筑户内消防设施的抽检比例为每层一处,公共建筑消防设施的抽样应按比例均匀分布。

附1.4.2 辽宁省鞍山市《消防技术服务机构从业规范》(DB 2103/T 008—2023)

2023年12月6日发布,2024年1月6日实施。共8个章节和3个附录,分别是:1 范围,2 规范性引用文件,3 术语和定义,4 基本要求,5 管理要求,6 技术能力,7 纠错和改进,8 监督管理,附录A 维护保养,附录B 消防设施检查表,附录C 消防安全评估表。部分内容如下。

第4章节　基本要求

4.1　消防技术服务机构及其从业人员开展社会消防技术服务活动应当遵循客观独立、合法公正、诚实信用的原则。

4.2　消防技术服务机构应按照法律、行政法规、国家标准、行业标准和执业准则等开展消防技术服务活动,确保消防技术服务质量。

4.3　消防技术服务机构应建立诚信、自律、服务、高效的消防技术服务市场秩序,严禁进行不正当竞争、行业垄断,破坏正常市场秩序。

4.4　消防技术服务机构不得通过贿赂、胁迫、欺骗行政机关工作人员等非法手段,获得市场竞争优势或者逃避责任追究等。

第5章节,包括5.1 必备条件,5.2 服务范围和内容,5.3 服务要求,5.4 服务流程。其中:

5.3　服务要求

5.3.1　消防技术服务机构在与委托方签订消防技术服务合同时,不得无故进行选择性签订合同,要保证消防设施技术服务的完整性。

5.3.2　消防技术服务机构应当在其经营场所的醒目位置公示服务信息,包括营业执照、工作程序、收费标准、执业守则、注册消防工程师资格证书、消防设施操作员国家职业资格证书、投诉电话等事项。

5.3.3　消防技术服务机构不得转包、分包消防技术服务项目;消防技术服务机构不得对同一委托单位同时进行消防设施维保和检测活动。

5.3.4　消防技术服务机构不应指派无相应技术资格人员从事消防技术服务活动,项目负责人和消防设施操作人员应亲自到场开展工作。

5.3.5　消防技术服务机构不得超服务范围开展消防技术服务工作。

5.3.6　消防技术服务机构应确保出具书面文件的真实性、合法性,不得出具虚假文件、失实文件。

5.3.7　消防设施维护保养检测服务机构应按照国家标准、行业标准和地方标准规定的维护保养工艺、流程开展维护保养服务,完成委托服务合同范围内的维护保养工作,确保经维护保养的建筑消防设施符合国家标准、行业标准和地方标准。

5.3.8　消防设施维护保养检测服务机构应按照国家标准、行业标准和地方标准规定的检测工艺、流程开展检测服务,完成委托服务合同范围内的检测工作,确保检测报告的检测项目完整、检测结果准确,检测结论正确。

5.3.9　消防安全评估机构应按照国家标准、行业标准和地方标准规定的工艺、流程开展消防安全评估工作,完成委托服务合同范围内的消防安全评估工作,确保消防安全评估工作的内容全面、方法合理、结论准确。

5.3.10　消防设施维护保养检测机构对建筑消防设施进行的维护保养工作,分为日常保养、定期维保紧急抢修。定期维保,每月不应少于一次;紧急抢修,在工作日内接到委托方通知后应在4 h内派员到场抢修,在法定假日内接到委托方通知后应在12 h内派员到场抢修。维保结束后,应及时填写《建筑消防设施维护保养记录表》(见附录B表B.8)。

5.3.11　消防设施维护保养检测机构在维保工作结束后5日内,应当制作包含消防技术服务机构名称及维修保养基本信息的标识,在消防设施所在建筑的消防控制室、设备用房等场所的醒目位置上予以公示。

5.4 服务流程 包括5.4.1机构备案,5.4.2服务项目平台录入,5.4.3维保保养(前期准备,维保测试,维保实施,维保结束),5.4.4消防设施检测(前期准备,实施检测、检测结束),5.4.5消防安全评估(前期准备,实施评估,评估结束),5.5申诉和投诉。以下为其中部分内容。

5.4.3 维护保养

5.4.3.1 前期准备

5.4.3.1.1 成立维保项目组,人员组成如下:
——技术负责人1名,应为一级注册消防工程师;
——项目负责人1名,应为注册消防工程师;
——维保人员若干名,应为取得消防设施操作员国家职业资格证书的人员。

5.4.3.1.2 维保机构与委托方开会研商,根据维保合同,进一步明确服务项目的内容及范围。委托方向维保机构提供完整消防系统竣工资料,包括消防水电暖通系统竣工图、系统图纸、消防设备台账、产品说明书、设备编码表、隐蔽工程记录表、消防设施检测报告等相关资料。

5.4.3.1.3 维保机构项目负责人制定维保方案、服务质量承诺书、人员培训计划和施工安全制度等。

5.4.3.1.4 维保机构应制作公示牌在建筑醒目位置公示,主要包括消防技术服务机构名称、项目负责人、维保作业人员、维护保养日期等信息。

5.4.3.2 维保测试

5.4.3.2.1 维保项目组对消防设施和设备进行全面检查和测试,认真填写建筑消防设施维护保养记录表(见附录B表B.8),做好原始记录,测试结束后及时出具测试报告。

5.4.3.2.2 维保机构项目负责人将测试报告提交技术负责人审核后,送交委托方,双方签字确认后存档。

5.4.3.3 维保实施

5.4.3.3.1 维保机构项目负责人结合先期检查测试情况,按照合同约定和年度维保计划,组织人员实施维护保养工作,并形成《建筑消防设施维护保养报告》。

5.4.3.3.2 《建筑消防设施维护保养报告》应由技术负责人、项目负责人签名并加盖执业印章,同时加盖消防技术服务机构印章。

5.4.3.3.3 维保作业人员应将维保项目实施过程中发现的故障,填入建筑消防设施故障处理反馈表(见附录B表B.7),及时反馈给委托方。

5.4.3.3.4 维保机构在维保过程中,需暂时停用消防设施的,应制定应急方案,落实防范措施,同时报委托方同意,并在显著位置公告。消防设施停用前应报建筑所在地的县级消防救援机构备案。故障排除后应进行相应功能试验,保证设施完好。

5.4.3.4 维保结束

5.4.3.4.1 维保工作完成后,维保机构应对维保项目的所有文档资料进行收集汇总并存档。

5.4.3.4.2 维保机构将《建筑消防设施维护保养报告》等资料送达委托方。

5.4.4 消防设施检测

5.4.4.1 前期准备

5.4.4.1.1 成立检测项目组,人员组成如下:
——技术负责人1名,应为一级注册消防工程师;
——项目负责人1名,应为注册消防工程师;
——检测人员若干名,应为取得消防设施操作员国家职业资格证书的人员。

5.4.4.1.2 检测机构要求委托方提供检测项目资料,包括建筑物的基本情况、消防设备基础台账、竣工图纸、维保报告、消防设计、消防验收行政许可文书等。

5.4.4.1.3 检测机构项目负责人应审查委托方提供的资料,确认资料齐全。

5.4.4.1.4 检测机构项目负责人组织制定检测方案,确定工作步骤、工作流程、明确人员分工,并报技术负责人批准。

5.4.4.2 实施检测

5.4.4.2.1 检测机构项目负责人按照合同约定和检测方案组织实施检测工作,具体检测内容、检测标准应符合 DB 21/T 2869—2017 的有关规定,并如实填写《建筑消防设施检测记录表》。

5.4.4.2.2 检测工作完成后,检测机构应根据消防设施检测的实际情况,如实形成《建筑消防设施检测报告》。

5.4.4.2.3 《建筑消防设施检测报告》应由项目负责人、技术负责人分别审核合格后,签名并加盖执业印章,同时加盖消防技术服务机构印章。

5.4.4.2.4 检测机构项目负责人应将检测过程中发现的消防设备设施存在的故障及问题,及时向委托方进行反馈。

5.4.4.3 检测结束

5.4.4.3.1 检测工作完成后,检测机构对检测项目的所有文档资料进行收集汇总并存档。

5.4.4.3.2 检测机构将《建筑消防设施检测报告》等资料送达委托方。

5.4.5 消防安全评估

5.4.5.1 前期准备

5.4.5.1.1 成立评估项目组,人员组成如下:

——技术负责人 1 名,应为一级注册消防工程师;

——项目负责人 1 名,应为注册消防工程师;

——评估人员若干名,宜为注册消防工程师、取得消防设施操作员国家职业资格证书的人员。

5.4.5.1.2 单位消防安全评估,委托方提供的资料包含以下内容:

a) 经过行政许可部门审核同意或备案抽查合格的建设工程消防设计、竣工验收图纸,消防设计文件以及相关资料;

b) 项目取得的消防设计审查意见书,消防竣工验收意见书等行政许可文件;

c) 单位消防安全管理的文件和资料,主要包括:

——单位消防安全责任人、消防安全管理人任免文件,单位各部门、各岗位以及相关人员消防工作责任制的文件以及记录相应履职情况的资料;

——单位制定的消防安全宣传培训、防火巡查检查、安全疏散设施管理、消防(控制室)值班、用火用电管理、企业消防队(专职、志愿、微型)的组织管理、灭火和应急疏散预案演练等消防安全制度文件,以及落实各项消防安全制度的记录等;

——消防安全规程的文件及执行记录;

——建筑消防设施维护保养合同、维护保养报告、建筑消防设施检测报告、消防设施维修及改造的各项记录等;

——单位使用消防产品质量合格的证明文件、建筑内部装修材料检测报告、建筑外墙保温材料检测报告等;

——自动消防设施操作人员的职业资格证书;

——消防控制室内符合 GB 25506—2010 规定的纸质和电子档案资料;

——其他反映单位消防安全管理情况和开展消防安全评估需要提供的文件和资料;

d) 其他所需资料。

5.4.5.1.3 区域消防安全评估,委托方提供的资料包含以下内容:

a) 区域信息相关资料,包括区域常住人口、经济发展情况、产业结构、消防安全重点单位台账、火灾高危单位台账、历年火灾统计数据等;

b) 区域火灾风险防范工作开展相关资料,包括消防监督管理工作总结、消防监督管理队伍建设情况、专项检查工作总结材料、消防安全满意度及消防安全知识普及率调查报告、消防宣传教育工作开展情况、火灾隐患投诉举报情况、消防队伍发展情况等;

c) 灭火救援工作相关资料,包括区域消防发展规划(消防专篇)、消防专项规划、消防救援站建设情况、国家综合性消防救援队伍及专职消防队伍配置情况、消防装备配备清单、消防水源分布情况、市政消火栓完好率、消防通信建设情况等;

d) 其他所需资料。

5.4.5.1.4 行业(领域)消防安全评估,委托方提供的资料包括以下内容:

a) 行业、领域、系统内相关单位场所底数台账;

b) 行业主管部门开展的消防安全检查工作相关资料,包括文件通知、现场检查记录、工作台账及整改措施落实情况等;

c) 标准化建设情况台账、上一年度消防工作考核情况;

d) 各单位按照前述单位消防安全评估需提供的资料;

e) 其他所需资料。

5.4.5.1.5 项目负责人应审查委托方提供的资料,确认资料齐全。

5.4.5.1.6 项目负责人组织制定消防安全评估工作文件,对工作任务、工作标准、工作期限、人员分工等做出安排,并报技术负责人批准。

5.4.5.1.7 项目评估组根据消防安全评估工作文件,检定评估所需要的仪器设备,保证仪器设备完好精确。

5.4.5.2 实施评估

5.4.5.2.1 项目负责人按照合同约定和消防安全评估工作文件,组织人员结合评估对象的实际情况,采取资料审查、调查问询、实地抽样检测等方式实施评估工作,同时要如实做好原始记录。

5.4.5.2.2 评估工作完成后,评估机构应对工作中发现的火灾隐患和消防安全问题进行分析评估,给出消防安全等级和评估结论,形成《消防安全评估报告》。

5.4.5.2.3 《消防安全评估报告》应由项目负责人、技术负责人分别审核合格后,签名并加盖执业印章,同时加盖消防技术服务机构印章。

5.4.5.2.4 项目负责人应将评估过程中发现的消防安全问题,按照建筑消防安全、消防设施、消防管理等方面记录清楚,并提出针对性的整改措施建议,及时向委托方进行反馈。

5.4.5.3 评估结束

5.4.5.3.1 评估工作完成后,评估机构对检测项目的所有文档资料进行收集汇总并存档

5.4.5.3.2 评估机构将《消防安全评估报告》等资料送达委托方。

第6章节 技术能力,包括6.1人员管理(基本要求,工作职责,专业知识),6.2档案管理(档案内容,档案记录,档案管理),6.3设备要求(基础设备,消防设施维护保养检测设备,消防安全评估设备,场地要求)。

第7章节 纠错及改进,包括7.1工作纠错,7.2工作改进。

7.1 工作纠错

7.1.1 消防技术服务机构应成立由行政负责人、技术负责人组成的纠错工作小组,纠正本单位管理、项目管理、投诉处理、遵守法律法规等方面存在的问题。

7.1.2 消防技术服务机构应每年通过调查问卷、走访问谈等方式,组织开展服务工作满意度调查工作查摆问题。

7.1.3 消防技术服务机构应在每个工程服务项目实施过程中开展不少于一次的自查工作。

7.1.4 消防技术服务机构应将每次自查出的问题及满意度工作调查情况进行汇总,形成书面报告,报送行政负责人。行政负责人组织制定整改措施,并督促及时整改。

7.1.5 消防技术服务机构应将自查报告、整改措施、整改结果等材料存档备查

7.2 工作改进

7.2.1 消防技术服务机构应对自查、行政主管部门检查、满意度调查等发现的问题,及时进行整改优化,切实提高服务质量和专业能力。

7.2.2 消防技术服务机构每年应对全年工作进行全面总结,确保良性健康发展。

7.2.3 消防技术服务机构可以主动邀请相关专家,对本机构进行全面研判,提出建议,助力发展。

附录A 维保保养规定了:维护保养的系统名称、设备名称、作业类型、作业周期、作业内容和作业标准。

附1.4.3 深圳市《消防技术服务机构服务规范》(DB 4403/T 338—2023)

2023年6月12日发布,2023年7月1日实施。共7个章节和7个附录,分别是:1范围,2规范性引用文件,3术语和定义,4基本要求,5服务原则,6消防技术内容和流程,7消防技术服务机构能力等级评价,附录A消防设施维护保养内容,附录B消防维保服务公示牌,附录C建筑消防设施故障维修记录表,附录D消防设施检测内容,附录E消防安全评估内容,附录F评分细则,附录G评价结论表。部分内容如下。

第4章节 基本要求包括:4.1从业条件,4.2特殊项目类型及从业条件,4.3其他要求。

第5章节 服务原则包括:5.1基本原则,5.2专业性,5.3合法性,5.4真实性。

第6章节 消防技术服务内容和流程包括6.1消防设施维护保养,6.2消防设施检测,6.3消防安全评估。如下为其中部分内容。

6.1 消防设施维护保养

6.1.1 服务内容

消防设施维护保养内容应符合附录A的规定

6.1.2 服务流程

6.1.2.1 成立项目组

消防设施维护保养机构应根据维护保养项目合同任务需要,成立由以下人员组成的项目组:

a) 技术负责人1名,应为一级注册消防工程师;

b) 项目负责人1名,应为注册消防工程师;

c) 其他人员应为中级及以上技能等级的消防设施操作员或取得注册消防工程师职业资格的人员。

6.1.2.2 进场准备

6.1.2.2.1 应向委托方获取以下资料:

a) 竣工图;

b) 设备台账;

c) 消防设备编码表;

d) 图形显示装置平面图;

e) 隐蔽工程记录表;

f) 消防设施检测报告。

6.1.2.2.2 项目负责人应按6.1.2.2.1的要求审查相关资料,确认资料齐全。

6.1.2.2.3 项目负责人应组织编制实施方案、年度维护保养计划,报技术负责人批准。

6.1.2.2.4 项目负责人应根据实施方案,组织人员准备维护保养所需的仪器设备和法律法规、技

术标准等资料。

6.1.2.2.5 项目负责人应组织项目组对维护保养方案、实施过程中应注意的问题及安全注意事项进行培训。

6.1.2.2.6 进场前项目负责人应与委托方进行沟通，必要时召开协调会，进行技术交底，明确合同内容并确认维护保养条件。

6.1.2.2.7 进场前，应按照附录B制作包含消防技术服务机构名称、项目负责人、技术负责人、维保人员等信息的维保服务公示牌。

6.1.2.3 进场服务

6.1.2.3.1 项目负责人应按进场测试方案、GB 25201—2010及附录A，对消防设施设备进行必要测试，做好记录。

6.1.2.3.2 项目负责人应按合同约定、年度维护保养计划和附录A组织人员开展日常维护保养。

6.1.2.3.3 维保作业人员应将日常维保中发现的问题进行拍照记录，并填写附录C。

6.1.2.3.4 故障维修和缺陷整改中需临时停用消防设施时，项目负责人应组织制定应急方案，落实防范措施，并经技术负责人和业主、使用人或建筑消防设施管理单位批准，在建筑入口处的显著位置进行公告。消防设施停用前应报单位所在地消防救援机构备案，备案内容应包括停用目的、停用的系统设备或组件、预计停用时间以及停用期间采取的防范措施。故障排除后，维保作业人员应进行功能试验并经业主、使用人或建筑消防设施管理单位检查确认。

6.1.2.3.5 现场维保作业完成后，维保作业人员应将各消防设施恢复至正常警戒状态。

6.1.2.4 资料整理及提交

6.1.2.4.1 项目负责人应组织人员对测试、维护保养资料进行收集、整理，形成含测试及维护保养内容的报告。

6.1.2.4.2 报告等书面结论文件经审核后，应由技术负责人、项目负责人签名并加盖执业印章，同时加盖消防技术服务机构印章。

6.1.2.4.3 项目负责人应按服务合同要求，向委托方提交项目相关资料。

6.2 消防设施检测

6.2.1 服务内容

消防设施检测内容应符合附录D的规定。

6.2.2 服务流程

6.2.2.1 成立项目组

消防设施检测机构应根据检测项目合同任务需要，成立由以下人员组成的项目组：

a) 技术负责人1名，应为一级注册消防工程师；
b) 项目负责人1名，应为注册消防工程师；
c) 其他人员应为中级及以上技能等级的消防设施操作员或取得注册消防工程师职业资格的人员。

6.2.2.2 进场准备

6.2.2.2.1 应向委托方获取以下资料：

a) 项目概况，包括项目名称、项目地址、设计单位、施工单位、维保单位等信息；
b) 消防设计审查意见书、消防验收意见书等法律文书；
c) 建筑概况，包括竣工日期、竣工图纸、建筑类别、建筑高度(m)、建筑层数、建筑面积等相关资料或信息；
d) 消防设备登记表，包括设备名称、生产厂家、产品型号、市场准入证明文件、合格证、产品数量、出厂日期等资料或信息。

6.2.2.2.2 项目负责人应按6.2.2.2.1的要求审查相关资料，确认资料齐全。

6.2.2.2.3 项目负责人应组织编制检测方案,报技术负责人批准。

6.2.2.2.4 项目负责人应根据检测方案,组织人员准备检测所需的仪器设备和法律法规、技术标准等资料。

6.2.2.2.5 项目负责人应组织项目组对检测方案、实施过程中应注意的问题及安全注意事项进行培训。

6.2.2.2.6 进场前项目负责人应与委托方进行沟通,必要时召开协调会,进行技术交底并确认检测条件。

6.2.2.3 进场服务

6.2.2.3.1 现场实施人员应按进场检测方案、XF 503和附录D要求,开展检查和测试。

6.2.2.3.2 检测过程中,现场实施人员应对重要检查项或操作拍照记录,并填写检测记录表。

6.2.2.3.3 现场检测完成后,现场实施人员应将各消防设施恢复至正常警戒状态。

6.2.2.4 资料整理及提交

6.2.2.4.1 项目负责人应组织人员对检测所有资料进行收集、整理,形成检测报告。

6.2.2.4.2 检测报告等书面结论文件经审核后,应由技术负责人、项目负责人签名并加盖执业印章,同时加盖消防技术服务机构印章。

6.2.2.4.3 项目负责人应按服务合同要求,向委托方提交项目相关资料。

6.3 消防安全评估

6.3.1 服务内容

消防安全评估内容应符合附录E的规定。

6.3.2 服务流程

6.3.2.1 成立项目组

消防安全评估机构应根据评估项目合同任务需要,成立由以下人员组成的评估项目组：

a) 技术负责人1名,应为一级注册消防工程师；

b) 项目负责人1名,应为注册消防工程师；

c) 其他人员应为中级及以上技能等级的消防设施操作员或取得注册消防工程师、注册安全工程师等相关职业资格的人员。

6.3.2.2 进场准备

6.3.2.2.1 开展单位消防安全评估时,应向委托方获取以下资料：

a) 消防设计审查意见书、消防验收意见书等法律文书；

b) 经住房和城乡建设主管部门审核同意或备案的建设工程消防设计、竣工验收图纸、消防设计说明及相关资料；

c) 消防安全管理资料：

1) 消防安全责任人、消防安全管理人任命文件,各级各部门消防安全责任制文件及相应履职资料；

2) 消防安全宣传培训、防火巡查检查、安全疏散设施管理、消防(控制室)值班、用火用电安全管理、专职和志愿消防队的组织管理、灭火和应急疏散预案演练等资料；

3) 消防安全操作规程的发布文件及执行记录；

4) 建筑消防设施维护保养合同、维护保养报告、检测报告、维修记录、改造记录等；

5) 消防产品质量合格证明文件、建筑内部装修材料质量合格文件(含见证取样检验报告)建筑外墙保温材料质量合格文件等；

6) 依法须持证上岗人员的职业资格证；

7) 消防控制室内符合GB 25506规定的纸质和电子档案资料。

d) 已做过的消防安全评估报告及消防知识知晓率调查、消防安全技能评估等消防安全管理资料。

6.3.2.2.2 开展区域消防安全评估时,应向委托方获取以下资料:

a) 区域相关资料,如常住人口、经济发展情况、产业结构、消防安全重点单位台账、火灾高危单位台账、历年火灾统计数据等;

b) 公共消防基础设施相关资料:消防救援站建设情况、国家综合性消防救援队伍及各类专职消防人员配置情况、消防装备配备清单、消防水源分布情况、市政消火栓完好率、消防通信建设情况、消防道路建设情况等;

c) 区域火灾风险防范相关资料,如区域消防发展规划(消防专篇)、消防专项规划、消防监督管理队伍建设情况、消防监督管理工作总结、专项检查工作总结、消防宣传培训资料、灭火和应急疏散预案演练情况、消防隐患举报情况、消防志愿者队伍发展情况、消防安全满意度调查报告及消防知识知晓率调查、消防安全技能评估等消防安全管理资料。

6.3.2.2.3 开展大型活动消防安全评估时,应向委托方获取以下资料:

a) 依法向行政主管部门申请安全许可的文件;

b) 活动方案及其说明,应当列明活动的时间、地点、内容、流程、参加人员数量、功能区域划分、现场平面图、观众座位图等情况;

c) 大型群众性活动安全工作方案,包括以下内容:

1) 消防安全责任人、消防安全管理人、专职和志愿消防队以及其他安全工作人员的数量、岗位设置、任务分配、识别标志;

2) 活动场所地理环境、建筑结构和面积(附图纸和消防批文)、人员安全容量、举办场地周边公共消防基础设施设置情况、消防救援条件等;

3) 消防车通道、疏散通道、安全出口、应急广播、应急照明、消防灭火、防烟排烟、安全检查等设施、设备设置情况和标识;

4) 临时搭建设施、建筑物的基本情况;

5) 安全工作后勤保障措施;

6) 灭火和应急疏散预案、预案演练情况。

6.3.2.2.4 项目负责人应按 6.3.2.2.1 至 6.3.2.2.3 的要求审查相关资料,确认资料齐全。

6.3.2.2.5 项目负责人应组织编制评估方案,报技术负责人批准。

6.3.2.2.6 项目负责人应根据评估方案,组织人员准备评估所需的仪器设备和法律法规、技术标准等资料。

6.3.2.2.7 项目负责人应组织项目组对评估方案、实施过程中应注意的问题及安全注意事项进行培训。

6.3.2.2.8 进场前项目负责人应与委托方进行沟通,必要时召开协调会,进行技术交底并确认评估条件。

6.3.2.3 现场评估

6.3.2.3.1 现场实施人员应按评估方案、XF/T 1369—2016 及 XF/T 3005 开展现场评估

6.3.2.3.2 评估过程中,现场实施人员应对重要评估项或操作拍照记录,并填写现场检查记录表。

6.3.2.3.3 现场评估完成后,现场实施人员应将各消防设施恢复至正常警戒状态

6.3.2.4 资料整理及提交

6.3.2.4.1 项目负责人应组织人员对评估所有资料进行收集、整理,对发现消防安全隐患进行分析,给出整改建议和评估结论,形成评估报告。对于经评估判定为存在重大火灾隐患的特殊项目,应组织不少于3名一级注册消防工程师研讨并给出整改意见。

6.3.2.4.2 评估报告等书面结论文件经审核后,应由技术负责人、项目负责人签名并加盖执业印章,同时加盖消防技术服务机构印章。

6.3.2.4.3 项目负责人应按服务合同要求,向委托方提交项目相关资料。

第7章节 消防技术服务机构能力等级评价,包括:7.1 评价机构,7.2 评价程序,7.3 评价方法,7.4 评价结果和应用。

7.1 评价机构

7.1.1 消防技术服务机构能力等级评价由深圳市消防主管机构组织实施。

7.1.2 深圳市消防主管机构应成立消防技术服务机构能力等级评价专家库,成员应包括消防安全监督管理及火灾防范等领域的专家。

7.2 评价程序

7.2.1 深圳市消防主管机构应于每年第一季度对辖区内上一年度消防技术服务机构的服务进行能力等级评价。

7.2.2 深圳市消防主管机构应结合报备情况确定本年度需进行能力等级评价的消防技术服务机构名单,向社会公示,并组织消防技术服务机构提交附录F规定的佐证材料。

7.2.3 深圳市消防主管机构应从消防技术服务机构能力等级评价专家库随机抽取不少于5位专家,组成本年度消防技术服务机构能力等级评价专家组,推选组长并向社会公示。

7.2.4 专家组应按照本章节相关规定确认名单、审查佐证材料并进行评分,给出评价结果。

7.2.5 评价完成后,深圳市消防主管机构应向社会公示评价结果;对评价结果有异议的,消防技术服务机构应在结果公示之日起7个工作日内,向深圳市消防主管机构提交异议申请;深圳市消防主管机构应在收到异议申请之日起7个工作日内,组织专家组对评价结果进行复评,并将复评结果给予公示。

附录A 消防设施维护保养内容,规定了维护保养的系统名称、设备名称、作业类型、作业周期、作业内容和作业标准。附录D 消防设施检测内容,规定了检测的单项名称、子项名称、检测项内容、等级和抽查比例。附录E 消防安全评估内容,规定了评估类型、评估子项和评估内容。

附1.4.4 上海市《社会消防技术服务机构质量管理要求》(DB 31/T 1380—2022)

2022年11月9日发布,2023年2月1日实施。共13个章节和5个附录,分别是:1 范围,2 规范性引用文件,3 术语和定义,4 质量管理体系(基本要求,基于风险的思维,质量方针,质量目标,服务声明,质量管理体系文件),5 从业人员和职责(一般规定,职责,知识和能力,评价),6 工作场所和设备管理(工作场所,设备管理),7 项目评审和合同管理(项目评审,合同管理),8 技术交底和服务计划(方案)[技术交底,服务计划(方案)],9 委托单位财产和备品(件)[委托单位财产,备品(件)管理],10 从业过程(现场作业控制,书面结论文件,项目质量监督),11 信息管理(信息,文件管理,记录和档案管理),12 检查、评价和改进(服务满意度调查,内部审核,管理评审,持续改进),13 评价工具,附录A(资料性)质量管理体系创建指南,附录B(资料性)程序文件和记录清单,附录C(资料性)记录表单参考模板,附录D(资料性)社会消防技术服务机构质量管理要求评价工具,附录E(资料性)判定准则。

附1.4.5 贵州省《消防技术服务机构及从业人员积分评定规程》(DB 52/T 1594—2021)

2021年5月17日发布,2021年9月1日实施。共5个章节,分别是:1 范围,2 规范性引用文件,3 术语和定义,4 消防技术服务机构评分要求,5 从业人员评分要求。部分内容如下。

第4章节 消防技术服务机构评分要求,包括:4.1 基本要求(资料及场所要求,人员要求,设备要求,机构执业要求),4.2 评分方式及公布(评分方式,公布,评分方法),5 从业人员评分要求(一般要求,评分方法)。

附1.5 消防设施维护保养相关标准规范

附1.5.1 火灾自动报警系统运行维护

《火灾自动报警系统施工及验收标准》(GB 50166—2019),第6章节 系统运行维护,部分内容如下。

6.0.1 系统投入使用前,消防控制室应具有下列文件资料:
1 检测、验收合格资料;
2 建(构)筑物竣工后的总平面图、建筑消防系统平面布置图、建筑消防设施系统图及安全出口布置图、重点部位位置图、危化品位置图;
3 消防安全管理规章制度、灭火预案、应急疏散预案;
4 消防安全组织机构图,包括消防安全责任人、管理人、专职、义务消防人员;
5 消防安全培训记录、灭火和应急疏散预案的演练记录;
6 值班情况、消防安全检查情况及巡查情况的记录;
7 火灾自动系统设备现场设置情况记录;
8 消防系统联动控制逻辑关系说明、联动编程记录、消防联动控制器手动控制单元编码设置记录;
9 系统设备使用说明书、系统操作规程、系统和设备维护保养制度。

6.0.2 系统的使用单位应建立本标准第6.0.1条规定的文件档案,并应有电子备份档案。

6.0.3 系统应保持连续正常运行,不得随意中断。

6.0.4 系统应按本标准附录F规定的巡查项目和内容进行日常巡查,巡查的部位、频次应符合现行国家标准《建筑消防设备管理及维护措施》(GB 25201—2010)的规定,并按本标准附录F的规定填写记录。巡查过程中发现设备外观破损、设备运行异常时应立即报修。

6.0.5 每年应按表6.0.5规定的检查项目、数量对系统设备的功能、各分系统的联动控制功能进行检查,并应符合下列规定:
1 系统的年度检查可根据检查计划,按月度、季度逐步进行;
2 月度、季度的检查数量应符合表6.0.5的规定;
3 系统设备的功能、各分系统的控制功能应符合本标准第4章的规定。

表6.0.5 系统月检、季检对象、项目及数量

序号	检查对象	检查项目	检查数量
1	Ⅰ 火灾报警控制器	火灾报警功能	实际安装数量
	Ⅱ 火灾探测器、手动火灾报警按钮		应保证每年对每一个探测器、报警按钮至少进行一次火灾报警功能检查
	Ⅲ 火灾显示盘	火灾报警显示功能	月、季检查数量应保证每年对每一台区域显示器至少进行一次火灾报警显示功能检查
2	Ⅰ 消防联动控制器	输出模块启动功能	应保证每年对每一只模块至少进行一次启动功能检查
	Ⅱ 输出模块		
3	Ⅰ 消防电话总机	呼叫功能	实际安装数量
	Ⅱ 电话分机、电话插孔		应保证每年对每一个分机、插孔至少进行一次呼叫功能检查
4	Ⅰ 可燃气体报警控制器	可燃气体报警功能	实际安装数量
	Ⅱ 可燃气体探测器		应保证每年对每一只控制器至少进行一次可燃气体报警功能检查

续表6.0.5

序号	检查对象	检查项目	检查数量
5	Ⅰ 电气火灾监控设备	监控报警功能	实际安装数量
	Ⅱ 电子火灾监控探测器、线型感温火灾探测器		应保证每年对每一只探测器至少进行一次监控报警功能检查
6	Ⅰ 消防设备电源监控器	消防设备电源故障报警功能	实际安装数量
	Ⅱ 传感器		应保证每年对每一只传感器至少进行一次消防设备电源故障报警功能检查
7	消防设备应急电源	转换功能	实际安装数量
8	Ⅰ 消防控制室图形显示装置	接收和显示火灾报警、联动控制、反馈信息功能	实际安装数量
	Ⅱ 传输设备		
9	Ⅰ 火灾警报器	火灾警报功能	应保证每年对每一只火灾警报器至少进行一次火灾警报功能检查
	Ⅱ 消防应急广播控制设备	应急广播功能	实际安装数量
	Ⅲ 扬声器		应保证每年对每一只扬声器至少进行一次应急广播功能检查
	Ⅳ 火灾警报和消防应急广播系统	联动控制功能	应保证每年对每一个报警区域至少进行一次联动控制功能检查
10	Ⅰ 防火卷帘控制器	控制功能	应保证每年对每一个手动控制装置至少进行一次控制功能检查
	Ⅱ 手动控制装置		
	Ⅲ 疏散通道上设置的防火卷帘	联动控制功能	应保证每年对每一樘防火卷帘至少进行一次联动控制功能检查
	Ⅳ 非疏散通道上设置的防火卷帘		应保证每年对每一个报警区域至少进行一次联动控制功能检查
11	Ⅰ 防火门监控器	启动、反馈功能，常闭防火门故障报警功能	应保证每年对每一台防火门监控器及其配接的现场部件至少进行一次启动、反馈功能，常闭防火门故障报警功能检查
	Ⅱ 监控模块、防火门定位装置和释放装置等现场部件		
	Ⅲ 防火门监控系统	联动控制功能	应保证每年对每一个报警至少进行一次联动控制功能检查
12	Ⅰ 气体、干粉灭火控制器	现场紧急启动、停止功能	应保证每年对每一个现场启动和停止按钮至少进行一次启动、停止功能检查
	Ⅱ 现场启动和停止按钮		
	Ⅲ 气体、干粉灭火系统	联动控制功能	应保证每月、每季对消防水泵进行一次手动控制功能检查
13	Ⅰ 消防泵控制箱、柜	手动控制功能	应保证每月、每季对消防水泵进行一次手动控制功能检查
	Ⅱ 水流指示器、压力开关、信号阀、液位探测器	动作信号反馈功能	应保证每年对每一个部件至少进行一次动作信号反馈功能检查
	Ⅲ 湿式、干式喷水灭火系统	联动控制功能	应保证每年对每一个防护区域至少进行一次联动控制功能检查
		消防泵直接手动控制功能	应保证每月、每季对消防水泵进行一次直接手动控制功能检查

续表6.0.5

序号	检查对象	检查项目	检查数量
13	Ⅳ 预作用式喷水灭火系统	联动控制功能	应保证每年对每一个防护区域至少进行一次联动控制功能检查
		消防泵、预作用阀组、排气阀前电动阀直接手动控制功能	应保证每月、每季对消防水泵、预作用阀组、排气阀前电动阀进行一次直接手动控制功能检查
	Ⅴ 雨淋系统	联动控制功能	应保证每年对每一个防护区域至少进行一次联动控制功能检查
		消防泵、雨淋阀组直接手动控制功能	应保证每月、每季对消防水泵、雨淋阀组进行一次直接手动控制功能检查
	Ⅵ 自动控制的水幕系统	用于保护防火卷帘的水幕系统的联动控制功能	应保证每年对每一樘防火卷帘至少进行一次联动控制功能检查
		用于防火分隔的水幕系统的联动控制功能	应保证每年对每一个报警区域至少进行一次联动控制功能检查
		消防泵、水幕阀组直接手动控制功能	应保证每月、每季对消防水泵、水幕阀组进行一次直接手动控制功能检查
14	Ⅰ 消防泵控制箱、柜	手动控制功能	应保证每月、每季对消防水泵进行一次手动控制功能检查
	Ⅱ 消火栓按钮	报警功能	应保证每年对每一个消火栓按钮至少进行一次报警功能检查
	Ⅲ 水流指示器、压力开关、信号阀、液位探测器	动作信号反馈功能	应保证每年对每一个部件至少进行一次动作信号反馈功能检查
	Ⅳ 消火栓系统	联动控制功能	应保证每月、每季对消防水泵进行一次直接手动控制功能检查
		消防泵直接手动控制功能	应保证每月、每季对风机进行一次手动控制功能检查
15	Ⅰ 风机控制箱、柜	手动控制功能	应保证每月、每季对风机进行一次手动控制功能检查
	Ⅱ 电动送风口、电动挡烟垂壁、排烟口、排烟阀、排烟窗、电动防火阀、排烟风机入口处的总管上设置的280℃排烟防火阀	启动、反馈功能，动作信号反馈功能	应保证每年对每一个部件至少进行一次启动、反馈功能，动作信号反馈检查
	Ⅲ 加压送风系统	联动控制功能	应保证每年对每一个报警区域至少进行一次控制功能检查
		风机直接手动控制功能	应保证每月、每季对风机进行一次直接手动控制功能检查
	Ⅳ 电动挡烟垂壁、排烟系统	联动控制功能	应保证每年对每一个防烟分区至少进行一次联动控制功能检查
		风机直接手动控制功能	应保证每月、每季对风机进行一次直接手动控制功能检查

续表6.0.5

序号	检查对象	检查项目	检查数量
16	消防应急照明和疏散指示系统	控制功能	应保证每年对每一个报警区域至少进行一次控制功能检查
17	电梯、非消防电源等相关系统	联动控制功能	应保证每年对每一个报警区域至少进行一次联动控制功能检查
18	自动消防系统	整体联动控制功能	应保证每年对每一个报警区域至少进行一次联动控制功能检查

6.0.6 不同类型的探测器、手报、模块等现场部件应有不少于设备总数1%的备品。

6.0.7 系统设备的维修、保养及系统产品的寿命应符合《火灾探测报警产品的维修保养与报废》(GB 29837)规定,达到寿命极限的产品应及时更换。

附1.5.2 消防给水及消火栓系统维护管理

《消防给水及消火栓系统技术规范》(GB 50974—2014),第14章节 维护管理,部分内容如下。

14.0.1 消防给水及消火栓系统应有管理、检查检测、维护保养的操作规程;并应保证系统处于准工作状态。维护管理应按本规范附录G的要求进行。

14.0.2 维护管理人员应掌握和熟悉消防给水系统的原理、性能和操作规程。

14.0.3 水源的维护管理应符合下列规定:

1 每季度应监测市政给水管网的压力和供水能力;

2 每年应对天然河湖等地表水消防水源的常水位、枯水位、洪水位,以及枯水位流量或蓄水量等进行一次检测;

3 每年应对水井等地下水消防水源的常水位、最低水位、最高水位和出水量等进行一次测定;

4 每月应对消防水池、高位消防水池、高位消防水箱等消防水源设施的水位等进行一次检测,消防水池(箱)玻璃水位计两端的角阀在不进行水位观察时应关闭;

5 在冬季每天应对消防储水设施进行室内温度和水温检测,当结冰或室内温度低于5℃时,应采取确保不结冰和室温不低于5℃的措施。

14.0.4 消防水泵和稳压泵等供水设施的维护管理应符合下列规定:

1 每月应手动启动消防水泵运转一次,并应检查供电电源的情况;

2 每周应模拟消防水泵自动控制的条件自动启动消防水泵运转一次,且应自动记录自动巡检情况,每月应检测记录;

3 每日应对稳压泵的停泵启泵压力和启泵次数等进行检查和记录运行情况;

4 每日应对柴油机消防水泵的启动电池的电量进行检测,每周应检查储油箱的储油量,每月应手动启动柴油机消防水泵运转一次;

5 每季度应对消防水泵的出流量和压力进行一次试验;

6 每月应对气压水罐的压力和有效容积等进行一次检测。

14.0.5 减压阀的维护管理应符合下列规定:

1 每月应对减压阀组进行一次放水试验,并应检测和记录减压阀前后的压力,当不符合设计值时应采取满足系统要求的调试和维修等措施;

2 每年应对减压阀的流量和压力进行一次试验。

14.0.6 阀门的维护管理应符合下列规定:

1 雨淋阀的附属电磁阀应每月检查并应作启动试验,动作失常时应及时更换;

2 每月应对电动阀和电磁阀的供电和启闭性能进行检测;

3 系统上所有的控制阀门均应采用铅封或锁链固定在开启或规定的状态,每月应对铅封、锁链进行一次检查,当有破坏或损坏时应及时修理更换;

4 每季度应对室外阀门井中,进水管上的控制阀门进行一次检查,并应核实其处于全开启状态;

5 每天应对水源控制阀、报警阀组进行外观检查,并应保证系统处于无故障状态;

6 每季度应对系统所有的末端试水阀和报警阀的放水试验阀进行一次放水试验,并应检查系统启动、报警功能以及出水情况是否正常;

7 在市政供水阀门处于完全开启状态时,每月应对倒流防止器的压差进行检测,并应符合国家现行标准《减压型倒流防止器》(GB/T 25178—2020)、《低阻力倒流防止器》(JB/T 11151—2011)和《双止回阀倒流防止器》(CJ/T 160)等的有关规定。

14.0.7 每季度应对消火栓进行一次外观和漏水检查,发现有不正常的消火栓应及时更换。

14.0.8 每季度应对消防水泵接合器的接口及附件进行一次检查,并应保证接口完好、无渗漏、闷盖齐全。

14.0.9 每年应对系统过滤器进行至少一次排渣,并应检查过滤器是否处于完好状态,当堵塞或损坏时应及时检修。

14.0.10 每年应检查消防水池、消防水箱等蓄水设施的结构材料是否完好,发现问题时应及时处理。

14.0.11 建筑的使用性质功能或障碍物的改变,影响到消防给水及消火栓系统功能而需要进行修改时,应重新进行设计。

14.0.12 消火栓、消防水泵接合器、消防水泵房、消防水泵、减压阀、报警阀和阀门等,应有明确的标识。

14.0.13 消防给水及消火栓系统应由产权单位负责管理,并应使系统处于随时满足消防的需求和安全状态。

14.0.14 永久性地表水天然水源消防取水口应有防止水生生物繁殖的管理技术措施。

14.0.15 消防给水及消火栓系统发生故障,需停水进行修理前,应向主管值班人员报告,并应取得维护负责人的同意,同时应临场监督,应在采取防范措施后再动工。

附1.5.3 自动喷水灭火系统维护管理

《自动喷水灭火系统施工及验收规范》(GB 50261—2017),第9章节 维护管理,内容如下。

9.0.1 自动喷水灭火系统应具有管理、检测、维护规程,并应保证系统处于准工作状态。维护管理工作,应按本规范附录G的要求进行。

9.0.2 维护管理人员应经过消防专业培训,应熟悉自动喷水灭火系统的原理、性能和操作维护规程。

9.0.3 每年应对水源的供水能力进行一次测定,每日应对电源进行检查。检查内容见表9.0.3。

表9.0.3 水源及电源检查表

项目名称	检查内容	周期
水源	进户管路锈蚀状况,控制阀全开启,过滤网保证过水能力,水池(或水箱)的控制阀(液位控制阀或浮球控制阀等)关、开正常,水池(或水箱)水位显示或报警装置完好,水质符合设计要求,水池(或水箱)无变形、无裂纹、无渗漏等现象	每年
电源	进户两路电源正常,高低压配电柜元器件、仪表、开关正常泵房内双电源互投柜和控制柜元器件、仪表、开关正常,控制柜和电机的电源线压接牢固,控制柜内熔丝完好,电动机接地装置可靠,电机绝缘性良好(大于0.5 MΩ),电源切换时间不大于2 s,主泵故障备用泵切换时间不大于60 s。电源、电压值符合设计要求并稳定	每日

9.0.4 消防水泵或内燃机驱动的消防水泵应每月启动运转一次。当消防水泵为自动控制启动时,应每月模拟自动控制的条件启动运转一次。检查内容见表9.0.4。

表9.0.4 消防水泵检查表

名称	检查内容	周期
内燃机驱动消防泵	曲轴箱内机油油位不少于最高油位的1/2。燃油箱内燃油油位不少于最高油位的3/4,蓄电池的电解液液位不少于最高液位的1/2,蓄电池充电器充电正常,各类仪表正常,传送带的外观及松紧度正常,冷却系统温升正常,冷却系统滤网清洁度符合要求,水泵转速、出水流量、压力符合设计要求	每月
电动消防泵	泵启动前用手盘动电机转轴灵活无卡阻现象,泵腔内无汽蚀,轴封处无渗漏(小于3滴/min或5 ml/h),水泵达到正常时水泵转速、出水流量、压力符合设计要求,轴泵温升正常(<70℃),水泵振动不超限,电机功率、电压、电流均正常	每月

9.0.5 电磁阀应每月检查并应做启动试验,动作失常时应及时更换。

9.0.6 每个季度应对系统所有的末端试水阀和报警阀旁的放水试验阀进行一次放水试验,检查系统启动、报警功能以及出水情况是否正常。检查内容见表9.0.6。

表9.0.6 报警阀检查表

阀类名称	检查内容	周期
湿式报警阀	主阀锈蚀状况,各个部件连接处无渗漏现象,主阀前后压力表读数准确及两表生差符合要求(<0.01 MPa),延时装置排水畅通,压力开关动作灵活并迅速反馈信号,主阀复位到位,警铃动作灵活、铃声洪亮,排水系统排水畅通	每月
预作用报警阀和干式报警阀	检查符合湿式报警阀内容外,另应检查充气装置启停准确,充气压力值符合设计要求,加速排气压装置排气速度正常,电磁阀动作灵敏,主阀瓣复位严密,主阀侧腔(控制腔)锁定到位,阀前稳压值符合设计要求(不得小于0.25 MPa)	每月
雨淋报警阀	检查符合湿式报警阀内容外,另应检查电磁阀动作灵敏,主阀瓣复位严密,主阀侧腔(控制腔)锁定到位,前稳压值符合设计要求(不得小于0.25 MPa)	每月

9.0.7 系统上所有的控制阀门均应采用铅封或锁链固定在开启或规定的状态。每月应对铅封、锁链进行一次检查,当有破坏或损坏时应及时修理更换。检查内容见表9.0.7。

表9.0.7 阀类检查表

阀类名称	检查内容	周期
带锁定的闸阀、蝶阀等阀类	锁定装置位置正确、开启灵活,阀门处于全开启状态,阀类开关后不得有泄漏现象	每月
不带锁定的明杆闸阀、方位蝶阀等阀类	阀门处于全开启状态,阀类开关后不得有泄漏现象	每周

9.0.8 室外阀门井中,进水管上的控制阀门应每个季度检查一次,核实其处于全开启状态。

9.0.9 自动喷水灭火系统发生故障需停水进行修理前,应向主管值班人员报告,取得维护负责人的同意,并临场监督,加强防范措施后方能动工。

9.0.10 维护管理人员每天应对水源控制阀、报警阀组进行外观检查,并应保证系统处于无故障状态。

9.0.11 消防水池、消防水箱及消防气压给水设备应每月检查一次,并应检查其消防储备水位及消防气压给水设备的气体压力。同时,应采取措施保证消防用水不作他用,并应每月对该措施进行检查,发现故障应及时进行处理。

9.0.12 消防水池、消防水箱、消防气压给水设备内的水,应根据当地环境、气候条件不定期更换。

9.0.13 寒冷季节,消防储水设备的任何部位均不得结冰。每天应检查设置储水设备的房间,保持室温不低于5℃。

9.0.14 每年应对消防储水设备进行检查,修补缺损和重新油漆。

9.0.15 钢板消防水箱和消防气压给水设备的玻璃水位计两端的角阀,在不进行水位观察时应关闭。

9.0.16 消防水泵接合器的接口及附件应每月检查一次,并应保证接口完好、无渗漏、闷盖齐全。

9.0.17 每月应利用末端试水装置对水流指示器进行试验。

9.0.18 每月应对喷头进行一次外观及备用数量检查,发现有不正常的喷头应及时更换;当喷头上有异物时应及时清除。更换或安装喷头均应使用专用扳手。检查内容见表9.0.18。

表9.0.18 喷头类检查表

名称	检查内容	周期
名称	喷头的型号正确,布置正确,安装方式正确,溅水盘、框架、感温元件、隐蔽式喷头的装饰盖板等无变形、无喷涂层,喷头不得有渗漏现象	每月

9.0.19 建筑物、构筑物的使用性质或贮存物安放位置、堆存高度的改变,影响到系统功能而需要进行修改时,应重新进行设计。

附1.5.4 建筑防烟排烟系统维护管理

《建筑防烟排烟系统技术标准》(GB 51251—2017),其中的9维护管理,内容如下:

9.0.1 建筑防烟、排烟系统应制定维护保养管理制度及操作规程,并应保证系统处于准工作状态。维护管理记录应按本标准附录G填写。

9.0.2 维护、管理人员应熟悉防烟、排烟系统的原理、性能和操作维护规程。

9.0.3 每季度应对防烟、排烟风机、活动挡烟垂壁、自动排烟窗进行一次功能检测启动试验及供电线路检查,检查方法应符合本标准第7.2.3条~第7.2.5条的规定。

(7.2.3 活动挡烟垂壁的调试方法及要求应符合下列规定:

1 手动操作挡烟垂壁按钮进行开启、复位试验,挡烟垂壁应灵敏、可靠地启动与到位后停止,下降高度应符合设计要求;

2 模拟火灾,相应区域火灾报警后,同一防烟分区内挡烟垂壁应在60 s以内联动下降到设计高度;

3 挡烟垂壁下降到设计高度后应能将状态信号反馈到消防控制室。

7.2.4 自动排烟窗的调试方法及要求应符合下列规定:

1 手动操作排烟窗开关进行开启、关闭试验,排烟窗动作应灵敏、可靠;

2 模拟火灾,相应区域火灾报警后,同一防烟分区内排烟窗应能联动开启;完全开启时间应符合本标准第5.2.6条的规定;

3 与消防控制室联动的排烟窗完全开启后,状态信号应反馈到消防控制室。

7.2.5 送风机、排烟风机调试方法及要求应符合下列规定:

1 手动开启风机,风机应正常运转2.0h,叶轮旋转方向应正确、运转平稳、无异常振动与声响;
2 应核对风机的铭牌值,并应测定风机的风量、风压、电流和电压,其结果应与设计相符;
3 应能在消防控制室手动控制风机的启动、停止,风机的启动、停止状态信号应能反馈到消防控制室;
4 当风机进、出风管上安装单向风阀或电动风阀时,风阀的开启与关闭应与风机的启动、停止同步。)

9.0.4 每半年应对全部排烟防火阀、送风阀或送风口、排烟阀或排烟口进行自动和手动启动试验一次,检查方法应符合本标准第7.2.1条、第7.2.2条的规定。

(7.2.1 排烟防火阀的调试方法及要求应符合下列规定,并按附录D中表D-4填写记录:
1 进行手动关闭、复位试验,阀门动作应灵敏、可靠,关闭应严密;
2 模拟火灾,相应区域火灾报警后,同一防火分区内排烟管道上的其他阀门应联动关闭;
3 阀门关闭后的状态信号应能反馈到消防控制室;
4 阀门关闭后应能联动相应的风机停止。
调试数量:全数调试。

7.2.2 常闭送风口、排烟阀或排烟口的调试方法及要求应符合下列规定:
1 进行手动开启、复位试验,阀门动作应灵敏、可靠,远距离控制机构的脱扣钢丝连接不应松弛、脱落;
2 模拟火灾,相应区域火灾报警后,同一防火分区的常闭送风口和同一防烟分区内的排烟阀或排烟口应联动开启;
3 阀门开启后的状态信号应能反馈到消防控制室;
4 阀门开启后应能联动相应的风机启动。)

9.0.5 每年应对全部防烟、排烟系统进行一次联动试验和性能检测,其联动功能和性能参数应符合原设计要求,检查方法应符合本标准第7.3节和第8.2.5条~第8.2.7条的规定。

(7.3.1 机械加压送风系统的联动调试方法及要求应符合下列规定:
1 当任何一个常闭送风口开启时,相应的送风机均应能联动启动;
2 与火灾自动报警系统联动调试时,当火灾自动报警探测器发出火警信号后,应在15s内启动与设计要求一致的送风口、送风机,且其联动启动方式应符合《火灾自动报警系统设计规范》(GB 50116)的规定,其状态信号应反馈到消防控制室。

7.3.2 机械排烟系统的联动调试方法及要求应符合下列规定:
1 当任何一个常闭排烟阀或排烟口开启时,排烟风机均应能联动启动。
2 应与火灾自动报警系统联动调试。当火灾自动报警系统发出火警信号后,机械排烟系统应启动有关部位的排烟阀或排烟口、排烟风机;启动的排烟阀或排烟口、排烟风机应与设计和标准要求一致,其状态信号应反馈到消防控制室。
3 有补风要求的机械排烟场所,当火灾确认后,补风系统应启动。
4 排烟系统与通风、空调系统合用,当火灾自动报警系统发出火警信号后,由通风、空调系统转换为排烟系统的时间应符合本标准第5.2.3条的规定。

7.3.3 自动排烟窗的联动调试方法及要求应符合下列规定:
1 自动排烟窗应在火灾自动报警系统发出火警信号后联动开启到符合要求的位置;
2 动作状态信号应反馈到消防控制室。
调试数量:全数调试。

7.3.4 活动挡烟垂壁的联动调试方法及要求应符合下列规定:
1 活动挡烟垂壁应在火灾报警后联动下降到设计高度;

2 动作状态信号应反馈到消防控制室。

8.2.5 机械防烟系统的验收方法及要求应符合下列规定：

1 选取送风系统末端所对应的送风最不利的三个连续楼层模拟起火层及其上下层，封闭避难层（间）仅需选取本层，测试前室及封闭避难层（间）的风压值及疏散门的门洞断面风速值，应分别符合本标准第3.4.4条和第3.4.6条的规定，且偏差不大于设计值的10%；

2 对楼梯间和前室的测试应单独分别进行，且互不影响；

3 测试楼梯间和前室疏散门的门洞断面风速时，应同时开启三个楼层的疏散门。

8.2.6 机械排烟系统的性能验收方法及要求应符合下列规定：

1 开启任一防烟分区的全部排烟口，风机启动后测试排烟口处的风速，风速、风量应符合设计要求且偏差不大于设计值的10%；

2 设有补风系统的场所，应测试补风口风速，风速、风量应符合设计要求且偏差不大于设计值的10%。

8.2.7 系统工程质量验收判定条件应符合下列规定：

1 系统的设备、部件型号规格与设计不符，无出厂质量合格证明文件及符合国家市场准入制度规定的文件，系统验收不符合本标准第8.2.2条～第8.2.6条任一款功能及主要性能参数要求的，定为A类不合格；

2 不符合本标准第8.1.4条任一款要求的定为B类不合格；

3 不符合本标准第8.2.1条任一款要求的定为C类不合格；

4 系统验收合格判定应为：A=0且B≤2，B+C≤6为合格，否则为不合格。）

9.0.6 排烟窗的温控释放装置、排烟防火阀的易熔片应有10%的备用件，且不少于10只。

9.0.7 当防烟排烟系统采用无机玻璃钢风管时，应每年对该风管质量检查，检查面积应不少于风管面积的30%；风管表面应光洁、无明显泛霜、结露和分层现象。

附1.5.5 消防应急照明和疏散指示系统运行维护

《消防应急照明和疏散指示系统技术标准》(GB 51309—2018)，第7章节 系统运行维护，内容如下。

7.0.1 系统投入使用前，应具有下列文件资料：

1 检测、验收合格资料；

2 消防安全管理规章制度、灭火及应急疏散预案；

3 建、构筑物竣工后的总平面图、系统图、系统设备平面布置图、重点部位位置图；

4 各防火分区、楼层、隧道区间、地铁站厅或站台的疏散指示方案；

5 系统部件现场设置情况记录；

6 应急照明控制器控制逻辑编程记录；

7 系统设备使用说明书、系统操作规程、系统设备维护保养制度。

7.0.2 系统的使用单位应建立本标准第7.0.1条规定的文件档案，并应有电子备份档案。

7.0.3 应保持系统连续正常运行，不得随意中断。

7.0.4 系统应按本标准附录F规定的巡查项目和内容进行日常巡查，巡查的部位、频次应符合现行国家标准《建筑消防设施的维护管理》(GB 25201—2010)的规定，并按本标准附录F的规定填写记录。巡查过程中发现设备外观破损、设备运行异常时应立即报修。

7.0.5 每年应按表7.0.5规定的检查项目、数量对系统部件的功能、系统的功能进行检查，并应符合下列规定：

1 系统的年度检查可根据检查计划，按月度、季度逐步进行；

2 月度、季度的检查数量应符合表7.0.5的规定；

3 系统部件的功能、系统的功能应符合本标准第 5 章的规定;

4 系统在蓄电池电源供电状态下的应急工作持续时间不符合本标准第 3.2.4 条第 1 款—第 5 款规定时,应更换相应系统设备或更换其蓄电池(组)。

表 7.0.5 系统月检、季检对象、项目及数量

序号	检查对象	检查项目	检查数量
1	集中控制系统	1 手动应急启动功能	应保证每月、每季对系统进行一次手动应急启动功能检查
		2 火灾状态下自动应急启动功能	应保证每年对每一个防火分区至少进行一次火灾状态下自动应急启动功能检查
		3 持续应急工作时间	应保证每月对每一台灯具进行一次蓄电池电源供电状态下的应急工作持续时间检查
2	非集中控制系统	1 手动应急启动功能	应保证每月、每季对系统进行一次手动应急启动功能检查
		2 持续应急工作时间	应保证每月对每一台灯具进行一次蓄电池电源供电状态下的应急工作持续时间检查

附 1.5.6 气体灭火系统维护管理

《气体灭火系统施工及验收规范》(GB 50263—2007),第 8 章节 维护管理,内容如下。

8.0.1 气体灭火系统投入使用时,应具备下列文件,并应有电子备份档案,永久储存。

1 系统及其主要组件的使用、维护说明书。

2 系统工作流程图和操作规程。

3 系统维护检查记录表。

4 值班员守则和运行日志。

8.0.2 气体灭火系统应由经过专门培训,并经考试合格的专职人员负责定期检查和维护。

8.0.3 应按检查类别规定对气体灭火系统进行检查,并按本规范表 F 做好检查记录。检查中发现的问题应及时处理。

8.0.4 与气体灭火系统配套的火灾自动报警系统的维护管理应按现行国家标准《火灾自动报警系统施工及验收规范》(GB 50166)执行。

8.0.5 每日应对低压二氧化碳储存装置的运行情况、储存装置间的设备状态进行检查并记录。

8.0.6 每月检查应符合下列要求:

1 低压二氧化碳灭火系统储存装置的液位计检查,灭火剂损失 10% 时应及时补充。

2 高压二氧化碳灭火系统、七氟丙烷管网灭火系统及 IG 541 灭火系统等系统的检查内容及要求应符合下列规定:

1)灭火剂储存容器及容器阀、单向阀、连接管、集流管、安全泄放装置、选择阀、阀驱动装置、喷嘴、信号反馈装置、检漏装置、减压装置等全部系统组件应无碰撞变形及其他机械性损伤,表面应无锈蚀,保护涂层应完好,铭牌和标志牌应清晰,手动操作装置的防护罩、铅封和安全标志应完整。

2)灭火剂和驱动气体储存容器内的压力,不得小于设计储存压力的 90%。

3 预制灭火系统的设备状态和运行状况应正常。

8.0.7 每季度应对气体灭火系统进行 1 次全面检查,并应符合下列规定:

1 可燃物的种类、分布情况,防护区的开口情况,应符合设计规定。

2 储存装置间的设备、灭火剂输送管道和支、吊架的固定,应无松动。

3 连接管应无变形、裂纹及老化。必要时,送法定质量检验机构进行检测或更换。

4 各喷嘴孔口应无堵塞。

5 对高压二氧化碳储存容器逐个进行称重检查,灭火剂净重不得小于设计储存量的90%。

6 灭火剂输送管道有损伤与堵塞现象时,应按本规范第E.1节的规定进行严密性试验和吹扫。

8.0.8 每年应按本规范第E.2节的规定,对每个防护区进行1次模拟启动试验,并按本规范第7.4.2条规定进行1次模拟喷气试验。

8.0.9 低压二氧化碳灭火剂储存容器的维护管理应按《压力容器安全技术监察规程》执行;钢瓶的维护管理应按《气瓶安全监察规程》执行。灭火剂输送管道耐压试验周期应按《压力管道安全管理与监察规定》执行。

E.2 模拟启动试验方法

E.2.1 手动模拟启动试验可按下述方法进行:

按下手动启动按钮,观察相关动作信号及联动设备动作是否正常(如发出声、光报警,启动输出的负载响应,关闭通风空调、防火阀等)。

人工使压力信号反馈装置动作,观察相关防护区门外的气体喷放指示灯是否正常。

E.2.2 自动模拟启动试验可按下述方法进行:

1 将灭火控制器的启动输出端与灭火系统相应防护区驱动装置连接。驱动装置应与阀门的动作机构脱离。也可以用一个启动电压、电流与驱动装置的启动电压、电流相同的负载代替。

2 人工模拟火警使防护区内任意一个火灾探测器动作,观察单一火警信号输出后,相关报警设备动作是否正常(如警铃、蜂鸣器发出报警声等)。

3 人工模拟火警使该防护区内另一个火灾探测器动作,观察复合火警信号输出后,相关动作信号及联动设备动作是否正常(如发出声、光报警,启动输出端的负载,关闭通风空调、防火阀等)。

E.2.3 模拟启动试验结果应符合下列规定:

1 延迟时间与设定时间相符,响应时间满足要求;

2 有关声、光报警信号正确;

3 联动设备动作正确;

4 驱动装置动作可靠。

E.3 模拟喷气试验方法

E.3.1 模拟喷气试验的条件应符合下列规定:

1 IG 541混合气体灭火系统及高压二氧化碳灭火系统应采用其充装的灭火剂进行模拟喷气试验。试验采用的储存容器数应为选定试验的防护区或保护对象设计用量所需容器总数的5%,且不得少于1个。

2 低压二氧化碳灭火系统应采用二氧化碳灭火剂进行模拟喷气试验。

试验应选定输送管道最长的防护区或保护对象进行,喷放量不应小于设计用量的10%。

3 卤代烷灭火系统模拟喷气试验不应采用卤代烷灭火剂,宜采用氮气,也可采用压缩空气。氮气或压缩空气储存容器与被试验的防护区或保护对象用的灭火剂储存容器的结构、型号、规格应相同,连接与控制方式应一致,氮气或压缩空气的充装压力按设计要求执行。氮气或压缩空气储存容器数不应少于灭火剂储存容器数的20%,且不得少于1个。

4 模拟喷气试验宜采用自动启动方式。

E.3.2 模拟喷气试验结果应符合下列规定:

1 延迟时间与设定时间相符,响应时间满足要求。

2 有关声、光报警信号正确。

3 有关控制阀门工作正常。

4 信号反馈装置动作后,气体防护区外的气体喷放指示灯应工作正常。
5 储存容器间内的设备和对应防护区或保护对象的灭火剂输送管道无明显晃动和机械性损坏。
6 试验气体能喷入被试防护区内或保护对象上,且应能从每个喷嘴喷出。

附1.5.7 自动跟踪定位射流灭火系统维护管理

《自动跟踪定位射流灭火系统技术标准》(GB 51427—2021),第7章节 维护管理,内容如下。

7.0.1 自动跟踪定位射流灭火系统应有管理、检测、维护规程,并应保证系统处于准工作状态。维护管理工作,应按本标准附录G的要求进行。

7.0.2 维护管理人员应经过消防专业培训,并应熟悉自动跟踪定位射流灭火系统的原理、性能和维护规程。

7.0.3 系统发生故障并需停用进行维修时,应经消防责任人批准并在采取相应的防范措施后进行。

7.0.4 当改变建筑物的使用性质、几何特征或可燃物特性等可能影响系统的灭火有效性时,应对系统进行校核或重新设计。

7.0.5 系统应按本标准的要求进行日检、月检、季检和年检,检查中发现的问题应及时按规定要求处理。

7.0.6 每日应对系统的下列项目进行一次检查:
1 主电源、备用电源接通情况;
2 控制主机、消防水泵控制柜的控制面板及显示信号状态;
3 供水管网内的水压;
4 消防储水设施、设备的水位;
5 寒冷季节,消防储水设施、设备的任何部位均不得结冰。

7.0.7 每周应模拟消防水泵自动控制的条件自动启动消防水泵运转一次,并应自动记录自动巡检情况。

7.0.8 每月应对系统的下列项目进行一次检查:
1 消防水泵启动运转情况;
2 气压稳压装置工作状态;
3 灭火装置、控制装置、探测装置、模拟末端试水装置等主要组件的工作状态;
4 阀门状态;
5 管道及附件等的外观及标志。

7.0.9 每季度应对系统的下列项目进行一次检查:
1 系统主电源、备用电源切换试验;
2 消防水泵主泵、备用泵切换试验;
3 模拟末端试水装置的出水流量和压力;
4 灭火装置的回转动作和直流/喷雾转换动作;
5 检查管道和支、吊架是否松动,管道连接件是否有变形、老化或有裂纹等现象;
6 消防水泵接合器的完好状态。

7.0.10 每年应对系统的下列项目进行一次检查:
1 应对系统组件、管道与阀门等进行一次全面检查,并应检查和清洗消防储水设施、设备、过滤器;
2 模拟末端试水装置的系统启动功能;
3 联动控制功能。

7.0.11 消防水池、消防水箱、消防气压给水设备内的水,应根据当地环境、气候条件不定期更换。

附录2 质量管理体系建设和质量提升活动企业案例

附 2.1 企业实践一:以质量管理精益求精 促企业服务提质增效

以下为上海倍安实业有限公司在质量管理体系建设和质量提升活动中的交流发言,整理内容如下。

以质量管理精益求精 促企业服务提质增效

1. 企业概况介绍

上海倍安实业有限公司(以下简称"倍安公司")成立于1993年,是应急管理部上海消防研究所实施科技开发和成果转化、面向全国、服务社会的窗口,属国有企业。业务范围涵盖消防、智能、机电一体化系列的安装施工、特殊消防设计方案评估、消防安全评估与技术咨询、消防维保检测及智慧消防等;领域涉及钢铁冶金、能源电力、石油化工、铁路交通枢纽、大型公共建筑。

倍安公司现有一级注册消防工程师26名,消防四级设施操作员62名,消防三级设施操作员1名,公司每年执业项目约190余个,出具报告数量200余份。公司秉承"质量第一,信誉至上"的宗旨,为社会消防安全作出了积极贡献。

2. 企业对质量管理和体系建设的认识

倍安公司自成立之初,即把质量作为企业发展之本,先后通过了ISO 9001质量管理体系、ISO 14001环境管理体系、ISO 45001职业健康安全管理体系认证。2022年11月9日,倍安公司获得中国质量认证中心授予的《社会消防技术服务机构质量管理能力评价证书》(证书编号001)。

质量管理体系就是为了完成好的产品或者服务,需要通过管理活动实现的所有要素,所组成的有机整体。质量管理体系是体系、管理、质量三者的有机结合,以体系为基础,管理为手段,质量为目标,特点包括如下。

2.1 全面性:质量管理体系是一个综合性的体系,它涵盖了组织的各个方面,包括公司结构、项目风险评判、合同审签、执业流程、执业人员管理、执业设备设施管理、服务反馈、档案管理等各个环节。通过统一的管理体系,组织能够将各个环节的质量活动有机地结合在一起,实现全方位的质量管理。

2.2 全员性:质量管理体系要求组织的全体员工都参与其中,形成全员质量意识和责任感。每个员工都应该了解自己的工作对质量的影响,积极参与质量管理活动,提出改进意见,共同推动质量管理体系的运行和改进。

2.3 全过程性:质量管理体系是基于过程的方法,强调对组织的各个关键过程进行全面管理。通过对过程的规范和监控,可以预防和纠正可能导致质量问题的因素,提高工作效率和质量水平。同时,过程导向还能够促进组织的持续改进,不断提升质量管理水平。

2.4 客户导向:通过了解客户需求、制订质量策略、确保服务质量来实现客户满意(社会效应)。在质量管理体系中,组织需要建立有效的沟通机制,与客户保持良好的互动,及时获取客户反馈,并将其转化为质量改进的机会。一个有效的质量体系应满足顾客和组织内部双方的需要和利益。一个组织设计的质量体系,应既满足顾客的需要和期望,又保护组织的利益,顾客的需要与组织的利益相辅相成,应具有互补性。

2.5 动态完善:质量管理体系强调持续改进的原则,包括不断提高产品和服务的质量,降低质量成本,提高质量管理效率等。持续改进需要通过制订和追踪质量目标,开展内部审核和管理评审,采用各种质量工具和方法,以及培训和发展员工等方式来实施。

质量管理体系标准将企业管理以程序制度化,实现"凡事有人负责、凡事有章可循、凡事有据可查、凡事有人监督"的科学管理模式。体系内各环节环环相扣,互相督导,互相促进,管理工作中排除人为因素的干扰,减少工作的盲目性,减少内部推诿、扯皮现象,降低出质量事故和安全事故的几率。因此,实施质量管理体系对提高企业管理水平和质量保证能力有非常重要的作用。

通过执行体系标准,把质量责任从管控人员转到技术服务等各层次人员共同控制,会激发各层级人员的积极性与创造性,使各部门、各岗位都清楚地知道自己应该做什么、怎么做,使工作条理性得到加强,质量提升,效率明显提高。

3. 企业建立、运行和持续改进质量体系的具体做法、实际事例

3.1 成立工作专班,明确体系管理条线各岗位职责

领导高度重视:公司成立体系管理工作专班,设立领导小组和工作组,领导小组由公司总经理总负责,公司总工程师和技术负责人牵头。

公司全员参与:各业务部门选派业务骨干共同参与,对公司质量管理体系编制、设计过程记录表单,制订各项控制程序等相关材料进行进一步修改完善,确保现有体系符合标准规范。

明确岗位职责:根据质量管理要求,结合公司实际明确法人代表、总经理、技术负责人、项目负责人、消防设施操作员、管理体系内审人员、程序控制人员及相关辅助人员的岗位职责,做到定岗定责,各司其职。

3.2 加强综合能力培训

培训内容包括内部培训交流、邀请专家、专题研讨、政策宣贯、现场实操、新职工培训和能力评定等。通过培训,不断提高执业人员的综合能力,更好地为业主提供消防服务。

3.3 成立科创中心,提供技术支持

坚持"以需求为导向、重点目标突出、以应用为核心"的原则,瞄准当前火灾预防、消防安全评估、消防检测维保、特殊消防设计等消防工作急需的关键技术进行研发及成果应用。通过定期的专项研讨交流,对养老、儿童建筑、化工、钢铁、新能源等类型建筑的消防安全进行全面梳理和分析,为公司在这类建筑的消防执业中提供技术支撑。

3.4 定期反馈自查、梳理问题

组织实施公司的内外部质量审核:通过查看资料、查看现场、询问交流等形式开展内审、管理评审和第三方认证审核,评价和验证公司质量管理体系的有效性和合规性。

收集和分析公司的质量数据:包括客户满意度、服务水平、纠正和预防措施等,以便及时发现和解决存在的问题,提出改进措施,持续改善公司的质量水平和业绩。

4. 积极学习和贯彻地方标准的具体做法和实际作用

4.1 加强宣贯,统一思想

4.1.1 组织全员培训和专题培训,了解质量管理要求主要内容,邀请参与编制质量管理要求的专家进行宣贯。

4.1.2 提高员工的质量意识和技能,增强宣传力度,统一贯彻质量管理要求思想(通过公众号,微信群加大宣传力度)。

4.2 优化明确质量方针

执业合规,行为公正,结果准确,持续改进并不断增强顾客满意度。

4.3 打造质量管理体系信息化平台,提升服务能力

4.3.1 质量管理平台建设

建设倍安公司专用OA平台,设立合同管理、持证管理、执业培训管理、档案管理、政策法规管理、执业人员管理等多个模块,将质量管理体系中的重要要素及信息进行数字化管理,有效提升质量管理体系效能。

4.3.2 建立公司内部消防技术服务管理系统

倍安公司自主开发上海倍安维保作业管理系统。平台包括维保项目管理、作业管理、审批管理、备

件管理、人事管理、权限控制、统计报表、数据整合、操作日志、移动服务和多渠道接入等功能,与公司质量管理体系内控程序相结合,通过电子化管理不断强化执业人员规范服务流程,提高技术服务能力。

4.4 贯彻实施"四专"工程

4.4.1 专人

仪器设备专人管理(仪器使用、领用记录、检查仪器是否完好、定期校准、检定、报废购置等)。

从业人员证书注册、续证,上海市消防技术服务管理系统V2.0(以下简称"V2.0")维护专人负责(证书管理、提醒续证、继续教育、社会消防技术服务信息系统、上海市消防技术服务管理系统更新等)。

职业培训、信息管理专人负责(组织相关新法规政策培训、消防技术服务信息共享、信息报送)。

4.4.2 专柜、专档

消防技术服务仪器设备、档案设置专柜、专档(设置仪器专柜、消防技术服务档案室、消防技术服务档案保存6年)。

4.4.3 专项

明确从业人员职责:遵循《社会消防技术服务机构质量管理要求》中第5条从业人员与职责——公司采用技术负责人制度,由技术负责人对消防技术服务全面负责,项目负责人、消防设施操作员各司其职。

明确执业流程及相关节点要求:遵循《社会消防技术服务机构质量管理要求》中第8条技术交底,第10条从业过程要求,明确从业各时间节点要求及过程性资料留档。

4.5 参编规范、做好示范

4.5.1 选派公司技术专家参编《社会消防技术服务机构质量管理要求》。

4.5.2 作为试点单位组织20名执业人员完成消防执业平台V2.0测试,提出意见建议。

4.5.3 作为试点单位完成社会消防技术服务机构质量管理评价工具反馈,提出意见建议。

4.5.4 参加徐汇消防支队组织社会消防技术服务机构质量管理经验交流分享会,并作质量管理建设介绍。

5. 积极运用V2.0系统的意义和实际作用

5.1 缔造公平公正市场环境(走出坚实一步)避免恶意竞争。

5.2 消防执业服务领域进一步规范化。

5.3 有助于公司降低从业风险。

5.4 有助于公司强化质量管理,真正做到有的放矢。

5.5 形成共治共管良性闭环。

6. 开展质量建设前后数据对比、实际事例

6.1 公司竞争力进一步提升

通过优化质量管理体系,针对性制订消防技术服务管理控制程序,优化配置,使得倍安公司竞争力进一步提升,顾客满意度从95分提高到99.5分,企业品牌和声誉得到持续提升,企业经济效益增长了2%,利润增加了3%。

6.2 执业人员的能力提升

通过管理体系的运行,公司定期进行业务、政策、法规及质量管理培训,消防执业持证人员逐年递增,现公司获注册一级消防工程师资格、中级消防设施操作员人员逐年递增,执业人员技术服务水平和质量管理水平不断提升。公司多名业务骨干成为国务院安委会消防专家、上海地方、上海住建委、其他地区住建消防专家。

6.3 消防技术服务市场份额逐年递增

在公司不断提升服务能力同时也收获了市场正向反馈,执业项目从2021年的146个提高至2022年的195个,客户满意度反馈良好。部分公司服务的大型酒店、交通枢纽、游乐园等地标建筑均与公司成

为战略合作伙伴,签订了长期的技术服务合同。

6.4 信息化管理能力持续加强

项目全生命周期的信息化管理系统的优化完善,把公司消防执业项目的风险管控、合同签订、执业控制、质量管理、报告查阅、人员情况等集成一个信息平台,理顺了执业质量管理流程,提高了执行效率;解决了各部门之间信息脱节问题,加强了部门之间的横向联系;规范了执业质量管理工作,实现了单一职能管理向综合流程管理的跨越。

6.5 档案管理日趋规范

专人专档管理模式全面实现消防维保档案、咨询评估报告等文件的归档、查询、借阅、检索、统计等功能。实现了各部门按要求统一进行各类档案资料管理,确保消防执业项目档案归档及时、完整、准确和安全,提高了工作效率,节省了工作时间、成本。

7. 建立健全质量管理体系对企业发展、树立品牌、控制风险、提升服务质量、降低管理成本等方面的意义和实际作用

7.1 质量水平提高

提高消防技术服务的质量水平。通过建立一套完善的质量管理体系,规范和优化消防执业过程,增强质量管控,确保技术服务符合质量标准、规范要求和客户需求,从而提升消防技术服务质量水平,为社会单位消防安全提供保障。

7.2 树立企业品牌

质量管理体系对企业声誉的提升,树立品牌具有重要作用。通过质量管理体系,企业可以提供稳定可靠的技术服务,以规范、专业的高质量服务树立良好的企业形象,增强市场竞争力。同时,质量管理体系还可以提高企业的品牌认知度和美誉度,赢得客户和市场的信任,进一步提升企业的声誉。

7.3 强化组织管理

质量管理体系还可以强化组织管理。通过质量管理体系,明确各级管理职责和权责边界,确保组织各部门和岗位间的协作和协调。质量管理体系还可以规范组织运作的各个环节,确保组织各项活动按照既定的质量管理要求进行,提高组织管理的效能和效果。

7.4 降本增效

通过质量管理体系,识别和纠正消防执业过程中的可能存在问题,有效整合资源,减少重复劳动,降低损失,从而降低生产成本。质量管理体系还可以优化执业流程,提高效率,通过管理出效益。

7.5 风险管控

有效辨识、控制风险。通过质量管理体系风险管控要求,从源头把控风险,制订应急措施在执业过程中规避风险,助力企业稳定健康发展。质量管理体系还可以加强对质量和安全风险的监控和控制,预防和减少质量事故和安全事故的发生,保障员工和消费者的权益。

7.6 依法合规

通过质量管理体系,可以建立健全的质量管理制度,确保消防技术服务符合规范、标准相关要求。

8. 建设和积极参与质量提升行动的收获、感悟

8.1 质量管理是企业发展之本

消防技术服务企业的发展由技术服务市场决定,随着社会各界对消防安全的重视程度越来越高,最终消防技术服务市场的占有将由技术服务质量决定。质量就是企业的根,质量就是企业的生命,企业没有了质量,就失去了诚信,企业没有了市场,企业也就没有了生存的空间。作为企业,必须上下同心,厚积薄发,筑牢质量基石。

8.2 质量管理融入企业文化建设

企业文化是由整个企业成员共同分享、共同尊崇的价值观。公司的企业文化就是质量第一,信誉至上,质量也是另一种信誉,将质量目标深深扎根每个职工的思想,每个职工从细节做起,从服务质量下功

夫,才会拥有更多市场和用户,才会有经济价值和企业目标的实现,由此进一步促进企业发展。

8.3 质量管理与时俱进

随着行业发展以及新技术、新规范、新政策的出现,都会对质量管理的部分细节提出更高要求,质量管理也要顺应时代发展,顺应社会发展,顺应行业发展,不断地优化、完善。质量管理体系建设永远在路上。

9. 企业进一步开展质量建设的想法和计划,以及对行业高质量发展的建议和愿景

倍安公司基于质量管理体系规范消防技术服务,切实提升消防技术服务能力,体现体系认证的系统性和有效性,为新型消防技术服务的开展提供了有益的探索和实践。

下一步倍安公司将不断加强质量管理体系建设,切实提升技术服务水平,不断探索创新型技术服务研发模式为公司向科技引领型企业转型升级提供有力保障。

行业高质量发展需多方协同,共同发力,消防监督部门、市场监督管理部门、社会单位和消防技术服务单位都是不可或缺的重要环节,只有共同努力才能打造更加公平公正的市场环境,构筑消防技术服务行业高质量发展。

附2.2　企业实践二:大浪淘沙 品质是金

以下为上海增德防火技术咨询服务有限公司在质量管理体系建设和质量提升活动中的交流发言,整理内容如下。

大浪淘沙 品质是金

1. 质量管理和体系建设的历程

1.1　增德公司的基本情况

上海增德防火技术咨询服务有限公司(以下简称"增德公司")成立于2003年,是全市第一批由上海市消防局批准取得消防技术服务机构资质的单位,具有消防安全评估(含消防技术咨询)、消防设施维护保养检测双一级资质。自机构资质许可改为从业条件备案后,公司已取得全国与上海市网上备案认可。

1.2　增德公司在质量管理体系建设方面的基本情况

增德公司在2011年通过了CMA计量认证,整个质量管理体系包含了质量管理手册、程序文件、记录表单、作业指导书(含仪器操作规程),该体系一直运行至2022年2月底。

2022年,增德公司参与上海市《社会消防技术服务机构质量管理要求》地方标准征询意见的相关工作。之后对原CMA体系下的质量管理体系进行了大范围的修订,在11月9号,公司非常荣幸地成为上海市第一批通过质量管理体系认证的消防技术服务机构。

2. 对开展质量管理体系建设提升的认识

2.1　从宏观层面

2018年10月,习近平总书记在视察广东时提出"中小企业办大事"。强调党中央高度重视并一直在想办法促进中小企业发展,只有这样才能够真正使我国经济全面发展、科学发展、高质量发展。

2020年7月,工业和信息化部联合市场监管总局等17个部门共同印发《关于健全支持中小企业发展制度的若干意见》,提出"健全促进中小企业管理提升机制,实施小微企业质量管理提升行动"。

2022年,上海市市场监督管理局印发《上海市市场监督管理局关于深入开展小微企业质量管理体系认证提升行动加大助企纾困力度的通知》。

为此,我们深刻感受到,以精准帮扶为基本原则,坚持以小微企业为质量提升主体,坚持问题导向、目标导向、结果导向,为我们第三方消防技术服务行业高质量发展、高品质生活提供安全保障。

2.2 从行业层面

2019年消防体制改革,取消了资质许可,改为从业条件后,引起了行业巨大的波动,从业机构从100多家迅速增加至500多家,从业人员快速壮大,使得企业面临新的市场竞争,不能简单地温床裹腹,更不能低价无良,增德公司居安思危后,发现高质量发展是唯一出路。

《社会消防技术服务机构质量管理要求》发布后,指导和提升消防技术服务机构如何建立健全质量管理体系工作、如何开展消防设施维护保养、消防设施检测和消防安全评估全周期工作,让机构能运行到正确的轨道上,同时也净化了行业环境,让正规发展的机构有相关标准可以执行。

2.3 从企业自身层面

增德公司创建于2003年,至今已有21年的风雨历程。经历过消防技术服务机构资质许可的年代,经历过CMA认证的年代,也经历过消防体制改革后取消资质许可,改为从业条件的当下,看到过许多同类企业的起起伏伏,此消彼长。

增德公司经过数10年的坚守,这个团队始终坚信,只有不断完善和提升企业质量管理体系,确保消防技术服务质量,注重品牌文化,企业的生命力才能更长久,竞争力才能更强。增德公司作为中小企业中的一员,我们积极响应高质量发展的方针,以提升企业管理水平,增强企业服务质量能力为目的,参与质量管理体系建设提升活动中。

2022年,我们决定导入《社会消防技术服务机构质量管理要求》,并严格按质量管理要求开展质量管理工作。

3. 在质量管理体系提升行动后的变化

3.1 厘清思路,建立了符合企业定位的新质量管理体系

新建立的质量管理体系,关于消防技术服务机构"消防设施设备维护保养、消防设施设备检测、消防安全评估"三大板块的工作,做到了以下几点:

3.1.1 根据企业自身的定位以及质量管理要求重新修订质量管理体系文件。

2011年即通过了CMA计量认证,积累了质量管理体系运行的宝贵经验。经过本次质量提升行动后,公司主要参考质量管理要求的框架内容,在原CMA体系的基础上,重新修订了质量管理体系,包括质量手册、程序文件、作业指导书、设备操作规程、记录表单,共5大类。

对原CMA较复杂的体系内容进行瘦身提炼和精细化扩展,将原CMA质量管理体系中维护保养检测、消防安全评估各自独立的体系进行归整,形成一套新的体系。

3.1.2 理清法律法规、部门规章、技术标准及相关职能部门红头文件的具体要求,应对不同项目的类型,梳理其使用的工作依据与工作方法。

以消防安全评估为例,分为建筑防火、消防设施和消防管理三个板块。在质量提升行动前,公司评估部通常在评估依据里引用的全部都是现行的规范标准,造成评估报告中提出的问题均是违反现行规范体系的。缺乏规范溯及力问题的思考,基本上采用现行规范标准"这一杆标尺"去评估评查所有项目。

质量提升行动后,公司专门就评估体系的章法进行了调整,对于既有建筑或场所的消防安全评估,执行时需要了解项目建造设计时的规范体系,按照不低于建设时期的相关规范要求予以评查评定,当然可在相关建议环节告知现行规范体系的相关要求,为社会单位在后续改造提升环节明确思路、理清方向。

3.1.3 有效规范知识获取与共享方面的制度与流程。

质量提升行动前,公司虽然也会重视法律法规、规范标准及政策文件的收集工作,但不成体系、没有章法,经常会出现政策法规脱节的问题。

质量提升行动后,公司专门制订了"信息收集与管理的规章制度",明确收集渠道、收集频次、归口部门与负责岗位。为了方便公司全体员工的使用调取,公司专门新增云服务器,分类收纳各类法律法规、

规范标准及政策文件。员工无论在公司还是在执业现场,均可随时调取查看。

通过知识的获取与共享,企业初步尝试到了进行知识积累的重要性。在后续的管理工作中,将把组织知识库建立作为重点工作,逐步完善知识库的获取、识别、存储、共享、使用、改进、鉴定的循环机制。

3.1.4　积极优化现有质量管理体系,强化 PDCA 循环流程方法和基于风险管控的管理理念,不断发现改进体系运行存在的问题或不适宜的方面。

公司通过质量提升行动及对新质量管理体系运行近半年的观察,发现内部审核和管理评审对质量提升和体系建设的更加完善性极为重要,对周期频次进行了调整。

内部审核周期频次从原体系一年1次调整至一年至少2次,有时会结合职能部门或认证机构的督导检查工作,增项开展企业内部的自查内审工作;管理评审每年至少1次,但明确出现法律法规、机构重要人员、业务扩项等重大变化时,会相应增加管理评审频次。

3.2　注重培养,建立可持续发展的人才队伍

3.2.1　更加重视人才高地的建立。

公司从管理层到技术骨干具有消防相关专业高级工程师职称或者消防行业从事二三十年的经验丰富者,上述人员多为上海市住房和城乡建设部门、上海市消防协会的专家库成员;对于其他岗位人员近年也在逐步更新,以消防专业的本科或研究生为主。

3.2.2　更加重视新生力量的挑选和培养。

对于应聘从事维保检测评估工作的员工,要求须持有注册消防工程师或中级及以上设施操作员(维保检测方向)证书。公司会对其进行定岗后的培养培训,考核合格的员工,通常采用"导师制"。

3.2.3　更加重视内外部培训机制。

在日常工作中,公司非常重视团队协作机制,以老带新、互通有无,学习氛围非常浓厚。公司专门派员参加《建筑防火通用规范》《消防设施通用规范》《城市综合体消防技术标准》和《文物和优秀历史建筑消防技术标准》培训会。

3.3　权责明确,建立企业平稳运行的工作流程

在此主要包括两个方面,一是企业内部各岗位的权责明确:公司根据业务板块分别设定了相关部门,每个部门均有对应的部门长、每个类型项目均有对应的设施操作员、项目负责人、技术负责人。二是作为甲乙双方的权责明确:在市场竞争的大环境下,服务单位既要做到风险控制,又要尽量满足顾客要求,提高顾客满意度。

在质量提升行动后,公司的风险把控意识变强了,在合同甲乙双方责任划分上变得更加明确清楚,在技术交底环节交代得更加详细周全,避免日后工作的扯皮行为。具体如下。

一是思想认识的统一。需要让甲方认识到消防安全评估就像每个人的体检一样,我们每个人一定希望拿到的是真实体现个人身体健康情况的"真实"报告,真实了解自身单位或场所在消防维度上存在的问题才能为后续深入细致的评查检查奠定良好的沟通基础。

二是明确评估前需要准备的资料。公司结合各种类型的消防安全评估工作,总结了一套消防安全评估资料准备清单,便于正式开展评估工作时的有的放矢、因材施策。

三是风险因素的提前告知。评估工作需要对设施设备开展联动测试,可能会给甲方带来水系统、电系统或者工作秩序影响等方面的问题,需要提前告知清楚,避免后续发生问题,甲方的追责以及应对措施的不力。

3.4　认真落实,建立符合社会价值观的品牌信誉

公司荣幸地被浦东消防救援支队评为"2023年度浦东新区消防技术服务机构质量提升先进单位",我们服务的"特斯拉维保项目"被评为"2023年度浦东新区优秀服务项目"。

因为我们认真负责的品质,我们经常会获得被服务单位的认可,每次的满意度调查我们总能收到客户真诚的回复。

因为我们认真负责的品质,我们经常会参与地方性规范或相关标准的制定环节,曾参与《建筑消防设施检测评定技术规程》《上海市既有建筑改造工程消防设计技术指南》《上海市建设工程消防验收现场检查和评定技术导则(2023版)》等相关规范与文件的制定工作。

最后,质量管理体系的建立与完善工作,永远在路上,没有最好,只有更好。增德公司将继续努力,在行业发展的历程中争取起到模范带头作用,为行业发展提供更好的经验与做法。

附2.3　企业实践三:质量管理体系运行下 跑出高质量发展的加速度

以下为上海隆威消防设施检测有限公司在质量管理体系建设和质量提升活动中的交流发言,整理内容如下。

质量管理体系运行下 跑出高质量发展的加速度

1. 企业简介

上海隆威消防设施检测有限公司成立于2005年,是上海市第一批取得消防检测资质的机构。公司经营范围为:消防竣工检测、消防年度检测、消防安全评估、电气防火检测等业务。公司拥有一批专业从事消防事业的中、高级技术人员,同时拥有上海市住建委消防审核、消防验收专家,上海市建设工程评标专家,上海市消防协会消防科技咨询专家等,对消防技术、消防规范比较熟悉,在管理团队、检测技术、质量管理体系方面不断持续完善,努力为客户提供高质量、高效率的消防技术服务,准确发现和评估潜在的火灾隐患,并提供有效的解决方案。

现今,随着我国城市化进程的不断加快,城市人口急剧增加,城市建筑建设骤增,尤其是高层、超高层建筑在城市中已经屡见不鲜。无论是我们的工作场所还是生活场所,建筑中的电气、燃气等必要设施都存在一定的火灾风险,由此引发的火灾事故更是给我们带来惨痛的教训。如何有效排除这些消防设施的安全隐患,保证消防设施完好有效,消防技术服务机构作为消防安全治理的重要社会力量,对我们提出了更高的要求。

上海作为超大型城市,消防安全备受政府部门与社会各界关注,消防技术服务行业更需要承担起社会责任。在国家提出高质量发展和消防领域深化"放管服"改革的背景下,政府部门相继推出了有关消防技术服务行业的政策法规,纵观改革前后,始终将健全的质量管理体系和消防安全评估过程控制体系作为社会消防技术服务机构从业条件的重要一环,目的是确保机构的消防技术服务质量,切实发挥其在社会消防安全治理中的重要作用。

2022年11月,上海市率先响应国家政策,出台《社会消防技术服务机构质量管理要求》(以下简称"质量管理要求")的制定和实施,为机构开展质量管理,建立健全和有效运行质量管理体系和消防安全评估过程控制体系,提升消防技术服务水平,提供了基本遵循的原则和思路。同时,也为进一步规范消防技术服务市场,强化从业活动监督管理和行业自律,有效辨识优劣,推动行业高质量发展提供技术依据。

2. 企业质量管理体系的演变

2.1　第一阶段

2007年取得"检验检测机构资质认定证书(CMA)",我公司依据资质认定导则开展质量管理。

2.2　第二阶段

2022年,我公司了解到上海正在为行业量身定制消防技术服务行业质量管理体系质量管理要求,我公司积极申请标准编制和应用的试点工作,全力配合标准编制组开展技术研究,并参照质量管理要求,进一步完善了公司的质量管理体系、优化了工作流程。

2.3　第三阶段

2023年2月,自质量管理要求实施后,我公司积极参加管理要求相关的培训(例如:总队组织的培训、支队组织的培训、认证协会组织的培训、公司自身组织的培训)。通过培训学习,对质量管理体系的认识更加地全面,找出了之前在体系运行过程中的不足(比如知识获取和共享、项目评审、技术交底、服务方案、项目档案管理、内部审核)。通过培训以及认证协会老师的指导下,我公司及时加以完善,使得质量管理体系更加贴合公司的实际情况,确保体系运行更加规范、全面。

3. 质量管理要求运行后质量管理的变化
3.1 知识获取和共享方面
3.1.1 遇到的问题

之前在知识获取和共享方面,公司做得不够全面:

1. 没有安排专人进行知识获取,知识获取后没有及时汇总;
2. 共享方面一般也就由技术负责人进行统一的培训,无其他形式的共享。

在质量管理要求实施后,经过参加外部的培训和认证协会老师的指导后,新的管理质量管理体系运行中知道了:

1. 知识需要专人定期进行获取;
2. 获取的范围也需要扩大,不仅仅是法律法规上面的知识,还可以是行业内部的资讯、上级领导部门发送的通知、文件等,还需关注行业内部相应的奖励、处罚通知等;
3. 获取后需整理相应清单;
4. 共享方面除了专门组织的培训外,还可以在项目组内小范围进行分享,不一定需要专门的场所,可以因地制宜。

对于我们消防技术服务机构来说,经常在外面项目上工作,想要组织起大家进行专门的培训有时不是很方便,频率就会比较低,及时性就得不到保证。

3.1.2 改进措施

知识获取和共享,关键就是获取到有用知识后须及时与大家共享。根据本公司的实际情况,分别采取以下措施:

1. 技术负责人定期组织开展线上和线下知识分享会。
2. 定期参加外部组织的线上/线下培训活动。
3. 建立专门的知识分享微信群,技术负责人在任何时候获取到相关知识都可以发在微信群内,大家就可以及时地获取到相应知识。
4. 建立组内分享机制和项目负责人之间的分享机制。操作员如果在平时的工作中发现新事物、新知识,或者是遇到问题、遇到比较偏门的知识,又或者有好的建议、好的方法,都可以在项目组内分享(平时人员在出任务的途中、车上、项目执业中途就可以随时进行分享)。

比如,在某个项目上碰到了客户特殊的需求、新添的设备、棘手的问题,在回公司后几个项目负责人就可以在一起分享、讨论,之后再由项目负责人与操作员沟通。

3.2 人员培训方面
3.2.1 遇到的问题

公司之前的培训,只注重培训过程,对培训结果的评价和考核没有太多关注。经过参加外部的培训和认证协会老师的指导后,在新的质量管理体系运行中就知道了,培训的目的是要让参加培训的人员能了解、理解培训的内容,那么公司如何了解培训完了之后有没有效果呢?所以对培训结果、效果的评价和考核就极为重要。

通过对培训结果、效果的评价和考核,培训实施者就可以宏观地了解本次培训的效果如何,员工的接受度能达到多少,就可以有针对性地计划是否需要再次开展培训,或者对某些员工进行再次培训等。

举个例子,之前公司对于执业系统的流程专门进行一次培训,由于没有对培训的结果、效果进行评价和考核(总以为如此简单的内容都培训过了,那大家就肯定都了解了执业系统的操作流程)。但是,后来在实际执业过程中就暴露出了以下诸多问题:

1. 在项目提交时服务类型忘记选择,就开始填写其他信息,结果最后无法提交后再来选择服务类型,前面填写的信息就全部消失了,需要重新填写。还以为是系统出问题了,实际上是填写的顺序不对。

2. 有不清楚委托单位联系人信息录入流程的,当向现场委托单位联系人询问时(委托单位联系人不知道如何操作,需要现场人员指导的情况还是蛮普遍的)回答不上来,还需求助其他人。

3. 还出现过项目结束时,项目负责人没有确认执业的人员已全部完成关卡,自己操作完成后就直接关卡了,导致没有关卡的人员执业时长强制清零。

所造成的影响为:由于没有对培训结果、效果进行评价和考核,结果造成一些不必要的损失。

1. 对执业系统的流程操作不熟练,现场浪费了很多执业时间而影响项目质量。
2. 没有及时解答客户提出的问题,让客户对我公司的专业能力、服务水平有所怀疑。
3. 再一次组织培训,浪费了大家的时间和精力。

3.2.2 改进措施

在发现此类问题发生后,公司只能再次组织进行培训,培训完成后进行模拟操作考核(即挑选一人模拟整个执业过程的所有操作,其他人员观察,最后提出自己发现的问题点),以此类推、逐一进行。经过此次培训后,所有参加培训的人员对执业系统的整个操作流程有了全新的认识,在之后的执业过程中再也没有出现过这些低级问题。

在2023年开展了一系列的相关培训,如:技术规范培训、服务意识培训、执业系统操作流程培训、管理体系质量提升培训、项目质量监督相关培训等。

3.3 技术交底方面

技术交底,这是质量管理要求中提出的方法。在贯彻质量管理要求之前,我公司是对技术交底这一块做得不是很全面,主要体现在以下几个方面:

1. 一般的项目都是由业务洽谈人员获取项目技术资料,然后转交给项目负责人。
2. 比较大的、重要的项目会由项目负责人来获取技术交底资料。
3. 同时项目技术交底需获取哪些资料没有统一的标准,没有形成技术交底清单,双方签字确认。
4. 有些时候业务洽谈人员在获取相关资料时,资料获取不全面,转交技术交底资料时有可能转交得不全,部分需求就会传达得不到位;再者,没有统一标准,公司在项目的统筹规划和管理上会有很大的不便,服务质量就会参差不齐。

质量管理要求实施后,我公司对技术交底相关内容,经过公司内部研究和请教了认证协会老师后,统一了技术交底流程,再进行相关培训,让所有人都了解、理解并掌握技术交底流程。

1. 技术交底清单统一格式,明确需要获取的资料。
2. 规定必须由项目负责人进行获取,方式可以有远程获取(电话、微信、邮件等)、现场获取(项目勘查、碰头会等)。
3. 获取到的资料及客户的其他需求必须形成清单,双方签字确认。

以下举个例子,这是在2020年的一个项目,当时项目负责人没有到现场获取技术交底资料,而是由业务洽谈人员获取后转交,同时也没有形成技术交底清单并双方签字确认。在资料移交时,忘记和项目负责人说明业主现场提的其他要求,要求项目人员检测时需佩戴相应劳防用品、带好身份证。结果项目组人员没有提前准备,到现场后因未带齐相关证件及劳保物品而无法正常开展检测工作。后经多方沟通,借委托方的劳防用品和联系公司发送项目成员的电子身份证,待这些都协调好后才开始执业。

造成的影响如下:

1. 让委托方认为我公司不重视、不专业;

2. 现场再来协调、处理浪费了近 1 h 时间。

管理体系运行改进后也有相应例子。

某银行报警系统及排烟系统为自己安置的独立系统，水系统多数属于与物业共同管理。网点现场消防设施管理人员部分属于兼职人员（且人员调动比较频繁），对于网点内部的消防设施了解不是很清楚。消防安全管理涉及对接人较多，存在沟通时效的问题。

我公司承接了该银行上海所有网点的消防设施年度检测工作，针对此项目公司根据技术交底要求及项目的特殊性，根据银行的片区分布，分别组织银行各大片区及下属网点消防安全负责人在现场进行技术交底工作。

现场技术交底的内容及主要目的如下：

1. 项目负责人在开展项目前详细了解项目现场情况，获取相关项目资料，形成技术交底清单，并双方签字确认。

2. 项目负责人介绍检测流程，怎么测，测什么，做详细安排说明。让业主方了解消防检测需要测试的大致方向，方便后期各网点检测的开展。

3. 让各网点熟悉现场消防设施设置情况，讲解消防设施的主要功能，平时网点自己检查、巡查的内容，网点内消防设施比较容易出问题的地方，网点需要注意的一些事项。

4. 让网点各消防安全责任人了解消防设施检测的重要性、必要性。

5. 协调后期工作开展需各方相互配合的事宜。

技术交底形成统一标准、流程后，项目负责人可以提前了解项目特点、难度、复杂性，编制有针对性的消防技术服务计划、方案，提高了数据准确性和服务效率。在 2023 年的检测过程中，服务质量、效率有了明显的提升，整体检测周期较上年度缩短了 20%，复查率较上年度降低了 5%。

3.4 项目质量监督方面

3.4.1 遇到的问题

项目质量监督，是从业过程控制的重要控制手段。之前公司的项目质量监督策划不全面，频次不稳定。对项目从业人员的现场执业情况、质量管控不到位，对执业人员在项目现场是否存在不认真、偷懒，或者干脆只是打个卡根本就没做等情况无法精准把控。

3.4.2 改进措施

在依据质量管理要求运行质量管理体系后，通过对项目质量监督重新学习、理解、培训，请认证协会老师指导。重新梳理项目质量监督流程，制订项目监督计划，规定项目质量监督方式，明确项目监督内容，确定项目质量监督实施人员要求。由技术负责人定期或不定期抽取不同性质项目，策划、组织、实施项目服务全过程的质量监督。

监督包含以下内容：

1. 从业人员携带、使用及操作设备的规范性；
2. 从业人员对作业指导书、设备操作规程的使用符合性；
3. 消防设施及环境条件的可控性；
4. 业务操作和判断的准确性；
5. 原始记录的规范性；
6. 书面结论文件的完整、规范和客观性。

通过利用执业系统委托单位联系人项目评价、项目负责人日常监督检查、独立于项目的人员监督抽查，实现项目全过程的质量监督。可获得的益处包括：

1. 规范从业人员的执业流程；
2. 帮助企业提高从业人员的服务质量；
3. 规避从业人员执业现场不作为的风险；

4. 实现全流程跟踪监视和质量责任倒查。

再完善的体系文件,再好的制度与计划,没有监督检查、不去跟踪验证,一切都等于零。因此,项目质量监督至关重要。

3.5 更多了解客户需求,提高客户满意度

消防技术服务机构,是社会消防安全公共服务体系的重要机构,服务于社会和人民,帮助排除建(构)筑物消防安全隐患。在开展质量体系工作中,满足客户的需求是建立质量管理体系的目的。更多了解客户需求,才能做好服务工作,达到客户满意度的最大化。

1. 通过定期开展客户满意度调查;
2. 调研分析客户需求等多种途径;
3. 增加面对面交流,重视与客户的交流互动,组织开展消防安全管理经验交流会等多种方式提升服务质量。

举个例子:由公司双向牵头,组织部分客户到标杆客户公司参观学习消防安全管理知识,并做深入交流讨论,相互学习,达到消防知识共享。加强消防安全宣传工作,满足客户需求,为客户提供多方位、多渠道的消防知识培训,以提高客户满意度。

3.6 "上海市消防技术服务管理系统V2.0"持续优化升级

自从"上海市消防技术服务管理系统V2.0"(以下简称"V2.0")开始运行以来,系统一直在不断地改进,持续优化升级,力求让消防技术服务机构和社会单位的使用体验趋于完美。特别是在2023年质量管理要求实施后,监管部门陆续组织了质量管理要求的宣贯学习、V2.0系统宣贯、质量管理提升行动帮扶和培训,让越来越多的社会单位慢慢认可了V2.0系统的存在,也了解了系统存在的意义和作用,让消防技术服务机构在工作中使用得越来越方便。

关于这一点我公司的感触特别明显,之前项目在现场执业之前,有很多的委托方不是很愿意进行"委托单位管理人员"的登记和项目评价。后来我们也总结了一下,主要有以下几点:嫌麻烦,不想弄;不太会操作;怕个人信息泄露;怕承担相应责任。

经过一系列的宣贯、培训、学习过后,委托方的接受度有了很大的提高,主动配合并对系统运行给与了高度的赞扬。

V2.0系统的运行,是上海市消防救援总队创新工作模式,为社会提供查询和"全生命周期"管理服务,通过信息化手段,构建共治共管新格局。有助于建立公平市场秩序,避免恶性竞争;有助于委托单位及时掌握安全现状,避免劣币侵害;有助于服务机构加强内部质量管控,降低从业风险;有助于监管部门加强事中、事后监管,提升监管质效。

V2.0系统的运行,通过人脸识别,项目坐标定位的方式,可以确保执业人员的真实性;通过全程留痕机制,可以规范从业流程、理清双方责任、保护双方利益;通过线上管理模式,委托单位及服务机构可以随时了解项目现场有多少人员在执业,分别做了什么,又反馈了哪些问题。监管部门也可以对企业和服务机构进行监管;服务结论文件的多重防伪标识,可以有效杜绝虚假报告。

通过V2.0系统的运行,很大程度上帮助公司实现质量管理的提升,我们也非常期待V3.0系统能早日问世。

4. 质量管理要求体系运行后的收获

自按照《社会消防技术服务机构质量管理要求》运行质量管理体系运行以来,公司的技术水平、服务质量有了更大提升,并获得各方的认可。据社会消防技术服务机构系统项目评价结果,以及公司对客户满意度调查结果统计来看,客户对我公司服务满意度有所提升。

通过质量管理体系运行,公司各方面管理得到提升,一次次的成功案例,向客户和社会证明了公司具有提供优良服务的能力,让客户满意放心。对于企业来说,严格按照标准化的体系进行管理,能够提高工作效率和优质服务率,提高企业的经济效益和社会效益,扩大企业的市场占有率。

5. 体系运行中仍需改进和优化

前面说了在质量管理体系运行中,在发现问题、改进问题后取得的一些成效。但体系的运行,距离完全符合质量管理要求还存在一些差距,需要我公司在运行过程中持续发现问题,并及时改进,一步步向质量管理要求靠拢。

接下来说说公司在体系运行中还需改进,或者是优化的方面(通过认证协会老师指导过程中提出的建议)。

5.1 服务方案优化

服务方案的编制过于依赖模板,针对每个项目的实际情况没有细致地编制相应的方案。特别是以下几个方面没有针对性:服务过程风险提示;安全防护措施。

措施:在技术交底时,详细了解项目的情况(存在的问题、检测中可能存在的风险,检测时可能涉及的防护措施),根据现场了解的情况再编制符合此项目的服务方案。真正做到方案先行。

5.2 项目档案按项目做有效归集

项目档案内容目前根据工作流程进行归档。项目质量监督记录、项目评审记录、合同评审记录和合同等实行单独归档,未归集在项目档案内。

措施:根据质量管理要求,本项目所有的资料归集在一起。部分内容根据公司的其他归集要求,复印相应记录归集在项目档案内。

5.3 内部审核作明确分工和分析

之前的内部审核分工不明确(没有进行逐项分工),评价不完善。

措施:根据质量管理要求在内审计划中,在内审表单中明确各检查项的负责人(需注意检查人员审核的内容不能与自己工作相关)。对于检查结果明确,即经过内审后体系是否符合相关要求并得到有效实施和保持。

以上几点为公司在体系运行中暂时发现的一些问题和需要改进和优化的地方,问题发现后公司也做了相应的纠正措施,但是效果如何还需后续跟踪、验证,若还是不能达到要求,则还需继续改进。在后续的体系运行中,可能还会暴露出其他一系列问题,我公司会根据预防措施、纠正措施、持续改进计划及时改正。

6. 结语

纵观现在社会企业,尤其是服务行业,技术质量和服务水平是企业赖以生存的必要条件。随着社会日益发展,对消防安全管理工作越来越严格,要求也越来越高,更是"平安中国"建设的重要组成部分。无论在企业的日常管理中,还是项目服务方面,细节的处理往往会影响最终效果的好坏。质量管理体系的贯穿,正是从管理细节上入手,层层相扣,生成严谨的企业管理制度,逐步实现真正意义上的"全面质量管理"。

通过质量管理体系的运行和改进,在追求全面质量管理过程中,大大地促进企业的管理更规范、措施更有效,彻底解决质量水平不稳定、过程质量控制难、客户满意度不高等问题,提升了企业质量管理水平,取得了较好的质量效益。

附2.4 企业实践四:强化过程管理 持续改进优化

以下为上海苏淳智能科技有限公司在质量管理体系建设和质量提升活动中的交流发言,整理内容如下。

1. 公司简介

上海苏淳智能科技有限公司(以下简称"公司")成立于2015年,主要从事建筑消防设施维护保养、检测、消防安全评估、电气防火安全检测、装修材料燃烧性能鉴证检测及病媒生物防治等工作。公司于

2018年取得建筑消防设施维护保养检测二级正式资质,同年取得市市场监管局颁发的检验检测机构资质认定证书(CMA)。2022年,公司结合质量管理要求和相关从业要求,对管理体系文件进行了修订与更新。

2. 质量管理和体系建设的认识

质量管理,顾名思义是关于质量的管理,是指确定质量方针、质量目标和相关的职责,通过采取一系列系统的、全面的、持续的措施,确保服务质量符合预期要求的过程。体系建设是企业追求品质的基础,通过质量管理降低从业风险和客户投诉率,从而减少损失,提高竞争力,继而实现可持续发展。

质量管理体系有两个最为核心的思想:一是以客户为中心,服务能满足客户要求;二是不断对服务进行持续改进,获得创新。公司有人曾说"质量管理体系只是做做表面功夫,没有任何的实际用处"的面子工程,这违背了公司建立质量管理体系的初衷。因为误解了它的目的,那么自然不会把客户的需求放在第一位,更加不会加大各方面的投入,对服务质量进行持续改进,也就失去了创新的动力。

质量管理应该是一个综合的、全面的概念,对质量管理的认识不应只局限于服务,还应该考虑公司人员、仪器设备、材料供给、方法、测量及供应商等,也不能局限于公司某一个部门,而应该属于公司的整体行为,需要全员共同参与。

3. 建立、运行质量体系

公司刚刚建立体系文件时,对质量管理也是懵懵懂懂,慢慢地通过学习评审准则及相关要求,在符合准则和公司实际情况的基础上开始编写质量手册和程序文件,并由编制小组进行审阅和修改。根据从业条件要求组织技术人员编制了相应的作业指导书及对应的质量记录和技术记录表格。建立了质量管理体系文件并予以发布,公司组织了全体员工进行宣贯,确保每位员工学习到位,坚持贯彻实行。体系经过一段时间的运行后,在公司内审组长带领下进行了一次全要素的内部审核。针对审核中发现的问题,各部门、各相关责任人针对相关问题进行了原因分析,并结合相关问题作出了纠正措施,在落实纠正措施的基础上,开展管理评审,使我公司的质量管理体系保持有效运行。

在管理体系运行期间,大家充分认识到质量管理的重要性,下面就从两个要素来谈谈。

(1) 文件方面。根据要求,编制了《文件控制程序》文件,规定了文件、资料分类及标识,以及文件编制、审核、批准和发布的管理要求,所有的质量文件和技术文件都根据要求编制了文件编号,并进行受控管理。目前所有文件都汇编成册,并定期对其进行审查,作废文件及时按文件控制流程作废,并更换有效版本表格到汇总表中,还加强了对受控文件电子版文件的管理,所有的文件只能从授权电脑打印,避免出现作废文件误用的情形。

(2) 记录方面。加强了对记录的管理,制订了《记录管理程序》文件,规定了原始记录出错时,执行"划改加签字"的标准;即在改动的数据上画一条横线,原笔误依然清晰可辨,在横线上方填写更改后的信息,签上本人签名标识和更正日期,确保原始记录的信息清晰完整。

4. V2.0 消防技术服务管理系统运用

V2.0管理系统上线运行后,我公司立即组织从业人员积极学习V2.0系统的运行方式。熟练掌握使用方法,了解到这个系统涵盖了机构、人员和项目等各个环节,实现了对机构、从业人员和项目,全生命周期的管理。并充分认识到V2.0系统是推动消防技术服务数字化转型升级,提升事中、事后监管力度,形成了监管方、服务方、委托方对消防设施"共治共管"的工作格局。它功能强大,利用"人脸识别""电子围栏""定位技术"等方法,对机构和从业人员的从业行为实现全过程动态监管,同时为社会单位和机构提供信息共享平台,实现信息的透明化、公开化,推动了行业的良性有序发展。

V2.0管理系统也是一种信息化质量管理方法。比如在系统上可以实现:

(1) 合同管理——确保合同内容标准化、规范化、强化了合同要约;
(2) 从业流程管理——提升项目登记及时性,强化了联动比对;

(3) 人员管理——精准锁定从业行为、强化了人员的责任意识；
(4) 报告管理——确保报告的真实性、强化报告审核环节；
(5) 客户满意度——形成了服务闭环管理、强化了满意度评价。

5. 学习和贯彻质量管理要求的做法

5.1 组织学习、修改管理体系文件

质量管理要求发布以后，我们立即组织了公司主要人员，特别是质量负责人、技术负责人、内审员等先对质量管理要求进行了学习和讨论，认为公司管理体系文件不能完全满足质量管理要求，需要对现有的质量手册、程序文件进行修订与改版。依据质量管理要求中的质量管理体系创建指南的要求，开展管理体系的建设工作。

5.2 宣贯学习、加强考核

组织对公司全员进行质量管理要求宣贯学习，确保所有人员都能充分熟悉质量管理要求，并通过讨论，各自讲述对质量管理要求和自身工作的理解，并引入考核机制，定期与不定期对相关人员进行考核，以激励和督促大家在工作中持续学习，充分将质量管理要求贯彻到我们实际的工作当中。

5.3 修改合同和技术方案模板

为了满足质量管理要求中对合同管理和服务方案的明确规定，我们迅速召集业务部和技术部对合同服务内容和服务方案进行修订。此举有效地减少了消防技术服务合同中的漏洞和缺陷，降低了因合同不规范而带来的风险。此外，质量管理要求的实施还规范了我们的合同签订流程，使技术服务工作更加清晰化和流程化。

5.4 规范服务流程、统一服务标准

进一步提升了我公司的整体消防技术服务水平。质量管理要求充分考虑实际从业情况，对服务方案提出细化要求，促使企业优化服务方案，确保从业过程顺利。质量管理要求实施规范服务流程，统一服务标准，提升企业整体消防技术服务水平。总之，质量管理要求实施有利于提高我公司消防技术服务质量，为客户提供更专业、优质的服务。

6. 质量管理要求实施前后比较

自质量管理体系实施以来，公司的质量管理水平都在稳步提升，特别是质量管理要求发布以来，我们在业务、人员管理和工作流程方面都有较大的提升。

6.1 业务方面

在质量管理要求实施前，公司主要关注项目的价格因素，对项目的工程质量、客户需求、第三方等方面考虑不足，如物业管理方及其维保单位等的技术支持能力，以及项目的合规情况等。这就导致在实际操作过程中出现各种问题，如现场配合不到位、服务合同终止等。接下来分享几个我公司真实发生的案例。

案例1：我公司某检测项目，由于在合同签订时未对该项目进行详细的勘察和技术交底，项目信息均由委托方提供，委托方人员对物业管理方的要求也不了解，因此，未能明确物业管理方的需求和支持情况，在当天进行项目开展执业时，由于消防泵房属于物业统一管理维护，任何人需要测试消防泵房设备功能时，均需提前申请，在物业同意后方可进入泵房，由于前期工作的不到位未按要求提出申请，物业管理人员不允许进入泵房进行功能测试，导致当天检测工作未能完成。

案例2：我公司某评估项目，由于当时考虑项目的规模不大，故前期未对项目基本情况进行项目勘察和技术交底，未详细了解客户实际需求和意愿，导致在项目评估过程中，发现项目存在严重缺陷项，并针对合理缺陷项提出了整改意见和建议，但该客户表示只是想要合格评估报告，不愿意按照整改意见进行整改，我们也为其提出了几套整改方案，甲方也以种种理由给予否定。最终为回避从业风险，经沟通后我方终止了服务合同。

案例3：我公司某维保项目，由于当时签订合同前，现场考察未到位，委托方给出了楼层面积、消防系

统等相关信息,我公司未到现场勘察和技术交底,结果第一次开展维保执业时,发现该建筑实际现场消防系统和我们于合同中签约的系统不一致,合同内有机械防烟排烟系统,但是现场为自然排烟,根本不存在机械排烟系统。为降低从业风险,与委托方沟通后终止合同重新签订合同,给工作带来了诸多不便。

针对上述问题,公司结合质量管理要求中的要求和实际情况,认识到项目评审和现场勘察技术交底的重要性。后续我们规范了项目评审要求,公司根据项目的特点等因素开展项目评审,并在程序文件中专门作了规定。现在,公司要求所有的项目无论体量大小、使用性质等在初次承接时,必须依据项目评审的要求对现场进行勘察和技术交底,并由项目负责人编制项目勘察交底报告,收集项目信息、识别并分析项目存在的从业风险,对项目相关方的需求进行收集,并提出解决方案,作为签订合同和开展消防技术服务的重要依据和支撑。

通过采取一系列的项目评审的改进措施,现在合同履约率、信息完整性和各单位的配合度明显提高,工作效率也明显提升。

6.2　人员方面

在公司起步初期,员工工作能力和执行力参差不齐,特别是新员工经验不足,技术能力跟不上。老员工在传帮带的过程中存在不良工作习惯,例如:原始记录不规范,不全面、随意性强。公司日常监管不到位,导致整体工作效率不理想。在实施质量管理之前,人员岗位职责和能力要求不明确,人员能力高低不一,影响项目服务质量。

在完善质量管理体系后,公司健全了人员管理制度,培训和内部技术交流制度,定期质量考核、监督,定期组织内部技术交流活动。并对员工的任职条件、职责、录用、培训和质量监督作出了明确规定,强化了对人员的管理。要求员工具备相关专业知识和技能,熟练操作相关设备,上岗前需要进行能力确认。根据每个员工的需求,制订个性化的培训和发展计划。目前所有在职人员均经过能力确认后,持证上岗,人员的能力基本满足公司的工作需要。

通过开展质量建设,从本人到每位员工,都充分认识到,质量是我们企业的生命线,我们一定要发挥领导的价值导向作用,始终强调质量的重要性,坚决支持质量工作的开展,这样才能稳定形成公司的质量文化,全面提升全员的质量意识。

我公司还设立了质量管理领导小组,包括各部门质量目标、工作标准、评价指标、评价工具、评价流程和评价方法以及结果应用等。质量领导管理小组定期和不定期组织质量监督,针对服务过程中发现的问题加以改进,从而提高服务质量。

6.3　工作流程方面

在实施质量管理之前,工作流程比较随意,缺乏系统性和规范性,导致工作效率低、工作质量不高,很多事情都是靠员工自己的理解和经验去做,容易出现错误和遗漏。因缺乏系统的工作流程,员工难以形成协同工作,容易出现重复劳动和资源浪费的现象。

质量管理要求发布以后,在现有质量管理体系框架下,我公司建立了标准工作流程,明确任务分工、执行标准和完成时限。明确部门职责,各项工作有章可循。建立了协同工作的机制,各部门协同合作,提高工作效率。公司对还各部门通过定期的检查和审核,跟踪和评估,定期的培训和交流,对发现的问题及时改进,确保工作流程的持续优化和完善。

7. 愿景和计划

质量管理体系的运行,须自始至终贯穿于公司的经营活动,并持续改进,追求卓越,实现质量管理的目标。对管理评审的改进要求应明确,对改进工作的有效性应验证。

在质量管理过程中,我们还存在许多需要改进的地方。我们要继续完善质量体系文件,规范现场作业流程;要加强公司内部管理,提升管理标准;抓队伍创新、队伍建设,俗话说,无质量不生存,我们要通过运用PDCA循环等质量管理手段,确保公司的可持续发展。

附 2.5　企业实践五：全员参与 深度融合 持续改进

以下为上海旻泰安全科技有限公司在质量管理体系建设和质量提升活动中的交流发言，整理内容如下。

全员参与 深度融合 持续改进

1. 公司介绍

上海旻泰安全科技有限公司成立于 2013 年，公司成立至今专注于消防安全领域的专业技术服务，经营业务范围，消防安全咨询、消防专业承包一级、消防维护保养、消防设施检测、消防安全评估、消防物联网研发及平台运营。公司在册员工 75 人，其中一级注册消防工程师 16 人，中级操作员 30 人，注册建造师 8 人。公司目前每年承接的项目情况为，消防安全咨询 10 个，消防维保项目合同 70 个，检测评估项目数 300 个，消防物联网运营项目 200 个。

2. 企业质量管理体系建设认识

自 2014 年公安部关于社会消防技术服务管理规定实施以来，公安部令 129 号及应急管理部令 7 号中都明确要求，社会消防技术服务机构必须具备健全的质量管理体系。公司自开展消防技术服务以来，建立和运行的质量管理体系文件，主要是基于和沿用上海技术监督局 CMA 资质认证及 ISO 9000 质量管理体系，但是在质量管理体系运行的过程中感觉到很多内容跟消防技术服务活动不是很符合，针对性不强，不能有效解决企业的质量管理。本次《社会消防技术服务机构质量管理要求》的制定和实施，为机构开展质量管理指明了方向，更加贴切地符合消防技术服务的活动。能切实提升公司的消防技术服务管理水平；提高消防技术服务质量；增强公司的综合竞争力。

3. 质量管理体系的建设认证历程

2023 年 3 月 1 日，公司开展质量管理体系质量管理要求的全员宣贯，同时开展全员培训及学习，开展以下活动。

(1) 建立专门的工作小组专人负责；
(2) 根据质量管理要求建立体系文件；
(3) 参与支队组织的培训和指导；
(4) 对体系的各个内容理解学习；
(5) 各类记录表格格式和内容确定；
(6) 边建立、边运行、边完善。

2023 年 5 月 29 日，开展社会消防技术服务机构质量管理体系能力评价的评审工作，评审中心老师和专家对公司及项目进行了审查和提出了改进意见，通过了认证。以下为认证过程中的几点体会。

(1) 文件多少要适宜：体系文件的多少和详略程度应符合公司管理的实际需求，并不是文件越多越好，有些文件过于烦琐，事实证明不仅未能提高组织的管理效能，而且造成了执行过程中的混乱和困惑。

(2) 使用新体系而不是丢掉原体系：质量体系的建立过程并不是对原有的管理体系的全面颠覆，而是要对原管理体系进行必要的改进完善并实现新旧体系的相互融合，形成一个新的管理体系。

(3) 体系文件的可落地性：体系文件要具有可行性，既能够满足质量体系总的要求，又符合公司的制度和文化，在实际运行中可行、可操作。

4. 对企业发展方面的作用意义

4.1 提高企业质量信誉

质量是开拓市场的首要战略，只有取得质量上的信誉才能长久地赢取市场，有市场公司才会获得效益。实行体系认证制后,市场上就会出现认证企业和非认证企业这样一道边界线,取得认证的企业就会在信誉上取得优势。

4.2 提高企业管理水平

取得认证意味着企业已经在日常管理、实际工作、客户和供应商关系、售后服务等方面建立起一套完善的质量管理体系。有利于企业提高效率、降低成本、提供优质服务,增强客户的满意度

4.3 增强企业竞争力

质量认证体系被越来越多的客户认可和接受,以后将会成为一种惯例,只有取得了证书才是突破这个壁垒的途径,将为企业开拓更多客户提供强有力的竞争力。

4.4 提高公司团队的执行力

执行力是公司核心竞争力形成的关键,也是直接制约公司经营目标是否能够实现的主要因素,体系的建立通过对文件的执行、记录控制、服务质量监督检查、内部核查等活动的实施,可以对过程中存在的不规范现象及时采取纠偏措施,避免再次发生,最大限度地控制服务质量。

5. 学习和贯彻的具体做法和作用

我司在质量管理的建立和运行过程积极采用了PDCA的科学管理办法。

5.1 计划阶段

根据企业自身情况及市场调研,确定质量方针和质量目标,制订质量管理体系文件等文件

5.2 执行阶段

按照既定的目标和计划进行实施,对人员培训,设备仪器的管理,确保工作能够按计划进度实施。同时对作业的全过程建立原始记录和数据等项目文档。

5.3 检查阶段

对执行过程中及过程后进行监督检查,检查执行的情况,总结执行计划的结果,分析问题,找出问题。

5.4 处理阶段

对总结检查的结果进行处理,成功的方法和案例加以确定,并予以标准化,便于以后工作时遵循;对于产生的问题也要总结,以免再次发生。

6. 运用V2.0系统的意义和实际作用

6.1 全程监督监管

6.1.1 监督机构可以通过系统查询项目执业过程、安全隐患的记录、报告的记录等信息对项目进行事后监管,为监管提供了依据且提高了监管效率。

6.1.2 委托单位可以通过系统查询实时掌握项目的运行情况,发现问题及时整改,社会人士可以通过系统查询对各项目相关方进行社会监督,有利于行业的健康发展。

6.2 确保合法合理

6.2.1 人证合一、持证上岗,有效遏制挂证现象。

6.2.2 全过程记录,包括作业时长和内容,可追溯性高。

6.3 有效提高质量

6.3.1 服务机构对项目进行全生命周期管理对于机构的从业条件、人员资格、合同建立、项目登记、人员任命、计划编制、现场从业、故障修复及报告出具等方面对项目进行全生命周期的管理。

6.3.2 委托方对机构提供的服务进行监督和评价,并对机构提出的建议积极整改。

6.4 责任划分明确

6.4.1 委托方承担消防安全主体责任,服务机构承担消防服务质量责任。

6.4.2 系统可以全程留痕,有利于厘清双方责任,维护双方各自利益。

7. 质量提升行动的收获和感悟

通过对新质量管理要求的学习和运行,对于公司一些存在的问题完善和持续改进,对提升人员能

力、提高服务质量起到了非常大的作用。

下表中列举了一些针对建设和认证过程中的问题和整改措施。

质量管理要求条款要求	内容指标	运行前	运行后
知识和能力——知识共享	开展项目负责人技术交流活动,提升能力水平	1次/月	多种形式 1次/周
设备管理——与业务规模和项目数量相适应	仪器数量	3套	6套
从业过程——作业要求	原始记录的格式内容和记录保存	不统一、有手写、有电子档	统一格式和内容、手写稿存档
从业过程——应急准备和响应	系统性文件	没有,一般都是简单培训	有文件支撑
从业过程-书面结论文件	结论文件完整性和统一性	部分完整、不统一	完整、统一
项目质量监督	监督方式和方法	没有计划,临时安排	编制了完整的程序文件,按计划实施

8. 开展和提高质量的想法和愿景

8.1 企业进一步开展质量建设的想法和计划

8.1.1 全员参与:尤其是领导层要充分认识到体系的重要性和必要性,把体系标准作为公司管理的大纲,把质量管理模式和管理办法引进公司的全面管理中,使公司各项工作标准全按体系的要求来开展,实现企业与体系的融合。

8.1.2 公司文化与体系的结合:体系文件应在满足标准的基础上重点针对自身企业的特点加以完善,尤其是要把企业文化与质量管理系统融为一体进行统一设计和完善。

8.1.3 要确保质量体系的适应性和有效性:运用 PDCA 循环工作方法对质量体系进行持续改进,通过体系能真正提高工作效率,降低成本,能够持续发展。

8.2 对行业高质量发展的建议和愿景

8.2.1 扩大宣传范围,使全社会了解质量对于消防行业的重要性。

8.2.2 用市场来驱动质量的提升。

8.2.3 统一标准,真正做到公平、公正、公开。

附2.6 企业实践六:优化质量体系建设、引领管理能力提升

以下为上海特领安全科技有限公司在质量管理体系建设和质量提升活动中的交流发言,整理内容如下。

优化质量体系建设、引领管理能力提升

上海特领安全科技有限公司(以下简称"上海特领")成立于2007年,公司的主营业务包括建筑消防设施施工,消防设施维保检测,消防安全评估,消防安全培训和咨询,消防物联网等板块。上海特领立足上海,布局全国,在北京、广东、四川、浙江、河南、江苏等省份均设有分支机构,服务范围覆盖全国40余个主要城市和地区。目前上海特领在"社会消防技术服务信息系统"登记的一级注册消防工程师34人,消防设施操作员152人。作为专业消防技术服务机构,上海特领以"卓越服务、满足客户需求,以人为本、培养技术精英,开拓创新、造福社会民生"为使命,致力于成为建筑安全应急服务领域一站式服务供应商。

《社会消防技术服务机构质量管理要求》(以下简称"质量管理要求")的实施,为上海特领的质量管理体系建设提供了指引。但公司管理人员对这套标准进行了深入研读后,因为没有相关经验,对标准的

内容理解有限，找不到建设质量管理体系的方向。恰在此时，2月10日闵行支队组织全区消防技术服务机构进行"质量管理要求"宣贯培训，通过培训，使我们对"质量管理要求"标准的内容有了深入的理解。

消防技术服务的本质在于"服务"，而服务的焦点在于"使客户满意"。但消防技术服务机构怎样实现"使客户满意"一直没有标准可循。"质量管理要求"标准在消防技术服务机构运营管理过程中引入"PDCA"循环模式为上海特领质量体系建设指明了方向。质量管理的理论基础为："以客户需求"为输入，通过"领导作用"核心加持，按照"PDCA循环理论"实现循环改进，达到"使客户满意"的输出结果。"使客户满意"的关键在于"持续改进"，而改进的前提是能够发现问题。只有在服务过程中发现问题、分析问题、解决问题，持续不断地提升自身的服务水平，才有可能实现"使客户满意"的目标。在"质量管理要求"标准的指引下，上海特领专门增设质量技术监督部，由公司总工牵头，常设两名一级注册消防工程师和一名资料管理员。作为公司质量体系建设及质量监管的监督部门，质量技术监督部以不断发现公司管理存在的不足并督促及时改进为主要工作目标。

在进行质量管理体系策划时过程中，因为没有专业管理体系建设人员，对于质量管理体系策划的内容和环节，不知从何处下手。为解决这个"开头难"的尴尬局面，我们向闵行消防救援支队求助，支队领导对上海特领公司的实际情况进行了详细了解，针对公司的特点，帮助我们对质量管理体系策划方案进行了梳理，指点我们在编制体系文件的时候不要照搬网上流传的ISO 9001体系的相关内容，要紧扣"质量管理要求"的条文，结合公司的实际情况进行编写，内容尽量简明扼要，制订的管理措施要能真正落地实施，不要泛泛而谈，避免出现体系文件和实际运行"两张皮"的情况，让体系管理文件真正做到指引日常工作。通过支队领导的帮扶，我们掌握了体系策划的关键方法：

(1) 梳理机构从业所需依据的法律法规，确保从业合法合规。

(2) 确立"客观独立，合法公正，诚实信用"的从业原则。

(3) 确定质量方针、质量目标、服务声明等纲领性文件。

(4) 分析内外部环境，识别潜在风险并制订相应的规避措施。

(5) 充分考虑体系建设各过程之间的关系和相互作用，保证体系标准规定的过程均充分考虑，各过程均明确责任人，确保各项规定能够有效实施。

在制订质量方针时，上海特领根据公司的核心价值观"安全、创新、和谐、多赢"及行为准则"合法、合规、合情、合理，公平、公正、公开、透明"，结合"质量管理要求"要求的"至少承诺满足消防法律法规和技术标准要求，增强委托单位满意和持续改进质量管理活动"的要求，二者进行融合，既要体现上海特领的价值取向，又要满足标准的要求，还要朗朗上口、简单易懂。在数个备选方案中，最终由总经理确认我公司的质量方针为"合法、合规，准确、公正，持续改进，提升委托单位满意"。

在对标"质量管理要求"梳理各管理过程时，发现以往工作存在诸多不足但没有恰当的流程进行规范，通过对"质量管理要求"的深入学习，上海特领逐个找到了解决方案。举例如下。

在落实设备管理环节，"质量管理要求"要求"一设备一档案"，而我公司有各类设备200余台，公司以往对设备管理做法比较粗糙，只是建立了一个设备清单，所有设备一次发放给使用人员，由使用人自行完成日常维护保养。通过对"质量管理要求"的学习，我们结合公司的实际情况改进了设备管理模式，由公司总部设备管理员对所有设备重新建立档案，按照公司业务中心划分，根据工作需要将设备及档案一并发放给相应的业务中心，各业务中心指定兼职设备管理员对设备进行管理，总部设备管理员对设备管理情况定期检查。当设备出现故障或需要校准时，由设备管理员直接对接解决，设备校准有效期满前一个月由总部设备管理员安排进行分批校准，以保证不出现超期现象。这样既满足了"质量管理要求"要求，又避免了项目交付人员频繁返回公司进行设备领用、归还导致工作效率降低情况出现。

在落实项目管理环节，以往商务人员在承接项目时没有项目评审环节，只要觉得价格合适就会与委托单位进行合同磋商，这样就会出现一些项目在承接时即存在较大风险，给公司的稳健运营带来隐患。通过对"质量管理要求"的学习，我们完善了项目评审环节，商务人员新承接的项目在达到规定的规模时必须组织项目负责人和技术负责人对现场情况进行评审,对项目进行综合评估,将风险降到最低。

在落实从业过程管理环节,以往的执业活动现场记录及结论报告均未填写本次执业活动所使用的设备,导致执业过程产生的数据无法追溯。通过对"质量管理要求"的学习,我们弥补了这个缺陷,新增的这个规定也促使执业人员在执业前对设备状态进行检查,在保证了仪器设备的有效性及测试结果的准确性同时,也保证了测试数据的可溯性。

通过两个多月的努力,上海特领的质量管理体系于 5 月初正式运行。在体系运行过程中,我们通过"服务满意度调查"及"内部审核"发现了一些在平时被忽略的疏漏,并对此制订了纠正措施。举例如下。

在对《服务满意度调查》问卷进行归纳汇总时,发现虽然委托单位对上海特领的整体评价较好,但有六个单位反馈"服务质量"为"一般",七个单位反馈"人员着装"为"一般"。这两个"一般"项均达到调查总数的 10%,虽然调查结果达到了预期目标,但是这两个反馈比较集中的"一般"项仍被列为改进对象。由质量技术监督部组织相关人员开会分析原因,并出具《整改通知书》,相关责任人均书面对反馈问题进行了分析并制订整改措施。在本年年末计划开展的新一轮《顾客满意度调查》活动中,反馈此问题的委托单位仍将作为调查对象,以便对整改效果进行验证,确保持续改进措施有效。

在进行"内部审核"时,审核员通过对维保项目的抽查,发现三个"不符合项",分别为"采购的配件无现场验收证明材料""合同签订后在 V2.0 平台登记时间超过五天""维保项目档案内缺少技术交底和服务计划资料"。相关责任人对审核员发出的《不符合报告》进行了确认,并在规定的时间内完成了整改。

质量技术监督部在质量体系运行过程中也发挥了监督改进的职能,初步实现设立该部门的初衷。举例如下。

北京办事处员工在进行某气体机房改造施工过程中,未按照现行规范要求编辑联动逻辑关系,前后两次调试均未进行修改。在质量技术监督部进行质量检查时发现此问题,及时予以纠正,对责任人进行相应惩罚,并将此事件在公司内部通告,以提示全体员工按规范进行作业。

为提高服务报告的严谨性,质量技术监督部首先从细微处入手,长期以来现场从业人员对计量单位的符号习惯按照设备铭牌抄写,而设备铭牌标注的单位符号大多并不规范,比如:"MPa"经常书写为"Mpa"或"MPA","kg"经常书写为"KG"或"Kg"。为纠正错误的书写习惯,质量技术监督部专门对常用单位的正确书写方式进行宣贯,并引入罚款机制。经过大约 2 个月专项纠偏,现公司所有书面记录对常用单位符号均做到正确书写,提高了报告的专业度。

上海特领作为全国范围执业的消防技术服务机构,在异地执业过程中也遇到过极大的挑战。质量技术监督部在对省外维保项目执业计划进行检查时,发现存在月度维保只安排消防设施操作员前往执业的情况,而质量技术监督部对各省份维保执业要求进行调研后发现较多省份要求每次执业均需项目负责人到现场执业,遂就此情况开展自查,落实整改措施。设施管理事业部认为在省外执业时,项目负责人每次均需前往现场会导致省外项目的运营成本大幅上升,因为不允许执业人员在上海总部注册、分公司缴纳社保,这导致全国执业人员在属地招聘异常困难,即使公司能从就近的分支机构派人也会造成运营成本的上升,使公司在和当地机构的竞争中处于天然劣势,这是目前上海消防技术服务机构走向全国最大的桎梏。但上海特领质量方针的第一句即为"合法、合规",质量技术监督部要求设施管理事业部无论有多大的困难,也要依法从业,如果做不到可以考虑放弃该业务。

上海特领以"合法、合规"作为企业生存的根本,公司在上海范围内承揽的全部消防技术服务业务均在"V2.0"平台内进行执业。自"V2.0"平台正式上线至今,上海特领在平台内完成执业 7 679 次,项目负责人执业 4 142 人次,执业总时长 16 933.46 h;消防设施操作员执业 10 749 人次,执业总时长 55 097.9 h。平均每次执业 2 人,每次执业总时长约 9.5 h。

在质量体系建设过程中,上海特领经历了从"懵懂—略知—熟悉—完善—通过认证"的过程。通过本次质量体系建设,上海特领对主要工作都确定了明确的工作方法和程序,提升了管理效率。"持续改进"理念的引入,为上海特领实现"持续提升委托单位满意"的目标提供了方法。